MAX PLANCK

VORTRÄGE UND ERINNERUNGEN

1983
WISSENSCHAFTLICHE BUCHGESELLSCHAFT
DARMSTADT

Reprografischer Nachdruck der 5. Auflage, Stuttgart 1949

CIP-Kurztitelaufnahme der Deutschen Bibliothek

Planck, Max:
Vorträge und Erinnerungen / Max Planck. –
Reprograph. Nachdr. d. 5. Aufl., Stuttgart
1949. – Darmstadt: Wissenschaftliche
Buchgesellschaft, 1983.
   ISBN 3-534-05341-9
NE: Planck, Max: [Sammlung]

1 2 3 4 5

wb Bestellnummer 5341-9

© 1965 by Wissenschaftliche Buchgesellschaft, Darmstadt
Druck und Einband: Wissenschaftliche Buchgesellschaft, Darmstadt
Printed in Germany

ISBN 3-534-05341-9

Zur fünften Auflage

Vier Auflagen dieser Vorträge sind unter dem Titel „Wege zur physikalischen Erkenntnis" erschienen. Sie handeln nicht von den großen allgemeinen Fragen der Physik allein, sondern vom wissenschaftlichen Denken überhaupt.

In dieser neuen Ausgabe, die erstmals nach dem Tode des großen Forschers erscheint, sind im Einvernehmen mit Frau Geheimrat Planck außer seinen letzten Vorträgen „Scheinprobleme der Wissenschaft" und „Sinn und Grenzen der exakten Wissenschaft" auch seine Aufsätze „Persönliche Erinnerungen aus alter Zeit" und „Zur Geschichte der Auffindung des physikalischen Wirkungsquantums" hinzugekommen. So schien es sinngemäßer, das Buch, dem Max Planck sich innerlich besonders verbunden fühlte, sehr schlicht — und sicher ganz in seinem Sinne — „Vorträge und Erinnerungen" zu nennen.

S. Hirzel Verlag.

Geleitwort

Die vorliegende Sammlung von Reden und Vorträgen war ursprünglich gedacht als eine neue Auflage meiner in dem nämlichen Verlag erschienenen „Physikalischen Rundblicke", ergänzt durch Aufnahme einiger inzwischen erschienener Aufsätze allgemeineren Inhalts. Da indessen durch diese Vermehrung der Umfang des Buches allzu stark angewachsen wäre, so hielt ich es für zweckmäßig, von den früheren Schriften etwa die Hälfte wegzulassen und nur die nach meiner Meinung wesentlichsten, nämlich den programmatischen Leidener Vortrag über die Einheit des physikalischen Weltbildes, die beiden Berliner Rektoratsreden und den Stockholmer Nobel-Vortrag hier wieder mit aufzunehmen. Bei dieser beträchtlichen Änderung des Inhalts schien mir für das neue Buch auch die Wahl eines neuen Titels angezeigt.

Bedenkt man, daß seit der Ausarbeitung meines ersten in Leiden gehaltenen Vortrages volle 25 Jahre verflossen sind und daß währenddem die physikalische Wissenschaft Wandlungen erfahren hat von einem Ausmaß, wie kaum je zuvor in einem gleichen Zeitraum, so wird man es selbstverständlich finden, daß in den Anschauungen eines Physikers, der alle diese Eindrücke miterlebt hat, sich gewisse Um- und Weiterbildungen vollzogen haben. Dennoch glaube ich mit gutem Gewissen behaupten zu können, daß die Auffassung, die ich bezüglich der großen allgemeinen Fragen der Physik und der physikalischen Erkenntnis bisher zu entwickeln und zu begründen suchte, sich bewährt hat und daß ich den in meinen früheren Schriften dargelegten grundsätzlichen Standpunkt auch heute noch zu vertreten allen Grund habe. Einige kleinere Streichungen oder Zusätze habe ich an einzelnen wenigen Textstellen zur Abrundung vorzunehmen für nützlich gehalten. Die ursprüngliche Fassung ist ja jederzeit aus den Originalen zu ersehen.

So glaube ich, daß die einzelnen bei verschiedenen Gelegenheiten entstandenen Aufsätze sich nach ihrem Inhalt zu einem einheitlichen Ganzen zusammenschließen. Der Grundgedanke und Ausgangspunkt aller Darlegungen ist außerordentlich einfach, er faßt die Aufgabe der Physik als die Erforschung der realen Außenwelt. Das Anfechtbare dieser Formulierung liegt darin, daß die reale Außenwelt etwas ist, was auf keinerlei Weise direkt aufgezeigt werden kann — ein

Umstand, der von jeher grundsätzliche Bedenken erregt hat und der auch gegenwärtig eine Reihe namhafter Physiker und Philosophen zu der Schlußfolgerung veranlaßt, daß es gar keinen Sinn habe, von einer realen Außenwelt im Gegensatz zu der uns unmittelbar gegebenen Sinnenwelt zu reden. Ich halte diese Auffassung, so einleuchtend sie auf den ersten Blick scheint und so unanfechtbar sie vom rein logischen Standpunkt aus ist, dennoch für kurzsichtig und unfruchtbar. Denn die Forschung verfährt nun einmal gerade auf neu zu erschließenden Gebieten niemals so, daß die zu behandelnden Fragen zunächst genau definiert und dann erst in Angriff genommen werden. Im Gegenteil: ein jeder, der einmal an einem wirklich neuen Problem der Wissenschaft gearbeitet hat, weiß aus eigener Erfahrung, daß es in der Regel nicht minder schwierig ist, ein Problem zu formulieren, als es zu lösen, ja, daß die genaue endgültige Formulierung oft erst zugleich mit der Lösung gefunden wird. So verhält es sich auch mit der realen Außenwelt. Sie steht im Grunde nicht am Anfang, sondern am Ziel der physikalischen Forschung, und zwar an einem Ziel, das niemals vollkommen erreicht werden wird, das aber doch fortwährend im Auge behalten werden muß, wenn man vorwärtskommen will. Hier zeigt sich wieder, daß die Physik, wie überhaupt jede Wissenschaft, einen gewissen irrationalen Kern enthält, den man nicht wegdefinieren kann, ohne der Forschung ihre eigentliche Triebkraft zu rauben, der aber auch andrerseits niemals restlos aufgeklärt werden wird.

Der innere Grund für diese Irrationalität liegt, wie die Entwicklung der neueren Physik immer deutlicher zu zeigen beginnt, in dem Umstand, daß der forschende Mensch selber ein Stück Natur ist, und daß er daher niemals diejenige Distanz von der Natur zu gewinnen vermag, die notwendig wäre, um zu einer vollkommen objektiven Naturbetrachtung zu gelangen. Mit dieser unabänderlichen Tatsache müssen wir uns wohl oder übel abfinden und können im besten Falle Befriedigung nur suchen in dem Bewußtsein, welches dem achtzigjährigen Goethe das schönste Glück des denkenden Menschen bedeutete, dem Bewußtsein, das Erforschliche erforscht zu haben und das Unerforschliche ruhig zu verehren.

Berlin-Grunewald, 1. Februar 1933.

Der Verfasser.

Inhaltsverzeichnis

Persönliche Erinnerungen aus alten Zeiten	1
Zur Geschichte der Auffindung des physikalischen Wirkungsquantums	15
Die Einheit des physikalischen Weltbildes	28
Die Stellung der neueren Physik zur mechanischen Naturanschauung	52
Neue Bahnen der physikalischen Erkenntnis	69
Dynamische und statistische Gesetzmäßigkeit	81
Das Prinzip der kleinsten Wirkung	95
Verhältnis der Theorien zueinander	106
Das Wesen des Lichts	112
Die Entstehung und bisherige Entwicklung der Quantentheorie	125
Kausalgesetz und Willensfreiheit	139
Vom Relativen zum Absoluten	169
Physikalische Gesetzlichkeit	183
Das Weltbild der neuen Physik	206
Positivismus und reale Außenwelt	228
Wissenschaft und Glaube	246
Die Kausalität in der Natur	250
Ursprung und Auswirkung wissenschaftlicher Ideen	270
Die Physik im Kampf um die Weltanschauung	285
Vom Wesen der Willensfreiheit	301
Religion und Naturwissenschaft	318
Determinismus oder Indeterminismus	334
Scheinprobleme der Wissenschaft	350
Sinn und Grenzen der exakten Wissenschaft	363

Persönliche Erinnerungen aus alten Zeiten

Einer Aufforderung der Redaktion der „Naturwissenschaften"[1] folgend, bin ich gern bereit, einige Eindrücke wiederzugeben, welche mir eine Anzahl bedeutender, nunmehr längst verstorbener Fachgenossen hinterließ, mit denen ich während meiner ersten Lebenshälfte in Berührung kam. Freilich verfüge ich leider nicht über irgendwelche handschriftliche Aufzeichnungen, Tagebuchblätter oder dergleichen (dies ist alles im letzten Kriege verbrannt), und wäre daher ausschließlich auf mein Gedächtnis angewiesen, wenn ich nicht einen Teil meiner persönlichen Erinnerungen bereits bei früheren Anlässen zusammengestellt hätte[2]. Erfreulicherweise ist es mir aber möglich, diese Aufzeichnungen noch in mancher Hinsicht zu ergänzen; vor allem handelt es sich dabei um einzelne Erinnerungsbilder, die sich mir fest eingeprägt haben, so daß sie auch jetzt noch ganz deutlich vor meinem geistigen Auge stehen.

Mit der Physik kam ich zuallererst in Berührung am Münchener Maximilians-Gymnasium durch meinen Mathematiklehrer Hermann Müller, einen mitten im Leben stehenden, scharfsinnigen und witzigen Mann, der es verstand, die Bedeutung der physikalischen Gesetze, die er uns Schülern beibrachte, durch drastische Beispiele zu erläutern.

So kam es, daß ich als erstes Gesetz, welches unabhängig vom Menschen eine absolute Geltung besitzt, das Prinzip der Erhaltung der Energie, wie eine Heilsbotschaft in mich aufnahm. Unvergeßlich ist mir die Schilderung, die Müller uns als Beispiel der potentiellen und der kinetischen Energie zum besten gab, von einem Maurer, der einen schweren Ziegelstein mühsam auf das Dach eines Hauses hinaufschleppt. Die Arbeit, die er dabei leistet, geht nicht verloren: sie bleibt unversehrt aufgespeichert, jahrelang, bis vielleicht eines Tages der Stein sich löst und einem vorübergehenden Menschen auf den Kopf fällt.

Nach Absolvierung des Gymnasiums studierte ich zunächst 3 Jahre (1875—1877) an der Universität München. Mein akademischer Lehrer in

---

[1] S. Die Naturwissenschaften, Heft 8 v. 30. Oktober 1946.
[2] Ansprache anläßlich des 90. Gründungstages der Deutschen Physikal. Gesellschaft (Verh. d. D. Physik. Ges. (3) 16, 11 (1935); wissenschaftl. Selbstbiographie, verfaßt für die Kais.-Leopol.-Karol. Deutsche Akademie der Naturforscher.

Physik war Phillipp von Jolly, dessen Name auch jetzt noch durch das von ihm angegebene Gasthermometer konstanten Volumens bekannt ist. Sein Hauptinteresse widmete er damals Messungen über die Abnahme der Schwerkraft mit der Entfernung vom Erdmittelpunkt. Zu diesem Zweck konstruierte er eine Waage von höchster Empfindlichkeit, doch gelang es ihm nicht, die zahlreichen, die Messung beeinträchtigenden Nebeneinflüsse wie Temperatur, Feuchtigkeit usw. zu eliminieren, so daß diese Versuche zu keinen positiven Ergebnissen führten. Trotzdem brachte Helmholtz den Messungen lebhaftes Interesse entgegen; als er München einmal besuchte, ließ er sich die Versuchsanordnung in allen Einzelheiten zeigen. Ich selbst war bei dieser Vorführung zugegen; es war wohl das erste Mal, daß ich mit Helmholtz persönlich in Berührung kam. Jollys Vorlesungen hinterließen keinen allzu starken Eindruck, zumal er langsam und leise vortrug. Dagegen förderte er seine Schüler sehr durch die praktische Ausbildung, die sie in seinem Institut genossen. In persönlicher Hinsicht erinnere ich mich Jollys als eines vielseitig gebildeten, geistvollen Mannes. Als leidenschaftlicher Raucher legte er Wert darauf, nach einem guten Diner rechtzeitig eine Zigarre angeboten zu erhalten, und pflegte eine humorvolle „Zigarrenrede" zu halten, wenn man ihn warten ließ.

Die Atmosphäre des Jollyschen Institutes hatte zur Folge, daß ich mich angeregt fühlte, selbständig einige Versuche anzustellen. Beispielsweise schien es mir wichtig, festzustellen, ob den von den Theoretikern bereits damals zu ihren Gedankenexperimenten benutzten halbdurchlässigen Wänden eine reale physikalische Bedeutung zukommt. Als halbdurchlässige Wand benutzte ich eine an ein Gasrohr angeschlossene Platinkuppe, die mittels einer Gasflamme zum Glühen gebracht wurde. Zu meiner Befriedigung stellte ich fest, daß dieses Material tatsächlich Wasserstoff verhältnismäßig leicht durchtreten läßt, während andere Gase vollkommen zurückgehalten werden. Später hat ja bekanntlich Halbdurchlässigkeit erwärmten Platins (und Palladiums) Wasserstoff gegenüber bei zahlreichen physikalischen und physikalisch-chemischen Versuchen praktische Verwendung gefunden.

Ein Lehrstuhl „Theoretische Physik" existierte damals in München, wie an den meisten deutschen Universitäten, noch nicht.

Meine mathematische Ausbildung verdanke ich den Professoren Ludwig Seidel und Gustav Bauer. Seidel war eigentlich Astronom und ist durch die ersten von ihm ausgeführten genaueren photometrischen Messungen der Helligkeit an Planeten und Fixsternen bekannt geworden. Durch diese Messungen hatte er sich leider frühzeitig die Augen vollkommen verdorben. Ich habe ihn als einen geistreichen Mann und ausgezeichneten akademischen Lehrer in Erinnerung, der in seinen Vorträgen nach Möglichkeit an das anzuknüpfen pflegte, was ein Unbefangener denkt. Einmal sagte er zu mir: „Es ist merkwürdig: Im Elementarunterricht beim Rechnen fängt man mit dem Addieren an, erst später kommt man zum Subtrahieren. In der höheren Mathematik dagegen beginnt man in der Infinitesimalrechnung bei der Bildung des Differentialquotienten mit einer Subtraktion, und dann erst kommt man bei der Integration zur Addition."

Besonders viel habe ich bei B a u e r gelernt, vor allem in seinem ausgezeichneten mathematischen Seminar, das ich drei Jahre lang besuchte. Auch die Vorlesungen B a u e r s waren klar und überzeugend, obgleich er etwas stockend sprach und nicht im üblichen Sinne als guter Vortragender gelten konnte. Auf meine wissenschaftliche Entwicklung übte er einen entscheidenden Einfluß aus, da er es war, der in mir die eigentliche Begeisterung für die höhere Mathematik und deren Denkmethoden erweckte.

Merkwürdigerweise stehen meine eigenen Erfahrungen über den Münchener Mathematikunterricht zur damaligen Zeit in einem gewissen Gegensatz zu denen H e i n r i c h H e r t z', der etwa gleichzeitig mit mir in München studierte. H e r t z kritisiert nämlich in den an seine Eltern gerichteten Briefen[3] die Münchener mathematischen Vorlesungen im ganzen ungewöhnlich abfällig; doch schreibt er, glücklicherweise hielte ein junger Privatdozent, A l f r e d P r i n g s h e i m, ausgezeichnete, wenn auch nicht gerade leicht verständliche Vorlesungen, in denen er sehr viel lerne. Auch mir ist P r i n g s h e i m noch aus der Zeit meines späteren Münchener Aufenthaltes in Erinnerung, vor allem als witziger Gesellschafter; doch habe ich keine Vorlesungen bei ihm gehört. Umgekehrt scheint H e r t z höchstens vorübergehend zu Beginn des Semesters einige Vorlesungen bei B a u e r gehört zu haben und ist ihnen dann vielleicht wegen ihrer etwas unzulänglichen äußeren Form bald ferngeblieben. Hätte er an dem Seminar B a u e r s teilgenommen, in dem wir uns dann bereits in München kennengelernt hätten, so wäre sein Urteil über den dortigen Mathematikunterricht zweifellos günstiger ausgefallen.

Im Frühjahr verließ ich München für zwei Semester, um meine Studien in Berlin fortzusetzen, wo sich unter den Auspizien von H e r m a n n v o n H e l m h o l t z und G u s t a v K i r c h h o f f, deren bahnbrechende, in der ganzen Welt Beachtung findende Arbeiten ihren Schülern leicht zugänglich waren, mein wissenschaftlicher Horizont beträchtlich erweiterte. Allerdings muß ich gestehen, daß mir die Vorlesungen keinen merklichen Gewinn brachten. H e l m h o l t z hatte sich offenbar nie richtig vorbereitet. Er sprach immer nur stockend, wobei er in einem kleinen Notizbuch sich die nötigen

---

[3] H e i n r i c h H e r t z, Erinnerungen, Briefe, Tagebücher, Zusammengestellt von Dr. J o h a n n a H e r t z.

Daten heraussuchte, außerdem verrechnete er sich beständig an der Tafel, und wir hatten das Gefühl, daß er sich selber bei diesem Vortrag mindestens ebenso langweilte wie wir. Die Folge war, daß die Hörer nach und nach wegblieben; schließlich waren es nur noch drei, mich und meinen Freund, den späteren Astronomen Rudolf Lehmann-Filhes eingerechnet.

Im Gegensatz dazu trug Kirchhoff ein sorgfältig ausgearbeitetes Kolleg frei vor, wobei jeder Satz wohlerwogen an seiner richtigen Stelle stand. Kein Wort zu wenig, kein Wort zu viel. Aber das Ganze wirkte wie auswendig gelernt, trocken und eintönig. Die Studenten lauschten wie einem Orakel; keiner hätte gewagt, irgend etwas anzuzweifeln. Infolgedessen lernten wir aber nicht viel dabei, — denn man lernt nur, indem man sich Fragen stellt.

Die stärksten wissenschaftlichen Anregungen empfing ich in dieser Zeit durch die Veröffentlichungen von R. Clausius in Bonn, insbesondere durch dessen Werk über „Die mechanische Wärmetheorie". Manche Punkte in dieser Theorie erschienen mir indessen noch ergänzungsbedürftig, vor allem hielt ich es für nötig, die Begründung des zweiten Hauptsatzes noch zu vertiefen. Als ich glaubte, durch meine eigenen Überlegungen auf diesem Gebiet einen Fortschritt erzielt zu haben, stellte ich meine Ergebnisse zusammen und reichte die Arbeit in München, wohin ich inzwischen zurückgekehrt war, als Doktordissertation[4] ein. Die mündliche Doktorprüfung fand am 28. 6. 1879 statt. Der damalige Vorsitzende der Prüfungskommission war Ludwig Seidel; geprüft wurde ich in den Fächern Physik (von Jolly), Mathematik (von Gustav Bauer), Chemie (von A. von Baeyer) und Philosophie. Jolly richtete an mich sehr leichte Fragen. Auch die Fragen von Baeyers waren mühelos zu beantworten; doch habe ich gerade diese Prüfung in wenig angenehmer Erinnerung, da er mich ziemlich schnöde behandelte und durchblicken ließ, daß er die theoretische Physik für ein vollkommen überflüssiges Fach hielt. An die mündliche Prüfung schloß sich dann, den damaligen Bestimmungen entsprechend, die feierliche Promotion an, in welcher vom Doktoranden einige von ihm aufgestellte Thesen zu verteidigen waren. Meine Opponenten, mit denen ich natürlich, wie es üblich war, bereits vorher eine freundschaftliche Vereinbarung getroffen hatte, waren der Physiker Carl Runge und der Mathematiker Adolf Hurwitz.

Bereits ein Jahr nach der Promotion erfolgte meine Zulassung in München als Privatdozent. In der Habilitationsschrift, die den Titel trug: „Gleichgewichtszustände isotroper Körper", wurden die allgemeinen Ergebnisse der Doktordissertation zur Lösung einer Reihe

---

[4] Über den zweiten Hauptsatz der Wärmetheorie, München (1879).

konkreter thermodynamischer (speziell physikalisch-chemischer) Probleme herangezogen.

Nicht ohne Enttäuschung mußte ich feststellen, daß der Eindruck meiner Doktordissertation wie auch meiner Habilitationsschrift in der damaligen physikalischen Öffentlichkeit gleich Null war. Von meinen Universitätslehrern hatte, wie ich aus Gesprächen mit ihnen genau weiß, keiner ein Verständnis für ihren Inhalt. Sie ließen die Arbeiten wohl nur deshalb passieren, weil sie mich von meinen sonstigen Arbeiten im physikalischen Praktikum und im Mathematischen Seminar her kannten. Aber auch bei den Physikern, welche dem Thema an sich näher standen, fand ich kein Interesse, geschweige denn Beifall. Helmholtz hat die Schrift wohl überhaupt nicht gelesen. Kirchhoff lehnte ihren Inhalt ausdrücklich ab mit der Bemerkung, daß der Begriff der Entropie, deren Größe nur durch einen reversiblen Prozeß meßbar und daher auch definierbar sei, nicht auf irreversible Prozesse angewandt werden dürfe. An Clausius gelang es mir nicht heranzukommen; auf Briefe antwortete er nicht, und ein Versuch, mich ihm in Bonn persönlich vorzustellen, führte zu keinem Ergebnis, weil ich ihn nicht zu Hause antraf. Mit Carl Neumann in Leipzig führte ich über dieses Thema eine Korrespondenz, die völlig ergebnislos verlief.

Einen Lichtstrahl in dieser thermodynamischen Dunkelheit glaubte ich nun darin zu erblicken, daß die Göttinger Philosophische Fakultät eine Preisaufgabe über das Thema: „Das Prinzip der Erhaltung der Energie" ausschrieb. Ich entschloß mich daher, mich an diesem Wettbewerb zu beteiligen und arbeitete eine kleine Schrift aus, die später der Öffentlichkeit zugänglich gemacht wurde. In Göttingen wurde meiner Arbeit der zweite Preis zuerkannt. Außer meiner Bearbeitung der Aufgabe waren noch zwei andere eingegangen, welche nicht gekrönt wurden. Auf die einigermaßen naheliegende Frage, weshalb meine Arbeit es nicht bis zum ersten Preis brachte, suchte und fand ich die Antwort in dem ausführlichen Urteil der Göttinger Fakultät. Nach einigen minder ins Gewicht fallenden Bemängelungen heißt es dort: „Die Fakultät muß endlich den Bemerkungen, durch welche sich der Verfasser mit dem ‚Weberschen Gesetz' abzufinden sucht, ihre Zustimmung versagen." Mit diesen Bemerkungen hatte es folgende Bewandtnis: Wilhelm Weber war der Göttinger Professor der Physik, und es bestand damals zwischen Weber und Helmholtz eine scharfe wissenschaftliche Kontroverse, in welcher ich mich ausdrücklich auf die Seite von Helmholtz stellte. Ich glaube mich nicht zu irren, wenn ich in diesem Umstand den Hauptgrund sehe, weshalb die Göttinger Fakultät mir den ersten Preis verweigerte.

Durch die Schrift, in welcher ich eine Anzahl von Aufsätzen unter dem gemeinsamen Titel: „Über das Prinzip der Vermehrung der

Entropie" während meines Kieler Aufenthaltes (1885—1889) veröffentlichte, geriet ich in eine wenig erfreuliche briefliche Kontroverse mit dem bekannten schwedischen Physiko-Chemiker S v a n t e A r r h e n i u s. In der erwähnten Schrift wurden die Gesetze des Eintritts chemischer Reaktionen, sowie der Dissoziation von Gasen, und schließlich die Eigenschaften verdünnter Lösungen behandelt. Bezüglich der letzteren führte meine Theorie zu dem Schluß, daß die bei vielen Salzlösungen beobachteten Werte der Gefrierpunktserniedrigung nur durch eine Dissoziation der gelösten Stoffe erklärt werden können, und daß hiermit eine thermodynamische Begründung der ungefähr gleichzeitig von S v a n t e A r r h e n i u s aufgestellten elektrolytischen Dissoziationstheorie gegeben sei. A r r h e n i u s bestritt nun in ziemlich unfreundlicher Weise die Zulässigkeit meiner Beweisführung, indem er hervorhob, daß seine Hypothese sich auf Ionen, also auf elektrisch geladene Teilchen bezieht, worauf ich nur erwidern konnte, daß die thermodynamischen Gesetze unabhängig davon gelten, ob die Teilchen geladen sind oder nicht.

Im Frühjahr 1889, nach dem Tode von K i r c h h o f f, wurde ich auf Vorschlag der Berliner Philosophischen Fakultät als dessen Nachfolger zur Vertretung der theoretischen Physik an die Universität berufen, zuerst als Extraordinarius, von 1892 ab als Ordinarius. Das waren die Jahre, in denen ich wohl die stärkste Erweiterung meiner ganzen wissenschaftlichen Denkweise erfuhr. Denn nun kam ich zum ersten Male in nähere Berührung mit den Männern, welche damals die Führung in der wissenschaftlichen Forschung der Welt innehatten. Es war für mich ein Ereignis von großer Bedeutung, als ich H e r m a n n v o n H e l m h o l t z, den ich nach seinen Werken schon so viele Jahre lang verehrt hatte, nun auch menschlich näher treten konnte, ich sehe darin eine der wertvollsten Bereicherungen meines Lebens. Denn in seiner ganzen Persönlichkeit, seinem unbestechlichen Urteil, seinem schlichten Wesen, verkörperte sich die Würde und Wahrhaftigkeit seiner Wissenschaft. Dazu gesellte sich eine menschliche Güte, die mir tief zu Herzen ging. Wenn er mich im Gespräch mit seinem ruhig und eindringlich forschenden und doch im Grunde wohlwollenden Auge anschaute, dann überkam mich ein Gefühl grenzenloser kindlicher Hingabe, ich hätte ihm ohne Rückhalt alles, was mir am Herzen lag, anvertrauen können, in der festen Zuversicht, daß ich in ihm einen gerechten und milden Richter finden würde, und ein anerkennendes oder gar lobendes Wort aus seinem Munde konnte mich mehr beglücken als jeder äußere Erfolg. — Ein paarmal ist mir etwas derartiges passiert. Dazu zähle ich den betonten Dank, den er mir in der Physikalischen Gesellschaft nach meiner Gedächtnisrede auf H e i n r i c h H e r t z Anfang 1894 aussprach, oder die Zustimmung zu meiner Theorie der Lösungen, die er mir kurz vor meiner Erwählung in die Preußische Akademie der Wissenschaften äußerte. Jedes dieser kleinen Erlebnisse bewahre ich in meinem Gedächtnis wie einen unverlierbaren Schatz für mein ganzes Leben.

Zu wiederholten Malen ward es mir vergönnt, an den geselligen Veranstaltungen der Familie H e l m h o l t z teilzunehmen, bei denen sich ein Kreis erlesener Männer und Frauen und Vertreter der Wissenschaft und der Kunst des Abends zusammenfand. Unvergeßlich ist mir der Abend, als ich zum ersten Male J o s e p h J o a c h i m die von ihm bearbeiteten, damals neu erschienenen Ungarischen Tänze von Brahms spielen hörte, oder auch als M a r i a n n e B r a n d t mit dem Baritonisten O b e r h a u s e r Wotans Abschied aus der Walküre vortrug — natürlich bei einer anderen Gelegenheit. Denn damals gingen die Wogen in dem Streit hie Wagner — hie Brahms noch sehr hoch; aber sie reichten doch nicht hinauf bis zum Standpunkt von Helmholtz, der auch in der Kunst allem Dogmatischen abhold war und das Schöne und Echte anerkannte, wo er es antraf.

Die Seele der Unterhaltungen bei solchen Abenden war die Frau des Hauses, die auch die Erfüllung der repräsentativen Pflichten auf sich nahm, während ihr Gatte sich mehr zwanglos bewegte. Es hatte ewas Eigenartiges, zu beobachten, wie dieser überlegene Geist und berühmte Gelehrte für jeden, ob vornehm oder gering, ein freundliches Wort übrig hatte. Das gleiche Wohlwollen zeigte er einem jeden gegenüber, der mit einer wissenschaftlichen Frage zu ihm kam, selbst wenn diese reichlich naiv war, sobald er nur bemerkte, daß es ihm ernstlich um die Sache zu tun war. Als ein Beispiel dafür ist mir ein kleiner Vorfall in der Erinnerung haften geblieben, den er mir seinerzeit mitgeteilt hat. Unter seinen Zuhörern an der Universität befand sich auch ein eigenartiger, etwas phantastisch veranlagter Student, der zu der Erkenntnis gekommen zu sein glaubte, daß der Satz von der Erhaltung der Kraft unrichtig sei, und der infolgedessen das Bedürfnis empfand, seine Entdeckung den berufenen Vertretern der Wissenschaft mitzuteilen. Zuerst wandte er sich an den damaligen Direktor des Physikalischen Instituts, A u g u s t K u n d t, der aber in seiner praktischen Art kurzen Prozeß machte und ihn ohne weitere Umstände abwies. Darauf sprach er bei H e l m h o l t z vor. Dieser ließ ihn freundlich ein, hörte ihn geduldig von Anfang bis zu Ende an und nahm sich dann die Mühe, durch sachliches Eingehen auf seine Gedankengänge ihn von der Lückenhaftigkeit derselben zu überzeugen. Erst als der junge Mann, durch solch wohlwollende Aufnahme sicher geworden, anfing, sich unpassend über die Person seines Kollegen K u n d t zu äußern, fand er Worte scharfen Tadels und brach die Unterredung ab, vielleicht mit einem Gefühl der Erleichterung, daß er auf diese Weise dem Gespräch ein Ende machen konnte.

Die vornehme Zurückhaltung, die Helmholtz im Verkehr mit seiner Umgebung übte, ist ihm gelegentlich als ein Mangel an Gutmütigkeit, wohl auch als eine Art von Hochmut ausgelegt worden. Nichts kann verkehrter sein als eine solche Beurteilung. Auch dafür möchte ich einen Beleg anführen, eine Bemerkung von ihm, die mir Kundt gelegentlich wiedererzählte. Dieser hatte sich einmal in einem Gespräch mit Helmholtz darüber beklagt, daß es ihm in seinem neuen Berliner Wirkungskreis so außerordentlich schwer falle, zum ruhigen Arbeiten zu kommen, da unablässig von den verschiedensten Seiten Anforderungen aller Art an seine Zeit und Kraft gestellt würden. Darauf erwiderte ihm Helmholtz in seiner ruhigen Weise: „Ja, Herr Kollege, das verstehe ich nach meinen eigenen Erfahrungen vollkommen. Gegen diesen Übelstand gibt es nur ein einziges Mittel. Sie müssen vornehm werden." Damit hatte er die eine wirksame Schutzwaffe bezeichnet, die ihm, dem gutherzigsten Mann, in der Abwehr gegen lästige Zudringlichkeit zur Verfügung stand.

Außer mit Helmholtz kam ich auch mit August Kundt und mit Wilhelm von Bezold, den ich schon von München her kannte, schnell in ein näheres Verhältnis. Es ist wohl kaum ein größerer Gegensatz denkbar als zwischen dem sprudelnd lebhaften, schnell zur Äußerung seiner Empfindungen bereiten, neuen Bekanntschaften sich leicht aufschließenden Kundt, und dem bedächtigen, jede ihm vorgelegte Frage mit sachlicher Gründlichkeit prüfenden und neben der einen Seite einer Sache stets auch die entgegengesetzte gewissenhaft würdigenden Helmholtz. Feurig, temperamentvoll, sprühend von Witz und Verstand, übte Kundt auf seine Mitarbeiter und Schüler eine hinreißende Wirkung aus und begeisterte sie für die Wissenschaft der Physik. Er hatte sich von Straßburg einige Assistenten mitgebracht: Blasius, Arons, Rubens, die alle in aufrichtiger Verehrung an ihm wie an einem Vater hingen und mit denen er im Tone echter Kameradschaft verkehrte, ohne jemals die geziemende Autorität preiszugeben. Im Anschluß an Sitzungen der Physikalischen Gesellschaft pflegte er gern bei einem Glase Bier mit den jungen Fachgenossen zwanglos zu plaudern, namentlich auch über physikalische Probleme. Kundt war eine Faradaysche Natur, er suchte gerne nach neuen Effekten. So prüfte er unter anderem die Frage, ob das Gewicht eines Kristalls verschieden ist, je nachdem seine Hauptachse vertikal oder horizontal liegt, oder ob die absolute Größe des Potentials einen physikalischen Sinn hat. Natürlich wurden solche Messungen sehr diskret behandelt; nur die Nächststehenden erfuhren davon.

Wilhelm von Bezold war ein reger und feinsinniger Kopf, in seiner amtlichen Stellung Meteorologe, da er zur Organisation des Wetterdienstes in Preußen aus München nach Berlin berufen worden

war, aber, wie er selber sagte, in seinem Herzen viel mehr der Physik
ergeben, zu der er eine Art unglücklicher Liebe hatte. Denn in München ließ ihn B e e t z nicht recht aufkommen, und in Berlin konnte er
nur verhältnismäßig wenig Zeit der geliebten Wissenschaft widmen.
Man kann ihn in gewissem Sinne als Vorläufer von H e i n r i c h H e r t z
betrachten, da er schon mehrere Jahre vor diesem auf gewisse Schwingungserscheinungen bei der Funkenentladung gekommen war, und er
empfand es mit Stolz, daß H e r t z im zweiten Band seiner gesammelten Werke[5] eine früher von ihm übersehene Arbeit B e z o l d s : „Untersuchungen über elektrische Entladungen" als eine Art Wiedergutmachung vollständig mitabgedruckt hat.

Nicht so leicht gelang es mir, mit den anderen älteren Physikern
des damaligen Berliner Kreises in ein engeres persönliches Verhältnis
zu treten. Unter diesen nenne ich vor allem A d o l f P a a l z o w, den
Ordinarius an der Technischen Hochschule Charlottenburg, einen gediegenen Experimentator, der in seinem ganzen Wesen ein echter Berliner war. Er behandelte mich stets sehr freundlich, doch hatte ich
immer das Gefühl, daß er mich eigentlich für ziemlich überflüssig hielt.
Ich war eben damals weit und breit der einzige Theoretiker, gewissermaßen ein Physiker sui generis, was mir den Einstand nicht ganz
leicht machte. Ich glaubte auch deutlich zu spüren, daß mir die Herren
Assistenten am Physikalischen Institut mit einer gewissen betonten
Zurückhaltung begegneten. Doch mit der Zeit, als wir uns näher
kennen lernten, kamen wir uns näher, und mit einem derselben,
H e i n r i c h R u b e n s, hat mich später durch viele Jahre hindurch bis
zu seinem frühzeitigen Tode herzliche Freundschaft verbunden.

Zu dem Kreise der Berliner Physiker war auch der bedeutende
Physiologe E m i l D u B o i s - R e y m o n d zu rechnen, der noch an
der Gründung der Deutschen Physikalischen Gesellschaft (1845) teilgenommen hatte, und dessen lebhaftes Interesse für physikalische
Probleme bis zu seinem Tode (1896) lebendig blieb. Sein Bild steht
noch deutlich vor mir als eine autoritative Persönlichkeit: korrekt,
kritisch, mit ausgeprägtem Formensinn und hervorragender rhetorischer Gewandtheit. Es war mit ihm nicht gut Kirschen essen, denn er
duldete nicht leicht einen Widerspruch. Die mechanische Theorie, an
ihrer Spitze das erst vor einem Menschenalter entdeckte Prinzip der
Erhaltung der Energie, war für ihn der endgültige Schlußstein der
theoretischen Physik. Insbesondere galt sein Kampf schon den damals
sich regenden Neovitalisten, denen er mit allen Waffen seiner geistreichen Dialektik zu Leibe ging. In unmittelbare Berührung mit D u
B o i s - R e y m o n d kam ich im Frühjahr 1890, als ich in der Berliner
Physikalischen Gesellschaft meinen ersten Vortrag über Potentialdiffe-

---

[5] Über die Ausbreitung der elektrischen Kraft.

renzen zweier Elekrolyte hielt. Kurz vorher hatte Nernst seine grundlegende Theorie der Elektrizitätserregung in Elektrolyten aufgestellt, und ich hatte aus dieser Theorie eine allgemeine Formel für die Potentialdifferenz abgeleitet, die die vorliegenden Messungen gut wiedergab. Als mir nun Herr Kollege Nernst in einem freundlichen Brief aus Göttingen die Resultate einiger neuer Messungen mitteilte, und diese sich ebenfalls aufs beste in meine Formel einfügten, war ich meiner Sache sicher und hoffte nun, mich mit meinem Vortrag recht vorteilhaft in die Physikalische Gesellschaft einzuführen. Es sollte freilich etwas anders kommen. Den Vorsitz an dem Abend führte Du Bois-Reymond. Nachdem ich meinen Vortrag beendet und die Tafel vollgeschrieben hatte, meldete sich in der Diskussion niemand zum Wort. Daher machte der Vorsitzende selber einige Bemerkungen, die aber im wesentlichen auf eine ziemlich scharfe Kritik hinausliefen. Die Übereinstimmung der gemessenen und der berechneten Zahlen könne doch wohl auf einem Zufall beruhen, denn die Grundlage dieser ganzen Theorie scheine ihm doch sehr unsicher. Besonders die Vorstellung, daß z. B. in einer Kochsalzlösung freie Natriumatome sich herumbewegen, sei für jeden, der etwas chemisch denken könne, geradezu unannehmbar. Überhaupt: Der sogenannte osmotische Druck, der sich in konzentrierten Lösungen nach Atmosphären bemißt, müßte doch eigentlich jedes Reagenzglas sprengen. Das Einzige, was ihm an der Theorie offenbar gefiel, war der Umstand, daß die Potentialdifferenz zwischen einem Elektrolyten und reinem Wasser sich in ihr als unendlich groß ergibt. Denn bei seinen eigenen Messungen habe er für diese Potentialdifferenz keinen bestimmten Wert feststellen können; sie wäre im allgemeinen um so größer ausgefallen, je reiner das benutzte Wasser gewesen wäre. Das war nun im ganzen genommen eine kalte Dusche auf meine glühende Begeisterung. Ich ging etwas bedrückt nach Hause, tröstete mich aber bald in dem Gedanken, daß eine gute Theorie sich auch ohne geschickte Propaganda durchsetzen werde. Das ist natürlich auch in diesem Falle geschehen, obwohl es in Berlin noch einige Jahre dauerte. Denn hier hatte die neu aufstrebende physikalische Chemie, vor der erst 1905 erfolgten Berufung Nernsts keinen rechten Vertreter. Landolt war schon zu alt; der einzige an der neuen Entwicklung teilnehmende Physiko-Chemiker war der Privatdozent Hans Jahn (1906), mit dem ich auch persönlich infolge seines warmherzigen Wesens und seiner künstlerischen Interessen nahe Beziehungen hatte. Jahn war nicht nur ein ausgezeichneter Experimentator, der seine Messungen mit vorbildlicher Sorgfalt durchführte, sondern als ein Schüler Boltzmanns auch ein vielseitiger und feingebildeter Theoretiker. Seine eigenen Schüler, die er geradezu väterlich betreute, hingen mit größter Liebe und Verehrung an ihm.

Aber nicht nur mit den in Berlin ansässigen, sondern auch einer Anzahl auswärtiger Kollegen trat ich damals in einen anregenden Gedankenaustausch. Meinen Briefwechsel mit W. N e r n s t erwähnte ich bereits.

Anknüpfend an die Probleme der elektrischen Dissoziationstheorie entwickelte sich bald auch ein ausgedehnter Briefwechsel mit W i l h e l m O s t w a l d in Leipzig, der zu mancherlei kritischen, aber immer im freundschaftlichen Ton geführten Auseinandersetzungen Anlaß gab. O s t w a l d, der seiner Natur nach stark zum Systematisieren neigte, unterschied drei Arten der Energie, entsprechend den drei Raumdimensionen: die Distanzenergie, die Oberflächenenergie und die Raumenergie. Die Distanzenergie, sagte er, sei die Gravitation, die Oberflächenenergie sei die Oberflächenspannung einer Flüssigkeit, die Raumenergie sei die Volumenenergie. Darauf erwiderte ich u. a., daß es keine Volumenenergie im O s t w a l d schen Sinne gibt. Bei einem idealen Gas zum Beispiel hängt die Energie sogar überhaupt nicht vom Volumen ab, sondern nur von der Temperatur. Läßt man ein ideales Gas sich ohne äußere Arbeitsleistung ausdehnen, so vergrößert sich das Volumen, aber die Energie bleibt unverändert, während nach O s t w a l d die Energie sich vermindern müßte, entsprechend der Verminderung des Druckes.

Eine andere Kontroverse ergab sich im Anschluß an die Frage der Analogie des Überganges der Wärme von höherer zu tieferer Temperatur mit dem Herabsinken eines Gewichtes von größerer auf geringere Höhe. Ich hatte schon früher die Notwendigkeit einer scharfen Trennung dieser beiden Vorgänge betont. Denn sie unterschieden sich grundsätzlich voneinander, wie sich die beiden Hauptsätze der Wärmetheorie voneinander unterscheiden. Damit stieß ich aber auf den Widerspruch einer damals allgemein verbreiteten Ansicht, und es war mir nicht möglich, mich mit meiner Meinung bei den Fachgenossen durchzusetzen. Es gab sogar Physiker, welche die C l a u s i u s schen Gedankengänge unnötig kompliziert und noch dazu unklar fanden, und welche es insbesondere ablehnten, durch die Einführung des Begriffes der Irreversibilität des direkten Wärmeübergangs der Wärme eine Sonderstellung unter den verschiedenen Energiearten zuzuweisen. Sie schufen als Gegenstück zur C l a u s i u s schen Wärmetheorie die sog. Energetik, deren erster Hauptsatz ebenso wie der C l a u s i u s sche das Prinzip der Erhaltung der Energie ausspricht, deren zweiter Hauptsatz aber, der die Richtung allen Geschehens anzeigen soll, den Wärmeübergang von höherer zu tieferer Temperatur in vollkommene Analogie stellt zu dem Herabsinken eines Gewichtes von größerer auf geringere Höhe. Damit hing dann zusammen, daß die Annahme einer Irreversibilität für den Beweis des zweiten Hauptsatzes als unwesentlich erklärt wurde, ferner auch, daß die Existenz eines absoluten Nullpunktes der Temperatur bestritten wurde unter Berufung darauf, daß man wie bei Höhenniveaus so auch bei der Temperatur nur Differenzen messen könne.

Es gehört mit zu den schmerzlichsten Erfahrungen der ersten Jahrzehnte meines wissenschaftlichen Lebens, daß es mir nur selten, ja, ich möchte sagen, niemals gelungen ist, eine neue Behauptung, für deren Richtigkeit ich einen vollkommen zwingenden, aber nur theoretischen Beweis erbringen konnte, zur allgemeinen Anerkennung zu bringen. So ging es mir auch diesmal. Gegen die Autorität von Männern wie W. Ostwald, Ch. Helm, E. Mach war eben nicht aufzukommen. Daß meine Behauptung des grundsätzlichen Unterschiedes zwischen der Wärmeleitung und dem Gewichtsherabfall schließlich sich als zutreffend erweisen würde, wußte ich ja mit vollkommener Sicherheit. Aber das Ärgerliche war, daß ich nicht die Genugtuung erlebte, mich durchgesetzt zu haben, sondern daß die allgemeine Anerkennung meiner Behauptung von ganz anderer Seite herbeigeführt wurde, die mit den Überlegungen, durch welche ich meine Behauptung begründet hatte, in gar keinem Zusammenhang stand, nämlich von der atomistischen Theorie, wie sie durch Ludwig Boltzmann vertreten wurde.

Boltzmann war es gelungen, für ein gegebenes Gas in einem gegebenen Zustand eine Größe H zu bilden, welche die Eigenschaft besitzt, daß ihr Betrag mit der Zeit beständig abnimmt. Man braucht also nur den negativen Wert dieser Größe mit der Entropie zu identifizieren, um das Prinzip der Vermehrung der Entropie zu gewinnen. Damit war dann auch die Irreversibilität als charakteristisch für die Vorgänge in einem Gase nachgewiesen.

So kam die tatsächliche Entwicklung der Dinge darauf hinaus, daß meine Behauptung des grundsätzlichen Unterschiedes zwischen der Wärmeleitung und einem mechanischen Vorgang zwar den Sieg über die frühere, von hervorragenden Autoritäten vertretene Ansicht davontrug, daß aber meine Beteiligung bei dem Kampf ganz überflüssig war; denn auch ohne sie wäre der Umschwung genau so eingetreten.

Es versteht sich, daß dieser Kampf, in dem sich Boltzmann und Ostwald gegenüberstanden, ziemlich lebhaft geführt wurde und daß er auch zu manchen drastischen Effekten Anlaß gab, da die beiden Gegner sich an Schlagfertigkeit und natürlichem Witz ebenbürtig waren. Ich selbst konnte dabei nach dem Gesagten nur die Rolle eines Sekundanten von Boltzmann spielen, dessen Dienste von diesem freilich gar nicht anerkannt, ja nicht einmal gern gesehen wurden. Denn Boltzmann wußte recht wohl, daß mein Standpunkt von dem seinigen doch wesentlich verschieden war. Insbesondere verdroß es ihn, daß ich der atomistischen Theorie, welche die Grundlage seiner ganzen Forschungsarbeit bildete, nicht nur gleichgültig, sondern sogar etwas ablehnend gegenüberstand. Das hatte darin seinen Grund, daß ich damals dem Prinzip der Vermehrung der Entropie die nämliche ausnahmslose Gültigkeit zuschrieb wie dem Prinzip der Erhaltung der Energie, während bei Boltzmann jenes Prinzip nur als Wahrscheinlichkeitsgesetz erscheint, welches als solches auch Ausnahmen zuläßt. Die Größe H kann auch einmal zunehmen. Auf diesen Punkt war Boltzmann bei der Ableitung seines sog. H-Theorems gar nicht eingegangen, und ein talentvoller Schüler von mir, Ernst Zermelo, wies mit Nachdruck auf diesen Mangel einer strengen Begründung des Theorems hin. In der Tat fehlte in der Rechnung von Boltzmann die Erwähnung der für die Gültigkeit seines Theorems unentbehrlicher Voraussetzung der molekularen Unordnung. Er setzte sie wohl als selbstverständlich voraus. Jedenfalls erwiderte er dem jungen Zermelo mit beißender Schärfe, von der auch ein Teil mich selbst traf, weil doch die Zermelosche Arbeit mit meiner Genehmigung erschienen war. Auf diese Weise kam es, daß Boltzmann zeitlebens, auch bei späteren Gelegenheiten, sowohl in seinen Publikationen als auch in unserer Privatkorrespondenz einen gereizten Ton gegen mich beibehielt, der erst in der letzten Zeit seines Lebens, als ich ihm von der atomistischen Begründung meines Strahlungsgesetzes berichtete, einer freundlichen Zustimmung wich.

Daß Boltzmann in dem Kampf gegen Ostwald und die Energetiker sich schließlich durchsetzte, war für mich nach dem Gesagten eine Selbstverständlichkeit. Die grundsätzliche Verschiedenheit der Wärmeleitung von einem rein mechanischen Vorgang wurde allgemein anerkannt. Dabei hatte ich Gelegenheit, eine, wie ich glaube, bemerkenswerte Tatsache festzustellen. Eine neue wissenschaftliche Wahrheit pflegt sich nicht in der Weise durchzusetzen, daß ihre Gegner überzeugt werden und sich als belehrt erklären, sondern vielmehr dadurch, daß die Gegner allmählich aussterben und daß die heranwachsende Generation von vornherein mit der Wahrheit vertraut gemacht ist.

Im übrigen boten die hier geschilderten Auseinandersetzungen für mich verhältnismäßig nur wenig Reiz, da etwas Neues dabei nicht herauskommen konnte. Mein Interesse wandte sich daher bald einem ganz anderen Problem zu, das mich für längere Zeit in seinem Bann festhalten und zu verschiedenen Arbeiten anregen sollte: dem Strahlungsgesetz:

Wie ich dieses Problem in Angriff nahm und wie es sich schließlich löste, habe ich vor ein paar Jahren in dieser Zeitschrift ausführlich dargestellt[6]. Dabei muß ich mich nun freilich selbst einer molekular-

---

[6] Zur Geschichte der Auffindung des Wirkungsquantums, M. Planck, Naturwiss. 31, 153 (1943).

statistischen Methode bedienen und mich damit der bis dahin angefochtenen Atomtheorie zuwenden. Allerdings unterschied sich diese in einem entscheidenden Punkte von den von Boltzmann und anderen Vertretern der Atomtheorie angewandten Verfahren, in der Idee des elementaren Wirkungsquantums h. Die Umgestaltung, welche damit erforderlich wurde, habe ich im Anschluß an die Arbeiten über das Strahlungsgesetz mehrfach behandelt. Sie wirkt auch auf die eigentliche Thermodynamik zurück.

Zur Geschichte der Auffindung des physikalischen Wirkungsquantums

Fassung letzter Hand

Da mit dem Auftreten des elementaren Wirkungsquantums eine neue Epoche in der physikalischen Wissenschaft anhebt, fühle ich gegenüber den Physikern einer späteren Generation das Bedürfnis und die Verpflichtung, den mehrfach verschlungenen Weg, auf dem ich zur Berechnung dieser universellen Konstanten gelangt bin, so wie es sich in meinem Gedächtnis spiegelt, in einer zusammenfassenden Darstellung nach bestem Wissen zu schildern.

I

Zu diesem Zweck muß ich zunächst ewas weiter, bis zu meinen Universitätsstudienjahren, zurückgreifen. Was mich in der Physik von jeher vor allem interessierte, waren die großen allgemeinen Gesetze, die für sämtliche Naturvorgänge Bedeutung besitzen, unabhängig von den Eigenschaften der an den Vorgängen beteiligten Körper. In dieser grundsätzlichen Einstellung hatte mich namentlich mein Mathematiklehrer H. Müller vom Maximiliansgymnasium in München erzogen. Daher fesselten mich im besonderen Maße die beiden Hauptsätze der Thermodynamik. Während aber der erste Hauptsatz, der Satz der Erhaltung der Energie, einen sehr einfachen und leicht faßlichen Sinn besitzt, und daher keinen Anlaß zu besonderen Erläuterungen darbietet, bedarf das richtige Verständnis des zweiten Hauptsatzes eines genauen Studiums. Ich lernte diesen Satz in meinem letzten Studienjahr (1878) durch die Lektüre der Schriften von R. Clausius kennen, die mich ohnedies durch die ausgezeichnete Klarheit und Überzeugungskraft der Sprache besonders angezogen[1]. Clausius leitete den Beweis seines zweiten Hauptsatzes aus der Hypothese ab, daß „die Wärme nicht von selbst aus einem kälteren in einen wärmeren Körper übergeht". Diese Hypothese bedarf einer besonderen Erläuterung. Denn mit ihr soll nicht nur ausgedrückt werden, daß die Wärme nicht

---

[1] R. Clausius, Die mechanische Wärmetheorie, 1876.

direkt aus einem kälteren in einen wärmeren Körper übergeht, sondern auch, daß es auf keinerlei Weise möglich ist, Wärme aus einem kälteren Körper in einen wärmeren Körper zu schaffen, etwa durch einen passend ersonnenen Kreisprozeß, ohne daß in der Natur irgendeine sonstige, als Kompensation dienende Veränderung eintritt, welche die Eigenschaft hat, daß sie nicht rückgängig werden kann, ohne eine andere bleibende Veränderung zurückzulassen. Nur wenn man diese weitgehende Behauptung der Hypothese zur Voraussetzung macht, ist es möglich, den allgemeinen Beweis des zweiten Hauptsatzes zu führen. Die vielfachen Angriffe, welche der Clausiussche Beweis erfahren hat, beruhen zum wesentlichen Teil auf einer Verkennung des vollständigen Inhalts seiner Hypothese.

In dem Bestreben, mir über diesen Punkt möglichst Klarheit zu schaffen, kam ich auf eine Formulierung der Hypothese, die mir einfacher und bequemer zu sein schien. Sie lautet: „Der Prozeß der Wärmeleitung läßt sich auf keinerlei Weise vollständig rückgängig machen." Damit ist dasselbe ausgedrückt wie durch die Clausiussche Fassung, ohne daß es einer besonderen Erläuterung bedarf. Man muß nur die Worte „auf keinerlei Weise" und „vollständig" gehörig beachten. Sie wollen besagen, daß man bei dem Versuch, den Prozeß rückgängig zu machen, ganz beliebige Hilfsmittel benutzen darf, mechanische, thermische, elektrische, chemische, nur mit der Bedingung, daß nach Beendigung des angewandten Verfahrens die benutzten Hilfsmittel sich wieder genau in dem nämlichen Zustand befinden wie am Anfang, als man sie in Benutzung nahm. Es soll eben überall in der ganzen Natur der Anfangszustand des Prozesses wiederhergestellt sein. Einen Prozeß, der sich auf keinerlei Weise vollständig rückgängig machen läßt, nannte ich „natürlich", heute heißt er „irreversibel".

Aber der Fehler, den man durch die allzu enge Interpretation des Clausiusschen Satzes begeht, und den ich mein ganzes Leben hindurch unermüdlich zu bekämpfen suchte, ist, wie es scheint, vorläufig immer noch nicht auszurotten. Denn bis auf den heutigen Tag begegne ich statt der obigen Definition der Irreversibilität der folgenden: „Irreversibel ist ein Prozeß, der nicht in umgekehrter Richtung verlaufen kann." Das ist nicht ausreichend. Denn von vornherein ist es sehr wohl denkbar, daß ein Prozeß, der nicht in umgekehrter Richtung verlaufen kann, auf irgendeine Weise, durch eine passend konstruierte Vorrichtung, sich vollständig rückgängig machen läßt. Auf diesem tieferen Sinn der Irreversibilität beruht es gerade, daß der zweite Hauptsatz nicht nur für die Wärmeerscheinungen, sondern für alle beliebigen Naturvorgänge Bedeutung besitzt.

Nach Maßgabe der vorstehenden Definition zerfallen sämtliche Vorgänge in der Natur in zwei Klassen: in reversible und irreversible Prozesse (ich sagte damals neutrale und natürliche Prozesse), je

Zur Geschichte der Auffindung des physikalischen Wirkungsquantums 17

nachdem sie sich auf irgendeine Weise vollständig rückgängig machen lassen oder nicht. Daraus folgt, was nun das Wesentliche ist, daß die Entscheidung darüber, ob ein Naturvorgang irreversibel oder reversibel ist, nur von der Beschaffenheit des Anfangszustandes und des Endzustandes abhängt. Über die Art und über den Verlauf des Vorganges braucht man gar nichts zu wissen. Denn es kommt nur darauf an, ob man, vom Endzustand ausgehend, auf irgendeine Weise den Anfangszustand in der ganzen Natur wiederherstellen kann oder nicht. Im ersten Falle, dem der irreversiblen Prozesse, ist der Endzustand in einem gewissen Sinne vor dem Anfangszustand ausgezeichnet, die Natur besitzt sozusagen eine größere „Vorliebe" für ihn. Im zweiten Falle, dem der reversiblen Prozesse, sind die beiden Zustände gleichberechtigt. Als ein Maß für die Größe dieser Vorliebe ergab sich die Clausius sche Entropie, und als Sinn des zweiten Hauptsatzes das Gesetz, daß bei jedem Naturvorgang die Summe der Entropien aller an dem Vorgang beteiligten Körper zunimmt, im Grenzfall, für einen reversiblen Vorgang, unverändert bleibt. Die vorstehenden Ausführungen verarbeitete ich zu meiner Münchener Doktordissertation[2].

Der Eindruck dieser Schrift in der damaligen physikalischen Öffentlichkeit war gleich Null. Von meinen Universitätslehrern, dem Physiker Ph. v. Jolly und den Mathematikern L. Seidel und G. Bauer, denen ich die Grundlage meiner wissenschaftlichen Bildung verdanke, hatte, wie ich aus Gesprächen mit ihnen genau weiß, keiner ein Verständnis für ihren Inhalt. Sie ließen sie wohl nur deshalb als Dissertation passieren, weil sie mich von meinen sonstigen Arbeiten im physikalischen Praktikum und im mathematischen Seminar her kannten. Aber auch bei solchen Physikern, welche dem Thema an sich näher standen, fand ich kein Interesse, geschweige denn Beifall. Helmholtz hat die Schrift wohl überhaupt nicht gelesen, Kirchhoff lehnte ihren Inhalt ausdrücklich ab, mit der Bemerkung, daß der Begriff der Entropie, deren Größe nur durch einen reversiblen Prozeß meßbar und daher auch definierbar sei, nicht auf irreversible Prozesse angewendet werden dürfe. An Clausius gelang es mir nicht heranzukommen, er war in persönlicher Beziehung sehr zurückhaltend. Ein einmal unternommener Versuch, mich ihm in Bonn vorzustellen, führte zu keinem Ergebnis, weil ich ihn nicht zu Hause antraf. Mit C. Neumann in Leipzig hatte ich über das Thema eine Korrespondenz, die völlig resultatlos verlief.

Solche Erfahrungen hinderten mich jedoch nicht, tief durchdrungen von der Bedeutung dieser Aufgabe, das Studium der Entropie, die ich neben der Energie als die wichtigste Eigenschaft eines physi-

---

[2] Über den zweiten Hauptsatz der mechanischen Wärmetheorie, München, Th. Ackermann, 1879.

kalischen Gebildes betrachtete, weiter fortzusetzen. Da ihr Maximum das endgültige Gleichgewicht bezeichnet, so ergaben sich aus der Kenntnis der Entropie alle Gesetze des physikalischen und des chemischen Gleichgewichts. Dies führte ich in den folgenden Jahren in verschiedenen Arbeiten im einzelnen durch, zuerst für Aggregatzustandsänderungen, dann für Gasgemische und endlich für Lösungen. Überall zeigten sich fruchtbare Ergebnisse, so z. B. für die Dissoziationstheorie. Leider war mir aber darin, wie ich erst später entdeckte, der große amerikanische Theoretiker John Willard Gibbs zuvorgekommen, der die nämlichen Sätze, sogar teilweise in noch allgemeinerer Fassung, schon früher formuliert hatte[3], so daß mir auch auf diesem Gebiet keine besonderen Erfolge beschieden waren.

II

Dagegen stieß ich in dem Gebiet der strahlenden Wärme auf Neuland. Schon im Jahre 1860 hatte G. Kirchhoff den Satz kennen gelernt, daß in einem evakuierten, von total reflektierenden Wänden begrenzten Hohlraum, der ganz beliebige emittierende und absorbierende Körper enthält, sich mit der Zeit durch irreversible Vorgänge ein stationärer Strahlungszustand herausbildet, der von einer einzigen Variabeln, der allen Körpern gemeinsamen Temperatur T, abhängt. Es ist der nämliche Strahlungszustand, der in dem Vakuum herrscht, wenn die umgebenden Wände schwarz sind und die betreffende Temperatur besitzen. Ihm entspricht eine ganz bestimmte Verteilung der Strahlungsenergie auf die einzelnen Schwingungszahlen ν des Spektrums. Diese sogenannte normale Energieverteilung wird also durch eine universelle, von keinerlei Material abhängige Funktion von T und ν dargestellt, und da nach meiner Überzeugung ein Naturgesetz um so einfacher lautet, je umfassender es ist, so schien mir die Aufgabe besonders verlockend, nach dieser Funktion zu suchen.

Hierfür bot sich als direkter Weg die Benutzung der Maxwellschen elektro-magnetischen Lichttheorie, die sich einige Jahre vorher, dank der großen Hertzschen Entdeckung, den endgültigen Sieg errungen hatte. Ich dachte mir also den evakuierten Hohlraum erfüllt mit elektrisch schwingenden, Energie ausstrahlenden und absorbierenden Körpern und wählte, da es auf ihre Beschaffenheit nicht ankommt, solche von möglichst einfacher Natur aus, nämlich lineare Resonatoren oder Oszillatoren von bestimmter Eigenfrequenz ν und schwacher, nur durch Strahlung bewirkter Dämpfung. Meine Hoffnung ging dahin, daß

---

[3] J. W. Gibbs, Transactions of the Connecticut Academy 1873, 1876, 1878. Deutsche Übersetzung von W. Ostwald mit dem Titel Thermodynamische Studien, Leipzig, W. Engelmann, 1892.

für einen beliebig angenommenen Anfangszustand dieses Gebildes die Anwendung der Maxwellschen Theorie auf irreversible Strahlungsvorgänge führen würde, die in einen stationären Zustand, den des thermodynamischen Gleichgewichts, ausmünden mußten, in welchem die Hohlraumstrahlung die gesuchte normale, der Strahlung des schwarzen Körpers entsprechende Energieverteilung besitzt.

Demgemäß begann ich zunächst eine Untersuchung der Absorption und Emission elektrischer Wellen durch Resonanz[4]. Dabei war ich der Meinung, daß die Wechselwirkung zwischen einem durch eine elektrodynamische Welle erregten, Energie absorbierenden und emittierenden Oszillator und der ihn erregenden Welle einen irreversiblen Vorgang darstellt[5]. Diese Meinung, so allgemein ausgesprochen, ist aber irrig, worauf L. Boltzmann alsbald ausdrücklich hingewiesen hat[6]. Denn der ganze Vorgang kann ebensogut auch in gerade umgekehrter Richtung verlaufen. Man braucht nur in irgendeinem Zeitpunkt das Vorzeichen aller magnetischen Feldstärken, mit Beibehaltung der elektrischen Feldstärken, umzukehren. Dann saugt der Oszillator die in konzentrischen Kugelwellen emittierte Energie in ebensolchen Kugelwellen wieder ein und gibt die aus der erregenden Strahlung absorbierte Energie wieder von sich. Von Irreversibilität kann also bei einem derartigen Vorgang nicht die Rede sein.

Um daher in der Theorie der Wärmestrahlung auf dem eingeschlagenen Weg überhaupt weiterzukommen, ist die Einführung einer einschränkenden Bedingung notwendig, welche derartige singuläre, in der Natur wohl niemals stattfindende Vorgänge, wie konzentrische einwärts gerichtete Kugelwellen, und damit auch die Möglichkeit einer gleichzeitigen Umkehrung des Vorzeichens aller magnetischen Feldstärken von vornherein ausschließt. Diesen Schritt vollzog ich durch die Aufstellung der Hypothese der „natürlichen Strahlung"[7], deren Inhalt darauf hinausläuft, daß die einzelnen harmonischen Partialschwingungen, aus denen sich eine Wärmestrahlungswelle zusammensetzt, vollständig inkohärent sind. Auf der Grundlage dieser Hypothese entwickelte ich dann die Gesetze der Strahlungsvorgänge in einem von linearen Oszillatoren mit bestimmten Eigenfrequenzen und schwacher Dämpfung erfüllten evakuierten Hohlraum, zuerst für eine Hohlkugel, in deren Zentrum sich ein solcher Oszillator befindet, weil sich dann die Differentialgleichungen des Vorganges leicht integrieren lassen, dann zusammenfassend für den allgemeinen Fall eines beliebigen

---

[4] Sitzungsber. Berl. Akad. Wiss. vom 21. 3. 95.
[5] Sitzungsber. Berl. Akad. Wiss. vom 4. 2. 97, S. 59.
[6] L. Boltzmann, Sitzungsber. Akad. Wiss. vom 17. 6. 97.
[7] Sitzungsber. Berl. Akad. Wiss. vom 7. 7. 98.

Hohlraumes mit beliebig vielen Oszillatoren[8]. Als Resultat dieser Untersuchung ergab sich der Satz, daß die Wechselwirkungen eines Oszillators und der ihn erregenden Strahlung in der Tat stets einen irreversibeln Vorgang bilden, der im wesentlichen darin besteht, alle anfangs vorhandenen räumlichen und zeitlichen Schwankungen der Strahlungsintensität mit der Zeit auszugleichen. Wenn schließlich der stationäre Zustand eingetreten ist, so besitzt die Energie eines Oszillators von der Eigenfrequenz ν und ganz beliebigem kleinen Dämpfungsdekrement den Wert[9]:

$$(1) \qquad U = \frac{c^2}{\nu^2} \cdot K_\nu,$$

wo c die Lichtgeschwindigkeit und $K_\nu \cdot d\nu \cdot d\sigma \cdot d\Omega \cdot dt$ die Energiemenge ist, welche ein linear polarisierter Strahl innerhalb des Spektralbezirks $d\nu$ durch irgendein im durchstrahlten Hohlraum gelegenes Flächenelement $d\sigma$ senkrecht dazu innerhalb des Öffnungswinkels $d\Omega$ in der Zeit dt hindurchsendet. Das Wesentliche dieser Gleichung, welche mir unentbehrliche Dienste geleistet hat, besteht darin, daß nach ihr die Energie des mitschwingenden Oszillators nur von der Strahlungsintensität $K\nu$ und seiner Schwingungszahl ν, nicht aber von seiner sonstigen Beschaffenheit abhängt.

Als Folge der Irreversibilität dieser Vorgänge läßt sich nun leicht eine Zustandsfunktion angeben, deren Wert mit der Zeit stets zunimmt, und die man daher als Entropie deuten kann. Die Entropie des ganzen betrachteten Gebildes setzt sich zusammen aus der Summe der Entropien aller Oszillatoren und der Entropie der Hohlraumstrahlung. Für die Entropie eines Oszillators setzte ich[10]:

$$(2) \qquad S = -\frac{U}{a\nu} \cdot \log \frac{U}{eb\nu},$$

wo a und b zwei universelle Konstante sind und e, die Basis der natürlichen Logarithmen, nur aus Zweckmäßigkeitsrücksichten der Konstanten b als Faktor beigefügt ist, während der Ausdruck der Entropie der Hohlraumstrahlung sich ganz analog aus der Annahme ergab, daß jeder Strahl zugleich mit seiner Energie eine entsprechende Entropie mit sich führt, wodurch dann analog der räumlichen Energiedichte eine räumliche Entropiedichte bestimmbar wird.

Auf Grund dieser Festsetzungen konnte ich den Nachweis führen, daß die Entropie des Gesamtgebildes bei jedem beliebig gewählten Anfangszustand sowohl der Oszillatoren als auch der Hohlraumstrahlung mit der Zeit zunimmt — der stationäre Endzustand, der

---

[8] Sitzungsber. Berl. Akad. Wiss. vom 18. 5. 99.
[9] a. a. O. Gleichung (34).
[10] a. a. O. Gleichung (41).

des thermodynamischen Gleichgewichts, in welchem die Entropie ihr Maximum erreicht, hängt in allen seinen Teilen von einem einzigen Parameter T ab, der gegeben ist durch die Beziehung:

$$\frac{dS}{dU} = \frac{1}{T}, \qquad (3)$$

und der daher, thermodynamisch gesprochen, die absolute Temperatur bezeichnet. Substituiert man in dieser Gleichung den Wert von S aus (2) und berücksichtigt die Beziehung (1), so ergibt sich für die Strahlungsintensität der Schwingungszahl ν:

$$K_\nu = \frac{b\nu^3}{c^2} \cdot e^{-\frac{a\nu}{T}} \qquad (4)$$

Dies ist das von W. W i e n schon im Jahre 1896 aufgestellte Gesetz der normalen Energieverteilung, welches durch die damals (Mai 1899) vorliegenden Messungen im wesentlichen bestätigt wurde. Soweit schien alles in befriedigender Ordnung zu sein.

Aber schon bald darauf machte zuerst O. L u m m e r und E. P r i n g s h e i m, später auch F. P a s c h e n, auf gewisse Abweichungen vom Wienschen Verteilungsgesetz aufmerksam, welche sie bei der Ausdehnung ihrer Versuche auf größere Wellenlängen gefunden hatten und welche im Laufe der beständig gesteigerten Genauigkeit der Messungen so deutlich wurden, daß an der allgemeinen Gültigkeit der Formel (4) ernstliche Zweifel aufsteigen mußten. Das veranlaßte mich, zu prüfen, ob nicht der Ausdruck (2) der Entropie eines Oszillators durch einen besseren ersetzt werden kann.

Bei der eingehenden Beschäftigung mit diesem Problem fügte es das Schicksal, daß ein früher von mir unliebsam empfundener äußerer Umstand: der Mangel an Interesse der Fachgenossen für die von mir eingeschlagene Forschungsrichtung, jetzt gerade umgekehrt meiner Arbeit als eine gewisse Erleichterung zugute kam. Damals hatte sich nämlich eine ganze Anzahl hervorragender Physiker sowohl von der experimentellen als auch von der theoretischen Seite her dem Problem der Energieverteilung im Normalspektrum zugewandt. Aber alle suchten nur in der Richtung, die Strahlungsintensität K_ν als Funktion der Temperatur T darzustellen, während ich in der Abhängigkeit der Entropie S von der Energie U den tieferen Zusammenhang vermutete. Da die Bedeutung des Entropiebegriffs damals noch nicht die ihr zukommende Würdigung gefunden hatte, so kümmerte sich niemand um die von mir benutzte Methode, und ich konnte in aller Muße und Gründlichkeit meine Berechnungen anstellen, ohne von irgendeiner Seite eine Störung oder Überholung befürchten zu müssen.

Um nun einen tiefen Einblick in die Eigenschaften der Entropie zu gewinnen, berechnete ich zunächst ganz allgemein, ohne von der

Beziehung (2) Gebrauch zu machen, die Entropieänderung, welche im ganzen eintritt, wenn ein in einem stationären Strahlungsfeld befindlicher Oszillator, dessen Energie um einen kleinen Betrag ΔU ihren dem Strahlungsfeld entsprechenden Wert U übersteigt, die Energie dU aus dem Strahlungfeld aufnimmt. Diese Entropieänderung ergab sich zu[11]:

$$\frac{3}{5} \cdot \frac{d^2S}{dU^2} \cdot \Delta U \cdot dU.$$

Da nun bei einer in der Natur wirklich eintretenden Veränderung dU und ΔJ jedenfalls entgegengesetzte Vorzeichen haben, und da dann nach dem zweiten Wärmesatz der vorstehende Ausdruck stets positiv ist, so folgt notwendig:

$$\frac{d^2S}{dU^2} < 0.$$

In der Tat liefert der Ausdruck (2) der Entropie, welcher zum Wienschen Verteilungsgesetz führt,

(5) $$\frac{d^2S}{dU^2} = -\frac{1}{a\nu U}$$

Die auffallende Einfachheit dieser Beziehung legte mir den Gedanken nahe, sie durch eine passende anschauliche Überlegung direkt abzuleiten. Eine solche führte ich auch durch und gelangte auf diese Weise von einer anderen Seite her wieder zur Beziehung (2) und damit zum Wienschen Verteilungsgesetz. Ich sehe aber hier von der Wiedergabe ab, weil die Überlegung zwar einigermaßen plausibel, aber keineswegs zwingend ist. Daß sie in Wirklichkeit nicht zutrifft, ergibt sich aus der Tatsache, daß das Wiensche Verteilungsgesetz durch die Messungen nicht allgemein bestätigt wird. So waren meine Versuche, die Formel (2) zu verbessern, an einem toten Punkt angelangt, und ich stand im Begriff, sie endgültig aufzugeben.

Da trat ein Ereignis ein, welches in dieser Angelegenheit eine entscheidende Wendung bringen sollte. In der Sitzung der Deutschen Physikalischen Gesellschaft vom 19. Oktober 1900 teilte F. Kurlbaum die Resultate der von ihm in Gemeinschaft mit H. Rubens für sehr große Wellenlängen ausgeführten Energiemessungen mit, aus denen unter anderem hervorging, daß mit steigender Temperatur die Strahlungsintensität des schwarzen Körpers immer angenäherter proportional der Temperatur T wird, im krassen Gegensatz zum Wienschen Verteilungsgesetz (4), nach welchem die Strahlungsintensität stets endlich bleiben mußte. Da mir dieses Ergebnis schon einige Tage vor der Sitzung durch mündliche Mitteilung von seiten der Autoren bekannt geworden war, so hatte ich Zeit, noch vor der Sitzung die

---

[11] Ann. Physik I, 730 (1900).

Folgerungen daraus auf meine Weise zu ziehen und zur Berechnung der Entropie eines mitschwingenden Oszillators zu verwerten. Wenn für hohe Temperaturen T die Strahlungsintensität K_ν, proportional der Temperatur wird, so ist nach (1) auch die Energie des Oszillators ihr proportional, also:

$$U = C \cdot T,$$

und daraus nach (3) durch Integration:

$$S = C \cdot \log U.$$

Folglich:

$$\frac{d^2S}{dU^2} = -\frac{C}{U^2}. \tag{6}$$

Diese Beziehung tritt also für große Werte von U an die Stelle der für kleine Werte von U gültigen Beziehung (5). Sucht man nun nach einer allgemeinen Beziehung, welche die beiden genannten (5) und (6) als Grenzfälle enthält, so bietet sich als die einfachste die folgende dar:

$$\frac{d^2S}{dU^2} = -\frac{1}{a\nu U + \frac{U^2}{C}}$$

und durch Integration:

$$\frac{dS}{dU} = \frac{1}{T} = \frac{1}{a\nu} \cdot \log\left(1 + \frac{a'\nu}{U}\right), \tag{7}$$

wobei zur Abkürzung die Konstante $aC = a'$ gesetzt ist.

Dies ist, wenn man für U nach (1) wieder K_ν einführt, die Formel für das Energieverteilungsgesetz, welche ich, auf Wellenlänge umgerechnet, in der genannten Sitzung der Deutschen Physikalischen Gesellschaft[12] im Laufe der sich an den Kurlbaumschen Vortrag anschließenden lebhaften Diskussion vorlegte und zur Prüfung empfahl.

Am Morgen des nächsten Tages suchte mich der Kollege R u b e n s auf und erzählte, daß er nach dem Schluß der Sitzung noch in der nämlichen Nacht meine Formel mit seinen Messungsdaten genau verglichen und überall eine befriedigende Übereinstimmung gefunden habe. Auch L u m m e r und P r i n g s h e i m, die anfänglich Abweichungen festgestellt zu haben glaubten[13], zogen bald darauf ihren Widerspruch zurück, da, wie mir Pringsheim mündlich mitteilte, sich herausstellte, daß die gefundenen Abweichungen durch einen Rechenfehler verursacht waren. Durch spätere Messungen wurde dann die Formel (7) wiederholt bestätigt, um so genauer, je feiner die experimentellen Methoden arbeiteten[14].

---

[12] Sitzungsber. Deutsche Phys. Ges. 2, 202 (1900).
[13] M. v. L a u e, Naturwiss. 29, 137 (1941).
[14] H. R u b e n s und G. M i c h e l, Physik Z. 22, 569 (1921).

III

So durfte die Frage nach dem Gesetz der spektralen Energieverteilung in der Strahlung des schwarzen Körpers als endgültig erledigt betrachtet werden. Aber nun blieb das theoretisch wichtigste Problem zurück: eine sachgemäße Begründung dieses Gesetzes zu geben, und das war eine ungleich schwierigere Aufgabe; denn es handelte sich dabei um eine theoretische Ableitung des Ausdrucks der Entropie eines Oszillators, wie er sich aus (7) durch Integration ergibt. Er läßt sich in folgender Form schreiben:

$$(8) \qquad S = \frac{a'}{a}\left[\left(\frac{U}{a'\gamma} + 1\right) \log\left(\frac{U}{a'\gamma} + 1\right) - \frac{U}{a'\gamma} \log \frac{U}{a'\gamma}\right].$$

Um diesem Ausdruck einen physikalischen Sinn geben zu können, waren ganz neue Betrachtungen über das Wesen der Entropie notwendig, die über das Gebiet der Elektrodynamik hinausführen.

Unter allen Physikern der damaligen Zeit war Ludwig Boltzmann derjenige, der den Sinn der Entropie am tiefsten erfaßt hatte. Er deutete die Entropie eines in einem bestimmten Zustand befindlichen physikalischen Gebildes als ein Maß für die Wahrscheinlichkeit dieses Zustandes, und erblickte den Inhalt des zweiten Hauptsatzes in dem Umstand, daß das Gebilde bei jeder in der Natur eintretenden Veränderung in einen wahrscheinlicheren Zustand übergeht. In der Tat war es ihm gelungen, in seiner kinetischen Gastheorie eine Zustandsfunktion H zu definieren[15], welche die Eigenschaft besitzt, bei einer jeden in der Natur eintretenden Zustandsänderung an Größe abzunehmen, und die daher als die negativ genommene Entropie angesehen werden kann. Allerdings mußte er, um den Nachweis dieses berühmten H-Theorems führen zu können, zu der einschränkenden Hypothese greifen, daß der Zustand der Gasmoleküle „molekular ungeordnet" ist.

Ich selber hatte mich bis dahin um den Zusammenhang zwischen Entropie und Wahrscheinlichkeit nicht gekümmert, er hatte für mich deshalb nichts Verlockendes, weil jedes Wahrscheinlichkeitsgesetz auch Ausnahmen zuläßt, und weil ich damals dem zweiten Wärmesatz ausnahmslose Gültigkeit zuschrieb. Daß der Beweis der Irreversibilität der von mir betrachteten Strahlungsvorgänge auch nur unter der Voraussetzung der Hypothese der „natürlichen Strahlung" gelingen konnte, daß also eine solche einschränkende Hypothese in der Theorie der Strahlung ebenso notwendig ist und dort ganz die nämliche Rolle spielt, wie die der molekularen Unordnung in der Gastheorie, ist mir erst mit der Zeit vollkommen klar geworden.

---

[15] L. Boltzmann, Vorlesungen über Gastheorie, 1. Teil. Leipzig. J. A. Barth 1896, S. 33.

Da sich mir aber nun kein anderer Ausweg öffnete, so versuchte ich es mit der Methode B o l t z m a n n und setzte ganz allgemein für einen beliebigen Zustand eines beliebigen physikalischen Gebildes:

$$S = k \cdot \log W, \qquad (9)$$

wo W die gehörig berechnete Wahrscheinlichkeit des Zustandes bezeichnet.

Wenn diese Beziehung wirklich allgemeine Bedeutung besitzen soll, so muß, da die Entropie eine additive Größe, die Wahrscheinlichkeit aber eine multiplikative Größe ist, die Konstante k eine universelle, nur von den Maßeinheiten abhängige Zahl sein. Sie wird öfters verständlicherweise als die Boltzmannsche Konstante bezeichnet. Dazu ist allerdings zu bemerken, daß B o l t z m a n n diese Konstante weder jemals eingeführt noch meines Wissens überhaupt daran gedacht hat, nach ihrem numerischen Wert zu fragen. Denn dann hätte er auf die Zahl der wirklichen Atome eingehen müssen — eine Aufgabe, die er aber ganz seinem Kollegen J. L o s c h m i d t überließ, während er selber bei seinen Rechnungen stets die Möglichkeit im Auge behielt, daß die kinetische Gastheorie nur ein mechanisches Bild darstellt. Daher genügte es ihm, bei den gr. Atomen stehen zu bleiben. Der Buchstabe k hat sich erst ganz allmählich durchgesetzt. Noch mehrere Jahre nach seiner Einführung pflegte man statt dessen mit der Loschmidtschen Zahl L zu rechnen, welche die einem gr. Atom entsprechende Atomzahl ausdrückt.

Um nun die Beziehung (9) auf den vorliegenden Fall anzuwenden, dachte ich mir ein Gebilde, bestehend aus einer sehr großen Anzahl N von gleichartigen Oszillatoren, und suchte die Wahrscheinlichkeit zu berechnen, daß dies Gebilde die vorgegebene Energie U_N besitzt. Da nun eine Wahrscheinlichkeitsgröße nur durch Abzählung gefunden werden kann, so war es vor allem notwendig, die Energie U_N als eine Summe von diskreten, einander gleichen Elementen ε anzusehen, deren Anzahl durch die ebenfalls sehr große Zahl P bezeichnet sein möge. Also

$$U_N = N \cdot U = P \cdot \varepsilon \qquad (10)$$

wobei U die mittlere Energie eines Oszillators bedeutet.

Dann bot sich als ein Maß der gesuchten Wahrscheinlichkeit W ohne weiteres dar die Zahl der verschiedenen Arten wie die P Energieelemente auf die (numeriert gedachten) N Oszillatoren verteilt werden können[16]; also

$$W = \frac{(P+N)!}{P!\,N!}. \qquad (11)$$

Daraus nach (9) die Entropie des Oszillatorensystems:

---

[16] Sitzungsber. Dtsch. Phvsik. Ges. vom 14. 12. 1900, S. 240.

$$S_N = N \cdot S = k \cdot \log \frac{(P+N)!}{P!\, N!}$$

und nach dem Stirlingschen Satz:

$$N \cdot S = k \{(P+N) \log (P+N) - P \log P - N \log N\}$$

oder

(12) $$S = k \left\{ \left(\frac{P}{N} + 1\right) \log \left(\frac{P}{N} + 1\right) - \frac{P}{N} \log \frac{P}{N} \right\}.$$

Die Ähnlichkeit der beiden Ausdrücke (8) und (12) springt in die Augen. Es blieb also nur noch übrig, diejenigen Festsetzungen zu treffen, welche nötig sind, um sie völlig identisch zu machen. Das geschieht, wenn man setzt:

$$k = \frac{a'}{a} \text{ und } \frac{P}{N} = \frac{U}{a'\nu}.$$

Daraus folgt nach (10) als Größe des Energieelements: $\varepsilon = a'\nu$. Die von der Natur der Oszillatoren unabhängige Konstante a' bezeichnete ich mit h und nannte sie, da sie die Dimension eines Produktes von Energie und Zeit besitzt, das elementare Wirkungsquantum oder das Wirkungselement, im Gegensatz zum Energieelement $h\nu$. Mit den gemessenen Werten der Konstanten a und a' des Strahlungsgesetzes (7) ergaben sich die Werte von k und h:

$$k = 1{,}346 \cdot 10^{-16} \frac{\text{erg}}{\text{grad}}, \quad h = 6{,}55 \cdot 10^{-27} \text{ erg} \cdot \text{sec}.$$

Was nun die experimentelle Prüfung dieser Theorie anbelangt, so war eine solche damals zunächst nur in sehr beschränktem Maße möglich, weil hierfür nur die eine Konstante k zur Verfügung stand, deren Zahlenwert höchstens der Größenordnung nach einigermaßen bekannt war. Denn sie bedeutet nach Boltzmann[17] die sogenannte absolute Gaskonstante, aber nun nicht, wie dort, bezogen auf gr. Moleküle, also $R = 8{,}31 \cdot 10^7 \frac{\text{erg}}{\text{grad}}$, sondern bezogen auf die wirklichen Moleküle. Daher ist das Verhältnis $\frac{k}{R} = 1{,}62 \cdot 10^{-24}$ der Reduktionsfaktor, welcher die Masse einer gr. Molekel auf die Masse der wirklichen Molekel zurückführt, identisch mit dem reziproken Wert der Loschmidtschen Zahl L. Daraus berechnete ich auch den Wert des elektrischen Elementarquantums durch Multiplikation des Reduktionsfaktors mit der Ladung $2{,}895 \cdot 10^{14}$ (elektrostatisch) eines einwertigen gr. Ions zu $4{,}69 \cdot 10^{-10}$, während F. Richarz $1{,}29 \cdot 10^{-10}$, J. J. Thomsen $6{,}5 \cdot 10^{-10}$ gefunden hatte. Weitere Messungen des elektrischen Elementarquantums lagen damals nicht vor.

Mit diesem Ergebnis konnte ich also leidlich zufrieden sein. In der physikalischen Öffentlichkeit sah es freilich etwas anders aus. Die

---

[17] L. Boltzmann, Sitzungsber. Wien. Akad. Wiss. (II) 76, 428 (1877).

Berechnung des elektrischen Elementarquantums aus Wärmestrahlungsmessungen wurde sogar stellenweise nicht recht ernst genommen. Aber ich ließ mich durch solche Zweifel in dem Vertrauen auf meine Konstante k nicht irre machen. Völlige Sicherheit gewann ich allerdings erst, als mir bekannt wurde, daß E. R u t h e r f o r d und H. G e i g e r durch Abzählen von α-Teilchen auf den Wert $4{,}65 \cdot 10^{-10}$ gekommen waren. Seitdem haben verfeinerte Messungsmethoden bekanntlich zu einer kleinen Erhöhung dieser Zahl geführt.

Viel aussichtsloser erschien die Aufgabe, den Zahlenwert der zweiten Konstanten, h, die zuerst völlig in der Luft hing, zu prüfen. Daher war es mir eine große Überraschung und Freude, als J. F r a n c k und G. H e r t z bei ihren Versuchen über die Erregung einer Spektrallinie durch Elektronenstöße eine Methode zu ihrer Messung fanden, wie man sie sich direkter nicht wünschen kann. Damit war auch der letzte Zweifel an der Realität des Wirkungsquantums verschwunden.

Nun aber erhob sich das theoretisch allerschwierigste Problem, diesen sonderbaren Konstanten einen physikalischen Sinn beizulegen. Denn ihre Einführung bedeutete einen Bruch mit der klassischen Theorie, der viel radikaler war, als ich anfangs vermutet hatte. Zwar war das Wesen der Entropie als ein Maß der Wahrscheinlichkeit im Sinne Boltzmanns auch für die Strahlung endgültig festgestellt. Das zeigte sich besonders deutlich in einem Satz, von dessen Gültigkeit der mir am nächsten stehende meiner Schüler, M a x v. L a u e, mich in mehrfachen Gesprächen überzeugte, daß die Entropie zweier kohärenter Strahlenbündel kleiner ist als die Summe der Entropien der einzelnen Bündel, ganz entsprechend dem Satz, daß die Wahrscheinlichkeit des gleichzeitigen Eintreffens zweier von einander abhängiger Ereignisse verschieden ist von dem Produkt der Wahrscheinlichkeiten der einzelnen Ereignisse. Aber die Natur der Energieelemente $h\nu$ blieb ungeklärt. Durch mehrere Jahre hindurch machte ich immer wieder Versuche, das Wirkungsquantum irgendwie in das System der klassischen Physik einzubauen. Aber es ist mir das nicht gelungen. Vielmehr blieb die Ausgestaltung der Quantenphysik bekanntlich jüngeren Kräften vorbehalten, von denen ich hier, chronologisch geordnet, nur die Namen von A. E i n s t e i n, N. B o h r, M. B o r n, P. J o r d a n, W. H e i s e n b e r g, L. d e B r o g l i e, E. S c h r ö d i n g e r, P. A. M. D i r a c nenne, während sich um den mathematischen Aufbau der Theorie unter den deutschen Physikern in erster Linie A. S o m m e r f e l d, um die Förderung des physikalischen Verständnisses Cl. S c h a e f e r verdient gemacht hat.

Die Einheit des physikalischen Weltbildes.
(Vortrag, gehalten am 9. Dezember 1908 in der naturwissenschaftlichen Fakultät des Studentenkorps an der Universität Leiden.)

Meine sehr geehrten Herren! Als mir die freundliche Einladung übermittelt wurde, hier vor Ihnen über ein Thema meiner Wissenschaft zu sprechen, war mein erster Gedanke der, wie sorgfältig doch die Physik gerade in Holland gepflegt wird, welch glänzende, weltbekannte Namen Ihnen hier tagtäglich voranleuchten, und wie wenig an eigentlich Neuem Ihnen daher ein Vortrag über theoretische Physik, und nun vollends hier in Leiden, zu bieten vermöchte. Wenn ich nun dennoch den Versuch machen will, Ihre Aufmerksamkeit eine Zeitlang in Anspruch zu nehmen, so kann ich den Mut dazu lediglich aus der Überlegung schöpfen, daß unsere Wissenschaft, die Physik, ihrem Ziele ja nicht auf geradem Wege, sondern nur auf vielfach verschlungenen Pfaden stetig sich anzunähern vermag, und daß deshalb auch in ihr der Individualität des Forschers ein breiter Spielraum gelassen ist. So arbeitet der eine an dieser, der andere an jener Stelle, der eine mit dieser, der andere mit jener Methode, und das physikalische Weltbild, um das wir uns alle bemühen, malt sich zur Zeit in jedem wohl etwas verschieden. Daher hoffe ich immerhin auf Interesse bei Ihnen rechnen zu dürfen, wenn ich hier im folgenden versuche, Ihnen die Hauptzüge des physikalischen Weltbildes zu entwerfen, wie es sich aus den mir zur Verfügung stehenden Erfahrungen und Anschauungen heraus gestaltet hat und in Zukunft vermutlich gestalten wird.

I.

Von jeher, solange es eine Naturbetrachtung gibt, hat ihr als letztes, höchstes Ziel die Zusammenfassung der bunten Mannigfaltigkeit der physikalischen Erscheinungen in ein einheitliches System, womöglich in eine einzige Formel, vorgeschwebt, und von jeher haben sich bei der Lösung dieser Aufgabe zwei Methoden gegenübergestanden, oft miteinander ringend, noch öfter sich gegenseitig korrigierend und befruchtend, letzteres am reichsten, wenn sie sich in dem nämlichen Forschergeist zu gemeinsamer Arbeit verbanden. Die eine Methode ist die jugendlichere, sie faßt, einzelne Erfahrungen schnell verallgemeinernd, mit kühnem Griffe nach dem Ganzen und stellt in das Zentrum des Bildes von vornherein einen einzigen Begriff oder Satz, in den sie nun mit mehr oder weniger Erfolg die ganze Natur samt allen ihren Äußerungen zu bannen unternimmt. So machte Thales von Milet das „Wasser", Wilhelm Ostwald die „Energie", Heinrich Hertz das „Prinzip der geradesten Bahn" zum Haupt- und Zentralpunkt seines physikalischen Weltbildes, in welchem alle physikalischen Vorgänge ihren Zusammenhang und ihre Erklärung finden.

Die andere Methode ist bedächtiger, bescheidener und zuverlässiger, aber an Stoßkraft der ersten lange nicht gewachsen und daher auch sehr viel später zu Ehren gekommen: sie verzichtet vorläufig auf endgültige Resultate und malt zunächst nur diejenigen Einzelzüge in das Bild, welche durch direkte Erfahrungen vollständig sichergestellt erscheinen, ihre weitere Verarbeitung späterer Forschung überlassend. Ihren prägnantesten Ausdruck hat sie wohl gefunden in Gustav Kirchhoffs bekannter Definition der Aufgabe der Mechanik als einer „Beschreibung" der in der Natur vor sich gehenden Bewegungen. Beide Methoden ergänzen sich gegenseitig, und auf keinen Fall kann die physikalische Forschung auf eine derselben verzichten.

Aber nicht von dieser doppelten Methodik unserer Wissenschaft möchte ich jetzt zu Ihnen reden, sondern ich möchte vielmehr Ihre Aufmerksamkeit richten auf die prinzipiellere Frage, wohin denn diese eigenartige Methodik geführt hat und wohin sie vermutlich noch führen wird. Daß die Physik in ihrer Entwicklung wirklich Fortschritte gemacht hat, daß wir die Natur mit jedem Jahrzehnt erheblich besser kennenlernen, das kann ernstlich gewiß von niemandem geleugnet werden, das beweist ein einziger Blick auf die an Zahl wie an Bedeutung stetig wachsenden Hilfsmittel, mit welchen die Menschheit die Natur ihren Zwecken dienstbar zu machen versteht. Aber in welcher Richtung bewegt sich im ganzen dieser Fortschritt? Inwieweit kann man sagen, daß wir uns dem angestrebten Ziele, dem Einheitssystem, wirklich annähern? Dies zu untersuchen muß jedem Physiker, der sich ein offenes Auge für die Fortschritte seiner Wissenschaft bewahren will, von größter Wichtigkeit erscheinen. Und wenn wir imstande sind, über diese Fragen Auskunft zu erlangen, werden wir auch in die Lage kommen, uns Rechenschaft zu geben über die weitere, heutzutage wieder heiß umstrittene Frage: Was bedeutet uns im Grunde das, was wir das physikalische Weltbild nennen? Ist dasselbe lediglich eine zweckmäßige, aber im Grunde willkürliche Schöpfung unseres Geistes, oder finden wir uns zu der gegenteiligen Auffassung getrieben, daß es reale, von uns ganz unabhängige Naturvorgänge widerspiegelt?

Um zu erfahren, in welcher Richtung sich die Entwicklung der physikalischen Wissenschaft bewegt, gibt es nur ein Verfahren: man vergleicht den Zustand, in dem sie sich gegenwärtig befindet, mit demjenigen in einer früheren Zeit. Fragt man aber weiter, welches äußere Kennzeichen denn das beste Charakteristikum für den Entwicklungszustand einer Wissenschaft zu gewähren vermag, so wüßte ich kein allgemeineres zu nennen als die Art und Weise, wie die

Wissenschaft ihre Grundbegriffe definiert und wie sie ihre verschiedenen Gebiete einteilt. Denn in der Schärfe und Zweckmäßigkeit der Definitionen und in der Art der Einteilung des Stoffs liegen, wie allen etwas tiefer Nachdenkenden bekannt ist, sogar die letzten, reifsten Resultate der Forschung häufig schon implizite mit enthalten.

Sehen wir nun zu, wie es in dieser Beziehung mit der Physik gegangen ist. Da gewahren wir zunächst, daß die wissenschaftliche physikalische Forschung in allen ihren Gebieten entweder an unmittelbar praktische Bedürfnisse oder an besonders auffällige Naturerscheinungen anknüpft. Und nach diesen Gesichtspunkten richtet sich naturgemäß die anfängliche Einteilung der Physik und die Benennung ihrer einzelnen Zweige. So entsteht die Geometrie aus der Erd- oder Feldmeßkunst, die Mechanik aus der Maschinenlehre, die Akustik, die Optik, die Wärmelehre aus den entsprechenden spezifischen Sinneswahrnehmungen, die Elektrizitätslehre aus den merkwürdigen Beobachtungen am geriebenen Bernstein, die Theorie des Magnetismus aus den auffallenden Eigenschaften der bei der Stadt Magnesia gefundenen Eisenerze. Entsprechend dem Satze, daß alle unsere Erfahrungen an Empfindungen unserer Sinne anknüpfen, ist in allen physikalischen Definitionen das physiologische Element maßgebend, kurz gesagt: die ganze Physik, sowohl ihre Definition als auch ihre ganze Struktur, trägt ursprünglich in gewissem Sinn einen anthropomorphen Charakter.

Wie verschieden hiervon ist das Bild, welches uns das Lehrgebäude der modernen theoretischen Physik darbietet! Zunächst zeigt das Ganze ein viel einheitlicheres Gepräge: die Anzahl der Einzelgebiete der Physik ist erheblich verringert, dadurch, daß verwandte Gebiete miteinander verschmolzen sind: so ist die Akustik ganz in die Mechanik aufgegangen, der Magnetismus und die Optik ganz in die Elektrodynamik; und diese Vereinfachung zeigt sich begleitet von einem auffallenden Zurücktreten des menschlich-historischen Elements in allen physikalischen Definitionen. Welcher Physiker denkt heutzutage bei der Elektrizität noch an geriebenen Bernstein oder beim Magnetismus an den kleinasiatischen Fundort der ersten natürlichen Magnete? Und in der physikalischen Akustik, Optik und Wärmelehre sind die spezifischen Sinnesempfindungen geradezu ausgeschaltet. Die physikalischen Definitionen des Tons, der Farbe, der Temperatur werden heute keineswegs mehr der unmittelbaren Wahrnehmung durch die entsprechenden Sinne entnommen, sondern Ton und Farbe werden durch die Schwingungszahl bzw. Wellenlänge definiert, die Temperatur theoretisch durch die dem zweiten Hauptsatz der Wärmetheorie entnommene absolute Temperaturskala, in der kinetischen Gastheorie durch die lebendige Kraft der Molekularbewegung, praktisch durch die Volumenänderung einer thermometrischen Substanz bzw. durch den Skalenausschlag eines Bolometers oder Thermoelements; von der Wärmeempfindung ist aber bei der Temperatur in keinem Fall mehr die Rede.

Genau ebenso ist es mit dem Begriff der Kraft gegangen. Das Wort

"Kraft" bedeutet ursprünglich ohne Zweifel menschliche Kraft, entsprechend dem Umstand, daß die ersten und ältesten Maschinen: der Hebel, die Rolle, die Schraube, durch Menschen oder Tiere angetrieben wurden, und dies beweist, daß der Begriff der Kraft ursprünglich dem Kraftsinn oder Muskelsinn, also einer spezifischen Sinnesempfindung, entnommen wurde. Aber in der modernen Definition der Kraft erscheint die spezifische Sinnesempfindung ebenso eliminiert, wie in derjenigen der Farbe der Farbensinn.

Ja, dieses Zurückdrängen des spezifisch sinnlichen Elements aus den Definitionen der physikalischen Begriffe geht so weit, daß sogar Gebiete der Physik, welche ursprünglich durch die Zuordnung zu einer bestimmten Sinnesempfindung als durchaus einheitlich charakterisiert wurden, infolge der Lockerung des zusammenhaltenden Bandes in verschiedene ganz getrennte Stücke auseinanderfallen, also gerade entgegen dem allgemeinen Zuge zur Vereinheitlichung und Verschmelzung. Das beste Beispiel hierfür zeigt die Lehre von der Wärme. Früher bildete die Wärme einen bestimmten, durch die Empfindungen des Wärmesinns charakterisierten, wohlabgegrenzten einheitlichen Bezirk der Physik. Heute findet man wohl in allen Lehrbüchern der Physik von der Wärme ein ganzes Gebiet, die Wärmestrahlung, abgespalten und bei der Optik behandelt. Die Bedeutung des Wärmesinns reicht eben nicht mehr hin, um die heterogenen Stücke zusammenzuhalten; vielmehr wird jetzt das eine Stück der Optik bzw. Elektrodynamik, das andere der Mechanik, speziell der kinetischen Theorie der Materie, angegliedert.

Schauen wir auf das Bisherige zurück, so können wir kurz zusammenfassend sagen: die Signatur der ganzen bisherigen Entwicklung der theoretischen Physik ist eine Vereinheitlichung ihres Systems, welche erzielt ist durch eine gewisse Emanzipierung von den anthropomorphen Elementen, speziell den spezifischen Sinnesempfindungen. Bedenkt man nun andererseits, daß doch die Empfindungen anerkanntermaßen den Ausgangspunkt aller physikalischen Forschung bilden, so muß diese bewußte Abkehr von den Grundvoraussetzungen immerhin erstaunlich, ja paradox erscheinen. Und dennoch liegt kaum eine Tatsache in der Geschichte der Physik so klar zutage wie diese. Fürwahr, es müssen unschätzbare Vorteile sein, welche einer solchen prinzipiellen Selbstentäußerung wert sind!

Bevor wir auf diesen wichtigen Punkt näher eingehen, wollen wir nun noch unseren Blick aus der Vergangenheit und der Gegenwart in die Zukunft richten. Wie wird man in künftigen Jahrhunderten das System der Physik einteilen? Gegenwärtig stehen sich darin noch zwei große Gebiete gegenüber: die Mechanik und die Elektrodynamik, oder wie man auch sagt: die Physik der Materie und die Physik des Äthers. Erstere umfaßt zugleich mit die Akustik, die Körperwärme, die chemischen Erscheinungen, letztere den Magnetismus, die Optik und die strahlende Wärme. Wird diese Einteilung die endgültige sein? Ich glaube es nicht, und zwar deshalb nicht, weil diese beiden Gebiete sich gar nicht scharf voneinander abgrenzen lassen

Gehören zum Beispiel die Vorgänge der Lichtemission zur Mechanik oder zur Elektrodynamik? Oder: In welches Gebiet soll man die Bewegungsgesetze der Elektronen rechnen? Vielleicht möchte man auf den ersten Blick sagen: zur Elektrodynamik, da bei den Elektronen doch die ponderable Materie gar keine Rolle spielt. Aber man richte sein Augenmerk nur etwa auf die Bewegungen der freien Elektronen in Metallen. Da wird man zum Beispiel beim Studium der Untersuchungen von H. A. L o r e n t z finden, daß die Gesetze derselben weit besser in die kinetische Gastheorie als in die Elektrodynamik hineinpassen. Überhaupt scheint mir der ursprüngliche Gegensatz zwischen Äther und Materie etwas im Schwinden begriffen zu sein. Elektrodynamik und Mechanik stehen sich gar nicht so ausschließend gegenüber, wie das in weiteren Kreisen gewöhnlich angenommen wird, wo sogar schon von einem Kampf zwischen der mechanischen und der elektrodynamischen Weltanschauung gesprochen wird. Die Mechanik bedarf zu ihrer Begründung prinzipiell nur der Begriffe des Raums, der Zeit und dessen, was sich bewegt, mag man es nun als Substanz oder als Zustand bezeichnen. Die nämlichen Begriffe kann aber auch die Elektrodynamik nicht entbehren. Eine passend verallgemeinerte Auffassung der Mechanik könnte daher sehr wohl auch die Elektrodynamik mit umschließen, und in der Tat sprechen mancherlei Anzeichen dafür, daß diese beiden schon jetzt teilweise ineinander übergreifenden Gebiete sich schließlich zu einem einzigen, zur allgemeinen Dynamik, vereinigen werden.

Wenn also der Gegensatz zwischen Äther und Materie einmal überbrückt ist, welcher Gesichtspunkt wird dann in endgültiger Weise der Einteilung des Systems der Physik zugrunde gelegt werden? Nach dem, was wir oben gesehen haben, ist diese Frage zugleich charakteristisch für die ganze Art der Weiterentwicklung unserer Wissenschaft; doch ist es zu ihrer näheren Untersuchung notwendig, daß wir etwas tiefer als bisher in die Eigenart der physikalischen Prinzipien eindringen.

II.

Ich bitte Sie zu diesem Zwecke zunächst mich zu begleiten an denjenigen Punkt, von welchem aus der erste Schritt zur tatsächlichen Verwirklichung des bis dahin nur von den Philosophen postulierten Einheitssystems der Physik gemacht wurde: zum P r i n z i p d e r E r h a l t u n g d e r E n e r g i e. Denn der Begriff der Energie ist neben den Begriffen von Raum und Zeit der einzige allen verschiedenen physikalischen Gebieten gemeinsame. Nach allem, was ich oben ausführte, wird es Ihnen erklärlich und fast selbstverständlich erscheinen, daß auch das Energieprinzip ursprünglich, noch vor seiner allgemeinen Formulierung durch M a y e r , J o u l e und H e l m h o l t z , einen anthropomorphen Charakter trug. Seine ersten Wurzeln liegen nämlich schon in der Erkenntnis, daß es keinem Menschen gelingen kann, nutzbare Arbeit aus Nichts zu gewinnen; und diese Erkenntnis ihrerseits entstammt im wesentlichen den Erfahrungen, die gesammelt wurden bei den Versuchen zur Lösung eines technischen Problems: der Erfindung des Perpetuum mobile. Insofern ist das Perpetuum mobile für die Physik von ähnlicher weittragender Bedeutung geworden, wie die Goldmacherkunst für die Chemie, obwohl es nicht die positiven, sondern umgekehrt die negativen Resultate dieser Experimente waren, aus denen die Wissenschaft Vorteil zog. Heute sprechen wir das Energieprinzip ganz ohne Bezugnahme auf menschliche oder technische Gesichtspunkte aus. Wir sagen, daß die Gesamtenergie eines nach außen abgeschlossenen Systems von Körpern eine Größe ist, deren Betrag durch keinerlei innerhalb des Systems sich abspielende Vorgänge vermehrt oder vermindert werden kann, und wir denken gar nicht mehr daran, die Genauigkeit, mit der dieser Satz gilt, abhängig zu machen von der Feinheit der Methoden, welche wir gegenwärtig besitzen, um die Frage der Realisierung eines Perpetuum mobile experimentell zu prüfen. In dieser strenggenommen unbeweisbaren, aber mit elementarer Gewalt sich aufdrängenden Verallgemeinerung liegt die oben besprochene Emanzipation von den anthropomorphen Elementen.

Während so das Energieprinzip als ein fertiges selbständiges Gebilde, losgelöst und unabhängig von den Zufälligkeiten einer Entwicklungsgeschichte, vor uns steht, ist das nämliche noch keineswegs in gleichem Maße der Fall bei demjenigen Prinzip, welches R. C l a u s i u s unter dem Namen des zweiten Hauptsatzes der Wärmetheorie in die Physik eingeführt hat; und gerade der Umstand, daß dieser Satz die Eierschalen seiner Entwicklung auch heute noch nicht vollständig abgestreift hat, verleiht ihm in unserer heutigen Besprechung besonderes Interesse. In der Tat trägt der zweite Hauptsatz der Wärmetheorie, wenigstens in seiner landläufigen Beurteilung, noch entschieden anthropomorphen Charakter. Gibt es doch zahlreiche hervorragende Physiker, welche seine Gültigkeit in Verbindung bringen mit der Unfähigkeit des Menschen, in die Einzelheiten der Molekularwelt einzudringen und es den M a x w e l l schen Dämonen gleichzutun, welche ohne jeglichen Arbeitsaufwand, lediglich durch rechtzeitiges Vor- und Zurückschieben eines kleinen Riegels, die schnelleren Moleküle eines Gases von den langsameren zu trennen vermögen. Man braucht aber kein Prophet zu sein, um mit Sicherheit vorauszusagen, daß der Kern des zweiten Hauptsatzes mit menschlichen Fähigkeiten nichts zu tun hat und daß daher auch seine endgültige Formulierung in einer Weise erfolgen muß und erfolgen wird, welche keinerlei Bezugnahme auf die Ausführbarkeit irgendwelcher Naturprozesse durch Menschenkunst enthält. Zu dieser Emanzipation des zweiten Hauptsatzes werden, wie ich hoffe, auch die folgenden Ausführungen etwas beitragen können.

Gehen wir zunächst etwas näher auf den Inhalt des zweiten Hauptsatzes und seine Beziehung zum Energieprinzip ein. Während das Energieprinzip den Ablauf der natürlichen Vorgänge dadurch beschränkt, daß es niemals Schöpfung oder Vernichtung von Energie, sondern nur Umwandlungen von Energie zuläßt, geht der zweite

Hauptsatz in der Beschränkung noch weiter, indem er nicht alle Arten von Umwandlungen, sondern gewisse nur unter gewissen Bedingungen gestattet. So läßt sich mechanische Arbeit ohne weiteres in Wärme verwandeln, zum Beispiel durch Reibung, aber nicht umgekehrt Wärme ohne weiteres in Arbeit. Wäre das nämlich möglich, so könnte man etwa die Wärme des Erdbodens, die uns ja unbeschränkt zur Verfügung steht, zum Antrieb eines Motors verwenden und hätte dabei den doppelten Vorteil, diesen Motor, da er den Erdboden abkühlt, zugleich als Kältemaschine benutzen zu können.

Aus der erfahrungsgemäßen Unmöglichkeit eines derartigen Motors, der auch als ein Perpetuum mobile zweiter Art bezeichnet wird, geht nun mit Notwendigkeit hervor, daß es Vorgänge in der Natur gibt, die auf keinerlei Weise vollständig rückgängig gemacht werden können. Denn ließe sich zum Beispiel ein Reibungsvorgang, durch welchen mechanische Arbeit in Wärme verwandelt worden ist, mit Hilfe irgendeines, wenn auch noch so komplizierten Apparats auf irgendeine Weise wirklich v o l l s t ä n d i g rückgängig machen, so wäre eben der betreffende Apparat nichts anderes als der vorhin geschilderte Motor: ein Perpetuum mobile zweiter Art. Dies erhellt unmittelbar, wenn man sich deutlich vorstellt, was der Apparat leisten würde: Verwandlung von Wärme in Arbeit ohne jegliche anderweitig zurückbleibende Veränderung.

Nennen wir einen solchen Vorgang, der sich auf keinerlei Weise vollständig rückgängig machen läßt, einen irreversiblen Prozeß, alle übrigen Vorgänge reversible Prozesse, so treffen wir gerade den Kernpunkt des zweiten Hauptsatzes der Wärmetheorie, wenn wir sagen, daß es in der Natur irreversible Prozesse gibt. Demnach haben die Veränderungen in der Natur eine einseitige Richtung: mit jedem einzelnen irreversiblen Prozeß macht die Welt einen Schritt vorwärts, dessen Spuren unter keinen Umständen vollständig zu verwischen sind. Beispiele irreversibler Prozesse sind außer der Reibung die Wärmeleitung, die Diffusion, die Elektrizitätsleitung, die Emission von Licht- und Wärmestrahlung, der Atomzerfall radioaktiver Substanzen u. a. Beispiele reversibler Prozesse sind dagegen die Planetenbewegung, der freie Fall im luftleeren Raum, die ungedämpfte Pendelbewegung, die Fortpflanzung von Licht- und Schallwellen ohne Absorption und Beugung, die ungedämpften elektrischen Schwingungen u. a. Denn alle diese Vorgänge sind entweder schon an sich periodisch, oder sie lassen sich doch durch geeignete Vorrichtungen vollständig rückgängig machen, so daß keinerlei Veränderung in der Natur zurückbleibt, zum Beispiel der freie Fall eines Körpers dadurch, daß man die erlangte Geschwindigkeit benutzt, um ihn wieder auf die ursprüngliche Höhe zu heben, eine Licht- oder Schallwelle dadurch, daß man sie in geeigneter Weise an vollkommenen Spiegeln reflektieren läßt.

Welches sind nun die allgemeinen Eigenschaften und Kennzeichen der irreversiblen Prozesse? und welches ist das allgemeine quantitative Maß der Irreversibilität? Diese Frage ist in der verschiedensten Weise geprüft und beantwortet worden, und gerade das Studium ihrer Geschichte bietet einen besonders charakteristischen Einblick in den typischen Entwicklungsgang einer allgemeinen physikalischen Theorie. Ebenso wie man ursprünglich durch das technische Problem des Perpetuum mobile auf die Spur des Energieprinzips gekommen war, so leitete auch wieder ein technisches Problem: das der Dampfmaschine, zur Unterscheidung zwischen irreversiblen und reversiblen Prozessen hin. Schon S a d i C a r n o t erkannte, obwohl er eine unzutreffende Vorstellung von der Natur der Wärme benutzte, daß die irreversiblen Prozesse unökonomischer sind als die reversiblen, oder daß bei einem irreversiblen Prozeß eine gewisse Gelegenheit, mechanische Arbeit aus Wärme zu gewinnen, ungenützt gelassen wird. Was lag nun näher als der Gedanke, für das Maß der Irreversibilität eines Prozesses ganz allgemein das Quantum derjenigen mechanischen Arbeit festzusetzen, welche durch ihn definitiv verlorengeht? Für reversible Prozesse wäre dann natürlich die definitiv verlorene Arbeit gleich Null zu setzen. Diese Auffassung hat sich in der Tat für gewisse spezielle Fälle, zum Beispiel für isotherme Prozesse, als nützlich erwiesen, sie ist daher bis zum heutigen Tag in gewissem Ansehen geblieben; für den allgemeinen Fall jedoch hat sie sich als unbrauchbar und sogar irreführend gezeigt. Dies hat darin seinen Grund, daß die Frage nach der bei einem bestimmten irreversiblen Prozeß verlorenen Arbeit gar nicht in bestimmter Weise zu beantworten ist, solange nicht näher angegeben wird, aus welcher Energiequelle denn die betreffende Arbeit hätte gewonnen werden sollen.

Ein Beispiel wird dies klarmachen. Die Wärmeleitung ist ein irreversibler Prozeß, oder, wie C l a u s i u s es ausdrückt: Wärme kann nicht ohne Kompensation aus einem kälteren in einen wärmeren Körper übergehen. Welches ist nun die Arbeit, welche definitiv verlorengeht, wenn die (kleine) Wärmemenge Q durch direkte Leitung aus einem wärmeren Körper von der Temperatur T_1 in einen kälteren Körper von der Temperatur T_2 übergeht? Um diese Frage zu beantworten, benutzen wir den genannten Wärmeübergang zur Ausführung eines reversiblen C a r n o t schen Kreisprozesses zwischen den beiden Körpern als Wärmereservoiren. Dabei wird bekanntlich eine gewisse Arbeit gewonnen, und diese Arbeit ist es gerade, welche wir suchen; denn sie geht eben bei der direkten Überführung der Wärme durch Leitung verloren. Aber diese Arbeitsgröße hat gar keinen bestimmten Wert, ehe wir nicht wissen, woher die Arbeit stammen soll, ob zum Beispiel aus dem wärmeren Körper oder aus dem kälteren Körper oder ob irgend anders woher. Man bedenke nämlich, daß die von dem wärmeren Körper abgegebene Wärme bei dem reversiblen Kreisprozeß ja gar nicht gleich ist der von dem kälteren Körper aufgenommenen Wärme, weil doch ein gewisser Betrag Wärme in Arbeit verwandelt wird, und man kann mit genau demselben Rechte die gegebene, beim direkten Leitungsprozeß übergeführte Wärmemenge Q mit der beim Kreisprozeß vom wärmeren Körper abgegebenen oder mit der vom kälteren Körper aufgenommenen Wärme identifizieren. Je nachdem man das erste oder das zweite tut, erhält man für die Größe der beim Leitungsprozeß verlorenen Arbeit:

$$Q \cdot \frac{T_1 - T_2}{T_1} \quad \text{oder} \quad Q \cdot \frac{T_1 - T_2}{T_2}.$$

Diese Unbestimmtheit hat Clausius auch wohl erkannt und hat daher den einfachen Carnotschen Kreisprozeß entsprechend verallgemeinert durch die Annahme eines dritten Wärmereservoirs, dessen Temperatur nun ganz unbestimmt ist und dementsprechend auch eine unbestimmte Arbeit ergibt[1]).

Wir sehen also, daß der eingeschlagene Weg, die Irreversibilität eines Prozesses mathematisch zu fassen, im allgemeinen nicht zum Ziele führt, und wir sehen zugleich auch den eigentlichen Grund, warum dies nicht gelingen konnte. Die Fragestellung ist zu anthropomorph gefärbt, sie ist zu sehr auf die Bedürfnisse des Menschen zugeschnitten, dem es in erster Linie auf die Gewinnung nutzbarer Arbeit ankommt. Wenn man von der Natur eine bestimmte Antwort haben will, muß man von einem allgemeineren, weniger wirtschaftlich interessierten Standpunkt aus an sie herantreten. Das wollen wir jetzt zu tun versuchen.

Betrachten wir irgendeinen in der Natur vor sich gehenden Prozeß. Derselbe führt für alle daran beteiligten Körper aus einem bestimmten Anfangszustand, den ich den Zustand A nennen will, in einen bestimmten Endzustand B über. Der Prozeß ist entweder reversibel oder irreversibel, ein drittes ist nicht möglich. Ob er aber reversibel oder irreversibel ist, hängt einzig und allein von der Beschaffenheit der beiden Zustände A und B ab, nicht von der Art, wie der Prozeß im übrigen verlaufen ist; denn es kommt dabei nur auf die Beantwortung der Frage an, ob, wenn der Zustand B einmal erreicht ist, die vollständige Rückkehr nach A auf irgendwelche Weise erzielt werden kann oder nicht. Ist nun die vollständige Rückkehr von B nach A nicht möglich, also der Prozeß irreversibel, so ist offenbar der Zustand B in der Natur durch eine gewisse Eigenschaft vor dem Zustand A ausgezeichnet; ich habe mir einmal vor Jahren erlaubt, das so auszudrücken, daß die Natur zum Zustand B eine größere „Vorliebe" besitzt als zum Zustand A. Nach dieser Ausdrucksweise sind solche Prozesse in der Natur durchaus unmöglich, für deren Endzustand die Natur eine kleinere Vorliebe besitzen würde wie für den Anfangszustand. Einen Grenzfall bilden die reversiblen Prozesse; bei ihnen besitzt die Natur die gleiche Vorliebe für den Anfangs- wie für den Endzustand, und der Übergang kann zwischen ihnen beliebig nach beiden Richtungen erfolgen.

Nun handelt es sich darum, eine physikalische Größe zu suchen, deren Betrag als ein allgemeines Maß der Vorliebe der Natur für einen Zustand dienen kann. Es muß dies eine Größe sein, welche

---

[1]) R. Clausius, Die mechanische Wärmetheorie. 2. Aufl., 1. Bd., S. 96. 1876.

durch den Zustand des betrachteten Systems unmittelbar bestimmt ist, ohne daß man irgend etwas über die Vorgeschichte des Systems zu wissen braucht, ebenso wie das bei der Energie, beim Volumen und bei anderen Eigenschaften des Systems zutrifft. Diese Größe würde die Eigentümlichkeit besitzen, bei allen irreversiblen Prozessen zu wachsen, bei allen reversiblen Prozessen dagegen ungeändert zu bleiben, und der Betrag ihrer Änderung bei einem Prozesse würde ein allgemeines Maß liefern für die Irreversibilität des Prozesses.

R. C l a u s i u s hat nun diese Größe wirklich aufgefunden und hat sie die „Entropie" genannt. Jedes Körpersystem besitzt in jedem Zustand eine bestimmte Entropie, und diese Entropie bezeichnet die Vorliebe der Natur für den betreffenden Zustand, sie kann bei allen Prozessen, welche innerhalb des Systems vor sich gehen, stets nur wachsen, niemals abnehmen. Will man einen Prozeß betrachten, bei dem auch Einwirkungen von außen auf das System stattfinden, so muß man diejenigen Körper, von denen die Wirkungen ausgehen, als mit zum System gehörig betrachten; dann gilt der Satz wieder in der obigen Form. Dabei ist die Entropie eines Körpersystems einfach gleich der Summe der Entropien der einzelnen Körper, und die Entropie eines einzelnen Körpers wird nach C l a u s i u s gefunden mit Hilfe eines gewissen reversiblen Kreisprozesses. Zuleitung von Wärme vergrößert die Entropie eines Körpers, und zwar um den Betrag des Quotienten der zugeführten Wärmemenge durch die Temperatur des Körpers; einfache Kompression dagegen ändert die Entropie nicht.

Um auf das oben besprochene Beispiel der von einem wärmeren Körper mit der Temperatur T_1 einem kälteren Körper mit der Temperatur T_2 direkt zugeleiteten Wärme Q zurückzukommen, so vermindert sich bei diesem Prozeß nach dem eben Gesagten die Entropie des wärmeren Körpers, die des kälteren dagegen wächst, und die Summe beider Änderungen, also die Änderung der Gesamtentropie beider Körper, ist:

$$-\frac{Q}{T_1}+\frac{Q}{T_2}>0.$$

Diese positive Größe gibt also frei von aller Willkür das Maß für die Irreversibilität des Wärmeleitungsprozesses. Derartige Beispiele lassen sich natürlich in unzähliger Menge anführen. Jeder chemische Prozeß liefert einen Beitrag dazu.

So ist der zweite Hauptsatz der Wärmetheorie samt allen seinen Folgerungen zum P r i n z i p d e r V e r m e h r u n g d e r E n t r o p i e geworden, und es wird Ihnen nun wohl verständlich erscheinen, weshalb ich, anknüpfend auf die oben aufgeworfene Frage, meine Meinung dahin ausspreche, daß in der theoretischen Physik der Zukunft die erste, wichtigste Einteilung aller physikalischen Prozesse die in reversible und in irreversible Prozesse sein wird.

In der Tat zeigen alle reversiblen Prozesse, sei es, daß sie in der

Materie oder im Äther oder in beiden verlaufen, untereinander eine viel größere Ähnlichkeit als mit irgendeinem irreversiblen Prozeß Das ergibt sich schon aus der formellen Betrachtung der Differentialgleichungen, welche sie beherrschen. In den Differentialgleichungen der reversiblen Prozesse tritt das Zeitdifferential immer nur in einer geraden Potenz auf, entsprechend dem Umstand, daß das Vorzeichen der Zeit auch umgekehrt werden kann. Das gilt in gleicher Weise für Pendelschwingungen, elektrische Schwingungen, akustische und optische Wellen, wie für Bewegungen von Massenpunkten oder von Elektronen, wenn nur jede Art von Dämpfung ausgeschlossen ist Hierher gehören aber auch die in der Thermodynamik betrachteten unendlich langsam verlaufenden Prozesse, die aus lauter Gleichgewichtszuständen bestehen, in denen die Zeit überhaupt keine Rolle spielt oder, wie man auch sagen kann, in der nullten Potenz vorkommt, die auch zu den geraden Potenzen zu rechnen ist. Alle diese reversiblen Prozesse haben auch die gemeinsame Eigenschaft, daß sie, wie H e l m h o l t z gezeigt hat, vollständig dargestellt werden durch das Prinzip der kleinsten Wirkung, welches auf jedwede ihren meßbaren Verlauf betreffende Frage eine eindeutige Antwort gibt, und insofern kann man die Theorie der reversiblen Prozesse als eine vollkommen abgeschlossene bezeichnen. Dafür haben die reversiblen Prozesse den Nachteil, daß sie samt und sonders nur ideal sind; in der wirklichen Natur gibt es keinen einzigen reversiblen Prozeß, da jeder natürliche Vorgang mehr oder minder mit Reibung oder mit Wärmeleitung verknüpft ist. Im Bereich der irreversiblen Prozesse ist aber das Prinzip der kleinsten Wirkung nicht mehr ausreichend; denn das Prinzip der Vermehrung der Entropie bringt in das physikalische Weltbild ein ganz neues, dem Wirkungsprinzip an sich fremdes Element, welches auch eine besondere mathematische Behandlung erfordert. Ihm entspricht der einseitige Verlauf der Vorgänge, die Erreichung eines festen Endzustandes.

Die vorstehenden Erwägungen werden, wie ich hoffe, genügt haben, um es deutlich zu machen, daß der Gegensatz zwischen reversiblen und irreversiblen Prozessen ein viel tiefer liegender ist als etwa der zwischen mechanischen und elektrischen Prozessen, und daß daher dieser Unterschied mit besserem Recht als irgendein anderer zum vornehmsten Einteilungsgrund aller physikalischen Vorgänge gemacht werden und in dem physikalischen Weltbild der Zukunft endgültig die Hauptrolle spielen dürfte.

Und doch ist die erörterte Klassifizierung noch einer ganz wesentlichen Verbesserung bedürftig. Denn es läßt sich nicht leugnen, daß in der geschilderten Form das System der Physik immer noch mit einer starken Dosis Anthropomorphismus versetzt ist. In der Definition der Irreversibilität sowohl wie auch in der der Entropie wird nämlich Bezug genommen auf die A u s f ü h r b a r k e i t gewisser Veränderungen in der Natur, und das heißt doch im Grunde nichts anderes, als daß die Einteilung der physikalischen Vorgänge abhängig gemacht wird von der Leistungsfähigkeit menschlicher Experimentierkunst, welche doch sicherlich nicht immer auf einer bestimmten Stufe stehenbleibt, sondern sich stetig mehr und mehr vervollkommnet. Wenn also die Unterscheidung zwischen reversiblen und irreversiblen Prozessen wirklich für alle Zeiten bleibende Bedeutung haben soll, so muß sie noch wesentlich vertieft und namentlich unabhängig gemacht werden von jeglicher Bezugnahme auf menschliche Fähigkeiten. Wie das geschehen kann, möchte ich im folgenden besprechen.

III.

Die ursprüngliche Definition der Irreversibilität leidet, wie wir gesehen haben, an dem bedenklichen Mangel, daß sie eine bestimmte Grenze menschlichen Könnens zur Voraussetzung hat, während doch eine solche Grenze in Wirklichkeit gar nicht nachzuweisen ist. Im Gegenteil: das Menschengeschlecht macht alle Anstrengungen, um die gegenwärtigen Grenzen seiner Leistungsfähigkeit stets weiter hinauszurücken, und wir hoffen, daß uns in späteren Zeiten noch mancherlei gelingen wird, was vielleicht vielen jetzt als unausführbar erscheint. Könnte es demnach nicht noch einmal eintreten, daß ein Prozeß, der bis jetzt immer als irreversibel angesehen wird, sich infolge einer neuen Entdeckung oder Erfindung als reversibel erweist? Dann würde das ganze Gebäude des zweiten Hauptsatzes unweigerlich zusammenstürzen, denn die Irreversibilität eines einzigen Prozesses bedingt, wie sich leicht nachweisen läßt, die aller übrigen.

Nehmen wir ein konkretes Beispiel. Die mikroskopisch gut wahrnehmbare höchst merkwürdige zitternde Bewegung, welche kleine, in einer Flüssigkeit suspendierte Partikel ausführen, die sogenannte Brownsche Molekularbewegung, ist nach den neuesten Untersuchungen eine direkte Folge der fortwährenden Stöße der Flüssigkeitsmolekeln gegen die Partikel. Wäre man nun imstande, mit Hilfe irgendeiner sehr feinen Vorrichtung richtend und ordnend, aber ohne merklichen Arbeitsaufwand, auf die einzelnen Partikel derartig einzuwirken, daß aus der ungeordneten Bewegung eine irgendwie geordnete wird, so hätte man ohne Zweifel ein Mittel gefunden, einen Teil der Flüssigkeitswärme ohne Kompensation in grob sichtbare und daher auch nutzbare lebendige Kraft umzuwandeln. Wäre dies nicht ein Widerspruch gegen den zweiten Hauptsatz der Wärmetheorie? Wenn diese Frage zu bejahen wäre, dann könnte jener Satz doch gewiß nicht mehr den Rang eines Prinzips behaupten, da doch seine Gültigkeit von den Fortschritten der Experimentaltechnik abhinge. Man sieht, das einzige Mittel, um dem zweiten Hauptsatz eine prinzipielle Bedeutung zu sichern, kann nur darin bestehen, daß man den Begriff der Irreversibilität unabhängig macht von allen menschlichen Beziehungen.

Nun geht der Begriff der Irreversibilität zurück auf den Begriff der Entropie; denn irreversibel ist ein Prozeß, wenn er mit einer Zunahme der Entropie verbunden ist. Hierdurch wird das Problem zurückgeführt auf eine geeignete Verbesserung der Definition der

Entropie. Nach der ursprünglichen Clausiusschen Definition wird ja die Entropie gemessen durch einen gewissen reversiblen Prozeß, und die Schwäche dieser Definition beruht darauf, daß derartige reversible Prozesse in Wirklichkeit gar nicht genau ausführbar sind. Man könnte zwar mit gewissem Recht erwidern, daß es sich hierbei gar nicht um wirkliche Prozesse und um einen wirklichen Physiker handelt, sondern um ideale Prozesse, sogenannte Gedankenexperimente, und um einen idealen Physiker, der sämtliche experimentelle Methoden mit absoluter Genauigkeit handhabt. Hier liegt nun aber gerade wieder die Schwierigkeit. Wie weit reichen denn derartige ideale Messungen des idealen Physikers? Daß man ein Gas komprimiert mit einem Druck, der dem Druck des Gases gleich ist, oder es erwärmt aus einem Wärmereservoir, welches die nämliche Temperatur besitzt wie das Gas, läßt sich noch mit Hilfe eines geeigneten Grenzüberganges verstehen, aber daß man z. B. einen gesättigten Dampf durch isotherme Kompression auf reversiblem Wege in Flüssigkeit verwandelt, ohne daß jemals die Homogenität der Substanz verlorengeht, wie das bei gewissen Betrachtungen in der Thermodynamik vorausgesetzt wird, muß schon bedenklich erscheinen. Noch viel auffallender jedoch ist das, was in der physikalischen Chemie an Gedankenexperimenten dem Theoretiker zugetraut wird. Mit seinen semipermeablen Wänden, die in Wirklichkeit nur unter ganz speziellen Umständen und dann nur mit gewisser Annäherung realisierbar sind, trennt er auf reversiblem Wege nicht nur alle beliebigen verschiedenen Molekülarten, einerlei ob sie in stabilem oder labilem Zustand sich befinden, sondern sogar die entgegengesetzt geladenen Ionen voneinander und von den undissoziierten Molekülen, und er läßt sich dabei weder durch die enormen elektrostatischen Kräfte stören, welche sich einer solchen Trennung widersetzen, noch durch den Umstand, daß in Wirklichkeit sofort beim Beginn der Trennung die Moleküle sich wieder zum Teil dissoziieren, die Ionen sich wieder zum Teil vereinigen. Solche ideale Prozesse sind aber nach der Clausiusschen Definition durchaus notwendig, um die Entropie der undissoziierten Moleküle mit der Entropie der dissoziierten Moleküle vergleichen zu können. Fürwahr, es muß fast wundernehmen, daß alle diese kühnen Gedankengänge die Prüfung ihrer Resultate durch die Erfahrung so gut bestanden haben.

Bedenkt man aber andererseits, daß in allen Resultaten jede Bezugnahme auf die wirkliche Ausführbarkeit jener idealen Prozesse wieder verschwunden ist — es sind ja nur Beziehungen zwischen direkt meßbaren Größen, wie Temperatur, Wärmetönung, Konzentration usw. —, so ist die Vermutung nicht von der Hand zu weisen, daß vielleicht die ganze vorübergehende Einführung solcher idealer Prozesse im Grunde einen Umweg bedeutet, und daß der eigentliche Inhalt des Prinzips der Vermehrung der Entropie mit allen seinen Konsequenzen von dem ursprünglichen Begriff der Irreversibilität oder von der Unmöglichkeit des Perpetuum mobile zweiter Art ebensowohl losgelöst werden kann, wie das Prinzip der Erhaltung der

Energie sich losgelöst hat von dem Satz der Unmöglichkeit des Perpetuum mobile erster Art.

Diesen Schritt: die Emanzipierung des Entropiebegriffes von menschlicher Experimentierkunst und dadurch die Erhebung des zweiten Hauptsatzes zu einem realen Prinzip, vollzogen zu haben, ist das wissenschaftliche Lebenswerk L u d w i g B o l t z m a n n s. Es besteht, kurz gesagt, in der allgemeinen Zurückführung des Begriffes der Entropie auf den Begriff der W a h r s c h e i n l i c h k e i t. Dadurch erklärt sich zugleich auch die Bedeutung des oben von mir aushilfsweise gebrauchten Wortes: „Vorliebe" der Natur für einen bestimmten Zustand. Die Natur zieht eben wahrscheinlichere Zustände den minder wahrscheinlichen vor, indem sie nur Übergänge in der Richtung größerer Wahrscheinlichkeit ausführt. Die Wärme geht von einem Körper höherer Temperatur zu einem Körper tieferer Temperatur über, weil der Zustand gleicher Temperaturverteilung wahrscheinlicher ist als jeder Zustand ungleicher Temperaturverteilung.

Die Berechnung einer bestimmten Größe der Wahrscheinlichkeit für jeden Zustand eines Körpersystems wird ermöglicht durch die Einführung der atomistischen Theorie und der statistischen Betrachtungsweise. Für die Wechselwirkungen der einzelnen Atome könnten dann die bekannten Gesetze der allgemeinen Dynamik, Mechanik und Elektrodynamik zusammengenommen, ganz ungeändert bestehen bleiben.

Durch diese Auffassung wird mit einem Schlage der zweite Hauptsatz der Wärmetheorie aus seiner isolierten Stellung gerückt, das Geheimnisvolle an der Vorliebe der Natur verschwindet, und das Entropieprinzip knüpft sich als ein wohlfundierter Satz der Wahrscheinlichkeitsrechnung an die Einführung der Atomistik in das physikalische Weltbild.

Freilich ist nicht zu leugnen, daß dieser weitere Schritt in der Vereinheitlichung des Weltbildes mit mancherlei Opfern erkauft ist. Das vornehmste Opfer ist wohl der Verzicht auf eine wirklich vollständige Beantwortung aller auf die Einzelheiten eines physikalischen Vorganges bezüglichen Fragen, wie sie jede bloß statistische Behandlungsweise mit sich bringt. Denn wenn wir nur mit Mittelwerten rechnen, erfahren wir nichts von den einzelnen Elementen, aus denen sie gebildet sind.

Ein zweiter bedenklicher Nachteil scheint zu liegen in der Einführung zweier verschiedener Arten der ursächlichen Verknüpfung physikalischer Zustände: einerseits der absoluten Notwendigkeit, andererseits der bloßen Wahrscheinlichkeit ihres Zusammenhangs. Wenn eine ruhende schwere Flüssigkeit einem tieferen Niveau zustrebt, so ist das nach dem Satz der Erhaltung der Energie eine n o t w e n d i g e Folge des Umstandes, daß sie nur dann in Bewegung geraten, daß heißt kinetische Energie gewinnen kann, wenn die potentielle Energie verkleinert wird, also ihr Schwerpunkt tiefer rückt. Wenn aber ein wärmerer Körper an einen ihn berührenden kälteren Körper Wärme abgibt, so ist das nur enorm w a h r s c h e i n l i c h, keineswegs absolut notwendig; denn es lassen sich sehr wohl ganz spezielle Anordnungen und Geschwindigkeitszustände der Atome ersinnen, bei denen gerade das Umgekehrte eintritt. B o l t z m a n n hat hieraus die Konsequenz gezogen, daß solche eigentümlichen Vorgänge, die dem zweiten Hauptsatz der Wärmetheorie zuwiderlaufen, in der Natur wohl vorkommen könnten, und hat ihnen daher in seinem physikalischen Weltbild einen Platz offengelassen. Das ist nun allerdings ein Punkt, in welchem man nach meiner Meinung ihm nicht zu folgen braucht. Denn eine Natur, in welcher solche Dinge passieren, wie das Zurückströmen der Wärme in den wärmeren Körper oder die spontane Entmischung zweier ineinander diffundierter Gase, wäre eben nicht mehr unsere Natur. Solange wir es nur mit letzterer zu tun haben, werden wir wohl besser fahren, wenn wir solche seltsame Vorgänge nicht zulassen, sondern umgekehrt diejenige allgemeine Bedingung aufsuchen und als in der Natur realisiert annehmen, welche jene allen Erfahrungen zuwiderlaufenden Phänomene von vornherein ausschließt. B o l t z m a n n selber hat jene Bedingung für die Gastheorie formuliert, es ist, ganz allgemein gesprochen, die „Hypothese der elementaren Unordnung" oder kurz ausgedrückt die Voraussetzung, daß die einzelnen Elemente, mit denen die statistische Betrachtung operiert, sich vollständig unabhängig voneinander verhalten. Mit der Einführung dieser Bedingung ist die Notwendigkeit alles Naturgeschehens wiederhergestellt; denn ihre Erfüllung zieht nach den Gesetzen der Wahrscheinlichkeitsrechnung die Vermehrung der Entropie als direkte Konsequenz nach sich, so daß man das Wesen des zweiten Hauptsatzes der Wärmetheorie auch geradezu als das P r i n z i p d e r e l e m e n t a r e n U n o r d n u n g bezeichnen kann. In dieser Formulierung kann das Entropieprinzip ebensowenig jemals zu einem Widerspruch führen, wie die auf rein mathematischer Grundlage ruhende Wahrscheinlichkeitsrechnung, aus der es abgeleitet ist.

Wie hängt nun die Wahrscheinlichkeit eines Systems mit seiner Entropie zusammen? Das ergibt sich einfach aus dem Satze, daß die Wahrscheinlichkeit zweier voneinander unabhängiger Systeme durch das Produkt der Einzelwahrscheinlichkeiten ($W = W_1 W_2$), die Entropie aber durch die Summe der Einzelentropien ($S = S_1 + S_2$) dargestellt wird. Demnach ist die Entropie proportional dem Logarithmus der Wahrscheinlichkeit ($S = k \log W$). Dieser Satz eröffnet den Zugang zu einer neuen, über die Hilfsmittel der gewöhnlichen Thermodynamik weit hinausreichenden Methode, die Entropie eines Systems in einem gegebenen Zustand zu berechnen. Namentlich erstreckt sich hiernach die Definition der Entropie nicht allein auf Gleichgewichtszustände, wie sie in der gewöhnlichen Thermodynamik fast ausschließlich betrachtet werden, sondern ebensowohl auch auf beliebige dynamische Zustände, und man braucht zur Berechnung der Entropie nicht mehr wie bei C l a u s i u s einen reversiblen Prozeß auszuführen, dessen Realisierung stets mehr oder weniger zweifelhaft erscheint, sondern man ist unabhängig von allen Künsten menschlicher Technik. Das Anthropomorphe ist mit einem Worte aus dieser Definition völlig ausgemerzt, und damit der zweite Hauptsatz ebenso wie der erste auf eine reale Basis gestellt.

Die Fruchtbarkeit der neuen Definition der Entropie hat sich aber nicht allein in der kinetischen Gastheorie, sondern auch in der Theorie der strahlenden Wärme gezeigt, da sie zur Aufstellung von Gesetzen geführt hat, die mit der Erfahrung gut übereinstimmen. Daß auch die strahlende Wärme eine Entropie besitzt, folgt schon daraus, daß ein Körper, der Wärmestrahlen emittiert, eine Einbuße von Wärme, also eine Abnahme seiner Entropie erfährt. Da die gesamte Entropie eines Systems nur wachsen kann, so muß demnach ein Teil der Entropie des ganzen Systems in der ausgestrahlten Wärme enthalten sein. Daher besitzt auch jeder monochromatische Strahl eine bestimmte, nur von seiner Helligkeit abhängige Temperatur; es ist diejenige Temperatur, welche ein schwarzer Körper besitzt, der Strahlen von der nämlichen Helligkeit emittiert. Der Hauptunterschied zwischen der Strahlungstheorie und der kinetischen Theorie liegt darin, daß bei der strahlenden Wärme die Elemente, deren Unordnung die Entropie bedingt, nicht mehr wie bei den Gasen die Atome sind, sondern die äußerst zahlreichen, einfachen, sinusförmigen Partialschwingungen, aus denen jeder Licht- und Wärmestrahl, auch der homogenste, als zusammengesetzt betrachtet werden muß.

Für die Gesetze der Wärmestrahlung im freien Äther ist besonders bemerkenswert, daß die in ihnen auftretenden Konstanten, ebenso wie die Gravitationskonstante, einen universellen Charakter besitzen insofern, als sie unabhängig sind von der Bezugnahme auf irgendeine spezielle Substanz oder irgendeinen speziellen Körper. Daher ist mit ihrer Hilfe die Möglichkeit gegeben, Einheiten für Länge, Zeit, Masse, Temperatur aufzustellen, welche ihre Bedeutung für alle Zeiten und für alle, auch für außerirdische und außermenschliche Kulturen notwendig behalten müssen. Dasselbe gilt nämlich bekanntlich keineswegs von den Einheiten unseres gebräuchlichen Maßsystems. Denn diese sind, obwohl sie gewöhnlich als die absoluten Einheiten bezeichnet werden, doch durchweg den speziellen Verhältnissen unserer gegenwärtigen irdischen Kultur angepaßt. Das Zentimeter ist dem jetzigen Umfang unseres Planeten entnommen, die Sekunde der Zeit seiner Umdrehung, das Gramm dem Wasser als dem Hauptbestandteil der Erdoberfläche, die Temperatur den Fundamentalpunkten des Wassers. Jene Konstanten aber sind derart, daß auch die Marsbewohner und überhaupt alle in unserer Natur vorhandenen Intelligenzen notwendig einmal auf sie stoßen müssen, — wenn sie nicht schon darauf gestoßen sind.

Noch eines weiteren höchst merkwürdigen Aufschlusses will ich hier gedenken, den das Wesen der Entropie durch ihre Verknüpfung mit der Wahrscheinlichkeit erfahren hat. Der oben benutzte Satz, daß die Wahrscheinlichkeit zweier Systeme das Produkt ist der Wahrscheinlichkeiten der einzelnen Systeme, gilt bekanntlich nur für den Fall, daß die beiden Systeme im Sinne der Wahrscheinlichkeitsrechnung unabhängig voneinander sind; im anderen Fall ist die Wahrscheinlichkeit eine andere. Daher sollte man vermuten, daß in gewissen Fällen die Gesamtentropie zweier Systeme verschieden ist von der Summe der Einzelentropien. Der Nachweis, daß solche Fälle wirklich in der Natur vorkommen, ist kürzlich in der Tat von M a x L a u e geliefert worden. Zwei ganz oder teilweise „kohärente" Lichtstrahlen (die der nämlichen Lichtquelle entstammen) sind im Sinne der Wahrscheinlichkeitsrechnung nicht unabhängig voneinander, weil durch die Partialschwingungen des einen Strahles die des anderen zum Teil mitbestimmt sind. Nun kann man tatsächlich eine einfache optische Vorrichtung ersinnen, durch welche erreicht wird, daß zwei kohärente Strahlen von beliebigen Temperaturen sich direkt in zwei andere verwandeln, die eine größere Temperaturdifferenz besitzen. Also der alte C l a u s i u s sche Grundsatz, daß Wärme nicht ohne Kompensation von einem kälteren zu einem wärmeren Körper gehen kann, gilt nicht für kohärente Wärmestrahlen. Aber das Prinzip der Vermehrung der Entropie behält auch hier seine Gültigkeit; nur ist die Entropie der ursprünglichen Strahlen nicht gleich der Summe ihrer Einzelentropien, sondern kleiner[1]).

Ganz ähnlich verhält es sich nun offenbar mit der oben aufgeworfenen Frage nach der eventuellen Umwandlung der B r o w n schen Molekularbewegung in nutzbare Arbeit. Denn eine Vorrichtung, welche richtend und ordnend auf die einzelnen bewegten Partikel wirken würde, mag sie nun technisch herstellbar sein oder nicht, sie wäre jedenfalls, sobald sie in Funktion tritt, mit den Bewegungen der Partikel in gewissem Sinne „kohärent", und deshalb würde es keineswegs einen Widerspruch gegen den zweiten Hauptsatz bedeuten, wenn aus ihrer Wirksamkeit nutzbare lebendige Kraft hervorginge. Man hat nur zu berücksichtigen, daß die Entropie der Molekularbewegung sich nicht einfach zu der Entropie jener Vorrichtung hinzuaddieren würde.

Derartige Betrachtungen zeigen, wie vorsichtig man bei der Berechnung der Entropie eines zusammengesetzten Systems aus den Entropien der Teilsysteme zu verfahren hat. Man muß strenggenommen bei jedem Teilsystem erst fragen, ob nicht vielleicht an irgendeiner anderen Stelle des ganzen Systems ein kohärentes Teilsystem vorhanden ist; sonst könnten sich im Falle einer Wechselwirkung der beiden Teilsysteme ganz unerwartete, dem Entropieprinzip scheinbar widersprechende Vorgänge ereignen. Kommen aber die beiden Teilsysteme nicht zur Wechselwirkung, so würde der durch die Nichtbeachtung ihrer Kohärenz begangene Fehler gar nicht bemerklich werden.

Wird man durch diese eigentümlichen Folgeerscheinungen der Kohärenz nicht unwillkürlich an die geheimnisvollen Wechselbeziehungen im geistigen Leben erinnert, die häufig ganz verborgen blei-

---

[1]) M. L a u e, Ann. d. Physik Bd. 20, S. 365, 1906; Bd. 23, S. 1, 795, 1907; Verh. d. Dtsch. Physik. Ges. Bd. 9, S. 606, 1907; Physik. Ztschr. Bd. 9, S. 778, 1908.

ben und daher auch ohne Nachteil ignoriert werden können, die aber, falls einmal besondere äußere Umstände zusammentreffen, zu ganz ungeahnten Wirkungen sich entfalten können?

Ja, wenn wir einmal unserer Phantasie freien Lauf lassen wollten, so dürften wir die M ö g l i c h k e i t nicht von der Hand weisen, daß vielleicht in Entfernungen, deren Größe durch keine unserer Messungsmethoden faßbar ist, zu der uns umgebenden Körperwelt gewisse kohärente Körper existieren, die, solange sie von den unserigen getrennt bleiben, sich ebenso wie diese durchaus normal verhalten, sobald sie aber mit ihnen in Wechselwirkung treten würden, scheinbar, auch nur scheinbare Ausnahmen vom Entropieprinzip hervorrufen könnten. Auf diese Weise könnte die von seiten des zweiten Hauptsatzes drohende Gefahr des allgemeinen Wärmetodes, welche vielen Physikern und Philosophen diesen Satz unsympathisch gemacht hat, abgewendet werden, ohne daß seine Allgemeingültigkeit überhaupt angetastet zu werden braucht. Aber auch ohne dieses künstliche Auskunftsmittel scheint mir schon wegen der unbegrenzten Ausdehnung der unserer Beobachtung zugänglichen Welt jene Gefahr nicht irgendwelcher Beunruhigung wert zu sein; harren doch gegenwärtig viele weit dringendere Fragen ihrer Bearbeitung.

IV.

Ich habe versucht, Ihnen in Kürze einige der Grundlinien anzudeuten, welche das physikalische Weltbild der Zukunft vermutlich einmal aufweisen wird. Überschauen wir nun rückwärts blickend die Wandlungen, welche das Weltbild im Laufe der Entwicklung der Wissenschaft durchgemacht hat und vergegenwärtigen wir uns wieder die oben gefundenen charakteristischen Merkmale dieser Entwicklung, so muß man zugeben, daß das Zukunftsbild gegenüber der bunten Farbenpracht des ursprünglichen Bildes, welches den mannigfachen Bedürfnissen des menschlichen Lebens entsprossen war und zu welchem alle spezifischen Sinnesempfindungen ihren Beitrag beigesteuert haben, merklich abgeblaßt und nüchtern, der unmittelbaren Evidenz beraubt erscheint, und dies ist für die Verwertung in der Wirklichkeit ein schwerer Nachteil. Dazu kommt noch der gravierende Umstand, daß eine absolute Ausschaltung der Sinnesempfindungen ja gar nicht möglich ist, da wir doch die anerkannte Quelle aller unserer Erfahrungen nicht verstopfen können, daß also von einer direkten Erkenntnis des Absoluten gar nicht die Rede sein kann.

Welches ist denn nun das eigentümliche Moment, welches trotz dieser offenbaren Nachteile dem zukünftigen Weltbild dennoch einen so entscheidenden Vorrang verschafft, daß es sich gegen alle früheren durchsetzen kann? — Es ist nichts anderes als die E i n h e i t des Weltbildes. Die Einheit in bezug auf alle Einzelzüge des Bildes, die Einheit in bezug auf alle Orte und Zeiten, die Einheit in bezug auf alle Forscher, alle Nationen, alle Kulturen.

Sehen wir nämlich genauer zu, so glich das alte System der Physik gar nicht einem einzigen Bild, sondern viel eher einer Gemäldesammlung; denn für jede Klasse von Naturerscheinungen hatte man ein besonderes Bild. Und diese verschiedenen Bilder hingen nicht miteinander zusammen; man konnte eins von ihnen entfernen, ohne die anderen zu beeinträchtigen. Das wird in dem zukünftigen physikalischen Weltbild nicht möglich sein. Kein einziger Zug desselben wird als unwesentlich fortgelassen werden können, jeder ist vielmehr unentbehrlicher Bestandteil des Ganzen und besitzt als solcher eine bestimmte Bedeutung für die beobachtete Natur, und umgekehrt wird und muß jede beobachtete physikalische Erscheinung in dem Bilde einen ihr genau entsprechenden Platz finden. Hierin liegt ein wesentlicher Unterschied gegenüber gewöhnlichen Bildern, die wohl in gewissen, aber durchaus nicht in allen Zügen dem Original zu entsprechen brauchen, — ein Unterschied, der, wie ich glaube, bisweilen auch in Physikerkreisen nicht genug beachtet wird. Findet man doch gerade in der neueren Fachliteratur gelegentlich Bemerkungen wie die, man müsse bei Anwendungen der Elektronentheorie oder der kinetischen Gastheorie sich stets gegenwärtig halten, daß sie nur ein angenähertes Bild der Wirklichkeit zu geben beanspruche. Wenn diese Bemerkung etwa so ausgelegt würde, daß man nicht von a l l e n Konsequenzen der kinetischen Gastheorie eine Anpassung an die Erfahrungstatsachen verlangen dürfe, so würde eine solche Auffassung auf einem argen Mißverständnis beruhen.

Als R u d o l f C l a u s i u s um die Mitte des vorigen Jahrhunderts aus den Grundannahmen der kinetischen Gastheorie gefolgert hatte, daß die Geschwindigkeiten der Gasmolekeln bei gewöhnlichen Temperaturen sich nach Hunderten von Metern pro Sekunde bemessen, wurde ihm als Einwand entgegengehalten, daß zwei Gase nur sehr langsam ineinander diffundieren, und daß lokale Temperaturschwankungen in Gasen sich ebenfalls nur sehr langsam ausgleichen. Da berief sich C l a u s i u s zur Verteidigung seiner Hypothese nicht etwa darauf, daß dieselbe ja nur ein angenähertes Bild der Wirklichkeit vorstellen solle und daß man nicht zuviel von ihr verlangen dürfe, sondern er zeigte durch Berechnung der mittleren freien Weglänge, daß das von ihm entworfene Bild auch in den beiden namhaft gemachten Zügen den physikalischen Beobachtungen wirklich entspricht. Denn er war sich sehr wohl bewußt, daß mit der Feststellung eines einzigen definitiven Widerspruchs die neue Gastheorie ihren Platz im physikalischen Weltbild unwiderruflich verlieren müsse; und das nämliche gilt auch noch heutzutage.

Gerade auf der Berechtigung dieser hohen an das physikalische Weltbild zu stellenden Anforderungen beruht nun offenbar die werbende Kraft, mit der sich dasselbe schließlich die allgemeine Anerkennung erzwingt, unabhängig vom guten Willen des einzelnen Forschers, unabhängig von den Nationalitäten und von den Jahrhunderten, ja unabhängig vom Menschengeschlecht überhaupt. Die letzte Behauptung wird allerdings auf den ersten Blick sehr gewagt, wenn nicht absurd erscheinen. Aber erinnern wir uns zum Beispiel unserer früheren gelegentlichen Schlußfolgerung bezüglich der Physik der Marsbewohner, so wird man mindestens zugeben müssen, daß die behauptete Verallgemeinerung nur eine derjenigen ist, wie man sie in der Physik täglich übt, wenn man über das direkt Beobachtete hinaus Schlüsse macht, die nie und nimmer durch menschliche Beobachtungen geprüft werden können, und daß daher jedenfalls jemand, der ihnen Sinn und Beweiskraft aberkennt, sich selber damit von der physikalischen Denkweise lossagt.

Kein Physiker zweifelt wohl an der Zulässigkeit der Behauptung, daß ein mit physikalischer Intelligenz begabtes Geschöpf, welches ein spezifisches Organ für ultraviolette Strahlen besitzt, diese Strahlen als gleichartig mit den sichtbaren anerkennen würde, obwohl noch niemand weder einen ultravioletten Strahl noch ein solches Geschöpf gesehen hat, und kein Chemiker trägt Bedenken, dem auf der Sonne vorhandenen Natrium dieselben chemischen Eigenschaften zuzuschreiben, wie dem irdischen Natrium, obwohl er nicht hoffen kann, jemals ein Reagenzglas mit einem Salz von Sonnennatrium zu füllen.

Mit den letzten Ausführungen sind wir schon in die Beantwortung derjenigen Fragen eingetreten, welche ich in meinen einleitenden Worten an den Schluß gestellt habe: Ist das physikalische Weltbild lediglich eine mehr oder minder willkürliche Schöpfung unseres Geistes, oder finden wir uns zu der gegenteiligen Auffassung getrieben, daß es reale, von uns ganz unabhängige Naturvorgänge widerspiegelt? Konkreter gesprochen: Dürfen wir vernünftigerweise behaupten, daß das Prinzip der Erhaltung der Energie in der Natur schon gegolten hat, als noch kein Mensch darüber nachdenken konnte, oder daß die Himmelskörper sich auch dann noch nach dem Gravitationsgesetz bewegen werden, wenn unsere Erde mit allen ihren Bewohnern in Trümmer gegangen ist?

Wenn ich im Hinblick auf alles Bisherige diese Frage mit Ja beantworte, so bin ich mir dabei wohl bewußt, daß diese Antwort sich in gewissem Gegensatz befindet zu einer Richtung der Naturphilosophie, die gerade gegenwärtig unter der Führung von Ernst Mach sich großer Beliebtheit gerade in naturwissenschaftlichen Kreisen erfreut. Danach gibt es keine andere Realität als die eigenen Empfindungen, und alle Naturwissenschaft ist in letzter Linie nur eine ökonomische Anpassung unserer Gedanken an unsere Empfindungen, zu der wir durch den Kampf ums Dasein getrieben werden. Die Grenze zwischen Physischem und Psychischem ist lediglich eine praktische und konventionelle, die eigentlichen und einzigen Elemente der Welt sind die Empfindungen[1]).

Halten wir den letzten Satz mit dem zusammen, was wir unserer Überschau über den tatsächlichen Entwicklungsgang der Physik entnommen haben, so gelangen wir notwendig zu dem eigentümlichen Schluß, daß das charakteristische Merkmal dieser Entwicklung seinen Ausdruck findet in der fortschreitenden Eliminierung der eigentlichen Elemente der Welt aus dem physikalischen Weltbilde. Jeder

---

[1]) Ernst Mach, Beiträge zur Analyse der Empfindungen, S. 23, 142. Jena 1886, Gustav Fischer.

gewissenhafte Physiker müßte demnach stets sorgfältig bemüht sein, das eigene Weltbild als etwas begrifflich Einzigartiges und von allen anderen total Verschiedenes genau zu unterscheiden, und wenn einmal zwei seiner Fachgenossen, die ganz unabhängig voneinander den nämlichen physikalischen Versuch angestellt haben, dabei entgegengesetzte Resultate gefunden zu haben behaupten, was ja gelegentlich vorkommt, so würde er einen prinzipiellen Fehler begehen, wenn er etwa schließen wollte, daß mindestens einer von den beiden im Irrtum befindlich sein muß. Denn der Gegensatz könnte ja auch durch einen Unterschied der beiderseitigen Weltbilder bedingt sein. — Ich glaube nicht, daß ein richtiger Physiker jemals auf solch seltsame Gedankengänge verfallen würde.

Indessen will ich gern zugeben, daß eine erfahrungsgemäß enorme Unwahrscheinlichkeit von der prinzipiellen Unmöglichkeit praktisch nicht abweicht; aber das möchte ich dafür hier um so ausdrücklicher hervorheben, daß die Angriffe, welche von jener Seite her gegen die atomistischen Hypothesen und gegen die Elektronentheorie gerichtet werden, unberechtigt und unhaltbar sind. Ja, ich möchte ihnen geradezu die Behauptung entgegensetzen — und ich weiß, daß ich damit nicht allein stehe —: die Atome, so wenig wir von ihren näheren Eigenschaften wissen, sind nicht mehr und nicht weniger real als die Himmelskörper oder als die uns umgebenden irdischen Objekte; und wenn ich sage: ein Wasserstoffatom wiegt $1,6 \cdot 10^{-24}$ g, so enthält dieser Satz keine geringere Art von Erkenntnis wie der, daß der Mond $7 \cdot 10^{25}$ g wiegt. Freilich kann ich ein Wasserstoffatom weder auf die Waagschale legen noch kann ich es überhaupt sehen, aber den Mond kann ich auch nicht auf die Waagschale legen, und was das Sehen betrifft, so gibt es bekanntlich auch unsichtbare Himmelskörper, deren Masse mehr oder weniger genau gemessen ist; wurde doch ja auch die Masse des Neptun gemessen, noch ehe überhaupt ein Astronom sein Fernglas auf ihn richtete. Eine Methode physikalischer Messung aber, bei der jedwede auf Induktion beruhende Erkenntnis ausgeschaltet ist, existiert überhaupt nicht; das gilt auch für die direkte Wägung. Ein einziger Blick in ein Präzisionslaboratorium zeigt uns die Summe von Erfahrungen und Abstraktionen, welche gerade in einer solchen scheinbar so einfachen Messung enthalten ist.

Es bleibt uns noch übrig zu fragen, woher es denn kommt, daß die M a c h sche Erkenntnistheorie eine so große Verbreitung unter den Naturforschern gefunden hat. Täusche ich mich nicht, so bedeutet sie im Grunde eine Art Reaktion gegen die stolzen Erwartungen, die man vor einem Menschenalter, im Gefolge der Entdeckung des Energieprinzips, an die speziell mechanische Naturanschauung geknüpft hatte, wie man sie zum Beispiel in den Schriften E m i l d u B o i s - R e y m o n d s niedergelegt finden kann. Ich will nicht sagen, daß diese Erwartungen nicht manche hervorragende Leistungen von bleibendem Wert gezeigt haben — ich nenne nur die kinetische Gastheorie —, aber in vollem Umfange genommen haben sie sich doch als übertrieben herausgestellt, ja die Physik hat durch die Einführung der Statistik in ihre Betrachtungen auf eine vollständige Durchführung der Mechanik der Atome grundsätzlich verzichtet. Ein philosophischer Niederschlag der unausbleiblichen Ernüchterung war der Machsche Positivismus. Ihm gebührt in vollem Maße das Verdienst, angesichts der drohenden Skepsis den einzig legitimen Ausgangspunkt aller Naturforschung in den Sinnesempfindungen wiedergefunden zu haben. Aber er schießt über das Ziel hinaus, indem er mit dem mechanischen Weltbild zugleich das physikalische Weltbild überhaupt degradiert.

So fest ich davon überzeugt bin, daß dem Machschen System, wenn es wirklich folgerichtig durchgeführt wird, kein innerer Widerspruch nachzuweisen ist, ebenso sicher scheint es mir ausgemacht, daß seine Bedeutung im Grunde nur eine formalistische ist, welche das Wesen der Naturwissenschaft gar nicht trifft, und dies deshalb, weil ihm das vornehmste Kennzeichen jeder naturwissenschaftlichen Forschung: die Forderung eines k o n s t a n t e n, von dem Wechsel der Zeiten und Völker unabhängigen Weltbildes fremd ist. Das Machsche Prinzip der Kontinuität bietet hierfür keinen Ersatz; denn Kontinuität ist nicht Konstanz.

Das konstante einheitliche Weltbild ist aber gerade, wie ich zu zeigen versucht habe, das feste Ziel, dem sich die wirkliche Naturwissenschaft in allen ihren Wandlungen fortwährend annähert, und in der Physik dürfen wir mit Recht behaupten, daß schon unser gegenwärtiges Weltbild, obwohl es je nach der Individualität des Forschers noch in den verschiedensten Farben schillert, dennoch gewisse Züge enthält, welche durch keine Revolution, weder in der Natur noch im menschlichen Geiste, je mehr verwischt werden können. Dieses Konstante, von jeder menschlichen, überhaupt jeder intellektuellen Individualität Unabhängige ist nun eben das, was wir das Reale nennen. Oder gibt es zum Beispiel heute wirklich noch einen ernst zu nehmenden Physiker, der an der Realität des Energieprinzips zweifelt? Eher umgekehrt, man macht die Anerkennung dieser Realität zu einer Vorbedingung bei der wissenschaftlichen Wertschätzung.

Freilich, darüber, wie weit man gehen darf in der Zuversicht, schon jetzt die Grundzüge des Weltbildes der Zukunft festgelegt zu haben, lassen sich keine allgemeinen Regeln aufstellen. Hier ist die größte Vorsicht am Platze. Aber um diese Frage handelt es sich erst in zweiter Linie. Worauf es hier einzig und allein ankommt, ist die Anerkennung eines solchen festen, wenn auch niemals ganz zu erreichenden Zieles, und dieses Ziel ist — nicht die vollständige Anpassung unserer Gedanken an unsere Empfindungen, sondern — d i e v o l l s t ä n d i g e L o s l ö s u n g d e s p h y s i k a l i s c h e n W e l t b i l d e s v o n d e r I n d i v i d u a l i t ä t d e s b i l d e n d e n G e i s t e s. Es ist dies eine etwas genauere Umschreibung dessen, was ich oben die Emanzipierung von den anthropomorphen Elementen genannt habe, um das Mißverständnis auszuschließen, als ob das Weltbild von dem bildenden Geist überhaupt losgelöst werden sollte; denn das wäre ein widersinniges Beginnen.

Zum Schluß noch ein Argument, das vielleicht auf diejenigen, welche trotz alledem den menschlich-ökonomischen Gesichtspunkt als den eigentlich ausschlaggebenden hinzustellen geneigt sind, mehr Eindruck macht als alle bisherigen sachlichen Überlegungen. Als die großen Meister der exakten Naturforschung ihre Ideen in die Wissenschaft warfen: als Nikolaus Kopernikus die Erde aus dem Zentrum der Welt entfernte, als Johannes Kepler die nach ihm benannten Gesetze formulierte, als Isaac Newton die allgemeine Gravitation entdeckte, als Ihr großer Landsmann Christian Huygens seine Undulationstheorie des Lichtes aufstellte, als Michael Faraday die Grundlagen der Elektrodynamik schuf — die Reihe wäre noch lange fortzusetzen —, da waren ökonomische Gesichtspunkte sicherlich die allerletzten, welche diese Männer in ihrem Kampfe gegen überlieferte Anschauungen und gegen überragende Autoritäten stählten. Nein — es war ihr felsenfester, sei es auf künstlerischer, sei es auf religiöser Basis ruhender Glaube an die Realität ihres Weltbildes. Angesichts dieser doch gewiß unanfechtbaren Tatsache läßt sich die Vermutung nicht von der Hand weisen, daß, falls das Machsche Prinzip der Ökonomie wirklich einmal in den Mittelpunkt der Erkenntnistheorie gerückt werden sollte, die Gedankengänge solcher führender Geister gestört, der Flug ihrer Phantasie gelähmt und dadurch der Fortschritt der Wissenschaft vielleicht in verhängnisvoller Weise gehemmt werden würde. Wäre es da nicht wahrhaft „ökonomischer", dem Prinzip der Ökonomie einen etwas bescheideneren Platz anzuweisen? Übrigens werden Sie schon aus der Formulierung dieser Frage ersehen, daß ich selbstverständlich weit davon entfernt bin, die Rücksicht auf die Ökonomie in höherem Sinne außer acht lassen oder gar verbannen zu wollen.

Ja, wir können noch einen Schritt weitergehen. Jene Männer sprachen gar nicht von ihrem Weltbild, sondern sie sprachen von der Welt oder der Natur selbst. Ist nun zwischen ihrer „Welt" und unserem „Weltbild der Zukunft" irgendein erkennbarer Unterschied? Sicherlich nicht. Denn daß es gar keine Methode gibt, einen solchen Unterschied zu prüfen, ist durch Immanuel Kant Gemeingut aller Denker geworden. Der zusammengesetzte Ausdruck „Weltbild" ist nur der Vorsicht halber üblich geworden, um gewisse Illusionen von vornherein auszuschließen. Wir können ihn also, wenn wir uns nur vornehmen, die erforderliche Vorsicht anzuwenden und hinter dem Worte Welt nichts weiter zu suchen als jenes ideale Zukunftsbild, auch wieder durch das einfache Wort ersetzen und gelangen dann zu einer mehr realistischen Ausdrucksweise, die sich nun gerade auch vom ökonomischen Standpunkte aus augenscheinlich weit mehr empfiehlt als der im Grunde äußerst komplizierte und schwer ganz durchzudenkende Machsche Positivismus, und die ja auch tatsächlich von den Physikern stets angewendet wird, wenn sie in der Sprache ihrer Wissenschaft reden. —

Ich habe soeben von Illusionen gesprochen. Nun wäre es ganz gewiß auch von meiner Seite eine arge Illusion, wenn ich hoffen wollte, mit meinen Ausführungen allgemein überzeugt zu haben, ja auch nur allgemein verständlich gewesen zu sein; und ich werde mich also auch sorgfältig hüten, ihr anheimzufallen. Sicherlich wird über diese prinzipiellen Fragen noch vieles gedacht und geschrieben werden; denn der Theoretiker sind viele, und das Papier ist geduldig. Deshalb wollen wir um so einstimmiger und rückhaltloser dasjenige betonen, was von uns allen ohne Ausnahme jederzeit anerkannt und beherzigt werden muß: das ist in erster Linie die Gewissenhaftigkeit in der Selbstkritik, verbunden mit der Ausdauer im Kampfe für das einmal als richtig Erkannte, in zweiter Linie die ehrliche, auch durch Mißverständnisse nicht zu erschütternde Achtung vor der Persönlichkeit wissenschaftlicher Gegner, und im übrigen das ruhige Vertrauen auf die Kraft desjenigen Wortes, welches seit nunmehr neunzehnhundert Jahren als letztes, untrügliches Kennzeichen die falschen Propheten von den wahren scheiden lehrt: An ihren **F r ü c h t e n** **sollt Ihr sie erkennen!**

Die Stellung der neueren Physik zur mechanischen Naturanschauung.

(Vortrag, gehalten am 23. September 1910 auf der 82. Versammlung Deutscher Naturforscher und Ärzte in Königsberg i. Pr.)

Von allen Stätten der regelmäßigen Tagungen unserer Gesellschaft läßt sich wohl kaum eine nennen, die so unmittelbar dazu einladet, einen Blick auf die neuere Entwicklung der physikalischen Theorien zu werfen, wie unser diesjähriger Versammlungsort. Ich denke dabei nicht nur an den großen Königsberger Philosophen, der mit genialer Kühnheit sogar die Uranfänge unseres Kosmos physikalischen Gesetzen zu unterwerfen suchte; ich denke auch an den Begründer der theoretischen Physik in Deutschland, Franz Neumann, dessen Schule der physikalischen Wissenschaft eine Reihe ihrer hervorragendsten Forscher beschert hat; ich denke an den Verkünder des Prinzips der Erhaltung der Energie, Hermann Helmholtz, der hier vor 56 Jahren vor den Mitgliedern der Physikalisch-Ökonomischen Gesellschaft die damals ganz neuen Begriffe der potentiellen und der kinetischen Energie („Spannkraft" und „lebendige Kraft") an dem Bild eines durch Wasserkraft gehobenen und dann herabsausenden Hammers erläuterte.

Seit jener Zeit haben sich, wie jedermann bekannt ist, in der Physik ungeahnte Wandlungen vollzogen. Wäre Helmholtz heute unter uns versetzt, er würde zweifellos über gar vieles, was er von physikalischen Dingen hörte, erstaunt den Kopf schütteln. In erster Linie sind es die großartigen Fortschritte der experimentellen Technik, welche den Umschwung herbeigeführt haben. Die von ihr errungenen Erfolge kamen in mancher Beziehung so unerwartet, daß man heutzutage selbst Probleme für lösbar zu halten geneigt ist, an deren Bewältigung vor wenig Jahrzehnten noch kein Mensch gedacht hätte, und daß man prinzipiell überhaupt kaum etwas für technisch absolut unmöglich ansieht. Aber auch den Theoretikern hat sich ein gutes Stück des bei den Praktikern herangebildeten Wagemutes mitgeteilt, sie gehen jetzt mit einer für frühere Zeiten unerhörten Kühnheit ans Werk, kein physikalischer Satz ist gegenwärtig vor Anzweiflungen sicher, alle und jede physikalische Wahrheit gilt als diskutabel. Es sieht manchmal fast so aus, als wäre in der theoretischen Physik die Zeit des Chaos wieder im Anzuge.

Aber je verwirrender die Fülle der neuen Tatsachen, je bunter die Mannigfaltigkeit der neuen Ideen auf uns eindringt, um so gebiete-

Die Stellung der neueren Physik zur mechanischen Naturanschauung

rischer erhebt sich wieder auf der anderen Seite der Ruf nach einer zusammenfassenden Betrachtungsweise. Denn so gewiß der Erfolg eines jedweden Experimentes nur durch eine passende Anordnung und Deutung der Versuche gewährleistet wird, ebenso sicher kann eine in weiterem Umfang brauchbare Arbeitshypothese, die zu richtigen Fragestellungen verhilft, nur durch eine zweckmäßige physikalische Weltanschauung vermittelt werden. Und nicht nur für die Physik, für die ganze Naturwissenschaft ist dieser Ruf nach einer zusammenfassenden Naturanschauung bedeutungsvoll; denn eine Umwälzung im Bereich der physikalischen Prinzipien kann nicht ohne Rückwirkung auf alle übrigen Naturwissenschaften bleiben.

Diejenige Naturanschauung, die bisher der Physik die wichtigsten Dienste geleistet hat, ist unstreitig die mechanische. Bedenken wir, daß dieselbe darauf ausgeht, alle qualitativen Unterschiede in letzter Linie zu erklären durch Bewegungen, so dürfen wir die mechanische Naturanschauung wohl definieren als die Ansicht, daß alle physikalischen Vorgänge sich vollständig auf Bewegungen von unveränderlichen, gleichartigen Massenpunkten oder Massenelementen zurückführen lassen. Jedenfalls werde ich hier in diesem Sinne von der mechanischen Naturanschauung sprechen. Ist nun diese Hypothese auch heutzutage der neueren Entwicklung der Physik gegenüber grundlegend und durchführbar?

Von jeher hat es Physiker und Philosophen gegeben, welche die Bejahung dieser Frage als etwas Selbstverständliches ansahen, ja sie geradezu als ein Postulat der physikalischen Forschung betrachteten. Nach dieser Auffassung besteht die Aufgabe der theoretischen Physik direkt darin, alle Vorgänge in der Natur auf Bewegung zurückzuführen. Demgegenüber gab es von jeher skeptischere Naturen, welche den fundamentalen Charakter einer solchen Formulierung des Problems bezweifelten, welche die mechanische Naturanschauung für zu eng hielten, um die ganze bunte Mannigfaltigkeit sämtlicher Naturvorgänge zu umspannen. Man kann nicht sagen, daß die eine der beiden entgegengesetzten Meinungen bisher das entschiedene Übergewicht errungen hätte. Erst in unseren Tagen scheint sich eine endgültige Entscheidung vorzubereiten, als Endresultat einer tiefgehenden Bewegung, welche die theoretische Physik ergriffen hat — einer Bewegung von solch radikaler, umwälzender Art, daß sie ihre Wellen weit über die eigentliche Physik hinaus in die Nachbargebiete der Chemie, Astronomie, ja bis in die Erkenntnistheorie hinein schlägt, und daß in ihrem Gefolge sich wissenschaftliche Kämpfe ankündigen, denen nur noch die um die kopernikanische Weltanschauung geführten vergleichbar sein werden. Was zu dieser Revolution geführt hat, und wie die durch sie hervorgerufene Krisis vielleicht überwunden werden wird, das möchte ich im folgenden darzulegen versuchen.

Die Blütezeit der mechanischen Naturanschauung lag im vorigen Jahrhundert. Den ersten mächtigen Impuls erfuhr sie durch die Entdeckung des Prinzips der Erhaltung der Energie, ja sie wurde sogar manchmal mit dem Energieprinzip, besonders in der ersten Zeit seiner Entdeckung, geradezu identifiziert. Dieses Mißverständnis rührt jedenfalls daher, daß vom Standpunkt der mechanischen Naturanschauung das Energieprinzip sich sehr leicht deduzieren läßt; denn wenn alle Energie mechanischer Natur ist, so ist im Grunde das Energieprinzip nichts anderes als das in der Mechanik schon seit langer Zeit bekannte Gesetz der lebendigen Kräfte. Es gibt dann in der ganzen Natur überhaupt nur zwei Arten von Energie, kinetische und potentielle, und es handelt sich nur noch darum, bei einer bestimmten Energieart, z. B. Wärme, Elektrizität, Magnetismus, zu entscheiden, ob sie kinetischer oder potentieller Natur ist. Dies ist ganz der Standpunkt, den Helmholtz in seiner ersten epochemachenden Schrift über die Erhaltung der Kraft eingenommen hat. Es dauerte erst eine gewisse Zeit, ehe man sich bewußt wurde, daß mit dem Satz der Erhaltung der Energie über die Natur der Energie noch gar nichts ausgesagt ist — welche Meinung übrigens der Entdecker des mechanischen Wärmeäquivalents, Julius Robert Mayer, bekanntlich von Anfang an verfochten hatte.

Was der mechanischen Anschauung ihren eigentlichen speziellen Antrieb verlieh, das war vielmehr die Entwicklung der kinetischen Gastheorie. Dieselbe traf aufs glücklichste zusammen mit der Richtung, welche inzwischen die chemische Forschung eingeschlagen hatte. Dort war man bei der Aufgabe, das Molekül vom Atom genau zu unterscheiden, auf den Avogadroschen Satz gekommen, als auf die brauchbarste Definition des gasförmigen Moleküls, und nun ergab sich gerade dieser Satz als eine strenge Folgerung der kinetischen Gastheorie wofern man als Maß der Temperatur die lebendige Kraft der bewegten Moleküle einführt. So konnten auf Grund der atomistischen Vorstellungen die Erscheinungen der Dissoziation und Assoziation, der Isomerie, der optischen Aktivität der Moleküle, durch mechanische Betrachtungen bis ins einzelne aufgehellt werden, mit gleichem Erfolge wie die physikalischen Vorgänge der Reibung, der Diffusion, der Wärmeleitung.

Allerdings blieb noch die Frage als letztes wichtigstes Problem zurück, wie die Verschiedenheit der chemischen Elemente durch Bewegungen zu erklären sei. Aber auch hier zeigte sich Hoffnung; denn das periodische System der Elemente schien mit Deutlichkeit darauf hinzuweisen, daß es schließlich nur eine Art Materie gibt; und wenn auch die Proutsche Hypothese, daß der Wasserstoff diese Urmaterie ist, sich einstweilen als undurchführbar erwies, weil die Atomgewichte durchaus nicht ganze Vielfache des Wasserstoffatomgewichts sind, so blieb doch immer noch die Möglichkeit übrig, den gemeinschaftlichen Baustein aller chemischen Elemente, das Uratom, noch kleiner zu wählen und dadurch die Einheitlichkeit des Urstoffes zu wahren.

Eine ernste Gefahr schien eine Zeitlang der atomistischen Theorie von energetischer Seite her, aus der reinen Thermodynamik, zu erwachsen. Hatte man schon, wie oben hervorgehoben, erkannt, daß die mechanische Naturauffassung durch das Energieprinzip keineswegs gefordert wird, so führte der zweite Hauptsatz der Thermodynamik und seine vielfachen Anwendungen, namentlich auf dem Gebiete der physikalischen Chemie, zu einem gewissen Mißtrauen gegen die Atomistik. Allgemeine Sätze, welche sich aus der reinen Thermodynamik mit Leichtigkeit in voller Exaktheit und in ihrem ganzen Umfange ergeben, wie z. B. die Gesetze der Verdampfungs- und Schmelzwärme, des osmotischen Druckes, der elektrolytischen Dissoziation, der Gefrierpunktserniedrigung und Siedepunktserhöhung, konnten mit den Vorstellungen der Atomistik nur mühsam und in gewisser Annäherung abgeleitet werden, besonders auf dem Gebiete der Flüssigkeiten und festen Körper, wo überhaupt die Atomistik noch gar nicht recht eingeführt war, während die Methoden der Thermodynamik alle drei Aggregatzustände mit gleicher Souveränität beherrschten und gerade auf dem Gebiet der flüssigen Lösungen ihre glänzendsten Erfolge erzielten. Vor allem aber machte die Irreversibilität der natürlichen Vorgänge der mechanischen Naturauffassung viel zu schaffen, denn in der Mechanik sind alle Vorgänge reversibel, und es bedurfte der tiefgehenden Analyse und nicht minder des unbeugsamen wissenschaftlichen Optimismus eines L u d w i g B o l t z m a n n, um die Atomistik mit dem zweiten Hauptsatz der Wärmetheorie nicht nur zu versöhnen, sondern sogar die Grundidee des zweiten Hauptsatzes durch die Atomistik erst verständlich zu machen. Alle diese schwierigen Fragen wurden spielend überwunden, oder vielmehr sie existierten überhaupt nicht für die Anhänger der reinen Thermodynamik, welche die Zurückführung der thermischen und chemischen Energie auf mechanische gar nicht als Problem anerkannten, sondern bei der Annahme verschiedenartiger Energien stehenblieben — ein Umstand, der B o l t z m a n n gelegentlich zu dem Stoßseufzer veranlaßte, die kinetische Gastheorie scheine ihm aus der Mode gekommen zu sein. Wenige Jahre später hätte er dies wohl nicht mehr gesagt; denn es war gerade damals um die Zeit, als die kinetische Gastheorie Erfolge zu sammeln begann, welche den bisherigen mindestens die Waage hielten.

Zunächst gelangte die reine Thermodynamik bald an ihre natürliche Grenze. Da nämlich der zweite Hauptsatz im allgemeinen nur eine Ungleichung liefert, so lassen sich Gleichungen aus ihm nur für Gleichgewichtszustände ableiten, hier allerdings in voller Allgemeinheit und Exaktheit. Sobald man aber dies Gebiet verläßt und nach dem zeitlichen Verlauf physikalischer oder chemischer Vorgänge fragt, vermag der zweite Hauptsatz nur die Richtung anzugeben, auch wohl einige qualitative Aussagen für solche Vorgänge zu machen, die sich vom Gleichgewichtszustand sehr wenig entfernen; aber einen quantitativ bestimmbaren Wert für Reaktionsgeschwindigkeiten liefert er nicht, und noch viel weniger einen Einblick in die Einzelheiten der betreffenden Vorgänge. Hier ist man also lediglich auf atomistische Vorstellungen angewiesen, und dieselben haben sich nach allen Richtungen bewährt. Ganz besonders wichtig wurden sie für die Gesetze der Ionisierung, wie überhaupt aller Vorgänge, bei welchen

Elektronen eine Rolle spielen. Es muß hier der einfache Hinweis darauf genügen, daß die Erscheinungen der Dispersion, der Kathoden- und Röntgenstrahlen, der gesamten Radioaktivität, um diese unermeßlichen Gebiete nur mit einem Wort zu nennen, überhaupt nur zu verstehen sind auf dem Boden der kinetischen Atomistik.

Ja selbst auf dem ureigenen Gebiet der Thermodynamik, bei den Gleichgewichts- bzw stationären Zuständen, hat die kinetische Theorie über gewisse Fragen Licht verbreitet, die der reinen Thermodynamik dunkel bleiben mußten. Sie hat die Emission und Absorption der Wärmestrahlen verständlicher gemacht, ja sie hat in der Erklärung der sogenannten B r o w n schen Molekularbewegung den direkten, sozusagen handgreiflichen Beweis für ihre Berechtigung und ihre Notwendigkeit geliefert, und dadurch erst kürzlich ihre höchsten Triumphe gefeiert. Zusammenfassend kann man sagen: Auf dem Gebiete der Wärmelehre, der Chemie, der Elektronentheorie ist die kinetische Atomistik nicht mehr nur Arbeitshypothese, sie ist eine fest und dauernd begründete Theorie.

Wie steht es nun aber mit der mechanischen Naturanschauung? Dieselbe würde doch mit der Atomistik der Materie und der Elektrizität sich nicht begnügen, sondern würde noch weiter verlangen, daß überhaupt a l l e Naturvorgänge als Bewegungen einfacher Massenpunkte gedeutet werden können.

Der großartigste, aber auch vielleicht der letzte Versuch, prinzipiell alle Naturerscheinungen auf Bewegung zurückzuführen, ist enthalten in der Mechanik von H e i n r i c h H e r t z. Hier ist das Streben der mechanischen Naturanschauung nach einem einheitlichen Weltbild zu einer gewissen idealen Vollendung gebracht worden. Die H e r t z sche Mechanik ist nicht eigentlich aktuelle Physik, sie ist Zukunftsphysik oder sozusagen eine Art physikalisches Glaubensbekenntnis. Sie stellt ein Programm auf von erhabener Konsequenz und Harmonie, das alle früheren auf das gleiche Ziel gerichteten Versuche hinter sich läßt. H e r t z begnügt sich nämlich nicht damit, die vollständige Durchführbarkeit der mechanischen Naturanschauung auf Grund der Annahme von Bewegungen einfacher gleichartiger Massenpunkte, der einzigen wahren Bausteine des ganzen physikalischen Universums, zu postulieren, er geht noch über den von H e l m - h o l t z in seiner Erhaltung der Kraft vertretenen Standpunkt insofern hinaus, als er den Unterschied zwischen potentieller und kinetischer Energie und damit alle Probleme, welche die Untersuchung der speziellen Energieart betreffen, von vornherein eliminiert. Nach H e r t z gibt es nicht nur eine einzige Art von Materie, den Massenpunkt, sondern auch nur eine einzige Art von Energie, die kinetische. Alle anderen Energien, die wir z. B. als potentielle Energie, als elektromagnetische, chemische, thermische Energie bezeichnen, sind in Wahrheit kinetische Energie der Bewegungen unsichtbarer Massenpunkte, und was das Verhalten dieser Energien so verschieden macht, sind einzig und allein die festen Koppelungen, welche in der Natur zwischen den Lagen und den Geschwindigkeiten der betreffenden

Massenpunkte bestehen. Diese Koppelungen beeinträchtigen die Gültigkeit des Energieprinzips in keiner Weise, da sie nur für die Richtung der Bewegungen, nicht aber für die Größe der lebendigen Kräfte von Einfluß sind, ebenso etwa, wie ein fahrender Eisenbahnzug durch die Krümmung der Schienen wohl abgelenkt, aber nicht verlangsamt wird. Alle Bewegungen in der Natur beruhen daher nach Hertz im letzten Grunde ausschließlich auf der Trägheit der Materie. Ein gutes Beispiel für diese Anschauung liefert die kinetische Gastheorie, welche die bis dahin als potentiell angesehene elastische Energie der ruhenden Gasteilchen ersetzt durch die kinetische Energie der bewegten Gasteilchen. Diese radikale Vereinfachung der Annahmen bringt es mit sich, daß die Sätze der Hertzschen Mechanik sich einer wunderbaren Einfachheit und Übersichtlichkeit erfreuen.

Aber bei näherer Betrachtung erweisen sich die Schwierigkeiten nicht behoben, sondern nur zurückgeschoben, und zwar zurückgeschoben in ein der experimentellen Prüfung fast unzugängliches Gebiet. Hertz selber mochte dies gefühlt haben; denn er hat, wie auch Helmholtz in seiner Vorrede zu dem nachgelassenen Werk betont, niemals auch nur den Versuch gemacht, in einem bestimmten einfachen Fall die Art der von ihm eingeführten unsichtbaren Bewegungen mit ihren eigenartigen Koppelungen anzudeuten. Auch heute sind wir in dieser Richtung nicht um einen Schritt weitergekommen; im Gegenteil werden wir sehen, daß die Entwicklung der Physik inzwischen ganz andere Bahnen eingeschlagen hat, die nicht nur von der Hertzschen, sondern überhaupt von der mechanischen Auffassung weit hinwegführen. Denn gerade unter den am allergenauesten erforschten physikalischen Vorgängen gibt es noch eine große Gruppe, welche der Durchführung der mechanischen Naturanschauung einen, wie es scheint, unüberwindlichen Widerstand entgegengesetzt hat.

Ich wende mich gleich zu dem eigentlichen Schmerzenskinde der mechanischen Theorie: dem Lichtäther. Die Bestrebungen, die Lichtwellen als Bewegungen eines fein verteilten Stoffes zu deuten, sind so alt wie die Huygenssche Undulationstheorie, und entsprechend bunt ist die Reihe der Vorstellungen, die man sich von der Konstitution dieses rätselhaften Mediums im Laufe der Zeiten gebildet hat. Denn so sicher die Existenz eines materiellen Lichtäthers ein Postulat der mechanischen Naturanschauung ist — denn nach ihr muß, wo Energie ist, auch Bewegung sein, und wo Bewegung ist, muß auch etwas da sein, was sich bewegt —, so seltsam sticht sein Verhalten von dem aller übrigen bekannten Stoffe ab, schon wegen seiner außerordentlich geringen Dichtigkeit im Vergleich zu seiner kolossalen Elastizität, welche die ungeheuer große Fortpflanzungsgeschwindigkeit der Lichtwellen bedingt. Nach Huygens, welcher die Lichtwellen für longitudinal hielt, konnte man den Lichtäther noch als ein feines Gas denken, nach Fresnel aber, welcher die Transversalität zur Gewißheit erhob, mußte der Äther als fester Körper angesprochen werden; denn ein gasförmiger Äther wäre nicht imstande, transversale Lichtwellen fortzupflanzen. Es ist zwar vielfach versucht worden, die Transversalwellen durch reibungsartige Vorgänge zu erklären, die ja auch in Gasen vorkommen, aber dieser Weg erscheint schon deshalb nicht gangbar, weil im freien Äther weder Absorption des Lichtes noch eine Abhängigkeit der Fortpflanzungsgeschwindigkeit von der Farbe nachweisbar ist. Man war also gezwungen, einen festen Körper anzunehmen, der die sonderbare Eigenschaft besitzt, daß die Himmelskörper ohne jeden nachweisbaren Widerstand durch ihn hindurchgehen. Aber das war erst der Anfang der Schwierigkeiten. Jeder Versuch, die Gleichungen der Elastizitätstheorie fester Körper auf den Lichtäther anzuwenden, führte zur Forderung longitudinaler Wellen, welche in Wirklichkeit nicht existieren, wenigstens trotz angestrengter, vielfach variierter Bemühungen nicht aufzufinden waren, und dieser longitudinalen Wellen konnte man sich nur entledigen durch die Annahme entweder unendlich kleiner oder auch unendlich großer Kompressibilität des Lichtäthers. Aber selbst dann war es unmöglich, die Grenzbedingungen an der Trennungsfläche zweier verschiedenartiger Medien vollkommen befriedigend zu erfüllen.

Ich will hier absehen von einer Schilderung aller verschiedenartigen mehr oder weniger komplizierten Annahmen, durch welche man dieser Schwierigkeiten Herr zu werden suchte, ich will nur noch hinweisen auf ein bedenkliches Symptom, welches unfruchtbare Hypothesen zu begleiten pflegt und welches sich auch bei dem vorliegenden Problem unangenehm fühlbar machte: ich meine das Auftreten von physikalischen Kontroversen, die gar nicht durch Messungen zu entscheiden sind. Dahin gehört vor allem die berühmte Kontroverse zwischen Fresnel und Neumann über den Zusammenhang der Schwingungsrichtung geradlinig polarisierten Lichtes mit der Polarisationsebene. Es läßt sich wohl kaum ein Gebiet der Physik namhaft machen, in welchem um eine im Grunde, wie es scheint, unlösbare Frage ein so hartnäckiger Kampf geführt wurde, mit allen erdenklichen Waffen des Experimentes und der Theorie.

Erst mit dem Vordringen der elektromagnetischen Lichttheorie wurde dieser Kampf als bedeutungslos erkannt und abgebrochen — bedeutungslos allerdings nur für diejenige Auffassung, welche sich damit begnügt, das Licht als einen elektrodynamischen Vorgang zu betrachten. Denn das Problem der mechanischen Erklärung der Lichtwellen blieb ungelöst bestehen, es war nur vertagt bis zur Lösung des viel allgemeineren Problems, sämtliche elektromagnetische Vorgänge, statische und dynamische, auf Bewegung zurückzuführen. Und in der Tat: mit der weiteren Entwicklung der Elektrodynamik wuchs das Interesse an diesem größeren Problem wieder um so stärker. Man ging mit umfassenderen Hilfsmitteln, von allgemeineren Erwägungen aus daran, es seiner Lösung näher zu führen, und damit stieg auch die Bedeutung des Lichtäthers wieder: denn war er bisher nur der Sitz der optischen Wellen gewesen, so wurde er nun Träger der Gesamtheit der elektromagnetischen Erscheinungen, wenigstens im reinen Vakuum.

Doch alles war vergeblich — der Lichtäther spottete abermals aller Bemühungen, ihn mechanisch zu begreifen. Soviel schien zwar einleuchtend, daß die elektrische und magnetische Energie sich in gewissem Sinne ebenso gegenüberstehen, wie kinetische und potentielle Energie, und es frug sich zunächst nur, ob man die elektrische oder die magnetische Energie als kinetisch aufzufassen habe. Ersteres würde für die Optik zur Fresnelschen, letzteres zur Neumannschen Theorie führen. Aber die Hoffnung, daß nunmehr die Hereinziehung der Eigentümlichkeiten statischer und stationärer Felder die nötigen Anhaltspunkte zu der auf optischem Gebiet unmöglichen Entscheidung liefern würde, verwirklichte sich nicht. Im Gegenteil, dieselbe vermehrte nur die Schwierigkeiten in gesteigertem Maße. Alle nur denkbaren Vorschläge und Kombinationen wurden erschöpft, um die Konstitution des Lichtäthers zu ergründen; am tätigsten in dieser Richtung ist unter den großen Physikern wohl Lord Kelvin bis an sein Lebensende gewesen. Es erwies sich als nicht möglich, die elektrodynamischen Vorgänge im freien Äther aus einer einheitlichen mechanischen Hypothese abzuleiten — während doch dieselben Vorgänge in wunderbarer Einfachheit und mit einer bis jetzt in allen Einzelheiten bestätigten Genauigkeit durch die Maxwell-Hertzschen Differentialgleichungen dargestellt werden. Die Gesetze selber waren also bis ins einzelne und einzelste bekannt, nur die mechanische Erklärung dieser einfachen Gesetze versagte, und zwar vollständig und endgültig. Wenigstens glaube ich in Physikerkreisen keinem ernsthaften Widerspruch zu begegnen, wenn ich zusammenfassend sage, daß die Voraussetzung der genauen Gültigkeit der einfachen Maxwell-Hertzschen Differentialgleichungen für die elektrodynamischen Vorgänge im reinen Äther die Möglichkeit ihrer mechanischen Erklärung ausschließt. Daß Maxwell mit Hilfe mechanischer Vorstellungen ursprünglich auf seine Gleichungen gekommen ist, ändert natürlich nichts an dieser Tatsache. Es wäre nicht das erste Mal, daß ein genau richtiges Resultat durch eine nicht ganz zureichende Ideenverbindung aufgefunden wurde. Wer heutzutage an der mechanischen Auffassung der elektrodynamischen Vorgänge im freien Äther festhalten will, der ist genötigt, die Maxwell-Hertzschen Gleichungen als nicht ganz exakt anzusehen und sie durch Hinzufügung gewisser Glieder von kleinerer Größenordnung zu präzisieren. Gegen die Berechtigung dieses Standpunktes läßt sich gewiß von vornherein nichts einwenden, und es bietet sich hier noch ein reiches Feld für Spekulationen aller Art, aber andererseits muß doch beachtet werden, daß seine Begründung lediglich auf dem Wege des Experimentes erfolgen kann, und daß man bei jedem derartigen Versuch nachgerade stark mit der Möglichkeit rechnen muß, zu den mannigfachen bisher vergeblich ersonnenen Experimenten noch ein neues zu fügen. Von derartigen Experimenten habe ich schon gesprochen; eins habe ich aber noch nicht erwähnt, und das ist das wichtigste von allen, denn seine Bedeutung ist ganz unabhängig von allen näheren Annahmen über die Natur des Lichtäthers.

Mag man nämlich über die Konstitution des Lichtäthers denken wie man will, mag man ihn als kontinuierlich oder als diskontinuierlich, aus „Ätheratomen" oder aus „Neutronen" bestehend ansehen, stets erhebt sich die Frage, ob bei der Bewegung eines durchsichtigen Körpers der darin befindliche Lichtäther von dem bewegten Körper mitgenommen wird, oder ob der Lichtäther, während der Körper sich bewegt, ganz oder teilweise in Ruhe bleibt. Auf diese Frage läßt sich mit Sicherheit eine Antwort dahin geben, daß der Lichtäther jedenfalls nicht immer vollständig, häufig so gut wie gar nicht von dem Körper mitgenommen wird. Denn in einem bewegten Gase, z. B. in bewegter Luft, pflanzt sich das Licht merklich unabhängig von der Geschwindigkeit des Gases fort, oder, wenn ich mich etwas drastisch ausdrücken darf, das Licht geht gegen den Wind gerade ebenso schnell wie mit dem Winde. Das hat schon in der Mitte des vorigen Jahrhunderts F i z e a u durch feine Interferenzversuche bewiesen. Wir müssen uns also vorstellen, daß der Äther, in welchem sich die Lichtwellen fortpflanzen, durch bewegte Luft nicht merklich beeinflußt wird, sondern in Ruhe bleibt, wenn sie durch ihn hindurchstreicht. Wenn aber dem so ist, so muß man naturgemäß weiter fragen: Wie groß ist denn nun die Geschwindigkeit, mit welcher die atmosphärische Luft durch den Äther hindurchgeht?

Diese Frage ist es nun, die bisher in keinem einzigen Falle, durch keine Messung hat beantwortet werden können. Die atmosphärische Luft, welche die Erde umgibt, macht im großen ganzen die Bewegung der Erde mit, das bedeutet relativ zur Sonne eine Geschwindigkeit von etwa 30 km pro Sekunde, deren Richtung mit der Jahreszeit stetig wechselt. Wenn diese Geschwindigkeit auch nur der zehntausendste Teil der Lichtgeschwindigkeit ist, so lassen sich doch optische Experimente ersinnen, welche nach allem, was wir sonst aus der Optik wissen, eine Geschwindigkeit von dieser Größenordnung zu messen gestatten würden. Die Untersuchungen über eine Messung der Erdbewegung relativ zum Lichtäther füllen viele Seiten der Annalen der Physik. Aber aller Scharfsinn, alle experimentellen Künste scheiterten an der Hartnäckigkeit der Tatsachen. Die Natur blieb stumm und verweigerte die Antwort. Es ließ sich nirgends eine Spur des Einflusses der Erdbewegung auf die optischen Vorgänge innerhalb unserer Atmosphäre auffinden. Am auffälligsten ist in dieser Beziehung das Ergebnis eines Versuches von A. M i c h e l s o n, bei welchem die Lichtfortpflanzung in der Richtung der Erdbewegung verglichen wird mit der Lichtfortpflanzung quer zur Richtung der Erdbewegung. Bei diesem Versuch liegen die Verhältnisse prinzipiell so außerordentlich einfach, und die Methode der Messung ist so außerordentlich empfindlich, daß ein Einfluß der Erdbewegung mit aller Deutlichkeit zum Vorschein kommen müßte. Aber der gesuchte Effekt ist nicht vorhanden.

Angesichts dieser für die theoretische Physik so überaus schwierigen und rätselhaften Sachlage ist der Gedanke doch gewiß nicht unberechtigt, ob man nicht besser täte, das Problem des Lichtäthers einmal von einer ganz anderen Seite anzugreifen. Wenn nun das Scheitern aller auf die mechanischen Eigenschaften des Lichtäthers bezüglichen Versuche einen prinzipiellen Grund hätte? Wenn alle die besprochenen Fragen nach der Konstitution, nach der Dichtigkeit, nach den elastischen Eigenschaften des Äthers, nach den longitudinalen Ätherwellen, nach dem Zusammenhang der Äthergeschwindigkeit mit der Polarisationsebene, nach der Geschwindigkeit der Erdatmosphäre relativ zum Äther, gar keinen physikalischen Sinn besäßen? Dann wäre das Bemühen, diese Fragen zu lösen, auf dieselbe Stufe zu stellen wie etwa die Bemühungen, ein Perpetuum mobile zu konstruieren. Und damit gelangen wir zu dem entscheidenden Wendepunkt.

In seinem von mir eingangs erwähnten Königsberger Vortrag hat Helmholtz mit besonderem Nachdruck betont, daß der erste Schritt zur Entdeckung des Energieprinzips geschehen war, als zuerst die Frage auftauchte: Welche Beziehungen müssen zwischen den Naturkräften bestehen, wenn es unmöglich sein soll, ein Perpetuum mobile zu bauen? Ebenso kann man gewiß mit Recht behaupten, daß der erste Schritt zur Entdeckung des Prinzips der Relativität zusammenfällt mit der Frage: Welche Beziehungen müssen zwischen den Naturkräften bestehen, wenn es unmöglich sein soll, an dem Lichtäther irgendwelche stoffliche Eigenschaften nachzuweisen? Wenn also die Lichtwellen sich, ohne überhaupt an einem materiellen Träger zu haften, durch den Raum fortpflanzen? Dann würde natürlich die Geschwindigkeit eines bewegten Körpers in bezug auf den Lichtäther gar nicht definierbar, geschweige denn meßbar sein.

Ich brauche nicht hervorzuheben, daß mit dieser Auffassung die mechanische Naturanschauung schlechterdings unvereinbar ist. Wer daher die mechanische Naturanschauung als ein Postulat der physikalischen Denkweise ansieht, wird sich mit der Relativitätstheorie nie befreunden können. Wer aber freier urteilt, wird zunächst fragen, wohin jenes Prinzip uns führt. Da versteht sich nun zunächst, daß die vorstehend gegebene rein negative Formulierung des neuen Prinzips erst dann einen fruchtbaren Inhalt gewinnt, wenn sie kombiniert wird mit einer der Erfahrung entnommenen positiven Grundlage, und als solche eignen sich am besten die schon besprochenen Maxwell-Hertzschen Gleichungen der elektrodynamischen Vorgänge im freien Äther, oder, wie wir jetzt besser sagen, im reinen Vakuum. Denn unter allen Medien ist das Vakuum das denkbar einfachste, und dementsprechend sind in der ganzen Physik, von den allgemeinen Prinzipien abgesehen, keine Beziehungen bekannt, die so feine Vorgänge betreffen und dabei so exakt zu gelten scheinen wie diese Gleichungen.

Eine neue Wahrheit hat aber immer zunächst mit gewissen Schwierigkeiten zu kämpfen; denn sonst wäre sie schon viel früher gefunden worden. Bei der Relativitätstheorie liegt die Hauptschwierigkeit in einer sehr tiefgreifenden, man kann geradezu sagen, revolutionären Konsequenz, zu der sie hinsichtlich der Auffassung des Begriffs der

Zeit nötigt. Es sei mir gestattet, diesen Kardinalpunkt an einem konkreten Beispiel näher zu erläutern.

Nach dem Prinzip der Relativität ist es durchaus unmöglich, an unserem Sonnensystem eine gemeinsame konstante Geschwindigkeit aller Bestandteile desselben durch Messungen innerhalb des Systems nachzuweisen. Eine solche Geschwindigkeit, und wäre sie auch noch so groß, dürfte also in keinerlei Weise durch Wirkungen innerhalb des Systems zur Geltung kommen. Dem Astronomen ist dieser Satz ohne weiteres geläufig, er soll aber auch für den Physiker gelten. Nun weiß jeder Gebildete, daß, wenn er an einem Himmelskörper, z. B an der Sonne, irgendeinen besonderen Vorgang beobachtet, das Ereignis auf der Sonne nicht in demselben Augenblick stattfindet, in welchem es auf der Erde wahrgenommen wird, sondern daß zwischen dem Ereignis und der Beobachtung desselben eine gewisse Zeit verstreicht: die Zeit, welche das Licht gebraucht, um von der Sonne auf die Erde zu gelangen. Nimmt man an, daß Sonne und Erde beide ruhen — von der Bewegung der Erde um die Sonne können wir hier ganz absehen —, so beträgt diese Zeit etwa 8 Minuten. Wenn aber Sonne und Erde sich mit gemeinschaftlicher Geschwindigkeit bewegen, etwa in der Richtung von der Erde zur Sonne, so daß die Erde sich gegen die Sonne hin, die Sonne sich aber mit der nämlichen Geschwindigkeit von der Erde fortbewegt, dann ist diese Zeit kürzer. Denn die Lichtwelle, welche als Bote die Kunde des Ereignisses von der Sonne zur Erde bringt, durchläuft, nachdem sie die Sonne verlassen, unabhängig von der Bewegung der Sonne mit Lichtgeschwindigkeit den kosmischen Raum, und die Erde kommt dem Boten entgegen, sie trifft ihn also früher, als wenn sie seine Ankunft in Ruhe abwartet. Umgekehrt: wenn die Erde sich von der Sonne fortbewegt, die Sonne ihr in konstantem Abstand nachfolgt, wird die Zeit zwischen Ereignis und Beobachtung länger.

Fragt man also: Welche Zeit verstreicht denn nun „in Wirklichkeit" zwischen dem Ereignis auf der Sonne und der Beobachtung auf der Erde? so ist diese Frage ganz gleichbedeutend mit der: Welches ist denn die „wirkliche" Geschwindigkeit von Sonne und Erde? Und da der letzteren Frage nach dem Relativitätsprinzip in keinerlei Weise ein physikalischer Sinn zugeschrieben werden kann, so ist dies folgerichtig auch bei der ersteren Frage der Fall, oder mit anderen Worten: Eine Zeitangabe hat in der Physik erst dann einen bestimmten Sinn, wenn der Geschwindigkeitszustand des Beobachters, für den sie gelten soll, in Rücksicht gezogen wird.

Diese Folgerung, nach welcher einer Zeitgröße ebenso wie einer Geschwindigkeit nur eine relative Bedeutung zukommt, nach welcher bei zwei voneinander unabhängigen Ereignissen an verschiedenen Orten die Begriffe „früher", „später" sich für zwei verschiedene Beobachter geradezu umkehren können, klingt für das gewöhnliche Anschauungsvermögen im ersten Augenblick ganz ungeheuerlich, ja geradezu unannehmbar — aber vielleicht doch nicht unannehmbarer, als vor 500 Jahren die Behauptung geklungen haben mag, daß die

Richtung, welche wir die vertikale nennen, keine absolut konstante ist, sondern binnen 24 Stunden im Raume einen Kegel beschreibt. Die Forderung der Anschaulichkeit kann, so berechtigt sie in vielen Fällen ist, unter Umständen, besonders gegenüber dem Eindringen neuer großer Ideen in die Wissenschaft, zum schädlichen Hemmnis werden. Gewiß sind viele fruchtbare physikalische Ideen auf dem Boden der unmittelbaren Anschauung erwachsen, es hat aber auch immer solche gegeben, und darunter nicht die schlechtesten, welche sich ihren Platz gerade im Kampf mit überlieferten Anschauungen erringen mußten.

Ein jeder von uns erinnert sich wohl noch der Schwierigkeit, die es seinem kindlichen Anschauungsvermögen bereitete, als er sich zum ersten Male vorzustellen bemühte, daß es Menschen auf der Erdkugel gibt, die die Füße gegen uns kehren, und daß diese Menschen ebenso sicher wie wir auf dem Boden herumgehen, ohne von der Kugel herabzufallen oder wenigstens einige unbehagliche Kongestionen nach dem Kopfe zu erleiden. Wer aber heute die mangelnde Anschaulichkeit als sachlichen Einwand gegen den relativen Charakter aller räumlichen Richtungen geltend machen wollte, der würde einfach ausgelacht werden. Ich bin nicht sicher, ob nicht in abermals 500 Jahren das nämliche jemand passieren würde, der den relativen Charakter der Zeit bezweifeln wollte.

Der Maßstab für die Bewertung einer neuen physikalischen Hypothese liegt nicht in ihrer Anschaulichkeit, sondern in ihrer Leistungsfähigkeit. Hat die Hypothese sich einmal als fruchtbar bewährt, so gewöhnt man sich an sie, und dann stellt sich nach und nach eine gewisse Anschaulichkeit ganz von selber ein. Als die Erforschung der elektromagnetischen Wirkungen noch eine unvollkommene war, glaubte man vielfach zur Veranschaulichung des galvanischen Stromes, der elektromotorischen Kräfte, der magnetischen Kraftlinien die Vorstellung des strömenden Wassers, der hydraulischen Pumpen, der gespannten Gummifäden nicht entbehren zu können. Heute verschmähen wohl die Elektrotechniker meistenteils diese unvollkommenen Analogien und arbeiten lieber direkt mit den ihnen durch Gewohnheit vertraut gewordenen elektromagnetischen Vorstellungen. Ja, es ist mir sogar gelegentlich aufgefallen, daß man umgekehrt kompliziertere Flüssigkeitsströmungen, wie die Helmholtzschen Wirbelbewegungen, durch elektromagnetische Analogien anschaulich zu machen gesucht hat.

Wie steht es nun in dieser Hinsicht mit der Theorie der Relativität? Allerdings stellt sie an das physikalische Abstraktionsvermögen äußerst weitgehende Anforderungen, dafür sind aber ihre Methoden bequem und universell und liefern vor allem eindeutige, verhältnismäßig leicht formulierbare Resultate. Unter den Pionieren auf dem neuen Terrain ist zuerst Hendrik Antoon Lorentz zu nennen, welcher den Begriff der relativen Zeit gefunden und in die Elektrodynamik eingeführt hat, ohne allerdings so radikale Folgerungen daran zu knüpfen, dann Albert Einstein, welcher zuerst die Kühnheit besaß, die Relativität aller Zeitangaben als universelles Postulat zu proklamieren, und Hermann Minkowski, dem es gelang, die Relativitätstheorie in ein abgerundetes mathematisches System zu bringen.

Es ist natürlich kein Zufall, daß diese abstrakten Probleme vorwiegend bei den Mathematikern Interesse und Förderung gefunden haben, besonders nachdem sich zeigte, daß die hier maßgebenden mathematischen Methoden zum größten Teil ganz dieselben sind wie die, welche in der vierdimensionalen Geometrie ausgebildet wurden. Aber auch die echten vorurteilslosen Experimentalphysiker stehen der Relativitätstheorie keineswegs von vornherein feindlich gegenüber, sie lassen einstweilen die Sache sich ruhig entwickeln und machen ihre Stellung einfach davon abhängig, welche Resultate die experimentelle Prüfung ergeben wird. In dieser Beziehung ist nun zunächst hervorzuheben, daß die Anzahl der aus der Relativitätstheorie fließenden physikalischen Folgerungen zwar eine sehr reichhaltige ist, daß aber ihre Prüfung an die Genauigkeit der Messungen Anforderungen stellt, welche die Beobachtungsinstrumente bis zur äußersten Grenze ihrer Leistungsfähigkeit in Anspruch nehmen. Das rührt in erster Linie daher, daß die Geschwindigkeiten der Körper, über die wir bei Messungen verfügen, gegen die Lichtgeschwindigkeit in der Regel äußerst klein sind. Die schnellsten Bewegungen treffen wir an bei den Elektronen, daher ist auch auf dem Gebiet der Dynamik der Elektronen das erste sichere positive Ergebnis zu erwarten. Indessen: die Leistungsfähigkeit der Instrumente wird mit der Zeit vergrößert, die Genauigkeit der Messungen erhöht, die Prüfung der Theorie verfeinert werden. Es liegt auch hier ganz ebenso wie beim oben angeführten Gleichnis mit der Figur unseres Planeten. Wäre der Radius der Erde nicht gar so groß gegen die uns bei Versuchen zur Verfügung stehenden Längen, so wäre die Kugelgestalt der Erde und die Relativität aller räumlichen Richtungen jedenfalls schon viel früher erkannt worden.

Aber die Bedeutung dieser von mir schon wiederholt herangezogenen Analogie zwischen Raum und Zeit geht noch viel weiter. Sie ist mehr als eine Analogie, sie ist Identität, wenigstens im mathematischen Sinne. Es ist Minkowskis Hauptverdienst, gezeigt zu haben, daß, wenn man die Zeitgrößen in einer passenden, allerdings imaginären, Einheit mißt, die drei Dimensionen des Raumes und die eine Dimension der Zeit absolut symmetrisch in die physikalischen Grundgesetze eingehen. Der Übergang von einer räumlichen Richtung in eine andere ist danach mathematisch und physikalisch vollkommen äquivalent dem Übergang von einer Geschwindigkeit auf eine andere, und die Lehre von der relativen Bedeutung jedes Geschwindigkeitszustandes ist nur eine Ergänzung zu der Lehre von der Relativität jeder räumlichen Richtung. Wie die letztere Lehre sich erst nach langem Ringen zu allgemeiner Anerkennung durchkämpfen konnte, so wird es auch bei der ersteren in jedem Falle noch harte Kämpfe kosten — Kämpfe, die heutzutage wenigstens nicht mehr, wie damals, mit Gefahr für Leib und Leben der Modernisten verbunden sind. Das beste Mittel aber, ja das einzige, um eine Entscheidung herbeizuführen, liegt in der näheren Verfolgung der Konsequenzen, zu denen die neuen Ideen führen, und in diesem Sinne möchten auch meine folgenden Ausführungen aufgefaßt werden.

Nach dem Prinzip der Relativität besitzt die unseren Beobachtungen zugängliche physikalische Welt vier vollkommen gleichberechtigte und vertauschbare Dimensionen. Drei von ihnen nennen wir den Raum, die vierte die Zeit, und aus jedem physikalischen Gesetz lassen sich durch Vertauschung der darin vorkommenden Weltkoordinaten drei andere Gesetze ableiten.

Das oberste physikalische Gesetz, die Krone dieses ganzen Systems, bildet, wenigstens nach meiner Auffassung, das Prinzip der kleinsten Wirkung, welches die vier Weltkoordinaten in vollkommen symmetrischer Anordnung enthält [1]. Von diesem Zentralprinzip strahlen symmetrisch nach vier Richtungen vier ganz gleichwertige Prinzipien aus, entsprechend den vier Weltdimensionen; den räumlichen Dimensionen entspricht das (dreifache) Prinzip der Bewegungsgröße, der zeitlichen Dimension entspricht das Prinzip der Energie. Niemals war es früher möglich, die tiefere Bedeutung und den gemeinsamen Ursprung dieser Prinzipien soweit zurück bis zur Wurzel zu verfolgen.

Auch das Verhältnis der mechanischen zur energetischen Naturanschauung rückt durch diese Auffassung in eine neue Beleuchtung. Denn wie die energetische Naturanschauung auf dem Energieprinzip, so fußt die mechanische Naturanschauung auf dem Prinzip der Bewegungsgröße. Sind doch die drei bekannten Newtonschen Bewegungsgleichungen nichts anderes als der Ausdruck des Prinzips der Bewegungsgröße, angewendet auf einen materiellen Punkt; denn nach ihnen ist die Änderung der Bewegungsgröße gleich dem Impuls der Kraft, während nach dem Energieprinzip die Änderung der Energie gleich ist der Arbeit der Kraft. Jede der beiden Naturanschauungen, die mechanische wie die energetische, leidet somit an einer gewissen Einseitigkeit, wenn auch die erstere der zweiten insofern wesentlich überlegen ist, als sie, entsprechend dem vektoriellen Charakter der Bewegungsgröße, drei Gleichungen liefert, die energetische dagegen nur eine einzige Gleichung. Natürlich gilt das Gesagte nicht nur für die Bewegung eines einzigen materiellen Punktes, sondern überhaupt für jeden reversibeln Vorgang aus dem Gebiete der Mechanik, der Elektrodynamik und der Thermodynamik.

Aus der Bewegungsgröße oder aus der Energie eines bewegten Körpers läßt sich nun auch seine träge Masse ableiten, welche natür-

---

[1] Da das Prinzip der kleinsten Wirkung gewöhnlich durch ein Zeitintegral ausgedrückt wird, so scheint darin eine Bevorzugung der Zeit zu liegen. Diese Einseitigkeit ist indessen nur eine scheinbare und durch die Art der Bezeichnungsweise bedingt. Denn das „Wirkungsintegral" (die Größe deren Variation verschwindet) irgend eines physikalischen Vorgangs ist gegenüber allen Lorentz-Transformationen invariant.

lich bei dieser Art der Betrachtung ihren elementaren Charakter einbüßt und zu einem sekundären **Begriff** herabsinkt. In der Tat ergibt sich auf diese Weise die träge Masse eines Körpers nicht als eine Konstante, sondern als abhängig von der Geschwindigkeit, und zwar in der Art, daß, wenn die Geschwindigkeit des Körpers bis zur Lichtgeschwindigkeit gesteigert wird, die träge Masse über alle Grenzen hinauswächst. Daher ist es nach der Relativitätstheorie überhaupt unmöglich, einen Körper auf eine Geschwindigkeit zu bringen, die ebenso groß oder gar noch größer ist als die Lichtgeschwindigkeit. Daß übrigens die träge Masse eines Körpers keine Konstante ist, sondern streng genommen sogar von der Temperatur abhängt, folgt, ganz abgesehen von der Relativitätstheorie, schon einfach aus dem Umstand, daß jeder Körper einen gewissen, von der Temperatur abhängigen Betrag von strahlender Wärme im Innern birgt, deren Trägheit zuerst **Fritz Hasenöhrl** erkannt hat.

Wenn aber, so muß man fragen, der bisher allgemein als grundlegend angenommene Begriff des Massenpunktes die Eigenschaft der Konstanz und Unveränderlichkeit verliert, welches ist denn nun das eigentlich Substantielle, welches sind die unveränderlichen Bausteine, aus denen das physikalische Weltgebäude zusammengefügt ist? — Hierauf läßt sich folgendes sagen: Die unveränderlichen Elemente des auf dem Relativitätsprinzip basierten Systems der Physik sind die sogenannten **universellen Konstanten**: vor allem die Lichtgeschwindigkeit im Vakuum, die elektrische Ladung und die Ruhmasse eines Elektrons, das aus der Wärmestrahlung gewonnene „elementare Wirkungsquantum", welches wahrscheinlich auch bei chemischen Erscheinungen eine fundamentale Rolle spielt, die Gravitationskonstante, und wohl noch manche andere. Diese Größen besitzen insofern reale Bedeutung, als ihre Werte unabhängig sind von der Beschaffenheit, dem Standpunkt und dem Geschwindigkeitszustand eines Beobachters. Im übrigen müssen wir bedenken, daß es hier jedenfalls noch vieles im einzelnen aufzuklären gibt. Wären wir imstande, alle derartigen Fragen befriedigend zu beantworten, so wäre die Physik keine induktive Wissenschaft mehr, und das wird sie sicherlich stets bleiben.

Wie schon diese wenigen Bemerkungen erkennen lassen werden, erweist sich das Prinzip der Relativität keineswegs lediglich zersetzend und zerstörend — es wirft ja nur eine Form beiseite, welche durch die unaufhaltsame Erweiterung der Wissenschaft ohnedies schon gesprengt war —, sondern in weit höherem Grade ordnend und aufbauend. Es errichtet an Stelle des alten zu eng gewordenen Gebäudes ein neues, umfassenderes und dauerhafteres, welches alle Schätze des alten, selbstverständlich auch die gesamte oben von mir geschilderte Atomistik, in veränderter, übersichtlicherer Gruppierung in sich aufnimmt und noch für neu zu erwartende den vorher bestimmten Platz gewährt. Es entfernt aus dem physikalischen Weltbild die unwesentlichen, nur durch die Zufälligkeit unserer menschlichen Anschauungen und Gewohnheiten hineingebrachten Bestandteile und reinigt dadurch die Physik von den anthropomorphen, der Eigenart der Physiker entstammenden Beimengungen, deren vollständige Ausscheidung ich an anderer Stelle als das eigentliche Ziel jeglicher physikalischer Erkenntnis hinzustellen versucht habe. Es eröffnet den vorwärtstastenden Forscher eine Perspektive von schier unermeßlicher Weite und Erhabenheit, und leitet ihn auf Zusammenhänge, die man in früheren Perioden nicht einmal zu ahnen vermochte, und die auch der formvollendeten Mechanik von Heinrich Hertz noch fremd bleiben mußten. Wer einmal den Schritt gewagt hat, sich in die Gedankenfolge dieser neuen Anschauungen zu vertiefen, der kann sich dem Zauber, der von ihnen ausgeht, auf die Dauer nicht mehr entziehen, und es ist wohl begreiflich, daß eine künstlerisch veranlagte Natur, wie diejenige des der Wissenschaft zu früh entrissenen Hermann Minkowski, durch sie zu heller Begeisterung entflammt werden konnte.

Aber physikalische Fragen werden nicht nach ästhetischen Gesichtspunkten entschieden, sondern durch Experimente, und dies bedeutet in allen Fällen nüchterne, mühsame, geduldige Detailarbeit. Und gerade darin zeigt sich ja die hohe physikalische Bedeutung des Relativitätsprinzips, daß es auf eine Reihe physikalischer Fragen, die früher völlig im Dunkeln lagen, eine ganz präzise, durch Versuche kontrollierbare Antwort gibt. Man muß das Prinzip daher mindestens als eine Arbeitshypothese von eminenter Fruchtbarkeit anerkennen, gerade im Gegensatz zu den mechanischen Hypothesen des Lichtäthers. Gegenwärtig ist der Kampf am heißesten entbrannt auf dem Gebiet der Dynamik der Elektronen, welche durch die Entdeckung der elektrischen und der magnetischen Ablenkung freifliegender Elektronen auch feineren Beobachtungen zugänglich gemacht ist. In verschiedenen Laboratorien sind jetzt, unabhängig voneinander, erfahrene Köpfe und geschickte Hände am Werk, und man darf auf den Ausgang dieses Kampfes um so mehr gespannt sein, als es anfänglich den Anschein hatte, daß die Messungen den Forderungen des Relativitätsprinzips widersprechen, während gegenwärtig sich das Zünglein der Waage wieder mehr zugunsten des Prinzips zu neigen scheint.

Wie die Augen zahlreicher Physiker und Physikfreunde auf diese fundamentalen Versuche gerichtet sind, so hat auch unsere Gesellschaft ihr Interesse an ihnen dadurch bekundet, daß sie einen Teil der Erträgnisse der Trenkle-Stiftung zugunsten einer derartigen Experimentaluntersuchung verwendet hat. Hoffen wir, daß auch aus ihr ein wertvoller Beitrag zur Lösung dieses Problems hervorgehen wird. —

Wie nun auch die Entscheidung fallen möge: ob sich das Prinzip der Relativität bewährt oder ob es aufgegeben werden muß, ob wir wirklich an der Schwelle einer ganz neuen Naturanschauung stehen oder ob auch dieser Vorstoß nicht aus dem Dunkel herauszuführen vermag — Klarheit muß unter allen Umständen geschaffen werden, dafür ist kein Preis zu hoch. Denn auch eine Enttäuschung, wenn sie nur gründlich und endgültig ist, bedeutet einen Schritt vorwärts, und die mit der Resignation verbundenen Opfer würden reichlich aufgewogen werden durch den Gewinn an Schätzen neuer Erkenntnis Ich glaube, diese Worte so recht im Sinne unserer Gesellschaft aussprechen zu dürfen, der man es zum besonderen Ruhme anrechnen muß, daß sie sich niemals an eine von vornherein festgelegte wissenschaftliche Marschroute gebunden, sondern etwaige dahingehende Versuche stets mit Entschiedenheit zurückgewiesen hat. Wir dürfen nicht zweifeln, daß dies auch in Zukunft so bleiben wird, und daß unsere Losung, wie in der Physik, so auch in jeder Naturwissenschaft unablässig vorwärts führen wird, unbekümmert um die Art der Resultate, einzig dem Lichte der Wahrheit entgegen.

Neue Bahnen der physikalischen Erkenntnis.
(Rede, gehalten beim Antritt des Rektorats der Friedrich-Wilhelms-Universität Berlin, am 15. Oktober 1913.)

Durch das Vertrauen der berufenen Vertreter unserer Körperschaft an die Spitze ihrer Verwaltung gestellt, habe ich als erste öffentliche Amtspflicht die Aufgabe übernommen, heute beim Beginn des neuen Studienjahres die Angehörigen und die Freunde unserer A l m a m a t e r in einer, wie die Satzungen es ausdrücken, auf den Anfang des Lehrkursus sich beziehenden Rede zu begrüßen.

Wohl sind es Empfindungen besonderer Art, mit denen wir, Lehrer und Lernende, diesmal auf die im neuen Semester vor uns liegenden Aufgaben blicken mögen. Denn während das nun zurückliegende Jahr uns wie in festlichen Glanz getaucht erscheint, in seinem ganzen Verlauf durchleuchtet und durchwärmt von den Gedanken an große nationale Ideen, an die schweren für sie gebrachten Opfer und an die ruhmvollen daraus entsprossenen Siegestaten, deren letzte und größte noch gerade in diesen Tagen von dem gesamten deutschen Volk gefeiert werden soll, wird das kommende Semester, aller menschlichen Voraussicht nach, durchweg einen schlichten Charakter tragen und lediglich der regelmäßigen Arbeit gewidmet sein.

Das beste, was wir von den Gedenkfesten des vergangenen Jahres in das neue hinübernehmen, ist der brennende Wunsch, daß unsere Nachfahren dereinst in ähnlicher Weise zu uns emporblicken möchten, wie wir es jetzt zu den Männern tun, welche vor hundert Jahren in Wort und Tat für das Vaterland gekämpft und gelitten haben. Möge niemand einen solchen Wunsch von vornherein als gänzlich aussichtslos von sich weisen mit der Begründung, daß doch heutzutage von der Erreichung so hoher Ziele nicht mehr die Rede sein könne. Denn einmal dürfen wir nicht vergessen, daß die Kräfte, welche damals zur herrlichen Entfaltung kamen, ihre eigentliche Nahrung zogen gerade aus der stillen, ihrer hohen Bedeutung vielleicht weniger sich bewußten, aber desto innerlicher schaffenden Werktagsarbeit vorangegangener schlichter Zeiten, und zum andern kann keiner im voraus wissen, mit welchem Maßstab kommende Geschlechter dereinst an die Bewertung der Leistungen unserer Tage herangehen werden. Was wir aber unter allen Umständen mit voller Sicherheit voraussagen können, ist, daß unsere Generation nur dann mit Grund hoffen darf, vor dem Urteil der Nachwelt künftig einmal in Ehren zu bestehen, wenn sie die ihr zugefallenen besonderen Aufgaben nach bester Einsicht in treuer Pflichterfüllung zu lösen bemüht sein wird, ein jeder an dem Platze, auf welchen ihn sein Beruf und das Schicksal geführt hat.

So sei es auch mir heute an dieser Stelle gestattet, aus dem speziellen Arbeitsgebiet der von mir vertretenen Wissenschaft einen Ausschnitt vorzulegen, indem ich die fortschreitende Entwicklung der physikalischen Erkenntnis ins Auge fasse und versuche, eine Schilderung zu entwerfen von neuen Bahnen, welche dieselbe seit dem Anbruch dieses Jahrhunderts eingeschlagen hat.

Wohl noch niemals hat die experimentelle physikalische Forschung einen ähnlichen stürmischen Aufschwung erlebt wie seit etwa einem Menschenalter, und wohl noch nie ist das Bewußtsein ihrer Bedeutung für die menschliche Kultur in weitere Kreise gedrungen wie in der Gegenwart. Die Wellen der drahtlosen Telegraphie, die Elektronen, die Röntgenstrahlen, die Erscheinungen der Radioaktivität erregen mehr oder weniger jedermanns Interesse. Faßt man nun aber die weitere Frage ins Auge, in welcher Weise diese neuen glänzenden Entdeckungen unser Verständnis der Natur und ihrer Gesetze beeinflußt und gefördert haben, so scheint es da auf den ersten Blick gar nicht entsprechend glänzend auszusehen.

Wer heute aus einiger Entfernung den Zustand der gegenwärtigen physikalischen Theorien von höherer Warte aus zu beurteilen sucht, mag im Gegenteil leicht zu dem Eindruck geführt werden, daß die theoretische Forschung durch die vielen neuen, zum Teil völlig unvorhergesehenen experimentellen Funde einigermaßen in Verwirrung geraten ist und sich gegenwärtig in einer unerquicklichen Periode ziellosen Umhertastens befindet, im geraden Gegensatz zu der abgeklärten Ruhe und Sicherheit, welche die jüngst vergangene theoretische Epoche auszeichnet, die daher nicht mit Unrecht als die klassische bezeichnet zu werden pflegt. Allenthalben werden alte, fest eingewurzelte Vorstellungen angegriffen, allgemein anerkannte Sätze umgestoßen und an ihre Stelle neue Hypothesen gesetzt, zum Teil von einer Kühnheit, die an die Fassungskraft auch der wissenschaftlich Gebildeten schier unerträgliche Ansprüche stellt und jedenfalls nicht geeignet scheint, das Vertrauen auf einen stetigen zielbewußten Fortschritt der Wissenschaft zu fördern. So mag die gegenwärtige theoretische Physik den Eindruck eines zwar altehrwürdigen, aber morsch gewordenen Gebäudes gewähren, an dem ein Bestandteil nach dem andern abzubröckeln beginnt und dessen Grundfesten sogar ins Schwanken zu geraten drohen.

Und doch wäre nichts unrichtiger als eine derartige Vorstellung Gewiß gehen in dem Aufbau der physikalischen Theorien gegenwärtig große tiefgreifende Veränderungen vor sich. Aber eine nähere Besichtigung ergibt, daß es sich hier keineswegs um Werke der Zerstörung, sondern vielmehr um Ergänzungs- und Erweiterungsbauten handelt, daß gewisse Quadern des Baues nur deshalb von der Stelle gerückt werden, um an einem anderen Orte zweckmäßigeren und festeren Platz zu finden, und daß die bisherigen eigentlichen Fundamente der Theorie gerade gegenwärtig so fest und so gesichert ruhen wie zu keiner Zeit vorher. Diese Behauptung eingehender zu begründen, soll der nächste Zweck der folgenden Erörterungen sein.

Zuvor eine allgemeinere Überlegung. Der erste Anstoß zu einer Revision und Umbildung einer physikalischen Theorie geht fast immer aus von der Feststellung einer oder mehrerer Tatsachen, die in den bisherigen Rahmen der Theorie nicht hineinpassen. Die Tatsachen bilden stets den Archimedischen Punkt, von dem aus auch die gewichtigste Theorie aus den Angeln gehoben werden kann. Insofern ist für den richtigen Theoretiker nichts interessanter als eine Tatsache, die mit einer bisher allgemein anerkannten Theorie in direktem Widerspruch steht; denn hier setzt seine eigentliche Arbeit ein.

Was ist nun in einem solchen Falle zu tun? Fest steht nur das eine: An der bestehenden Theorie muß irgend etwas geändert werden, und zwar so, daß sie mit der festgestellten Tatsache in Übereinstimmung kommt. Aber an welchem Punkt der Theorie die Verbesserung einzusetzen hat, das ist oft eine sehr schwierige und verwickelte Frage. Denn eine Tatsache gibt noch keine Theorie. Letztere besteht vielmehr in der Regel aus einer ganzen Reihe von einzelnen miteinander kombinierten Sätzen. Sie ist einem komplizierten Organismus zu vergleichen, dessen einzelne Teile so vielfach und innig miteinander zusammenhängen, daß ein Eingriff, den man an irgendeiner Stelle macht, immer auch an verschiedenen anderen, oft scheinbar weit entfernten Stellen mehr oder weniger fühlbar wird, was vollständig zu übersehen allerdings nicht immer ganz leicht ist. Da mithin eine jede Schlußfolgerung der Theorie aus dem Zusammenwirken von mehreren Sätzen hervorgeht, so können auch für jeden Mißerfolg, zu dem die Theorie geführt hat, in der Regel mehrere Sätze verantwortlich gemacht werden, und es bieten sich fast immer verschiedene Möglichkeiten dar, um den rettenden Ausweg zu gewinnen. Gewöhnlich spitzt sich dann schließlich die Frage so weit zu, daß es zu einem Konflikt zwischen zwei oder drei Sätzen kommt, die bisher miteinander vereinigt in der Theorie Platz fanden, von denen aber angesichts der festgestellten Tatsache notwendig mindestens einer fallengelassen werden muß. Der Kampf zieht sich oft jahre- und jahrzehntelang hin, seine endgültige Entscheidung bedeutet aber nicht allein die Ausmerzung des einen, unterlegenen Satzes, sondern zugleich auch, worauf hier besonderes Gewicht zu legen ist, ganz naturgemäß eine entsprechende Befestigung und Rangerhöhung der übrigen, siegreich gebliebenen Sätze der Theorie.

Und nun ist das überaus wichtige und merkwürdige Resultat zu verzeichnen, daß in allen derartig entstandenen Konflikten der neueren Zeit die großen allgemeinen physikalischen Prinzipien, so namentlich das Prinzip der Erhaltung der Energie, das Prinzip der Erhaltung der Bewegungsgröße, das Prinzip der kleinsten Wirkung, die Hauptsätze der Thermodynamik, es gewesen sind, welche ausnahmslos das Feld behauptet haben, und deren Bedeutung daher ganz erheblich gewachsen ist, während dagegen die im Kampf unterlegenen Sätze solche sind, welche bisher zwar allen theoretischen Entwicklungen als scheinbar sicherer Ausgangspunkt dienten, aber nur deshalb, weil sie als so selbstverständlich angesehen wurden, daß man sie besonders zu erwähnen gewöhnlich entweder nicht für nötig fand, oder überhaupt vergaß. Zusammenfassend kann man geradezu sagen, daß die neueste Entwicklung der theoretischen Physik ihr Gepräge erhält durch den Sieg der großen physikalischen Prinzipien über gewisse tief eingewurzelte, aber doch nur gewohnheitsmäßige Annahmen und Vorstellungen.

Um diese Darlegungen näher zu veranschaulichen, mögen nun einige jener Sätze besprochen werden, welche bisher ohne jedes Bedenken als selbstverständliche Grundlagen einer jeden einschlägigen Theorie benutzt zu werden pflegten, welche sich aber im Lichte neuer Tatsachen den allgemeinen Prinzipien der Physik gegenüber als unhaltbar oder wenigstens als höchst zweifelhaft erwiesen haben. Ich nenne hier drei derselben: die Unveränderlichkeit der chemischen Atome, die gegenseitige Unabhängigkeit von Raum und Zeit, die Stetigkeit aller dynamischen Wirkungen.

Selbstverständlich ist es nicht meine Absicht, hier alle die schwerwiegenden Gründe anzuführen, welche gegen die **Unveränderlichkeit der chemischen Atome** sprechen; ich will nur eine einzige Tatsache anführen, welche zu einem unausweichlichen Konflikt dieser früher stets als selbstverständlich betrachteten Annahme mit einem allgemeinen physikalischen Prinzip geführt hat. Die Tatsache ist die beständige Wärmeentwicklung einer jeden Radiumverbindung, das physikalische Prinzip ist das der Erhaltung der Energie, und der Konflikt endete schließlich, obwohl anfangs auch Stimmen laut wurden, welche das Energieprinzip anzweifeln wollten, mit einem vollen Siege dieses Prinzips.

Ein Radiumsalz, eingeschlossen in einen hinreichend dicken Bleimantel, entwickelt fortwährend Wärme, für das Gramm Radium berechnet pro Stunde gegen 135 Kalorien, es bleibt infolgedessen beständig wärmer als die Umgebung, ähnlich wie ein geheizter Ofen. Das Prinzip der Erhaltung der Energie besagt nun, daß die beobachtete Wärme unmöglich aus nichts entstehen kann, sondern irgendeine anderweitige als Äquivalent dienende Veränderung zur Ursache haben muß. Beim Ofen ist das der fortwährende Verbrennungsprozeß, bei der Radiumverbindung muß daher mangels jeglichen anderen chemischen Vorgangs eine Veränderung des Radiumatoms selbst angenommen werden, und diese vom Standpunkt der früheren chemischen Wissenschaft unerhört kühn erscheinende Hypothese hat sich nach allen Richtungen bestätigt.

Streng formal genommen liegt allerdings in dem Begriff eines veränderlichen Atoms ein gewisser Widerspruch, da doch die Atome ursprünglich gerade als die unveränderlichen Bestandteile aller Materie definiert sind. Danach müßte man genau genommen die Bezeichnung „Atom" reservieren für wirklich unveränderliche Elemente, also vielleicht Elektronen und Wasserstoff. Aber abgesehen davon, daß es vielleicht niemals festzustellen sein wird, ob es in absolutem Sinne unveränderliche Elemente überhaupt gibt, würde eine solche Umbenennung in der Literatur eine heillose Verwirrung anrichten; sind doch die heutigen chemischen Atome längst nicht mehr die Atome D e m o k r i t s, sondern durch eine andere weit schärfere Definition zahlenmäßig genau bestimmbar. Nur von ihnen ist die Rede, wenn man von einer Umwandlung der Atome spricht, und ein Mißverständnis in der angedeuteten Richtung erscheint gewiß ausgeschlossen.

Nicht minder selbstverständlich wie die Unveränderlichkeit der Atome galt bis vor kurzem die g e g e n s e i t i g e U n a b h ä n g i g k e i t d e r R a u m - u n d Z e i t g r ö ß e n. Die Frage, ob zwei an verschiedenen Orten stattfindende Ereignisse gleichzeitig sind oder nicht, hatte einen bestimmten physikalischen Sinn, ohne daß man erst nach dem Beobachter zu fragen brauchte, der die Zeitmessung vornimmt. Heute ist das anders geworden. Denn eine durch die feinsten optischen und elektrodynamischen Experimente bis jetzt immer wieder bestätigte Tatsache, welche kurz, wenn auch nicht vollkommen deutlich, als die Relativität aller Bewegungen bezeichnet wird, hat jene einfache Vorstellung in einen Konflikt gebracht mit dem durch die M a x w e l l - L o r e n t z sche Elektrodynamik zur Geltung gelangten sogenannten Prinzip der Konstanz der Lichtgeschwindigkeit, welches besagt, daß die Fortpflanzungsgeschwindigkeit des Lichtes im leeren Raum unabhängig ist von der Bewegung der Lichtquelle. Nimmt man also die Relativität als experimentell bewiesen an, so muß entweder das Prinzip der Konstanz der Lichtgeschwindigkeit oder die gegenseitige Unabhängigkeit von Raum und Zeit geopfert werden.

Betrachten wir auch hierfür ein einfaches Beispiel. Es werde mittels drahtloser Telegraphie ein Zeitsignal gegeben von einer Zentralstation aus, etwa vom Eiffelturm, wie das in dem gegenwärtig projektierten internationalen Zeitdienst vorgesehen ist. Dann empfangen alle Stationen rings im Umkreise, welche sich in der nämlichen Entfernung von der Zentralstation befinden, das Signal zu gleicher Zeit und können danach ihre Uhren richten. Aber diese Art der Zeitregulierung wird prinzipiell unzulässig, wenn man, fußend auf der Relativität aller Bewegungen, den Standpunkt der Betrachtung von der Erde auf die Sonne verlegt und somit die Erde als bewegt ansieht. Denn nach dem Prinzip der Konstanz der Lichtgeschwindigkeit ist klar, daß diejenigen Stationen, welche, von der Zentralstation aus gesehen, in der Richtung der Erdbewegung liegen, das Signal später empfangen als die, welche in der entgegengesetzten Richtung liegen, weil die ersteren Stationen den von ihnen aufzufangenden Lichtwellen vorauseilen und von ihnen erst eingeholt werden müssen, während die letzteren Stationen den Wellen entgegenkommen. So wird durch das Prinzip der Konstanz der Lichtgeschwindigkeit eine absolute, das heißt vom Bewegungszustand des Beobachters unabhängige Zeitbestimmung überhaupt unmöglich gemacht; beides nebeneinander kann nicht bestehen. In dem bisherigen Verlauf des Kampfes hat das Prinzip der Konstanz der Lichtgeschwindigkeit entschieden die Oberhand behalten, und es ist trotz mancher in neuerer Zeit erhobener Bedenken sehr wahrscheinlich, daß darin keine Änderung mehr eintreten wird.

Der dritte der oben angeführten Sätze betrifft die **Stetigkeit aller dynamischen Wirkungen**, früher eine unbestrittene Voraussetzung aller physikalischen Theorien, die sich, in freier Anlehnung an Aristoteles, zu dem bekannten Dogma verdichtete: natura non facit saltus. Aber auch in diese von alters her stets respektierte Feste der physikalischen Wissenschaft hat die heutige Forschung eine bedenkliche Bresche geschlagen. Diesmal sind es die Prinzipien der Thermodynamik, mit denen auf Grund neuerer Erfahrungstatsachen jener Satz in Kollision geraten ist, und wenn nicht alle Zeichen trügen, so sind die Tage seiner Gültigkeit gezählt. Die Natur scheint in der Tat Sprünge zu machen, und zwar solche von recht sonderbarer Art. Zur näheren Erläuterung sei es mir gestattet, einen anschaulichen Vergleich heranzuziehen.

Stellen wir uns ein Gewässer vor, in welchem starke Winde einen hohen Wellengang erzeugt haben. Auch nach völligem Aufhören der Winde werden die Wellen noch eine geraume Zeitlang sich erhalten und von einem Ufer zum andern wandern. Aber dabei wird sich eine gewisse charakteristische Veränderung vollziehen. Die Bewegungsenergie der längeren, gröberen Wellen wird sich, besonders beim Aufschlagen ans Ufer oder an andere feste Gegenstände, in immer steigendem Maße in Bewegungsenergie von kürzeren und feineren Wellen verwandeln, und dieser Prozeß wird so lange andauern, bis schließlich die Wellen so klein, die Bewegungen so fein geworden sind, daß sie sich dem äußeren Anblick vollständig entziehen. Das ist der allbekannte Übergang der sichtbaren Bewegung in Wärme, der molaren Bewegung in molekulare, der geordneten Bewegung in ungeordnete; denn bei der geordneten Bewegung haben viele benachbarte Moleküle eine gemeinschaftliche Geschwindigkeit, während bei der ungeordneten Bewegung ein jedes Molekül seine besondere und besonders gerichtete Geschwindigkeit besitzt.

Der hier geschilderte Zersplitterungsprozeß geht aber nicht ins Unendliche weiter, sondern er findet seine natürliche Grenze in der Größe der Atome. Denn die Bewegung eines einzelnen Atoms, allein für sich betrachtet, ist stets eine geordnete, da doch die einzelnen Teile eines Atoms sich alle mit der nämlichen gemeinschaftlichen Geschwindigkeit bewegen. Je größer die Atome, desto weniger weit kann sich die gesamte Bewegungsenergie zersplittern. Soweit ist alles vollkommen klar und die klassische Theorie in bester Übereinstimmung mit der Erfahrung.

Nun denken wir uns einen anderen, ganz analogen Vorgang sich vollziehen, aber nicht mit den Wellen des Wassers, sondern mit solchen der Licht- und Wärmestrahlung, indem wir etwa annehmen, daß die von einem starkglühenden Körper emittierten Strahlen durch passende Spiegelung in einen gut abgeschlossenen Hohlraum eingesammelt worden sind und dort zwischen den reflektierenden Wänden des Raumes beständig hin und her geworfen werden. Auch hier wird sich eine allmähliche Umwandlung der Strahlungsenergie von längeren Wellen zu kürzeren, von geordneter Strahlung in ungeordnete vollziehen; den längeren, gröberen Wellen entsprechen die ultraroten Strahlen, den kürzeren, feineren die ultravioletten Strahlen des Spektrums. Man muß also nach der klassischen Theorie erwarten, daß die ganze Strahlungsenergie sich schließlich auf den ultravioletten Teil des Spektrums zurückziehen wird, oder mit anderen Worten, daß die ultraroten und auch die sichtbaren Strahlen allmählich ganz verschwinden und sich in unsichtbare, vorwiegend nur chemisch wirksame ultraviolette Strahlen verwandeln.

Von einem solchen Phänomen ist nun aber in der Natur keine Spur zu entdecken. Die Umwandlung erreicht vielmehr früher oder später ihr ganz bestimmtes, genau nachweisbares Ende, und dann bleibt der Strahlungszustand in jeder Hinsicht stabil.

Um diese Tatsache mit der klassischen Theorie zu vereinigen, sind schon die verschiedensten Versuche gemacht worden, aber es hat sich bisher stets gezeigt, daß der Widerspruch viel zu tief an die Wurzeln der Theorie greift, um dieselben unberührt zu lassen. So bleibt nichts übrig, als abermals die Grundlagen der Theorie zu revidieren. Und abermals ist zu konstatieren, daß sich die Prinzipien der Thermodynamik als unerschütterlich erwiesen haben. Denn der einzige bisher gefundene Weg, der eine vollständige Lösung des Rätsels zu versprechen scheint, nimmt seinen Ausgangspunkt gerade von den beiden Hauptsätzen der Thermodynamik, er kombiniert dieselben aber mit einer neuen eigentümlichen Hypothese, deren Inhalt an der Hand der beiden angeführten Bilder sich etwa folgendermaßen aussprechen läßt.

Bei den Wasserwellen findet die Zersplitterung der Bewegungsenergie dadurch ihr Ende, daß die Atome die Energie in gewisser Weise zusammenhalten, indem jedes Atom ein bestimmtes endliches Quantum Materie darstellt, das sich nur als Ganzes bewegen kann. In analoger Weise werden auch bei der Licht- und Wärmestrahlung, obwohl sie an sich gänzlich immaterieller Natur ist, dennoch gewisse Ursachen wirksam sein müssen, welche die Strahlungsenergie in bestimmten endlichen Quanten zusammenhalten, und um so stärker zusammenhalten, je kürzer die Wellen sind, je schneller also die Schwingungen erfolgen.

Wie man sich das Zustandekommen derartiger Quanten von rein dynamischer Art im einzelnen vorzustellen hat, darüber läßt sich zur Zeit noch nichts mit Sicherheit sagen. Auf alle Fälle hat die Quantenhypothese zu der Vorstellung geführt, daß es Veränderungen in der Natur gibt, die nicht stetig, sondern explosionsartig verlaufen. Ich brauche kaum daran zu erinnern, daß diese Vorstellung durch die

Entdeckung und nähere Erforschung der radioaktiven Erscheinungen bedeutend an Anschaulichkeit gewonnen hat. Im übrigen treten alle mit den näheren Erklärungsversuchen verbundenen Schwierigkeiten einstweilen noch zurück hinter dem Umstand, daß die Quantenhypothese bisher Resultate gezeigt hat, welche mit den bisherigen Strahlungsmessungen in besserer Übereinstimmung sind als die aller früheren Theorien

Aber noch mehr. Wenn es ein günstiges Zeichen für eine neue Hypothese ist, daß sie sich auch auf solchen Gebieten bewährt, für die sie ursprünglich nicht gemacht wurde, so darf die Quantenhypothese sicherlich ein vorteilhaftes Zeugnis für sich in Anspruch nehmen. Ich will hier nur auf einen ganz besonders frappanten Punkt hinweisen. Seitdem die Verflüssigung von Luft, Wasserstoff und Helium gelungen ist, steht der Experimentalforschung in dem Gebiet tiefer Temperaturen ein neues reiches Arbeitsfeld offen, und hier hat sich schon jetzt eine Reihe neuer, zum Teil höchst überraschender Resultate ergeben.

Um ein Stück Kupfer von minus 250 auf minus 249 Grad, also um einen Temperaturgrad, zu erwärmen, bedarf es nicht etwa der nämlichen Wärmemenge wie zur Erwärmung des Kupfers von 0 auf 1 Grad, sondern einer ungefähr dreißigmal kleineren; würde man mit der Anfangstemperatur des Kupfers noch tiefer herabgehen, so fände man die entsprechende Wärmemenge noch viele Male kleiner, ohne jede angebbare Grenze. Diese Tatsache läuft nicht nur allen gewohnheitsmäßigen Vorstellungen, sondern auch den Forderungen der klassischen Theorie schnurstracks zuwider. Denn wenn man auch schon seit mehr als hundert Jahren zwischen Temperatur und Wärmemenge genau zu unterscheiden gelernt hatte, so war man doch durch die kinetische Theorie der Materie zu der Folgerung geführt worden, daß beide Größen, wenn nicht genau proportional, so doch wenigstens einigermaßen parallel zueinander verlaufen.

Die Quantenhypothese hat diese Schwierigkeit vollkommen geklärt, und überdies hat sich bei dieser Gelegenheit noch ein anderes Resultat von hoher Wichtigkeit ergeben, nämlich daß die Kräfte, welche die Wärmeschwingungen in einem festen Körper hervorrufen, von ganz derselben Art sind wie die, welche die elastischen Schwingungen bewirken. Man kann also jetzt mit Hilfe der Quantenhypothese aus den elastischen Eigenschaften eines einatomigen Körpers seine Wärmeenergie für verschiedene Temperaturen quantitativ berechnen, — eine Leistung, von der die klassische Theorie noch weit entfernt war. Daraus entspringen dann eine Anzahl weiterer, auf den ersten Blick recht seltsam anmutender Fragen, wie zum Beispiel die, ob auch die Schwingungen einer tönenden Stimmgabel nicht absolut stetig, sondern quantenhaft erfolgen. Freilich sind bei akustischen Schwingungen wegen ihrer relativ geringen Frequenz die Energiequanten ungeheuer klein: beim eingestrichenen a zum Beispiel betragen sie nur etwa drei Quadrilliontel Arbeitseinheiten im absoluten mechanischen Maße. Die gewöhnliche Elastizitätstheorie würde daher deswegen ebensowenig einer Abänderung bedürfen wie wegen des ganz analogen Umstandes, daß sie die Materie als vollkommen stetig behandelt, während dieselbe doch, genau genommen, atomistisch, also quantenhaft, konstituiert ist. Aber vom prinzipiellen Standpunkt aus muß das Umwälzende der neuen Auffassung immerhin einem jeden einleuchten, und wenn auch die Natur der dynamischen Quanten einstweilen noch ziemlich rätselhaft bleibt, so wird es doch durch die heute vorliegenden Tatsachen schwergemacht, an ihrer Existenz, sei es in welcher Form immer, zu zweifeln. Denn was man messen kann, das existiert auch.

So beginnt im Lichte der neueren Forschung das physikalische Weltbild einen stets innigeren Zusammenhang seiner einzelnen Züge und zugleich eine gewisse eigentümliche Struktur derselben zu offenbaren, deren Feinheit früher dem weniger geschärften Blick noch verwischt erschien und darum verborgen bleiben mußte. Aber, so mag man immer wieder aufs neue fragen: Was bedeutet dieser Fortschritt im Grunde für die Befriedigung unseres Wissensdranges? Rücken wir durch die Verfeinerung unseres Weltbildes der Erkenntnis der Natur selber auch nur um einen Schritt näher? Dieser prinzipiellen Frage lassen Sie uns noch eine kurze Betrachtung widmen. Nicht als ob auf diesem unendlich vielfach durchdachten Gebiet hier etwas wesentlich Neues zu sagen wäre, sondern weil sich in diesem Punkte noch heute die Ansichten zum Teil schroff gegenüberstehen, und weil jeder, der ein tieferes Interesse an den eigentlichen Zielen der Wissenschaft nimmt, notwendig dazu Stellung nehmen muß.

Vor fünfunddreißig Jahren hat Hermann von Helmholtz an dieser selben Stelle ausgeführt, daß unsere Wahrnehmungen uns niemals ein Abbild, sondern höchstens ein Zeichen der Außenwelt zu liefern vermögen. Denn um irgendeine Art von Ähnlichkeit zwischen der Eigentümlichkeit der äußeren Vorgänge und der Eigentümlichkeit der durch sie erregten Empfindung aufzuzeigen, fehlt es an jeglichem Anhaltspunkt; alle Vorstellungen, die wir uns etwa von der Außenwelt machen, spiegeln eben im letzten Grunde doch nur unsere eigenen Empfindungen wider. Hat es da überhaupt noch einen vernünftigen Sinn, unserem Selbstbewußtsein eine von demselben unabhängige „Natur an sich" gegenüberzustellen? Sind nicht vielmehr alle sogenannten Naturgesetze im Grunde nur mehr oder minder zweckmäßige Regeln, mit denen wir den zeitlichen Ablauf unserer Empfindungen möglichst genau und bequem zusammenfassen? — Wenn das so wäre, so hätte sich nicht nur der gemeine Menschenverstand, sondern auch die exakte Naturforschung von jeher in einem grundsätzlichen Irrtum befunden; denn es ist unmöglich zu leugnen, daß die ganze bisherige Entwicklung der physikalischen Erkenntnis tatsächlich gerade auf eine möglichst weitgehende grundsätzliche Trennung der Vorgänge in der äußeren Natur von den Vorgängen in der menschlichen Empfindungswelt hinarbeitet.

Der Ausweg aus dieser verfänglichen Schwierigkeit ergibt sich sehr bald, wenn man den eingeschlagenen Gedankengang nur noch einen Schritt weiter verfolgt. Setzen wir einmal den Fall voraus, es sei ein physikalisches Weltbild gefunden worden, das allen zu machenden Ansprüchen genügt, das also alle empirisch gefundenen Naturgesetze vollkommen genau darzustellen vermag. Dann wird die Behauptung, daß jenes Bild der „wirklichen" Natur auch nur einigermaßen ähnlich sei, auf keinerlei Weise bewiesen werden können. Aber dieser Satz hat auch eine Kehrseite, die gemeiniglich viel zu wenig betont wird: Genau ebenso wird die noch weit kühnere Behauptung, daß das vorausgesetzte Weltbild die wirkliche Natur in allen Punkten ohne Ausnahme absolut getreu wiedergibt, auf keinerlei Weise zu widerlegen sein. Denn um einen solchen Widerlegungsbeweis auch nur anzutreten, müßte man von der wirklichen Natur irgend etwas mit Sicherheit aussagen können, was doch anerkanntermaßen gänzlich ausgeschlossen ist.

Man sieht: hier klafft ein ungeheures Vakuum, in welches keine Wissenschaft je einzudringen vermag; und die Ausfüllung dieses Vakuums ist Sache nicht der reinen, sondern der praktischen Vernunft, ist Sache einer gesunden Weltanschauung.

Sowenig sich eine Weltanschauung wissenschaftlich beweisen läßt, so sicher kann man darauf bauen, daß sie jeglichem Ansturm gegenüber unerschütterlich standhalten wird, sofern sie nur mit sich selber und mit den Tatsachen der Erfahrung in Übereinstimmung bleibt. Aber man wähne nicht, daß es möglich sei, selbst in der exaktesten aller Naturwissenschaften, ganz ohne Weltanschauung, das will sagen, ganz ohne unbeweisbare Hypothesen, vorwärtszukommen. Auch für die Physik gilt der Satz, daß man nicht selig wird ohne Glauben, zum mindesten den Glauben an eine gewisse Realität außer uns. Dieser zuversichtliche Glaube ist es, der dem vorwärtsdrängenden Schaffenstrieb die Richtung weist, er allein gewährt der herumtastenden Phantasie die nötigen Anhaltspunkte, nur er vermag es, den durch Mißerfolge ermüdeten Geist immer wieder aufzurichten und zu erneutem Vorstoß anzufeuern. Ein Forscher, der sich bei seinen Arbeiten nicht von irgendeiner Hypothese leiten läßt, sei sie auch so vorsichtig und provisorisch gefaßt als nur möglich, verzichtet von vornherein auf ein tieferes Verständnis seiner eigenen Resultate. Wer den Glauben an die Realität der Atome und der Elektronen oder an die elektromagnetische Natur der Lichtwellen oder an die Identität von Körperwärme und Bewegung verwirft, der wird deswegen ganz gewiß niemals eines logischen oder empirischen Widerspruchs überführt werden können. Aber er mag zusehen, wie er es von seinem Standpunkt aus fertigbringt, die physikalische Erkenntnis zu fördern.

Freilich: der Glaube allein tut's nicht, er kann, wie die Geschichte einer jeden Wissenschaft lehrt, leicht auch einmal in die Irre führen und in Beschränktheit und Fanatismus ausarten. Um ein zuverlässiger Führer zu bleiben, muß er beständig an der Hand der Denkgesetze und der Erfahrung nachgeprüft werden, und dazu verhilft in letzter

Linie nur gewissenhafte, oft mühsame und entsagungsvolle Einzelarbeit. Kein König der Wissenschaft, der nicht, wenn es darauf ankommt, auch einmal Kärrnerdienste zu leisten fähig und willens ist, sei es im Laboratorium oder im Archiv, in der freien Natur oder am Schreibtisch. Gerade in solchem harten Ringen reift und läutert sich die Weltanschauung. Nur wer diesen Prozeß an seinem eigenen Leibe durchgekostet hat, wird dessen Sinn und Bedeutung voll zu würdigen wissen.

Damit wende ich mich nun zum Schluß noch besonders an Sie, liebe Kommilitonen, die Sie im Begriffe stehen, die Schwelle eines neuen Studiensemesters zu überschreiten. Die Pforten unserer Universität sind geöffnet, binnen kurzem werden sich die Hörsäle füllen, und wiederum wird manches Saatkorn neu ausgestreut werden, manches schon aufgegangene der Frucht weiter entgegenreifen, genährt und gefördert durch die Ihnen von Ihren Lehrern übermittelten Schätze jahrhundertelanger, unermeßlich vielseitiger geistiger Arbeit.

Aber glauben Sie nicht, das alles Ihnen auf dem Katheder Dargebotene der Weisheit letzten Schluß bedeutet. Solange es einen Fortschritt in der Wissenschaft gibt, so lange ist dieselbe zeitlichem Irrtum unterworfen. Wer es einmal so weit gebracht hat, daß er nicht mehr irrt, der hat auch zu arbeiten aufgehört.

Darum: Wenn Ihnen bei Ihren Studien Bedenken und Zweifel begegnen, betrachten Sie dieselben nicht von vornherein als etwas Unerfreuliches oder gar Unerlaubtes, das abgeschüttelt oder unterdrückt werden muß, sondern gehen Sie ihnen sorgfältig auf den Grund, wenden Sie sich vertrauensvoll an Ihre Lehrer, die Ihnen als Führer vorangehen, glauben Sie an deren reifere Erfahrung und halten Sie fest an der Hoffnung, auch für dunkle und schwierige Fragen durch gewissenhaft fortgesetztes Bemühen ein allmählich wachsendes Verständnis und gerade dadurch erst die gründlichste wissenschaftliche Förderung zu gewinnen.

Sollte aber Ihr ehrliches, durch mehrfache Proben bewährtes Streben Ihnen mit Entschiedenheit besondere, von den bisherigen abweichende Wege weisen, dann — folgen Sie Ihrer eigenen Überzeugung mehr als jeder anderen. Denn diese ist und bleibt Ihr höchstes, köstlichstes Gut, so gewiß als die Heranbildung zur wissenschaftlichen Selbständigkeit das schönste Ziel des akademischen Unterrichts bildet, und so gewiß eine in redlicher Arbeit erworbene eigene wissenschaftliche Überzeugung einen festen Ankergrund abgibt, um auch der sittlichen Weltanschauung allen den möglichen Wechselfällen des Lebens gegenüber den nötigen Halt zu gewähren.

Die edelste unter den sittlichen Blüten der Wissenschaft und zugleich die ihr eigentümlichste ist ohne Zweifel die Wahrhaftigkeit: jene Wahrhaftigkeit, die durch das Bewußtsein der persönlichen Verantwortung hindurch zur inneren Freiheit führt und deren Wertschätzung in unserem gegenwärtigen öffentlichen wie privaten Leben noch viel höher bemessen werden sollte. In dem Maße, wie unser junges Geschlecht sich an dem Kampfe beteiligt, um ihr zu immer allgemeinerer Anerkennung zu verhelfen, darf es sich eines Sinnes fühlen mit den Helden, die vor hundert Jahren die Wahrhaftigkeit ihrer Liebe zum Vaterland mit ihrem Herzblut besiegelten In solchem Gedenken und mit solcher Gesinnung lassen Sie uns eintreten in die Arbeit des neuen Semesters.

Dynamische und statistische Gesetzmäßigkeit.

(Rede, gehalten bei der Feier zum Gedächtnis des Stifters der Friedrich-Wilhelms-Universität Berlin, am 3. August 1914.)

Nach altehrwürdigem Brauch begeht heute die Friedrich-Wilhelms-Universität, in freudigem Bekenntnis untilgbarer Dankesschuld, die Geburtsfeier ihres erhabenen Stifters, dessen Namen sie mit Stolz den ihren nennt, und entnimmt zugleich der besonderen Lage dieses Gedenktages die Anregung zu sinnender Rückschau auf das zur Neige gehende Semester. In einer Zeit der bittersten Not gegründet, durch ein Jahrhundert rastloser Arbeit zu hoher Blüte entfaltet, darf sie gegenwärtig mit Recht sich der genommenen Entwicklung freuen und fühlt sich gerade heute wieder besonders eng verbunden mit der Persönlichkeit ihres ersten Königlichen Herrn, der unter den Fürsten seiner Zeit emporragte durch die Makellosigkeit des Charakters, durch die Gewissenhaftigkeit und Treue, die er in allen Lagen seines schicksalsreichen Lebens zur Richtschnur des Handelns zu nehmen bemüht war.

Gewissenhaftigkeit und Treue, das sind auch die Wahrzeichen, unter denen unsere Universität groß geworden ist, während dagegen andere gleichzeitig gegründete, äußerlich noch glänzendere Schöpfungen menschlichen Genies, die eines solchen Merkmals entbehren mußten, vorzeitig in Staub zerronnen sind; sie sollen für immer die Leitsterne bleiben, welche Lehrern und Lernenden unserer Anstalt bei ihrer Arbeit wie bei all ihrem Tun voranleuchten. Niemals, zu keiner Zeit seit der Gründung unserer Universität, waren sie ihnen nötiger als in diesen Tagen, wo uns alle, die wir hier versammelt sind, ein einziges Gefühl im tiefsten Innern bewegt.

Wir wissen nicht, was der nächste Morgen bringen wird; wir ahnen nur, daß unserem Volke in kurzer Frist etwas Großes, etwas Ungeheures bevorsteht, daß es um Gut und Blut, um die Ehre und vielleicht um die Existenz des Vaterlandes gehen wird. Aber wir sehen und fühlen auch, wie sich bei dem furchtbaren Ernst der Lage alles, was die Nation an physischen und sittlichen Kräften ihr eigen nennt, mit Blitzesschnelle in eins zusammenballt und zu einer gen Himmel lodernden Flamme heiligen Zornes sich entzündet, während so manches, was sonst für wichtig und erstrebenswert gilt, als wertloses Flitterwerk unbeachtet zu Boden fällt.

Doch nur, wenn ein jeder, ob alt oder jung, ob hoch oder niedrig, gewissenhaft und treu auf dem ihm vom Schicksal gewiesenen Posten ausharrt, dürfen wir hoffen, daß das sich nun wendende Blatt der Weltgeschichte kommenden Geschlechtern einst Gutes von uns künden wird Darum ziemt es uns in der gegenwärtigen Stunde zunächst, der überkommenen Pflicht zu gedenken und uns zu sammeln in schlicht-sachlicher, wissenschaftlicher Betrachtung.

Auch der Wissenschaft sind Gewissenhaftigkeit und Treue keine fremden Begriffe; denn nicht nur dem praktischen Leben, auch der reinen Forschung, die gleichfalls auf der Universität eine Heimat hat und hoffentlich auch für immer behalten wird, ist solch sittlicher Gehalt vonnöten. Denn wehe dem Forscher, der in dem Vorwärtsdrängen nach großen, weitreichenden Resultaten, vielleicht geblendet durch die ersten Erfolge einer neuen geistigen Eroberung, die gewissenhafteste Prüfung und Sicherung der gewonnenen Stellung unterläßt, der nicht treu und fest den gewählten Ausgangspunkt und den eingeschlagenen Weg im Auge behält. Über Nacht kann es ihm geschehen, daß seine mühsam gewonnene Position abgeschnitten wird und sich der einstürmenden Kritik gegenüber als unhaltbar erweist. Und nicht minder wehe dem Forscher, der vor einem neuen, von anderer Seite eingebrachten Befunde, der sich nicht recht in seine eigenen Ideenkreise einfügen will, die Augen verschließt und ihn, wenn nicht als unrichtig, so doch als belanglos hinzustellen geneigt ist. Die Einsicht, die er für den Augenblick zurückweist, wird er für die Zukunft um teuren Preis erkaufen müssen.

Derartige unvorhergesehene und auch unvorherzusehende Befunde fehlen in keiner Wissenschaft, und um so weniger, je frischere Jugendkraft in ihr pulsiert. Denn eine jede Wissenschaft, selbst die Mathematik nicht ausgenommen, ist bis zu einem gewissen Grade Erfahrungswissenschaft, mag sie nun die Natur oder die geistige Kultur zum Gegenstande haben, und in jeder Wissenschaft gilt als vornehmste Losung die Aufgabe, in der Fülle der vorliegenden Einzelerfahrungen und Einzeltatsachen nach Ordnung und Zusammenhang zu suchen, um dieselben durch Ergänzung der Lücken zu einem einheitlichen Bilde zusammenzuschließen.

Aber auch die Art der Gesetzlichkeit ist, auf so verschiedenen Gebieten die in den einzelnen Wissenschaften behandelten Materien auch liegen mögen, keineswegs so verschieden, als es beim Anblick der gewaltigen Gegensätze, wie sie zum Beispiel ein historisches und ein physikalisches Problem bietet, zunächst erscheinen möchte. Zum mindesten wäre es ganz verkehrt, einen grundsätzlichen Unterschied etwa darin zu suchen, daß auf dem Gebiete der Naturwissenschaft die Gesetzlichkeit allenthalben eine absolute, der Ablauf der Erscheinungen ein notwendiger sei, der keinerlei Ausnahmen gestattet, während auf geistigem Gebiete die Verfolgung des kausalen Zusammenhanges streckenweise immer auch durch etwas Willkür und Zufall hindurchführe. Denn einerseits ist für jegliches wissenschaftliche Denken, auch auf den höchsten Höhen des menschlichen Geistes, die Annahme einer in tiefstem Grunde ruhenden absoluten, über Willkür und Zufall erhabenen Gesetzlichkeit unentbehrliche

Voraussetzung, und auf der anderen Seite findet sich auch die exakteste der Naturwissenschaften, die Physik, sehr häufig veranlaßt, mit Vorgängen zu operieren, deren gesetzlicher Zusammenhang einstweilen noch völlig im Dunkeln bleibt, und die daher im wohlverstandenen Sinne des Wortes unbedenklich als zufällige bezeichnet werden können.

Betrachten wir nur einmal als speziell herausgegriffenes Beispiel das Verhalten radioaktiver Atome nach der nun wohl allseitig anerkannten Zerfallshypothese von Rutherford und Soddy. Wie kommt ein bestimmtes Uranatom dazu, nachdem es ungezählte Millionen von Jahren sich inmitten seiner Umgebung vollständig unveränderlich und passiv verhalten hat, plötzlich innerhalb einer unmeßbar kurzen Zeit ohne jede feststellbare Veranlassung seinem Namen Schande zu machen und mit einer Gewalt zu explodieren, gegen welche unsere brisantesten Sprengstoffe sich wie Kinderpistolen ausnehmen, indem es seine Bruchstücke zum Teil mit Geschwindigkeiten von Tausenden von Kilometern in der Sekunde fortschleudert und zugleich elektromagnetische Strahlung von einer Feinheit aussendet, welche die der härtesten Röntgenstrahlen noch um ein Bedeutendes übertrifft, während dagegen ein unmittelbar benachbartes, allem Anschein nach vollkommen gleichartiges Atom noch weitere Millionen von Jahren in gleicher Passivität verharrt, bis endlich auch ihm die Schicksalsstunde schlägt? Fürwahr: hier auch nur mit einer Vermutung hinsichtlich des kausal bestimmenden dynamischen Gesetzes einzugreifen, erscheint zur Zeit um so hoffnungsloser, als bisher alle Versuche, durch Anwendung äußerer Mittel, zum Beispiel Erhöhung oder Erniedrigung der Temperatur, einen Einfluß auf den Verlauf der radioaktiven Erscheinungen zu gewinnen, völlig ergebnislos verlaufen sind. Und doch ist die genannte Atomzerfallshypothese für die physikalische Forschung von der allergrößten Bedeutung, sie hat in die anfangs schier verwirrende Menge von Einzeltatsachen mit einem Schlage Zusammenhang gebracht und hat eine Anzahl neuer Folgerungen gezeitigt, die zum Teil durch die Erfahrung in glänzender Weise bestätigt wurden, zum Teil zu neuen wichtigen Forschungen und Entdeckungen anregten.

Wie ist nun so etwas möglich? Wie kann man überhaupt aus der Betrachtung von Vorgängen, deren Verlauf im ganzen wie im einzelnen vorläufig noch vollständig dem blinden Zufall überlassen bleibt, wirkliche Gesetze ableiten? — Auch die Physik hat, wie schon lange vorher die sozialen Wissenschaften, die hohe Bedeutung einer von der rein kausalen gänzlich verschiedenen Betrachtungsweise kennengelernt und hat dieselbe seit etwa der Mitte des vorigen Jahrhunderts mit immer steigendem Erfolge angewendet; es ist dies die statistische Methode, mit deren Ausbildung die ganze neuere Entwicklung der theoretischen Physik aufs engste zusammenhängt. Statt den zur Zeit noch völlig im Dunkeln liegenden dynamischen Gesetzen eines Einzelvorganges ohne eine Aussicht auf greifbaren Erfolg nachzuforschen, werden zunächst einmal nur die an einer großen

Zahl von Einzelvorgängen einer bestimmten Art gemachten Beobachtungen zusammengestellt und aus ihnen Durchschnitts- oder Mittelwerte gebildet. Für diese Mittelwerte ergeben sich dann je nach den besonderen Umständen des Falles gewisse erfahrungsmäßige Regeln, und die so gewonnenen Regeln gestatten, allerdings niemals mit absoluter Sicherheit, aber doch mit einer Wahrscheinlichkeit, die sehr häufig der Gewißheit praktisch gleichkommt, den Ablauf auch zukünftiger Vorgänge im voraus anzugeben, zwar nicht in allen Einzelheiten, wohl aber — und darauf kommt es bei den Anwendungen oft gerade am meisten an — in ihrem durchschnittlichen Verlauf.

Mag auch dem wissenschaftlichen Bedürfnis manches Forschers, dem es vor allem nach Aufklärung des Kausalzusammenhanges verlangt, ein solches im Grunde provisorisches Verfahren unbefriedigend und unsympathisch erscheinen, für die praktische Physik ist dasselbe nun einmal tatsächlich unentbehrlich geworden. Ein Verzicht darauf würde einen Strich durch die wichtigsten neueren Errungenschaften der physikalischen Wissenschaft bedeuten. Übrigens ist zu bedenken, daß man in der Physik, genau genommen, nirgends mit absolut bestimmten Größen rechnet; denn eine jede durch physikalische Messungen gewonnene Zahl ist mit einem gewissen möglichen Fehler behaftet. Wer also nur wirklich bestimmte Zahlen, nicht zugleich auch einen Fehlerbereich zulassen wollte, müßte auf die Verwertung von Messungen und konsequenterweise auf induktive Erkenntnis überhaupt Verzicht leisten.

Immerhin erhellt aus der geschilderten Sachlage wohl hinreichend deutlich die überaus hohe Bedeutung, welche die Durchführung einer sorgfältigen und grundsätzlichen Trennung der beiden besprochenen Arten von Gesetzmäßigkeit: der **dynamischen**, streng kausalen, und der lediglich **statistischen**, für das Verständnis des eigentlichen Wesens jeglicher naturwissenschaftlichen Erkenntnis besitzt; es sei mir daher gestattet, diesem Gegenstande und diesem Gegensatze heute einige Ausführungen zu widmen.

Am besten werden wir an ein paar Erscheinungen aus dem alltäglichen Leben anknüpfen. Nehmen wir zwei offene Glasröhren, vertikal aufgestellt und mit ihren unteren Enden durch einen Kautschukschlauch verbunden, und gießen wir von oben in die eine Röhre eine gewisse Menge einer schweren Flüssigkeit, etwa Quecksilber, so wird die Flüssigkeit durch den Verbindungsschlauch auch in die andere Röhre einströmen, und zwar so lange, bis die Flüssigkeitsoberflächen in beiden Röhren gleich hoch sind. Dieser Zustand des Gleichgewichts stellt sich bei jeder Störung immer wieder ein. Wenn wir zum Beispiel die eine Röhre schnell heben, so daß das Quecksilber für einen Augenblick mit emporgerissen wird und infolgedessen in der gehobenen Röhre höher steht, so wird es sich sogleich wieder senken, bis die Niveauhöhen auf beiden Seiten sich wieder ausgeglichen haben. Dies ist das bekannte elementare Gesetz der kommunizierenden Röhren, auf welchem jegliche Heberwirkung beruht.

Nun denken wir uns einen anderen Vorgang. Wir nehmen ein Stück Eisen, das in einem geheizten Ofen auf eine hohe Temperatur erwärmt ist, und werfen es in ein Gefäß mit kaltem Wasser. Die Wärme des Eisens wird sich der des Wassers mitteilen, und zwar so lange, bis vollkommene Gleichheit der Temperaturen erreicht ist. Dann ist, wie man sagt, der thermische Gleichgewichtszustand eingetreten, der sich bei jeder Störung stets wieder herstellen wird.

Offenbar zeigen die beiden beschriebenen Erscheinungen eine gewisse Analogie. In beiden Fällen ist für den Eintritt einer Veränderung maßgebend eine gewisse Differenz, das eine Mal eine Differenz der Niveauhöhe, das andere Mal eine Differenz der Temperaturen, und Gleichgewicht besteht nur dann, wenn die Differenz verschwindet. Man bezeichnet daher manchmal auch die Temperatur geradezu als das Wärmeniveau und kann dann sagen, daß im ersten Fall die Energie der Gravitation, im zweiten Fall die Energie der Wärme in der Richtung von höherem zu tieferem Niveau wandert, bis die Niveaus sich ausgeglichen haben.

Kein Wunder, daß diese Analogie von einer auf die höchsten Ziele eingestellten, aber zu vorschnellen Verallgemeinerungen neigenden Richtung der Energetik ohne weiteres als der Ausfluß eines gemeinsamen großen „Prinzips des Geschehens" erklärt wurde, welches jedwede Veränderung in der Natur auf Energieaustausch zurückführen will und die verschiedenen Energieformen als selbständig und gleichwertig nebeneinanderstehend behandelt. Jeder Energieform soll ein besonderer Intensitätsfaktor entsprechen, der Gravitation die Höhe, der Wärme die Temperatur, und die Differenz der Intensitätsfaktoren soll den Verlauf des Geschehens bestimmen. Der Anschaulichkeit dieses Satzes entspricht die Zuversicht, mit der seine allgemeine Gültigkeit verkündet wurde, und es konnte nicht fehlen, daß derselbe schnell in populäre Darstellungen und sogar in elementare Lehrbücher überging.

In Wirklichkeit ist die Analogie zwischen den beiden geschilderten Erscheinungen nur eine ganz oberflächliche, und die Gesetze, nach denen sie verlaufen, sind durch eine tiefe Kluft voneinander geschieden. Denn, wie die Gesamtheit aller heute vorliegenden Erfahrungen mit voller Bestimmtheit zu behaupten gestattet, gehorcht die erste Erscheinung einem dynamischen, die zweite aber einem statistischen Gesetz, oder mit anderen Worten: daß die Flüssigkeit von höherem auf tieferes Niveau sinkt, ist notwendig, daß aber die Wärme von höherer zu tieferer Temperatur übergeht, ist nur wahrscheinlich.

Es versteht sich, daß eine derartige im ersten Augenblick höchst fremdartig, ja fast paradox anmutende Behauptung durch eine erdrückende Fülle von Belegen gestützt sein muß; ich werde mich bemühen, die wichtigsten derselben hier anzudeuten und damit zugleich meiner Aufgabe einer Schilderung des Gegensatzes zwischen dynamischer und statistischer Gesetzmäßigkeit gerecht zu werden. Was zunächst die Notwendigkeit des Herabsinkens der schweren Flüssigkeit betrifft, so läßt sich dieselbe leicht als eine Folge des Prinzips der Erhaltung der Energie erweisen. Denn wenn die auf dem höheren Niveau befindliche Flüssigkeit ohne besonderen äußeren Antrieb noch weiter in die Höhe stiege, die auf dem tieferen Niveau befindliche noch weiter herabsinken würde, so läge damit eine Schöpfung von Energie aus dem Nichts vor, im Widerspruch zu dem genannten Prinzip. Bei der zweiten Erscheinung liegt die Sache schon anders. Hier könnte sehr wohl ein Übergang von Wärme aus dem kalten Wasser in das heiße Eisen eintreten, ohne daß das Prinzip der Erhaltung der Energie verletzt wird; denn da die Wärme selber eine Form der Energie ist, so würde dieses Prinzip nur verlangen, daß die Menge der vom Wasser abgegebenen Wärme ebenso groß ist wie die der von dem Eisen aufgenommenen Wärme.

Aber auch sonst zeigen die beiden Erscheinungen in ihrem Verlauf schon dem unbefangenen Beobachter gewisse charakteristische Verschiedenheiten. Die von dem höheren Niveau herabsinkende Flüssigkeit bewegt sich um so schneller, je tiefer sie sinkt; wenn der Gleichstand der Niveauhöhen erreicht ist, wird die Flüssigkeit nicht stehenbleiben, sondern sich infolge ihrer Trägheit über die Gleichgewichtslage hinaus bewegen, so daß nun die ursprünglich höhere Flüssigkeit tiefer zu stehen kommt; dabei wird die Geschwindigkeit wieder abnehmen und die Flüssigkeit allmählich zum Stillstand kommen; und hierauf wird sich das Spiel in gerade umgekehrter Richtung wiederholen. Könnte jeglicher Verlust von Bewegungsenergie, namentlich an die angrenzende Luft und an die Röhrenwandung durch Reibung, vermieden werden, so würde die Flüssigkeit bis in alle Ewigkeit um ihre Gleichgewichtslage hin und her pendeln. Ein solcher Prozeß wird daher auch als reversibel bezeichnet.

Ganz anders bei der Wärme. Je kleiner die Temperaturdifferenz zwischen Eisen und Wasser wird, um so langsamer erfolgt der Wärmeübergang von dem Eisen zum Wasser, und wenn man fragt, wie lange es dauert, bis die Gleichheit der Temperaturen erreicht ist, so ergibt die Rechnung, daß dazu eine unendlich lange Zeit gehören würde, oder mit anderen Worten: Es wird stets eine kleine Temperaturdifferenz noch übrigbleiben, mag man auch noch solange zuwarten. Von einem Hin- und Herpendeln der Wärme zwischen den beiden Körpern ist also gar keine Rede, der Wärmeübergang erfolgt vielmehr immer nur einseitig und stellt daher einen irreversiblen Prozeß dar.

Es gibt in der Gesamtheit der physikalischen Erscheinungen keinen tiefer ausgeprägten Gegensatz als den zwischen reversiblen und irreversiblen Prozessen. Zu den ersteren gehören die Gravitationserscheinungen, die mechanischen und elektrischen Schwingungen, die akustischen und elektromagnetischen Wellen. Sie alle lassen sich unschwer einem einzigen dynamischen Gesetz unterordnen: dem Prinzip der kleinsten Wirkung, welches das Prinzip der Erhaltung der Energie zugleich mitenthält. Zu den irreversiblen Prozessen gehören die Wärmeleitung, die elektrische Leitung, die Reibung, die Diffusion, sowie sämtliche chemische Reaktionen, sofern sie überhaupt mit merklicher Geschwindigkeit verlaufen. Für diese hat R. C l a u s i u s seinen für die Physik und Chemie so ungemein fruchtbaren zweiten Hauptsatz der Wärmetheorie abgeleitet, dessen Bedeutung darauf beruht, daß er einem jeden irreversiblen Prozeß seine Richtung vorschreibt. Aber erst L. B o l t z m a n n war es vorbehalten, den Inhalt des zweiten Hauptsatzes und damit die Gesamtheit der irreversiblen Prozesse, deren Eigentümlichkeiten einer gemeinsamen dynamischen Erklärung unüberwindliche Schwierigkeiten bereiteten, durch die Einführung der atomistischen Betrachtungsweise auf seine eigentliche Wurzel zurückzuführen.

Nach der atomistischen Hypothese ist die Wärmeenergie eines Körpers nichts anderes als die Gesamtheit der äußerst feinen schnellen unregelmäßigen Bewegungen seiner einzelnen Moleküle, die Höhe seiner Temperatur entspricht der mittleren lebendigen Kraft der Moleküle, und der Wärmeübergang von einem heißen zu einem kälteren Körper beruht darauf, daß die lebendigen Kräfte der beiderseitigen Moleküle bei den durch die Berührung der Körper bedingten häufigen Zusammenstößen sich gegenseitig im Mittel ausgleichen. Das ist aber nicht so zu verstehen, als ob bei jedem einzelnen Zusammenstoß zweier Moleküle dasjenige mit größerer lebendiger Kraft an Geschwindigkeit einbüßt, dasjenige mit geringerer lebendiger Kraft dagegen beschleunigt wird; denn wenn zum Beispiel ein schnell bewegtes Molekül von der Seite her, quer gegen seine Bewegungsrichtung, von einem langsamer bewegten Molekül getroffen wird, muß seine Geschwindigkeit noch weiter wachsen, während die des langsameren Moleküls sich noch weiter vermindert. Aber im großen und ganzen wird doch nach den Gesetzen der Wahrscheinlichkeit, falls nicht ganz exzeptionelle Verhältnisse vorliegen, eine gewisse Vermischung der lebendigen Kräfte eintreten, und dies entspricht einem Ausgleich der Temperaturen der beiden Körper. Alle aus dieser Anschauung heraus entwickelten Folgerungen, die besonders für gasförmige Körper schon ziemlich ins einzelne gehen, haben sich als verträglich mit der Erfahrung erwiesen.

Allein so vielversprechend und aussichtsvoll diese atomitistische Betrachtungsweise auch erscheinen mag, sie wurde bis vor kurzem doch vielfach im Grunde nur als eine geistvolle Hypothese bewertet, da manchem vorsichtigen Forscher der gewaltige Sprung aus dem sichtbaren, direkt kontrollierbaren, in das unsichtbare Gebiet, aus dem Makrokosmos in den Mikrokosmos, doch allzu gewagt dünkte. Selbst B o l t z m a n n vermied es offensichtlich, die Tragweite seiner Anschauungen und Berechnungen durch allzu kühnes Vorstürmen zu gefährden, er legte Wert darauf, die atomistische Hypothese als ein bloßes Bild der Wirklichkeit zu bezeichnen. Heute dürfen wir weitergehen, insoweit es überhaupt einen Sinn hat, vom Standpunkt der Erkenntnistheorie aus, einem Bilde die Wirklichkeit entgegenzusetzen. Denn wir kennen jetzt eine Reihe von Erfahrungen, welche der atomistischen Hypothese den nämlichen Grad von Sicherheit verleihen, wie ihn etwa die mechanische Theorie der Akustik oder die elektromagnetische Theorie der Licht- und Wärmestrahlung besitzt.

Nach dem oben von mir als unzulänglich bezeichneten energetischen Prinzip alles Geschehens müßte der Zustand einer ruhenden Flüssigkeit von gleichmäßiger Temperatur ein absolut unveränderlicher sein; denn wenn nirgendwo Intensitätsdifferenzen vorhanden sind, fehlt auch jede Ursache zum Eintritt einer Veränderung. Nun kann man aber die Verhältnisse in einer Flüssigkeit sichtbar machen dadurch, daß man in eine durchsichtige Flüssigkeit, zum Beispiel Wasser, zahlreiche sehr kleine Staubteilchen oder auch Tröpfchen einer anderen Flüssigkeit, zum Beispiel von Mastix oder Gummigutt, hineinbringt. Ich glaube, niemand, der einmal durch ein Mikroskop in guter Beleuchtung ein derartiges Präparat beobachtet hat, wird den ersten Eindruck des ihm sich darbietenden Schauspiels vergessen. Es ist der Einblick in eine neue Welt. Statt der erwarteten Kirchhofruhe bemerkt er einen äußerst lebhaften, munteren Tanz der kleinen suspendierten Teilchen, wobei gerade die kleinsten sich am tollsten gebärden; von irgendeinem Reibungswiderstand der Flüssigkeit ist keine Spur zu bemerken; wenn einmal ein Teilchen still stehen bleibt, fängt dafür wieder ein anderes an, sich zu bewegen. Man wird unwillkürlich an das aufgeregte Treiben in einem Ameisenhaufen erinnert, welchen man mit einem Stock berührt hat. Aber während die gereizten Tierchen sich allmählich wieder beruhigen und bei eintretender Dunkelheit ihre Beweglichkeit verlieren, zeigen die unter dem Mikroskop befindlichen Teilchen, solange nur die Temperatur der Flüssigkeit nicht verändert wird, niemals auch nur die mindesten Anzeichen einer Ermüdung — ein wirkliches Perpetuum mobile, im wörtlichsten Sinne dieses auch in mannigfachen anderen Bedeutungen gebrauchten Ausdrucks.

Das beschriebene, im Jahre 1827 von dem englischen Botaniker B r o w n entdeckte Phänomen wurde zwar schon vor 25 Jahren von dem französischen Physiker G o u y auf die Wärmebewegungen der Flüssigkeitsmoleküle zurückgeführt, welche, selber unsichtbar, an die zwischen ihnen herumschwimmenden mikroskopisch sichtbaren Teilchen fortwährend anstoßen und sie dadurch in unregelmäßige Bewegung versetzen; aber der endgültige Beweis für die Richtigkeit dieser Auffassung wurde erst in neuester Zeit erbracht, indem die von Einstein und S m o l u c h o w s k i theoretisch abgeleiteten statistischen Gesetze über die Verteilungsdichte, die Geschwindigkeiten, die zurückgelegten Wege, ja sogar die Drehungen der mikroskopischen Teilchen in allen Einzelheiten ihre glänzende quantitative Bestätigung fanden, namentlich durch die experimentellen Arbeiten von J e a n P e r r i n, den die philosophische Fakultät unserer Universität bei ihrer Jahrhundertfeier als Zeichen ihrer Anerkennung dafür mit dem Doktorhut geschmückt hat.

Es bleibt sonach für den Physiker, der nun einmal an die induktive Beweisführung gebunden ist, kein Zweifel: die Materie ist atomistisch konstituiert, die Wärme ist Bewegung der Moleküle, und die Wärmeleitung, wie alle übrigen irreversiblen Vorgänge, gehorcht nicht dynamischen, sondern statistischen, das heißt Wahrscheinlichkeitsgesetzen. Freilich ist es schwer, sich auch nur eine annähernde Vorstellung zu machen von dem winzigen Grad der Wahrscheinlichkeit, die dafür besteht, daß einmal für einen Augenblick die Wärme in umgekehrter Richtung, vom kalten Wasser zum heißen Eisen, übergeht. Wenn jemand in einen mit zahlreichen verschiedenen Buchstaben angefüllten Sack blindlings hineingreift, einen Buchstaben nach dem anderen hervorzieht und die Buchstaben in der Reihenfolge, wie sie gezogen sind, nebeneinanderlegt, so wird man immerhin die M ö g l i c h k e i t zugeben müssen, daß dabei vernünftige Worte herauskommen können, vielleicht sogar ein Gedicht von Goethe. Oder wenn jemand mit einem gewöhnlichen Würfel hundert Würfe hintereinander macht, so wird niemand die Möglichkeit bestreiten können, daß bei allen Würfen ohne Ausnahme jedesmal sechs geworfen wird, da doch das Ergebnis jedes Wurfes unabhängig ist von dem der vorherigen Würfe. Aber wenn in Wirklichkeit einmal so etwas passieren sollte, so würde jedermann doch ohne weiteres sagen: es geht nicht mit rechten Dingen zu, der Würfel ist vielleicht nicht vollkommen symmetrisch, und kein Verständiger würde sich dem Gewicht dieser Behauptung entziehen. Denn die Wahrscheinlichkeit, daß unter normalen Umständen ein derartiger Ausnahmefall eintritt, ist doch gar zu gering. Und dennoch ist sie immer noch ganz ungeheuer groß gegenüber der Wahrscheinlichkeit, daß einmal Wärme aus einem kälteren in einen wärmeren Körper übergeht. Man bedenke nur, daß es sich bei dem Würfel nur um sechs Zahlen, also um sechs verschiedene Fälle, bei den Buchstaben um 25, bei den Molekülen dagegen um viele Millionen in den kleinsten noch sichtbaren Raumteilen handelt, die mit den verschiedensten Geschwindigkeiten behaftet sind. Also vom Standpunkt der praktischen Physik aus ist gewiß kein Grund zu Bedenken vorhanden wegen der Möglichkeit einer Abweichung von der Allgemeingültigkeit der Gesetze der Wärmeleitung.

Anders steht es allerdings mit der Theorie. Denn es muß jedem einleuchten, daß eine wenn auch noch so kleine Wahrscheinlichkeit von der absoluten Unmöglichkeit durch eine abgrundtiefe Kluft getrennt ist; ja diese Kluft macht sich unter besonderen Umständen wirklich geltend. Man braucht nur hinreichend oft zu würfeln, um schließlich, sogar mit großer Wahrscheinlichkeit, auch auf hundert Sechser hintereinander rechnen zu können, oder man braucht das Buchstabenspiel nur mit hinlänglicher Ausdauer zu wiederholen, um schließlich auch den Faustmonolog herauszubekommen. Immerhin ist es gut, daß wir nicht auf diese Methode des Dichtens allein angewiesen sind; denn um auf einen solchen Erfolg rechnen zu können, würde weder das Lebensalter eines Menschen noch wahrscheinlich das des Menschengeschlechts überhaupt ausreichen.

Was aber die Anwendung auf die Physik betrifft, so sind derartige minimale Wahrscheinlichkeiten unter Umständen doch sehr ernsthaft zu nehmen. Wenn ein Pulvermagazin eines schönen Tages in die Luft fliegt, ohne daß man irgendeinen äußeren Anlaß der Explosion ausfindig machen kann, so wird ein solches Ereignis gewiß nicht ignoriert werden, und doch ist die sogenannte Selbstzündung eben auch anzusehen als bedingt durch eine oft an sich sehr unwahrscheinliche Häufung von verhängnisvollen Zusammenstößen chemisch reagierender Moleküle, deren Gesetze nur auf statistischem Wege erschlossen werden können. Man sieht, wie vorsichtig man auch in der exakten Wissenschaft mit den Wörtchen „gewiß" und „sicherlich" umgehen muß und wie bescheiden oft die Tragweite von Erfahrungsgesetzen einzuschätzen ist.

So werden wir durch Theorie und Erfahrung gleichmäßig genötigt, in allen Gesetzmäßigkeiten der Physik einen fundamentalen Unterschied zu machen zwischen Notwendigkeit und Wahrscheinlichkeit, und bei jeder beobachteten Gesetzmäßigkeit zuallererst zu fragen, ob sie dynamischer oder ob sie statistischer Art ist. Dieser Dualismus, der mit der Einführung der statistischen Betrachtungsweise unvermeidlich in alle physikalischen Gesetzmäßigkeiten hineingetragen worden ist, will manchem unbefriedigend erscheinen, und man hat daher schon den Versuch gemacht, ihn, wenn es nun doch nicht anders geht, dadurch zu beseitigen, daß man die absolute Gewißheit bzw. Unmöglichkeit überhaupt leugnet und nur noch größere oder geringere Grade von Wahrscheinlichkeit zuläßt. Danach gäbe es in der Natur gar keine dynamischen Gesetze mehr, sondern nur noch statistische; der Begriff einer absoluten Notwendigkeit wäre in der Physik überhaupt aufgehoben. Eine solche Auffassung dürfte sich aber sehr bald als ein ebenso verhängnisvoller wie kurzsichtiger Irrtum herausstellen, selbst wenn wir ganz davon absehen wollen, daß alle reversiblen Prozesse ohne Ausnahme durch dynamische Gesetze geregelt werden und daß gar kein Grund vorliegt, diese Gesetze fallen zu lassen. Denn sowenig wie irgendeine andere Wissenschaft der Natur oder des menschlichen Geistes kann die Physik der Voraussetzung einer absoluten Gesetzmäßigkeit entbehren, ja gerade den Schlußfolgerungen der Statistik, von denen hier die Rede ist, wäre ohne sie die wesentlichste Grundlage entzogen.

Man bedenke doch, daß auch die Sätze der Wahrscheinlichkeitsrechnung einer exakten Formulierung und einer strengen Beweisführung nicht nur fähig, sondern auch bedürftig sind, weshalb sie auch von jeher in besonders hohem Maße das Interesse hervorragender Mathematiker gefesselt haben. Wenn die Wahrscheinlichkeit dafür, daß auf ein bestimmtes Ereignis ein anderes bestimmtes Ereignis folgt, gleich ½ ist, so heißt das nicht etwa, daß man über das Eintreten des zweiten Ereignisses überhaupt nichts weiß, sondern es wird damit positiv behauptet, daß unter allen Fällen, in denen das erste Ereignis eintritt, gerade 50 Prozent das zweite Ereignis herbeiführen, und daß dieses Prozentualverhältnis um so genauer herauskommt, je zahlreichere Fälle der Betrachtung zugrunde gelegt werden.

Ja auch über die bei einer geringeren Anzahl von beobachteten Fällen zu erwartende Abweichung von dem Mittelwerte, über die sogenannte Dispersion, gibt die Wahrscheinlichkeitsrechnung genau Auskunft, und wenn einmal die gemachten Beobachtungen einen Widerspruch mit der vorher berechneten Größe der Dispersion ergeben, so kann man mit Sicherheit daraus schließen, daß in den Grundlagen der Berechnung eine unrichtige Annahme, ein sogenannter systematischer Fehler steckt.

Um solch weitgehende Behauptungen aufstellen zu können, sind naturgemäß auch sehr weitgehende Voraussetzungen notwendig, und so wird es sich verstehen lassen, daß in der Physik die exakte Berechnung von Wahrscheinlichkeiten nur dann möglich ist, wenn für die elementarsten Wirkungen, also im allerfeinsten Mikrokosmos, lediglich dynamische Gesetze als gültig angenommen werden dürfen. Entziehen sich diese auch einzeln der Beobachtung durch unsere groben Sinne, so liefert doch die Voraussetzung ihrer absoluten Unabänderlichkeit die unumgänglich notwendige feste Grundlage für den Aufbau der Statistik.

Nach diesen Darlegungen erscheint also der Dualismus zwischen statistischer und dynamischer Gesetzmäßigkeit aufs engste verknüpft mit dem Dualismus zwischen Makrokosmos und Mikrokosmos, den wir als eine experimentell erhärtete Tatsache hinnehmen müssen. Tatsachen lassen sich nun aber einmal nicht durch Theorien aus der Welt schaffen, mag man dies nun unbefriedigend finden oder nicht, und so wird nichts übrigbleiben, als sowohl den dynamischen wie auch den statistischen Gesetzen die ihnen gebührende Stelle in dem gesamten System der physikalischen Theorien einzuräumen.

Dabei dürfen freilich Dynamik und Statistik nicht etwa als koordiniert nebeneinanderstehend aufgefaßt werden. Denn während ein dynamisches Gesetz dem Kausalbedürfnis vollständig genügt und daher einen einfachen Charakter trägt, stellt jedes statistische Gesetz ein Zusammengesetztes vor, bei dem man niemals definitiv stehenbleiben kann, da es stets noch das Problem der Zurückführung auf seine einfachen dynamischen Elemente in sich birgt. Die Lösung derartiger Probleme bildet eine der Hauptaufgaben der fortschreitenden Wissenschaft; an ihnen arbeitet die Chemie in gleicher Weise wie die physikalischen Theorien der Materie und der Elektrizität. Auch die Meteorologie darf in diesem Zusammenhang erwähnt werden; denn in den Bestrebungen von V. Bjerknes sehen wir einen groß angelegten Plan, alle meteorologische Statistik auf ihre einfachen Elemente, nämlich auf physikalische Gesetzmäßigkeiten, zurückzuführen. Mag der Versuch praktischen Erfolg haben oder nicht, gemacht muß er einmal werden, schon weil es im Wesen jeglicher Statistik liegt, daß sie wohl oft das erste, aber niemals das letzte Wort zu sprechen hat.

Wie unter den dynamischen Gesetzen das Prinzip der Erhaltung der Energie oder der erste Hauptsatz der Wärmetheorie, so steht unter den statistischen Gesetzen der Physik der zweite Hauptsatz der Wärmetheorie in vorderster Reihe. Auch dieser Satz ist, obwohl er ein Wahrscheinlichkeitssatz ist und obwohl man infolgedessen oft von den Grenzen seiner Gültigkeit spricht, sehr wohl einer exakten allgemeingültigen Formulierung fähig. Eine solche läßt sich etwa folgendermaßen aussprechen. Alle physikalischen und chemischen Zustandsänderungen verlaufen im Mittel so, daß sie die Wahrscheinlichkeit des Zustands vergrößern. Nun ist unter allen Zuständen, die ein System von Körpern annehmen kann, der wahrscheinlichste Zustand dadurch ausgezeichnet, daß alle Körper die nämliche Temperatur besitzen; aus diesem und keinem anderen Grunde erfolgt die Wärmeleitung i m M i t t e l stets im Sinne eines Ausgleichs der Temperaturen, also in der Richtung von höherer zu tieferer Temperatur. Über einen e i n z e l n e n Vorgang vermag aber der zweite Hauptsatz stets nur dann etwas mit Bestimmtheit auszusagen, wenn man von vornherein sicher ist, daß der Verlauf des speziellen Vorgangs nicht merklich abweicht von dem mittleren Verlauf einer großen Anzahl von Vorgängen, die alle von dem nämlichen Anfangszustand ihren Ausgang nehmen. Um die Erfüllung dieser Bedingung zu sichern, genügt theoretisch die Einführung der sogenannten Hypothese der elementaren Unordnung. Experimentell gibt es kein anderes Mittel, als den betreffenden Versuch öfters hintereinander zu wiederholen, oder auch ihn durch verschiedene Beobachter, die unabhängig voneinander arbeiten, reproduzieren zu lassen. Eine derartige Wiederholung eines bestimmten Versuches, oder die Anstellung einer ganzen Versuchsreihe, ist ja auch tatsächlich das Verfahren, das in der praktischen Physik allgemein angewendet wird. Denn kein Physiker wird sich bei seinen Messungen jemals auf einen einzigen Versuch beschränken, schon wegen der Elimination der unvermeidlichen Versuchsfehler.

Mit der Energie hat aber der zweite Wärmesatz direkt gar nichts zu tun. Ein gutes Beispiel für einen Vorgang, der überhaupt nicht von Energieumwandlungen begleitet zu sein braucht, bietet die Diffusion, die lediglich deshalb erfolgt, weil eine gleichmäßige Mischung zweier verschiedener Substanzen wahrscheinlicher ist als eine ungleichmäßige. Man kann zwar auch die Diffusion der Energetik unterordnen, indem man für diesen besonderen Zweck den besonderen Begriff der freien Energie einführt, der eine bequeme Formulierung zuläßt und für viele Fälle auch die Anschauung erleichtert, aber dies Verfahren ist doch insofern ein indirektes, als die freie Energie sich ihrerseits im Grunde nur durch ihre Beziehungen zur Wahrscheinlichkeit verstehen läßt.

Verweilen wir nach diesen flüchtigen Ausblicken zum Schluß noch bei den Gesetzmäßigkeiten in den Vorgängen des geistigen Lebens, so finden wir hier zum Teil ganz ähnliche Verhältnisse, nur daß die strenge Kausalität hinter der Wahrscheinlichkeit, der Mikrokosmos hinter dem Makrokosmos, vollkommen zurücktritt. Aber dennoch ist auch hier auf allen Gebieten, bis hinauf zu den höchsten Problemen des menschlichen Willens und der Moral, die Annahme eines absoluten Determinismus für jede wissenschaftliche Untersuchung die unentbehrliche Grundlage. Freilich ist dabei eine Vorsicht geboten, die zwar auch in der Naturwissenschaft gilt, aber dort wegen ihrer Selbstverständlichkeit gewöhnlich nicht besonders hervorgehoben wird: die nämlich, daß der zu untersuchende Vorgang durch die Untersuchung selber in seinem Verlauf nicht gestört wird. Wenn ein Physiker die Temperatur eines Körpers messen will, so darf er dazu kein Thermometer verwenden, durch dessen Anbringung die Temperatur des Körpers verändert wird. Aus diesem Grunde erstreckt sich die Möglichkeit einer vollständig objektiven wissenschaftlichen Untersuchung geistiger Vorgänge prinzipiell genommen nur auf die Beurteilung fremder Persönlichkeiten, soweit sie von der eigenen Person unabhängig sind, für die eigene Person auch noch auf die Vergangenheit, insofern dieselbe fertig abgeschlossen vor dem inneren Auge des Denkers liegt, nicht aber auf die eigene Gegenwart und nicht auf die eigene Zukunft, zu welcher der Weg immer nur durch die Gegenwart hindurchführt. Denn das Denken und Forschen selber gehört auch mit zu den geistigen Vorgängen im Menschen, und wenn das Objekt der Untersuchung mit dem denkenden Subjekt identisch wird, so verändert es sich fortwährend in dem Maße, wie die Erkenntnis fortschreitet.

Es ist daher auch von vornherein völlig aussichtslos, vom Standpunkt des Determinismus aus die Vorgänge der eigenen Zukunft erschöpfend zu behandeln und damit zugleich den Begriff der sittlichen Freiheit erledigen zu wollen. Wer die uns durch das Bewußtsein gegebene freie, durch keinerlei Kausalgesetz eingeschränkte Selbstbestimmung für logisch unvereinbar hält mit dem absoluten Determinismus auf allen Gebieten des geistigen Lebens, der begeht einen prinzipiellen Fehler von ähnlicher Art wie der obenerwähnte Physiker, wenn er die bemerkte Vorsicht nicht beachtet, oder wie ihn ein Physiologe begehen würde, wenn er sich einbildete, die natürlichen Funktionen eines Muskels an dem anatomischen Präparat desselben studieren zu können.

So setzt sich die Wissenschaft selber ihre eigene unübersteigliche Grenze. Aber der Mensch in seinem unablässigen Drange kann sich mit dieser Grenze nicht begnügen, er will und muß über sie hinausdringen, da er eine Antwort braucht auf die wichtigste, unaufhörlich wiederkehrende Frage seines Lebens: Wie soll ich handeln? — Und eine volle Antwort auf diese Frage findet er nicht beim Determinismus, nicht bei der Kausalität, überhaupt nicht bei der reinen Wissenschaft, sondern er findet sie nur bei seiner sittlichen Gesinnung, bei seinem Charakter, bei seiner Weltanschauung.

Gewissenhaftigkeit und Treue, das sind die Führer, die ihm wie in der Wissenschaft, so auch weit darüber hinaus den rechten Lebensweg weisen, die ihm keineswegs glänzende Augenblickserfolge, wohl aber die höchsten Güter des menschlichen Geistes, nämlich den inneren Frieden und die wahre Freiheit gewährleisten. Sie stellen auch das unzerreißbare Band dar, welches unsere Universität nun schon länger als ein Jahrhundert hindurch mit dem Andenken an ihren Königlichen Stifter verbindet. Möge sich dieses Band auch fernerhin als wirksam erweisen, möge unter solcher Führung seine Schöpfung, unsere geliebte alma mater, auch während der folgenden Jahrhunderte durch alle inneren und äußeren Stürme hindurch blühen, wachsen und gedeihen!

Das Prinzip der kleinsten Wirkung.

(Aus der „Kultur der Gegenwart", 1915.)

Solange es eine physikalische Wissenschaft gibt, hat ihr als höchstes erstrebenswertes Ziel die Lösung der Aufgabe vorgeschwebt, alle beobachteten und noch zu beobachtenden Naturerscheinungen in ein einziges einfaches Prinzip zusammenzufassen, welches gestattet, sowohl die vergangenen als auch besonders die zukünftigen Vorgänge aus den gegenwärtigen zu berechnen. Es liegt in der Natur der Sache, daß dieses Ziel weder heute erreicht ist, noch jemals vollständig erreicht werden wird. Aber wohl ist es möglich, sich ihm immer mehr anzunähern, und die Geschichte der theoretischen Physik zeigt, daß auf diesem Wege schon eine reiche Anzahl wichtiger Erfolge gewonnen werden konnte, welche deutlich dafür sprechen, daß das ideale Problem kein rein utopisches, sondern vielmehr ein eminent fruchtbares ist und daher gerade vom praktischen Standpunkt aus stets im Auge behalten zu werden verdient.

Unter den mehr oder weniger allgemeinen Gesetzen, welche die Errungenschaften der physikalischen Wissenschaft in der Entwicklung der letzten Jahrhunderte bezeichnen, ist gegenwärtig das Prinzip der kleinsten Wirkung (Aktion) wohl dasjenige, welches nach Form und Inhalt den Anspruch erheben darf, jenem idealen Endziel der theoretischen Forschung am nächsten zu kommen. Seine Bedeutung, in gehöriger Allgemeinheit aufgefaßt, erstreckt sich nicht allein auf mechanische, sondern auch auf thermische und elektrodynamische Erscheinungen, und in allen seinen Anwendungsgebieten gibt es nicht nur Aufschluß über gewisse Eigenschaften der betreffenden physikalischen Vorgänge, sondern es regelt ihren räumlichen und zeitlichen Ablauf vollkommen eindeutig, indem es sämtliche darauf bezügliche Fragen beantwortet, sobald nur die nötigen Konstanten sowie die der Willkür unterliegenden äußeren Bedingungen gegeben sind.

Freilich ist diese zentrale Stellung des Prinzips der kleinsten Wirkung auch heute noch nicht ganz unbestritten. Besonders scharfe Konkurrenz machte ihm eine Zeitlang das Prinzip der Erhaltung der Energie, welches ebenfalls die gesamte Physik beherrscht und sicherlich den Vorteil größerer Anschaulichkeit voraus hat. Daher dürfte es sich empfehlen, zunächst die Stellung dieser beiden Prinzipien zueinander hier mit einigen Worten zu beleuchten.

Das Prinzip der Erhaltung der Energie läßt sich aus dem Prinzip der kleinsten Wirkung ableiten, es ist also in ihm mitenthalten, während das Umgekehrte nicht zutrifft. Daher ist das Energieprinzip das speziellere, das Prinzip der kleinsten Wirkung das umfassendere Gesetz. Nehmen wir, um dies an einem einfachen Beispiel zu erläutern, die Bewegung eines freien, keinerlei Kräften unterworfenen materiellen Punktes. Nach dem Energieprinzip bewegt sich ein solcher Punkt mit konstanter Geschwindigkeit, aber über die Richtung der Geschwindigkeit sagt das Prinzip der Erhaltung der Energie nicht das mindeste aus, weil die kinetische Energie gar nicht von der Richtung abhängt. Die Bahn des Punktes könnte z. B. ebensogut eine geradlinige wie eine kreisförmige sein. Das Prinzip der kleinsten Wirkung dagegen verlangt weiter, wie wir unten ausführlicher besprechen werden, daß die Bahn des Punktes eine geradlinige ist.

Nun könnte man in dem vorliegenden einfachen Fall den Inhalt des Energieprinzips noch durch gewisse einfache Annahmen zu ergänzen suchen, wie z. B. die, daß bei einem frei beweglichen Punkt nicht nur die gesamte kinetische Energie, sondern auch der auf eine bestimmte räumliche Richtung entfallende Teilbetrag der kinetischen Energie konstant bleibt; indessen eine solche Ergänzung wäre dem Energieprinzip an sich fremd und läßt sich auch schwer auf allgemeinere Fälle übertragen. So z. B. wird man für ein sphärisches Pendel (schwerer Massenpunkt auf fester Kugelfläche) aus dem Energieprinzip nur die Folgerung herleiten können, daß die kinetische Energie des Pendels bei der Aufwärtsbewegung in bestimmter Weise abnimmt, bei der Abwärtsbewegung zunimmt, aber die Bahnkurve läßt sich aus dieser Bedingung noch nicht eindeutig bestimmen, während dagegen das Prinzip der kleinsten Wirkung eine jede auf die Bewegung bezügliche Frage vollständig beantwortet.

Der Grund für die verschiedene Tragweite der beiden Prinzipien liegt darin, daß das Prinzip der Erhaltung der Energie, auf einen bestimmten Fall angewendet, nur eine einzige Gleichung liefert, während man, um eine Bewegung vollständig zu kennen, ebensoviel Gleichungen braucht, als unabhängige Koordinaten vorhanden sind, also für die Bewegung eines freien Punktes drei, für die Bewegung eines sphärischen Pendels zwei Gleichungen. Das Prinzip der kleinsten Wirkung aber liefert in jedem Falle gerade ebensoviel Gleichungen, als unabhängige Koordinaten vorhanden sind, und zwar vermag es diese Leistung, mehrere Gleichungen in einem einzigen Satz zusammenzufassen, deshalb zu vollbringen, weil es, im Gegensatz zum Energieprinzip, ein Variationsprinzip ist. Denn es greift aus einer unzähligen Schar von virtuellen, im Rahmen der vorgeschriebenen Bedingungen denkbaren Bewegungen durch ein einfaches Kennzeichen eine ganz bestimmte Bewegung heraus und bezeichnet diese als die in der Natur wirklich stattfindende. Jenes Kennzeichen besteht darin, daß beim Übergang von der wirklichen Bewegung zu einer beliebigen unendlich benachbarten virtuellen Bewegung, genauer: bei einer jeden mit den vorgeschriebenen Bedingungen verträglichen unendlich kleinen Variation der wirklichen Bewegung, eine gewisse für die Variation charakteristische Größe den Wert Null annimmt. Aus dieser Bedingung erhält man, wie bei jedem Maximum- oder Minimumproblem, für jede unabhängige Koordinate eine besondere Gleichung.

Nun versteht es sich, daß der Inhalt des Prinzips der kleinsten Wirkung erst dann einen bestimmten Sinn erhält, wenn sowohl die vorgeschriebenen Bedingungen, denen die virtuellen Bewegungen unterworfen werden müssen, als auch die charakteristische Größe, welche für jede beliebige Variation der wirklichen Bewegung verschwinden soll, genau angegeben werden, und die Aufgabe, hier die richtigen Festsetzungen zu treffen, bildete von jeher die eigentliche Schwierigkeit in der Formulierung des Prinzips der kleinsten Wirkung. Aber nicht minder einleuchtend dürfte es erscheinen, daß schon der Gedanke, die ganze Schar der Gleichungen, welche zur Charakterisierung der Bewegungen beliebiger komplizierter mechanischer Systeme erforderlich sind, in ein einziges Variationsprinzip zusammenzufassen, für sich allein genommen von eminenter Bedeutung ist und einen wichtigen Fortschritt in der theoretischen Forschung darstellt.

In diesem Zusammenhang darf gewiß an Leibniz' Theodizee erinnert werden, in welcher der Grundsatz aufgestellt wird, daß die wirkliche Welt unter allen Welten, die hätten geschaffen werden können, diejenige sei, die neben dem unvermeidlichen Übel das Maximum des Guten enthält Dieser Grundsatz ist nichts anderes als ein Variationsprinzip, und zwar schon ganz von der Form des nachmaligen Prinzips der kleinsten Wirkung. Die unvermeidliche Verkettung des Guten und Übeln spielt dabei die Rolle der vorgeschriebenen Bedingungen, und es ist klar, daß sich aus diesem Grundsatz in der Tat sämtliche Eigentümlichkeiten der wirklichen Welt bis ins einzelne ableiten ließen, sobald es gelänge, einerseits den Maßstab für die Quantität des Guten, anderseits die vorgeschriebenen Bedingungen mathematisch scharf zu formulieren. Das zweite ist genau so wichtig wie das erste.

Aber ehe sich die leere Form unseres Prinzips mit fruchtbarem Inhalt füllen konnte, war noch ein weiter Weg zurückzulegen. Vor allem kam es darauf an, die charakteristische Größe kennenzulernen, deren Wert für die wirkliche Bewegung gleich Null werden soll. Man kann hier gleich zu Anfang von zwei verschiedenartigen Auffassungen ausgehen. Nach der einen bezieht man die charakteristische Größe auf einen einzelnen Zeitpunkt oder auf ein unendlich kleines Zeitelement, nach der anderen dagegen auf ein endliches Zeitintervall der Bewegung. Je nachdem man sich für die erste oder die zweite Auffassung entscheidet, gelangt man zu zwei verschiedenen Klassen von Variationsprinzipien.

Zu der ersten Klasse gehört das Bernoullische Prinzip der virtuellen Verschiebungen, das d'Alembertsche Prinzip des Trägheitswiderstandes, das Gaußsche Prinzip des kleinsten Zwanges, das Hertzsche Prinzip der geradesten Bahn. Alle diese Variationsprinzipien kann man als Differentialprinzipien bezeichnen, insofern sie das charakteristische Kennzeichen der wirklichen Bewegung in eine Eigenschaft der Bewegung verlegen, die für einen einzelnen Zeitpunkt oder ein Zeitelement Bedeutung hat. Für mechanische Systeme ist ein jedes von ihnen vollkommen äquivalent mit jedem anderen und mit den N e w t o n schen Bewegungsgesetzen. Aber sie leiden alle an dem Nachteil, daß sie nur für mechanische Vorgänge einen Sinn haben und daß ihre Formulierung ein Eingehen auf die speziellen Punktkoordinaten des betrachteten Massensystems notwendig macht. Je nach der Wahl der Punktkoordinaten fällt ihre Fassung ganz verschieden und meistenteils verhältnismäßig kompliziert und unübersichtlich aus.

Von diesem Übelstand, der Unentbehrlichkeit spezieller mechanischer Punktkoordinaten, kann man sich frei machen, wenn man das Variationsprinzip als Integralprinzip auffaßt, dadurch, daß man es von vornherein auf ein endliches Zeitintervall bezieht. Dann ist unter allen virtuellen Bewegungen die wirkliche Bewegung durch die Eigenschaft ausgezeichnet, daß für irgendeine zulässige Variation von ihr ein gewisses Zeitintegral verschwindet. In den wichtigsten Fällen läßt sich diese Bedingung auch so aussprechen, daß für die wirkliche Bewegung ein gewisses Zeitintegral, welches als die W i r k u n g s g r ö ß e oder die A k t i o n der Bewegung bezeichnet wird, kleiner ist als für jede beliebige andere mit den vorgeschriebenen Bedingungen verträgliche Bewegung. Dabei ist für einen einzelnen materiellen Punkt die Aktion, nach L e i b n i z , gleich dem Zeitintegral der kinetischen Energie, oder, was auf dasselbe hinauskommt, gleich dem Wegintegral der Geschwindigkeit.

In dieser Fassung läßt sich das Prinzip der kleinsten Wirkung aussprechen, ohne auf irgendwelche speziellen Punktkoordinaten Bezug zu nehmen, ja ohne überhaupt einen mechanischen Vorgang vorauszusetzen; denn in seiner Formulierung spielt nur die Energie und die Zeit eine Rolle. Freilich kommt durch die Einführung des Zeitintegrals ein besonderer Umstand ins Spiel, der von jeher und auch wohl noch heutzutage bei manchen Physikern und Erkenntnistheoretikern gegen das Prinzip der kleinsten Wirkung, wie überhaupt gegen jedes Integralprinzip, gewisse Bedenken zu erregen geeignet scheint. Es wird nämlich dabei die wirkliche Bewegung zu einer bestimmten Zeit berechnet mit Hilfe der Betrachtung einer späteren Bewegung, es wird also der gegenwärtige Zustand gewissermaßen abhängig gemacht von späteren Zuständen, und dadurch bekommt das Prinzip einen gewissen teleologischen Beigeschmack. Wer sich nun allein an das Kausalitätsprinzip hält, der wird verlangen, daß, wie die Ursachen, so auch alle Eigenschaften einer Bewegung allein aus früheren Zuständen verständlich und ableitbar hingestellt werden, ohne alle Rücksicht auf das, was später einmal passieren wird. Das erscheint nicht nur ausführbar, sondern auch als eine direkte Forderung der Denkökonomie. Wer dagegen in dem System der Naturgesetze nach höheren, möglichst übersichtlichen Verknüpfungen sucht, der wird, im Interesse der erstrebten Harmonie, von vornherein auch solche Hilfsmittel für zulässig halten, wie die Bezugnahme auf Ereignisse späterer Zeiten, welche für die vollständige Beschreibung der Naturvorgänge zwar nicht gerade notwendig, aber doch vielleicht bequem zu handhaben und anschaulich zu deuten sind. Ich erinnere daran, daß man in der mathematischen Physik, nur um die Symmetrie der Gleichungen aufrechtzuerhalten, oft darauf verzichtet, die zu berechnenden Größen auf die unabhängigen Variablen selber zu reduzieren und lieber eine oder mehrere überflüssige Variable in den Rechnungen mitführt, lediglich um den rein formalen, aber höchst praktischen Vorteil auszunutzen, den die Erhaltung der Symmetrie gewährt.

Die moderne Physik hat seit Galilei ihre größten Erfolge in der bewußten Abkehr von jeglicher teleologischen Betrachtungsweise errungen, sie verhält sich daher auch heute mit Recht ausgesprochen ablehnend gegen alle Versuche, das Kausalitätsgesetz mit teleologischen Gesichtspunkten zu verquicken. Aber wenn für die Formulierung der Gesetze der Mechanik die Einführung endlicher Zeitintervalle unnötig ist, so wird man dennoch die Integralprinzipien deshalb nicht gleich von vornherein verwerfen dürfen. Die Frage nach ihrer Berechtigung hat mit Teleologie gar nichts zu tun, sie ist vielmehr eine rein praktische und läuft darauf hinaus, ob die Formulierung der Naturgesetze, wie sie die Integralprinzipien gewähren, für die Zwecke der theoretischen Physik mehr leistet als andere Formulierungen, und diese Frage muß von dem heutigen Standpunkt der Forschung aus bejaht werden, schon wegen der bereits erwähnten Unabhängigkeit von der speziellen Wahl der Punktkoordinaten. Das volle Verständnis nicht nur für die praktische Bedeutung, sondern sogar für die Notwendigkeit der Einführung endlicher Zeitintervalle in die Grundprinzipien der Mechanik wird freilich erst, wie wir später sehen werden, durch das moderne Prinzip der Relativität vermittelt.

In der bisher besprochenen Formulierung des Prinzips der kleinsten Wirkung war noch keine Rücksicht genommen auf die den virtuellen Bewegungen vorzuschreibenden Bedingungen, und doch sind diese von genau derselben Wichtigkeit wie die Aktionsgröße selbst, da je nach der Art der vorgeschriebenen Bedingungen der Inhalt des Prinzips einen ganz verschiedenen Sinn annimmt. Es kommt eben nicht allein auf das Merkmal an, nach welchem die Auswahl getroffen wird, sondern auch auf die Natur der Bewegungen, welche zur Auswahl gestellt werden. Freilich hat es lange gedauert, bis dieser Umstand, dessen Außerachtlassung zu manchen verhängnisvollen Fehlern geführt hat, zur klaren Erkenntnis gelangte und damit das Prinzip der kleinsten Wirkung die erste korrekte Fassung erhielt. Wenn man die Entdeckung des Prinzips auf diesen Zeitpunkt ansetzt, so wird man erst Lagrange das Verdienst derselben zuschreiben dürfen. Indessen mit einer solchen Bewertung würde man den Männern unrecht tun, welche den Boden vorbereitet und das Werk begonnen haben, das Lagrange später zum glücklichen Abschluß bringen konnte. Zu ihnen gehört zunächst Leibniz, und zwar hauptsächlich nach einem im Original verlorengegangenen Briefe vom Jahre 1707, dann Maupertuis und Euler.

Vor allem war es Moreau de Maupertuis, der von Friedrich dem Großen ernannte Präsident der Preußischen Akademie der Wissenschaften (1746—1759), welcher die Existenz und die Bedeutung des Wirkungsprinzips nicht nur erkannte, sondern auch mit Einsetzung seiner ganzen Persönlichkeit innerhalb und außerhalb der Wissenschaft zur Geltung zu bringen suchte. Freilich steht der bis zur Reizbarkeit sich steigernde Eifer, mit welchem Maupertuis sein Prinzip der Mitwelt unter immer neuen Formen verkündete und nach allen Richtungen gegen oft berechtigte Ausstellungen verteidigte, in einigem Kontrast zu dem wissenschaftlichen Wert der Formulierung, die er als die passendste erkannt zu haben glaubte, und man wird den Gedanken nicht abweisen können, daß die eigentliche Triebfeder seines energischen Festhaltens an sachlich unzureichenden Thesen nicht allein der wissenschaftlichen Überzeugung, sondern mindestens im gleichen Grade der festen Absicht entsprang, sich die Priorität einer Entdeckung, die er als sein wichtigstes Lebenswerk betrachtete, unter allen Umständen zu sichern. Dafür spricht besonders die sonst schier unbegreifliche leidenschaftliche Verblendung, mit welcher er, die ihm übertragene hohe Stellung bis an die Grenze des Mißbrauches ausnutzend, die Echtheit des oben erwähnten, von dem Professor Samuel König (1751) produzierten Briefes von Leibniz bestreiten zu müssen glaubte. Allerdings hat sich menschliche Schwäche und Eitelkeit wohl in keinem Falle bitterer gerächt als bei dem Präsidenten der Berliner Akademie. Die erschütternden Wechselfälle, welche sogar den großen königlichen Philosophen gelegentlich zum Einschreiten veranlaßten, haben die Historiographen wiederholt zu eingehender Darstellung gereizt und sind auch mehrfach in akademischen Reden, von A. Mayer (1877), H. v. Helmholtz (1887), E. du Bois-Reymond (1892), H. Diels (1898), zu lebendigem Ausdruck gelangt. Ihr Zusammenhang mit der allgemeinen Entwicklung der mathematischen Wissenschaft ist in Cantors Geschichte der Mathematik, ihre Bedeutung für die Berliner Akademie in Harnacks Geschichte dieser Körperschaft beleuchtet worden.

Die Maupertuissche Formulierung des Prinzips der kleinsten Wirkung besagt nichts weiter, als daß „die zu den in der Natur geschehenen Veränderungen verwendete Menge von Aktion stets ein Minimum ist", sie läßt also strenggenommen überhaupt keinen Schluß auf die Gesetze der Veränderungen zu. Denn solange eine Festsetzung der von den virtuellen Veränderungen zu erfüllenden Bedingungen fehlt, ist noch gar nichts darüber gesagt, welche Veränderungen miteinander verglichen werden sollen. Um diese Lücke klar zu sehen, fehlte Maupertuis die analytische Kritik; indessen wird man den Mangel um so begreiflicher finden, wenn man erwägt, daß selbst L. Euler, der seinem Kollegen und Freunde in der Verteidigung seines Prinzips beiseite stand, und der ihn als Mathematiker jedenfalls weit überragte, nicht bis zu einer korrekten Formulierung durchzudringen vermochte.

Das eigentliche Verdienst von M a u p e r t u i s bestand vielmehr darin, daß er überhaupt nach einem Minimumprinzip suchte. Dies war der eigentliche Leitstern seiner Spekulation. Daher zog er auch das F e r m a t sche Prinzip, das sog. Prinzip der schnellsten Ankunft, mit herein, obwohl dasselbe mit dem Prinzip der kleinsten Wirkung nur in einem sehr indirekten, für die damalige Physik jedenfalls unerkennbaren Zusammenhang steht. Und diesem Interesse für das Minimumprinzip lag in letzter Linie der metaphysische Gedanke zugrunde, daß sich in der Natur das Walten der Gottheit offenbare, daß daher jedem Naturvorgang eine Absicht zugrunde liege, die auf ein bestimmtes Ziel gerichtet ist, und die dieses Ziel auf dem direktesten Wege, mit den tauglichsten Mitteln, zu erreichen weiß.

Wie unzulänglich, ja irreführend derartige teleologische Betrachtungen sein können, erkennt man am besten, wenn man bedenkt, daß in Wirklichkeit das Prinzip der kleinsten Wirkung, ganz allgemein gefaßt, gar kein Minimumprinzip ist. So z. B. gilt der Satz, daß die Bahn eines auf einer Kugel frei beweglichen, keiner treibenden Kraft ausgesetzten Massenpunktes die kürzeste Verbindungslinie seiner Anfangs- und Endlage darstellt, nicht mehr, wenn die Bahn länger ist als die halbe Peripherie eines größten Kreises auf der Kugel. Über die halbe Peripherie hinaus dürfte also die göttliche Voraussicht nicht mehr zu wirken imstande sein. Noch schlagender ist die Berücksichtigung des Umstandes, daß bei „nichtholonomen" Systemen die virtuellen Bewegungen gar nicht einmal zu den möglichen Bewegungen gehören, wodurch die Minimumbedingung ganz ihren Sinn verliert.

Aber trotz alledem verdient doch wohl die unumstößliche historische Tatsache im Auge behalten zu werden, daß die feste Überzeugung von einem innigen Zusammenhang der Naturgesetze mit dem Walten einer höchsten Intelligenz den eigentlichen Ausgangspunkt der Entdeckung des Prinzips der kleinsten Wirkung gebildet hat, und weiter, daß ein solcher Glaube, falls er nicht von vornherein in zu enge Schranken gepreßt wird, sich zwar gewiß nicht beweisen, aber auch ebenso gewiß niemals widerlegen läßt. Denn man wird schließlich jeglichen etwa auftauchenden Widerspruch immer wieder auf eine unzureichende Formulierung schieben können.

J. L. L a g r a n g e war der erste, der dem Prinzip der kleinsten Wirkung eine korrekte Fassung gab (1760). Unter allen Bewegungen, die ein System von materiellen Punkten bei konstanter Gesamtenergie aus einer bestimmten Anfangslage in eine bestimmte Endlage bringen, macht die wirkliche Bewegung die Aktion zu einem Minimum. Die virtuellen Bewegungen müssen also dem Energieprinzip genügen, sie dürfen dagegen beliebige Zeit in Anspruch nehmen. Nach dieser Fassung ist die Bahn eines einzelnen Massenpunktes, ohne treibende Kraft, diejenige, auf der er mit konstanter Geschwindigkeit in der kürzesten Zeit sein Ziel erreicht. Dies ergibt als Bahnkurve eine Linie von kürzester Länge, d. h. für einen freien Punkt eine Gerade. Später zeigten C. G. J. Jacobi und W. R. Hamilton, daß das Prinzip noch ganz andere Fassungen zuläßt. Besonders wichtig für die Zukunft wurde die von Hamilton bevorzugte Formulierung, bei der die verglichenen virtuellen Bewegungen nicht konstante Gesamtenergie zu besitzen brauchen, aber statt dessen alle in der nämlichen Zeit erfolgen müssen. Dann muß man aber die Aktion, die für die wirkliche Bewegung einen Minimalwert annimmt, nicht mehr ausdrücken durch das Maupertuissche Zeitintegral über die kinetische Energie, sondern durch das Zeitintegral über die Differenz von kinetischer und potentieller Energie. In der Anwendung auf das obige Beispiel eines sich ohne treibende Kräfte bewegenden Massenpunktes ergibt dann das Prinzip als Bahnkurve unter allen möglichen Kurven diejenige, auf welcher der Punkt in einer bestimmten Zeit mit der kleinsten Geschwindigkeit sein Ziel erreicht, also wiederum eine Linie von kürzester Länge.

Bezeichnenderweise übte das Prinzip der kleinsten Wirkung, auch nachdem es durch Lagrange in der Mechanik vollständig legitimiert worden war, anfangs keinen bedeutenden praktischen Einfluß auf den Fortschritt der Wissenschaft aus. Man betrachtete es mehr als eine mathematische Kuriosität, als ein interessantes, aber doch entbehrliches Anhängsel der Newtonschen Bewegungsgesetze Noch im Jahre 1837 konnte es Poisson „nur eine unnütze Regel" nennen. Erst als in den Untersuchungen von Thomsen und Tait, G. Kirchhoff, C. Neumann, L. Boltzmann u. a. das Prinzip sich als ein für die Lösung hydrodynamischer und elastischer Probleme vortrefflich brauchbares Werkzeug erwies, während die anderen Methoden der Mechanik z. T. schwerfälliger arbeiteten, z. T. ganz versagten, bereitete sich ein Umschwung vor: man begann seinen heuristischen Wert zu schätzen. Thomson und Tait sagen darüber (1867): „Maupertuis' berühmtes Prinzip der kleinsten Wirkung ist bis jetzt mehr als eine sonderbare und etwas verwirrende Eigenschaft der Bewegung, denn als ein nützlicher Führer in kinetischen Forschungen angesehen worden. Wir haben aber die feste Überzeugung, daß man demselben eine viel tiefere Bedeutung beilegen wird, nicht nur in der abstrakten Dynamik, sondern auch in der Theorie mehrerer Zweige der Physik, die jetzt anfangen, dynamische Erklärungen zu erhalten."

Allerdings zeigte es sich auch, daß man in der Anwendung des Prinzips, namentlich bei der Formulierung der den virtuellen Verschiebungen vorzuschreibenden Bedingungen, die größte Vorsicht üben muß, um nicht in Fehler zu verfallen So genügt es z. B. bei der Anwendung auf die Bewegung fester Körper in einer reibungs- und rotationslosen Flüssigkeit im allgemeinen nicht, daß man Anfangslage und Endlage der festen Körper unvariiert läßt; man muß auch Anfangslage und Endlage aller Flüssigkeitsteilchen unvariiert lassen. Ein Versehen anderer Art machte H. Hertz, als er, in der Einleitung zu seiner Mechanik, das Prinzip der kleinsten Wirkung auf die Bewegung einer auf einer horizontalen Ebene rollenden Kugel anwandte und dabei für die virtuellen Verschiebungen eine bei nichtholonomen Systemen unzulässige Bedingung aufstellte. Um die Aufklärung dieses Umstandes haben sich besonders O. H ö l d e r und A. V o ß verdient gemacht.

Die eigentliche fundamentale Bedeutung des Prinzips der kleinsten Wirkung gelangte aber erst zu allgemeinerer Erkenntnis, als sich seine Anwendbarkeit auch auf solche Systeme zeigte, deren Mechanismus entweder überhaupt unbekannt oder doch so kompliziert ist, daß man an eine Zurückführung auf gewöhnliche Koordinaten nicht denken kann. Nachdem schon L. B o l t z m a n n und später R. C l a u s i u s den nahen Zusammenhang des Prinzips mit dem zweiten Hauptsatz der Thermodynamik erkannt hatten, gab H. v. H e l m h o l t z (1886) zum ersten Male von einem möglichst umfassenden Standpunkt aus eine systematische Zusammenstellung aller zur Zeit möglichen Anwendungen des Prinzips auf die drei großen Gebiete der Physik: Mechanik, Elektrodynamik, Thermodynamik, die durch ihre Vielseitigkeit und Fülle überraschen mußte.

H e l m h o l t z wählte für seine Rechnungen die H a m i l t o n sche Form des Wirkungsprinzips als die bequemste und versah sie noch mit einigen Erweiterungen mehr formaler Natur. Die Größe, deren Zeitintegral die H a m i l t o n sche Aktion darstellt, bezeichnet er als „kinetisches Potential". Dabei behielt er freilich noch die Voraussetzung bei, daß das Wirkungsprinzip im Grunde ein mechanisches sei; aber diese Beschränkung tritt jetzt schon etwas zurück, denn tatsächlich brauchte er bei vielen betrachteten Systemen, wie z. B. galvanischen Strömen, Magneten, auf deren spezielle mechanische Konstitution gar nicht einzugehen. Dagegen vollzog H e l m h o l t z schon damals den entscheidenden Schritt, der darin besteht, daß er das kinetische Potential nicht, wie bisher immer geschehen, aus der Energie ableitete, als Differenz von kinetischer und potentieller Energie, sondern daß er umgekehrt das kinetische Potential als die primäre Größe voranstellte, und daraus, wie alle übrigen Gesetze der Bewegung, so auch die Größe der Energie bestimmte.

Der Erfolg dieser neuen Betrachtungsweise zeigte sich hauptsächlich in einer sofort in die Augen springenden wichtigen Verallgemeinerung. Das kinetische Potential ist nämlich, im Gegensatz zur Energie, nicht nur seiner analytischen Form, sondern auch seiner Größe nach verschieden, je nach der Wahl der unabhängigen Variablen; hierfür ein Beispiel. Man kann einige der Bewegungsgleichungen benutzen, um mit ihrer Hilfe die Zahl der unabhängigen Variablen entsprechend zu reduzieren. Die eliminierten Variablen sind dann aus dem Wirkungsprinzip ganz verschwunden, sie entsprechen sog. verborgenen Bewegungen. In jedem solchen Falle nimmt nun das kinetische Potential eine andere Größe an, und daraus erklären sich z. B. die verschiedenartigen Potentialausdrücke, auf die man in der Thermodynamik stößt, je nach der Wahl der unabhängigen Variablen. Helmholtz zeigte, wie diese verschiedenen Ausdrücke miteinander zusammenhängen und auseinander hervorgehen, er zeigte auch, daß das kinetische Potential eine Form annehmen kann, in der es gar nicht mehr als Differenz von kinetischer und potentieller Energie erscheint. Gerade dieser Umstand läßt die Universalität des Wirkungsprinzips besonders deutlich erkennen; denn außerhalb der Mechanik ist eine Unterscheidung zwischen kinetischer und potentieller Energie gar nicht mehr möglich, es fällt also dort auch die Möglichkeit fort, das kinetische Potential eindeutig aus der Energie abzuleiten, während das Umgekehrte in jedem Falle leicht und einfach ist.

Konnte Helmholtz, wenigstens im Prinzip, noch an der Voraussetzung festhalten, daß alle physikalischen Vorgänge sich in letzter Linie auf Bewegungen einfacher Massenpunkte zurückführen lassen, so ist die Durchführbarkeit dieser Annahme, wenigstens was die elektrodynamischen Vorgänge betrifft, seitdem zum mindesten recht zweifelhaft geworden. Nicht zweifelhaft aber ist nach allen bisherigen Ergebnissen, daß das Prinzip der kleinsten Wirkung seine Anwendbarkeit und Fruchtbarkeit gerade auch auf diesem Gebiet der außermechanischen Physik, namentlich der Elektrodynamik des reinen Vakuums, voll bewährt. Ohne irgendwelcher mechanischen Hypothese zu benötigen, haben J. Larmor (1900), H. Schwarzschild (1903) u. a. die Grundgleichungen der Elektrodynamik und Elektronentheorie aus dem Hamiltonschen Prinzip abgeleitet.

Somit hat sich beim Prinzip der kleinsten Wirkung ganz dieselbe Entwicklung vollzogen, wie etwas früher beim Prinzip der Erhaltung der Energie. Auch dieses galt anfangs allgemein als ein mechanisches Prinzip, ja seine Allgemeingültigkeit wurde eine Zeitlang direkt als Beweis zugunsten der mechanischen Naturanschauung ins Feld geführt. Heute ist die mechanische Naturanschauung stark ins Wanken geraten, während an der Universalität des Prinzips der Energie niemand ernsthaft zu zweifeln Veranlassung hat. Wollte man heute das Wirkungsprinzip noch als ein speziell mechanisches Prinzip ansehen, so würde man sich einer ähnlichen Einseitigkeit schuldig machen.

Den glänzendsten Erfolg aber hat das Prinzip der kleinsten Wirkung errungen, als es sich zeigte, daß es sogar in der modernen Einsteinschen Theorie der Relativität, welche so zahlreiche physikalische Theoreme ihrer Universalität beraubt hat, nicht nur Gültigkeit behält, sondern unter allen physikalischen Gesetzen die höchste Stelle einzunehmen geeignet ist Dies hat im wesentlichen darin seinen Grund, daß die Hamiltonsche (nicht die Maupertuissche) Wirkungsgröße invariant ist in bezug auf jede Lorentztransformation, d. h daß sie unabhängig ist von dem speziellen Bezugssystem des messenden Beobachters. In dieser fundamentalen Eigenschaft steckt auch eine tiefere Erklärung für den oben (S. 22 f.) ausführlich besprochenen, auf den ersten Anblick nachteilig auffallenden Umstand, daß die Wirkungsgröße sich auf einen Zeitraum und nicht auf einen Zeitpunkt bezieht. In der Theorie der Relativität spielt nämlich die Zeit eine durchaus analoge Rolle wie der Raum. Die Aufgabe, aus dem für einen bestimmten Zeitpunkt gegebenen Zustand eines Körpersystems die Vorgänge der Zukunft und der Vergangenheit zu berechnen, ist nach dem Relativitätsprinzip von genau derselben Art, wie die andere Aufgabe, aus den Vorgängen, die sich zu verschiedenen Zeiten in einer bestimmten Ebene abspielen, die Vorgänge vor und hinter der Ebene zu berechnen. Wenn die erstere Aufgabe gewöhnlich als das eigentliche Problem der Physik bezeichnet wird, so liegt darin strenggenommen eine willkürliche und unsachliche Beschränkung, die nur dadurch ihre historische Erklärung findet, daß ihre Lösung für die Menschheit in den weitaus meisten Fällen praktisch nützlicher ist als die der zweiten. So gut nun die Berechnung der Wirkungsgröße eines Körpersystems eine Integration über den von den Körpern eingenommenen Raum erfordert, ebenso muß, damit der Raum nicht vor der Zeit bevorzugt wird, die Wirkungsgröße auch ein Zeitintegral enthalten. Denn erst Raum und Zeit zusammengenommen bilden die „Welt", auf die sich die Wirkungsgröße bezieht.

Wie das Prinzip der kleinsten Wirkung, so erhält auch das Prinzip der Erhaltung der Energie in der Relativitätstheorie seine bestimmte Stelle angewiesen. Die Energie ist aber nicht invariant gegen Lorentztransformationen, wie sie es früher auch gegen Galileitransformationen nicht war. Denn in ihr spielt die Zeit eine bevorzugte Rolle. Das entsprechende Korrelat für den Raum ist das Prinzip der Erhaltung der Bewegungsgröße. Über beiden Prinzipien aber thront, sie gemeinsam umfassend, das Prinzip der kleinsten Wirkung, welches somit alle reversiblen Vorgänge der Physik zu beherrschen scheint. Für die Irreversibilität liefert es freilich keine Erklärung; denn nach ihm kann ein jeder Vorgang, ebenso wie im Raume, so auch in der Zeit nach jeder beliebigen Richtung, vorwärts und rückwärts, verlaufen. Das Problem der Irreversibilität entzieht sich daher der Besprechung an dieser Stelle.

Verhältnis der Theorien zueinander.

(Aus der „Kultur der Gegenwart", 1915.)

Die Entwicklung einer jeden Wissenschaft vollzieht sich bekanntlich nicht systematisch von einem einzigen Punkte aus, nach einheitlich vorbedachtem Plane, sondern sie setzt aus praktischen Gründen, entsprechend der Vielseitigkeit der von ihr umfaßten Probleme, mehr oder weniger gleichzeitig an verschiedenen Punkten an und wird, je nach der Zahl und der Eigenart der an ihr arbeitenden Forscher, an den verschiedenen Stellen in verschiedener Weise und in verschiedenem Tempo gefördert. So entstehen häufig mehrere Theorien nebeneinander, die zunächst sich wesentlich unabhängig voneinander entwickeln und erst später, wenn sie sich weiter ausbreiten und vervollkommnen, in gegenseitige Fühlung geraten und sich zu beeinflussen beginnen, und zwar je nach den Umständen entweder im Bunde oder im Kampfe miteinander. Hier zeigt sich nun ein charakteristischer Unterschied zwischen den mathematischen und den Erfahrungswissenschaften. Bei den ersteren sind zwei verschiedene Theorien, falls sie überhaupt Berechtigung besitzen, niemals im Widerspruch miteinander; man kann daher in der Mathematik nicht von einem Gegensatz der Theorien, sondern höchstens von einem Gegensatz der Methoden reden. So ist es z. B. von vornherein ausgeschlossen, daß eine algebraische Theorie einer geometrischen Theorie widerspricht, wenn sich auch Algebra und Geometrie zunächst ganz unabhängig voneinander entwickelt haben. In der Physik als einer Erfahrungswissenschaft dagegen ist es häufig vorgekommen und kommt auch jetzt noch vor, daß zwei Theorien, die es zu einer gewissen Selbständigkeit gebracht haben, bei ihrer weiteren Ausbreitung aufeinander stoßen und sich gegenseitig modifizieren müssen, um miteinander verträglich zu bleiben. In dieser gegenseitigen Anpassung der verschiedenen Theorien liegt der Hauptkeim ihrer Befruchtung und Fortentwicklung zu einer höheren Einheit. Denn das Hauptziel einer jeden Wissenschaft ist und bleibt die Verschmelzung sämtlicher in ihr groß gewordenen Theorien zu einer einzigen, in welcher alle Probleme der Wissenschaft ihren eindeutigen Platz und ihre eindeutige Lösung finden. Daher wird man auch annehmen dürfen, daß die Wissenschaft ihrem Ziele um so näher ist, je mehr die Anzahl der in ihr enthaltenen Theorien zusammenschrumpft. Die Geschichte der Physik bietet mannigfache lehrreiche Beispiele für diesen Anpassungs- und Verschmelzungsprozeß. In der gegenwärtigen kurzen Skizze soll der geschichtlichen Entwicklung nur soweit als nötig gedacht werden und im übrigen der Hauptsache nach nur von dem gegenwärtigen Zustand der physikalischen Theorien die Rede sein.

Man kann jetzt in der Physik noch drei verschiedenartige Theorien unterscheiden: die M e c h a n i k, einschließlich Elastizitätslehre, Hydrodynamik, Akustik, ferner die E l e k t r o d y n a m i k, einschließlich Magnetismus und Optik, und endlich die T h e r m o d y n a m i k. Von diesen drei Theorien hat bisher noch jede eine gewisse Selbständigkeit bewahrt, wenn auch die Zahl ihrer gegenseitigen Berührungspunkte, in welchen sie sich teilweise ergänzen, teilweise aber auch bis zu einem gewissen Grade widerstreiten, schon heute sehr groß ist und, dank den schnellen Fortschritten der experimentellen Forschung, beständig anwächst.

Die älteste und am frühesten zur Entwicklung gekommene physikalische Theorie ist die M e c h a n i k, welche daher ursprünglich die alleinige Herrschaft in der Physik beanspruchte und nach dem Urteil mancher Physiker diesen Anspruch auch heute noch mit Recht behauptet. Durch G a l i l e i und N e w t o n begründet, durch E u l e r und L a g r a n g e in die abschließende Form gebracht, bietet sie ein Bild, welches an Abrundung und Vollendung nichts zu wünschen übrigläßt und mit dem einer mathematischen Theorie ebenbürtig wetteifern kann. Aber gerade in diesem Charakter der fertigen Abgeschlossenheit, welcher der klassischen Mechanik eigen ist, liegt auch die Unmöglichkeit, aus sich selber heraus weiter zu wachsen und sich so fortzuentwickeln, wie es die allgemeine Aufgabe der Physik verlangt, die ja außer den Bewegungsvorgängen noch eine große Anzahl anderer Erscheinungen zu bewältigen hat. In der Tat mußte der Anstoß zu einer Weiterbildung der Mechanik von außen kommen, und er kam von der e l e k t r o d y n a m i s c h e n Theorie. Es ist von eigentümlichem Interesse, zu sehen, wie diese Theorie, anfangs in gewisser Abhängigkeit von der älteren und reiferen Mechanik, sich allmählich von ihr loslöste, selbständige Bahnen einschlug und schließlich so weit erstarkte, daß sie nunmehr ihrerseits einen umwälzenden Einfluß auf die klassische Mechanik auszuüben vermochte

Wenn nach dem Gesagten die Entwicklung der Elektrodynamik überall unter dem Einfluß der Mechanik stand, so hat sie sich doch in ganz verschiedener Weise auf dem Kontinent vollzogen als jenseits des Kanals. In Deutschland wurde ihr die Richtung von G a u ß vorgezeichnet, der als Mathematiker und Astronom die elektrischen Wirkungen mit dem N e w t o n schen Gravitationsgesetz in Vergleich brachte und daher das elektrische Grundgesetz in einer Verallgemeinerung dieses N e w t o n schen Fernewirkungsgesetzes suchte. Nach ihm war in der Elektrodynamik das Primäre die Elektrizitätsmenge oder die elektrische Masse, welche ein Seitenstück zu der ponderabeln Masse bildet, und die Verallgemeinerung des elektrischen Grundgesetzes gegen das N e w t o n sche Gesetz bestand darin, daß die Kraft, welche zwei elektrische Massenpunkte aufeinander ausüben, außer von den Größen und der Entfernung der Massen auch von ihrem Vorzeichen und von ihren Geschwindigkeiten abhängen sollte. Bestimmte Formen eines solchen elektrischen Grundgesetzes wurden besonders von W. Weber, B. Riemann und R. Clausius aufgestellt. Ganz anders gestaltete sich die Entwicklung der Elektrodynamik in England. Hier war es Faraday, welcher ihr den Stempel seines Genius aufdrückte, indem er, unbeeinflußt durch Vorurteile aus mathematischer oder astronomischer Quelle, die elektrischen Erscheinungen unmittelbar auf seine Anschauung wirken ließ und sie so in Verbindung brachte mit denen der Elastizität. Er sah bei diesen Erscheinungen das Primäre nicht in den elektrischen Ladungen, sondern in den elektrischen Kraftlinien, welche von einem geladenen Körper zu einem anderen laufen, und welchen gewisse mechanische Spannungen in dem Zwischenmedium entsprechen; eine direkte Wirkung in die Ferne ist dabei gänzlich ausgeschaltet. Nachdem Maxwell die Faradaysche Hypothese in mathematische Form gebracht hatte, wobei er wiederum durch mechanische Vorstellungen, aber solche ganz anderer Art wie Gauß, geleitet wurde, erwies sich diese Theorie als ebenbürtig, später als siegreich gegenüber allen Fernwirkungstheorien, und charakteristischerweise wurde der Sieg gerade auf demjenigen Gebiete erfochten, welches der klassischen Mechanik gegenüber bisher am unzulänglichsten geblieben ist: auf dem der Vorgänge im reinen Vakuum.

Zwar läßt sich in der Natur ein reines Vakuum gar nicht herstellen, aber mannigfache Erfahrungen, zu deren zuverlässigsten die optischen Messungen von Fizeau gehören, haben gezeigt, daß die elektrodynamischen, namentlich die optischen Vorgänge in äußerst verdünnten Räumen vollständig unabhängig sind von der Natur der darin enthaltenen Gasreste, so daß man in praktisch wohl definiertem Sinne von der Physik des reinen Vakuums reden kann. Hier versagen nun die Fernwirkungstheorien, wofern man nicht die komplizierte, der Idee der Fernewirkung im Grunde fremde Annahme einführt, daß das reine Vakuum „polarisierbar" ist, während die Maxwellsche Elektrodynamik gerade für dieses einfachste aller Medien auch die einfachste und durchsichtigste Form annimmt.

Während nun die Maxwellschen Gleichungen auf diesem Gebiete ihre schönsten Triumphe feierten, setzten sich den zahlreichen Versuchen ihrer mechanischen Begründung, die natürlich die Existenz eines materiellen Substrats, des Lichtäthers, voraussetzen müssen, mit der Zeit immer größere Schwierigkeiten entgegen, und heute wird wohl allgemein zugegeben, daß eine konsequente mechanische Theorie des Äthers mit den einfachen Maxwellschen Gleichungen, diese als absolut genau betrachtet, überhaupt nicht vereinbart werden kann. Damit war aber die Kluft zwischen der klassischen Mechanik und der Elektrodynamik zu einer unüberbrückbaren gemacht, und es blieb nur übrig, entweder die Gültigkeitsbereiche dieser beiden Theorien streng gegeneinander abzugrenzen, oder eine von ihnen zu modifizieren. Der erstere Weg erwies sich bald als ungangbar; denn schon auf dem Gebiet der Elektronenbewegungen greifen

Mechanik und Elektrodynamik unvermeidlich ineinander über, und gerade auf diesem Gebiete zeigte sich daher auch die Richtung der Entscheidung, indem zum erstenmal Abweichungen von den Gesetzen der klassischen Mechanik entdeckt wurden, die ihren Ausdruck fanden in der Feststellung einer Veränderlichkeit der trägen Masse eines Elektrons. Die Einsteinsche Relativitätstheorie enthält eine einfache und vollständige Lösung des Problems, die Mechanik der Elektrodynamik ganz allgemein insoweit anzupassen, daß sie einmal den Inhalt der klassischen Theorie zu seinem praktisch wesentlichen Teile beibehält und dennoch den Forderungen der Elektrodynamik vollständig Rechnung trägt. Die durch das Relativitätsprinzip in die Mechanik eingeführte Modifikation enthält als wesentlichsten Bestandteil die Einführung einer neuen, der klassischen Mechanik durchaus fremden universellen Konstanten: der Lichtgeschwindigkeit im reinen Vakuum.

Wenn somit die Mechanik und die Elektrodynamik sich heute unter dem Zeichen des Relativitätsprinzips zu einer einheitlichen Theorie zu vereinigen anschicken, die ich im folgenden kurz als „Dynamik" bezeichnen werde, so bleibt als letzte große Aufgabe der theoretischen Physik noch die übrig, die Verschmelzung der Dynamik mit der Wärmetheorie zu vollziehen, ein Problem, das ebenfalls schon erfolgreich in Angriff genommen ist, aber noch ungleich größere Schwierigkeiten darbietet als das vorher genannte. Denn die Art der Gesetze, welche in der Dynamik gelten, sind zum Teil total verschieden von denen der Wärmetheorie. Vor allem ist es der allen Wärmeerscheinungen anhaftende Charakter der Irreversibilität, welcher sich einer dynamischen Erklärung fast unzugänglich zeigt. Während nämlich alle thermischen und chemischen Vorgänge in einseitiger Richtung verlaufen, spielt das Vorzeichen der Zeit in den Gleichungen der Dynamik gar keine Rolle, d. h. die dynamischen Vorgänge, sowohl die mechanischen als auch die elektrodynamischen, können ebensowohl vorwärts wie rückwärts verlaufen. Diesen fundamentalen Unterschied hat zuerst R. Clausius klar erkannt, es dauerte aber geraume Zeit, bis er allgemein anerkannt wurde, da bis in die Gegenwart hinein von energetischer Seite her immer wieder Versuche gemacht wurden, eben im Interesse der Verschmelzung, die Irreversibilität überhaupt in Abrede zu stellen. Ihren Ausdruck findet sie in dem zweiten Hauptsatz der Wärmetheorie, welcher besagt, daß bei jedem thermisch-chemischen Prozeß die Gesamtentropie der an dem Prozeß beteiligten Körper zunimmt und nur in dem idealen Grenzfall der reversibeln Prozesse konstant bleibt. Die enorme Fruchtbarkeit dieses Satzes für die Wärmetheorie und die physikalische Chemie stand eine Zeitlang in eigentümlichem Kontrast zu der, wie es schien, unüberwindlichen Schwierigkeit, ihn vom dynamischen Standpunkt aus zu begreifen. L. Boltzmann war es vorbehalten, einen verheißungsvollen und, wie es scheint, den einzig möglichen Ausweg zu zeigen. Dabei wird allerdings auf eine rein dynamische Erklärung des zweiten Wärmesatzes verzichtet und an Stelle der bis dahin allein zugelassenen absoluten, dynamischen Gesetzmäßigkeit eine lediglich statistische Gesetzmäßigkeit eingeführt, indem nämlich alle aus thermischen und chemischen Messungen gewonnenen Zahlen als Resultate einer ungeheuer großen Anzahl von Einzelwirkungen gedeutet werden. Während nun für die Einzelgrößen, welche den elementaren Wirkungen zwischen den atomistischen Bestandteilen der Materie entsprechen, die dynamischen Gesetze bestehen bleiben können, so daß für diese das Vorzeichen der Zeit nach wie vor bedeutungslos ist, unterliegen die aus dem Zusammenwirken der zahlreichen Elementarvorgänge resultierenden Gesamtgrößen den Sätzen der Wahrscheinlichkeitsrechnung, welche von denen der Dynamik ganz unabhängig sind und somit ein neues, der Dynamik fremdes Element in die theoretische Physik hineinbringen. Von diesem Standpunkt aus erscheint der zweite Hauptsatz der Wärmetheorie lediglich als ein Wahrscheinlichkeitssatz, die Entropie als ein Maß für die Größe der Wahrscheinlichkeit, und die Zunahme der Entropie läuft einfach darauf hinaus, daß auf minder wahrscheinliche Zustände wahrscheinlichere Zustände folgen. Dann ist das Vorzeichen der Zeit dadurch festgelegt, daß dem wahrscheinlicheren Zustand die spätere Zeit zugeordnet wird.

Das Charakteristische eines Wahrscheinlichkeitssatzes ist, daß er auch Ausnahmen zuläßt, und die Feststellung derartiger Ausnahmen bildet daher eine wichtige Aufgabe der atomistisch-statistischen Auffassung. Den empfindlichsten Prüfstein für dieselbe liefert die Untersuchung von Gleichgewichtszuständen. Denn während in der Dynamik das Gleichgewicht einen Zustand absoluter Unveränderlichkeit darstellt, ist das statistische Gleichgewicht ein fortwährenden unregelmäßigen, mehr oder weniger bedeutenden Schwankungen unterworfenes sogenanntes bewegliches Gleichgewicht, und zwar läßt sich die Größe der mittleren Schwankung aus den Sätzen der Wahrscheinlichkeitsrechnung quantitativ genau ableiten. Hier hat sich nun überall die statistische Theorie auf das glänzendste bewährt. Am überraschendsten und überzeugendsten wirkt wohl auf den unbefangenen Beschauer der Anblick der sogenannten Brownschen Molekularbewegung, bei welcher eine ruhende Flüssigkeit von durchaus gleichmäßiger Dichte und Temperatur in ihrem Innern einen unaufhörlichen äußerst lebhaften wirren Tanz der kleinen in ihr suspendierten Partikeln zeigt — eine vom Standpunkt der reinen Dynamik durchaus unerklärliche, vom Standpunkt der Statistik bis in alle Einzelheiten der Vorausberechnung zugängliche Tatsache.

So ist der starke Gegensatz, mit dem Dynamik und Wärmetheorie anfänglich aufeinander stießen, überwunden worden durch den prinzipiellen Verzicht auf die Annahme absoluter Gesetzmäßigkeit in allen thermischen und chemischen Erscheinungen, verbunden mit der Einführung der atomistischen Betrachtungsweise, welche mit einer Anzahl neuer, für sie charakteristischer Naturkonstanten, den Atomgewichten, operiert. Aber, wie es scheint, wird dies nicht das einzige und nicht das schwerste Opfer sein, welches die Dynamik bringen muß, wenn sie die Wärmetheorie in ihrem vollen Umfang mitumfassen will. Denn mit der Diskontinuität der Materie ist es wahrscheinlich noch nicht getan. Die Gesetze der Wärmestrahlung, der spezifischen Wärme, der Elektronenemission, der Radioaktivität und noch manche andere Erfahrung sprechen übereinstimmend dafür, daß nicht nur die Materie selber, sondern auch die von der Materie ausgehenden Wirkungen (wofern man überhaupt eine solche Unterscheidung machen kann) diskontinuierliche Eigenschaften besitzen, welche abermals durch eine neue Naturkonstante: das elementare Wirkungsquantum, charakterisiert werden. Ist dasselbe auch numerisch so ungeheuer klein, daß die Resultate der klassischen Dynamik für alle gröberen Vorgänge durch seine Einführung sicherlich nicht merklich modifiziert werden, so bildet es doch grundsätzlich genommen in dem Organismus der bisherigen Theorie einen Fremdkörper, dessen Auftreten vorläufig um so unbequemer empfunden wird, als nicht nur die eigentliche Bedeutung des Wirkungsquantums bis jetzt der Anschaulichkeit fast gänzlich entbehrt, im Gegensatz zu den Elektronen und Atomen, die doch wenigstens mit den Himmelskörpern gewisse Analogien aufweisen, sondern als auch, was viel schwerer wiegt, noch nicht einmal die Stelle genau bezeichnet werden kann, wo das Wirkungsquantum unterzubringen ist. Kein Wunder daher, daß die klassische Theorie sich zur Zeit noch mit allen Kräften gegen die Aufnahme dieses Eindringlings sträubt, und daß in jedem Falle Jahre vergehen werden, bis sich der beiderseitige Assimilationsprozeß vollzogen hat. Immerhin kann es keinem Zweifel unterliegen, daß eine Zeit kommen wird, in welcher, wie die chemischen Atomgewichte, so auch das elementare Wirkungsquantum, sei es unter welchem Namen und in welcher Form immer, einen integrierenden Bestandteil der allgemeinen Dynamik bilden wird. Denn die physikalische Forschung kann nicht rasten, solange nicht mit der Mechanik und der Elektrodynamik auch die Lehre der ruhenden und der strahlenden Wärme zu einer einzigen einheitlichen Theorie zusammengeschweißt worden ist.

Das Wesen des Lichts.

(Vortrag, gehalten in der Hauptversammlung der Kaiser-Wilhelm-Gesellschaft am 28. Oktober 1919.)

Es mag ein wenig aussichtsreiches, ja in gewissem Sinne vermessenes Unterfangen scheinen, wenn ich in diesem weiteren Kreise, mitten in einer von aufregenden Krisen erschütterten Zeit, während die vornehmsten Interessen und die besten Kräfte unseres ganzen Volkes nur auf den bitteren Kampf um seine Existenz und seine Weltgeltung eingestellt sind, den Versuch wage, Ihre Aufmerksamkeit auf kurze Frist für ein Thema rein wissenschaftlicher Art in Anspruch zu nehmen. Aber eingedenk des gerade heute in mehrfacher Beziehung bedeutungsvollen Satzes, daß ein Gemeinwesen nur dann gedeihen kann, wenn auch an dem unscheinbarsten Posten ein jeder, unbeirrt durch äußere Verlockungen und Hemmnisse, nach bestem Können seiner Pflicht nachgeht, ohne erst viel nach dem augenblicklichen Erfolg seiner Arbeit zu fragen, habe ich die entgegenstehenden Bedenken überwunden und möchte nunmehr, dem mir gewordenen ehrenvollen Auftrage folgend, mir erlauben, Sie zu einem gemeinsamen Gang in die lichten, wenn auch für die meisten von Ihnen wohl etwas entlegenen Höhen der reinen Forschung, und zwar der physikalischen Forschung, einzuladen. Empfiehlt sich die Wahl eines solchen Themas allgemeinwissenschaftlicher Art schon durch den äußeren Umstand, daß in den praktisch so viel wichtigeren Gebieten der Technik und der Industrie die interessantesten neueren Probleme sich gegenwärtig aus mancherlei Gründen einer eingehenden Besprechung hier zur Zeit noch entziehen, so wird es andererseits gerade im Sinne der Bestrebungen unserer Gesellschaft liegen, welche ja ihre vornehmste Aufgabe in der Gründung und Erhaltung naturwissenschaftlicher Forschungsinstitute erblickt, wenn in ihren Tagungen die alte Wahrheit auch äußerlich Würdigung findet, daß, wie auf allen Arbeitsgebieten, so auch in demjenigen, welches den Naturkräften gewidmet ist, dem Anwenden das Erkennen vorausgehen muß, und je feiner die Einzelheiten sind, in die wir der Natur auf irgendeinem Pfade folgen können, um so reicher und nachhaltiger wird sich auch der Gewinn erweisen, den wir aus unserer Erkenntnis zu ziehen vermögen.

In dieser Hinsicht ist unter allen Gebieten der Physik ohne Zweifel die Optik dasjenige, in welchem die Forschungsarbeit am tiefsten vorgedrungen ist, und so möchte ich jetzt von dem Wesen des

L i c h t s zu Ihnen reden, anknüpfend an vieles, was ohne Zweifel einem jeden von Ihnen seit langem geläufig ist, aber auch Ausschau haltend auf neuere Probleme, welche auf diesem Gebiete gegenwärtig der Erledigung harren.

Die erste Aufgabe der physikalischen Optik, die Vorbedingung für die Möglichkeit einer rein physikalischen Theorie des Lichtes, ist die Zerlegung des ganzen Komplexes von Vorgängen, die mit einer Lichtwahrnehmung verbunden sind, in einen objektiven und einen subjektiven Teil. Der erstere bezieht sich auf diejenigen Vorgänge, welche außerhalb und unabhängig von dem empfindenden Organ, dem sehenden Auge, verlaufen — diese, die sog. Lichtstrahlen, sind es, welche die Domäne der physikalischen Forschung bilden —, der zweite Teil umfaßt die inneren Vorgänge, vom Auge bis zum Gehirn, deren Untersuchung auch in die Physiologie und sogar in die Psychologie hineinführt. Daß eine scharfe Trennung des objektiven Lichtstrahls von der sinnlichen Lichtempfindung überhaupt vollständig durchgeführt werden kann, ist keineswegs von vornherein selbstverständlich, und daß sie im Grunde genommen eine sehr schwierige Gedankenoperation bedingt, beweist nichts besser als der Umstand, daß noch vor hundert Jahren ein gerade auch naturwissenschaftlich so reich veranlagter, aber der analysierenden Betrachtungsweise weniger geneigter Geist, wie es J o h a n n W o l f g a n g v o n G o e t h e war, der das Einzelne nie ohne das Ganze sehen wollte, es zeitlebens grundsätzlich abgelehnt hat, jene Scheidung anzuerkennen. Und in der Tat: Welche Behauptung könnte für den Unbefangenen einleuchtendere Gewißheit besitzen als die, daß Licht ohne ein empfindendes Auge undenkbar, ein Nonsens ist? Aber was in diesem letzten Satze unter Licht zu verstehen ist, um ihm einen unanfechtbaren Inhalt zu geben, ist etwas ganz anderes als der Lichtstrahl des Physikers. Wenn auch der Name der Einfachheit halber beibehalten worden ist, so hat doch die physikalische Lehre vom Licht oder die Optik, in ihrer vollen Allgemeinheit genommen, mit dem menschlichen Auge und mit der Lichtempfindung so wenig zu tun, wie etwa die Lehre von den Pendelschwingungen mit der Tonempfindung, und eben dieser Verzicht auf die Sinnesempfindung, diese Beschränkung auf die objektiven, realen Vorgänge, welche an sich ohne Zweifel ein bedeutendes, der reinen Erkenntnis zuliebe gebrachtes Opfer vom Standpunkt des unmittelbaren menschlichen Interesses bedeutet, hat einer über alles Erwarten großartigen Erweiterung der Theorie den Weg geebnet und gerade auch für die praktischen Bedürfnisse der Menschheit reiche Früchte ungeahnter Art gezeitigt.

Für die Frage nach dem physikalischen Wesen eines Lichtstrahls war von entscheidender Bedeutung die Entdeckung, daß das Licht, sowohl dasjenige, welches von den Gestirnen kommt, als auch das aus irdischen Lichtquellen stammende, eine gewisse meßbare Zeit braucht, um sich von dem Orte seiner Entstehung bis zu dem Orte der Wahrnehmung fortzupflanzen. Was ist nun aber dieses Etwas, das sich in dem leeren Weltenraum oder in der atmosphärischen Luft mit der ungeheuren Geschwindigkeit von 300 000 km in der Sekunde nach allen Seiten ausbreitet? Der Begründer der klassischen Mechanik, **Isaac Newton**, machte die einfachste und naheliegendste Annahme, daß es gewisse winzig kleine substantielle Partikelchen sind, welche von der Lichtquelle, etwa einem glühenden Körper, mit jener Geschwindigkeit nach allen Richtungen auseinanderfliegen, verschiedenartig für jede Farbe, und es ist uns heute immer noch ein besonders auffallender Beweis dafür, daß auch in der exaktesten aller Naturwissenschaften eine überragende Autorität unter Umständen einen hemmenden Einfluß auf die Entwicklung der Wissenschaft ausüben kann, wenn wir bedenken, daß diese **Newton**sche Emanationstheorie ein volles Jahrhundert lang entschieden die Herrschaft behaupten konnte, trotzdem ihr ein anderer hochbedeutender Forscher, **Christian Huygens**, von Anfang an seine viel leistungsfähigere Undulationstheorie gegenübergestellt hatte. **Huygens** stellte die Geschwindigkeit des Lichtes nicht, wie **Newton**, in Parallele mit der Geschwindigkeit des Windes, sondern mit der Geschwindigkeit des Schalles, bei welchem die Fortpflanzungsgeschwindigkeit ja etwas ganz anderes bedeutet als die Geschwindigkeit der Luftbewegung. Was sich in der Luft von einem tönenden Instrument aus oder auf einer Wasserfläche von einem hineingeworfenen Stein aus nach allen Richtungen mit gleichmäßiger Geschwindigkeit ausbreitet, sind nicht die Luft- oder Wasserteilchen selber, sondern vielmehr die Verdichtungen und Verdünnungen oder die Wellenberge und -täler, also nicht die Materie selber, sondern ein bestimmter **Zustand der Materie**. Daher legte **Huygens** seiner Theorie eine den ganzen unendlichen Raum stetig erfüllende feine Materie, den Lichtäther, zugrunde, dessen Wellen im Auge ebenso die Lichtempfindungen erregen wie die Luftwellen im Ohre die Tonempfindungen; und wie für das Gehör die Tonhöhe, so wird für das Gesicht die Farbe durch die Längen der Wellen oder, was auf dasselbe hinauskommt, durch die Zahl der Schwingungen pro Sekunde charakterisiert. Was der **Huygens**schen Theorie nach hartem Kampf schließlich das entschiedene Übergewicht über die **Newton**sche verlieh, war schließlich neben mehreren anderen Umständen die Tatsache, daß, wenn zwei Lichtstrahlen gleicher Farbe auf gleicher Bahn zusammentreffen, sich ihre Intensitäten keineswegs immer einfach addieren, sondern unter gewissen Bedingungen sich gegenseitig schwächen, ja sogar vollständig auslöschen. Diese Erscheinung, die Interferenz, wird nach der **Huygens**schen Auffassung ohne weiteres dadurch verständlich, daß immer ein Wellenberg des einen Strahles mit einem Wellental des anderen Strahles zusammentrifft, während die **Newton**sche Emanationstheorie an diesem Punkt naturgemäß versagt, da es durchaus nicht einzusehen ist, wie zwei gleichartige, in gleicher Richtung mit der nämlichen Geschwindigkeit fliegende Substanzteilchen sich gegenseitig neutralisieren können.

Ein weiterer grundsätzlich bedeutsamer Einblick in das Wesen des

Lichtes ward gewonnen durch die Erkenntnis der Identität der leuchtenden und der wärmenden Strahlen; er bildet den ersten Schritt auf dem oben angedeuteten Wege der vollständigen Abstraktion von den menschlichen Sinnesempfindungen. Daß die kalten Lichtstrahlen des Mondes, physikalisch genommen, von genau der nämlichen Art sind wie die dunkeln Wärmestrahlen eines geheizten Kachelofens, nur durch die viel kürzere Wellenlänge von ihnen verschieden, ist eine Behauptung, von der man sich nicht wundern darf, daß sie anfangs vielfach Bedenken erregte, und bezeichnenderweise hat gerade derjenige Physiker, welcher an dem Beweise ihrer Richtigkeit den hervorragendsten Anteil nahm, M e l l o n i , seine Versuche ursprünglich in der Absicht begonnen, ihre Unhaltbarkeit nachzuweisen. Es ist nämlich dabei im Auge zu behalten, daß, wie bei allen induktiven Schlußfolgerungen so auch hier, ein logisch zwingender Beweis überhaupt nicht geführt werden kann; was sich zeigen läßt, ist nur, daß alle Gesetze, welche für die leuchtenden Strahlen gelten, namentlich die der Reflexion, Brechung, Interferenz, Polarisation, Dispersion, Emission, Absorption, auch für die wärmenden Strahlen zutreffen. Aber wer sich trotzdem weigern wollte, die Identität beider Arten von Strahlen anzuerkennen, würde deshalb doch nie eines logischen Widerspruchs überführt werden können; denn er könnte sich immer darauf berufen, daß möglicherweise künftig doch noch einmal ein durchgreifender Unterschied zutage kommen könnte. Die praktische Unhaltbarkeit seines Standpunktes besteht nur darin, daß er folgerichtig gezwungen ist, auf eine Reihe von wichtigen Schlußfolgerungen zu verzichten, welche die Identitätstheorie ohne weiteres mit sich bringt. Er dürfte z. B. nicht die Behauptung aufstellen, daß die Mondstrahlen auch wärmen, während diese Tatsache gegenwärtig für jeden vernünftigen Physiker, auch wenn sie nicht durch besondere Versuche bestätigt worden wäre, außer Zweifel stehen würde.

Der so geschlossenen Union zwischen den leuchtenden und den wärmenden, ultraroten Strahlen gliederten sich ohne weitere Schwierigkeit auf der anderen Seite des Spektrums die chemisch wirksamen, ultravioletten Strahlen an. Daß aber diese Gemeinschaft verschiedener Strahlenarten noch einer ungeheuren Erweiterung, und zwar nach beiden Seiten des Spektrums hin, fähig ist, sollte erst viel später an den Tag kommen. Um einen solchen großartigen Fortschritt zu erzielen, bedurfte es freilich noch einer besonderen Vorarbeit, nämlich des Überganges von der mechanischen zur elektromagnetischen Lichttheorie.

Nicht nur N e w t o n und H u y g e n s , sondern auch ihre unmittelbaren Nachfolger waren sich bei aller sonstigen Verschiedenheit ihrer Anschauungen doch darüber einig, daß das Verständnis für das Wesen des Lichtes auf dem Boden der mechanischen Naturauffassung gesucht werden müsse, und diese Forschungsrichtung erhielt auch späterhin durch den mit der Entdeckung des Prinzips der Erhaltung der Energie verbundenen glänzenden Aufschwung der mechanischen Wärmetheorie von neuem einen mächtigen Antrieb. Daß die Ätherschwingungen nicht, wie die Luftschwingungen in einer Flöte, longitudinal, in der Richtung der Fortpflanzung, sondern, wie die Schwingungen einer Violinsaite, transversal, senkrecht zur Richtung der Fortpflanzung, erfolgen, war bald durch den Nachweis der Polarisation festgestellt. Aber es wollte durchaus nicht gelingen, von den Gesetzen der allgemeinen Mechanik und der Elastizitätslehre aus, dem Wesen dieser Bewegungen noch näherzukommen, und je üppiger die Hypothesen auf dem Boden der mechanischen Theorie des Lichtes emporschossen, sei es durch die Annahme eines stetig ausgedehnten oder durch die eines atomistisch konstituierten Äthers, um so deutlicher zeigte sich die Unzulänglichkeit jeder einzelnen derselben. Da trat um die Mitte des vorigen Jahrhunderts James Clerk Maxwell mit der kühnen Hypothese auf, daß das Licht ein elektromagnetischer Vorgang ist. Er war durch seine Theorie der Elektrizität zu dem Schluß geführt worden, daß eine jede elektrische Störung sich von dem Ort ihrer Entstehung aus im leeren Raume wellenförmig mit einer Geschwindigkeit von 300 000 km in der Sekunde fortpflanzt, und das Zusammentreffen dieser aus rein elektrischen Messungen abgeleiteten Zahl mit der Größe der Lichtgeschwindigkeit gab ihm den ersten Anstoß zu dem Versuch, das Licht geradezu als eine elektromagnetische Störung aufzufassen. Der Beweis für die Haltbarkeit dieses Standpunktes läßt sich auch hier nur dadurch führen, daß alle daraus entspringenden Folgerungen durch die Erfahrung bestätigt werden. Der mit seiner Gewinnung verbundene grundsätzliche Fortschritt lag in einer ungeheuren Vereinfachung der Theorie und in der Fülle der Folgerungen, die sich unmittelbar daraus ziehen lassen.

Freilich ist das Wesen der elektromagnetischen Vorgänge uns um keine Spur verständlicher wie das der optischen. Wer aber der elektromagnetischen Theorie des Lichtes als einen Nachteil anrechnen wollte, daß sie an die Stelle eines Rätsels ein anderes setzt, der verkennt die Bedeutung dieser Theorie. Denn ihre Leistung besteht eben darin, daß sie zwei Gebiete der Physik, die bis dahin getrennt voneinander behandelt werden mußten, zu einem einzigen vereinigt hat, daß also alle Sätze, welche für das eine Gebiet gelten, ohne weiteres auch auf das andere anwendbar sind — ein Erfolg, der der mechanischen Lichttheorie eben nicht gelungen ist und nicht gelingen konnte. Vor der Einführung der elektromagnetischen Lichttheorie zerfiel die Physik in drei getrennte Teile: die Mechanik, die Optik, die Elektrodynamik, und ihre Vereinigung bildete die letzte und größte Aufgabe aller physikalischen Forschung. Da nun die Optik sich durchaus nicht in die Mechanik einfügen wollte, ist sie nun statt dessen wenigstens mit der Elektrodynamik restlos verschmolzen und dadurch die Zahl der getrennten Gebiete auf zwei herabgemindert worden — der vorletzte Schritt auf dem Wege zur Einheit des physikalischen Weltbildes. Wann und wie der letzte Schritt: die Verschmelzung der Mechanik mit der Elektrodynamik, erfolgen wird, steht auch heute noch dahin, obwohl gerade gegenwärtig manche geistvolle Forscher bei dieser Aufgabe am Werke sind; einstweilen scheint sie noch nicht vollständig reif zur Lösung zu sein. Jedenfalls ist die ursprüngliche mechanische Naturauffassung, welche die Elektrodynamik einfach in die Mechanik aufgehen lassen will, dadurch, daß sie den Äther oder, falls der nicht mehr ausreicht, einen Ersatzstoff dafür als den Träger aller elektrischen Erscheinungen ansieht, gegenwärtig bei der Mehrzahl der Physiker stark in den Hintergrund getreten. Was ihr wohl am meisten Abbruch getan hat, ist die aus der Einsteinschen Relativitätstheorie fließende Folgerung, daß es einen objektiven, d. h. vom messenden Beobachter unabhängigen substantiellen Äther gar nicht geben kann. Denn sonst würde von zwei sich im Raume gegeneinander bewegenden Beobachtern höchstens einer das Recht haben, zu behaupten, daß er sich gegenüber dem Äther in Ruhe befindet, während nach der Relativitätstheorie stets jedem von beiden die gleichen Rechte zustehen.

Was M a x w e l l nur prophetisch voraussagen konnte, das hat ein Menschenalter später H e i n r i c h H e r t z in die Tat umgesetzt, indem er die von M a x w e l l berechneten elektromagnetischen Wellen wirklich herstellen lehrte, und damit hat er der elektromagnetischen Theorie des Lichts, nach welcher sich die elektrischen Wellen von den thermischen und optischen Wellen nur durch ihre etwa millionenmal größere Wellenlänge unterscheiden, zum endgültigen Siege verholfen. Wurde so das optische Spektrum nach der Seite der langsamen Schwingungen in früher ungeahnter Weise erweitert, so stellte sich diesem Ausbau der Theorie bald ein entsprechender nach der entgegengesetzten Richtung ebenbürtig zur Seite durch die Entdeckung der Röntgenstrahlen und der noch erheblich schneller schwingenden sogenannten Gammastrahlen radioaktiver Substanzen. Auch diese Strahlen haben ganz den Charakter der Lichtwellen, es sind ebenfalls elektromagnetische Schwingungen, nur von ungeheuer viel kürzerer Wellenlänge; daß sie auch den nämlichen Gesetzen gehorchen, wurde durch die jüngste L a u e sche Entdeckung der Interferenzerscheinungen bei Röntgenstrahlen noch besonders bekräftigt. Es ist bemerkenswert, wie leicht und sozusagen geräuschlos sich in der physikalischen Literatur der Übergang von der mechanischen zu der elektromagnetischen Betrachtungsweise vollzog — ein gutes Beispiel dafür, daß der Kern einer physikalischen Theorie nicht in den Anschauungen liegt, von denen sie ausgeht, sondern in den Gesetzen, zu denen sie führt. Die Grundgleichungen der Optik blieben bestehen; sie waren ja auch in Übereinstimmung mit der Erfahrung; aber sie wurden nun nicht mehr mechanisch gedeutet, so wie sie abgeleitet worden waren, sondern elektromagnetisch, und dadurch erweiterte sich ihr Anwendungsbereich ins Ungeheure.

Es ist nicht das erstemal, daß ein wichtiges, weitgestecktes Ziel erreicht worden ist auf einem Wege, der sich hinterher als unzuverlässig erwiesen hat. Man könnte versucht sein, daraus den Schluß zu ziehen, daß die Theorie besser täte, von der Ausarbeitung spezieller, über die unmittelbare Erfahrung hinausgehender Hypothesen überhaupt abzusehen und sich auf das rein Tatsächliche, d. h. auf die Ergebnisse der Messungen, zu beschränken. Indessen würde sie dadurch gerade das wichtigste Hilfsmittel aus der Hand geben, das sie zum Vorwärtskommen unbedingt nötig hat: die Aufstellung und folgerichtige Entwicklung von Gedanken, die weiterführen. Hierzu bedarf es nicht nur des Verstandes, sondern auch der Phantasie. In der Tat: Mag auch die mechanische Lichttheorie heute ihren Dienst getan haben, ohne sie wäre die Optik sicherlich nicht so schnell zur heutigen Blüte gelangt.

Auch die H u y g e n s sche Undulationstheorie hat nach der elektromagnetischen Anschauung ihren wesentlichen Inhalt unverändert bewahrt, welcher besagt, daß eine jede Störung sich vom Erregungszentrum aus nach allen Richtungen in konzentrischen Kugelwellen ausbreitet. Nur ist das, was sich ausbreitet, nicht mehr mechanische, sondern elektromagnetische Energie, da an die Stelle der periodischen Ätherschwingungen die hin und her schwankende elektrische und magnetische Feldstärke tritt.

Von dem so gewonnenen höheren Standpunkt aus gewährt uns die Lehre vom Licht, oder, wie man jetzt häufig deutlicher sagt, die Lehre von der strahlenden Energie, das Bild eines ebenso festgefügten wie einheitlichen und abgeschlossenen Riesenbaues, in welchem alle äußerlich so gänzlich verschiedenartigen elektromagnetischen Schwingungen wohlgeordnet nebeneinander Platz finden und alle von den nämlichen Gesetzen der Fortpflanzung, der H u y g e n s schen Wellentheorie gemäß, regiert werden, auf der einen Seite die kilometerlangen H e r t z schen Wellen, auf der anderen die harten Gammastrahlen, von denen Milliarden Wellen auf ein einziges Zentimeter gehen. Das menschliche Auge erscheint dabei ganz ausgeschaltet, es tritt nur als ein zufälliges, allerdings sehr empfindliches, aber doch recht beschränktes Reagenzmittel auf; denn es empfindet nur Strahlen innerhalb eines kleinen Spektralbezirks von kaum Oktavenbreite. Für das übrige Spektrum treten an die Stelle des Auges andere Empfangs- und Meßapparate, die den verschiedenen Wellenlängen angepaßt sind, wie der Wellendetektor, das Thermoelement, das Bolometer, das Radiometer, die photographische Platte, die Ionisierungszelle. So hat sich in der Optik die Trennung des physikalischen Grundbegriffs von der spezifischen Sinnesempfindung in ganz derselben Weise vollzogen wie in der Mechanik, wo der Begriff der Kraft schon längst seinen ursprünglichen Zusammenhang mit der Muskelempfindung verloren hat. —

Würde ich meinen Vortrag vor zwanzig Jahren gehalten haben, so hätte ich ihn an dieser Stelle beenden können, denn grundsätzlich Neues wäre nicht mehr vorzubringen gewesen, und von dem geschilderten imposanten Bilde hätte sich eine ganz gute Schlußwirkung, zum höheren Ruhme der modernen Physik, erwarten lassen. Aber wahrscheinlich würde ich den Vortrag überhaupt nicht gehalten haben, aus Besorgnis, Ihnen darin zu wenig Neues bieten zu können. Das ist heute nun ganz anders geworden; denn seit jener Zeit hat sich das Bild nicht unwesentlich geändert. Das stolze Gebäude, das ich Ihnen soeben vorführte, hat neuerdings gerade in seinen Grundfesten gewisse ganz bedenkliche Lücken offenbart, und nicht wenige Physiker halten schon jetzt eine Neufundamentierung für geboten. Zwar die elektromagnetische Anschauung wird wohl für immer unangetastet bleiben, aber die H u y g e n s sche Wellentheorie zeigt sich, wenigstens in einem wesentlichen Bestandteil, ernstlich bedroht, und die Ursache davon ist die Entdeckung gewisser neuer Tatsachen. Statt von dem vielseitigen hier vorliegenden Material möglichst viel zusammenzutragen, möchte ich zunächst nur auf eine einzige dieser Tatsachen etwas näher eingehen.

Läßt man ultraviolettes Licht auf ein Metallstück fallen, das sich in einem evakuierten Raum befindet, so werden aus dem Metall eine gewisse Menge Elektronen mit mehr oder minder großer Geschwindigkeit herausgeschleudert, und da die Größe dieser Geschwindigkeit im wesentlichen nicht vom Zustand des Metalls, insbesondere auch nicht von seiner Temperatur abhängt, so liegt der Schluß nahe, daß die Energie der herausfliegenden Elektronen nicht dem Metall, sondern den Lichtstrahlen entstammt, welche das Metall treffen. Dies wäre an sich nicht verwunderlich; man hätte eben anzunehmen, daß die elektromagnetische Energie der Lichtwellen sich in die kinetische Energie der Elektronenbewegung verwandelt. Was aber der H u y g e n s schen Wellentheorie eine scheinbar unüberwindliche Schwierigkeit bereitet, ist die von P h i l i p p L e n a r d u. a. festgestellte Tatsache, daß die Elektronengeschwindigkeit nicht etwa von der I n t e n s i t ä t der Strahlung, sondern nur von der Wellenlänge derselben, also von der F a r b e des verwendeten Lichtes abhängt, derart, daß sie um so bedeutender ist, je kürzere Wellen benutzt werden. Rückt man also das Metall in immer größere Entfernung von der Lichtquelle, als welche z. B. ein elektrischer Entladungsfunke dienen kann, so fliegen trotz der schwächeren Beleuchtung die Elektronen doch immer mit der nämlichen Geschwindigkeit heraus; der einzige Unterschied ist der, daß mit der Abnahme der Lichtstärke die Z a h l der in der Sekunde fortgeschleuderten Elektronen immer geringer wird.

Die Schwierigkeit liegt nun in der Beantwortung der Frage: woher nimmt ein herausfliegendes Elektron seine Bewegungsenergie, wenn schließlich die Entfernung von der Lichtquelle so groß wird, daß die Lichtintensität fast ganz verschwindet, während doch die Elektronen keine Spur einer Verminderung ihrer Geschwindigkeit zeigen? Es müßte sich hier offenbar handeln um eine Art Anhäufung der Lichtenergie auf die Stellen, wo die Elektronen abgeschleudert werden — eine Anhäufung, die der allseitigen gleichmäßigen Ausbreitung der elektromagnetischen Energie nach der H u y g e n s schen Wellentheorie gänzlich fremd ist. Selbst wenn man annimmt, daß die Lichtquelle ihre Strahlung nicht gleichmäßig, sondern stoßweise, etwa nach Art eines Blinkfeuers, von sich gibt, so würde doch die Energie eines solchen Lichtblitzes bei der nach allen Richtungen gleichmäßigen wellenförmigen Ausbreitung der Strahlung sich schließlich auf eine so große Kugelfläche verteilen, daß das bestrahlte Metall nur verschwindend wenig davon empfängt, und es ist leicht zu berechnen, daß unter wohl realisierbaren Bedingungen eine minuten-, ja stundenlange Bestrahlung notwendig wäre, um einem einzigen Elektron seine durch die Farbe des Lichtes bedingte Geschwindigkeit zu verleihen, während tatsächlich bezüglich der für das Eintreten des Effekts erforderlichen Strahlungsdauer bisher noch keine einschränkende Bedingung festgestellt werden konnte; die Wirkung erfolgt vielmehr jedenfalls äußerst schnell. Wie bei den ultravioletten Strahlen, so wird auch bei den Röntgenstrahlen und bei den Gammastrahlen ganz derselbe Effekt beobachtet, wobei natürlich die Geschwindigkeit der abgelösten Elektronen, wegen der viel kürzeren Wellenlänge dieser Strahlen, noch eine viel höhere ist.

Die einzig mögliche Erklärung für diese eigentümliche Tatsache scheint zu sein, daß die von der Lichtquelle ausgesandte Energie nicht nur zeitlich, sondern auch räumlich dauernd auf gewisse Häufungsstellen konzentriert bleibt, oder mit anderen Worten: daß die Lichtenergie sich nicht vollkommen gleichmäßig nach allen Richtungen ausbreitet, in endlos fortschreitender Verdünnung, sondern daß sie stets in gewissen bestimmten, nur von der Farbe abhängigen Quanten konzentriert bleibt, die mit Lichtgeschwindigkeit nach allen Richtungen auseinanderfliegen. Ein jedes derartige Lichtquantum, welches das Metall trifft, kann dann einem Elektron dortselbst seine Energie mitteilen, und diese bleibt dann natürlich immer dieselbe, mag die Entfernung von der Lichtquelle auch noch so groß sein.

Wir sehen hier die Newtonsche Emanationstheorie in einer anderen, energetisch modifizierten Form wieder auferstehen. Aber was der Newtonschen Emanationslehre seinerzeit die weitere Entwicklung versperrte, die Erscheinung der Interferenz des Lichtes, türmt sich auch der Lichtquantentheorie gegenüber als eine ungeheure Schwierigkeit auf; denn es ist zur Zeit schwer abzusehen, wie zwei gleich beschaffene, selbständig durch den Raum fliegende Lichtquanten, welche auf gemeinschaftlichem Wege zusammentreffen, sich gegenseitig sollen neutralisieren können, ohne daß das Energieprinzip verletzt wird.

Aus dieser Sachlage erwächst der Strahlungstheorie die dringende Aufgabe, jeden Versuch zu machen, um aus diesem nach beiden Seiten gefährlichen Dilemma auf irgendeine Weise herauszukommen. Da liegt es natürlich nahe, es auch mit der Annahme zu versuchen, daß die Energie der von dem Metall abgeschleuderten Elektronen doch nicht der Strahlung, sondern dem Metall entstammt, daß also die Strahlung nur auslösend wirkt, wie etwa ein winziger Funke in einem Pulverfaß beliebig große Mengen von Energie entfesseln kann. Nur müßte man dann die weitere Voraussetzung machen, daß der Betrag der ausgelösten Energie ausschließlich abhängig ist von der Art, in welcher die Auslösung erfolgt. Es fällt nicht schwer, in anderen Gebieten der Physik einigermaßen analoge Erscheinungen aufzuzeigen. Ich möchte hier beispielsweise an ein von Max Born gelegentlich gebrauchtes Bild etwas näher anknüpfen. Stellen Sie sich einen hohen Apfelbaum vor, in allen seinen Zweigen reich behangen mit reifen Früchten, die alle gleich groß, aber verschieden lang gestielt und so angeordnet sind, daß die kurzstieligen höher hängen als die langstieligen. Wenn nun ein äußerst schwacher, aber gleichmäßiger Wind durch die Zweige weht, werden die Äpfel alle ein wenig hin und her pendeln, die höher hängenden schneller, die tiefer hängenden langsamer, ohne daß einer von ihnen herabfällt. Wenn man jedoch den Baum ebenfalls äußerst schwach, aber in einem bestimmten regelmäßigen Rhythmus schüttelt, so werden die Schwingungen derjenigen Äpfel durch Resonanz verstärkt, deren Periode mit dem Tempo des Schüttelns gerade übereinstimmt, und von ihnen wird eine Anzahl herabfallen, um so mehr, je länger und je kräftiger geschüttelt wird. Diese Äpfel werden mit einer ganz bestimmten, nur durch ihre ursprüngliche Höhe, also auch nur durch die Länge ihres Stieles bedingten Geschwindigkeit zu Boden fallen, alle übrigen bleiben hängen.

Es versteht sich, daß dieses Gleichnis, wie jedes andere, in mancher Beziehung hinkt, schon deshalb, weil in dem von mir geschilderten Bilde als maßgebende Energiequelle nicht innere kinetische Energie, sondern die Gravitation auftritt. Aber der wesentliche Punkt findet sich darin doch verwirklicht, daß nämlich die Endgeschwindigkeit der abgelösten Partikel lediglich von der Periode der Störung abhängt, während die Stärke der Störung nur die Zahl dieser Partikel beeinflußt.

Darf man aber einem winzigen Metallteilchen eine so verwickelte Struktur und eine solche Fülle von Energie andichten wie einem Apfelbaum? Diese Frage ist weniger verfänglich, als sie vielleicht zunächst klingt. Denn wir wissen längst, daß die chemischen Atome durchaus nicht die einfachen unveränderlichen Bausteine sind, aus denen sich alle Materie zusammensetzt, daß vielmehr jedes einzelne Atom, besonders dasjenige eines Schwermetalls, als eine ganze Welt betrachtet werden muß, deren Inhalt sich um so reicher und bunter erweist, je tiefer man in sie eindringt. Und was die Energie betrifft, so enthält nach der Relativitätstheorie jedes Gramm einer Substanz in sich einen von der Temperatur ganz unabhängigen Energiebetrag von über 20 Billionen Kalorien, mehr als genug, um eine Unzahl Elektronen auszuschleudern.

Ob nun die zuletzt angedeutete Auffassung wirklich den rettenden Ausweg für die gefährdete Wellentheorie bedeutet oder ob sie schließlich doch nur in eine Sackgasse hineinführt, wird sich nur dadurch entscheiden lassen, daß man den geschilderten Weg wirklich betritt und zusieht, wo er endigt. Hier hat zunächst die Arbeit des Theoretikers einzusetzen. Er muß sich vor allem in eine der beiden einander gegenüberstehenden Hypothesen vertiefen, und zwar ohne Rücksicht darauf, ob er derselben mehr oder weniger Vertrauen schenkt, und muß die in ihr steckenden Folgerungen herausarbeiten, um sie in eine Form zu bringen, die der Prüfung durch das Experiment zugänglich ist. Dazu gehört außer der physikalischen Schulung und dem nötigen mathematischen Rüstzeug auch ein zutreffendes Urteil über das Maß der Anforderungen, die man an die Genauigkeit der Messungen stellen darf; denn die zu erwartenden Effekte liegen zumeist hart an der Grenze der Beobachtungsfehler. Wann wir auf diesem Wege bei dem vorliegenden Problem zu ganz klaren Resultaten gelangen werden, läßt sich heute noch nicht mit Sicherheit voraussagen. —

Was ich hier über die Wirkungen des Lichts auszuführen suchte, das gilt in ganz ähnlicher Weise auch von den Ursachen des Lichts, also von den Vorgängen bei der Erzeugung der Lichtstrahlen. Auch hier stehen gewissen überraschend tiefen Einblicken, die man neuerdings in die Gesetzmäßigkeit des natürlichen Geschehens tun konnte, neue schwer entwirrbare Rätsel gegenüber. Sicher ist nur so viel, daß auch bei der Entstehung des Lichtes die nämlichen Quanten wieder eine charakteristische Rolle spielen.

Nach der kühnen Hypothese des dänischen Physikers N i e l s B o h r, deren Erfolge sich gerade in der letzten Zeit erstaunlich vervielfacht haben, finden in jedem Atom eines leuchtenden Gases Schwingungen von Elektronen statt, die in größerer oder geringerer Anzahl und in verschiedenen Abständen um den schweren Atomkern herumkreisen, in ganz bestimmt gearteten Bahnen, doch genau nach den nämlichen Gesetzen wie die Planeten um die Sonne. Aber das Licht, welches aus diesen Schwingungen entspringt, wird keineswegs so ununterbrochen und gleichmäßig von dem Atom in den umgebenden Raum hinausgesandt, wie etwa die Schallwellen von den Zinken einer schwingenden Stimmgabel, sondern die Emission des Lichtes erfolgt immer nur abrupt, stoßweise; denn sie wird gar nicht bedingt durch die regelmäßigen Elektronenschwingungen selber, sondern sie tritt nur dann ein, wenn diese Elektronenschwingungen einmal plötzlich eine Veränderung erleiden, und zwar einen gewissen Zusammenbruch in sich selbst, also eine Art innerer Katastrophe, welche die Elektronen aus ihren ursprünglichen Bahnen in andere, stabilere, mit geringerer Energie ausgestattete Bahnen wirft; und der dabei verbleibende Überschuß von Energie ist es, welcher das Atom verläßt, um nun als ein Lichtquantum in den Raum hinauszueilen.

Das Seltsamste bei diesem Vorgang ist wohl, daß die Periode des emittierten Lichtes, also seine Farbe, im allgemeinen gar nicht übereinstimmt mit der Periode der Elektronenschwingungen, weder in ihren ursprünglichen noch in ihren späteren Bahnen; sie wird vielmehr ausschließlich bedingt durch den Betrag der emittierten Energie. Da nämlich das Lichtquantum um so größer ist, je schneller die Schwingungen erfolgen, so entspricht einem größeren Energiebetrag, als Lichtquantum genommen, eine kürzere Wellenlänge. Wenn also z. B. viel Energie emittiert wird, so entsteht etwa ultraviolette oder gar Röntgenstrahlung; wenn aber wenig emittiert wird, so entsteht rote oder ultrarote Strahlung. Wieso es aber kommt, daß die Schwingungen des solcherweise erzeugten Lichtes mit äußerster Regelmäßigkeit, streng monochromatisch, erfolgen, bleibt einstweilen vollständig im Dunkeln.

Fürwahr: man könnte geneigt sein, alle diese Vorstellungen als das Spiel einer zwar blühenden, aber doch leeren Phantasie zu bewerten. Wenn man jedoch andererseits bedenkt, daß es mit Benutzung dieser Hypothesen gelingt, die geheimnisvolle, schon seit Jahrzehnten von zahlreichen Physikern in unablässiger angestrengter Arbeit durchforschte Struktur der Spektren der verschiedenen chemischen Elemente, insbesondere die verwickelten Gesetzmäßigkeiten in der Anordnung der Spektrallinien, über die bereits ein riesiges kostbares Beobachtungsmaterial angesammelt und gesichtet ist, mit einem Schlage aufzuhellen, nicht nur im großen und ganzen genommen, sondern, wie zuerst Arnold Sommerfeld nachgewiesen hat, zum Teil bis in die feinsten Einzelheiten hinein, mit einer Genauigkeit, welche mit der der schärfsten Messungen wetteifert, ja sie stellenweise noch übertrifft — dann wird man sich doch des Eindrucks nicht erwehren können, daß es wieder einmal wirklich gelungen ist, der Natur etwas auf die Sprünge zu kommen, im wörtlichen Sinne gesprochen, und daß man wohl oder übel sich entschließen muß, diesen Lichtquanten eine gewisse reale Existenz zuzuerkennen, wenigstens für den Augenblick ihres Entstehens. Was dann später aus ihnen wird, wenn sich das Licht weiter in die Umgebung verbreitet: ob die Energie eines Quantums räumlich dauernd beisammen bleibt, im Sinne der Newtonschen Emanationstheorie, oder ob sie sich, im Sinne der Huygensschen Wellentheorie, nach allen Richtungen ausbreitet und dadurch ins Endlose verdünnt, das ist eine andere Frage, deren grundsätzliche Bedeutung schon früher von mir betont wurde.

So klingt denn mein heutiger Bericht über unsere Kenntnisse von dem physikalischen Wesen des Lichts nicht in eine stolze Verkündigung, sondern in ein bescheidenes Fragezeichen aus. In der Tat ist die Frage, ob die Lichtstrahlen selber gequantelt sind, oder ob die Quantenwirkung nur in der Materie stattfindet, wohl das erste und schwerste Dilemma, vor das die ganze Quantentheorie gestellt ist und dessen Beantwortung ihr erst die weitere Entwicklung weisen wird.

Ich habe Sie, meine Herren, mit meinen Ausführungen auf engem Pfade weit, vielleicht weiter als manchem ratsam erscheinen mag, an die äußerste Front der Forschung zu geleiten versucht, bis an eine der mancherlei Stellen, wo gegenwärtig Pioniere aller Nationen in unblutigem Wetteifer darum ringen, auf neuem, unbekanntem Gelände festen Fuß zu fassen. Auch unsere Kaiser-Wilhelm-Gesellschaft ist in gewissem Sinne an diesen Arbeiten beteiligt, da sie ein besonderes Institut für physikalische Forschung zu gründen beabsichtigt. Es wäre gerade in der heutigen, an grausamen Enttäuschungen so reichen und auf hoffnungsvolle Ausblicke so sehnlich harrenden

Zeit ein trostverheißendes Zeichen dafür, daß in unserem Vaterland an manchen Stellen die geistigen Kräfte doch noch von der alten Frische sind, wenn gerade die deutsche Forschung dazu beitragen könnte, auf diesem für die internationale Wissenschaft hochbedeutsamen Gebiete einen weiteren entscheidenden Schritt vorwärts zu tun.

Die Entstehung und bisherige Entwicklung der Quantentheorie.

(Nobel-Vortrag, gehalten vor der Königlich Schwedischen Akademie der Wissenschaften zu Stockholm am 2. Juni 1920.)

Wenn ich den Sinn der mir am heutigen Tage obliegenden Verpflichtung, einen auf meine Schriften bezugnehmenden öffentlichen Vortrag zu halten, richtig verstehe, so glaube ich dieser Aufgabe, deren Bedeutung mir durch die Dankesschuld gegen den hochherzigen Gründer unserer Stiftung tief eingeprägt wird, nicht besser entsprechen zu können, als indem ich den Versuch mache, Ihnen die Geschichte der Entstehung der Quantentheorie in großen Zügen zu schildern und daran anknüpfend in knappem Rahmen ein Bild von der bisherigen Entwicklung dieser Theorie und ihrer gegenwärtigen Bedeutung für die Physik zu entwerfen.

Blicke ich zurück auf die nun schon zwanzig Jahre zurückliegende Zeit, da sich der Begriff und die Größe des physikalischen Wirkungsquantums zum erstenmal aus dem Kreise der vorliegenden Erfahrungstatsachen herauszuschälen begann, und auf den langen, vielfach verschlungenen Weg, der schließlich zu seiner Enthüllung führte, so will mir heute diese ganze Entwicklung bisweilen vorkommen als eine neue Illustration zu dem altbewährten Goetheschen Wort, daß der Mensch irrt, solange er strebt. Und es möchte die ganze angestrengte Geistesarbeit eines emsig Forschenden im Grunde genommen vergeblich und hoffnungslos erscheinen, wenn er nicht manchmal durch auffallende Tatsachen den unumstößlichen Beweis dafür in die Hand bekäme, daß er am Ende aller seiner Kreuz- und Querfahrten schließlich doch der Wahrheit wenigstens um einen Schritt wirklich endgültig nähergekommen ist. Unumgängliche Voraussetzung, wenn auch noch lange nicht die Gewähr für einen Erfolg ist freilich die Verfolgung eines bestimmten Zieles, dessen Leuchtkraft auch durch anfängliche Mißerfolge nicht getrübt wird.

Für mich war ein solches Ziel seit langem die Lösung der Frage nach der Energieverteilung im Normalspektrum der strahlenden Wärme. Seitdem Gustav Kirchhoff gezeigt hatte, daß die Beschaffenheit der Wärmestrahlung, die sich in einem von beliebigen emittierenden und absorbierenden, gleichmäßig temporierten Körpern begrenzten Hohlraum ausbildet, völlig unabhängig ist von der Natur der Körper (1)[1]), war die Existenz einer universellen Funktion er-

---
[1]) Die eingeklammerten Zahlen beziehen sich auf die Anmerkungen am Schluß des Aufsatzes.

wiesen, die nur von der Temperatur und der Wellenlänge, aber von keinerlei besonderen Eigenschaften irgendeiner Substanz abhängt, und die Auffindung dieser merkwürdigen Funktion versprach tiefere Einblicke in den Zusammenhang zwischen Energie und Temperatur, welche ja das erste Problem der Thermodynamik und dadurch auch der ganzen Molekularphysik bildet. Um zu ihr zu gelangen, bot sich kein anderer Weg als der, unter allen verschiedenartigen in der Natur vorkommenden Körpern sich irgendeinen von bekanntem Emissions- und Absorptionsvermögen auszusuchen und die Beschaffenheit der mit ihm im stationären Energieaustausch stehenden Wärmestrahlung zu berechnen. Diese mußte sich dann nach dem K i r c h h o f f schen Satz als unabhängig von der Beschaffenheit des Körpers ergeben.

Als ein für diesen Zweck besonders geeigneter Körper erschien mir der geradlinige Oszillator von H e i n r i c h H e r t z, dessen Emissionsgesetze, bei gegebener Schwingungszahl, H e r t z kurz zuvor vollständig entwickelt hatte (2). Wenn in einem rings von spiegelnden Wänden umgebenen Hohlraum sich eine Anzahl solcher H e r t z scher Oszillatoren befindet, so werden sie durch Abgabe und Aufnahme elektromagnetischer Wellen, nach Analogie akustischer Tongeber und Resonatoren, miteinander Energie austauschen, und schließlich müßte sich in dem Hohlraum die stationäre, dem K i r c h - h o f f schen Gesetz entsprechende sogenannte schwarze Strahlung einstellen. Ich gab mich damals der uns allerdings heutzutage etwas naiv anmutenden Erwartung hin, die Gesetze der klassischen Elektrodynamik würden, wenn man nur allgemein genug vorginge und sich von zu speziellen Hypothesen fernhielte, hinreichen, um das Wesentliche des zu erwartenden Vorgangs zu erfassen und dadurch zum angestrebten Ziele zu gelangen. Daher entwickelte ich zunächst die Gesetze der Emission und Absorption eines linearen Resonators auf möglichst allgemeiner Grundlage, tatsächlich auf einem Umwege, den ich mir durch Benutzung der damals im Grunde schon fertig vorliegenden Elektronentheorie von H. A. L o r e n t z hätte ersparen können. Aber da ich der Elektronenhypothese noch nicht ganz traute, so zog ich es vor, die Energie zu betrachten, die durch eine in angemessenem Abstand von dem Resonator um ihn herumgelegte Kugelfläche aus- und einströmt. Dabei kommen nur Vorgänge im reinen Vakuum in Betracht, deren Kenntnis aber genügt, um die nötigen Schlüsse auf die Energieänderungen des Resonators zu ziehen.

Die Frucht dieser längeren Reihe von Untersuchungen, von denen einzelne durch Vergleiche mit vorliegenden Beobachtungen, namentlich den Dämpfungsmessungen von V. B j e r k n e s, geprüft werden konnten und sich dabei bewährten (3), war die Aufstellung der allgemeinen Beziehung zwischen der Energie eines Resonators von bestimmter Eigenperiode und der Energiestrahlung des entsprechenden Spektralgebiets im umgebenden Felde beim stationären Energieaustausch (4). Es ergab sich dabei das bemerkenswerte Resultat, daß diese Beziehung gar nicht abhängt von der Natur des Resonators, insbesondere auch nicht von seiner Dämpfungskonstante — ein Umstand, der mir deshalb sehr erfreulich und willkommen war, weil sich dadurch das ganze Problem insofern vereinfachen ließ, als statt der Energie der Strahlung die Energie des Resonators gesetzt werden konnte, und dadurch an die Stelle eines verwickelten, aus vielen Freiheitsgraden zusammengesetzten Systems ein einfaches System von einem einzigen Freiheitsgrad trat.

Freilich bedeutet dies Ergebnis nicht mehr als einen vorbereitenden Schritt für die Inangriffnahme des eigentlichen Problems, das nun in seiner ganzen unheimlichen Höhe sich desto steiler auftürmte. Der erste Versuch zu einer Bewältigung mißlang; denn meine ursprüngliche stille Hoffnung, die von dem Resonator emittierte Strahlung werde sich in irgendeiner charakteristischen Weise von der absorbierten Strahlung unterscheiden und dadurch zu einer Differentialgleichung Anlaß geben, durch deren Integration man zu einer besonderen Bedingung für die Beschaffenheit der stationären Strahlung gelangen könne, erwies sich als trügerisch. Der Resonator reagierte nur auf diejenigen Strahlen, die er auch emittierte, und zeigte sich nicht im mindesten empfindlich gegen benachbarte Spektralgebiete.

Zudem rief meine Unterstellung, der Resonator vermöge eine einseitige, also irreversible Wirkung auf die Energie des umgebenden Strahlungsfeldes auszuüben, den energischen Widerspruch L u d w i g B o l t z m a n n s hervor (5), der mit seiner reiferen Erfahrung in diesen Fragen den Nachweis führte, daß nach den Gesetzen der klassischen Dynamik jeder der von mir betrachteten Vorgänge auch in genau entgegengesetzter Richtung verlaufen kann, derart, daß eine einmal vom Resonator emittierte Kugelwelle umgekehrt von außen nach innen fortschreitend in stetig sich verkleinernden konzentrischen Kugelflächen bis auf den Resonator zusammenschrumpft, von ihm wieder absorbiert wird und ihn dadurch andererseits veranlaßt, die vormals absorbierte Energie nach derjenigen Richtung, von der sie gekommen, wieder in den Raum hinauszusenden; und wenn ich auch derartige singuläre Vorgänge, wie einwärts gerichtete Kugelwellen, durch die Einführung einer besonderen einschränkenden Festsetzung, der Hypothese der natürlichen Strahlung, ausschließen konnte, so zeigte sich bei allen diesen Analysen doch immer deutlicher, daß zur vollständigen Erfassung des Kernpunkts der ganzen Frage noch ein wesentliches Bindeglied fehlen müsse.

So blieb mir nichts übrig, als das Problem einmal von der entgegengesetzten Seite in Angriff zu nehmen, von der Thermodynamik her, auf deren Boden ich mich ohnehin von Hause aus sicherer fühlte. In der Tat kamen mir hier meine früheren Studien über den zweiten Hauptsatz der Wärmetheorie dadurch zugute, daß ich gleich von vornherein darauf verfiel, nicht die Temperatur, sondern die Entropie des Resonators mit seiner Energie in Beziehung zu bringen, und zwar nicht die Entropie selber, sondern ihren zweiten Differentialkoeffizienten nach der Energie, weil dieser eine direkte physikalische Bedeutung für die Irreversibilität des Energieaustausches zwischen Resonator und Strahlung besitzt. Da ich indessen in jener Zeit noch zu sehr phänomenologisch orientiert war, um näher nach dem Zusammenhang zwischen Entropie und Wahrscheinlichkeit zu fragen, so sah ich mich zunächst allein auf die vorliegenden Ergebnisse der Erfahrung angewiesen. Nun stand damals, im Jahre 1899, im Vordergrund des Interesses das kurz zuvor von W. Wien aufgestellte Energieverteilungsgesetz (6), dessen experimentelle Prüfung einerseits von F. Paschen an der Hochschule in Hannover, andererseits von O. Lummer und E. Pringsheim an der Reichsanstalt in Charlottenburg in Angriff genommen war. Dieses Gesetz stellt die Abhängigkeit der Strahlungsintensität von der Temperatur vermittels einer Exponentialfunktion dar. Berechnet man den dadurch bedingten Zusammenhang zwischen der Entropie und der Energie eines Resonators, so ergibt sich das merkwürdige Resultat, daß der reziproke Wert des obengenannten Differentialkoeffizienten, den ich hier einmal mit R bezeichnen will, proportional ist der Energie (7). Diese überaus einfache Beziehung kann als der vollständig adäquate Ausdruck des Wienschen Energieverteilungsgesetzes gelten; denn mit der Abhängigkeit von der Energie ist auch die von der Wellenlänge stets unmittelbar mitgegeben durch das allgemein sichergestellte Wien sche Verschiebungsgesetz (8).

Da es sich bei dem ganzen Problem um ein universelles Naturgesetz handelt und da ich damals, wie noch heute, von der Ansicht durchdrungen war, daß ein Naturgesetz um so einfacher lautet, je allgemeiner es ist, wobei allerdings die Frage, welche Formulierung als die einfachere zu betrachten ist, nicht immer zweifelsfrei und endgültig entschieden werden kann, so glaubte ich eine Zeitlang in dem Satz, daß die Größe R der Energie proportional ist, das Fundament des ganzen Energieverteilungsgesetzes erblicken zu sollen (9). Diese Auffassung erwies sich aber bald den Ergebnissen neuerer Messungen gegenüber als unhaltbar. Während sich nämlich für kleine Werte der Energie bzw. für kurze Wellen das Wien sche Gesetz auch in der Folge ausgezeichnet bestätigte, stellten für längere Wellen zuerst O. Lummer und E. Pringsheim merkliche Abweichungen fest (10), und vollends die von H. Rubens und F. Kurlbaum mit den ultraroten Reststrahlen von Flußspat und Steinsalz ausgeführten Messungen (11) offenbarten ein total verschiedenartiges, aber ebenfalls unter Umständen wieder höchst einfaches Verhalten, welches sich dahin charakterisieren läßt, daß die Größe R nicht der Energie, sondern dem Quadrat der Energie proportional ist, und zwar mit um so größerer Genauigkeit, zu je größeren Energien und Wellenlängen man übergeht (12).

So waren nun durch direkte Erfahrung für die Funktion R zwei einfache Grenzen festgelegt: für kleinere Energien Proportionalität mit der Energie, für große Energien Proportionalität mit dem Quadrat der Energie. Nichts lag daher näher, als für den allgemeinen

Fall die Größe R gleichzusetzen der Summe eines Gliedes mit der ersten Potenz und eines Gliedes mit der zweiten Potenz der Energie, so daß für kleine Energien das erste, für große Energien das zweite Glied ausschlaggebend wird, und damit war die neue Strahlungsformel gefunden (13), welche bis jetzt ihren experimentellen Prüfungen gegenüber ziemlich befriedigend standgehalten hat. Von einer endgültigen genauen Bestätigung durch die Erfahrung darf freilich auch heute noch nicht gesprochen werden, vielmehr wäre eine erneute Prüfung dringend erwünscht (14).

Aber selbst wenn die Strahlungsformel sich als absolut genau bewähren sollte, so würde sie, lediglich in der Bedeutung einer glücklich erratenen Interpolationsformel, doch nur einen recht beschränkten Wert besitzen. Daher war ich von dem Tage ihrer Aufstellung an mit der Aufgabe beschäftigt, ihr einen wirklichen physikalischen Sinn zu verschaffen, und diese Frage führte mich von selbst zu der Betrachtung des Zusammenhangs zwischen Entropie und Wahrscheinlichkeit, also auf B o l t z m a n n sche Ideengänge; bis sich nach einigen Wochen der angespanntesten Arbeit meines Lebens das Dunkel lichtete und eine neue ungeahnte Fernsicht aufzudämmern begann.

Es sei mir hier eine kleine Einschaltung gestattet. Die Entropie ist nach B o l t z m a n n ein Maß für die physikalische Wahrscheinlichkeit, und das Wesen des zweiten Hauptsatzes der Wärmetheorie besteht darin, daß in der Natur ein Zustand um so häufiger vorkommt, je wahrscheinlicher er ist. Nun mißt man unmittelbar immer nur Differenzen von Entropien, niemals die Entropie selber, und insofern kann man gar nicht ohne eine gewisse Willkür von der absoluten Entropie eines Zustandes reden. Aber dennoch empfiehlt sich die Einführung der passend definierten absoluten Größe der Entropie, und zwar aus dem Grunde, weil mit ihrer Hilfe gewisse allgemeine Sätze sich besonders einfach formulieren lassen. Es geht hier, soviel ich sehe, ganz ebenso wie bei der Energie. Auch die Energie ist nicht selber meßbar, sondern nur ihre Differenzen. Daher rechnete man früher nicht mit der Energie, sondern mit der Arbeit, und noch E r n s t M a c h , der sich vielfach mit dem Satz der Erhaltung der Energie beschäftigt hat, der aber allen über das Gebiet der Beobachtung hinausgehenden Spekulationen grundsätzlich aus dem Wege ging, hat es stets vermieden, von der Energie selber zu sprechen. Ebenso blieb man in der Thermochemie anfänglich immer bei den Wärmetönungen, also bei Energiedifferenzen, stehen, bis namentlich W i l h e l m O s t w a l d mit Nachdruck darauf hinwies, daß manche umständliche Überlegung sich wesentlich abkürzen läßt, wenn man statt mit den kalorimetrischen Zahlen mit den Energien selber rechnet. Die in dem Ausdruck der Energie dann zunächst noch unbestimmt bleibende additive Konstante ist später durch den relativistischen Satz von der Proportionalität zwischen Energie und Trägheit endgültig festgelegt worden (15).

Ähnlich wie für die Energie kann man nun auch für die Entropie und infolgedessen auch für die physikalische Wahrscheinlichkeit einen absoluten Wert definieren, indem man die additive Konstante etwa dadurch festlegt, daß mit der Energie (besser noch mit der Temperatur) zugleich auch die Entropie verschwindet. Auf Grund einer derartigen Betrachtungsweise ergab sich für die Berechnung der physikalischen Wahrscheinlichkeit einer bestimmten Energieverteilung in einem System von Resonatoren ein bestimmtes verhältnismäßig einfaches kombinatorisches Verfahren, welches genau zu dem durch das Strahlungsgesetz bedingten Entropieausdruck führt (16), und es gewährte mir eine besonders wertvolle Genugtuung für manche durchgemachte Enttäuschung, daß Ludwig Boltzmann in dem Briefe, mit dem er die Zusendung meines Aufsatzes beantwortete, sein Interesse und sein grundsätzliches Einverständnis mit dem von mir eingeschlagenen Gedankengang zu erkennen gab.

Zur numerischen Durchführung der angedeuteten Wahrscheinlichkeitsbetrachtung bedarf es der Kenntnis zweier universeller Konstanten, deren jede eine selbständige physikalische Bedeutung besitzt und deren nachträgliche Berechnung aus dem Strahlungsgesetz daher eine Prüfung der Frage ermöglicht, ob das ganze Verfahren nur als ein rechnerischer Kunstgriff zu bewerten ist oder ob ihm ein wirklicher physikalischer Sinn innewohnt. Die erste Konstante ist mehr formaler Natur, sie hängt zusammen mit der Definition der Temperatur. Würde man die Temperatur definieren als die mittlere kinetische Energie eines Moleküls in einem idealen Gase, also eine winzig kleine Größe, so würde diese Konstante den Wert ⅔ besitzen (17). Im konventionellen Temperaturmaß dagegen nimmt die Konstante einen äußerst kleinen Wert an, welcher naturgemäß in engem Zusammenhang steht mit der Energie eines einzigen Moleküls und dessen genaue Kenntnis daher zu einer Berechnung der Masse eines Moleküls und der damit zusammenhängenden Größen führt. Häufig wird diese Konstante auch als Boltzmannsche Konstante bezeichnet, obwohl Boltzmann selber sie meines Wissens niemals eingeführt hat — ein eigentümlicher Umstand, der wohl dadurch zu erklären ist, daß Boltzmann, wie aus gelegentlichen Äußerungen von ihm hervorzugehen scheint (18), gar nicht an die Ausführbarkeit einer genauen Messung der Konstante dachte. Nichts kann den geradezu stürmischen Fortschritt, den die Kunst des Experimentierens in den letzten zwanzig Jahren gemacht hat, besser illustrieren als die Tatsache. daß seitdem nicht nur eine, sondern eine ganze Anzahl Methoden entdeckt wurde, um die Masse eines einzelnen Moleküls mit fast derselben Genauigkeit zu messen wie die eines Planeten.

Während zu der Zeit, als ich die entsprechende Berechnung aus dem Strahlungsgesetz ausführte, eine exakte Prüfung der gewonnenen Zahl überhaupt nicht möglich war und nicht viel mehr übrigblieb als die Feststellung der Zulässigkeit ihrer Größenordnung, gelang es bald darauf E. Rutherford und H. Geiger (19), mittels direkter Zahlung der α-Teilchen den Wert der elektrischen Elementarladung zu $4{,}65 \cdot 10^{-10}$ elektrostatische Einheiten zu bestimmen, dessen Übereinstimmung mit der von mir berechneten Zahl $4{,}69 \cdot 10^{-10}$ als eine entscheidende Bestätigung für die Brauchbarkeit meiner Theorie angesehen werden durfte. Seitdem haben weiter ausgebildete Methoden von E. R e g e n e r, R. A. M i l l i k a n u. a. (20) zu einer kleinen Erhöhung dieses Wertes geführt.

Sehr viel unbequemer als die der ersten war die Deutung der zweiten universellen Konstanten des Strahlungsgesetzes, welche ich, weil sie das Produkt einer Energie und einer Zeit vorstellt, nach der ersten Berechnung $6{,}55 \cdot 10^{-27}$ erg · sec, als elementares Wirkungsquantum bezeichnete. Während sie für die Gewinnung des richtigen Ausdrucks für die Entropie durchaus unentbehrlich war — denn nur mit ihrer Hilfe ließ sich die Größe der für die angestellte Wahrscheinlichkeitsbetrachtung maßgebenden „Elementargebiete" oder „Spielräume" der Wahrscheinlichkeit festlegen (21) —, erwies sie sich gegenüber allen Versuchen, sie in irgendeiner angemessenen Form dem Rahmen der klassischen Theorie einzupassen, als sperrig und widerspenstig. Solange man sie als unendlich klein betrachten durfte, also bei großen Energien oder langen Zeitperioden, war alles in schönster Ordnung; im allgemeinen Falle jedoch klaffte an irgendeiner Stelle ein Riß, der um so auffallender wurde, zu je schwächeren und schnelleren Schwingungen man überging. Das Scheitern aller Versuche, die entstandene Kluft zu überbrücken, ließ bald keinen Zweifel mehr übrig: entweder war das Wirkungsquantum nur eine fiktive Größe; dann war die ganze Deduktion des Strahlungsgesetzes prinzipiell illusorisch und stellte weiter nichts vor als eine inhaltsleere Formelspielerei, oder aber der Ableitung des Strahlungsgesetzes lag ein wirklich physikalischer Gedanke zugrunde; dann mußte das Wirkungsquantum in der Physik eine fundamentale Rolle spielen, dann kündigte sich mit ihm etwas ganz Neues, bis dahin Unerhörtes an, das berufen schien, unser physikalisches Denken, welches seit der Begründung der Infinitesimalrechnung durch L e i b n i z und N e w t o n sich auf der Annahme der Stetigkeit aller ursächlichen Zusammenhänge aufbaut, von Grund aus umzugestalten.

Die Erfahrung hat für die zweite Alternative entschieden. Daß aber die Entscheidung so bald und so zweifellos fallen konnte, das verdankt die Wissenschaft nicht der Prüfung des Energieverteilungsgesetzes der Wärmestrahlung, noch weniger der von mir gegebenen speziellen Ableitung dieses Gesetzes, sondern das verdankt sie den rastlos vorwärtsdrängenden Arbeiten derjenigen Forscher, welche das Wirkungsquantum in den Dienst ihrer Untersuchungen gezogen haben.

Den ersten Vorstoß auf diesem Gebiete machte A. Einstein, welcher einerseits darauf hinwies, daß die Einführung der durch das Wirkungsquantum bedingten Energiequanten geeignet erscheint, um für eine Reihe von bemerkenswerten bei Lichtwirkungen gemachten Beobachtungen, wie die S t o k e s sche Regel, die Elektronenemission, die Gasionisierung, eine einfache Erklärung zu gewinnen (22), andererseits durch die Identifizierung des Ausdrucks für die Energie eines Systems von Resonatoren mit der Energie eines festen Körpers eine Formel für die spezifische Wärme fester Körper ableitete, die den Gang der spezifischen Wärme, insbesondere ihre Abnahme bei sinkender Temperatur, im ganzen richtig wiedergibt (23). Damit war nach verschiedenen Richtungen hin eine Anzahl von Fragen aufgeworfen, deren genauere vielseitige Durcharbeitung im Laufe der Zeit zahlreiches wertvolles Material zutage förderte. Es kann hier meine Aufgabe nicht sein, einen auch nur annähernd vollständigen Bericht von der Fülle der hier geschaffenen Leistungen zu erstatten; lediglich darum kann es sich handeln, die wichtigsten charakteristischen Etappen auf dem Wege der fortschreitenden Erkenntnis hervorzuheben.

Zunächst für thermische und chemische Vorgänge. Was die spezifische Wärme fester Körper betrifft, so wurde die Einsteinsche Betrachtung, die auf der Annahme einer einzigen Eigenschwingung der Atome beruht, von M. Born und Th. von Kármán erweitert auf den der Wirklichkeit besser angepaßten Fall verschiedenartiger Eigenschwingungen (24), und P. Debye gelang es durch eine kühne Vereinfachung der Voraussetzungen über den Charakter der Eigenschwingungen, eine verhältnismäßig einfache Formel für die spezifische Wärme fester Körper aufzustellen (25), welche besonders für tiefe Temperaturen nicht nur die von W. Nernst und seinen Schülern gemessenen Werte ausgezeichnet wiedergibt, sondern auch mit den elastischen und optischen Eigenschaften der Körper gut verträglich ist. Aber auch bei der spezifischen Wärme von Gasen machen sich die Wirkungsquanten bemerklich. Schon W. Nernst hatte frühzeitig darauf hingewiesen (26), daß dem Energiequantum einer Schwingung auch ein Energiequantum einer Rotation entsprechen muß, und demgemäß war zu erwarten, daß auch die Rotationsenergie der Gasmoleküle bei sinkender Temperatur verschwindet. Die Messungen von A. Eucken über die spezifische Wärme von Wasserstoff ergaben die Bestätigung dieses Schlusses (27), und wenn die Rechnungen von A. Einstein und O. Stern, P. Ehrenfest u. a. bisher keine genau befriedigende Übereinstimmung ergaben, so liegt das verständlicherweise an unserer noch unvollständigen Kenntnis von dem Modell eines Wasserstoffmoleküls. Daß die durch die Quantenbedingung ausgezeichneten Rotationen der Gasmoleküle tatsächlich in der Natur vorhanden sind, kann nach den Arbeiten von N. Bjerrum, E. v. Bahr, H. Rubens und G. Hettner u. a. über Absorptionsbanden im Ultraroten nicht mehr bezweifelt werden, wenn auch eine allseitig erschöpfende Erklärung dieser merkwürdigen Rotationsspektra bisher noch nicht hat gegeben werden können.

Da schließlich alle Affinitätseigenschaften einer Substanz durch ihre Entropie bedingt sind, so eröffnet die quantentheoretische Berechnung der Entropie auch den Zugang zu allen Problemen der chemischen Verwandtschaftslehre. Charakteristisch für den absoluten Wert der Entropie eines Gases ist die Nernstsche chemische Konstante, welche O. S a c k u r direkt durch ein kombinatorisches, dem von mir bei Oszillatoren angewandten nachgebildetes Verfahren berechnete (28), während O. S t e r n und H. T e t r o d e, im engeren Anschluß an die aus Messungen zu gewinnenden Daten, mittels der Betrachtung eines Verdampfungsvorganges die Differenz der Entropien im dampfförmigen und festen Aggregatzustand bestimmten (29).

Handelte es sich in den bisher betrachteten Fällen stets um Zustände thermodynamischen Gleichgewichts, für welche also die Messungen nur statistische, auf viele Partikel und längere Zeiträume bezogene Mittelwerte liefern können, so führt die Beobachtung von Elektronenstößen direkt in die dynamischen Einzelheiten der untersuchten Vorgänge ein, und deshalb liefert die von J. F r a n c k und G. H e r t z ausgeführte Bestimmung des sogenannten Resonanzpotentials oder derjenigen kritischen Geschwindigkeit, welche ein Elektron mindestens besitzen muß, um durch seinen Stoß gegen ein neutrales Atom dieses zur Emission eines Lichtquantums zu veranlassen, eine Methode zur Messung des Wirkungsquantums, wie man sie sich direkter nicht wünschen kann (30). Auch für die Anregung der von C. G. B a r k l a entdeckten charakteristischen Strahlung des Röntgenspektrums lassen sich nach den Versuchen von D. L. W e b s t e r, E. W a g n e r u. a. entsprechende Methoden ausbilden, welche zu ganz übereinstimmenden Resultaten führen.

Der Erzeugung von Lichtquanten durch Elektronenstöße steht als umgekehrter Vorgang gegenüber die Elektronenemission durch Bestrahlung mit Licht-, Röntgen- oder γ-Strahlen, und auch hier wieder spielen die durch das Wirkungsquantum und durch die Schwingungsfrequenz bedingten Energiequanten eine charakteristische Rolle, wie sich schon frühzeitig an der auffallenden Tatsache zu erkennen gab, daß die Geschwindigkeit der emittierten Elektronen nicht etwa von der Intensität der Bestrahlung (31), sondern nur von der Farbe des auffallenden Lichtes abhängt (32). Aber auch in quantitativer Hinsicht haben sich die oben angedeuteten Einsteinschen Beziehungen zum Lichtquantum nach jeder Richtung bewährt, wie besonders R. A. M i l l i k a n durch Messung der Austrittsgeschwindigkeiten emittierter Elektronen festgestellt hat (33), während die Bedeutung des Lichtquantums für die Einleitung photochemischer Reaktionen von E. W a r b u r g aufgedeckt wurde (34).

Wenn schon die bisher von mir angeführten, den verschiedenartigsten Gebieten der Physik entnommenen Erfahrungen zusammengenommen ein erdrückendes Beweismaterial zugunsten der Existenz des Wirkungsquantums darstellen, so erhielt die Quantenhypothese doch ihr allerstärkstes Fundament durch die Begründung und Ausbildung der Atomtheorie von N i e l s B o h r. Denn dieser Theorie war es beschieden, in dem Wirkungsquantum den lange gesuchten Schlüssel zu entdecken zur Eingangspforte in das Wunderland der Spektroskopie, welche seit der Entdeckung der Spektralanalyse allen Öffnungsversuchen hartnäckig getrotzt hatte; und nachdem der Weg einmal freigelegt war, ergoß sich in jähem Schwall ein Strom neugewonnener Erkenntnis über dieses ganze Gebiet nebst den Nachbargebieten der Physik und der Chemie. Die erste glänzende Errungenschaft war die Ableitung der B a l m e r schen Serienformel für Wasserstoff und Helium, einschließlich der Zurückführung der universellen R y d b e r g schen Konstanten auf lauter bekannte Zahlengrößen (35), wobei sogar deren kleine Verschiedenheit bei Wasserstoff und bei Helium als notwendig bedingt durch die schwache Bewegung des schweren Atomkerns erkannt wurde. Daran schloß sich die Erforschung anderer Serien im optischen und im Röntgenspektrum an der Hand des überaus fruchtbaren, erst jetzt in seiner fundamentalen Bedeutung klargestellten R i t z schen Kombinationsprinzips.

Wer aber angesichts dieser zahlenmäßigen Übereinstimmungen, die bei der besonderen Genauigkeit spektroskopischer Messungen auch besonders schlagende Beweiskraft beanspruchen durften, immer noch sich geneigt gefühlt hätte, an ein Spiel des Zufalls zu glauben, der wäre schließlich doch gezwungen gewesen, den letzten Zweifel fallen zu lassen, als A. S o m m e r f e l d zeigte, daß aus einer sinngemäßen Erweiterung der Gesetze der Quantenteilung auf Systeme mit mehreren Freiheitsgraden und aus der Berücksichtigung der von der Relativitätstheorie geforderten Veränderlichkeit der trägen Masse jene Zauberformel hervorgeht, vor welcher das Wasserstoff- wie auch das Heliumspektrum die Rätsel ihrer Feinstruktur entschleiern mußten (36), soweit das überhaupt durch die feinsten gegenwärtig möglichen Messungen, diejenigen von F. P a s c h e n, festzustellen war (37) — eine Leistung, vollkommen ebenbürtig der berühmten Entdeckung des Planeten Neptun, dessen Dasein und Bahnelemente von L e v e r r i e r berechnet waren, ehe noch ein menschliches Auge ihn erblickt hatte. Auf demselben Wege weiter fortschreitend, gelangte P. E p s t e i n zur vollständigen Erklärung des S t a r k e f f e k t e s der elektrischen Aufspaltung der Spektrallinien (38), P. D e b y e zu einer einfachen Deutung der von M a n n e S i e g b a h n durchforschten K-Serie des Röntgenspektrums (39), und nun folgte eine große Reihe weiterer Untersuchungen, welche in die dunklen Geheimnisse des Aufbaues der Atome mehr oder minder erfolgreich hineinleuchteten.

Nach allen diesen Resultaten, zu deren vollständiger Darstellung noch mancher klangvolle Name hier notwendig hätte herangezogen werden müssen, bleibt für einen Beurteiler, der nicht geradezu an den Tatsachen vorübergehen will, kein anderer Entschluß übrig als der, dem Wirkungsquantum, welches sich bei jedem einzelnen in der bunten Schar verschiedenartigster Vorgänge immer wieder als die nämliche Größe, nämlich etwa zu $6,54 \cdot 10^{-27}$ erg. sec ergeben hat (40), das volle Bürgerrecht in dem System der universellen physikalischen Konstanten zuzuschreiben. Es muß wohl als ein seltsames Zusammentreffen erscheinen, daß gerade in der nämlichen Zeit, da der Gedanke der allgemeinen Relativität sich freie Bahn gebrochen hat und zu unerhörten Erfolgen fortgeschritten ist, die Natur gerade an einer

Stelle, wo man sich dessen am allerwenigsten versehen konnte, ein Absolutes geoffenbart hat, ein tatsächlich unveränderliches Einheitsmaß, mittels dessen sich die in einem Raumzeitelement enthaltene Wirkungsgröße durch eine ganz bestimmte von Willkür freie Zahl darstellen läßt und damit ihres bisherigen Charakters entkleidet wird.

Freilich ist mit der Einführung des Wirkungsquantums noch keine wirkliche Quantentheorie geschaffen. Ja vielleicht ist der Weg, den die Forschung bis dahin noch zurückzulegen hat, nicht weniger weit als der von der Entdeckung der Lichtgeschwindigkeit durch Olaf Römer bis zur Begründung der Maxwellschen Lichttheorie. Die Schwierigkeiten, welche sich der Einführung des Wirkungsquantums in die wohlbewährte klassische Theorie gleich von Anfang an entgegengestellt haben, sind schon von mir berührt worden. Sie haben sich im Laufe der Jahre eher gesteigert als verringert, und wenn auch in der Zwischenzeit die ungestüm vorwärtsdrängende Forschung über einige derselben einstweilen zur Tagesordnung übergegangen ist, so berühren die zurückgelassenen, einer nachträglichen Ergänzung harrenden Lücken den gewissenhaften Systematiker um so peinlicher. Was namentlich in der Bohrschen Theorie dem Aufbau der Wirkungsgesetze als Grundlage dient, setzt sich zusammen aus gewissen Hypothesen, die noch vor einem Menschenalter von jedem Physiker ohne Zweifel glatt abgelehnt worden wären. Daß im Atom gewisse ganz bestimmte quantenmäßig ausgezeichnete Bahnen eine besondere Rolle spielen, mochte noch als annehmbar hingenommen werden, weniger leicht schon, daß die in diesen bahnen mit bestimmter Beschleunigung kreisenden Elektronen gar keine Energie ausstrahlen. Daß aber die ganz scharf ausgeprägte Frequenz eines emittierten Lichtquantums verschieden sein soll von der Frequenz der emittierenden Elektronen, mußte von einem Theoretiker, der in der klassischen Schule aufgewachsen ist, im ersten Augenblick als eine ungeheuerliche und für das Vorstellungsvermögen fast unerträgliche Zumutung empfunden werden.

Aber Zahlen entscheiden, und die Folge davon ist, daß sich jetzt die Rollen gegen früher allmählich vertauscht haben. Während es sich anfangs darum handelte, ein neues fremdartiges Element einem allgemein als fest anerkannten Rahmen mit mehr oder minder gelindem Zwang anzupassen, ist nunmehr der Eindringling, nachdem er sich einen gesicherten Platz erobert hat, seinerseits zur Offensive übergegangen, und es steht heute schon fest, daß er den alten Rahmen in irgendeiner Weise auseinandersprengen wird. Fraglich ist nur noch, an welcher Stelle und bis zu welchem Grade ihm das gelingen wird.

Wenn es gestattet ist, schon heute eine Mutmaßung über den zu erwartenden Ausgang dieses heißen Ringens zu äußern, so scheint alles dafür zu sprechen, daß aus der klassischen Theorie die großen Prinzipien der Thermodynamik auch in der Quantentheorie ihren zentralen Platz nicht nur unangetastet behaupten, sondern sogar entsprechend erweitern werden. Was bei der Begründung der klassischen Thermodynamik die Gedankenexperimente bedeuteten, das bedeutet einstweilen in der Quantentheorie die Adiabatenhypothese von P. Ehrenfest (41), und wie R. Clausius als Ausgangspunkt für die Messung der Entropie den Grundsatz einführte, daß zwei beliebige Zustände eines materiellen Systems bei passender Behandlung durch reversible Prozesse ineinander übergeführt werden können, so eröffnen uns die neuen Ideen von Bohr einen ganz entsprechenden Weg in das Innere des von ihm erschlossenen Wunderlandes.

Im einzelnen ist es besonders eine Frage, von deren erschöpfender Beantwortung wir nach meiner Meinung eine weitgehende Aufklärung erwarten dürfen. Was wird aus der Energie eines Lichtquantums nach vollendeter Emission? Breitet sie sich bei ihrer weiteren Fortpflanzung im Sinne der Huygensschen Wellentheorie nach verschiedenen Richtungen aus, indem sie einen stets größeren Raum einnimmt, in endlos fortschreitender Verdünnung? Oder fliegt sie im Sinne der Newtonschen Emanationstheorie wie ein Projektil in einer einzigen Richtung weiter? Im ersteren Falle würde das Quantum niemals mehr imstande sein, seine Energie auf eine einzige Raumstelle so stark zu konzentrieren, daß sie dort ein Elektron aus seinem Atomverband lösen kann, im zweiten Fall würde der Haupttriumph der Maxwellschen Theorie: die Kontinuität zwischen dem statischen und dem dynamischen Felde und mit ihr das bisherige volle Verständnis für die bis in die feinsten Einzelheiten durchforschten Interferenzphänomene, geopfert werden müssen — beides für den heutigen Theoretiker sehr unerfreuliche Konsequenzen.

Sei dem aber wie immer: in jedem Falle kann darüber kein Zweifel bestehen, daß die Wissenschaft einmal auch dieses schwere Dilemma bemeistern wird, und daß dasjenige, was uns heute unbefriedigend erscheint, dereinst von einer höheren Warte aus gerade als das durch besondere Harmonie und Einfachheit Ausgezeichnete angesehen werden wird. Bis zur Erreichung dieses Zieles aber wird das Problem des Wirkungsquantums nicht aufhören, die Forschung immer von neuem anzuregen und zu befruchten, und je größere Schwierigkeiten sich seiner Lösung entgegenstellen, um so bedeutsamer wird sie sich schließlich erweisen für die Ausbreitung und Vertiefung unserer gesamten physikalischen Erkenntnis.

Anmerkungen.

Die Literaturangaben machen nach keiner Richtung hin auf Vollständigkeit Anspruch und sollen nur zu einer ersten Orientierung dienen.

1. G. Kirchhoff, Über das Verhältnis zwischen dem Emissionsvermögen und dem Absorptionsvermögen der Körper für Wärme und Licht. Gesammelte Abhandlungen, S. 597 (§ 17). Leipzig: J. A. Barth 1882.
2. H. Hertz, Ann. d. Physik Bd. 36, S. 1, 1889.
3. Sitz.-Ber. d. Preuß. Akad. d. Wiss. vom 20. Februar 1896. Ann. d. Physik Bd 60, S. 577, 1897.
4. Sitz.-Ber. d. Preuß. Akad. d. Wiss. vom 18. Mai 1899, S. 455.
5. L. Boltzmann, Sitz.-Ber. d. Preuß. Akad. d. Wiss. vom 3. März 1898, S. 182.

Die Entstehung und bisherige Entwicklung der Quantentheorie 137

6. W. Wien, Ann. d. Physik Bd. 58, S. 662, 1896.
7. Nach dem Wienschen Energieverteilungsgesetz wird die Abhängigkeit der Energie U eines Resonators von der Temperatur dargestellt durch eine Beziehung von der Form:
$$U = a \cdot e^{-\frac{b}{T}}.$$
Bezeichnet also S die Entropie des Resonators, so ergibt sich, da
$$\frac{1}{T} = \frac{dS}{dU},$$
für die Größe R des Textes der Wert:
$$R = 1 : \frac{d^2 S}{dU^2} = -bU.$$

8. Nach dem Wienschen Verschiebungsgesetz ist die Energie U eines Resonators mit der Eigenschwingungszahl ν:
$$U = \nu \cdot f\left(\frac{T}{\nu}\right).$$

9. Ann. d. Physik Bd. 1, S. 719, 1900.
10. O. Lummer und E. Pringsheim, Verhandl. d. Dtsch. Physik. Ges. Bd. 2, S. 163, 1900.
11. H. Rubens und F. Kurlbaum, Sitz.-Ber. d. Preuß. Akad. d. Wiss. vom 25. Oktober 1900, S. 929.
12. Für große T ist nämlich nach den Versuchen von H. Rubens und F. Kurlbaum $U = cT$, folglich nach dem in (7) geschilderten Rechnungsverfahren:
$$R = 1 : \frac{d^2 S}{dU^2} = -\frac{U^2}{c}.$$

13. Setzt man nämlich:
$$R = 1 : \frac{d^2 S}{dU^2} = -bU - \frac{U^2}{c},$$
so ergibt sich durch Integration:
$$\frac{1}{T} = \frac{dS}{dU} = \frac{1}{b} \log\left(1 + \frac{bc}{U}\right)$$
und daraus die Strahlungsformel:
$$U = \frac{bc}{e^{\frac{b}{T}} - 1}.$$

Vgl. Verhandl. d. Dtsch. Physik. Ges. vom 19. Oktober 1900, S. 202.
14. Vgl. W. Nernst und Th. Wulf, Verhandl. d. Dtsch. Physik. Ges. Bd. 21, S. 294, 1919.
15. Der absolute Wert der Energie ist nämlich gleich dem Produkt aus der trägen Masse und dem Quadrat der Lichtgeschwindigkeit.
16. Verhandl. d. Dtsch. Physik. Ges. vom 14. Dezember 1900, S. 237.
17. Allgemein ist, wenn k die erste Strahlungskonstante bezeichnet, die mittlere kinetische Energie eines Gasmoleküls:

$$U = \frac{3}{2} kT.$$

Setzt man also $T = U$, so wird $k = \frac{2}{3}$. Im konventionellen (absoluten Kelvinschen) Temperaturmaß dagegen ist T dadurch definiert, daß die Temperaturdifferenz zwischen siedendem und gefrierendem Wasser gleich 100 gesetzt wird.

18. Vgl. z. B. L. Boltzmann, Zur Erinnerung an Josef Loschmidt. Populäre Schriften S. 245, 1905.
19. E. Rutherford und H. Geiger, Proc. Roy. Soc. A. Vol. 81, S. 162, 1908.
20. Vgl. R. A. Millikan, Phys. Ztschr. Bd. 14, S. 796, 1913.
21. Die Berechnung der Wahrscheinlichkeit eines physikalischen Zustandes beruht nämlich auf der Abzählung derjenigen endlichen Anzahl von gleichwahrscheinlichen Einzelfällen, durch die der betreffende Zustand verwirklicht wird, und zu einer bestimmten Abgrenzung dieser Einzelfälle voneinander ist eine bestimmte Festsetzung über den Begriff eines jeden Einzelfalles notwendig.
22. A. Einstein, Ann. d. Physik Bd. 17, S. 132, 1905.
23. A. Einstein, Ann. d. Physik Bd. 22, S. 180, 1907.
24. M. Born und Th. v. Kármán, Phys. Ztschr. Bd. 14, S. 15, 1913.
25. P. Debye, Ann. d. Physik Bd. 39, S. 789, 1912.
26. W. Nernst, Phys. Ztschr. Bd. 13, S. 1064, 1912.
27. A. Eucken, Sitz.-Ber. d. Preuß. Akad. d. Wiss. S. 141, 1912.
28. O. Sackur, Ann. d. Physik Bd. 36, S. 958, 1911.
29 O. Stern, Phys. Ztschr. Bd. 14, S. 629, 1913. H. Tetrode, Ber. d. Akad. d. Wiss. v. Amsterdam, 27. Februar und 27. März 1915.
30. J. Franck und G. Hertz, Verhandl. d. Dtsch. Phys. Ges. Bd. 16, S. 512, 1914.
31. Ph. Lenard, Ann. d. Physik Bd. 8, S. 149, 1902.
32. E. Ladenburg, Verhandl. d. Dtsch. Phys. Ges. Bd. 9, S. 504, 1907.
33. R. A. Millikan, Phys. Ztschr. Bd. 17, S. 217, 1916.
34. E. Warburg, Über den Energieumsatz bei photochemischen Vorgängen in Gasen. Sitz.-Ber. d. preuß. Akad. d. Wiss. von 1911 an.
35. N. Bohr, Phil. Mag. Bd. 30, S. 394, 1915.
36. A. Sommerfeld, Ann. d. Physik Bd. 51, S. 1, 125, 1916.
37. F. Paschen, Ann. d. Physik Bd. 50, S. 901, 1916.
38. P. Epstein Ann. d. Physik Bd. 50, S. 489, 1916.
39. P. Debye. Phys. Ztschr. Bd. 18, S. 276, 1917.
40. E. Wagner, Ann. d. Physik Bd. 57, S. 467, 1918. R. Ladenburg, Jahrb. d. Radioaktivität u. Elektronik Bd. 17, S. 144, 1920.
41. P. Ehrenfest, Ann. d. Physik Bd. 51, S. 327, 1916.

Kausalgesetz und Willensfreiheit.

(Öffentlicher Vortrag, gehalten in der Preußischen Akademie der Wissenschaften am 17. Februar 1923.)

Meine hochverehrten Damen und Herren! Kausalgesetz und Willensfreiheit — ein Thema so alt wie der innere Drang eines jeden ernsthaft nachdenkenden Menschen, das Bewußtsein seiner eigenen sittlichen Würde in Einklang zu bringen mit seiner Überzeugung von dem Walten einer strengen Gesetzlichkeit in dem gesamten Getriebe der äußeren und inneren Welt. Offenbart sich hier doch auf den ersten Anblick ein Gegensatz, wie er schärfer kaum gedacht werden kann. Auf der einen Seite der Ablauf aller Geschehnisse nach unverbrüchlichen Regeln — in der Natur wie im Geistesleben —, die Vorbedingung jeder wissenschaftlichen Erkenntnis und die Grundlage allen praktischen Handelns. Auf der anderen Seite die uns in unserem Selbstbewußtsein, also durch die unmittelbarste Erkenntnisquelle, die es geben kann, verbürgte Gewißheit, daß wir letzten Endes selber Herr sind über unsere eigenen Gedanken und Entschließungen, daß wir in jedem Augenblick die Möglichkeit haben, so oder so zu handeln, klug oder töricht, gut oder schlecht. Wie reimt sich dies beides zusammen? Sicherlich ist doch jeder einzelne von uns auch nur ein Stück der großen Welt, und daher ebenso wie alle übrigen Wesen ihren Gesetzen unterworfen.

Schier unbegrenzt ist die Anzahl der Untersuchungen und die Fülle der Gedanken, welche die scharfsinnigsten Geister aller Kulturvölker diesem Problem gewidmet haben, und entsprechend unbegrenzt ist die Zahl der Vorschläge, welche zu seiner Lösung beigebracht worden sind. Erwarten Sie nicht, verehrte Anwesende, oder vielleicht besser gesagt: fürchten Sie nicht, daß ich den Ehrgeiz habe, alle auf diesem Gebiet angestellten Spekulationen um eine weitere zu vermehren. Was mich dazu veranlaßt hat, zu diesem Thema hier vor Ihnen das Wort zu nehmen, ist ein rein praktischer Beweggrund, ist der Hinblick auf eine ebenso augenfällige wie unbefriedigende Tatsache.

Nach alledem, was bis jetzt über unser Problem in Jahrhunderten gedacht und geschrieben worden ist, sollte man annehmen, daß wir heute seiner Lösung, wenn auch nicht vollkommen mächtig geworden, so doch wenigstens insofern einigermaßen nahegekommen sind, **als über gewisse Grundlagen derselben bei allen Denkern einige Übereinstimmung erzielt worden ist.** Was wir in Wirklichkeit gewahren, ist eher das Gegenteil. Seit langem ist über die Bedeutung des Kausalgesetzes in der Natur- und Geisteswelt, über Sinnliches und Übersinnliches, über Willensfreiheit und Willensgebundenheit nicht so heftig gestritten worden wie in unseren Tagen, und man kann sagen, daß über diese Dinge in weiten Kreisen gegenwärtig eine höchst unerfreuliche Unklarheit besteht. Fast hat es den Anschein, als ob die denkende Menschheit bezüglich dieser Fragen in zwei getrennte Lager gespalten ist. Den einen ist es in erster Linie um das Erkennen zu tun; sie sehen in einer strengen Kausalität, auch für alle geistigen Vorgänge, ein unentbehrliches Postulat der wissenschaftlichen Forschung und tragen daher kein Bedenken, als Preis für ein vollständiges Verständnis dessen, was die Welt im Innersten zusammenhält, auch die eigene Willensfreiheit zum Opfer zu bringen. Die andern, mehr dem Handeln zugewandten Naturen, deren Selbstgefühl sich aufbäumt gegen die Zumutung, durch eine Unterordnung unter die Herrschaft starrer Gesetze zu einem blutlosen Automaten herabgewürdigt zu werden, und die daher die Willensfreiheit als das höchste Gut des denkenden Menschen in Anspruch nehmen, möchten dem Kausalgesetz wenigstens auf dem Gebiet des höheren Seelenlebens die Gültigkeit am liebsten ganz absprechen, zum mindesten aber so stark als irgendmöglich beschneiden. Zwischen beiden Lagern bewegt sich eine größere Anzahl vorsichtig Abwägender, die durch ein unbestimmtes, aber starkes Gefühl, daß beide Parteien in gewissem Sinne recht haben möchten, daran verhindert werden, sich einer von ihnen voll anzuschließen, obwohl sie sich nicht recht klar darüber sind, an welchem Punkte sich ihr Gedankengang von demjenigen der Extremen trennt, da sie weder den logischen Gründen der einen Seite noch den ethischen Gründen der anderen Seite etwas ganz Durchschlagendes entgegenzusetzen wissen. So verfolgen sie mit aller gebührenden Achtung, aber doch zugleich mit einiger Besorgnis und stillem Unbehagen, das allmähliche, aber sichere und unaufhaltsame Vordringen der wissenschaftlichen Forschung, die längst nicht mehr an der Grenzlinie zwischen Körper- und Geisteswelt haltmacht, und suchen, ein jeder nach bestem Wissen und Können, aber ohne rechten Erfolg, nach einem festen Schutzwall, hinter dem sich ihr Freiheitsbewußtsein vor dem Eindringen der rein kausalen Betrachtungsweise sicher fühlen kann.

Bei dieser recht unbefriedigenden Sachlage dürfte es wohl nicht ohne Interesse sein, einmal von einem Vertreter der exakten Naturforschung zu hören, was sich vom Standpunkt seiner Wissenschaft aus, deren Methodik jedenfalls auf ein hohes Maß von Zuverlässigkeit Anspruch machen darf, über das vorliegende Problem etwa sagen läßt. Und wenn es mir nicht gelingen sollte, Ihre Zustimmung zu allen meinen Ausführungen zu erlangen, so würde ich es doch schon als einen Erfolg betrachten, wenn durch sie Ihr Widerspruch herausgefordert und Ihnen damit Ihre eigene Stellung zu den hier behandelten Fragen noch deutlicher zum Bewußtsein gebracht werden würde.

I.

Um einer sachlich befriedigenden Lösung unseres Problems auf die Spur zu kommen, fragen wir vor allem ganz allgemein nach der Bedeutung und der Gültigkeit des Kausalgesetzes. Der Kausalbegriff ist uns aus dem gewöhnlichen Leben vertraut und erscheint daher zunächst als der einfachste von der Welt. Alles, was sich ereignet, hat eine oder mehrere Ursachen, welche zusammen das betreffende Ereignis als Wirkung notwendig nach sich ziehen, und umgekehrt kann jedes Ereignis als die Ursache eines oder mehrerer mit Notwendigkeit darauf folgender Ereignisse angesehen werden. Nach diesem Satze richten wir unser ganzes praktisches Handeln ein, er ist uns durch tägliche, stündliche Übung so vollständig in Fleisch und Blut übergegangen, daß wir ihn sogar halb unbewußt anwenden.

Wenn jemand — um zunächst bei einem ganz trivialen Beispiel zu bleiben —, der ruhig in seinem Zimmer sitzt, unvermutet ein auffallendes Geräusch hört, so wendet er wohl den Kopf, um sich nach der Ursache des Geräusches umzusehen; und wenn er seine Erwartung, dieselbe durch den Augenschein zu entdecken, nicht bestätigt findet, so vermutet er sie vielleicht in einem anderen Zimmer des Hauses, vielleicht auch draußen auf der Straße, vielleicht auch in noch größerer Entfernung, und wenn alles dieses nicht zutrifft, sieht er sich schließlich wohl veranlaßt, an eine subjektive Sinnestäuschung, eine Halluzination, zu denken.

Wie aber, so wollen wir einmal fragen, wenn alle diese Möglichkeiten nicht in Betracht kommen? Ist es von vornherein ganz ausgemacht und gar nicht anders denkbar, daß es für ein Ereignis in jedem Falle eine natürliche Ursache geben muß? Würde man auf einen logischen Widerspruch stoßen, wenn man den Kausalzusammenhang sich einmal ganz wegdenken wollte? Eine einfache Überlegung zeigt uns, daß diese Frage entschieden zu verneinen ist. Denn wir können uns sehr wohl denken, daß ein gehörtes Geräusch gar keine natürliche Ursache hat. In einem solchen Falle reden wir von einem Wunder oder auch von Zauberei. Schon der einfache Hinweis auf die Existenz einer großen und reichen Weltliteratur darüber beweist uns, daß sich Wunder sehr wohl denken lassen. Ja, wir können uns ohne Schwierigkeit denken, daß in der Welt sozusagen alles drunter und drüber geht; denken können wir uns, daß morgen die Sonne zur Abwechslung einmal im Westen aufgeht, denken und in allen Einzelheiten ausmalen können wir uns, daß sich im nächsten Augenblick die Tür dieses Saales öffnet und daß leibhaftig hereingeschritten kommt irgendeine längst abgeschiedene historische Persönlichkeit, vielleicht gar der Stifter unserer Akademie, um sich einmal umzusehen, was aus seiner Sozietät der Wissenschaften geworden ist.

So unsinnig und unmöglich uns vom Wirklichkeitsstandpunkt aus das Eintreten eines solchen, aller Kausalität spottenden Ereignisses scheinen mag, so ist diese Art der Unmöglichkeit dennoch wohl zu unterscheiden von einer logischen Unmöglichkeit oder Vernunftwidrigkeit, wie zum Beispiel derjenigen, daß jemals ein Teil irgendeines Dinges größer sein könnte als das Ganze. Denn das vermögen wir uns beim besten Willen nicht zu denken, da es einen Widerspruch in sich selbst enthält. Diese Art der Unmöglichkeit ist daher denknotwendig, während eine Verletzung des Kausalgesetzes sich mit der formalen Logik sehr wohl vertragen kann. Hieraus folgt für uns das wichtige Resultat, daß sich über die Gültigkeit des Kausalgesetzes in der wirklichen Welt auf rein logischem Wege sicherlich nichts entscheiden läßt.

Die Wirklichkeit ist eben, obwohl freilich oft gerade das Gegenteil behauptet wird, nur ein ganz spezieller, schmaler Ausschnitt aus dem unermeßlichen Bereich dessen, was die Gedanken zu umspannen vermögen. Damit steht durchaus nicht im Widerspruch, daß unsere Einbildungskraft in letzter Linie stets an wirkliche Erlebnisse anknüpft; denn diese sind ja für uns der Ausgangspunkt alles Denkens. Aber wir besitzen nun einmal die Gabe, in Gedanken über die Wirklichkeit hinauszuschreiten. Ohne diese Fähigkeit unserer Einbildungskraft hätten wir weder Poesie noch Kunst. Sie ist unser höchstes, wertvollstes Gut, das uns oft in lichtere Regionen entführt, wenn die graue Alltäglichkeit gar zu unerträglich auf uns lastet.

Aber auch die strenge wissenschaftliche Forschung kann ohne das freie Spiel der Einbildungskraft nicht vorwärtskommen. Wer nicht gelegentlich auch einmal kausalwidrige Dinge zu denken vermag, wird seine Wissenschaft nie um eine neue Idee bereichern können. Und nicht nur bei der Hypothesenbildung, sondern sogar in der endgültigen Formulierung fertiger wissenschaftlicher Resultate wird oft kausalfreies Denken vorausgesetzt. Ein einfaches Beispiel aus der Physik wird dies näher erläutern. Denken wir uns einen Lichtstrahl, der von einer entfernten punktförmigen Lichtquelle, etwa einem leuchtenden Stern, herkommend, durch beliebig viele, verschieden beschaffene und verschieden geformte durchsichtige Medien, wie Luft, Glas, Wasser usw., hindurchgehend das Auge trifft. Welchen Weg wird das Licht einschlagen, um von dem Stern ins Auge zu gelangen? Im allgemeinen sicherlich nicht den geradlinigen, weil doch das Licht beim Übergang aus einem Medium in ein anderes jedesmal eine Brechung erleidet, sondern einen um so verwickelteren, je zahlreicher und mannigfacher die Zwischenkörper angeordnet sind. Schon allein in der Atmosphäre ist der Lichtweg sehr kompliziert, weil die Luft in verschiedenen Höhenlagen verschiedene Brechbarkeit besitzt. Aber alle diese zusammengesetzten Fragen werden vollkommen genau geregelt durch den einen merkwürdigen Satz, daß das von dem Stern ausgehende Licht unter allen ihm zur Verfügung stehenden Wegen stets gerade denjenigen wählt, welcher es in der kürzesten Zeit bis zum Auge führt, wobei nur zu berücksichtigen ist, daß das Licht in den verschiedenen Medien sich verschieden schnell fortpflanzt. Dieses sehr fruchtbare sogenannte „Prinzip der schnellsten Ankunft" hätte gar keinen Sinn, wenn wir nicht imstande wären, auch solche Lichtwege zu überdenken, die in Wirklichkeit gar nicht vorkommen, also kausal unmöglich sind. Es ist, als ob das Licht eine gewisse Intelligenz besäße und die löbliche Absicht verfolgte, möglichst schnell an sein vorgestecktes Ziel zu kommen. Dabei hat es nicht einmal Zeit, die verschiedenen möglichen Wege wirklich auszuprobieren, sondern muß sich sofort für den richtigen entscheiden. Ähnliche Fälle gibt es in der Physik noch mehrere andere, zum Beispiel die sogenannten virtuellen Bewegungen, welche den dynamischen Gesetzen nicht gehorchen und daher, kausal genommen, ebenfalls unmöglich sind, aber dennoch eine wichtige Rolle in der Theorie spielen, also jedenfalls keinem Denkgesetz widersprechen.

II.

Nachdem wir uns so überzeugt haben, daß das Kausalgesetz keineswegs zu den Denknotwendigkeiten gehört, erhebt sich um so bedeutsamer die Frage nach dem eigentlichen Wesen der Kausalität und nach der Gültigkeit des Kausalgesetzes im Bereich der wirklichen Welt. Als Kausalität können wir ganz allgemein den gesetzlichen Zusammenhang im zeitlichen Ablauf der Ereignisse bezeichnen. Ist nun dieser Zusammenhang in der Natur der Dinge selbst begründet oder ist er ganz oder teilweise ein Produkt der Einbildungskraft, welches der Mensch sich ursprünglich zu dem Zweck geschaffen hat, um sich im praktischen Leben zurechtzufinden, und das ihm in der Folge unentbehrlich geworden ist? Vor allem aber: Ist der Kausalzusammenhang ein absolut vollkommener, unzerreißbarer, oder läßt er gelegentlich auch Lücken und Sprünge zu?

Es liegt am nächsten, den Versuch zu machen, ob nicht diese Fragen sich allein durch systematisches Nachdenken klären lassen, und in der Tat sind dieselben auf solche Weise Jahrhunderte hindurch behandelt worden von den hervorragendsten Geistern derjenigen Richtung, welche in der Geschichte der Philosophie unter der Bezeichnung des Rationalismus zusammengefaßt wird. Hier ist nun leicht zu verstehen, daß alles auf den gewählten Ausgangspunkt ankommt; denn aus nichts wird nichts, ohne bestimmte Voraussetzungen läßt sich überhaupt nichts folgern. Daher greifen die Philosophen des Rationalismus in der Regel zunächst hinauf zu der allerhöchsten, ihnen absolut maßgebenden Instanz, der Gottheit, und leiten aus deren Attributen die Antwort auf die sie interessierenden Grundprobleme her. Da nun aber die Attribute der Gottheit als keineswegs feststehend und bekannt anzusehen sind, da im Gegenteil die höchsten Ideale in den Gedankenkreisen verschiedener Persönlichkeiten recht verschiedene Färbungen aufweisen, so kann es nicht ausbleiben, daß auch die gewonnenen Resultate entsprechend verschieden ausfallen, oder mit anderen Worten, daß in jedem derartigen philosophischen System sich letzten Endes nur die besondere religiöse Weltanschauung seines Schöpfers widerspiegelt.

Bei René Descartes, der häufig als der Vater der neueren

Philosophie bezeichnet wird, hat Gott alle Gesetze der Natur und des Geistes aus seinem eigenen freien Wollen geschaffen, nach Zwecken, die so hoch sind, daß unser menschliches Denken gar nicht fähig ist, sie in ihrer ganzen Bedeutung zu begreifen. Daher sind in dem System von D e s c a r t e s Wunder und Mysterien keineswegs ausgeschlossen.

Im Gegensatz dazu ist B a r u c h S p i n o z a s Gott ein Gott der Harmonie und der Ordnung, er durchdringt alles Weltgeschehen derart, daß das Gesetz vom allgemeinen Kausalzusammenhang selber als göttlich, also als absolut vollkommen und unverbrüchlich anzusehen ist. Daher gibt es in S p i n o z a s Welt keinen Zufall und kein Wunder.

Der Gott von G o t t f r i e d W i l h e l m L e i b n i z hinwiederum hat ursprünglich die ganze Welt nach einem einheitlichen, seiner höchsten Weisheit entsprechenden Plane aufgebaut, indem er von vornherein jedem einzelnen Dinge die Gesetze seiner besonderen Wirksamkeit ein für allemal einpflanzte, so daß es sich nun im Grunde ganz unabhängig von allen anderen Dingen nur seinem eigenen Wesen gemäß verhält und entwickelt. Daher ist bei L e i b n i z die Wechselwirkung zwischen zwei Dingen nur eine scheinbare. — Man sieht: soviel Philosophen, soviel Theorien. Auf diesem Wege kann man nicht wirklich vorwärtskommen.

Deshalb bedeutete es einen entscheidenden Fortschritt, als gegenüber der hier angedeuteten naiveren rationalistischen Auffassung von England her unter dem Namen des Empirismus eine skeptischere Richtung sich Bahn zu brechen begann. Für sie ist vor allem charakteristisch die Lehre, daß es bestimmte, von vornherein gesicherte Erkenntnisse oder angeborene Ideen, wie sie der Rationalismus voraussetzen muß, überhaupt nicht gibt, sondern daß unsere Seele sich bei der Geburt verhält wie ein unbeschriebenes Blatt, in welches erst die Erfahrung ihre Zeichen einträgt. Das einzige nun, was uns Kunde bringt von der gesamten Außen- und Innenwelt, und zugleich das einzige, von dem wir etwas mit Bestimmtheit aussagen können, sind unsere persönlichen Erlebnisse, vor allem die in unserm Bewußtsein auftretenden Empfindungen. Diese bilden daher die einzige feste unangreifbare Grundlage und den Ausgangspunkt alles Denkens, das eigentliche Material, mit welchem unser Verstand und unsere Einbildungskraft arbeitet. Was wir als warm oder kalt, blau oder rot, hart oder weich empfinden, dessen sind wir unmittelbar gewiß, ohne daß eine besondere Definition nötig oder auch nur möglich wäre. Man spricht zwar manchmal auch von Sinnestäuschungen, wie zum Beispiel einer ungewöhnlichen Luftspiegelung. Aber das bedeutet nicht, daß die Empfindung unrichtig ist, sondern daß die Schlüsse unrichtig sind, die wir aus der vorhandenen Empfindung ziehen. Was uns täuscht, ist nicht unser Sinn, sondern unser Verstand.

Die Empfindung selber ist etwas durchaus Subjektives, daher dürfen wir aus den Empfindungen der Sinne nicht ohne weiteres auf die Gegenstände schließen. Die grüne Farbe ist nicht eine Eigenschaft des Blattes, sondern sie ist eine Eigentümlichkeit der Empfindung, die wir beim Anblick des Blattes verspüren. Ebenso verhält es sich mit den übrigen Sinnen. Nimmt man alle Sinnesempfindungen weg, so bleibt von dem „Gegenstande" überhaupt gar nichts mehr übrig. Bei John Locke scheint der Tastsinn noch eine etwas bevorzugte Rolle vor den übrigen Sinnen zu spielen, da Locke die durch diesen Sinn vermittelten mechanischen Eigenschaften der Körper, wie Dichtigkeit, Ausdehnung, Form, Bewegungszustand, den Körpern selbst zuschreibt, während die späteren Empiristen, wie namentlich David Hume, konsequenterweise auch alle mechanischen Eigenschaften rein subjektiv deuten.

Im Licht dieser Auffassung löst sich die sogenannte Außenwelt auf in einen Komplex von Empfindungen, und das Kausalgesetz bedeutet nichts weiter als eine erfahrungsgemäß festgestellte Regelmäßigkeit in der Aufeinanderfolge von Empfindungen, die wir als etwas Gegebenes, nicht weiter Analysierbares hinnehmen müssen, die aber auch jeden Augenblick einmal ein Ende nehmen könnte.

Wenn eine schnell bewegte Billardkugel auf eine andere Kugel stößt und diese in Bewegung setzt, so folgen zwei verschiedene Sinneseindrücke aufeinander: der der einen bewegten Kugel und der der anderen bewegten Kugel. Wir können durch wiederholte Beobachtung bestimmte Gesetzmäßigkeiten zwischen ihnen feststellen und registrieren, so zum Beispiel die Abhängigkeit der Geschwindigkeit der gestoßenen Kugel von der Geschwindigkeit und der Masse der stoßenden Kugel, wir können auch weiter damit in gesetzlichem Zusammenhang stehende Erscheinungen aufdecken, wie zum Beispiel das Geräusch, das wir beim Stoß hören, oder die vorübergehende Abplattung an der Berührungsstelle der beiden sich stoßenden Kugeln, die wir etwa durch einen abfärbenden Überzug der einen Kugel sichtbar machen können; aber das sind wieder nur verschiedene Sinneseindrücke, die sich in gesetzmäßiger Weise neben oder zwischen die anderen schieben, die aber als solche gegeben und keineswegs logisch auseinander ableitbar sind.

Auch wenn wir von einer Kraft reden, die die bewegte Kugel auf die ruhende ausübt, führen wir damit nur einen Analogiebegriff ein, welcher derjenigen Empfindung entlehnt ist, die wir in unseren Muskeln spüren, wenn wir die ursprünglich ruhende Kugel nicht mittels der bewegten Kugel, sondern mit der Hand anstoßen. Der Kraftbegriff hat sich für die Formulierung der Bewegungsgesetze als äußerst nützlich erwiesen, aber erkenntnismäßig führt er an sich nicht um einen Schritt weiter. Denn von einem eigentlichen inneren kausalen Band oder gar von einer logischen Brücke zu sprechen, welche die verschiedenen Bewegungserscheinungen miteinander verbindet, fehlt uns jeder Anhaltspunkt. Zwei verschiedene Empfindungen sind eben verschieden und bleiben verschieden, soviel Beziehungen zwischen ihnen man auch feststellen mag.

Danach beschränkt sich der ganze Inhalt des Kausalgesetzes im Grunde genommen auf den Satz, daß auf gleiche oder ähnliche

Empfindungskomplexe als Ursache stets gleiche oder ähnliche Empfindungskomplexe als Wirkung folgen, wobei die Frage, was als ähnlich zu bezeichnen ist, einer jedesmaligen besonderen Prüfung bedarf. Durch diese Formulierung wird dem Kausalbegriff jeder tiefere Sinn aberkannt, wenn auch die praktische Bedeutung des Kausalgesetzes, die darin besteht, daß es dem denkenden Menschen den Blick in die Zukunft eröffnet, im wesentlichen ungeschmälert bestehen bleibt.

Wodurch erklärt es sich nun aber, daß wir im gewöhnlichen Leben den Kausalzusammenhang als etwas Objektives, von uns Unabhängiges auffassen, daß wir in ihm doch nun einmal tatsächlich viel mehr sehen, als nur eine regelmäßige Aneinanderreihung persönlicher Empfindungen? Die Lehre der Skeptiker antwortet: Durch die enorme Zweckmäßigkeit dieser Auffassung, in Verbindung mit der Macht der Gewohnheit. Allerdings läßt sich nicht leicht hoch genug bewerten, was alles durch Gewohnheit bewirkt werden kann. Von Kindheit an beeinflußt sie unser Fühlen, Wollen und Denken. Was wir gewohnt sind zu sehen, glauben wir auch zu verstehen. Wenn wir einen neuen auffallenden Vorgang zum ersten Male kennenlernen, sind wir vielleicht höchlich erstaunt; wenn wir denselben Vorgang zum zehnten Male sehen, finden wir ihn natürlich; wenn wir ihn zum hundertsten Male sehen, kommt er uns selbstverständlich vor, und wir suchen vielleicht seine Notwendigkeit zu beweisen.

Vor hundert Jahren kannte man in der Technik der Fahrzeuge keine andere Kraftquelle als die menschliche und die tierische Kraft. Die Folge war, daß man auch keine andere für möglich hielt. Wie köstlich wirkt in Fritz Reuters „Reis' nah Belligen" das Erstaunen des biederen Landbewohners Korl Witt, der beim erstmaligen Anblick einer fahrenden Eisenbahnlokomotive jede Wette darauf eingehen will, daß da drinnen ein Pferd sitzt. Unsere heutige Jugend, die mit Dampfmaschinen und Elektromotoren aufgewachsen ist, wird den Humor dieser naiven Äußerung eines natürlichen Kausalbedürfnisses gar nicht mehr recht würdigen können.

Insofern ist also die skeptische Auffassung von der Natur des Kausalzusammenhanges verständlich und gerechtfertigt. Prüfen wir nun aber einmal genauer, wohin uns schließlich diese Auffassung führt, wenn wir sie wirklich vollkommen konsequent weiterverfolgen. Vor allem ist zu bedenken, daß, wenn von den im Bewußtsein gegebenen Empfindungen als der einzigen Erkenntnisquelle die Rede ist, es immer nur die eigene Empfindung, das eigene Bewußtsein ist, welches in Betracht kommt. Daß andere Menschen auch Empfindungen haben, können wir nur nach Analogie mutmaßen, aber nicht unmittelbar wissen und auch nicht logisch beweisen. Das wird besonders deutlich, wenn wir mit der Frage nach dem Vorhandensein von Empfindungen aus der höheren in die niedere Tierwelt und bis zur Pflanzenwelt hinabsteigen. Entweder müssen wir irgendwo mehr oder weniger willkürlich ein Abbrechen der Empfindungsfähigkeit annehmen, oder wir müssen auch die Pflanzenwelt, ja, wie manche wollen, auch die unbelebte Natur mit Empfindung ausstatten. Die Unmöglichkeit, eine solche Anschauung streng zu begründen, liegt auf der Hand. Es bleibt also, wenn wir vollkommen konsequent verfahren und jegliche Willkür ausschalten wollen, nichts übrig, als auf dem Boden der eigenen Empfindung stehenzubleiben. Dann erscheint das Kausalgesetz als eine erfahrungsmäßige Regel, welche die Aufeinanderfolge der verschiedenen eigenen Empfindungen verknüpft, von der wir aber natürlich niemals wissen können, ob sie nicht im nächsten Augenblick durchbrochen werden wird. Wir müssen uns also eigentlich jederzeit auf ein Wunder gefaßt machen.

Daß Wunder sich sehr wohl denken und ausmalen lassen, haben wir ja schon zu Anfang ausführlich besprochen, und im Traum können wir sie tatsächlich jede Nacht erleben. Wenn wir aber nun fernerhin konsequent sein wollen, so müssen wir dann auch weitergehen und zugeben, daß der Traum sich überhaupt durch gar kein charakteristisches Merkmal von der Wirklichkeit unterscheiden läßt. Das Kausalgesetz kann uns hierbei nichts helfen; denn es soll ja weder hier noch dort unbeschränkte Gültigkeit besitzen, und annähernd kann man auch im Traum sehr wohl kausal geordnete Empfindungen haben. Die Stärke der Empfindungen kann auch nicht entscheidend sein; denn es gibt bekanntlich Träume, deren seelische Eindrücke denen der Wirklichkeit kaum nachstehen. Wer will beweisen, meine verehrten Damen und Herren, daß jeder einzelne von Ihnen den gegenwärtigen Augenblick, jedes Wort, das ich jetzt zu Ihnen spreche, nicht träumt? Man sage auch nicht, daß ein Traum sich verrät durch das plötzliche Abbrechen beim Erwachen. Man kann auch im Traum erwachen und dennoch weiterträumen. Es könnte sich sehr wohl ereignen, daß jemand regelmäßig jede Nacht einen Traum hat, welcher die kausale Fortsetzung des Traumes der vorigen Nacht bildet. Ein solches Unglückswesen würde ein doppeltes Leben führen und würde nie sicher darüber ins klare kommen, welches nun eigentlich das wirkliche und welches das geträumte ist.

Wir sehen: Mit rein logischen Mitteln ist diesem ganzen Gedankensystem, welches gewöhnlich als Solipsismus bezeichnet wird, nicht beizukommen. Der Solipsist stellt sein Ich in den Mittelpunkt allen Geschehens und jeglichen Erkennens, ihm gilt alles das und nur das als wirklich und unbezweifelbar, was er selber erlebt, alles andere ist abgeleitet und sekundär. Für den Solipsisten geht regelmäßig abends in dem Augenblick, da er einschläft, die Welt lautlos unter, um am andern Morgen ebenso lautlos wieder neu zu erstehen, und zwar merkwürdigerweise genau ebenso, „als ob" sie während der Nacht weiterbestanden hätte.

Man braucht sich in diese sonderbaren Vorstellungen nur etwas zu vertiefen, um sie sogleich als völlig absurd und unannehmbar abzulehnen In Wirklichkeit ist ja die Sachlage gerade umgekehrt. Die Welt kümmert sich nicht einen Pfifferling darum, ob der Solipsist wacht oder schläft, und selbst wenn er für immer die Augen schlösse, würde sie kaum eine besondere Notiz davon nehmen, sondern ungeändert ihren gewöhnlichen Gang weitergehen.

Vor derartigen ungeheuerlichen Konsequenzen sind denn auch selbst die extremsten Skeptiker zurückgeschreckt, freilich, wie es nicht anders sein kann, stets nur auf Grund von einer Art Kompromiß zwischen den Forderungen ihres gesunden Menschenverstandes und den rein logischen Folgerungen des von ihnen vertretenen Standpunktes. Es ist von besonderem Interesse, dies im einzelnen zu verfolgen und jedesmal die Stelle aufzusuchen, wo von dem geradlinigen Gedankengang abgewichen wird.

So schließt G e o r g e B e r k e l e y ungefähr folgendermaßen: Unter unseren Empfindungseindrücken gibt es auch solche, welche ohne, ja gegen unseren Willen verlaufen; darum müssen diese Empfindungen ihren Ursprung anderswo haben als in uns selber. Hier wird also ganz naiv das Kausalgesetz auf das Entstehen der Empfindungen angewendet, während doch andererseits die Empfindungen das einzig Gegebene sein sollen und die allgemeine Gültigkeit des Kausalgesetzes durch die ausdrückliche Zulassung von Wundern grundsätzlich in Abrede gestellt wird. Da B e r k e l e y eine tief religiöse Natur war, so konnte es nicht fehlen, daß bei ihm als letzte Ursache aller Empfindungen und damit aller Dinge überhaupt ein allmächtiger und allgütiger Schöpfer erscheint, von dem aus nun wieder ganz nach der Weise der Rationalisten alles andere, wie es eben gebraucht wird, abgeleitet werden kann.

Fassen wir zusammen, so können wir etwa folgendes als das Ergebnis dieser Betrachtungen aussprechen: Der skeptische Empirismus ist, rein logisch genommen, in seinen Grundlagen unanfechtbar und auch in seinen Folgerungen durchaus einwandfrei, aber er führt, in Reinkultur weiter gezüchtet, schließlich unweigerlich in eine Sackgasse, nämlich zum Solipsismus. Will man sich vor diesem retten, so bleibt mithin nichts anderes übrig, als an irgendeiner Stelle des Weges, am besten gleich zu Anfang, einen entschlossenen Seitensprung zu wagen durch Einführung einer besonderen, weder durch Empfindungseindrücke unmittelbar geforderten noch aus ihnen durch logische Schlüsse abzuleitenden Hypothese metaphysischer Art.

Diese Wahrheit als erster klar erkannt und einen derartigen rettenden Schritt bewußt vollzogen zu haben, ist das unvergängliche Verdienst von I m m a n u e l K a n t, dem Begründer des Kritizismus. Nach K a n t sind die im Bewußtsein gegebenen Empfindungseindrücke nicht das einzige Mittel zur Gewinnung von Erkenntnis, sondern zu ihnen fügt die Vernunft noch etwas aus eigenem hinzu, indem sie sich von vornherein, unabhängig von aller Erfahrung, gewisse Begriffe schafft, die Kategorien, deren Gebrauch die notwendige Voraussetzung dafür bildet, daß überhaupt Erkenntnisse erworben werden können. Für unser Problem ist von Wichtigkeit, daß zu den K a n t schen Kategorien auch der Kausalbegriff gehört und daß auch das Kausalgesetz dort als ein synthetisches Urteil a priori erscheint, etwa in der Fassung: „Alles, was geschieht, setzt etwas voraus, woraus es nach einer Regel folgt." Dieser Satz gilt nach Kant unabhängig von aller Erfahrung. Aber er läßt sich nicht etwa umkehren, d. h. nicht alles, was regelmäßig aufeinanderfolgt, steht im Kausalzusammenhang. Es gibt zum Beispiel wohl kaum eine regelmäßigere Aufeinanderfolge als die von Tag und Nacht, und doch wird kaum jemand behaupten wollen, daß der Tag die Ursache der Nacht sei. Die absolute Regelmäßigkeit ist also bei Kant noch nicht, wie bei den Skeptikern, gleichbedeutend mit der Kausalität des Zusammenhanges. In dem genannten Beispiel stammt sie nur daher, daß beide Ereignisse, Tag und Nacht, Wirkungen einer und derselben Ursache sind, nämlich der Achsendrehung der Erde, in Verbindung mit der Undurchsichtigkeit des Erdkörpers für die Sonnenstrahlen.

Damit wäre also die Frage nach der allgemeinen Gültigkeit des Kausalgesetzes in bejahendem Sinne beantwortet. Indessen ist nicht zu verkennen, daß der Kantschen Lehre, so befriedigend und abschließend sie in den meisten ihrer Resultate erscheint, dennoch schon wegen ihrer dogmatisch gehaltenen Fassung eine gewisse Willkür anhaftet, und es läßt sich wohl verstehen, daß sie im Laufe der Zeit nicht nur verschiedene Um- und Weiterbildungen, sondern auch direkte Anfechtungen erfahren hat.

Selbstverständlich muß ich auf den Versuch verzichten, die Entwicklung, die das Kausalproblem in der Philosophie seit Kant genommen hat, hier auch nur in großen Zügen anzudeuten. Nur einige besonders hervorstechende Merkmale derselben seien hier hervorzuheben gestattet. Wohl die ernstlichste Gegnerschaft erwuchs der Kantschen Systematik von seiten derjenigen Philosophen, die Bedenken trugen, sich allzuweit auf metaphysisches Gebiet vorzuwagen. Daß man allerdings der Metaphysik nicht ganz entraten kann, ohne schließlich rettungslos dem Solipsismus zu verfallen, haben wir schon oben gesehen, und insofern läßt sich an jedem System, welches sowohl die Metaphysik als auch den Solipsismus vermeiden will, irgendwo eine Lücke logischer Art nachweisen, worauf im einzelnen einzugehen hier zu weit führen würde. Aber durch vorsichtige Konstruktionen kann man immerhin solchen Lücken ein ziemlich unauffälliges Ansehen geben.

Während nun die Lehre Kants und mit ihr die ganze übrige Transzendentalphilosophie, vom absoluten Idealismus an bis hin zum extremen Materialismus, von vornherein ausgesprochenermaßen auf metaphysischem Boden wurzelt, sucht im Gegensatz dazu der von Auguste Comte begründete Positivismus in seinen verschiedenen Färbungen und Ausbildungen sich von metaphysischen Einflüssen möglichst frei zu halten, indem er zunächst als einzige legitime Erkenntnisquelle nur die Bewußtseinserlebnisse anerkennt. Nach ihm ist die Kausalität nicht in den Dingen selbst begründet, sondern sie ist, kurz gesprochen, eine Erfindung des menschlichen Geistes, die nur deshalb eine so wichtige Rolle spielt, weil sie sich für den Menschen als äußerst brauchbar und zweckmäßig erwiesen hat, und das

Kausalgesetz ist die Anwendung dieser Erfindung. Da wir nun etwas, was wir selber erfunden haben, immer auch ganz genau kennen, so schwindet damit jede Unklarheit in der Bedeutung des Kausalbegriffs. Daher bleibt dann aber auch immer die Möglichkeit offen, daß einmal in einem Falle die Erfindung sich als unbrauchbar erweist, daß also das Kausalitätsgesetz versagt. Und wenn K a n t in seinem System lehrt, daß Erkenntnis ohne Kausalität von vornherein unmöglich ist, weil die Vernunft sich die Kategorie des Kausalbegriffs vor aller Erfahrung schafft, so ist, im Licht des Positivismus gesehen, diese schaffende Vernunft eben doch nur die menschliche Vernunft, und ihr Werk ist und bleibt Menschenwerk. Der Mensch ist das Maß aller Dinge, sagt schon P r o t a g o r a s. Mögen wir uns drehen und wenden, wie wir wollen, wir kommen nun einmal aus unserer Haut nicht heraus, und alle noch so kühnen Streifzüge, die wir in das Gebiet des sogenannten Absoluten ausführen mögen, bewegen sich in Wahrheit doch stets nur innerhalb des Bannkreises, der uns von der Gesamtheit unserer Bewußtseinserlebnisse gezogen wird.

So unanfechtbar in gewissem Sinne die Bündigkeit dieser Überlegungen sich darstellt, so läßt sich doch vom Standpunkt der Transzendentalphilosophie mancherlei darauf erwidern, und so folgt auf jede Rede immer wieder die Gegenrede, in stets sich erneuerndem Wechsel, und das Ende vom Lied ist schließlich die Bekräftigung dessen, was wir eigentlich schon vorher wußten, daß nämlich die Frage nach dem Wesen und der allgemeinen Gültigkeit des Kausalgesetzes in endgültiger, allgemein anerkannter Weise durch reines Nachdenken nicht zu entscheiden ist. Die transzendentale und die positivistische Auffassung sind unversöhnlich und werden es bleiben, solange es selbständig philosophierende Köpfe gibt.

III.

Unter diesen Umständen erscheint jetzt die Aussicht auf eine befriedigende Lösung unseres Problems ziemlich hoffnungslos geworden. Oder gibt es nicht doch noch einen rettenden Ausweg aus diesem öden Zirkel, läßt sich vielleicht doch noch eine Instanz ausfindig machen, die man um eine zuverlässige Entscheidung angehen kann?

Allerdings ist noch eine Stelle zu nennen, von der eine Auskunft zu erhoffen wäre — eine Stelle, die wir bisher nicht besonders in Betracht gezogen haben. Fragen wir einmal bei der Wissenschaft an. Verhält sich diese in ihren vielfältigen Verzweigungen gegenüber unserer Frage ebenso zwiespältig wie die Philosophie in ihren verschiedenen einander gegenüberstehenden Systemen?

Freilich könnte man hier von vornherein einwerfen, daß ein Problem der Philosophie unmöglich von den Einzelwissenschaften gelöst werden könne; denn die Philosophie behandele ja gerade die Fragen, welche die Grundlagen und die Vorbedingungen für die Einzelwissenschaften betreffen, die Tätigkeit der Philosophie habe also jedenfalls der Fachwissenschaft vorauszugehen, und es hieße der philosophischen Behandlung unbefugterweise vorgreifen, wenn die Einzelwissenschaften es unternehmen wollten, in allgemeinen philosophischen Fragen mitzureden.

Wer so urteilt, der verkennt nach meiner Meinung die Bedeutung der Zusammenarbeit von Philosophie und Fachwissenschaft. Zunächst ist zu bedenken, daß der Ausgangspunkt und die Hilfsmittel der Forschung auf beiden Gebieten im Grunde ganz die nämlichen sind. Denn der Philosoph arbeitet ja nicht etwa mit einer besonderen Art von Verstand, und er schöpft aus keiner anderen Quelle als aus seinen durch die tägliche Erfahrung und durch seine wissenschaftliche Bildung gewonnenen Anschauungen, die je nach seiner individuellen Naturanlage und seinem persönlichen Entwicklungsgang andere sein werden. In gewisser Beziehung ist ihm sogar der Fachgelehrte weit überlegen, da dieser in seinem Spezialgebiete über ein sehr viel reicheres, durch Beobachtung oder Versuche gesammeltes, systematisch gesichtetes Tatsachenmaterial verfügt. Dafür besitzt der Philosoph einen besseren Blick für die allgemeinen Zusammenhänge, die den Fachgelehrten nicht unmittelbar interessieren, und die er daher leichter unbeachtet läßt.

Vielleicht läßt sich die Verschiedenheit in den Arbeitsweisen der beiden einigermaßen vergleichen mit der Beschäftigung zweier Reisegefährten, die nebeneinanderstehend ein vor ihnen weit ausgebreitet liegendes fremdes, kompliziertes Gelände musternd überschauen, der eine mit frei umherschweifendem Auge, der andere mit einem nach einer bestimmten Richtung hin fest eingestellten Fernrohr. Der erstere sieht im einzelnen undeutlicher, aber er vermag mit einem einzigen Blick die ganze Mannigfaltigkeit in ihrem Zusammenhang zu überblicken und dadurch manches besser zu verstehen, während der andere viel mehr Einzelheiten erkennt, aber dafür auf einen verhältnismäßig engen Gesichtskreis beschränkt ist und keinen umfassenden Überblick über das Ganze besitzt. Beide können sich durch gegenseitige Ergänzung wertvolle Dienste leisten.

Wenn auch natürlich dieser Vergleich hinkt, wie jeder andere, so mag er doch verdeutlichen, daß die Philosophie für ein bestimmtes, von ihr als fundamental erkanntes Problem, zu dessen Formulierung sie allein berufen und befähigt ist, das aber von ihr allein nicht ganz unzweideutig entschieden werden kann, sich sehr wohl durch eine Umfrage bei den Einzelwissenschaften wird Auskunft holen dürfen. Und sollte die Antwort auf die Umfrage in einem ganz bestimmten Sinne ausfallen, so wird man sie unbedenklich als eine endgültige betrachten dürfen. Denn es ist das charakteristische Merkmal wahrer Wissenschaft, daß ihre Erkenntnisse allgemein, objektiv, für alle Zeiten und alle Völker verbindlich sind, daß ihre Resultate daher unbeschränkte Anerkennung beanspruchen und schließlich auch immer durchsetzen. Fortschritte der Wissenschaft sind eben endgültig und lassen sich unmöglich auf die Dauer ignorieren

Besonders deutlich zeigt sich dies in der Entwicklung, welche die

Naturwissenschaft genommen hat. Daß der Mensch heute mit drahtloser Telegraphie innerhalb eines winzigen Bruchteils einer Sekunde beliebige Nachrichten nach den entferntesten Orten der Erde sendet, daß er im Flugzeug sich in die Luft erhebt und hoch über Berggipfel und Meere dahinfährt, daß er mittels der Röntgenstrahlen das Innere eines jeden Lebewesens durchmustert und selbst die Lagerung der einzelnen Atome in den Kristallen feststellt, das sind objektive Leistungen der Wissenschaft und der durch sie befruchteten Technik, welche den alten Ben Akiba hundertmal Lügen strafen, vor denen die hochgepriesenen Kenntnisse aller Weltweisen und die jahrhundertelang geübten Künste aller Magier und Zauberer dahinsinken. Wer noch angesichts solcher handgreiflicher Erfolge die Augen verschließen und von einem Zusammenbruch der Wissenschaft faseln will, der verdient keine besondere Widerlegung, sondern macht sich einfach lächerlich. Denn auf welche andere Art sollte man den Beweis dafür führen, daß es sich hier um einen wirklich erkenntnismäßigen Fortschritt handelt, als durch die Prüfung der tatsächlich vorliegenden Leistungen? Das untrügliche Kennzeichen für den Wert einer jeden Arbeitsrichtung sind und bleiben nun einmal die von ihr erzielten Früchte.

Wenn somit die Kompetenz und die Zuverlässigkeit der wissenschaftlichen Methode für die Behandlung des vorliegenden Problems einmal anerkannt ist, dürfen wir nunmehr die folgende Frage stellen: Wie verfährt die Wissenschaft auf allen ihren Einzelgebieten tatsächlich? — und zwar wohlgemerkt die Fachwissenschaft selber, nicht etwa ihre philosophische oder erkenntnistheoretische Begründung. Beschäftigt sie sich mit den im Selbstbewußtsein unmittelbar gegebenen bezüglichen Sinneseindrücken und ihrer systematischen Verarbeitung durch die Denkgesetze, oder geht sie gleich von vornherein über diese erste Quelle unserer Erkenntnis hinaus und macht zunächst einmal sozusagen einen Sprung auf metaphysisches Gebiet?

Über die Antwort auf diese Frage kann meines Erachtens kein Unbefangener zweifelhaft sein, sie lautet in jeder einzelnen Wissenschaft zugunsten der zweiten Alternative. Ja man wird geradezu sagen dürfen, daß erst mit der bewußten Abwendung von der egozentrischen oder anthropozentrischen Betrachtung jede eigentliche Wissenschaft beginnt. Denn ursprünglich bezog der denkende Mensch alle Sinneseindrücke und alles, was damit im Zusammenhang steht, auf sich und seine eigenen Interessen. Die Naturgewalten, die er sich gleich sich selbst beseelt dachte, schied er in freundlich und feindlich gesinnte, die Pflanzen teilte er ein in giftige und unschädliche, die Tiere in gefährliche und harmlose. Solange er bei dieser Betrachtungsweise verharrte, konnte er nicht zu einer wirklichen Wissenschaft kommen. Erst als er anfing, der reinen Erkenntnis zuliebe seine unmittelbaren Interessen aus dem Spiele zu lassen, als er sich selbst und später auch den von ihm bewohnten Planeten aus dem Mittelpunkt des Weltgeschehens entfernt dachte und sich auf den bescheideneren Posten eines aufmerksam lauschenden Beobachters zurückzog, der sich möglichst still im Hintergrund halten muß, um die Eigenschaften der von ihm untersuchten Objekte und den Ablauf der zu beobachtenden Vorgänge möglichst wenig zu beeinflussen, da begann die Außenwelt ihm ihre Geheimnisse zu entschleiern und verriet ihm dadurch zugleich auch die Mittel, mit welchen er schließlich sie sich zu Diensten zwingen konnte, die auf direktem Wege durchzusetzen ihm niemals gelungen wäre; einige Beispiele dafür sind uns schon oben entgegengetreten.

Und was im Bereich der Natur gilt, muß erst recht für das Geistesleben zutreffen. Die Grundlage und die Vorbedingung jeder echten fruchtbringenden Wissenschaft ist die durch reine Logik freilich nicht zu begründende, aber auch durch Logik niemals zu widerlegende metaphysische Hypothese der Existenz einer selbständigen, von uns völlig unabhängigen Außenwelt, von der wir allerdings nur durch unsere besonderen Sinne direkt Kenntnis erhalten können, wie wenn wir einen fremden Gegenstand nur durch eine Brille gewahren können, die bei jedem einzelnen Menschen eine etwas verschiedene Färbung aufweist. So wenig es uns aber dann einfällt, für alle Eigentümlichkeiten des wahrgenommenen Bildes unsere Brille verantwortlich zu machen, so sorgsam vielmehr wir darauf achten, bei der Bildung unseres Urteils über den Gegenstand die durch die Brille bedingten Färbungen, so gut es eben gehen will, in Rücksicht zu ziehen, ebenso ist es das allererste Erfordernis wissenschaftlicher Denkweise, die Trennung der Außenwelt von der Innenwelt anzuerkennen und durchzuführen.

Um eine besondere Begründung dieses Sprunges ins Transzendentale haben sich die Einzelwissenschaften nie gekümmert, und sie haben wohl daran getan. Denn erstens wären sie sonst sicher nicht so schnell vorwärtsgekommen, und zweitens, was grundsätzlich noch wichtiger ist, haben sie niemals eine Widerlegung zu befürchten, da ja diese Fragen durch Vernunftschlüsse gar nicht entschieden werden können.

Gewiß ist der positivistische Satz, daß der Mensch das Maß aller Dinge ist, insofern unanfechtbar, als man niemand durch logische Gründe daran hindern kann, alle Dinge nach menschlichem Maß zu messen und das ganze Weltgeschehen letzten Endes in einen Komplex von Empfindungen aufzulösen, aber es gibt noch ein anderes, für gewisse Fragen viel wichtigeres Maß, welches, unabhängig von der Art und Beschaffenheit des messenden Intellekts, den Dingen selbst eigentümlich ist. Dieses Maß ist uns zwar nicht unmittelbar gegeben, aber wir suchen es zu gewinnen, und wenn wir auch das ideale Ziel niemals vollständig erreichen werden, so nähern wir uns doch ihm fortwährend in unablässiger Arbeit, und jeder Schritt auf diesem Wege belohnt sich, wie die Geschichte einer jeden Wissenschaft lehrt, durch hundertfältige Erfolge. —

Mit der Annahme der Existenz einer selbständigen Außenwelt verknüpft die Wissenschaft nun sogleich auch die Frage nach der Kausalität, das heißt nach der Gesetzlichkeit im Weltgeschehen, als eines von unseren Sinnesempfindungen ganz unabhängigen Begriffs, und betrachtet es als ihre Aufgabe, zu untersuchen, ob und inwiefern das Kausalgesetz auf die verschiedenen Vorgänge in der Natur und in der Geisteswelt anwendbar ist.

Wir sehen, die Wissenschaft befindet sich hier gerade an dem nämlichen Punkte, welchen K a n t zum Ausgang seiner Erkenntnislehre gemacht hat. Wie in der K a n t schen Philosophie, so gehört auch in jeder Einzelwissenschaft der Kausalbegriff von vornherein zu den Kategorien, ohne die Erkenntnis überhaupt nicht gewonnen werden kann. Dagegen ist insofern ein gewisser Unterschied vorhanden, als K a n t nicht nur den Begriff der Kausalität, sondern bis zu einem gewissen Grade auch den Inhalt des Kausalgesetzes als durch Anschauung unmittelbar gegeben und daher als allgemeingültig hinstellt. Diesen Schritt können die Einzelwissenschaften nicht mitmachen. Sie müssen es sich vielmehr vorbehalten, die Frage nach der Bedeutung des Kausalgesetzes in jedem einzelnen Falle besonders zu prüfen und die an sich leere Form des Kausalbegriffs durch induktive Forschung allmählich mit fruchtbarem Inhalt zu füllen.

IV.

Damit sind wir nun, um der Lösung unseres Problems näherzukommen, vor die Aufgabe gestellt, die einzelnen Wissenschaften der Reihe nach durchzumustern und ihre Stellung zur Frage nach der allgemeinen und ausnahmslosen Gültigkeit des Kausalgesetzes zu ergründen. Selbstverständlich kann es sich hier nur um einen ganz kurzen Gang mit Siebenmeilenstiefelschritten handeln. Wir beginnen mit der exaktesten der Naturwissenschaften: der P h y s i k.

In der klassischen Dynamik, zu der wir sowohl die Mechanik, einschließlich der Gravitationstheorie, als auch die M a x w e l l - L o r e n t z sche Elektrodynamik rechnen können, hat das Kausalgesetz eine Formulierung gefunden, die an Genauigkeit und Strenge dem idealen Ziel, von dem ich oben gesprochen habe, jedenfalls schon einigermaßen nahekommt. Sie stellt sich dar als ein gewisses System von mathematischen Gleichungen, durch welche alle Vorgänge in irgendeinem gegebenen physikalischen Gebilde vollkommen bestimmt werden, sobald die zeitlichen und räumlichen Grenzbedingungen, das heißt der Anfangszustand und die von außen her auf das Gebilde stattfindenden Einwirkungen, gegeben sind. Dadurch ist es möglich gemacht, alle in dem Gebilde sich abspielenden Vorgänge in allen Einzelheiten im voraus zu berechnen und so aus der Ursache die Wirkung abzuleiten.

Ihren letzten bedeutenden Fortschritt hat die Dynamik erst in jüngster Zeit erfahren durch die Einsteinsche allgemeine Relativitätstheorie, durch welche die N e w t o n sche Gravitation auf das innigste mit dem G a l i l e i schen Trägheitsgesetz verschmolzen worden ist. Man pflegt manchmal die Relativitätstheorie zugunsten einer positivistischen Auffassung zu deuten und in einen gewissen Gegensatz zur Transzendentalphilosophie zu bringen. Ganz mit Unrecht. Denn das Fundament der Relativitätstheorie liegt nicht darin, daß alle Raum- und Zeitangaben nur eine relative, durch das Bezugssystem des Beobachters bedingte Bedeutung besitzen, sondern es liegt darin, daß es in der vierdimensionalen raumzeitlichen Mannigfaltigkeit eine Größe gibt, nämlich die Entfernung zweier unendlich benachbarter Punkte, die sogenannte „Maßbestimmung", welche für alle messenden Beobachter und für alle benutzten Bezugssysteme den nämlichen Wert besitzt und der daher ein von jeder menschlichen Willkür unabhängiger transzendentaler Charakter zukommt.

In dieses harmonische System der Physik hat allerdings neuerdings die Quantenhypothese einige Verwirrung gebracht, und es ist heute noch nicht bestimmt abzusehen, welchen Einfluß die Durchführung dieser Hypothese auf die Fassung der physikalischen Grundgesetze haben wird; einige wesentliche Modifikationen scheinen unvermeidlich zu werden. Indessen zweifelt wohl kein Physiker daran, daß schließlich auch die Quantenhypothese ihren exakten Ausdruck in gewissen Gleichungen finden wird, welche dann als eine genauere Formulierung des Kausalgesetzes gelten können. —

Aber die Physik kennt außer den dynamischen Gesetzen, welche streng und in allen Einzelfällen gelten, auch andere, sogenannte statistische Gesetze, welche nur Wahrscheinlichkeitscharakter haben und in Einzelfällen Ausnahmen zulassen. Ein klassisches Beispiel dafür ist die Wärmeleitung. Wenn sich zwei Körper von verschiedener Temperatur berühren, so geht nach dem zweiten Hauptsatz der Wärmetheorie die Wärmeenergie immer von dem wärmeren zu dem kälteren Körper über. Wir wissen heute genau, daß dieser Satz nur ein Wahrscheinlichkeitssatz ist. Er kann nämlich, besonders wenn die Temperaturdifferenz der beiden sich berührenden Körper äußerst klein ist, sehr wohl vorkommen, daß an einer einzelnen Berührungsstelle in einem einzelnen Zeitpunkt einmal ein entgegengesetzter Wärmeübergang, vom kälteren zum wärmeren Körper, erfolgt. Der zweite Hauptsatz der Wärmetheorie hat eben, wie alle statistischen Gesetze, nur für Mittelwerte aus einer sehr großen Anzahl von gleichartigen Vorgängen, nicht für jeden einzelnen Vorgang exakte Bedeutung. Will man ihn auf Einzelfälle anwenden, so darf man nur von einer gewissen Wahrscheinlichkeit sprechen.

Es liegt hier ganz ähnlich wie in dem Falle des Spiels mit einem unsymmetrischen Würfel. Wenn man einen Würfel rollen läßt, dessen Schwerpunkt nicht in seiner Mitte liegt, sondern stark nach einer der sechs Seitenflächen verschoben ist, so ist es sehr wahrscheinlich, aber doch nicht ganz sicher, daß die bevorzugte Seitenfläche nach unten zu liegen kommt. Je geringer die Abweichung des Schwerpunktes von seiner symmetrischen Lage ist, um so schwankender wird das Resultat. Einen exakten Ausdruck für das hier obwaltende statistische Gesetz kann man gewinnen, wenn man den Wurf sehr oft wiederholt. Dann steht die Anzahl derjenigen Würfe, welche das bevorzugte Resultat ergeben, zu der Gesamtzahl aller

Würfe in einem ganz bestimmten, durch die Lagerung des Schwerpunktes gegebenen Verhältnis.

Findet nun, um wieder auf die Wärmeleitung zurückzukommen, die strenge, bis in alle Einzelheiten sich erstreckende Gültigkeit des Kausalgesetzes bei ihr eine Grenze? Keineswegs. Denn die eingehendere Forschung hat gezeigt, daß das, was wir Wärmeübergang von einem Körper zum anderen nennen, ein äußerst verwickelter Vorgang ist, der sich in eine Unzahl einzelner, voneinander unabhängiger feiner Vorgänge, der Molekularbewegungen, auflösen läßt, und sie hat ferner gezeigt, daß, wenn wir für jeden einzelnen dieser feinen Vorgänge die Gültigkeit dynamischer Gesetze, also strenge Kausalität, voraussetzen, dann gerade die durch Beobachtung festgestellten Wahrscheinlichkeitsgesetze sich ergeben. Die Abweichung von der statistischen Regel in Einzelfällen hat also nicht darin ihren Grund, daß das Kausalgesetz nicht erfüllt ist, sondern darin, daß unsere Beobachtungen viel zu wenig fein sind, um zu einer direkten Prüfung des Kausalgesetzes verwendet werden zu können. Wären wir imstande, die Bewegung jedes einzelnen Moleküls zu verfolgen, so würden wir an ihr die genaue Gültigkeit der dynamischen Gesetze bestätigt finden.

Man unterscheidet daher auch in der Physik zwei verschiedene Arten von Betrachtungsweisen: die makroskopische, gröbere, summarische, und die mikroskopische, feinere, detaillierte. Nur für den makroskopischen Beobachter gibt es einen Zufall und eine Wahrscheinlichkeit, deren Größe und Bedeutung wesentlich durch das Maß von Kenntnissen bedingt ist, über die er verfügt, während der mikroskopische Beobachter überall nur Gewißheit und strenge Kausalität sieht. Der makroskopische Beobachter rechnet nur mit zusammengesetzten Werten, er kennt nur statistische Gesetze; der mikroskopische Beobachter rechnet mit Einzelwerten und wendet auf sie die völlig eindeutigen dynamischen Gesetze an. Würden wir das oben geschilderte Würfelspiel mikroskopisch betrachten, das heißt, würden wir außer der Beschaffenheit des Würfels auch seine Anfangslage und seine Anfangsgeschwindigkeit sowie die äußeren Einwirkungen der Tischplatte und des Luftwiderstandes in jedem Einzelfalle genau kennen, so wäre von Zufall nicht mehr die Rede, sondern wir würden jedesmal imstande sein, genau den Ort und die Lage zu berechnen, in der der Würfel schließlich liegenbleibt.

Es braucht hier nicht näher ausgeführt zu werden, daß die physikalische Wissenschaft bei allen Vorgängen in der Molekül- und Atomwelt die makroskopische Betrachtungsweise, welche dort natürlich stets vorausgeht, nach Möglichkeit auf die mikroskopische Betrachtung, also die statistischen Gesetze auf eine dynamische, streng kausale Gesetzmäßigkeit zurückzuführen sucht, und insofern darf man sagen, daß die Physik, wozu wir hier auch die Astronomie, die Chemie und die Mineralogie rechnen dürfen, auf allen ihren Gebieten die strenge Gültigkeit des Kausalgesetzes zugrunde legt. —

Wir kommen nun zu den b i o l o g i s c h e n Wissenschaften. Hier liegen die Verhältnisse schon sehr viel verwickelter, besonders deshalb, weil mit dem Begriff des Lebens auch der Entwicklungsgedanke auftritt, welcher der wissenschaftlichen Forschung schon von jeher die größten Schwierigkeiten bereitet hat. Indessen darf ich, wenn ich auch auf diesem Gebiet nicht mehr als Fachmann reden kann, doch unbedenklich die Behauptung aufstellen, daß auch die biologische Forschung gerade auf ihren dunkelsten Gebieten, wie zum Beispiel in der Vererbungslehre, mit der Zeit immer mehr dahin gekommen ist, die allgemeine Gültigkeit streng kausaler Beziehungen anzunehmen. Einen Zufall in absolutem Sinne oder, was hier auf dasselbe herauskommt, ein Wunder, kennt die Physiologie ebensowenig wie die Physik, obwohl freilich eine mikroskopische Betrachtungsweise hier noch weit schwieriger durchzuführen ist Daher sind die meisten physiologischen Gesetze von statistischer Art, sogenannte Regeln. Wenn von einer solchen empirisch festgestellten Regel Ausnahmen beobachtet werden, so werden dieselben nicht einem Versagen des Kausalgesetzes zugeschrieben, sondern einem Mangel unserer Kenntnisse von den Bedingungen, welche der Anwendung der Regel zugrunde liegen, und die Wissenschaft ruht und rastet nicht, bis hierüber in irgendeiner Weise Aufklärung geschaffen ist. Durch eine solche wird dann auch nicht selten zugleich auf andere damit zusammenhängende Fragen unvermutet Licht geworfen und so das Walten des allgemeinen Kausalzusammenhanges von einer neuen Seite bestätigt. Das ist der Weg, auf welchem schon manche bedeutende Entdeckung gemacht wurde.

Wie unterscheidet man aber die Kausalität eines Zusammenhanges von einer bloßen äußerlichen Regelmäßigkeit der Aufeinanderfolge? Ein absolut ausschlaggebendes Merkmal hierfür gibt es überhaupt nicht. Was man feststellen kann, ist letzten Endes immer nur die allgemeine und ausnahmslose Gültigkeit eines Gesetzes, welche uns gestattet, die aus einer gegebenen Ursache folgenden Wirkungen mit Bestimmtheit vorauszusagen.

Eine hübsche Illustration hierzu gibt eine kleine Geschichte, die, wenn ich nicht irre, von Benjamin Franklin erzählt wird. Dieser, der bekanntlich nicht nur ein großer Staatsmann, sondern auch ein genialer Naturforscher und Erfinder war, beschäftigte sich zeitweise einmal angelegentlich mit dem Problem der künstlichen Bodendüngung, deren Bedeutung für die Landwirtschaft er klar voraussah, und hatte auch schon mit Gipsdünger einige praktische Erfolge erzielt. Doch wollte es ihm lange Zeit hindurch nicht gelingen, seine allen Neuerungen abgeneigten Nachbarn davon zu überzeugen, daß das üppige Gedeihen seines Kleefeldes ursächlich durch die künstliche Düngung bedingt war. Schließlich verfiel er auf die folgende drastische Beweismethode. Zur Zeit der Aussaat grub er auf seinem Kleeacker mit dem Spaten lange, schmale Furchenlinien in den Boden, die er zu großen Buchstaben formte und mit reichlichem Dünger versah, während der ganze übrige Teil des Feldes ungedüngt blieb. Als nun später der Klee aufging, da schoß er auf den gedüngten Linien besonders üppig ins Kraut, und man konnte schon von weitem auf dem Felde in dicker Kleeschrift deutlich die Worte lesen: „Diese Stelle ist mit Gips gedüngt."

Ob die dickköpfigen Bauern sich durch diese Beweisführung bekehren ließen, verrät unsere Erzählung nicht. Selbstverständlich ist das keineswegs. Denn niemand kann durch Gründe rein logischer Art gezwungen werden, auch da, wo absolute Regelmäßigkeit vorliegt, einen Kausalzusammenhang anzuerkennen. Denken wir nur an das K a n t sche Beispiel von Tag und Nacht. Das steht ganz im Einklang mit dem, was wir schon wiederholt zu betonen Gelegenheit hatten, daß das kausale Band nicht logischer, sondern transzendentaler Art ist.

Mag man immerhin das Kausalgesetz eine Hypothese nennen — auf die Bezeichnung kommt es ja weniger an. Jedenfalls ist es aber dann nicht eine Hypothese wie viele andere, sondern es ist die Haupt- und Grundhypothese, nämlich die Vorbedingung dafür, daß es überhaupt einen Sinn hat, Hypothesen zu bilden. Denn eine jegliche Hypothese, die irgendeine bestimmte Regel ausspricht, fußt schon auf der Gültigkeit des Kausalgesetzes. —

Es bleibt uns noch zu betrachten übrig diejenige Klasse von Wissenschaften, welche die feinsten und die verwickeltsten, uns am unmittelbarsten berührenden Vorgänge, die g e i s t i g e n , zum Gegenstande hat. Die ungeheuren Schwierigkeiten, mit denen bei den Geisteswissenschaften, speziell bei der allen vorangehenden Geschichtswissenschaft, die Anwendung der objektiven Beobachtungsmethode schon wegen der Beschränktheit des Quellenmaterials zu kämpfen hat, werden einigermaßen dadurch gemildert, daß diesen Wissenschaften noch eine besondere Methode subjektiver Art zur Verfügung steht, die den Naturwissenschaften fremd ist: die Methode der Selbstbeobachtung, die es dem Forscher ermöglicht, sich in den Seelenzustand der Persönlichkeiten oder der Gruppen von Persönlichkeiten, mit denen er sich beschäftigt, einigermaßen einzufühlen und dadurch einen gewissen Einblick in die Eigentümlichkeiten ihrer Empfindungen und Gedankengänge zu gewinnen.

Fragen wir nun also wiederum: Welche Stellung nehmen die Geisteswissenschaften zu unserm Problem ein? Gibt es nach ihnen auch in der Welt des Geistes, im Fühlen, Wollen, Denken und Handeln des Menschen überall einen strengen Kausalzusammenhang, so daß jedes Erlebnis, jeder Gedanke, jeder Willensakt durch einen oder mehrere vorhergehende Umstände oder Ereignisse notwendig und vollständig bedingt ist, oder herrscht hier im Gegensatz zur Natur bis zu einem gewissen Grad Freiheit oder Willkür oder Zufall, wie man es nun eben nennen will?

Von jeher bestanden über diesen Punkt sehr verschiedene Ansichten. So finden sich zum Beispiel bis in die neueste Zeit hinein Auffassungen verbreitet wie etwa die folgende: „Je höher man in der Stufenleiter der Naturwesen aufsteigt, desto belangloser wird das Moment der Notwendigkeit, desto größer der Spielraum und der

Geltungsbereich der schöpferischen Freiheit, die sich beim Menschen zur vollen Willensfreiheit erhebt."

Ob und inwieweit eine solche Ansicht zutreffend ist, kann nur die historische und psychologische Forschung entscheiden. Dabei lautet die Fragestellung ganz ähnlich wie bei den Naturwissenschaften, nur daß, den besonderen Umständen entsprechend, hier eine etwas andere Terminologie benutzt wird. Als Objekt der Untersuchung dient wie in der Naturwissenschaft ein bestimmtes Gebilde mit gegebenen Eigenschaften, so hier eine bestimmte individuelle Persönlichkeit mit gegebener ererbter Veranlagung, wie Körperbeschaffenheit, Intelligenz, Einbildungskraft, Charakter, Temperament, Gemütsverfassung. Als äußere Bedingungen fungieren hier die physischen und die psychischen Einflüsse der Umwelt, wie sie durch Klima, Ernährung, Erziehung, Umgang, Lektüre usw. wirksam werden. Gefragt wird, ob durch alle diese Daten das zukünftige Verhalten des Menschen in allen Einzelheiten nach bestimmten Gesetzen determiniert wird.

Von einer vollständigen, logisch unanfechtbaren Beantwortung dieser Frage kann selbstverständlich hier noch viel weniger die Rede sein wie bei der Naturwissenschaft. Aber so viel wird man doch schon heute mit aller Bestimmtheit behaupten dürfen, daß die Richtung, welche sowohl die Geschichtswissenschaft als auch die Psychologie im Laufe ihrer Entwicklung genommen haben, mit Entschiedenheit darauf hinweist, die Frage in vollem Umfange zu bejahen. Die Rolle, welche in der Natur die Kraft als Ursache der Bewegungen spielt, übernimmt hier in der Welt des Geistes das Motiv als Ursache der Handlungen, und wie in jedem Augenblick die Bewegungen eines materiellen Körpers mit Notwendigkeit aus dem Zusammenwirken verschieden gerichteter Kräfte hervorgehen, so entspringen die Handlungen des Menschen mit gleicher Notwendigkeit dem Wechselspiel der einander verstärkenden oder widerstreitenden Motive, die teilweise mehr oder weniger bewußt, teilweise auch ihm unbewußt zur Wirksamkeit gelangen.

Mag auch bei dem ersten Anblick manche Handlung eines Menschen unerklärlich, rätselhaft, launisch erscheinen, beim näheren Zusehen gelingt es doch in vielen Fällen, sie als bedingt zu erkennen durch Ursachen, die in der besonderen Charakteranlage, der augenblicklichen Gemütsverfassung oder auch in besonderen äußeren Umständen liegen mögen, und in den übrigen Fällen haben wir allen Grund, anzunehmen, daß an der Schwierigkeit der Erklärung nicht das Fehlen eines Motivs, sondern nur die Mangelhaftigkeit unserer Kenntnisse von den Einzelheiten der Sachlage Schuld trägt, genau ebenso wie beim Würfelspiel trotz der anscheinenden Regellosigkeit der Würfe niemand an der strengen Gültigkeit des Kausalgesetzes für jeden einzelnen Wurf zweifelt. Mögen auch manchmal die Motive einer Handlung ganz im Dunkeln liegen, ein Handeln ganz ohne Motiv ist wissenschaftlich ebensowenig annehmbar wie ein absoluter Zufall in der unbelebten Natur.

Die schwierige Frage nach der Wechselwirkung zwischen physischen und psychischen Erscheinungen können wir dabei ganz aus dem Spiel lassen. Es genügt die Anerkennung des Satzes, daß jeder psychische Vorgang mit einem entsprechenden physischen Vorgang nach bestimmten Gesetzen zusammenhängt.

Da jede Handlung nicht nur durch vorangehende Motive kausal bedingt ist, sondern auch ursächlich auf das spätere Handeln einwirkt, so bildet sich aus dem Wechselspiel von Motiven und Handlungen eine endlose Kette von aufeinanderfolgenden Geschehnissen im geistigen Leben, in der jedes Glied sowohl mit den vorhergehenden als auch mit den folgenden durch strenge Kausalität verbunden ist.

Es hat zwar nicht an Versuchen gefehlt, den Zusammenhang dieser Glieder zu lockern. So hat noch Hermann Lotze in bewußtem Gegensatz zu Kant mit Nachdruck die Auffassung vertreten, daß eine solche kausale Kette zwar kein Ende, wohl aber einen Anfang haben könnte, mit anderen Worten, daß es, besonders in den Köpfen schöpferisch veranlagter Geister, unter Umständen zum Auftreten von Motiven komme, die völlig selbständig, ohne durch vorangehende Ursachen bedingt zu sein, zur Wirksamkeit gelangen und so das Anfangsglied einer neuen kausalen Kette darstellen.

Wenn sich in Wirklichkeit so etwas ereignen könnte, müßte es doch der unablässig daran arbeitenden wissenschaftlichen Forschung endlich einmal in irgendeinem Falle gelungen sein, dies wenigstens als glaubhaft hinzustellen. Aber es hat sich bisher nirgends ein Anhaltspunkt für das Vorhandensein solcher sogenannter „freier Anfänge" auffinden lassen. Im Gegenteil; je tiefer die Wissenschaft in die Einzelheiten der Entstehung auch der großen weltgeschichtlichen Geistesbewegungen einzudringen vermochte, desto deutlicher ist immer die kausale Bedingtheit, die Abhängigkeit von vorangehenden und vorbereitenden Faktoren ans Licht getreten, ja man wird schon heute geradezu sagen dürfen, daß umgekehrt die wissenschaftliche Forschung in einer kausalen Betrachtungsweise wurzelt, daß die Annahme einer ausnahmslosen Kausalität, eines vollkommenen Determinismus, die Voraussetzung und die Vorbedingung für die wissenschaftliche Erkenntnis bildet.

Es versteht sich, daß wir bei diesen Schlußfolgerungen an keiner bestimmten Grenze stehenbleiben können und daß wir uns nicht scheuen dürfen, sie auch auf die hervorragendsten Leistungen des menschlichen Geistes auszudehnen. So müssen wir unweigerlich zugeben, daß selbst der Geist eines jeden unserer allergrößten Meister, der Geist eines Kant, eines Goethe, eines Beethoven, sogar in den Augenblicken seiner höchsten Gedankenflüge und seiner tiefsten, innerlichsten Seelenregungen, dem Zwang der Kausalität unterworfen war, ein Werkzeug in der Hand des allmächtigen Weltgesetzes.

Eine derartige Behauptung gegenüber dem Erhabensten und Edelsten, was wir an den schöpferischen Leistungen des Menschengeschlechts bewundern und verehren, könnte leicht als eine ebenso unerträgliche wie wohlfeile Blasphemie erscheinen, wenn ihr nicht auf der anderen Seite die Erwägung gegenüberstände, daß wir gewöhnlichen Sterblichen ja gar nicht entfernt imstande sind, die hier in Rede stehenden Kausalzusammenhänge in ihren unendlichen Feinheiten wirklich zu durchschauen, ja daß der Unterschied zwischen der uns zu Gebote stehenden mehr beschreibenden und einer wirklich streng kausalen Betrachtungsweise noch ungeheuer viel größer sein mag als der zwischen der makroskopischen und der mikroskopischen Betrachtung des Physikers, die doch gleichwohl, wie wir gesehen haben, beide die strenge Gültigkeit des Kausalgesetzes zur Voraussetzung haben.

Aber hat es denn — so könnte man nun wohl fragen — überhaupt noch einen Sinn, von einem bestimmten Kausalzusammenhang zu reden, wenn niemand auf der Welt imstande ist, denselben wirklich als solchen zu begreifen?

An dieser Stelle offenbart sich besonders scharf die eigentliche Natur der Kausalität. Jawohl hat es einen Sinn, davon zu reden. Denn die Kausalität ist, wie wir wohl ausführlich genug besprochen haben, transzendental, sie ist ganz unabhängig von der Beschaffenheit des forschenden Geistes, ja sie würde auch beim vollständigen Fehlen eines erkennenden Subjekts ihre Bedeutung behalten. Und der deutliche Sinn des Kausalzusammenhangs ist in dem vorliegenden Falle der folgende.

Es läßt sich sehr wohl denken und ist vielleicht nicht einmal unwahrscheinlich, daß unser gegenwärtiger menschlicher Intellekt nicht der höchste ist, sondern daß an irgendeinem anderen Ort oder in irgendeiner anderen Zeitepoche Wesen vorkommen mögen, deren Intelligenz so hoch über der unsrigen steht, wie die unsrige etwa über derjenigen der Infusorien. Dann könnte es sich sehr wohl ereignen, daß vor dem scharfen Auge eines solchen Geistes, der ebensowohl den flüchtigsten Gedankenblitzen wie auch den feinsten Veränderungen in den Ganglien des menschlichen Gehirns im einzelnen zu folgen vermag — Emil du Bois-Reymond hat ihn in einer seiner bekannten Reden einmal nach dem Begründer der Himmelsmechanik einen „Laplaceschen Geist" genannt —, auch die schöpferischen Leistungen unserer Geistesheroen sich ebenso festen, unwandelbaren Gesetzen untertan erweisen würden wie vor dem Fernrohr eines Astronomen unserer Tage die vielfältigen Bewegungen am gestirnten Himmel.

Wir müssen eben, wie überall, so auch bei den geistigen Vorgängen, unterscheiden zwischen der Gültigkeit und der Durchführbarkeit des Kausalgesetzes. Gültig bleibt das Kausalgesetz unter allen Umständen, vermöge seines transzendentalen Charakters, aber durchführbar ist es, wie in der Natur nur für einen mikroskopischen Beobachter, so in der Geisteswelt nur für einen Geist, dessen Intelligenz diejenige des zu erforschenden Geistes, des untersuchten Objekts, in einem gewissen, ungemein großen Abstand übertrifft. Je geringer diese Distanz sich erweist, um so unsicherer und lückenhafter wird die kausale und mit ihr die wissenschaftliche Betrachtungsweise. Daher allein rührt für uns die Schwierigkeit, ja die Unmöglichkeit, die Gedanken und Handlungen eines Genies unter dem Gesichtspunkt der Kausalität zu begreifen. Selbst ein kongenialer Geist muß sich bei dieser Aufgabe mit Andeutungen, Vermutungen und Analogieschlüssen behelfen, und dem Banausen gar wird das Genie immer ein verschlossenes Buch mit sieben Siegeln bleiben.

Deshalb ist aber doch auch der geistig höchststehende Mensch in allen seinen Betätigungen dem Kausalgesetz unterworfen, und man muß wenigstens im Prinzip stets mit der Möglichkeit rechnen, daß es eines Tages der unaufhaltsam tiefer dringenden und stetig sich verfeinernden wissenschaftlichen Forschung gelingen werde, auch die genialste menschliche Schöpfung in ihrer kausalen Bedingtheit zu verstehen. Denn das wissenschaftliche Denken verlangt nun einmal nach Kausalität, insofern ist wissenschaftliches Denken gleichbedeutend mit kausalem Denken, und das letzte Ziel einer jeden Wissenschaft besteht in der vollständigen Durchführung der kausalen Betrachtungsweise.

V.

Wie steht es nun aber mit dem freien Willen? Ist denn für diesen neben der allumfassenden Kausalität überhaupt noch Platz vorhanden? — Indem wir uns jetzt dieser letzten, für uns heute wichtigsten Frage zuwenden, lassen Sie mich zunächst auf einen auffälligen Umstand hinweisen, welcher uns in diesem Zusammenhang jedenfalls allerlei zu denken gibt.

Wenn, wie wir soeben sahen, der blinde Zufall und das Wunder von der Wissenschaft grundsätzlich ausgeschlossen werden muß, so hat sie doch um so mehr Anlaß, sich mit dem Glauben an das Wunder zu beschäftigen. Denn daß dieser innerhalb der gesamten Menschheit von jeher die weiteste Verbreitung genießt, ist eine offenkundige, durch alle Jahrhunderte hindurch in unzähligen Formen sich immer wieder erneut bekundende Tatsache, die als solche der wissenschaftlichen, also der kausalen Aufklärung dringend bedarf. Der Wunderglaube stellt bekanntlich in der menschlichen Kulturgeschichte eine reale Macht von ungeheurer Bedeutung vor, er hat eine Fülle von Segen gestiftet, er hat edle Männer zu den größten Heldentaten begeistert, er hat freilich auch, besonders da, wo er in Fanatismus ausartete, unermeßliches Unheil angerichtet, hat ganze Länder verwüstet und unzählige Unschuldige geopfert.

Nach dem Ergebnis unserer bisherigen Betrachtungen sollte man nun eigentlich erwarten, daß die fortschreitende wissenschaftliche Erkenntnis und ihre zunehmende Ausbreitung über alle Kulturvölker der Erde dem Wunderglauben allmählich einen mit der Zeit immer stärker anwachsenden Damm entgegensetzen würde. Aber nichts dergleichen ist zu verspüren, im Gegenteil: gerade in unserer Zeit, die sich ja doch auf ihre Fortgeschrittenheit so vieles zugute tut, treibt der Wunderglaube in den verschiedensten Formen als Okkultismus, Spiritismus, Theosophismus und wie die vielerlei Schattierungen alle heißen mögen, in weiten Kreisen Gebildeter und Ungebildeter sein Wesen ärger denn je und trotzt hartnäckig den von wissenschaftlicher Seite gegen ihn gerichteten Abwehrversuchen, während dagegen die Bestrebungen des vor mehreren Jahren unter helltönenden Fanfarenklängen ins Leben gerufenen Monistenbundes, die darauf hinzielen, einer auf rein wissenschaftlicher Basis ruhenden Weltanschauung zur allgemeinen Anerkennung zu verhelfen, einen im Vergleich dazu nur recht dürftigen Erfolg aufzuweisen haben.

Wie ist diese eigentümliche Tatsache zu erklären? Sollte am Ende dem Wunderglauben, welche bizarren und unhaltbaren Formen er auch häufig annehmen mag, vielleicht doch irgendein berechtigtes Element innewohnen? Sollte etwa die Wissenschaft nicht in allen Fragen das letzte Wort haben? Oder deutlicher gesprochen: sollte der rein kausalen Denkweise an irgendeinem Punkte eine feste Grenze gesetzt sein, die sie nicht überschreiten kann?

Mit dieser Frage sind wir dicht vor dem Kernpunkt unseres heutigen Problems angelangt. Und wir brauchen jetzt nicht mehr weit nach der Antwort zu suchen, sie ist im Grunde schon in dem Vorhergehenden mit enthalten.

In der Tat, es gibt einen Punkt, einen einzigen Punkt in der weiten unermeßlichen Natur- und Geisteswelt, welcher jeder Wissenschaft und daher auch jeder kausalen Betrachtung nicht nur praktisch, sondern auch logisch genommen unzugänglich ist und für immer unzugänglich bleiben wird: dieser Punkt ist das eigene Ich. — Ein winziger Punkt, wie ich sagte, im Weltbereich, und doch wiederum eine ganze Welt, die Welt, die unser gesamtes Fühlen, Wollen und Denken umfaßt, die Welt, die neben dem tiefsten Leid die höchste Glückseligkeit in sich birgt, das einzige Besitztum, das uns keine Schicksalsmacht entreißen kann und das wir nur mit unserm Leben selber dereinst preisgeben.

Nicht als ob die eigene Innenwelt der kausalen Betrachtung überhaupt entzogen wäre. Grundsätzlich steht durchaus nichts im Wege, daß wir auch jedwedes eigene Erlebnis restlos in seiner streng kausalen Notwendigkeit begreifen. Aber dazu ist eine schwerwiegende Bedingung unerläßlich: wir müssen seit jenem Erlebnis ungeheuer viel klüger geworden sein; so klug, daß wir gegenüber unserm damaligen Zustande uns als mikroskopischer Beobachter, als ein Laplacescher Geist fühlen können. Denn nur dann ist jener Abstand, jenes Mindestmaß von Distanz zwischen dem erkennenden Subjekt und dem zu erforschenden Objekt gewahrt, das wir als unumgängliche Voraussetzung für die Durchführbarkeit der kausalen Betrachtung oben ausdrücklich festgestellt haben. Je geringer der Abstand genommen wird, das heißt, je vorzeitiger wir darangehen, ein hinter uns liegendes Erlebnis kausal zu deuten, um so weniger vollkommen vermögen wir uns selber zu durchschauen, und wenn gar die Tätigkeit des Erkennens schon einen Teil des zu Erforschenden selber bildet, wird die kausale Betrachtung vollständig hinfällig und sogar geradezu sinnlos.

So ist also, möchte nun vielleicht mancher enttäuscht ausrufen, die Befreiung unseres Ich von den Ketten des Kausalgesetzes nur eine scheinbare, durch unsere mangelhafte Intelligenz bedingte? — Nichts wäre verkehrter als eine solche Ausdrucksweise. Sie wäre ebenso ungerechtfertigt, als wenn man etwa sagen wollte, das Unvermögen auch des gewandtesten Athleten, im Wettlauf seinen eigenen Schatten zu überholen, beruhe auf seiner mangelhaften Schnellfüßigkeit.

Nein, die Unmöglichkeit, das eigene gegenwärtige Ich dem Kausalgesetz zu unterstellen, liegt viel tiefer, sie ist logischen Ursprungs, von derselben Art wie der früher von mir erwähnte Satz, daß ein Teil niemals größer sein kann als das Ganze. Ihr unterliegt auch die höchste Intelligenz, ja selbst ein Laplacescher Geist. Denn vermag dieser auch die genialsten Leistungen eines menschlichen Gehirns vollkommen kausal zu deuten, seine Kunst würde sofort versagen, wenn er einmal darauf verfallen sollte, das Kausalgesetz auf seine eigene Denktätigkeit anzuwenden.

Freilich: daß ein an Weisheit uns himmelhoch überlegenes Wesen, welches jede Falte in unserm Gehirn und jede Regung unseres Herzens durchschauen kann, unsere Gedanken und Handlungen als kausal bedingt erkennen würde, das müssen wir uns schon gefallen lassen. Darin liegt aber keinerlei Herabwürdigung unseres berechtigten Selbstgefühls. Teilen wir doch diesen Standpunkt auch mit den Bekennern der erhabensten Religionen. Soweit wir dagegen selbst als erkennendes Subjekt auftreten, müssen wir auf eine rein kausale Beurteilung unseres gegenwärtigen Ich Verzicht leisten. Hier ist also die Stelle, wo die Willensfreiheit einsetzt und ihren Platz behauptet, ohne sich durch irgend etwas verdrängen zu lassen. Bei uns selbst dürfen wir an unbegrenzte Möglichkeiten, an die stärksten und seltsamsten schlummerden Kräfte, an jedes Wunder glauben, ohne je fürchten zu müssen, daß wir einmal mit dem Kausalgesetz in Konflikt geraten könnten.

Und was für die eigene Gegenwart gilt, gilt erst recht für die eigene Zukunft sowie für alle anderen zukünftigen Vorgänge, in welche Einflüsse von unserem gegenwärtigen Ich ausstrahlen. Denn da der Weg in die Zukunft stets an die Gegenwart anknüpft, so läßt sich auch die eigene Zukunft niemals rein kausal begreifen, und von dieser Seite her ist es jedem unter uns unbenommen, seiner Phantasie den freiesten Spielraum zu gewähren und in seinen Zukunftsgedanken gänzlich neue, ungeahnte Höhen zu erklimmen. Insofern wird das Gebiet, in welchem das Kausalgesetz seine Bedeutung verliert, besser als mit einem singulären Punkt mit einem kegelförmigen Gebilde verglichen, dessen Spitze im gegenwärtigen Ich liegt und das sich von da aus nach allen Richtungen in die Zukunft hinein verbreitert.

Es braucht aber kaum betont zu werden, daß die praktische Unbrauchbarkeit des Kausalgesetzes sich noch auf viel weitere Gebiete erstreckt als die hier behandelte prinzipielle. Das zeigt sich vor allem bei der Anwendung auf unsere Mitmenschen. Denn es wird niemand so eingebildet sein, daß er seinem Nebenmenschen gegenüber die Rolle eines Laplaceschen Geistes zu spielen sich berufen fühlte. Andererseits sind wir aber doch, um überhaupt mit anderen verkehren zu können, darauf angewiesen, ihr Verhalten nach kausalen Gesichtspunkten zu beurteilen, damit wir die Motive ihrer Handlungen verstehen und gegebenenfalls nach unseren Wünschen beeinflussen können, und wir werden es im allgemeinen um so leichter haben, je weniger fein entwickelt deren Intelligenz gegenüber der unsrigen ist. Ebenso kann es leicht umgekehrt einmal vorkommen, wie jeder von seiner eigenen Kinderzeit her weiß, daß wir von einer überragenden Persönlichkeit den Eindruck haben, sie vermöge uns besser als wir sie zu durchschauen. Dann beschleicht uns eine Empfindung der Unsicherheit, wir müssen uns auf Überraschungen gefaßt machen, und es entspringt daraus je nach den Umständen das Gefühl mißtrauischer Angst oder hingebender Ehrfurcht.

VI.

Bis zu diesem Punkte, meine Damen und Herren, hat uns eine rein wissenschaftliche Betrachtungsweise geleitet, aber hier fängt sie an, uns im Stich zu lassen. Denn wir sehen klar, daß das Kausalgesetz uns auf unserem eigenen Lebenspfad kein Führer sein kann, da es ja logisch genommen ausgeschlossen ist, daß wir jemals allein durch Überlegungen kausaler Art zu einer Einsicht in die Motive unserer zukünftigen Handlungen gelangen können.

Aber der Mensch braucht nun einmal Grundsätze, nach denen er sein Tun und Lassen einrichtet, er bedarf ihrer sogar noch viel dringender als der wissenschaftlichen Erkenntnis. Eine einzige Tat hat manchmal für ihn mehr Bedeutung als alle Wissenschaft der Welt zusammengenommen. Deshalb ist er genötigt, sich an dieser Stelle nach einer anderen Führung umzusehen, und eine solche findet er nur dadurch, daß er statt des Kausalgesetzes das Sittengesetz, die ethische Pflicht, den kategorischen Imperativ einführt. Dann tritt an die Stelle des kausalen „Muß" das sittliche „Soll", an die Stelle der Intelligenz der Charakter, an die Stelle der wissenschaftlichen Erkenntnis der religiöse Glaube. Hier wird die Aussicht frei, und es eröffnet sich dem denkenden und strebenden Menschen eine Fülle von Weitblicken und brennenden Fragen.

Aber es gehört weder zu meiner Aufgabe, noch würde es meinen Kräften entsprechen, wenn ich hier etwa versuchen wollte, in eine nähere Würdigung des Wesens der Religion in ihren verschiedenen Formen einzutreten. Nur das eine liegt mir daran, hier hervorzuheben, daß mit einem streng wissenschaftlichen Standpunkt jedwede Religion vereinbar ist, falls und insofern sie nur weder mit sich selber noch mit dem Gesetz der kausalen Bedingtheit aller Außenvorgänge in Widerspruch tritt.

Wissenschaftlich unberechtigt und abzulehnen ist daher nach meiner Meinung auch eine Religion, die den Wert des Lebens verneint. Denn die Verneinung des Lebens bedeutet zugleich eine Verneinung des Denkens, und die Verneinung des Denkens bedeutet eine Verneinung der Religion. Mithin führt eine solche Religion konsequenterweise dazu, ihren eigenen Wert zu verneinen. Wer diese simple Schlußweise nicht anerkennen will, der muß entweder Denken ohne Leben oder Religion ohne Denken für möglich halten, beides Annahmen, die mir zu absonderlich scheinen, um bei ihnen länger zu verweilen.

Die Einsicht, daß wir auch in unserem sittlichen Handeln bestimmten, uns selber freilich im Augenblick unmöglich erkennbaren Kausalgesetzen unterworfen sind, ist nicht nur für die wissenschaftliche Erkenntnis von Bedeutung, sondern kann uns auch im praktischen Leben wertvolle Dienste leisten, wenn wir uns bemühen, Handlungen, die wir begangen haben, hinterher, so gut es eben geht, vom kausalen Gesichtspunkt zu begreifen, besonders in solchen Fällen, wo uns die Handlung nachträglich leid tut, wegen übler Folgen, die sie unerwarteter- und unbeabsichtigterweise nach sich gezogen hat. Freilich wird durch nachträgliches Analysieren der Ursachen fehlerhafter Handlungen weder der entstandene Schaden ersetzt noch die Unzufriedenheit behoben, ja es ist in gewisser Hinsicht sogar bedenklich, sich allzu lange und allzu tief zu versenken in Betrachtungen von bedauerlichen Ereignissen, die nun einmal geschehen und nicht mehr zu ändern sind. Aber auf der anderen Seite kann es uns doch häufig eine wesentliche Erleichterung gewähren und zu einer Milderung des Verdrusses beitragen, wenn wir uns hinterher klarmachen können, daß unter den damaligen Umständen, bei unserer damaligen Gemütsverfassung und den vorliegenden äußeren Verhältnissen für uns gar keine anderen Motive entscheidend sein konnten als gerade diejenigen, die unsere Handlung herbeigeführt haben. Wird dadurch auch an den tatsächlich eingetretenen bedauerlichen Folgen nichts geändert, so stehen wir doch dem ganzen Ablauf der Dinge ruhiger gegenüber und ersparen uns namentlich das Bittere und unaufhörlich Nagende der Selbstvorwürfe, mit welchen sich manche Menschen in solchen Fällen durch ihr ganzes Leben lang quälen.

Zu Fatalisten werden wir dadurch noch lange nicht. Freilich liegt hier für oberflächlich Urteilende ein durch seine Bequemlichkeit verlockender, für das praktische Leben aber um so gefährlicherer Trugschluß nahe, ein Gedankengang, der auf den Versuch hinausläuft, unter Berufung auf die unbeschränkte Gültigkeit des Kausalgesetzes den Begriff der sittlichen Verantwortlichkeit abzuschwächen oder gar ganz zu leugnen. Den natürlichsten und zugleich stärksten Schutz gegen solche moralischen Verirrungen bildet für einen jeden immer die Stimme seines eigenen Gewissens. Aber auch derjenige, welchem eine einseitige Naturanlage oder eine allzu reichliche Beschäftigung mit unreifen sozialen Theorien die Unbefangenheit getrübt und die natürlichen Hemmungen beseitigt hat, sollte sich wenigstens verstandesmäßig klarmachen, daß das Kausalgesetz, wenn es nicht ausreicht, um uns als Richtschnur für unser absichtliches Handeln zu dienen, ja, wenn es, wie wir gesehen haben, in der Anwendung auf unseren eigenen gegenwärtigen Seelenzustand für uns überhaupt ohne jeden Sinn ist, unmöglich herangezogen werden kann, um uns von der vollen sittlichen Verantwortung für Handlungen, die wir zu begehen im Begriff sind, zu entlasten.

Erst wenn eine Handlung vollzogen und endgültig abgeschlossen hinter uns liegt, sind wir zu dem Versuch berechtigt, sie von rein kausalen Gesichtspunkten aus zu verstehen, und können dann aus der Erkenntnis ihres kausalen Ursprungs häufig die Einsicht schöpfen, die uns nötig ist, um in zukünftig eintretenden ähnlich gearteten Fällen etwa gemachte Fehler zu vermeiden und keine neuen zu begehen. „Wer immer strebend sich bemüht, den können wir erlösen." Daß bei dem Glauben an uns selbst und an unsere eigene Zukunft das Kausalgesetz an sich auch dem kühnsten Optimismus keinerlei Schranken setzt, haben wir schon oben ausdrücklich hervorzuheben Gelegenheit gehabt.

Es kommt aber hier noch ein weiteres hinzu. Wenn wir beim Zurückblicken auf ein von uns als unliebsam empfundenes Ereignis uns ehrlich bemühen, über alle späteren Folgen desselben im einzelnen ins klare zu kommen, so können wir wohl einmal zu der Entdeckung geführt werden, daß ein Ereignis, das wir früher als ein Unglück beklagten, durch seine Folgen in Wirklichkeit zu unserem Vorteil ausgeschlagen ist, etwa dadurch, daß es nur ein für einen höheren Gewinn gebrachtes Opfer darstellt oder daß wir dadurch vor einem noch größeren Unglück bewahrt geblieben sind; dann wird vielleicht unser Bedauern über das Ereignis in Befriedigung verkehrt werden. In dieser Hinsicht hat der volkstümliche Spruch: „Wer weiß, wozu es gut ist", seine tiefe Bedeutung. Und wir können niemals wissen, ob nicht solche erfreulichen Folgen vielleicht erst zukünftig noch uns offenbar werden. Ja, grundsätzlich steht gar nichts im Wege anzunehmen, daß dieselben über kurz oder lang in jedem Falle eintreten, wenn wir auch nicht jedesmal Kenntnis von ihnen erhalten. Eine derartige, durch keine Wissenschaft und keine Logik zu widerlegende Auffassung kann nicht schöner ausgedrückt werden als in dem Wort des P a u l u s: „Denen, die Gott lieben, müssen alle Dinge zum Besten dienen." Wem es gelingt, sich bis zu dieser Lebensanschauung zu erheben, der ist wahrhaft glücklich zu preisen. Denn wie er stets empfänglich bleibt für alles Gute und Schöne, was ihm jeden Tag und jede Stunde begegnen kann, so darf er sich zugleich als von vornherein gefeit betrachten gegen alle Unbill, welche ihm in diesem wechselvollen Leben vielleicht noch beschieden sein mag. —

So hat uns, meine verehrten Damen und Herren, die Wissenschaft, deren Führung wir uns anvertrauten, schließlich bis an die Grenze geführt, wo ihre Leistungsfähigkeit versagt. Aber gerade deshalb, weil sie selber diese Grenze zeigt und anerkennt, darf sie auch ihrerseits das Recht beanspruchen, Anerkennung und Achtung auf denjenigen Gebieten zu fordern, in denen sie allein zu herrschen befugt ist. Wissenschaft und Religion, sie bilden in Wahrheit keine Gegensätze, sondern sie benötigen einander in jedem ernsthaft nachdenkenden Menschen zu gegenseitiger Ergänzung. Es ist gewiß kein Zufall, daß gerade die größten Denker aller Zeiten zugleich auch tiefreligiös veranlagt waren, wenn sie auch ihr Heiligstes nicht gern öffentlich zur Schau trugen. Erst aus dem Zusammenwirken der Kräfte des Verstandes mit denen des Willens ersprießt der Philosophie ihre reifste, köstlichste Frucht: die Ethik. Denn auch die Wissenschaft fördert ethische Werte zutage, sie lehrt uns vor allem Wahrhaftigkeit und Ehrfurcht. Wahrhaftigkeit in dem unablässigen Vorwärtsdrängen zu immer genauerer Erkenntnis der uns umgebenden Natur- und Geisteswelt, Ehrfurcht bei dem sinnend verweilenden Blick auf das ewig Unergründliche, das göttliche Geheimnis in der eigenen Brust.

Vom Relativen zum Absoluten.

(Gastvorlesung, gehalten in der Universität München, am 1. Dezember 1924.)

Eure Magnifizenz! Meine hochverehrten Damen und Herren! Es ist mir eine hohe Ehre und eine ganz besondere Freude, daß es mir durch eine freundliche Einladung verstattet ist, hier in diesem Hause, in dem ich vor fünfzig Jahren als akademischer Bürger einziehen durfte, in dem ich später den Doktorgrad und dann die Venia legendi erwarb, wieder einmal das Wort ergreifen und über Gegenstände meiner Wissenschaft reden zu dürfen. Unwillkürlich lenkt sich dabei der Blick zurück auf den ehemaligen Stand der wissenschaftlichen Forschung und ermißt den gewaltigen Abstand, der sich bei der Vergleichung der beiderseitigen Bilder, dem von früher und dem von heute, dem inneren Auge offenbart. Wohl kaum in irgendeinem halben Jahrhundert hat die Physik ihr Antlitz so von Grund auf und so vollkommen unerwartet gewandelt. Als ich meine physikalischen Studien begann und bei meinem ehrwürdigen Lehrer Philipp v. Jolly wegen der Bedingungen und Aussichten meines Studiums mir Rat erholte, schilderte mir dieser die Physik als eine hochentwickelte, nahezu voll ausgereifte Wissenschaft, die nunmehr, nachdem ihr durch die Entdeckung des Prinzips der Erhaltung der Energie gewissermaßen die Krone aufgesetzt sei, wohl bald ihre endgültige stabile Form angenommen haben würde. Wohl gäbe es vielleicht in einem oder dem anderen Winkel noch ein Stäubchen oder ein Bläschen zu prüfen und einzuordnen, aber das System als Ganzes stehe ziemlich gesichert da, und die theoretische Physik nähere sich merklich demjenigen Grade der Vollendung, wie ihn etwa die Geometrie schon seit Jahrhunderten besitze.

Das war vor fünfzig Jahren die Anschauung eines auf der Höhe der Zeit stehenden Physikers. Zwar fehlte es schon damals in der physikalischen Wissenschaft nicht an gewissen dunklen, einer näheren Aufklärung bedürftigen Punkten, die in den behaglichen Zustand der Sättigung etwas Beunruhigendes brachten. So trotzte das sonderbare Verhalten des Lichtäthers hartnäckig allen auf seine Erklärung abzielenden Versuchen, und das Phänomen der um jene Zeit von Wilh. Hittorf entdeckten Kathodenstrahlen gab den Experimentatoren und den Theoretikern schwierige Rätsel auf. Noch Heinrich Hertz, das letzte strahlende Gestirn am Firmament der klassischen Physik, brachte die Kathodenstrahlen in Zusammenhang mit longitudinalen Ätherwellen, da es ihm mit den damals zur Verfügung stehenden experimentellen Methoden nicht gelingen wollte, eine Einwirkung der Kathodenstrahlen auf eine Magnetnadel nachzuweisen, und er sich mit Recht sagte, daß eine solche Einwirkung notwendig vorhanden sein müßte, wenn die Kathodenstrahlen Träger des elektrischen Stromes wären.

Mit der Entdeckung der Elektronen, der Röntgenstrahlen und der Radioaktivität brach dann die neue Ära der Physik an, unter deren Eindruck wir heute stehen, und deren Auswirkungen noch durchaus nicht vollkommen übersehbar sind und sich jedenfalls noch auf lange Zeiträume erstrecken werden. Wenn ich es nun heute unternehme, Sie zu einem gemeinsamen Gange in die höheren Regionen der theoretischen physikalischen Forschung einzuladen, so schulde ich Ihnen vor allem ein Wort der Erklärung über die Bedeutung der wohl etwas abstrakt anmutenden Form, in die ich das Thema meines heutigen Vortrages fassen zu sollen glaubte, sowie über die Absichten, die mich bei der Wahl gerade dieses Themas geleitet haben, und über den Standpunkt, von dem aus ich an seine Behandlung heranzutreten gedenke. Dennoch möchte ich davon absehen, mich hier zu Anfang in eine allgemeine Begriffsbestimmung der Worte „relativ" und „absolut" zu vertiefen, und zwar einmal aus dem Grunde, weil ich überzeugt bin, auch bei der sorgfältigsten Auseinandersetzung doch nicht allen Ansprüchen an Vollständigkeit und Korrektheit genügen zu können, dann aber hauptsächlich deshalb, weil mir nicht an der Bezeichnung, sondern an der Sache liegt, und weil ich sehr gern bereit sein würde, die erstere jedweder Änderung zu unterwerfen, falls sich für dieselbe Sache ein treffenderer Ausdruck finden sollte. Auch werde ich weder einen besonderen Standpunkt meinen Ausführungen zugrunde legen, noch eine besondere Absicht von vornherein mit ihnen verbinden, sondern ich möchte mich vielmehr lediglich darauf beschränken, Ihnen aus dem uns vorliegenden tatsächlichen Entwicklungsgang der physikalisch-chemischen Forschung im letzten Jahrhundert einige bedeutungsvolle Erscheinungen vorzuführen, an ihnen gewisse gemeinsame Züge aufzusuchen und diesen gemeinsamen Zügen eine charakteristische Fassung zu geben. Wir wollen es daher auch vermeiden, von irgendwelchen vorbereitenden allgemeinen Betrachtungen auszugehen, sondern wollen möglichst unbefangen lediglich die Tatsachen selber auf uns wirken lassen und je nach dem Eindruck, den ihre Gesamtheit auf uns macht, uns unser Urteil bilden.

Ich beginne mit der Besprechung eines der elementarsten Begriffe der Chemie: des Begriffs des A t o m g e w i c h t s Bekanntlich ist schon in der griechischen Philosophie von Atomen die Rede, aber die Messung des Atomgewichts datiert erst seit der Entdeckung des Fundamentalsatzes der chemischen Stöchiometrie, des Satzes, daß alle chemischen Verbindungen nach ganz bestimmten Gewichtsverhältnissen erfolgen. So verbindet sich 1 g Wasserstoff stets gerade mit 8 g Sauerstoff zu Wasser, mit 35,5 g Chlor zu Chlorwasserstoff usw. Daher ist 8 g das Äquivalentgewicht des Sauerstoffs, 35,5 g das

Äquivalentgewicht des Chlors, und ebenso läßt sich für jedes chemische Element aus einer jeden Verbindung, die es mit einem anderen Element eingehen kann, ein Äquivalentgewicht ableiten. Natürlich gelten diese Zahlen nur dann, wenn man den Wasserstoff als Einheit wählt; insofern steckt in ihnen eine gewisse Willkür. Aber noch mehr. Ihre Bedeutung beschränkt sich zunächst durchaus auf die speziellen Verbindungen, aus denen sie abgeleitet sind. Das Äquivalentgewicht 8 des Sauerstoffs gilt nur in bezug auf Wasser. Nimmt man statt Wasser eine andere Verbindung mit Sauerstoff, etwa Wasserstoffsuperoxyd, so wird das Äquivalentgewicht des Sauerstoffs 16. Es ist von vornherein kein prinzipieller Grund vorhanden, die eine Zahl vor der anderen zu bevorzugen. Jedes Element besitzt daher im allgemeinen mehrere verschieden große Äquivalentgewichte, ja prinzipiell genommen so viele, als es Arten von Verbindungen eingehen kann. Wenn von einem Element überhaupt keine Verbindung bekannt ist, fehlt es auch an jedem Anhaltspunkt, ihm ein Äquivalentgewicht zuzuschreiben.

Nun hat sich aber die wichtige Tatsache ergeben, daß bei den verschiedenen Verbindungen, welche ein Element mit anderen Elementen eingehen kann, immer die nämlichen Zahlen für das Äquivalentgewicht oder auch ganze Multipla derselben wiederkehren. So gilt das Äquivalentgewicht 35,5 für Chlor nicht nur für die Verbindung mit 1 g Wasserstoff zu Chlorwasserstoff, sondern auch für die Verbindung mit 8 g Sauerstoff zu Chloroxyd. Will man dieses regelmäßige Zusammentreffen nicht als unbegreiflichen Zufall ansehen, so liegt es nahe, dem Begriff des Äquivalentgewichtes eine selbständigere Bedeutung zu geben, ihn abzulösen von der Frage nach den Verbindungen, welche das Element mit anderen Elementen eingehen kann, und ihm damit in gewissem Sinne einen absoluten Charakter zu verleihen. Das ist auch in der Tat sehr bald geschehen, nur blieb dabei noch eine gewisse Schwierigkeit übrig, die in der Chemie längere Zeit hindurch als besonders lästig empfunden wurde und die daher rührt, daß zwei Elemente häufig mehrere verschiedenstufige Verbindungen miteinander eingehen können, wie zum Beispiel Wasserstoff und Sauerstoff, so daß man nicht weiß, ob für das Äquivalentgewicht des Sauerstoffs 8 g oder 16 g zu nehmen ist. Um hier zu einer klaren Entscheidung zu kommen, bedarf es einer neuen, der Stöchiometrie an sich fremden Idee, eines neuen Axioms, und dieses Axiom fand sich in der Hypothese von A v o g a d r o. Dieselbe gründet sich auf die von G a y - L u s s a c festgestellte Tatsache, daß zwei Elemente im Gaszustand sich nicht nur nach bestimmten Gewichtsverhältnissen, sondern auch, bei gleicher Temperatur und gleichem Druck genommen, nach bestimmten Volumenverhältnissen verbinden, und sie greift aus der Schar der verschiedenen für einen Stoff in Betracht kommenden Äquivalentgewichte ein ganz bestimmtes heraus, das sie als Molekulargewicht bezeichnet, indem sie das Verhältnis der Molekulargewichte zweier Gase allgemein gleichsetzt dem Verhältnis ihrer Dichten. In dieser Definition ist keine Rede mehr von chemischen Reaktionen, sondern nur von chemischen Stoffen. Daher läßt sie sich auch anwenden auf Elemente, die sich, wie die Edelgase, nur schwer oder überhaupt nicht mit anderen Stoffen verbinden.

Da nach dem A v o g a d r o schen Satze die Moleküle der chemischen Elemente häufig nicht als Ganzes, sondern nur mit einem Bruchteil ihres Gesamtgewichts in die Moleküle ihrer Verbindungen eingehen, wie zum Beispiel das Molekül des Wasserdampfes aus einem ganzen Molekül Wasserstoff und einem halben Molekül Sauerstoff, das Molekül des Chlorwasserstoffs aus je einem halben Molekül Wasserstoff und Chlor sich zusammensetzt, so gelangt man von dem Molekulargewicht zum Atomgewicht eines Elements als dem kleinsten Bruchteil, in den genannten Beispielen der Hälfte, des Molekulargewichts, welcher sich in den Verbindungen des Elements vorfindet.

Wenn somit durch die A v o g a d r o sche Definition der Begriff des Atomgewichts eine gewisse absolute Bedeutung gewonnen hat, so haftet ihm doch in dieser Fassung noch etwas merklich Relatives an. Denn das A v o g a d r o sche Atomgewicht bedeutet nur eine Verhältniszahl, es bedarf zu seiner Bestimmung noch der willkürlichen Festsetzung des Atomgewichts für irgendein spezielles Element, etwa Wasserstoff gleich 1 g, oder Sauerstoff gleich 16 g. Ohne die Bezugnahme auf diese Festsetzung haben die Zahlen für das Atomgewicht keinen Sinn. Daher war von jeher das Interesse zahlreicher Forscher darauf gerichtet, den Begriff des Atomgewichts auch von dieser letzten Beschränkung zu befreien und seine Bedeutung in einem noch weiteren Sinne zu einer absoluten zu machen — ein Problem, das allerdings für die praktischen Bedürfnisse der Chemiker weniger in Betracht kommt, da es sich in der eigentlichen Chemie immer nur um die Verhältnisse von Gewichtsmengen handelt.

Wohl in jeder Wissenschaft kommt es gelegentlich zu einem Konflikt zwischen den Forschern, welche bemüht sind, die anerkannten Axiome der Wissenschaft zu ordnen, zu analysieren und von allen mehr zufälligen und fremdartigen Bestandteilen zu säubern — ich will sie hier einmal als Puristen bezeichnen —, und solchen Forschern, die darauf ausgehen, die vorliegenden Axiome durch Einführung neuer Ideen zu erweitern, und die daher gern nach verschiedenen Richtungen tastende Fühler ausstrecken, um zu erkunden, nach welcher Seite wohl ein Fortschritt zu erzielen wäre. So hat es auch in der Chemie nicht an Puristen gefehlt, welche alle Versuche scharf verurteilten, in dem Atomgewicht mehr zu sehen als eine bloße Verhältniszahl, während dagegen gerade die führenden Chemiker es zum mindesten nützlich fanden, die Atome im Sinne der mechanischen Naturanschauung als selbständige winzige Gebilde zu betrachten, die im Molekül nach bestimmten räumlichen Abmessungen angeordnet sind und sich bei einer eintretenden chemischen Änderung entsprechend trennen oder umgruppieren. Ich selber entsinne mich von meiner Münchener Zeit her, aus dem Anfang der achtziger Jahre, noch lebhaft des Eindrucks, den hier im chemischen Universitätslaboratorium die Polemik des damaligen Wortführers der puristisch denkenden Chemiker, H e r m a n n K o l b e in Leipzig, hervorrief, der über die bis ins einzelne gehenden mechanisch-atomistischen Vorstellungen, zu welchen die Ausbildung der chemischen Konstitutionsformeln Anlaß gab, sein heiliges Anathema aussprach und sich in demselben Maße, in welchem die erwartete Wirkung ausblieb, in eine immer schärfere Tonart hineinredete. Derartigen heftigen, schließlich sogar persönliches Gebiet berührenden Angriffen gegenüber tat A d o l f v o n B a e y e r das, was unter diesen Umständen das beste war: er schwieg und arbeitete weiter, bis der Erfolg ihm recht gab. Ein ähnliches Bild gewahren wir heute in dem Kampfe um das Atommodell von N i e l s B o h r , das allerdings an den guten Willen des Theoretikers noch weit höhere Ansprüche stellt als früher die Hypothesen der Strukturchemie.

Aber auch vom philosophischen Standpunkt aus setzten die Puristen jahrzehntelang der Ausbildung der atomistischen Theorie hartnäckigen Widerspruch entgegen. Hier ist vor allem E r n s t M a c h zu nennen, der zeit seines Lebens nicht müde wurde, mit den scharfen Waffen seiner Begriffsanalyse und gelegentlich auch seiner Ironie die naiven und rohen Anschauungen in Mißkredit zu bringen, welche er den Anhängern der Atomistik zum Vorwurf machte, und die nach seiner Meinung zu der sonstigen philosophischen Entwicklung der modernen Physik in einem eigentümlichen Gegensatz standen.

Gegen solche Angriffe hatten die Vertreter der atomistischen Theorie, zu denen in erster Linie L u d w i g B o l t z m a n n zählte, schon deshalb einen schweren Stand, weil sich mit Mitteln der Logik gegen die Puristen überhaupt niemals etwas ausrichten läßt, aus dem einfachen Grunde, weil die Puristen ja gerade ihrerseits alles dasjenige vertreten und verfechten, was aus den anerkannten Axiomen ihrer Wissenschaft auf logischem Wege gefolgert werden kann. Was sie verwerfen, ist nur das Eindringen neuer, fremdartiger Axiome, besonders, wenn diese sich noch nicht zu einer endgültigen, allgemein brauchbaren Fassung verdichtet haben. Nun ist aber noch kein einziges Axiom als ein fertiges System, wie Pallas Athene aus dem Haupte des Zeus, entsprungen, sondern es lebt zunächst nur unvollkommen, ja oft mehr oder weniger unklar in der Phantasie seines Erzeugers, und erblickt häufig erst nach schweren Geburtswehen das Licht der Öffentlichkeit, indem es eine wissenschaftlich brauchbare Form annimmt. Und selbst, wenn es allgemeinere Anerkennung errungen hat, braucht der Purist sich noch lange nicht für überwunden zu erklären. Denn die Frage des endgültigen Erfolges eines neuen physikalischen Axioms wird gar nicht auf logischem Gebiete entschieden, sondern nur dadurch, daß gewisse empirische Gesetzmäßigkeiten ohne das Axiom nicht zu verstehen sind. Dann bleibt den Puristen nichts anderes übrig, als solche Gesetzmäßigkeiten für Zufall zu erklären. Auf diese Behauptung können sie sich allerdings unter allen Umständen als auf die letzte unangreifbare Position zurückziehen, während die wissenschaftliche Forschung sich dann um solchen Widerstand nicht weiter kümmert und auf ihrem Wege fortschreitet. So ist es oft gegangen, und so wird es wohl noch oft gehen.

Im vorliegenden Falle wurden derartige empirische Gesetzmäßigkeiten allmählich in derartiger Fülle festgestellt, daß die Frage nach der Existenz einer absoluten Größe des Atomgewichts sehr bald in positivem Sinne entschieden wurde. Ich brauche hier nur auf die Entwicklung der kinetischen Theorie der Gase und Flüssigkeiten, auf die Gesetze der Licht- und Wärmestrahlung, auf die Entdeckung der Kathodenstrahlen und der Radioaktivität, auf die Messung des elektrischen Elementarquantums hinzuweisen, welche alle auf den verschiedensten Wegen zu dem nämlichen Wert des Atomgewichts führen. Heute wird kein Physiker Einspruch erheben gegen die Behauptung, daß das Gewicht eines Atoms Wasserstoff, abgesehen von unvermeidlichen Messungsfehlern, 1,65 Quadrilliontel Gramm beträgt, eine Zahl, deren Bedeutung unabhängig ist von den Atomgewichten anderer chemischer Elemente und die in diesem Sinne als eine absolute Größe bezeichnet werden kann.

Meine Damen und Herren! Ich bitte um Vergebung, wenn ich mir hier erlaubt habe, Sie an allerlei Bekanntes zu erinnern. Es geschah dies wahrlich nicht in der Absicht, Sie zu belehren, sondern nur deshalb, um Ihren Blick zu schärfen für eine charakteristische Erscheinung in der Entwicklung der wissenschaftlichen Forschung, welche sich in verschiedenem Zusammenhang immer wieder beobachten läßt. Denn auf jedem Gebiet der Wissenschaft wird mit Axiomen gearbeitet, und auf jedem Gebiet gibt es Puristen, welche sich jeder über das Formal-Logische hinausgehenden Erweiterung der anerkannten Axiome mit allen Mitteln zu widersetzen geneigt sind.

Indem ich nun daran gehe, Ihnen andere Fälle vorzuführen, werde ich schließlich zur Besprechung von Fragen gelangen, die nicht so klar und abgeschlossen liegen wie die bisher behandelten, und um die daher auch heute noch lebhafte Kämpfe geführt werden.

Ich wende mich zunächst zu dem Begriff der E n e r g i e. Das Prinzip der Erhaltung der Energie hat sich entwickelt aus dem mechanischen Prinzip der lebendigen Kraft, welches besagt, daß die bei irgendeinem mechanischen Vorgang eintretende Zunahme der lebendigen Kraft eines bewegten Körpers gleich ist der Abnahme des Potentials der auf den Körper wirkenden Kräfte. Die Änderung der einen Energieart, der kinetischen Energie, wird also gerade kompensiert durch eine ebenso große Änderung der anderen Energieart, der potentiellen Energie. Auch hier können die Puristen in gewissem Sinne mit vollem Rechte die Behauptung aufstellen, daß, da in der Formulierung des Energieprinzips nur von Energiedifferenzen die Rede ist, auch der Begriff der Energie sich nicht auf einen Zustand, sondern auf eine Zustandsänderung bezieht, und daß daher in dem Werte der Energie eine additive Konstante unbestimmt bleibt, nach deren Größe zu fragen gar keinen physikalischen Sinn hat, ebenso etwa wie es bei dem Bau eines Hauses für den Architekten keinen praktischen Sinn hat, nach der Höhe der einzelnen Stockwerke über dem Meeresspiegel zu fragen, da es auch hier nur auf die Differenzen ankommt.

Gegen einen solchen Standpunkt ließe sich auch nicht das mindeste einwenden, wenn das Prinzip der Erhaltung der Energie das einzige Axiom der Physik wäre. Da das aber nicht der Fall ist, so kann man die Frage jedenfalls nicht kurzerhand abweisen, ob es sich nicht doch empfiehlt, den Begriff der Energie durch Einführung eines neuen Axioms insofern eine absolute Bedeutung zuzuschreiben, als man ihre Größe durch den augenblicklichen Zustand als vollkommen bestimmt ansieht. Die große Vereinfachung, die sowohl der Begriff der Energie als auch die Anwendung des Energieprinzips durch eine solche Auffassung erfahren würde, liegt auf der Hand. In der Tat ist dieselbe heute vollständig zur Durchführung gelangt. Wir dürfen bei jedem physikalischen Gebilde in einem gegebenen Zustande in ganz bestimmtem Sinne von der Größe seiner Energie sprechen, ohne irgendeine additive Konstante.

Nehmen wir zuerst die elektromagnetische Energie im reinen Vakuum. Hier besteht das Axiom, welches den Absolutwert der Energie festlegt, darin, daß die Energie des elektromagnetisch neutralen Feldes gleich Null gesetzt wird. Dieser Satz ist weder selbstverständlich, noch aus dem Energieprinzip an sich ableitbar. Noch vor wenig Jahren hat N e r n s t die Hypothese aufgestellt, daß im sogenannten neutralen Felde eine gewisse stationäre Energiestrahlung von ungeheuer großem Betrage, die sogenannte Nullpunktstrahlung, vorhanden ist, welche sich zwar bei den gewöhnlich beobachtbaren Vorgängen nicht bemerklich macht, weil sie alle Körper gleichmäßig durchdringt, aber doch unter besonderen Umständen in Erscheinung treten kann, ähnlich wie der Luftdruck, obwohl er eine sehr beträchtliche Kraft darstellt, bei den meisten Bewegungen, die wir beobachten, keine Rolle spielt, da er überall nach allen Richtungen gleichmäßig wirkt. Eine solche Strahlungshypothese ist also von vornherein durchaus berechtigt, über ihre Bedeutung kann nur die Verfolgung ihrer Konsequenzen entscheiden, zu deren bedenklichsten jedenfalls die gehört, daß sie ein spezielles Bezugssystem als ruhend auszeichnen würde, nämlich dasjenige, in welchem die Nullpunktstrahlung nach allen Richtungen gleich groß ist. Durch die absolute Energie des neutralen Feldes ist natürlich auch die absolute Energie jedes anderen elektromagnetischen Feldes festgelegt.

Gehen wir weiter zur Energie der Materie, so können wir auch für diese zu einem bestimmten Absolutwert gelangen. Aber die Energie eines ruhenden Körpers ist nicht etwa gleich Null, wie man vielleicht nach Analogie des elektromagnetisch neutralen Feldes mutmaßen könnte, sondern sie ist gleich dem Produkt seiner Masse und dem Quadrat der Lichtgeschwindigkeit. Es ist die sogenannte Ruheenergie des Körpers; sie wird bedingt durch seine chemische Beschaffenheit und durch seine Temperatur. Wird der Körper durch eine Kraft in Bewegung gesetzt, so macht sich diese Größe, die im allgemeinen einen ungeheuer großen Zahlenwert besitzt, gar nicht geltend, weil es sich hierbei nur um Energiedifferenzen handelt. Daß solche eigenartigen Anschauungen nicht aus dem Energieprinzip allein gewonnen werden können, habe ich schon oben betont. Tatsächlich wurzeln sie in der speziellen Relativitätstheorie. Es muß ein merkwürdiges Zusammentreffen genannt werden, daß gerade eine Theorie der Relativität zur Bestimmung des Absolutwerts der Energie eines physikalischen Gebildes geführt hat. Das scheinbar Paradoxe dieser Gegenüberstellung erklärt sich einfach daraus, daß es sich in der Relativitätstheorie um die Abhängigkeit von dem gewählten Bezugssystem, hier dagegen um die Abhängigkeit von dem physikalischen Zustand des betrachteten Gebildes handelt.

Aber hat es denn wirklich, so könnten die Puristen nun wohl fragen, irgendeinen vernünftigen Sinn, zu sagen, daß die Energie eines Sauerstoffatoms 16 mal so groß ist als die eines Wasserstoffatoms? Und sie hätten gewiß recht, wenn es schlechthin unsinnig wäre, von einer Umwandlung des Sauerstoffs in Wasserstoff zu reden. Indessen ist es doch immer bedenklich, etwas für sinnlos zu erklären, solange es keinem Gesetze der Logik widerspricht, und wir tun daher besser, wenn wir abwarten, ob vielleicht nicht doch einmal eine Zeit kommt, wo die Frage einer derartigen Umwandlung eine vernünftige Bedeutung gewinnt. Anzeichen dafür sind schon heute vorhanden.

Wie bei der elektromagnetischen und bei der kinetischen Energie, so ist man auf allen Gebieten der Physik, in der Mechanik wie in der Elektrodynamik, von der Betrachtung der Energiedifferenzen, welche unmittelbar durch Messung gewonnen werden, zur Betrachtung der Absolutwerte der Energie geleitet worden. Stets wurde durch dieses Verfahren ein merklicher Fortschritt der Theorie erzielt. Bei den Erscheinungen der strahlenden Wärme zum Beispiel hat man es strenggenommen immer nur mit den Differenzen der absorbierten und der emittierten Strahlung zu tun. Denn ein Körper, der Wärmestrahlen absorbiert, emittiert auch solche. Aber man trennt nach der Theorie von Prévost diese beiden Größen voneinander und legt jeder derselben eine selbständige Bedeutung bei. Beim Galvanismus mißt man nur Potentialdifferenzen, aber man spricht auch vom Absolutwert des Potentials, indem man das Potential in unendlicher Entfernung von allen elektrischen Ladungen gleich Null setzt. Bei der Emission monochromatischer Strahlung in einem Atom erhält man durch die Messung der emittierten Frequenz immer nur die Differenz der Atomenergie vor und nach der Emission, aber erst durch die Trennung der beiden Glieder dieser Differenz, der sogenannten Terme, und ihrer Einzeluntersuchung ist es Niels Bohr für die Gebiete der sichtbaren, Arnold Sommerfeld für die der Röntgenstrahlen gelungen, die Anhaltspunkte zu finden für die Enträtselung der hier verborgenen Fragen. So hat überall der Begriff der Energie eines Gebildes in einem bestimmten Zustande eine absolute, von der Bezugnahme auf andere Zustände unabhängige Bedeutung gewonnen.

Diese Tendenz, von der Differenz auf die einzelnen Terme überzugehen oder, was auf dasselbe herauskommt, von dem Differential auf das Integral, findet sich, wie bei der Energie so auch bei vielen anderen physikalischen Größen. So werden in der Elastizitätstheorie die Volumkräfte zurückgeführt auf Flächenkräfte, in der Elektrodynamik die ponderomotorischen elektrischen und magnetischen Kräfte auf die sogenannten Maxwellschen Spannungen, in der Thermodynamik die Druck- und Temperaturgrößen auf die thermodynamischen Potentiale. Immer handelt es sich dabei um einen Aufstieg oder um ein Integrationsverfahren, und die Frage nach dem Absolutwert der so gewonnenen Größen höherer Stufe fällt zusammen mit der Frage nach der Bestimmung der Integrationskonstanten, deren Beantwortung stets eine besondere Untersuchung erheischt.

Bei einem dieser Fälle, der deshalb besonderes Interesse beansprucht, weil er auch gegenwärtig noch nicht als endgültig erledigt betrachtet werden kann, möchte ich hier noch ein wenig verweilen. Es handelt sich um den Absolutwert der E n t r o p i e. Nach der ursprünglichen Definition von R u d o l f   C l a u s i u s bedarf es zur Messung der Entropie eines Körpers der Ausführung irgendeines reversiblen Prozesses, aus welchem dann die Differenz der Entropie im Anfangszustand und im Endzustand des Prozesses abgeleitet werden kann. Die Folge war, daß man anfänglich den Begriff der Entropie nicht auf einen Zustand, sondern auf eine Zustandsänderung bezog, genau wie man das früher beim Atomgewicht und bei der Energie getan hatte, und zwar legte man ihm nur für reversible Prozesse eine Bedeutung bei. Indessen dauerte es doch nicht lange, bis sich eine erweiterte Auffassung durchsetzte, und man lernte die Entropie als eine Eigenschaft des augenblicklichen Zustandes betrachten, in der allerdings eine additive Konstante unbestimmt blieb, da man immer nur Entropiedifferenzen messen konnte. Auch wenn man nach dem Vorgange Einsteins den Begriff der Entropie auf die Statistik der zeitlichen Schwankungen eines physikalischen Gebildes um seinen thermodynamischen Gleichgewichtszustand gründet, gelangt man immer nur zu Entropiedifferenzen, niemals zu einem Absolutwert der Entropie.

Gibt es aber nun nicht doch einen Weg, um ebenso wie für die Energie, so auch für die Entropie einen absoluten Wert zu finden? Es liegt mir fern, lediglich aus Gründen der Analogie diese Frage zu bejahen, und man muß den Puristen darin unbedingt beipflichten, wenn sie betonen, daß es im allgemeinen gar keinen Sinn hat, aus dem Werte einer Differenz auf die Werte der beiden Terme, des Minuend und des Subtrahend einzeln, schließen zu wollen. Im Interesse einer klaren Begriffsbildung ist es sogar durchaus notwendig, in jedem Falle genau festzustellen, was man aus einer Definition herausholen kann und was nicht. In dieser Hinsicht ist die Kritik der Puristen unentbehrlich. Sie erweisen sich dabei als die gewissenhaften Wächter für die Ordnung und Sauberkeit in der Methodik des wissenschaftlichen Arbeitens, die wir unter keinen Umständen missen wollen, heutzutage weniger als je. Aber die Physik ist nun einmal keine deduktive Wissenschaft, und die Anzahl ihrer Axiome ist keine festliegende. Wenn ein neues Axiom sich meldet, soll man ihm nicht lediglich deshalb den Einlaß wehren, weil es fremd ist, sondern man soll erst prüfen, welchen Ideen es entspringt und zu welchen Folgerungen es führt.

Im vorliegenden Falle ist es nicht schwierig, der Idee, welche der Annahme eines Absolutwertes der Entropie zugrunde liegt, eine deutliche und anschauliche Fassung zu geben. Wenn wir mit B o l t z - m a n n die Entropie als ein Maß für die thermodynamische Wahrscheinlichkeit ansehen, so bedeutet die Entropie eines im thermodynamischen Gleichgewicht befindlichen physikalischen Gebildes von vielen Freiheitsgraden, welches mit einer bestimmten Energie ausgestattet ist, nichts anderes als die Anzahl der verschiedenartigen Zustände, die ein solches Gebilde unter den gegebenen Bedingungen annehmen kann. Und wenn die betrachtete Entropie einen absoluten Wert besitzt, so heißt dies, daß die Anzahl der unter den gegebenen Bedingungen möglichen Zustände eine ganz bestimmte, endliche ist.

Zu den Zeiten von C l a u s i u s , H e l m h o l t z und B o l t z - m a n n wäre freilich eine solche Behauptung unzweifelhaft auf der Stelle als völlig unannehmbar abgewiesen worden. Denn solange man in den Differentialgleichungen der klassischen Dynamik die einzige Grundlage der Physik erblickte, mußte man notgedrungen die Zustände als stetig veränderlich und daher die Anzahl der bei gegebenen äußeren Bedingungen möglichen Zustände als unendlich groß betrachten. Seit der Einführung der Quantenhypothese ist das aber anders geworden, und nach meiner Meinung kann es nicht mehr lange dauern, bis die Behauptung, daß man in einem ganz bestimmten Sinne von einer diskreten Anzahl möglicher Zustände und dementsprechend von der absoluten Größe der Entropie reden kann, den Widerspruch überwunden haben wird, der ihr gegenwärtig von seiten angesehener Physiker noch entgegengesetzt wird.

In der Tat hat das neue Axiom bereits Leistungen aufzuweisen, welche mit denen der bestbewährten Theorien wetteifern können. Auf dem Gebiet der strahlenden Wärme hat es zur Aufstellung des Gesetzes der Energieverteilung im Normalspektrum geführt, im Gebiet der Thermodynamik findet es seinen Ausdruck in dem vielfach erprobten und bewährten N e r n s t schen Wärmetheorem, das es insofern noch weiter ergänzt, als sich nicht nur die Existenz, sondern auch die numerische Größe der sogenannten chemischen Konstanten daraus ableiten läßt, bei den Problemen des Atombaues hat es den Ideen von N i e l s B o h r den Ausgangspunkt für die Festlegung der sogenannten stationären Elektronenbahnen und damit die Vorbedingung für die Entwirrung der spektroskopischen Phänomene geliefert, ja wenn nicht alle Anzeichen trügen, so bereitet sich mit seiner weiteren Durchführung ein Prozeß vor, den man in gewissem Sinne geradezu als eine Arithmetisierung der Physik bezeichnen kann, da hierbei eine Reihe von physikalischen Größen, die man bisher ohne weiteres als stetig veränderlich betrachtet hat, sich unter der Lupe einer schärferen Analyse als diskret und abzählbar herausstellen. Ganz in dieser Richtung liegt das merkwürdige Ergebnis der unlängst im Utrechter physikalischen Institut auf Anregung seines Leiters L. S. Ornstein ausgeführten Messungen, daß die Intensitätsverhältnisse der Komponenten von Spektralmultipletts durch einfache ganze Zahlen wiedergegeben werden, sowie der neuerdings von Max Born ausgearbeitete interessante Versuch, die Differentialgleichungen der klassischen Mechanik durch Differenzengleichungen zu ersetzen.

Meine Damen und Herren! Unsere bisherigen Betrachtungen haben uns an einigen der Geschichte der Physik entnommenen Fällen einen übereinstimmenden Zug erkennen lassen, der sich etwa dahin formulieren läßt, daß gewisse physikalische Größen, denen man nach ihrer ursprünglichen Begriffsbestimmung nur einen relativen Wert beimessen konnte, im Laufe der fortschreitenden Entwicklung der Wissenschaft eine selbständige absolute Bedeutung angenommen haben. Darf man diesen Zug als charakteristisch für den Fortschritt der physikalischen Forschung überhaupt ansehen? Es wäre voreilig, diese Frage ohne weiteres zu bejahen. Ja, ich könnte mir sehr wohl denken, daß ein Gegner dieser Ansicht sich vielleicht veranlaßt fühlte, seinerseits das Wort zu ergreifen und sozusagen einen Gegenvortrag gegen den meinigen zu halten mit dem umgekehrten Titel: Vom Absoluten zum Relativen. Und er würde es durchaus nicht schwer finden, geeignetes Material für die Verfechtung seines Standpunktes herbeizuschaffen. Er würde vielleicht, ebenso wie ich, mit dem Begriff des Atomgewichts beginnen, indem er etwa folgendes ausführte: Die Zahl, die wir vorhin als das absolute Gewicht eines Atoms bezeichnet haben, ist bei den meisten Elementen tatsächlich mitnichten eine absolute Größe. Denn da ein Element in der Regel mehrere Isotope mit verschiedenem Atomgewicht besitzt, so stellt das gemessene Atomgewicht einen mehr oder minder zufällig zustande gekommenen Mittelwert vor, der ganz davon abhängt, in welchem Mischungsverhältnis die verschiedenen Isotope in dem untersuchten Präparat vertreten sind. Und selbst wenn wir ein einzelnes Isotop ins Auge fassen, so wäre es vom Standpunkt unserer heutigen Kenntnisse ganz unwissenschaftlich, dasselbe als etwas Absolutes zu betrachten. Vielmehr entspricht es den neuesten, durch die zuerst von Ernest Rutherford ausgeführte Zertrümmerung von Atomkernen aufs beste gestützten Anschauungen, die alte Proutsche Hypothese wieder aufzunehmen und sämtliche chemischen Elemente als aus einem einzigen, dem Wasserstoff, aufgebaut anzusehen. Damit wird aber dem Begriff des Atomgewichts grundsätzlich der absolute Charakter entzogen und derselbe zu einer reinen Verhältniszahl gestempelt.

Nach diesem augenscheinlichen Erfolg würde dann mein Gegner vielleicht dazu übergehen, seinen Haupttrumpf auszuspielen: die Einsteinsche allgemeine Relativitätstheorie. Hier würde wohl allein schon die Nennung des Stichwortes genügen, um jeden Versuch, bei den Begriffen „Raum" und „Zeit" noch von etwas Absolutem zu reden, als antiquiert und rückständig erscheinen zu lassen.

Aber man soll sich wohl hüten, aus Worten und aus Bezeichnungen, die vielleicht nicht immer in jeder Hinsicht glücklich gewählt sind, sachliche Folgerungen abzuleiten. Daß die Relativitätstheorie tatsächlich zur Auffindung eines Absolutwertes der Energie geführt hat, ist schon früher zur Sprache gekommen, und es würde von recht oberflächlicher Denkweise zeugen, wenn man bei der Erkenntnis der Notwendigkeit einer Relativierung von Raum und Zeit stehenbliebe und nicht noch weiter fragen würde, wohin denn diese Relativierung führt. Sicherlich ist es häufig in der Geschichte der Wissenschaft vorgekommen und bezeichnete dann in der Regel einen grundsätzlichen Fortschritt, daß gewisse Begriffe, denen man eine Zeitlang eine absolute Bedeutung beigelegt hatte, sich als nur relativ gültig erwiesen. Aber damit war das Absolute nicht eliminiert, sondern nur zurückgeschoben. Eine Leugnung des Absoluten schlechthin käme nach meiner Meinung auf dasselbe hinaus, als wenn jemand, der nach der Ursache eines eingetretenen Ereignisses forscht, falls er einmal die Entdeckung macht, daß ein gewisser Umstand, den er eine Zeitlang für die gesuchte Ursache hielt, nicht dafür in Betracht kommen kann, nun daraus den Schluß ziehen wollte, daß das Ereignis überhaupt keine Ursache gehabt hat. Nein, man kann ebensowenig alles relativieren, wie man alles definieren oder alles beweisen kann. Denn wie bei jeder Begriffsbildung von mindestens einem Begriff ausgegangen werden muß, der keiner besonderen Definition bedarf, und wie jede Beweisführung von einem Obersatz Gebrauch machen muß, der ohne Beweis als zutreffend anerkannt wird, so knüpft jedes Relative im letzten Grunde an etwas selbständiges Absolutes an. Sonst schwebt der Begriff oder der Beweis oder das Relative in der Luft, ähnlich wie ein Rock, für den kein Nagel zum Aufhängen da ist. Das Absolute stellt den notwendigen festen Ausgangspunkt dar; derselbe muß nur an der richtigen Stelle gesucht werden.

Nach diesen Überlegungen ist es in der Tat nicht schwer, auf die Behauptungen des geschilderten Gegenvortrages eine geeignete Erwiderung zu finden.

Die Zurückführung der Atomgewichte aller Elemente auf dasjenige des Wasserstoffs wird, wenn sie sich einmal wirklich durchführen läßt, eine der fundamentalsten Errungenschaften vorstellen, welche die wissenschaftliche Erforschung der Materie gezeitigt hat. Ihre Bedeutung besteht darin, daß im Lichte dieser Erkenntnis alle Materie einen einheitlichen Ursprung aufweist. Dann werden die beiden Bestandteile des Wasserstoffatoms: der positiv geladene Wasserstoffkern, das sogenannte Proton, und das negative Elektron, zusammen mit dem elementaren Wirkungsquantum die Bausteine bilden, aus denen sich das physikalische Weltgebäude zusammensetzt, und diesen Größen wird, solange sie sich nicht aufeinander oder auf andere zurückführen lassen, gewiß ein absoluter Charakter zugeschrieben werden müssen. Da haben wir also wieder das Absolute, nur auf höherer Stufe und in vereinfachter Form. Und um den Vergleichsfaden noch etwas fortzuspinnen, fragen wir jetzt weiter nach dem Baugrunde, auf welchem sich das gewaltige Werk erhebt. Die von Albert Einstein erarbeitete Erkenntnis, daß unsere Begriffe des Raumes und der Zeit, wie sie N e w t o n und ebenso K a n t als die absolut gegebenen Formen unserer Anschauung ihren Gedankengängen zugrunde legten, wegen der Willkür, die in der Wahl des Bezugssystems und des Messungsverfahrens liegt, in gewissem Sinne nur eine relative Bedeutung besitzen, greift vielleicht am allertiefsten an die Wurzeln unseres physikalischen Denkens. Aber wenn dem Raum und der Zeit der Charakter des Absoluten abgesprochen worden ist, so ist das Absolute nicht aus der Welt geschafft, sondern es ist nur weiter rückwärts verlegt worden, und zwar in die Metrik der vierdimensionalen Mannigfaltigkeit, welche daraus entsteht, daß Raum und Zeit mittels der Lichtgeschwindigkeit zu einem einheitlichen Kontinuum zusammengeschweißt werden. Diese Metrik stellt etwas von jeglicher Willkür abgelöstes Selbständiges und daher Absolutes dar.

So ist auch in der vielfach mißverstandenen Relativitätstheorie das Absolute nicht aufgehoben, sondern es ist im Gegenteil durch sie nur noch schärfer zum Ausdruck gekommen, daß und inwiefern die Physik sich allenthalben auf ein in der Außenwelt liegendes Absolutes gründet. Denn wenn das Absolute, wie manche Erkenntnistheoretiker annehmen, nur im eigenen Erleben zu finden wäre, so müßte es grundsätzlich ebenso viele Arten von Physik geben, wie es Physiker gibt, und wir würden der Tatsache völlig verständnislos gegenüberstehen, daß es wenigstens bis zum heutigen Tage möglich ist, eine physikalische Wissenschaft aufzubauen und zu pflegen, deren Inhalt für alle forschenden Intelligenzen, bei aller Verschiedenartigkeit ihrer Einzelerlebnisse, sich als der nämliche erweist. Daß nicht wir uns aus Zweckmäßigkeitsgründen die Außenwelt schaffen, sondern daß umgekehrt sich uns die Außenwelt mit elementarer Gewalt aufzwingt, ist ein Punkt, welcher in unserer stark von positivistischen Strömungen durchsetzten Zeit nicht als selbstverständlich unausgesprochen bleiben darf. Indem wir bei jeglichem Naturgeschehen von dem Einzelnen, Konventionellen und Zufälligen dem Allgemeinen, Sachlichen und Notwendigen zustreben, suchen wir hinter dem Abhängigen das Unabhängige, hinter dem Relativen das Absolute, hinter dem Vergänglichen das Unvergängliche. Und so weit ich sehe, zeigt sich diese Tendenz nicht nur in der Physik, sondern in jeglicher Wissenschaft, ja nicht nur auf dem Gebiet des Wissens, sondern auch auf dem des Guten und dem des Schönen.

Doch ich laufe hier Gefahr, von meinem Thema abzuschweifen. Denn ich hatte mir nicht vorgenommen, Behauptungen aufzustellen und sie dann zu beweisen, sondern ich wollte umgekehrt erst einige Tatsachen aus der Physik reden lassen und an sie einige zusammenfassende Betrachtungen anreihen.

Darum zum Schluß nur noch eine naheliegende, aber sehr verfängliche Frage. Wer bürgt uns dafür, daß ein Begriff, welchem wir heute einen absoluten Charakter zuschreiben, vielleicht schon morgen sich in einem gewissen neuen Sinne als relativ erweisen und einem höheren absoluten Begriffe weichen wird? Hier kann es nur eine einzige Antwort geben: Nach allem, was wir erlebt und gelernt haben, kann eine derartige Bürgschaft niemand in der Welt übernehmen. Ja, wir dürten wohl sogar mit aller Sicherheit behaupten, daß das Absolute schlechthin uns niemals faßbar sein wird. Das Absolute bildet vielmehr ein ideales Ziel, das wir stets vor uns haben, ohne es doch jemals erreichen zu können — ein allerdings vielleicht betrüblicher Gedanke, mit dem wir uns eben abfinden müssen. Es geht uns darin ähnlich wie einem in unbekanntem Gelände wandernden Bergsteiger, der niemals weiß, ob hinter dem Gipfel, den er vor sich sieht und dem er mühsam zustrebt. sich nicht ein noch höherer auftürmt. Wohl aber mag es wie ihm so auch uns zum Trost dienen, daß es dabei doch immer aufwärts- und vorwärtsgeht, und daß uns nichts hindert, dem ersehnten Ziel in unbeschränktem Grade näherzukommen. Diese Annäherung immer weiterzutreiben und immer enger zu gestalten, ist das eigentliche unausgesetzte Streben einer jeglichen Wissenschaft, und wir können hier mit Gotthold Ephraim Lessing sagen: Nicht der Besitz der Wahrheit, sondern das erfolgreiche Ringen um sie macht das Glück des Forschers aus; denn alles Verweilen ermüdet und erschlafft auf die Dauer. Ein starkes, gesundes Leben gedeiht nur durch Arbeit und Fortschritt. Vom Relativen zum Absoluten.

Physikalische Gesetzlichkeit.

(Vortrag, gehalten am 14. Februar 1926 in den akad. Kursen von Düsseldorf.)

Meine hochverehrten Damen und Herren! In der Zeit ernster Not und tiefer Demütigung, welche unser hartgeprüftes Vaterland gegenwärtig zu erdulden hat, muß jeder Deutsche es als Ehrenpflicht empfinden, sich freudig zu seinem Volke zu bekennen und in dem ihm gewiesenen Wirkungskreise nach seinen besten Kräften an dem Wiederaufbau des Zerstörten mitzuarbeiten. Auch auf dem Gebiete der Kulturgüter haben wir schwere Einbußen erlitten, und es gilt die Anstrengungen zu verdoppeln, damit Deutschland allmählich seinen früher mit Ehren und mit wachsendem Erfolge behaupteten Platz unter den Völkern zurückgewinnt. Wenn wir gewahren, daß es gegenwärtig immer noch große, sich als international bezeichnende wissenschaftliche Organisationen gibt, welche in ihren Satzungen die Beteiligung deutscher Gelehrter ausdrücklich ablehnen, so muß es diesen ein verstärkter Ansporn sein, durch den Umfang und durch die Gediegenheit ihrer Arbeit den Nachweis zu liefern, daß die deutsche Wissenschaft noch lebendig ist und nicht ohne Schaden für den allgemeinen wissenschaftlichen Fortschritt ignoriert werden darf. Und wenn der einzelne auch nur einen kleinen bescheidenen Teil zu dem Gesamtwerk zu liefern vermag, so trifft ihn doch das volle, seinen Kräften entsprechende Maß der Verantwortung für den Wert dessen, was er zu dem großen Schatz der internationalen Wissenschaft beisteuert.

Um von solcher Gesinnung Zeugnis abzulegen, habe ich der ehrenvollen Einladung gerne Folge geleistet, hier in Düsseldorf, an dieser echt deutschen Kulturstätte, welche die schweren Folgeerscheinungen des Krieges auch an sich selber in vollem Maße erleben mußte, über ein meinem speziellen wissenschaftlichen Gebiet entnommenes Thema zu berichten, und bitte Sie heute, einige Betrachtungen über physikalische Gesetzlichkeit im Lichte neuerer Forschung vor Ihnen entwickeln zu dürfen.

I.

Was verstehen wir unter physikalischer Gesetzlichkeit? Ein physikalisches Gesetz ist ein jeder Satz, welcher einen festen, unverbrüchlich gültigen Zusammenhang zwischen meßbaren physikalischen Größen ausspricht, einen Zusammenhang, welcher es gestattet, eine dieser Größen zu berechnen, wenn die übrigen durch Messung bekannt sind. Eine möglichst vollständige Erkenntnis der physikalischen Gesetzlichkeit ist das höchste, heiß ersehnte Ziel eines jeden Physikers, mag er sie nun lediglich vom Nützlichkeitsstandpunkt aus bewerten, indem er ihren eigentlichen Wert darin erblickt, daß uns durch sie die Ausführung kostspieliger Messungen erspart wird, oder mag er, weitergehend, in ihr die Befriedigung eines tiefen inneren Wissensdranges und die feste Basis für seine Naturanschauung suchen.

Wie gelangen wir nun zur Feststellung der einzelnen physikalischen Gesetze, und wie sehen dieselben aus? Zuvörderst dürfen wir es durchaus nicht als von vornherein selbstverständlich betrachten, daß eine physikalische Gesetzlichkeit überhaupt existiert, oder daß sie, wenn sie auch bisher existiert hat, auch in Zukunft stets in gleicher Weise existieren wird. Es wäre durchaus denkbar, und wir könnten nicht das mindeste dagegen machen, wenn die Natur uns eines schönen Tages durch den Eintritt eines völlig unerwarteten Ereignisses ein Schnippchen schlüge, und wenn es uns trotz aller Anstrengung niemals gelingen sollte, in den entstandenen Wirrwarr irgendeine gesetzliche Ordnung hineinzubringen. Dann bliebe der Wissenschaft nichts anderes übrig, als ihren Bankerott zu erklären. Aus diesem Grunde ist sie genötigt, die Existenz einer allgemeinen Naturgesetzlichkeit als Vorbedingung, als Postulat an die Spitze ihrer ganzen Entwicklung zu stellen oder, um mit Immanuel Kant zu reden, den Kausalbegriff mit zu den von vornherein gegebenen Kategorien zu rechnen, ohne die Erkenntnis überhaupt nicht gewonnen werden kann.

Daraus folgt weiter mit Notwendigkeit, daß das Wesen der physikalischen Gesetzlichkeit und der Inhalt der physikalischen Gesetze sich nicht durch reines Nachdenken erschließen läßt, sondern daß es hierfür keinen anderen Weg gibt als den, sich vor allem an die Natur zu wenden, in ihr möglichst zahlreiche und vielseitige Erfahrungen zu sammeln, dieselben miteinander in Vergleich zu bringen und zu möglichst einfachen und weittragenden Sätzen zu verallgemeinern, mit einem Wort: die Methode der Induktion.

Da der Inhalt einer Erfahrung um so reicher ist, je genauer die Messungen sind, die ihr zugrunde liegen, so versteht sich von selbst, daß der Fortschritt aller physikalischen Erkenntnis auf das engste verknüpft ist mit der Verfeinerung der physikalischen Instrumente und mit der Technik des Messens. Davon liefert gerade die neueste Geschichte der Physik schlagende Belege. Aber mit dem Messen allein ist es nicht getan. Jede Messung ist ein einzelnes, zunächst für sich stehendes Ereignis und als solches an ganz spezielle Umstände, vor allem an einen bestimmten Ort und eine bestimmte Zeit, sowie an ein bestimmtes Meßinstrument und einen bestimmten Beobachter gebunden, und wenn auch die erstrebte Verallgemeinerung in vielen Fällen auf der Hand liegt und sich sozusagen von selbst anbietet, so gibt es doch auch andere Fälle, wo es außerordentlich schwierig ist, für verschiedenartige vorliegende Messungen das gemeinsame Gesetz zu finden, — sei es, daß sich dafür überhaupt keine Möglichkeit zu eröffnen scheint, oder auch, was auch sehr unbefriedigend wirken kann, daß zu vielerlei Möglichkeiten der Verallgemeinerung vorliegen.

In solchen Fällen gibt es kein anderes Mittel, um vorwärtszukommen, als einmal probeweise eine gewisse Annahme einzuführen, eine sogenannte Arbeitshypothese, und zuzusehen, wieweit man mit ihr kommt. Für die Brauchbarkeit einer solchen Hypothese ist es immer ein besonders gutes Zeichen, wenn sie sich auch auf Gebieten bewährt, auf die sie nicht von vornherein zugeschnitten war. Denn dann darf man schließen, daß der gesetzliche Zusammenhang, den sie ausspricht, eine tiefergehende Bedeutung besitzt und eine wesentlich neue Erkenntnis eröffnet.

Wenn somit eine zweckmäßige Arbeitshypothese als ein unentbehrliches Hilfsmittel jeder induktiven Forschung erscheint, so drängt sich die gewichtige Frage auf, wie man es denn anfängt, um eine möglichst brauchbare Hypothese ausfindig zu machen. Darüber gibt es aber keine allgemeine Vorschrift. Denn hier genügt keineswegs allein das logische Denken, auch dann nicht, wenn die reichsten und vielseitigsten Erfahrungen vorliegen. Hier hilft vielmehr allein ein unvermitteltes Zufassen, ein glücklicher Einfall, oft ein anfangs sehr kühn erscheinender Gedankensprung, wie ihn nur eine lebendige und selbständige, durch eine genaue Kenntnis der vorhandenen Tatsachen in die richtige Bahn gelenkte Phantasie und eine starke schöpferische Gestaltungskraft auszuführen vermag.

In den meisten Fällen handelt es sich dabei um die Einführung gewisser Gedankenbilder, Analogien, welche auf bekannte gesetzliche Zusammenhänge in einem anderen Gebiete hinlenken und dadurch einen weiteren Schritt nahelegen in der Richtung zu der Vereinheitlichung des physikalischen Weltbildes.

Aber gerade an einem solchen Punkte vielversprechenden Erfolges lauert häufig auch eine ernste Gefahr. Denn wenn der gewagte Schritt wirklich geglückt ist, wenn die eingeführte Hypothese ihre Leistungsfähigkeit bewiesen hat, handelt es sich weiter darum, sie weiter auszubilden, ihren eigentlichen Kern herauszuschälen und durch eine sachgemäße Formulierung ihren berechtigten Inhalt klarzustellen, indem man sie von allen unwesentlichen Zutaten reinlich säubert. Das ist nun aber keine so einfache Sache, als es vielleicht zunächst den Anschein haben könnte. Denn die in glücklichem Gedankenflug errichtete Brücke, welche den Zugang zu einer neuen Erkenntnis vermittelt hat, erweist sich bei näherer Besichtigung sehr häufig als nur provisorischer Art, und muß dann nachträglich durch eine haltbarere, auch für das schwere Geschütz kritischer Logik tragfähige, ersetzt werden. Wir müssen eben bedenken, daß eine jede Hypothese ein Produkt der tastenden Phantasie ist, und daß die Phantasie mit der Anschauung arbeitet. Die Anschauung ist aber in der Physik, so wenig man sie bei der Hypothesenbildung entbehren kann, für die Ausarbeitung einer rationellen Theorie, namentlich bei einer logischen Beweisführung, ein Hilfsmittel von äußerst zweifelhafter Natur; denn das wohlbegreifliche Vertrauen auf gewisse anschauliche Vorstellungen und Gedankengänge, die sich in bestimmter Richtung als fruchtbar erwiesen haben, führt leicht zur Überschätzung ihrer Bedeutung und zu unhaltbaren Verallgemeinerungen. Nimmt man hinzu, daß gerade der Schöpfer einer neuen leistungsfähigen Theorie in der Regel wenig geneigt ist, sei es aus Bequemlichkeit oder auch aus einem gewissen Pietätsgefühl, an den speziellen Ideenverbindungen, die ihn zum Erfolge geführt haben, wesentliche Änderungen vorzunehmen, und daß er häufig seine ganze wohlerworbene Autorität einsetzt, um seinen ursprünglich eingenommenen Standpunkt aufrecht erhalten zu können, so ist es wohl verständlich, daß die gesunde Weiterentwicklung der Theorie oft erheblichen Schwierigkeiten begegnet. Beispiele für diese Verhältnisse treffen wir auf Schritt und Tritt in der Geschichte der physikalischen Wissenschaft an, bis hinein in die Gegenwart. Lassen Sie mich einige der wichtigsten hier zur Sprache bringen.

Die frühesten Erkenntnisse physikalischer Gesetzlichkeit liegen naturgemäß auf dem Gebiete, in dem die ersten genauen Messungen möglich waren: dem von Raum und Zeit, also auf dem Gebiet der Mechanik. Auch läßt sich leicht verstehen, daß die Aufstellung gesetzmäßiger Zusammenhänge zuerst gerade bei denjenigen Bewegungen gelang, deren gesetzlicher Ablauf unabhängig von zufälligen äußeren Begleitumständen und Eingriffen erfolgt: den Bewegungen der Himmelskörper. Schon vor Jahrtausenden verstanden es bekanntlich die Kulturvölker des Orients, aus ihren Beobachtungen Formeln abzuleiten, welche es gestatten, die Bewegungen der Sonne und der Planeten auf Jahre hinaus mit großer Sicherheit zu berechnen. Mit jeder Steigerung der Meßgenauigkeit war eine Verbesserung der Formeln verbunden. Ihre Zusammenstellung und Vergleichung führte in der späteren Entwicklung zu den Theorien von P t o l e m ä u s , K o p e r n i k u s , K e p l e r , von denen jede der vorhergehenden an Einfachheit und Genauigkeit überlegen war. Allen diesen Theorien ist gemeinsam eine Beantwortung der Frage nach dem gesetzlichen Zusammenhang zwischen der Position eines Himmelskörpers, etwa eines Planeten, und dem Zeitpunkt, in welchem diese Position eingenommen wird. Selbstverständlich ist die Art des gesetzlichen Zusammenhanges für jeden Planeten eine andere, wenn sich auch in den Planetenbewegungen viele gemeinsame Züge aufweisen lassen.

Den entscheidenden Schritt über diese Art der Fragestellung hinaus tat N e w t o n , indem er die auf die verschiedenen Planeten bezüglichen Formeln in ein einziges, für alle Planeten und überhaupt für sämtliche Himmelskörper in gleicher Weise gültiges Bewegungsgesetz zusammenfaßte. Ein solcher Erfolg konnte ihm dadurch gelingen, daß er das Bewegungsgesetz unabhängig machte von dem speziellen Zeitpunkt, auf den es angewendet wird, daß er nämlich den Zeitpunkt durch das Zeitdifferential ersetzte. Die N e w t o n sche Theorie der Planetenbewegung spricht einen bestimmten gesetzlichen

Zusammenhang aus nicht zwischen der Position eines Planeten und der Zeit, sondern zwischen der Beschleunigung des Planeten und seiner Entfernung von der Sonne, und dieses Gesetz, eine gewisse vektorielle Differentialgleichung, lautet für alle Planeten genau gleich. Ist also die Lage und die Geschwindigkeit des Planeten in irgendeinem einzelnen Zeitpunkt bekannt, so berechnet sich daraus eindeutig seine Bewegung für alle Zeiten.

Daß die N e w t o n sche Fassung der Bewegungsgesetze nicht nur eine neue Form der Naturbeschreibung, sondern einen wirklichen Fortschritt in der Erkenntnis der sachlichen Zusammenhänge bedeutet, erhellt aus den Resultaten, welche ihre weitere Durchführung geliefert hat. Sie übertrifft nämlich die K e p l e r schen Formeln nicht nur an Genauigkeit, indem sie zum Beispiel die Störungen, welche die elliptische Bewegung der Erde um die Sonne durch ihre gelegentliche Annäherung an den Jupiter erleidet, in voller Übereinstimmung mit den Messungen wiedergibt, sondern sie erteilt auch Aufschluß über die Bewegungen anderer Himmelskörper, wie der Kometen, der Doppelsterne usw., welche von den K e p l e r schen Gesetzen gar nicht erfaßt werden. Was aber der N e w t o n schen Theorie zu ihrem unmittelbarsten, völlig durchschlagenden Erfolge verhalf, war der Umstand, daß ihre Anwendung auf irdische Bewegungen unmittelbar zu denselben numerischen Gesetzen des freien Falls und der Pendelschwingungen führte, welche G a l i l e i durch seine Messungen festgestellt hatte, und des weiteren auch zur Erklärung gewisser auffallender, sonst ganz unverständlicher Phänomene, wie Ebbe und Flut, Drehung der Pendelebene, Präzession der Kreiselbewegung und dergleichen.

Wie gelangte nun aber N e w t o n zu seiner Differentialgleichung für die Bewegung eines Planeten? Das ist die Frage, die uns jetzt hauptsächlich interessiert. Er gelangte zu ihr nicht etwa dadurch, daß er die Beschleunigung eines Planeten ohne weiteres mit seiner Entfernung von der Sonne in Beziehung brachte und nach einem bestimmten numerischen Zusammenhang zwischen ihnen suchte, sondern dadurch, daß er sich zunächst in Gedanken eine Brücke baute, die von dem Begriff der Lage des Planeten hinüberführte zu dem Begriff der Beschleunigung, und diese Brücke heißt die K r a f t. Er stellte sich nämlich vor, daß einerseits durch die Lage eines Planeten gegenüber der Sonne eine gegen die Sonne hin gerichtete Anziehungskraft bedingt wird, und daß andererseits diese selbe Anziehungskraft in der Bewegungsgröße des Planeten eine bestimmte Änderung verursacht. So entstand einerseits das Gravitationsgesetz, andererseits das Trägheitsgesetz. Der Begriff der Kraft selber entsprang ohne Zweifel, wie schon das Wort Kraft besagt, der Vorstellung der Muskelempfindung beim Heben eines Gewichtes oder beim Fortschleudern eines Balles, und diese Vorstellung wurde in weiterer Verallgemeinerung angewendet auf jede Art von Bewegungsänderung, auch wenn dieselbe so groß ist, daß menschliche Muskelkräfte nicht entfernt hinreichen, um sie zu bewirken.

Kein Wunder, daß Newton diesem Begriff der Kraft, welcher ihm zu so fundamentalen Erfolgen verholfen hatte, eine entscheidende Bedeutung beilegte, obwohl derselbe, was wohl zu beachten ist, in dem eigentlichen Bewegungsgesetz gar nicht vorkommt, und daß er in ihm die primäre Ursache einer jeden Bewegungsänderung suchte. So ist es gekommen, daß die Newtonsche Kraft als der Haupt- und Grundbegriff der Mechanik, und nicht nur der Mechanik, sondern der ganzen Physik hingestellt wurde, und daß man sich mit der Zeit gewöhnte, bei allen physikalischen Vorgängen immer in erster Linie nach der Kraft zu fragen, welche sie verursacht.

In gewissem Gegensatz hierzu steht das Bild, welches uns die neuere Entwicklung der Physik darbietet. Man darf ruhig sagen, daß heute die Newtonsche Kraft ihre grundlegende Bedeutung für die theoretische Physik verloren hat. In dem modernen Aufbau der Mechanik erscheint sie nur mehr als sekundäre Größe, man hat sie ersetzt durch einen anderen höheren und umfassenderen Begriff, den der Arbeit oder des Potentials, indem man die Kraft allgemein definiert als das Potentialgefälle oder als den negativen Potentialgradienten.

Aber — so könnte man versucht sein einzuwenden — wie ist es möglich, die Arbeit als das Primäre anzusehen, da doch, wenn Arbeit entstehen soll, immer zuerst eine Kraft da sein muß, welche die Arbeit leistet? Wer so spricht, der denkt nicht physikalisch, sondern physiologisch. Gewiß ist bei der Arbeit, die man bei der Emporhebung eines Gewichtes leistet, die Muskelkontraktion mit den sie begleitenden Empfindungen das Primäre und bildet die Ursache der eintretenden Bewegung. Aber dieser physiologische Vorgang ist begrifflich scharf zu trennen von der hier in Rede stehenden physikalischen Kraft der Anziehung, welche die Erde auf das Gewicht ausübt und welche ihrerseits allein bedingt wird durch das primär vorhandene Gravitationspotential.

Das Potential behauptet den Vorrang vor der Kraft nicht allein deshalb, weil die physikalische Gesetzlichkeit durch seine Einführung eine einfachere Form annimmt, sondern auch weil die Bedeutung des Potentialbegriffes viel weiter reicht als die des Kraftbegriffes, namentlich auch über das Gebiet der Mechanik hinaus bis in das Gebiet der chemischen Verwandtschaftslehre, wo von Newtonscher Kraft überhaupt nicht mehr die Rede sein kann. Freilich muß zugegeben werden, daß der Begriff des Potentials nicht den einleuchtenden Vorteil der unmittelbaren Anschaulichkeit besitzt, welcher dem der Kraft vermöge seiner Beziehung zum Muskelsinn innewohnt, und daß daher durch die Elimination des Kraftbegriffes auch die Anschaulichkeit der physikalischen Gesetze eine wesentliche Einbuße erleidet. Aber diese Entwicklung liegt in der Natur der Sache. Die physikalische Gesetzlichkeit richtet sich eben nicht nach den menschlichen Sinnesorganen und dem ihnen entsprechenden Anschauungsvermögen, sondern nach den Dingen selber.

Immerhin wird es nach meiner Meinung bei der Einführung in die

Mechanik für den Unterricht stets notwendig bleiben, zunächst von der Newtonschen Kraft auszugehen, ebenso wie man in der Optik zunächst vom Farbensinn und in der Thermodynamik zunächst vom Wärmesinn ausgeht, obwohl diese Grundlage später durch eine präzisere ersetzt wird. Wir dürfen auch nicht vergessen, daß die Bedeutung aller physikalischen Begriffe und Sätze für uns in letzter Linie doch wieder auf ihren Beziehungen zu den menschlichen Sinnesorganen beruht. Das ist ja gerade charakteristisch für das eigentümliche Verfahren der physikalischen Forschung. Um überhaupt brauchbare physikalische Begriffe und Hypothesen bilden zu können, müssen wir zunächst auf unser den spezifischen Sinnesempfindungen unmittelbar angepaßtes Anschauungsvermögen zurückgreifen. Aus ihm allein schöpfen wir alle unsere Ideen. Wenn wir aber dann zu physikalischen Gesetzen gelangen wollen, müssen wir von den eingeführten Anschauungsbildern wieder möglichst abstrahieren und die aufgestellten Definitionen von allen Zutaten und Vorstellungen, die nicht in logisch notwendigem Zusammenhang mit den Messungen stehen, befreien. Sind dann die physikalischen Gesetze formuliert und haben sie uns auf mathematischem Wege zu bestimmten Folgerungen geführt, so müssen wir schließlich die erhaltenen Resultate, um sie für uns wertvoll zu machen, wieder zurückübersetzen in die Sprache unserer Sinnenwelt. Das ist in gewissem Sinne ein zirkelförmiger Weg. Er ist aber durchaus notwendig. Denn die Einfachheit und Allgemeinheit der physikalischen Gesetze offenbart sich stets erst nach der Abstraktion von allen anthropomorphen Beimengungen.

Derartiger Gedankenbrücken und anschaulicher Hilfsbegriffe, wie ich einen in der Newtonschen Kraft zu schildern versuchte, gibt es in der theoretischen Physik eine große Anzahl. Ich will hier in diesem Zusammenhang nur noch den für die physikalische Chemie so fruchtbar gewordenen Begriff des osmotischen Druckes nennen, den van't Hoff seinerzeit eingeführt hat, um die physikalischen Gesetze der Lösungen, namentlich die des Gefrierpunktes und der Dampfspannung, anschaulich formulieren zu können. Realisieren und messen läßt sich der osmotische Druck nur verhältnismäßig unvollkommen, weil dazu sehr komplizierte Vorrichtungen, sogenannte semipermeable Wände, notwendig sind. Um so mehr muß man den intuitiven Scharfblick bewundern, welcher den großen Forscher auf Grund eines recht dürftigen Beobachtungsmaterials zu der Formulierung der nach ihm benannten Gesetze geleitet hat. In der heutigen Fassung dieser Gesetze bedarf man des osmotischen Druckes so wenig, wie für die der Bewegungsgesetze der Newtonschen Kraft.

Es gibt aber auch noch ganz andere Arten von Gedankenbrücken hoher Anschaulichkeit, welche sich für die Bildung fruchtbarer Arbeitshypothesen als sehr wertvoll, aber doch im weiteren Verlauf der Entwicklung dem Fortschritt als direkt hinderlich erwiesen haben. Eine derselben verdient es noch ganz besonders, hier hervorgehoben zu werden. Wie man sich gewöhnt hatte, hinter allen Veränderungen in der Natur eine ursächlich wirkende Kraft zu vermuten, so war man entsprechend leicht geneigt, eine jede unveränderliche, konstante Größe sich als eine S u b s t a n z vorzustellen. Der Substanzbegriff hat von jeher in der Physik eine bedeutende, aber, wie eine nähere Betrachtung ergibt, nicht immer unbedingt förderliche Rolle gespielt. Zunächst ist ja leicht einzusehen, daß sich jeder sogenannte Erhaltungssatz substantiell deuten läßt, und diese Vorstellung ist gewiß vorzüglich geeignet, den Inhalt des Satzes zu veranschaulichen und dadurch seine Benutzung zu erleichtern. Können wir uns doch kaum ein anschaulicheres Bild machen von einer Größe, welche durch alle ihre Veränderungen hindurch stets ihre Quantität behält, als indem wir an einen bewegten materiellen Körper denken. Damit hängt gewiß auch das Bestreben zusammen, überhaupt alle Vorgänge in der Natur auf Bewegungen von Substanzmengen, also auf Mechanik, zurückzuführen. So wurde die Erzeugung und Ausbreitung des Lichtes anschaulich gemacht durch die Wellenbewegung eines substantiellen Lichtäthers, und in der Tat gelang es auf diesem Wege, die wichtigsten Gesetze der Optik in Übereinstimmung mit der Erfahrung abzuleiten, bis dann einmal doch der Zeitpunkt kam, wo die substantiell-mechanische Theorie ihren Dienst versagte und sich in unfruchtbare Spekulation verlor.

Auch auf dem Gebiet der Wärme hat der Substanzbegriff eine Zeitlang Treffliches geleistet. Die sorgfältige Ausbildung, welche die Kalorimetrie in der ersten Hälfte des vorigen Jahrhunderts erfuhr, erfolgte wesentlich unter dem Gesichtspunkt der Annahme eines Hinüberströmens der unveränderlich bleibenden Wärmesubstanz aus dem wärmeren in den kälteren Körper. Als dann der Nachweis geführt wurde, daß die Quantität der Wärme auch vermehrt werden kann, zum Beispiel durch Reibungsvorgänge, stellte sich die Substanztheorie zur Wehr und suchte ihr Heil in Zusatzhypothesen, was ihr zwar eine geraume Zeit hindurch, aber schließlich doch nicht auf die Dauer gelingen konnte.

In der Elektrizitätslehre zeigen sich schon bei oberflächlicher Betrachtung die bedenklichen Folgen, welche eine Überspannung substantieller Vorstellungen mit sich bringen kann. Zwar wird auch hier der Satz von der Unveränderlichkeit der Elektrizitätsmenge und daran anschließend der Begriff der elektrischen Strömung und das Gesetz der Wechselwirkungen geladener und stromdurchflossener Leiter vorzüglich veranschaulicht durch die Vorstellung einer feinen, leicht beweglichen, mit gewissen Kraftäußerungen begabten elektrischen Substanz. Aber hier versagt die Analogie schon bei der Berücksichtigung des Umstandes, daß man dann zwei entgegengesetzte, eine positive und eine negative Substanz, annehmen muß, welche sich bei der Vereinigung gegenseitig vollkommen neutralisieren, — ein Vorgang, der bei gewöhnlichen Substanzen jedenfalls undenkbar ist, ebenso wie die Erzeugung zweier entgegengesetzter Substanzen aus dem Nichts.

So sehen wir, wie die Vorstellungsbilder und die ihnen entspringenden Anschauungen zwar für die physikalische Forschung unentbehrlich sind und schon ungezählte Male den Schlüssel zur Eröffnung neuer Bahnen der Erkenntnis geliefert haben, aber doch mit großer Vorsicht behandelt werden müssen, selbst wenn sie sich eine Zeitlang bewährt haben. Der einzige sichere Führer auf dem Weg der weiteren Entwicklung bleibt stets die Messung und was aus den an sie unmittelbar anschließenden Begriffen auf logischem Wege gefolgert werden kann. Alle anderweitigen Schlüsse, und gerade solche, welche sich durch eine gewisse unmittelbare sogenannte Evidenz auszeichnen, sind immer mit einem gewissen Mißtrauen zu betrachten. Denn über die Bündigkeit eines Beweises, der von wohldefinierten Begriffen handelt, entscheidet nicht die Anschauung, sondern der Verstand.

II.

Meine Damen und Herren! Wir haben bisher unser Augenmerk hauptsächlich der Frage zugewendet, auf welchem Wege man zur Erkenntnis physikalischer Gesetze gelangt; jetzt wollen wir einmal weiter dazu übergehen, den Inhalt und das eigentliche Wesen der physikalischen Gesetzlichkeit etwas näher ins Auge zu fassen.

Ein physikalisches Gesetz findet seinen Ausdruck gewöhnlich in einer mathematischen Formel, welche es gestattet, für irgendein vorliegendes, bestimmten gegebenen Bedingungen unterworfenes physikalisches Gebilde den zeitlichen Ablauf der darin stattfindenden Vorgänge zu berechnen. Von diesem Gesichtspunkte aus betrachtet lassen sich alle physikalischen Gesetze ihrem Inhalt nach ohne weiteres in zwei große Gruppen teilen.

Die Gesetze der ersten Gruppe sind dadurch gekennzeichnet, daß sie ihre Gültigkeit unverändert behalten, wenn man in ihnen das Vorzeichen der Zeit umkehrt, oder anders ausgedrückt: wenn jeder Vorgang, der ihre Forderungen erfüllt, auch rückwärts verlaufen kann, ohne mit ihnen in Widerspruch zu kommen. Beispiele hierfür sind die Gesetze der Mechanik und die Gesetze der Elektrodynamik, wofern von thermischen und chemischen Wirkungen abgesehen wird. Jeder rein mechanische oder elektrodynamische Vorgang kann auch in umgekehrter Richtung verlaufen. Ein reibungslos fallender Körper wird nach dem nämlichen Gesetze beschleunigt, wie ein reibungslos emporfliegender Körper verzögert wird, ein Pendel schwingt unter denselben Bedingungen nach links wie nach rechts, eine Welle kann sich ebenso nach der einen Seite wie nach der anderen fortpflanzen, ebenso nach außen wie nach innen, ein Planet kann sich ebenso in dem einen Sinne wie in dem anderen Sinne um die Sonne bewegen. Ob und wie die Umkehrung der Bewegung wirklich realisiert werden kann, ist eine ganz andere Frage, auf die wir hier nicht einzugehen brauchen. Hier handelt es sich nur um das Gesetz selber, nicht um die besonderen Daten, auf welche es Anwendung findet.

Die Gesetze der zweiten Gruppe werden dadurch charakterisiert, daß in ihnen das Vorzeichen der Zeit eine wesentliche Rolle spielt.

Daher sind die ihnen gehorchenden Vorgänge einseitig gerichtet, irreversibel. Zu diesen Vorgängen gehören alle diejenigen, bei welchen die Wärme und die chemische Verwandtschaft eine Rolle spielt. Bei der Reibung wird die relative Geschwindigkeit stets vermindert, niemals erhöht, bei der Wärmeleitung wird der kältere Körper stets erwärmt, der wärmere stets abgekühlt, bei der Diffusion schreitet die Vermischung der beiden sich mischenden Substanzen immer im Sinne fortschreitender Vermengung, niemals in dem einer Entmischung fort. Daher führen die irreversiblen Vorgänge stets zu einem bestimmten Endziel: die Reibung zum relativen Ruhezustand, die Wärmeleitung zum Ausgleich der Temperaturen, die Diffusion zur vollkommenen Gleichmäßigkeit der Mischung, während dagegen die reversiblen Vorgänge, sofern keine Eingriffe von außen erfolgen, keinen Anfang und kein Ende kennen, sondern in einem ewigen Hin und Her bestehen.

Wie gelingt es nun, diese beiden ganz entgegengesetzten Arten von Gesetzen unter einen Hut zu bringen, wie es doch im Interesse der Vereinheitlichung des physikalischen Weltbildes unbedingt gefordert werden muß? Vor einem Menschenalter gab es eine stark in den Vordergrund tretende Richtung in der theoretischen Physik, die sogenannte Energetik, welche darauf hinarbeitete, den Gegensatz dadurch aufzuheben, daß sie beispielsweise den Übergang der Wärme von höherer zu tieferer Temperatur in vollständige Analogie stellte zu dem Herabsinken eines Gewichtes oder eines Pendels aus einer höheren in eine tiefere Lage. Dabei blieb aber der wesentliche Punkt unberücksichtigt, daß ein Gewicht auch emporfliegen kann, und daß ein Pendel, wenn es seinen tiefsten Punkt erreicht hat, auch seine größte Geschwindigkeit besitzt und infolge seiner Trägheit die Gleichgewichtslage nach der entgegengesetzten Seite hin überschreitet, während im Gegensatz dazu die Wärmeströmung von einem wärmeren zu einem kälteren Körper um so mehr nachläßt, je geringer die Temperaturdifferenz wird, und von einem Überschreiten des Zustandes der Temperaturgleichheit vermöge einer Art von Trägheit keine Rede ist.

Wie man es auch wenden möge, der Gegensatz zwischen reversiblen und irreversiblen Prozessen bleibt bestehen, und es kann sich nur darum handeln, einen völlig neuen Gesichtspunkt ausfindig zu machen, von dem aus ein gewisser Zusammenhang der verschiedenartigen Gesetze miteinander erkennbar wird, womöglich in der Weise, daß die Gesetze der einen Gruppe irgendwie auf die der anderen zurückgeführt werden. Welche von den beiden soll man aber als die einfachere, elementarere ansehen, die der reversiblen oder die der irreversiblen Prozesse?

Darüber gibt schon eine äußerliche formale Betrachtung einigen Aufschluß. Eine jede physikalische Formel enthält außer veränderlichen Größen, welche in jedem Einzelfalle der besonderen Messung unterliegen, gewisse konstante Größen, welche ein für allemal bestimmt zu denken sind und welche dem in der Formel ausgedrückten funktionellen Zusammenhang zwischen den veränderlichen Größen das charakteristische Gepräge geben. Wenn man diese Konstanten näher ins Auge faßt, so findet man leicht, daß dieselben bei den reversiblen Vorgängen wirklich stets die nämlichen sind, da sie unter den verschiedensten äußeren Bedingungen immer wiederkehren, wie zum Beispiel die Masse, die Gravitationskonstante, die elektrische Ladung, die Lichtgeschwindigkeit, während dagegen die Konstanten der irreversiblen Vorgänge, wie das Wärmeleitungsvermögen, der Reibungskoeffizient, die Diffusionskonstante, sich mehr oder weniger von den äußeren Umständen, zum Beispiel von der Temperatur, vom Druck usw. abhängig zeigen.

Dieses tatsächliche Verhalten führt naturgemäß dazu, die Konstanten der ersten Gruppe als die einfacheren und die an sie anknüpfenden Gesetze als die elementaren, nicht weiter auflösbaren anzusehen, dagegen den Konstanten der zweiten Gruppe und den ihnen entsprechenden Gesetzen einen verwickelteren Charakter zuzuschreiben. Um diese Vermutung auf ihre Berechtigung hin zu prüfen, muß man die Betrachtungsweise um einen Grad verfeinern, man muß die Vorgänge sozusagen schärfer unter die Lupe nehmen. Sind die irreversiblen Vorgänge wirklich von zusammengesetzter Art, so können die sie beherrschenden Gesetze nur sozusagen im groben gelten, sie müssen statistischen Charakter besitzen, da sie nur für eine makroskopische summarische Betrachtung, also für die Mittelwerte aus einer großen Anzahl von verschiedenen Einzelvorgängen Bedeutung haben. Je mehr man die Zahl der zur Mittelwertbildung herangezogenen Einzelvorgänge einschränkt, um so deutlicher müssen sich zufällige Abweichungen von den makroskopischen Gesetzen bemerklich machen. Mit anderen Worten: wenn die geschilderte Anschauung wirklich zutrifft, so müssen die Gesetze der irreversiblen Vorgänge, die der Reibung, der Wärmeleitung, der Diffusion, mikroskopisch betrachtet, sämtlich ungenau sein, sie müssen in Einzelfällen Ausnahmen zulassen, Ausnahmen, die um so stärker hervortreten, je mehr man die Betrachtung verfeinert.

Gerade diese Schlußfolgerung ist es nun, die mit einer im Laufe der Zeit sich stets steigernden Sicherheit nach allen Richtungen durch die Erfahrung bestätigt wurde, was natürlich nur mit Hilfe einer außerordentlichen Verbesserung der Messungsmethoden gelingen konnte. Die große Annäherung, mit welcher die Gesetze der irreversiblen Vorgänge gelten, rührt lediglich her von der ungeheuren Anzahl der Einzelvorgänge, aus denen sie sich gewöhnlich zusammensetzen. Nehmen wir zum Beispiel eine Flüssigkeit von überall gleichmäßiger Temperatur, so folgt aus dem makroskopischen Gesetz der Wärmeleitung, daß keinerlei Strömung von Wärme innerhalb der Flüssigkeit stattfindet. Dem ist aber, genau genommen, durchaus nicht so. Denn die Wärme wird bedingt durch die feinen schnellen Bewegungen der Flüssigkeitsmoleküle, und die Wärmeleitung infolgedessen durch den Austausch dieser Geschwindigkeiten beim Zusammenstoß. Gleichmäßigkeit der Temperatur bedeutet also nicht

Gleichheit aller Geschwindigkeiten, sondern nur Gleichheit des Mittelwertes der Geschwindigkeiten für jedes Flüssigkeitsquantum, das eine sehr große Zahl von Molekülen umfaßt. Nehmen wir aber ein Quantum, das nur verhältnismäßig wenig Moleküle enthält, so wird der Mittelwert ihrer Geschwindigkeiten im Laufe der Zeit Schwankungen aufweisen, um so stärkere, je kleiner das Quantum gewählt ist. Diesen Satz können wir heute als eine experimentell vollkommen gesicherte Tatsache ansehen. Eine der augenfälligsten Illustrationen derselben bildet die sogenannte Brownsche Molekularbewegung, welche man durch das Mikroskop an kleinen, in einer Flüssigkeit suspendierten Staubteilchen beobachten kann, die durch die Stöße der an sie prallenden unsichtbaren Flüssigkeitsmoleküle hin und her getrieben werden, um so lebhafter, je höher die Temperatur gewählt ist. Wenn wir nun weiter die Annahme machen, welcher grundsätzlich nichts im Wege steht, daß ein jeder einzelne Stoß ein reversibler Vorgang ist, für den die elementar strenge dynamische Gesetzlichkeit gilt, so können wir sagen, daß durch die eingeführte mikroskopische Betrachtungsweise die Gesetze der irreversiblen Vorgänge, oder daß die statistische, grobe und angenäherte Gesetzlichkeit auf die dynamische, feine und absolute Gesetzlichkeit zurückgeführt worden ist.

Die großen Erfolge, welche durch die Einführung der statistischen Gesetzlichkeit auf zahlreichen Gebieten der physikalischen Forschung in der jüngsten Zeit erzielt worden sind, haben eine merkwürdige Wandlung in den Anschauungen der Physiker gezeitigt. Anstatt, wie früher, in der Energetik, das Auftreten irreversibler Prozesse zu leugnen oder wenigstens als zweifelhaft hinzustellen, wird jetzt vielfach der Versuch gemacht, die statistische Gesetzlichkeit in den Vordergrund zu rücken, alle bisher als dynamisch betrachteten Gesetze, sogar die Gravitation, auf statistische zurückzuführen, mit anderen Worten: eine absolute Gesetzlichkeit in der Natur ganz auszuschließen. In der Tat muß folgendes einleuchten: was wir in der Natur prüfen und messen können, läßt sich niemals durch ganz bestimmte Zahlen ausdrücken, sondern enthält immer eine gewisse, durch die unvermeidlichen Fehlerquellen der Messungen bedingte Unbestimmtheit. Daraus folgt, daß es uns niemals wird gelingen können, durch Messungen zu entscheiden, ob ein Gesetz in der Natur absolut genau gilt oder nicht. Und vom Standpunkt der allgemeinen Erkenntnistheorie aus kommen wir mit der Prüfung dieser Frage auch zu keinem anderen Ergebnis. Wenn wir, wie es uns gleich im Anfang entgegentrat, nicht einmal imstande sind, den Nachweis zu führen, daß in der Natur überhaupt eine Gesetzlichkeit besteht, so wird es uns um so weniger gelingen, von vornherein zu beweisen, daß diese Gesetzlichkeit eine absolute ist.

Man muß also vom logischen Standpunkt aus der Hypothese, daß es in der Natur nur statistische Gesetzlichkeit gibt, von vornherein volle Berechtigung zugestehen. Eine andere Frage ist, ob diese Annahme sich für die Forschung empfiehlt, und diese Frage möchte ich mit Entschiedenheit verneinen. Zunächst ist zu bedenken, daß nur die streng dynamische Gesetzlichkeit den Anforderungen unseres Erkenntnistriebes voll genügt, während dagegen jedes statistische Gesetz im Grunde unbefriedigend ist, einfach deshalb, weil es nicht genau gilt, sondern in Einzelfällen Ausnahmen zuläßt, und man stets vor der Frage steht, welches denn die Fälle sind, in welchen solche Ausnahmen eintreten.

Gerade derartige Fragen bilden nun aber den stärksten Antrieb zur Erweiterung und Verfeinerung der Forschungsmethoden. Wenn man die statistische Gesetzmäßigkeit als die letzte, tiefste annimmt, so liegt prinzipiell gar kein Grund vor, bei irgendeinem vorliegenden statistischen Gesetz nach den Ursachen der Schwankungserscheinungen zu fragen, während doch in Wirklichkeit gerade das Bestreben, hinter jeder statistischen Gesetzlichkeit eine dynamische, streng kausale zu suchen, uns die allerwichtigsten Fortschritte in der Erforschung der atomistischen Vorgänge gebracht hat.

Liegt aber andererseits ein Gesetz vor, welches sich bisher innerhalb der Messungsfehler stets als genau gültig erwiesen hat, so ist gewiß zuzugeben, daß man durch Messungen niemals endgültig wird feststellen können ob es nicht vielleicht doch statistischer Natur ist. Aber es macht doch einen wesentlichen Unterschied, ob man durch theoretische Überlegungen veranlaßt wird, es als statistisch oder als dynamisch anzusehen. Denn im ersten Falle wird man unablässig durch stetige Verfeinerung der Messungsmethoden nach den Grenzen seiner Gültigkeit suchen, im zweiten wird man aber derartige Bemühungen für fruchtlos halten und sich dadurch manche unnütze Arbeit ersparen. Es sind in der Physik schon allzu viele Anstrengungen auf Lösung von Scheinproblemen verwendet worden, als daß man solche Überlegungen für bedeutungslos halten dürfte.

Daher liegt es nach meiner Meinung durchaus im Interesse einer gesunden Fortentwicklung, nicht nur das Bestehen einer Gesetzlichkeit überhaupt, sondern auch den streng kausalen Charakter dieser Gesetzlichkeit mit zu den Postulaten der physikalischen Wissenschaften zu rechnen, wie das im Grunde bisher stets geschehen ist, und das Ziel der Forschung nicht eher als erreicht zu betrachten, als bis eine jede Beobachtung statistischer Gesetzlichkeit in eine oder mehrere dynamische aufgelöst ist. Dadurch soll die hohe praktische Bedeutung der Beschäftigung mit der statistischen Gesetzlichkeit durchaus nicht herabgesetzt werden. Wie die Meteorologie, die Geographie, die Sozialwissenschaft, so hat auch die Physik vielfach mit statistischen Gesetzen zu arbeiten. Aber ebenso wie niemand daran zweifelt, daß die sogenannten zufälligen Schwankungen in den klimatologischen Kurven, in der Bevölkerungsstatistik, in den Mortalitätstabellen in jedem einzelnen Fall streng kausal bedingt sind, so wird für den Physiker die Frage stets einen wohlberechtigten Sinn haben, warum von zwei benachbarten Uranatomen das eine um viele Millionen Jahre früher explodiert als das andere.

Die Voraussetzung einer strengen Kausalität wird auch die

Wissenschaft vom geistigen Leben niemals entbehren können. Von Gegnern dieser Ansicht ist häufig die Tatsache der Willensfreiheit des Menschen ins Treffen geführt worden. Daß hier durchaus kein Widerspruch vorliegt, daß vielmehr die Willensfreiheit des Menschen vollkommen verträglich ist mit dem universellen Walten eines strengen Kausalgesetzes, habe ich bereits früher einmal ausführlich zu begründen Gelegenheit gehabt. Da meine Ausführungen hierüber stellenweise arg mißverstanden worden sind, und da der Gegenstand doch gewiß bedeutendes Interesse besitzt, so bitte ich um die Erlaubnis, auch noch auf diesen Punkt hier mit einem kurzen Wort eingehen zu dürfen.

Das Kausalgesetz verlangt, daß sowohl die Handlungen als auch die seelischen Vorgänge, insbesondere auch die Willensmotive eines jeden Menschen, in irgendeinem Augenblick vollständig bestimmt sind durch den Zustand seiner gesamten Innenwelt im vorhergehenden Augenblick und die hinzutretenden Einflüsse der Umwelt. Wir haben keinerlei Grund, an der Richtigkeit dieses Satzes zu zweifeln. Denn bei der Frage der Willensfreiheit handelt es sich gar nicht darum, ob es einen derartigen bestimmten Zusammenhang gibt, sondern es handelt sich darum, ob dieser Zusammenhang dem Betreffenden selber erkennbar ist. Einzig und allein dieser Punkt ist es, an welchem die Entscheidung darüber haftet, ob der Mensch sich frei fühlen kann oder nicht. Nur wenn jemand imstande wäre, allein auf Grund des Kausalgesetzes seine eigene Zukunft vorauszusehen, müßte man ihm das Bewußtsein der Willensfreiheit absprechen. Ein solcher Fall ist aber deshalb unmöglich, weil er einen logischen Widerspruch enthält. Denn jedes vollständige Erkennen setzt voraus, daß das zu erkennende Objekt durch innere Vorgänge im erkennenden Subjekt nicht verändert wird, und diese Voraussetzung ist hinfällig, wenn Objekt und Subjekt identisch werden. Oder konkreter gesprochen: da die Erkenntnis irgendeines Willensmotives im eigenen Innern ein Erlebnis ist, aus welchem ein neues Willensmotiv entspringen kann, so vermehrt sich durch sie die Zahl der möglichen Willensmotive. Diese Feststellung bringt eine neue Erkenntnis, die abermals ein neues Willensmotiv zeitigen kann, und so geht die Kette der Schlußfolgerung weiter, ohne daß man jemals zur Feststellung des für eine zukünftige eigene Handlung endgültig ausschlaggebenden Motivs gelangen kann, das heißt zu einer Erkenntnis, die nicht abermals ihrerseits ein neues Willensmotiv auslöst. Ganz anders, wenn man auf eine vollzogene, fertig vorliegende Handlung zurückschaut. Hier wird der Wille durch die Erkenntnis nicht mehr beeinflußt und daher die streng kausale Betrachtung der Willensmotive wenigstens prinzipiell durchführbar.

Wer den Sinn dieser Überlegung bezweifelt und nicht einzusehen vermag, warum ein hinreichend intelligenter Geist nicht imstande sein sollte, die kausalen Bedingungen seines gegenwärtigen Ich vollständig zu begreifen, der dürfte eigentlich auch nicht einsehen können, warum ein Riese, der so groß ist, daß er auf jedermann herabschaut, nicht auch imstande sein sollte, auf sich selber herabzuschauen. Nein, aus dem Kausalgesetz allein wird auch der klügste Mann niemals die entscheidenden Motive für seine eigenen bewußten Handlungen ableiten können; dazu bedarf er einer anderen Richtschnur, nämlich eines Sittengesetzes, für welches auch die höchste Intelligenz und die feinste Selbstanalyse keinen Ersatz zu bieten vermögen.

III.

Doch zurück zur Physik, wo derartige Verwicklungen, wie die soeben besprochenen, in der Regel keine Rolle spielen. Es liegt mir daran, Ihnen, meine verehrten Damen und Herren, hier noch die wichtigsten charakteristischen Merkmale zu schildern, welche das Bestreben, alle physikalischen Vorgänge auf dem beschriebenen Wege in einen streng kausalen Zusammenhang zu bringen, dem gegenwärtigen physikalischen Weltbild eingeprägt hat. Schon ein flüchtiger Blick zeigt die enorme Veränderung des Bildes gegenüber dem Zustand zu Beginn des Jahrhunderts. Man darf wohl sagen, daß eine derartige stürmische Entwicklung seit den Tagen G a l i l e i s und N e w t o n s nicht vorgekommen ist, und wir sind stolz darauf, daß diesmal die deutsche Wissenschaft einen wesentlichen Anteil an ihr genommen hat. Den Anstoß gab naturgemäß die mit den Fortschritten der Technik auf das engste zusammenhängende außerordentliche Verfeinerung der Messungsmethoden, welche dann ihrerseits zur Feststellung von neuen Tatsachen und dadurch auch zur Revision und Erweiterung der Theorie führte. Besonders zwei neue Ideen sind es, die der heutigen Physik ihr charakteristisches Gepräge geben. Sie sind niedergelegt einerseits in der Relativitätstheorie, andererseits in der Quantenhypothese; jede in ihrer Art zugleich umwälzend und fruchttragend, aber doch einander gänzlich fremd und in gewissem Sinne sogar gegensätzlich. Von ihnen lassen Sie mich einiges berichten, soweit es die mir noch zur Verfügung stehende Zeit gestattet.

Die R e l a t i v i t ä t s l e h r e war eine Zeitlang, man kann sagen, in aller Munde. Die Auseinandersetzungen für und gegen sie wirkten sich in die weitesten Kreise aus, bis hinein in die Tagespresse, wo von Berufenen und noch mehr von Unberufenen um sie gestritten wurde. Heute ist darin eine gewisse Beruhigung eingetreten, worüber wohl niemand eine aufrichtigere Befriedigung empfinden dürfte als der Urheber der Theorie selber. Das öffentliche Interesse scheint einigermaßen gesättigt und hat sich zur Zeit anderen Modethemen zugewendet. Mancher dürfte nun vielleicht geneigt sein, daraus den Schluß zu ziehen, daß die Relativitätstheorie ihre Rolle in der Wissenschaft jetzt ziemlich ausgespielt habe. Soweit ich beurteilen kann, ist gerade das Gegenteil der Fall. Die Relativitätstheorie ist heute zu einem so festen Bestandteil des physikalischen Weltbildes geworden, daß man von ihr, wie von allem Selbstverständlichen, kein besonderes Aufhebens mehr macht. Und in der Tat: so neuartig und revolutionierend die Idee der speziellen und der allgemeinen Relativität im ersten Augenblick ihres Auftretens auf die ganze physikalische Welt gewirkt hat: ihre Behauptungen und ihre Angriffe richteten sich im Grunde gar nicht gegen die großen anerkannten und bewährten Gesetze der Physik, sondern nur gegen gewisse, allerdings tief eingewurzelte, aber doch lediglich gewohnheitsmäßige Anschauungen, von der Art derer, die, wie ich schon oben zu schildern versuchte, für das erste Verständnis physikalischer Zusammenhänge sehr nützlich sind, die aber abgestoßen werden müssen, wenn es sich als notwendig herausstellt, die Zusammenhänge zu verallgemeinern und zu vertiefen.

Als ein besonders lehrreiches Beispiel will ich hier nur herausgreifen den Begriff der Gleichzeitigkeit. Nichts scheint dem unbefangenen Beobachter selbstverständlicher, als daß es einen bestimmten Sinn hat zu sagen, zwei Ereignisse, die an zwei voneinander entfernten Orten stattfinden, etwa das eine auf der Erde, das andere auf dem Mars, seien gleichzeitig. Denn es ist einem jeden unbenommen, in Gedanken beliebig große Entfernungen vollkommen zeitlos zu überfliegen und die beiden Ereignisse in der inneren Anschauung direkt nebeneinanderzustellen. Auch muß immer wieder betont werden, daß die Relativitätstheorie an dieser Wahrheit nichts geändert hat. Im Vertrauen auf sie kann ein jeder, wofern er nur über hinreichend genaue Messungsinstrumente verfügt, vollkommen zweifelsfrei feststellen, ob die Ereignisse gleichzeitig sind, und er wird, wenn er die Zeitmessung auf verschiedene Weise, mit verschiedenen Instrumenten, die sich gegenseitig kontrollieren, korrekt ausführt, immer auf das nämliche Resultat kommen. Insofern bleibt also alles beim alten.

Aber nach der Relativitätstheorie darf er es nicht als selbstverständlich voraussetzen, daß ein anderer, relativ zu ihm bewegter Beobachter sich die beiden Ereignisse auch als gleichzeitig denken muß. Denn die Gedanken und die Anschauungen eines Menschen sind nicht immer die Gedanken und die Anschauungen eines anderen Menschen. Wenn nun die beiden Beobachter sich über den Inhalt ihrer Gedanken und Anschauungen auseinandersetzen, so wird ein jeder sich auf seine Messungen berufen, und da wird es sich herausstellen, daß die beiden bei der Deutung ihrer Messungen von ganz verschiedenen Voraussetzungen ausgegangen sind. Welche Voraussetzung aber die richtige ist, wird sich ebensowenig entscheiden lassen wie die Meinungsverschiedenheit darüber, welcher von den beiden Beobachtern sich in Ruhe und welcher sich in Bewegung befindet. Auf diesen Punkt kommt es aber wesentlich an; denn der Gang einer Uhr erleidet, wie jedenfalls nicht verwunderlich ist, eine Veränderung, wenn die Uhr von der Stelle bewegt wird, und daraus folgt, daß die Uhren der beiden Beobachter verschieden gehen. Das Schlußergebnis ist also, daß ein jeder der beiden mit gleichem Recht von sich behaupten kann, daß er selber sich in Ruhe befindet und daß seine Zeitmessung die richtige ist, während doch der eine Beobachter zwei Ereignisse für gleichzeitig hält, die es nach dem anderen nicht sind. Derartige Gedankengänge sind gewiß eine harte Zumutung für unser Vorstellungsvermögen, aber das geforderte Opfer an Anschaulichkeit erweist sich als verschwindend geringfügig gegen die unschätzbaren Vorteile einer großartigen Verallgemeinerung und Vereinfachung des physikalischen Weltbildes.

Wer aber trotzdem von der Meinung nicht loskommen kann, daß die Relativitätstheorie schließlich doch an irgendeinem inneren Widerspruch leidet, der möge bedenken, daß eine Theorie, deren vollständiger Inhalt sich in eine mathematische Formel fassen läßt, sich selber so wenig widersprechen kann, wie es zwei verschiedene Folgerungen tun können, die beide aus der nämlichen Formel fließen. Unsere Anschauungen müssen sich eben nach den Ergebnissen der Formel richten, nicht umgekehrt.

Die letzte Entscheidung über die Zulässigkeit und über die Bedeutung der Relativitätstheorie liegt freilich, wie selbstverständlich, bei der Erfahrung, und gerade der Umstand, daß überhaupt eine Prüfung an der Erfahrung möglich ist, muß als das wichtigste Zeugnis für die Fruchtbarkeit der Theorie angesehen werden. Bisher hat sich keinerlei Widerspruch mit der Erfahrung feststellen lassen, was ich hier gegenüber gewissen neuerdings auch in die breite Öffentlichkeit gelangten Nachrichten besonders betonen möchte. Aber auch derjenige, welcher aus irgendeinem Grunde das Auftreten eines Widerspruchs mit der Erfahrung für möglich oder für wahrscheinlich hält, kann von seinem Standpunkt aus nichts Besseres tun, als an dem Ausbau der Relativitätstheorie mitzuarbeiten und ihre Konsequenzen immer weiter zu treiben. Denn dies wird das einzige Mittel sein, um sie an der Hand der Erfahrung zu widerlegen. Eine solche Arbeit wird dadurch erleichtert, daß die Aussagen der Relativitätstheorie eindeutig und verhältnismäßig durchsichtig sind, und daß sie sich vortrefflich der klassischen Physik einfügen lassen.

Ja, wenn nicht Bedenken historischer Art im Wege ständen, würde ich für meinen Teil keinen Augenblick zögern, die Relativitätstheorie noch mit zur klassischen Physik zu rechnen. Denn sie hat dieser Physik erst gewissermaßen die Krone aufgesetzt, indem sie mit der Verschmelzung von Raum und Zeit auch die Begriffe der Masse und der Energie sowie die der Gravitation und der Trägheit unter einem höheren Gesichtspunkt vereinigt hat. Die Frucht dieser neuen Auffassung ist die tadellos symmetrische Form, welche nunmehr die Erhaltungssätze für Energie und Impuls annehmen, als gleichwertige Folgerungen aus dem Prinzip der kleinsten Wirkung, diesem umfassendsten aller physikalischen Gesetze, welches die Mechanik in gleichem Maße beherrscht wie die Elektrodynamik.

Diesem imposanten Aufbau von wunderbarer Harmonie und Schönheit steht nun gegenüber die Quantenhypothese, als ein fremdartiger bedrohlicher Sprengkörper, welcher schon heute einen klaffenden Riß, von unten bis oben, durch das ganze Gebäude gezogen hat. Die Quantenhypothese ist nicht, gleich der Relativitätstheorie, wie aus einem Guß, als ein einfacher in sich geschlossener Gedanke durchsichtigen Inhalts auf den Plan getreten, um durch einen prinzipiell hochbedeutsamen, aber praktisch in den meisten Fällen kaum merklichen Eingriff die bis dahin bekannten Begriffe und Zusammenhänge der Physik zu modifizieren, sondern sie hat sich anfangs auf einem ganz speziellen Gebiete, bei der Aufklärung der Gesetze der Wärmestrahlung, wo die klassische Theorie in eine schwere Verlegenheit geraten war, als einziger rettender Ausweg dargeboten. Als es sich dann aber zeigte, daß sie auch noch ganz andere Probleme, wie die der lichtelektrischen Wirkungen, der spezifischen Wärme, der Ionisierung, der chemischen Reaktionen, welche der klassischen Theorie gewisse Schwierigkeiten bereiteten, ihrerseits entweder sofort spielend löste oder wenigstens auffallend förderte, war es bald entschieden, daß sie nicht nur als Arbeitshypothese, sondern als ein neues grundlegendes physikalisches Prinzip zu bewerten ist, dessen Bedeutung überall da sichtbar wird, wo es sich um feine schnelle Vorgänge handelt.

Das Bedenkliche dabei ist nun aber, daß die Quantenhypothese nicht nur den bisherigen Anschauungen widerspricht — das wäre nach dem oben Gesagten noch verhältnismäßig leicht zu ertragen —, sondern daß sie, wie sich mit der Zeit immer deutlicher herausgestellt hat, einige der für den Aufbau der klassischen Theorie durchaus notwendigen Grundvoraussetzungen geradezu leugnet. Die Einführung der Quantenhypothese bedeutet daher nicht, wie die der Relativitätstheorie, eine Modifikation, sondern eine Durchbrechung der klassischen Theorie.

Selbstverständlich würde nun an sich nichts im Wege stehen, ja man würde sich notwendig dazu entschließen müssen, die klassische Theorie ganz zu opfern, wenn die Quantenhypothese ihr wirklich in allen Punkten entweder überlegen oder wenigstens gleichwertig wäre. Das ist aber auch wiederum durchaus nicht der Fall. Denn es gibt Gebiete der Physik, so besonders das weite Gebiet der Interferenzerscheinungen, in denen sich die klassische Theorie auch den feinsten Messungen gegenüber bis in alle Einzelheiten bewährt hat, während die Quantenhypothese, wenigstens in ihrer heutigen Form, dort überhaupt versagt, und zwar nicht nur in dem Sinne, daß sie nicht anwendbar wäre, sondern so, daß sie bestimmte Resultate liefert, die mit der Erfahrung nicht übereinstimmen.

So ist es denn gekommen, daß heute jede der beiden Theorien sozusagen ihre besondere Domäne hat, wo sie sich unangreifbar fühlen kann, und daß auf zwischenliegenden Gebieten, wie zum Beispiel bei den Erscheinungen der Dispersion und der Zerstreuung des Lichtes, ein gewisser hin und her wogender Konkurrenzkampf sich abspielt, bei dem beide Theorien annähernd dasselbe leisten, so daß die Physiker je nach ihrer persönlichen Einstellung bald mit der einen, bald mit der anderen Theorie arbeiten — gewiß für jeden, der sich ernsthaft bemüht, nach realen Zusammenhängen zu suchen, ein höchst unbehaglicher, ja auf die Dauer ganz unerträglicher Zustand.

Zur näheren Illustration dieser eigentümlichen Verhältnisse lassen Sie mich aus dem überaus reichen hier vorliegenden Material an experimenteller und theoretischer Forschungsarbeit hier nur ein einziges ganz spezielles Stück herausgreifen, indem ich an zwei einfache Tatsachen anknüpfe. Denken wir uns zwei dünne Strahlenbündel violetten Lichtes, welche dadurch erzeugt sind, daß man einer punktförmigen Lichtquelle einen undurchsichtigen Schirm mit zwei kleinen Löchern gegenüberstellt. Wenn die aus beiden Löchern austretenden Strahlenbündel mittels geeigneter Spiegelung so gelenkt werden, daß sie auf einer entfernten weißen Wand zusammentreffen, so erscheint der von ihnen gemeinsam auf der Wand erzeugte Lichtfleck nicht gleichmäßig hell, sondern von dunklen Streifen durchzogen. Das ist die eine Tatsache. Die andere ist die, daß irgendein lichtempfindliches Metall, welches einem dieser Strahlenbündel in den Weg gestellt wird, fortwährend Elektronen mit einer ganz bestimmten von der Lichtstärke unabhängigen Geschwindigkeit von sich schleudert.

Läßt man nun die Intensität der Lichtquelle immer schwächer werden, so bleibt nach allen bisherigen Erfahrungen in dem ersten Falle das Streifenbild völlig ungeändert, nur die Beleuchtungsstärke nimmt entsprechend ab. In dem anderen Fall bleibt aber auch die Geschwindigkeit der ausgeschleuderten Elektronen völlig ungeändert, nur findet das Ausschleudern weniger häufig statt.

Wie trägt nun die Theorie diesen beiden Tatsachen Rechnung? Die erste wird von der klassischen Theorie vortrefflich dadurch erklärt, daß in jedem Punkt der weißen Wand, welcher von beiden Strahlenbündeln gleichzeitig beleuchtet wird, die beiden dort zusammentreffenden Strahlen sich je nach dem Gangunterschied der entsprechenden Lichtwellen entweder schwächen oder verstärken. Die zweite Tatsache wird ebenso vortrefflich von der Quantentheorie dadurch erklärt, daß die Strahlungsenergie nicht in kontinuierlichem Flusse, sondern stoßweise in bestimmten, mehr oder weniger zahlreichen gleichen unteilbaren Quanten auf das lichtempfindliche Metall trifft, und daß je ein auffallendes Quant ein Elektron aus dem Metallverband reißt. Dagegen sind bis jetzt alle Versuche gescheitert, entweder die Interferenzstreifen durch die Quantentheorie oder den photoelektrischen Effekt durch die klassische Theorie zu erklären. Denn wenn die Strahlungsenergie wirklich nur in unteilbaren Quanten fliegt, so kann ein von der Lichtquelle emittiertes Quant nur entweder durch das eine oder durch das andere Loch des undurchsichtigen Schirmes fliegen, es können also, bei hinreichend geringer Lichtstärke, unmöglich zwei verschiedene Strahlen gleichzeitig auf einem Punkt der weißen Wand zusammentreffen, und dann ist eine Interferenz ausgeschlossen. In der Tat verschwinden die Streifen stets vollständig, wenn man einen der beiden Strahlen ganz abblendet.

Wenn aber andererseits die von einer punktförmigen Lichtquelle emittierte Strahlungsenergie sich nach allen Richtungen kontinuierlich über immer größere Räume ausbreitet, so muß sie eine entsprechende Verdünnung erleiden, und es ist nicht einzusehen, wie eine sehr schwache Bestrahlung einem Elektron eine ebenso große Antrittsgeschwindigkeit erteilen kann wie eine sehr starke. Natürlich sind die verschiedensten Versuche gemacht worden, um diese Schwierigkeit zu heben. Der nächstliegende ist wohl der, anzunehmen, daß die Energie der ausgeschleuderten Elektronen gar nicht der auffallenden Strahlung entnommen wird, sondern dem Innern des Metalls entstammt, so daß die Strahlung nur gewissermaßen eine auslösende Wirkung auf das Metall ausübt wie ein Funke auf ein Pulverfaß. Es ist aber nicht gelungen, die wirksame Energiequelle nachzuweisen oder auch nur plausibel zu machen. Nach einer anderen Annahme soll die Bewegungsenergie der Elektronen zwar der auffallenden Strahlung entstammen, aber die Wirkung soll immer erst dann eintreten, wenn die Bestrahlung so lange gedauert hat, bis die zur Erzeugung einer bestimmten Geschwindigkeit erforderliche Energie vollständig beisammen ist. Das würde aber unter Umständen Minuten und Stunden in Anspruch nehmen, während tatsächlich die Wirkung häufig sehr viel früher eintritt.

Auf den tiefen Ernst der hier vorliegenden Schwierigkeiten wirft ein bezeichnendes Licht der Umstand, daß neuerdings von berufenster Seite sogar der Vorschlag gemacht worden ist, die Annahme der genauen Gültigkeit des Prinzips der Erhaltung der Energie zu opfern — ein Ausweg, der wohl mit gewissem Recht ein verzweifelter genannt werden darf und der allerdings bald durch besondere Versuche als unzulänglich erwiesen werden konnte.

Während so bisher alle Versuche fehlschlugen, die Gesetze der Elektronenemission vom Standpunkt der klassischen Theorie aus zu begreifen, werden die nämlichen und noch manche andere Gesetzmäßigkeiten, die sich auf die Wechselwirkung von Strahlung und Materie beziehen, sofort verständlich und erscheinen sogar als notwendig, wenn man annimmt, daß die Lichtquanten als einzelne winzige Gebilde selbständig im Raum herumfliegen und beim Anprall auf Materie sich ähnlich verhalten wie wirkliche substantielle Atome.

Da wir uns aber doch notwendig für eine einzige Auffassung entscheiden müssen, so spitzt sich das ganze Problem im Grunde offenbar auf die Frage zu, ob die von der Lichtquelle emittierte Strahlungsenergie sich beim Verlassen der Lichtquelle spaltet, so daß ein Teil durch das eine, ein anderer durch das andere Loch des undurchsichtigen Schirmes geht, oder ob die Energie in unteilbaren Quanten abwechselnd durch eins der beiden Löcher fliegt. Diese Frage richtet sich an jede Theorie der Quanten, und jede Theorie ist genötigt, zu ihr irgendwie Stellung zu nehmen; doch hat bisher noch kein Physiker vermocht, sie befriedigend zu beantworten.

Darf man denn aber überhaupt von der Energie der freien Strahlung als von etwas Reellem reden, da doch alle Messungen sich immer nur auf Vorgänge in materiellen Körpern beziehen? — Wenn wir wirklich an der genauen Gültigkeit des Energieprinzips festhalten wollen, was doch gerade durch die neueren Erfahrungen nahegelegt wird, so kann kein Zweifel darüber bestehen, daß dann einem jeden Strahlungsfeld ein ganz bestimmter, mehr oder weniger genau berechenbarer Betrag von Energie zugeschrieben werden muß, der durch Absorption von Strahlung vermindert, durch Emission vermehrt wird. Die Frage ist nur, wie sich diese Energie verhält. Und da kann es ebensowenig zweifelhaft sein, daß wir, um einen Ausweg aus dem schwierigen Dilemma zu finden, uns dazu werden entschließen müssen, an den allerersten Voraussetzungen, von denen wir in der theoretischen Physik auszugehen gewöhnt sind und die sich bisher allenthalben bewährt haben, gewisse Erweiterungen und Verallgemeinerungen vorzunehmen, — ein Ergebnis, das allerdings für unseren Erkenntnistrieb zunächst gewiß etwas Unbefriedigendes hat. Da es immerhin einige Beruhigung zu gewähren pflegt, wenn man wenigstens die Möglichkeit einer Lösung des Rätsels irgendwo offen sieht, so möchte auch ich der Versuchung nicht widerstehen, mit einigen Worten auf die Frage einzugehen, in welcher Richtung vielleicht der Ausweg gefunden werden könnte.

Das Radikalmittel, allen Schwierigkeiten zu entgehen, wäre ohne Zweifel die Preisgebung der üblichen Annahme, daß die Strahlungsenergie irgendwie lokalisiert ist, das heißt, daß in jedem Raumteil eines bestimmten elektromagnetischen Feldes sich zu einer bestimmten Zeit ein bestimmter Energiebetrag vorfindet. Denn wenn man diese Voraussetzung fallen läßt, erledigt sich das ganze Problem einfach dadurch, daß die Frage, ob ein Lichtquant durch das eine oder durch das andere Loch des undurchsichtigen Schirmes fliegt, gar keinen bestimmten physikalischen Sinn hat. Indessen dürfte dieser letzte Ausweg aus dem Dilemma nach meiner Meinung wenigstens vorläufig doch noch einen etwas zu weitgehenden Verzicht darstellen. Denn da die Strahlungsenergie insgesamt einen ganz bestimmten angebbaren Wert besitzt, da ferner das elektromagnetische Vektorfeld, welches durch einen Strahl gebildet wird, mit seinem gesamten raumzeitlichen Verhalten durch die klassische Elektrodynamik bis in alle optische Einzelheiten in genauer Übereinstimmung mit der Wirklichkeit dargestellt wird, und da endlich die Energie zugleich mit dem Felde entsteht und verschwindet, so wird sich die Frage nach der Art, wie die Energie im einzelnen durch das Feld im einzelnen bestimmt wird, nicht leicht von der Hand weisen lassen.

Wenn wir uns nun dazu entschließen, dieser Frage soweit als möglich nachzugehen, so scheint, um dem Zwang der gestellten Alternative zu entgehen, wohl der Gedanke naheliegend, daß man den gesetzlichen Zusammenhang, der zwischen einem Strahl, oder deutlicher gesprochen, zwischen einer elektromagnetischen Welle einerseits und zwischen der von ihr mitgeführten Energie anderseits besteht, zwar beibehält, aber nicht so einfach und so eng annimmt, als es die klassische Theorie tut. Nach der klassischen Theorie enthält nämlich jeder Teil einer elektromagnetischen Welle, auch der allerkleinste, einen entsprechenden, seiner Größe proportionalen Betrag an Energie, der sich mit ihr zusammen ausbreitet. Wenn man diesen festen Zusammenhang lockert, das heißt wenn man es zuläßt, daß die Energie der Welle nicht in so direkter Weise bis in die feinsten Teile mit ihr verknüpft ist, so wird eine Möglichkeit dafür geschaffen, daß die von der Lichtquelle ausgesandte Welle sich in beliebig viele Teile spaltet, im Sinne der klassischen Theorie, und daß dennoch die Energie der Welle an bestimmten Stellen konzentriert ist, im Sinne der Quantentheorie. Der erste Umstand ermöglicht die Erklärung der Interferenzerscheinungen, dadurch, daß auch die schwächste Welle teilweise durch das eine, teilweise durch das andere Loch des undurchsichtigen Schirmes geht, der andere Umstand ermöglicht die Erklärung des lichtelektrischen Effektes, dadurch, daß die Welle ihre Energie immer nur in ganzen Quanten auf die Elektronen prallen läßt. Aber wie soll man sich einen Teil einer Lichtquelle ohne die seiner Größe entsprechende Energie denken? Das ist gewiß eine harte Zumutung, aber nach meiner Meinung ist das im Grunde nicht schwerer, als sich einen Teil eines Körpers ohne die seiner Dichte entsprechende Materie zu denken. Zu der letzteren Annahme sind wir aber bekanntlich durch die Tatsache genötigt, daß die Materie bei fortgesetzter räumlicher Teilung ihre einfachen Eigenschaften verliert, da ihre Masse nicht mehr dem von ihr eingenommenen Raume proportional bleibt, sondern sich in eine Anzahl diskreter Moleküle von bestimmter Größe auflöst. Ganz ähnlich könnte es bei der elektromagnetischen Energie und dem ihr zugeordneten Impuls sein.

Bisher war man gewohnt, die elementaren Gesetze der elektrodynamischen Vorgänge ausschließlich im unendlich Kleinen zu suchen. Man teilte alle elektromagnetischen Felder nach Raum und Zeit in unendlich kleine Teile und stellte ihr gesamtes gesetzliches Verhalten durch raumzeitliche Differentialgleichungen dar. In dieser Beziehung müssen wir offenbar von Grund aus umlernen. Denn es hat sich gezeigt, daß diese einfache Gesetzlichkeit bei einer gewissen Grenze der Teilung ein Ende hat und daß für noch feinere Vorgänge eine gewisse Komplizierung eintritt, von einer Form, die zu einer Atomisierung der raumzeitlichen Wirkungsgröße, also zu der Annahme von Wirkungselementen oder Wirkungsatomen drängt.

Einen vielversprechenden Fortschritt in der angedeuteten Richtung bezeichnet die Begründung der sogenannten Quantenmechanik, wie sie neuerdings in den Händen der Göttinger Physiker Heisenberg, Born und Jordan bereits schöne Erfolge gezeitigt hat. Aber erst die weitere Entwicklung muß zeigen, inwieweit wir auf dem durch die Quantenmechanik eröffneten Wege der Lösung unseres Problems näherkommen können. Denn auch die schönsten mathematischen Spekulationen schweben so lange in der Luft, als ihnen nicht durch bestimmte Erfahrungstatsachen ein fester Halt gegeben wird, und wir müssen hoffen und vertrauen, daß die Kunst der experimentierenden Physiker, welche schon in so manchen verfänglichen Fragen die zweifelsfreie Entscheidung gebracht hat, auch in dem vorliegenden schwierigen Falle das Dunkel aufhellen wird. Dann kann kein Zweifel darüber bestehen, daß der durch den Ansturm der Quantenhypothese von dem Gebäude der klassischen Physik abgesprengte Teil als wertloser Schutt zu Boden sinken und durch einen passenderen und festeren Anbau ersetzt werden wird.

Meine verehrten Damen und Herren! Wir haben gesehen, wie die Physik, die noch vor einem Menschenalter zu den ältesten und ausgereiftesten Wissenschaften von der Natur gezählt werden konnte, gegenwärtig in eine Sturm- und Drangperiode eingetreten ist, die wohl die interessanteste von allen bisherigen zu werden verspricht. Ihre Überwindung wird uns nicht nur zur weiteren Entdeckung neuer Naturvorgänge, sondern sicherlich auch zu ganz neuen Einsichten in die Geheimnisse der Erkenntnistheorie führen. Vielleicht erwarten uns auf dem letzteren Gebiet noch manche Überraschungen, und es könnte sich wohl ereignen, daß dabei gewisse ältere, jetzt in Vergessenheit geratene Anschauungen wieder aufleben und eine neue Bedeutung zu gewinnen anfangen. Deshalb dürfte ein aufmerksames Studium der Anschauungen und Ideen unserer großen Philosophen auch in dieser Richtung sehr förderlich wirken können.

Es hat Zeiten gegeben, in denen sich Philosophie und Naturwissenschaft fremd und unfreundlich gegenüberstanden. Diese Zeiten sind längst vorüber. Die Philosophen haben eingesehen, daß es nicht angängig ist, den Naturforschern Vorschriften zu machen, nach welchen Methoden und zu welchen Zielen hin sie arbeiten sollen, und die Naturforscher sind sich klar darüber geworden, daß der Ausgangspunkt ihrer Forschungen nicht in den Sinneswahrnehmungen allein gelegen ist und daß auch die Naturwissenschaft ohne eine gewisse Dosis Metaphysik nicht auskommen kann. Gerade die neuere Physik prägt uns die alte Wahrheit wiederum mit aller Schärfe ein: es gibt Realitäten, die unabhängig sind von unseren Sinnesempfindungen, und es gibt Probleme und Konflikte, in denen diese Realitäten für uns einen höheren Wert besitzen als die reichsten Schätze unserer gesamten Sinneswelt.

Das Weltbild der neuen Physik.

(Vortrag, gehalten am 18. Februar 1929 im Physikalischen Institut der Universität Leiden.)

I.

Meine hochverehrten Damen und Herren! Es sind in diesem Winter zwanzig Jahre geworden, daß ich die Ehre und die Freude hatte, hier in Leiden über die Einheit des physikalischen Weltbildes zu sprechen. Ich war damals einer Einladung gefolgt, welche mir die Naturwissenschaftliche Fakultät des Studentenkorps der Universität übermittelt hatte; sie wurde wirksam unterstützt durch ein Schreiben meines Kollegen Hendrik Antoon Lorentz, der mir in seinem gastfreien Hause eine freundliche Aufnahme bereitete und mich dabei zum ersten Male den Zauber seiner Persönlichkeit empfinden ließ. Das machte mir meinen damaligen Besuch in Leiden zu einem der großen Ereignisse meines Lebens und stimmte mich zu einem Dankesgefühl, das ich seitdem als einen unverlierbaren Schatz treulich bewahre.

Wenn es mir nun heute durch die besondere Liebenswürdigkeit meiner Kollegen wiederum vergönnt ist, über das nämliche Thema vor Ihnen zu reden, so kann ich mich einer tiefen Empfindung der Wehmut nicht erwehren, die mich bei der Erinnerung an jene Zeit befällt. Es fehlt in diesem Kreise der allverehrte Meister, es fehlt Kamerlingh Onnes, es fehlen noch manche andere, die damals hier zugegen waren. Aber die Wissenschaft macht nicht halt bei einzelnen Persönlichkeiten; auch der tätigste und erfolgreichste Forscher muß schließlich einmal die von ihm begonnene Arbeit den Jüngeren zur Weiterführung übergeben, und jeder unter diesen hat die Pflicht, im Rahmen der ihm verliehenen Kräfte an diesem Werk mitzuarbeiten.

So möchte auch ich heute den Versuch wagen, die Entwicklung des physikalischen Weltbildes seit jener Zeit zu schildern, wenn ich mir auch deutlich bewußt bin, daß meine Darstellung noch weit weniger Anspruch auf Vollständigkeit und Abrundung erheben kann als damals vor zwanzig Jahren. Aber ich darf mich wohl einigermaßen mit dem Gedanken trösten, daß die Aufgabe seitdem ungleich schwieriger geworden ist. Denn es sind inzwischen Probleme aufgetaucht, die tiefer in unser ganzes physikalisches Denken eingreifen, als man es vielleicht jemals für möglich hielt. Deshalb scheint es mir geboten, zu Beginn meiner Darlegungen im Interesse der Deutlichkeit etwas weiter auszuholen, selbst auf die Gefahr hin, daß ich längst Bekanntes unnötigerweise vorbringe, um dafür freilich später auf manche Einzelheiten zu verzichten, welche an sich einer Schilderung wohl wert wären, da ich sonst besorgen müßte, Ihre Zeit und Aufmerksamkeit gar zu lange in Anspruch zu nehmen.

In jedem Falle werde ich Ihnen für eine kritische Beurteilung meiner Ausführungen dankbar sein. Daß man die schärfste sachliche Kritik mit echt persönlichem Wohlwollen verbinden kann, dafür hat uns ja L o r e n t z selber ein leuchtendes Beispiel gegeben.

II.

Der Aufbau der physikalischen Wissenschaft vollzieht sich auf der Grundlage von Messungen, und da jede Messung mit einer sinnlichen Wahrnehmung verknüpft ist, so sind alle Begriffe der Physik der Sinnenwelt entnommen. Daher bezieht sich auch jedes physikalische Gesetz im Grunde auf Ereignisse der Sinnenwelt. Mit Rücksicht auf diesen Umstand neigen manche Naturforscher und Philosophen zu der Auffassung, daß die Physik es letzten Endes überhaupt nur mit der Sinnenwelt, und zwar natürlich mit der menschlichen Sinnenwelt zu tun habe, daß also zum Beispiel ein sogenannter „Gegenstand" in physikalischer Hinsicht nichts weiter sei als ein Komplex von verschiedenartigen zusammentreffenden Sinnesempfindungen. Es muß immer wieder betont werden, daß eine solche Auffassung niemals durch logische Gründe widerlegt werden kann. Denn die Logik allein ist nicht imstande, irgend jemanden aus seiner eigenen Sinnenwelt herauszuführen; sie kann ihn nicht einmal zwingen, die selbständige Existenz seiner Mitmenschen anzuerkennen.

Aber in der Physik, wie in jeder anderen Wissenschaft, regiert nicht allein der Verstand, sondern auch die Vernunft. Nicht alles, was keinen logischen Widerspruch aufweist, ist auch vernünftig. Und die Vernunft sagt uns, daß, wenn wir einem sogenannten Gegenstand den Rücken kehren und uns von ihm entfernen, doch noch etwas von ihm da ist; sie sagt uns weiter, daß der einzelne Mensch, daß wir Menschenwesen alle mitsamt unserer Sinnenwelt, ja mitsamt unserm ganzen Planeten nur ein winziges Nichts bedeuten in der großen unfaßbar erhabenen Natur, deren Gesetze sich nicht nach dem richten, was in einem kleinen Menschenhirn vorgeht, sondern bestanden haben, bevor es überhaupt Leben auf der Erde gab, und fortbestehen werden, wenn einmal der letzte Physiker von ihr verschwunden sein wird.

Durch solche Erwägungen, nicht durch logische Schlußfolgerungen, werden wir genötigt, hinter der Sinnenwelt noch eine zweite, die reale Welt, anzunehmen, welche ein selbständiges, vom Menschen unabhängiges Dasein führt, eine Welt, die wir allerdings niemals direkt, sondern stets nur durch das Medium der Sinnenwelt hindurch wahrnehmen können, mittels gewisser Zeichen, die sie uns übermittelt; ebenso wie wenn wir einen Gegenstand, der uns interessiert, nur durch eine Brille betrachten können, deren optische Eigenschaften uns gänzlich unbekannt sind.

Wer diesem Gedankengang nicht zu folgen vermag und in der Einführung einer grundsätzlich unerkennbaren realen Welt eine unübersteigliche Schwierigkeit sieht, der mag daran erinnert werden, daß es etwas ganz anderes ist, ob man es mit einer fertig vorliegenden physikalischen Theorie zu tun hat, deren Inhalt man genau analysieren und dabei immer wieder feststellen kann, daß zu ihrer Formulierung die Begriffe der Sinnenwelt vollkommen ausreichen, oder ob man vor der Aufgabe steht, aus einer Anzahl von einzelnen vorliegenden Messungen eine physikalische Theorie erst zu bilden. Die Geschichte der Physik zeigt uns auf jeder Seite, daß diese ungleich schwierigere Aufgabe immer nur auf Grund der Annahme einer realen, von den menschlichen Sinnen unabhängigen Welt gelöst wurde, es ist wohl nicht daran zu zweifeln, daß das auch in Zukunft der Fall sein wird. —

Zu diesen beiden Welten, der Sinnenwelt und der realen Welt, kommt nun noch eine dritte Welt hinzu, die wohl von ihnen zu unterscheiden ist: die Welt der physikalischen Wissenschaft oder das physikalische Weltbild. Diese Welt ist, im Gegensatz zu jeder der beiden vorigen, eine bewußte, einem bestimmten Zweck dienende Schöpfung des menschlichen Geistes und als solche wandelbar und einer gewissen Entwickelung unterworfen. Die Aufgabe des physikalischen Weltbildes kann man in doppelter Weise formulieren, je nachdem man das Weltbild mit der realen Welt oder mit der Sinnenwelt in Zusammenhang bringt. Im ersten Fall besteht die Aufgabe darin, die reale Welt möglichst vollständig zu erkennen, im zweiten darin, die Sinnenwelt möglichst einfach zu beschreiben. Es wäre müßig, zwischen diesen beiden Fassungen eine Entscheidung treffen zu wollen. Vielmehr ist jede von ihnen für sich allein genommen einseitig und unbefriedigend. Denn auf der einen Seite ist eine direkte Erkenntnis der realen Welt ja überhaupt nicht möglich, und andererseits läßt sich die Frage, welche Beschreibung mehrerer zusammenhängender Sinneswahrnehmungen die einfachste ist, gar nicht grundsätzlich beantworten. Es ist im Laufe der Entwicklung der Physik mehr als einmal vorgekommen, daß von zwei verschiedenen Beschreibungen diejenige, die eine Zeitlang als die kompliziertere galt, später als die einfachere befunden wurde.

Die Hauptsache bleibt, daß die genannten beiden Formulierungen der Aufgabe sich in ihrer praktischen Auswirkung nicht widersprechen, sondern im Gegenteil in glücklicher Weise ergänzen. Die erste verhilft der vorwärts tastenden Phantasie des Forschers zu den für seine Arbeit völlig unentbehrlichen befruchtenden Ideen, die zweite hält ihn auf dem sicheren Boden der Tatsachen fest. Diesem Umstand entspricht es denn auch, daß die einzelnen Physiker, je nachdem sie mehr einer metaphysischen oder einer positivistischen Gedankenrichtung zuneigen, ihre Arbeit am physikalischen Weltbild mehr nach der einen oder nach der anderen Seite hin einstellen.

Es gibt aber außer den Metaphysikern und den Positivisten noch eine dritte Gruppe von Arbeitern am physikalischen Weltbild. Sie sind dadurch charakterisiert, daß ihr Hauptinteresse sich weder auf dessen Beziehungen zu der realen, noch auf diejenigen zu der Sinnenwelt richtet, sondern vielmehr auf die innere Geschlossenheit und den logischen Aufbau des physikalischen Weltbildes. Das sind die Axiomatiker. Auch deren Tätigkeit ist nützlich und notwendig, aber auch hier schlummert eine bedenkliche Gefahr der Einseitigkeit, welche darin liegt, daß das physikalische Weltbild seine Bedeutung einbüßt und in einen inhaltsleeren Formalismus ausartet. Denn wenn der Zusammenhang mit der Wirklichkeit gelöst wird, so erscheint ein physikalisches Gesetz nicht mehr als eine Beziehung zwischen Größen, welche alle unabhängig voneinander gemessen sind, sondern als eine Definition, durch welche eine dieser Größen auf die übrigen zurückgeführt wird. Eine solche Umdeutung ist deshalb besonders verlockend, weil ja eine physikalische Größe viel exakter durch eine Gleichung zu definieren ist als durch eine Messung; aber sie stellt im Grunde einen Verzicht dar auf die eigentliche Bedeutung der Größe, wobei noch erschwerend ins Gewicht fällt, daß durch die Beibehaltung des Namens leicht zu Unklarheiten und Mißverständnissen Anlaß gegeben wird. —

So sehen wir, wie gleichzeitig von verschiedenen Seiten nach verschiedenen Gesichtspunkten an der Ausgestaltung des physikalischen Weltbildes gearbeitet wird, stets nach dem einen Ziel hin, die Vorgänge der Sinnenwelt miteinander und mit denen der realen Welt gesetzlich zu verknüpfen. Es versteht sich, daß in den verschiedenen Epochen der geschichtlichen Entwicklung bald die eine, bald die andere Richtung in den Vordergrund tritt. In Zeiten, wo das physikalische Weltbild einen mehr stabilen Charakter zeigt, wie es in der zweiten Hälfte des vorigen Jahrhunderts der Fall war, kommt die metaphysische Richtung mehr zur Geltung, man glaubt sich der Erfassung der realen Welt schon verhältnismäßig nahe; dagegen in anderen Zeiten der Veränderlichkeit und Unsicherheit, wie wir gegenwärtig eine erleben, tritt der Positivismus mehr in den Vordergrund, da der gewissenhafte Forscher dann eher dazu neigt, sich auf den einzig festen Ausgangspunkt, die Vorgänge in der Sinnenwelt, zurückzuziehen.

Wenn wir nun die verschiedenen sich im Laufe der Zeit wandelnden und einander ablösenden Formen des physikalischen Weltbildes in ihrer historischen Aufeinanderfolge überschauen und nach charakteristischen Merkmalen der Veränderung suchen, so müssen vor allem zwei Tatsachen ins Auge fallen. Erstens ist festzustellen, daß es sich bei allen Wandlungen des Weltbildes, im ganzen gesehen, nicht um ein rhythmisches Hinundherpendeln handelt, sondern um eine in einer ganz bestimmten Richtung mehr oder weniger stetig aufwärts fortschreitende Entwicklung, die sich dadurch kennzeichnen läßt, daß der Inhalt unserer Sinnenwelt immer mehr bereichert, unsere Kenntnis von ihr immer mehr vertieft, unsere Herrschaft über sie immer mehr befestigt wird. Das zeigt am schlagendsten ein Blick auf die praktische Auswirkung der physikalischen Wissenschaft. Daß wir heute auf weit größere Entfernungen hin zu sehen und zu hören verstehen, daß wir über weit bedeutendere Kräfte und Geschwindigkeiten verfügen als noch vor einem Menschenalter, das kann auch der ärgste Skeptiker nicht in Abrede stellen, und ebensowenig läßt sich bezweifeln, daß dieser Fortschritt eine bleibende Vermehrung unserer Erkenntnis bedeutet, die nicht etwa in einer späteren Zeit als Irrweg bezeichnet und wieder negiert werden wird.

Zweitens ist es aber höchst bemerkenswert, daß, obwohl der Anstoß zu jeder Verbesserung und Vereinfachung des physikalischen Weltbildes immer durch neuartige Beobachtungen, also durch Vorgänge in der Sinnenwelt geliefert wird, dennoch das physikalische Weltbild sich in seiner Struktur immer weiter von der Sinnenwelt entfernt, daß es seinen anschaulichen, ursprünglich ganz anthropomorph gefärbten Charakter immer mehr einbüßt, daß die Sinnesempfindungen in steigendem Maße aus ihm ausgeschaltet werden — man denke nur an die physikalische Optik, in der vom menschlichen Auge gar nicht mehr die Rede ist —, daß damit sein Wesen sich immer weiter ins Abstrakte verliert, wobei rein formale mathematische Operationen eine stets bedeutendere Rolle spielen und Qualitätsunterschiede immer mehr auf Quantitätsunterschiede zurückgeführt werden.

Hält man diese zweite Tatsache mit der vorgenannten ersten, der stetigen Vervollkommnung des physikalischen Weltbildes hinsichtlich seiner Bedeutung für die Sinnenwelt, zusammen, so ergibt sich für diese auffallende und auf den ersten Anblick geradezu paradox anmutende Erscheinung nach meiner Meinung nur die eine vernünftige Deutung, daß die mit der fortschreitenden Vervollkommnung zugleich fortschreitende Abkehr des physikalischen Weltbildes von der Sinnenwelt nichts anderes bedeutet als eine fortschreitende Annäherung an die reale Welt. Von einer logischen Begründung dieser Meinung kann allerdings nicht die Rede sein, da ja nicht einmal die Existenz der realen Welt rein verstandesmäßig abgeleitet werden kann. Aber ebensowenig wird es jemals möglich sein, sie durch logische Gründe zu widerlegen. Die Entscheidung darüber ist vielmehr Sache einer vernünftigen Weltauffassung, und es bleibt bei der alten Wahrheit, daß diejenige Weltauffassung die beste ist, welche die reichsten Früchte trägt. Die Physik würde unter allen Wissenschaften eine Ausnahme bilden, wenn sich nicht auch bei ihr das Gesetz bewährte, daß die weittragendsten, wertvollsten Resultate der Forschung stets nur auf dem Wege nach dem prinzipiell unerreichbaren Ziel einer Erkenntnis der realen Wirklichkeit zu gewinnen sind.

III.

Wie hat sich nun das physikalische Weltbild in den letzten zwanzig Jahren geändert? Jeder von uns weiß, daß die inzwischen eingetretene Wandlung mit zu den tiefgreifendsten gehört, die jemals in der Entwicklungsgeschichte einer Wissenschaft stattgefunden haben, und daß der Umbildungsprozeß auch gegenwärtig noch nicht vollständig zum Abschluß gekommen ist. Aber immerhin scheinen sich doch schon heute aus dem Flusse der Entwickelung gewisse charakteristische Formen der Struktur des neuen Weltbildes herauskristallisieren zu wollen, und es verlohnt sicherlich der Mühe, den Versuch einer Schilderung derselben zu wagen, sei es auch nur, um zu einer Verbesserung des Versuches anzuregen.

Wenn wir das alte und das neue Weltbild nebeneinander halten, so zeigt sich zunächst wieder ein weiterer bedeutender Schritt in der Richtung der Zurückführung aller Qualitätsunterschiede auf Quantitätsunterschiede. So erscheint namentlich die bunte Mannigfaltigkeit der chemischen Erscheinungen restlos zurückgeführt auf numerische und räumliche Beziehungen. Es gibt nach der heutigen Auffassung überhaupt nur zwei Urstoffe: die positive Elektrizität und die negative Elektrizität. Beide bestehen aus lauter gleichartigen winzigen Partikeln mit entgegengesetzt gleicher Ladung: das positive heißt Proton, das negative Elektron. Ein jedes elektrisch neutrale chemische Atom besteht aus einer gewissen Anzahl von Protonen, die fest miteinander zusammenhängen, und ebensoviel Elektronen, von denen ein Teil an die Protonen fest gebunden ist und mit ihnen zusammen den Kern des Atoms bildet, während die übrigen sich um den Kern herumbewegen.

So besteht das kleinste Atom, der Wasserstoff, aus einem einzigen Proton als Kern und einem Elektron, das sich um den Kern bewegt, und das größte Atom, das Uran, aus 238 Protonen und ebensoviel Elektronen, von denen aber nur 92 sich um den Kern bewegen, während die übrigen im Kern festsitzen. Dazwischen liegen alle übrigen Elemente in allen möglichen Kombinationen. Die chemische Natur eines Elements wird nicht durch die Gesamtzahl seiner Protonen bzw. Elektronen, sondern durch die Zahl seiner beweglichen Elektronen bestimmt, welche als Ordnungszahl des Elements bezeichnet wird.

Abgesehen von diesem bedeutenden Fortschritt, der aber im Grunde nur die erfolgreiche Durchführung eines schon jahrhundertealten Gedankens darstellt, fallen in dem heutigen Weltbild zwei gänzlich neue Ideen auf, durch welche es sich von dem früheren unterscheidet: das Relativitätsprinzip und das Quantenprinzip. Diese beiden Ideen sind es im wesentlichen, welche dem neuen Bild sein charakteristisches Gepräge gegenüber dem älteren geben. Daß sie fast gleichzeitig in der Wissenschaft auftauchten, muß man in gewissem Sinn als Zufall betrachten. Denn sowohl nach ihrem Inhalt als auch nach ihrer ganzen praktischen Auswirkung auf die Struktur des physikalischen Weltbildes verhalten sie sich gänzlich verschieden voneinander.

Die Relativitätstheorie, welche anfänglich in den hergebrachten Vorstellungen von Raum und Zeit eine gewisse Verwirrung anrichten zu wollen schien, hat sich schließlich tatsächlich als eine Vollendung und Krönung des Gebäudes der klassischen Physik erwiesen. — Um den positiven Inhalt der speziellen Relativitätstheorie mit einem Wort zu veranschaulichen, kann man ihn vielleicht bezeichnen als die Verschmelzung von Raum und Zeit zu einem einheitlichen Begriff. Nicht als ob Raum und Zeit ganz gleichartig wären, sondern etwa so, wie eine reelle Zahl sich mit einer imaginären Zahl zu dem einheitlichen Begriff einer komplexen Zahl verbindet. Von diesem Gesichtspunkt aus betrachtet, bedeutet Einsteins Werk für die Physik das nämliche, was im vorigen Jahrhundert Gauß für die Mathematik geleistet hat. Und wenn wir den Vergleich noch fortspinnen wollen, so können wir sagen, daß der Übergang der speziellen zur allgemeinen Relativitätstheorie in der Physik etwas Ähnliches bedeutet wie in der Mathematik der Übergang von den linearen Funktionen zur allgemeinen Funktionentheorie.

Wenn dieser Vergleich auch, wie jeder andere, etwas hinkt, so gibt er doch eine zutreffende Vorstellung von der Tatsache, daß die Einführung der Relativitätstheorie in das physikalische Weltbild einen der wichtigsten Schritte zu seiner Vereinheitlichung und Vervollkommnung bedeutet. Das zeigt sich in den Folgerungen, die sie nach sich gezogen hat, vor allem in der Verschmelzung von Impuls und Energie, in der Reduktion des Massenbegriffs auf den Energiebegriff, in der Identifizierung von träger und ponderabler Masse, in der Zurückführung der Gesetze der Gravitation auf die Riemannsche Geometrie.

So kurz diese Stichworte lauten, so unabsehbar reich ist ihr Inhalt. Ihre Bedeutung erstreckt sich auf alle Vorgänge der kleinen und der großen Natur, von den radioaktiven, Wellen und Korpuskeln ausstrahlenden Atomen angefangen bis zu den Bewegungen der Millionen von Lichtjahren entfernten Himmelskörper.

Über den endgültigen Abschluß der Relativitätstheorie dürfte allerdings heute das letzte Wort noch nicht gesprochen sein. Es könnten hier immerhin noch Überraschungen bevorstehen, wenn man bedenkt, daß das Problem der Verschmelzung der Elektrodynamik mit der Mechanik einstweilen noch der endgültigen Erledigung harrt. Auch die kosmologischen Folgerungen aus der Relativitätstheorie scheinen noch nicht vollkommen geklärt, schon deshalb, weil hier alles abhängt von der noch als offen zu betrachtenden Frage, ob die im Weltraum befindliche Materie eine endliche räumliche Massendichte besitzt oder nicht. Wie sich aber diese Fragen einmal entscheiden werden, keineswegs wird sich an der Tatsache etwas mehr ändern, daß durch das Relativitätsprinzip die klassische Theorie auf die höchste Stufe ihrer Vollendung gebracht worden ist und ihr physikalisches Weltbild eine auch in formaler Hinsicht überaus befriedigende Abrundung erfahren hat.

Dieser Umstand sowie der Hinweis auf die vorliegenden zahlreichen, allen Bildungsgraden der Leser angepaßten Darstellungen der Relativitätstheorie wird, wie ich hoffe, als hinreichende Begründung dafür angesehen werden, daß ich bei ihrer Betrachtung hier nicht länger verweile.

IV.

In das bis hierher geschilderte harmonische Weltbild, das seiner Aufgabe in nahezu idealer Weise gerecht zu werden schien, ist nun unversehens mit einem neuen grellen Licht die Quantenhypothese hineingefahren. Wenn wir auch hier wieder versuchen, mit einem Wort den Kernpunkt der für diese Hypothese charakteristischen Idee zu bezeichnen, so können wir ihn finden in dem Auftreten einer neuen universellen Konstanten: des elementaren Wirkungsquantums. Diese Konstante ist es, ein neuer geheimnisvoller Bote aus der realen Welt, welcher sich bei den verschiedenartigsten Messungen immer wieder aufdrängte und immer hartnäckiger einen eigenen Platz beanspruchte, anderseits aber doch so wenig in den Rahmen des bisherigen physikalischen Weltbildes hineinpaßte, daß er schließlich die Sprengung des zu eng befundenen Rahmens herbeigeführt hat.

Es gab eine Zeit, wo sogar ein völliger Zusammenbruch der klassischen Physik nicht außer dem Bereich der Möglichkeit zu liegen schien; doch zeigte sich allmählich, was für jeden, der an einen stetigen Fortschritt der Wissenschaft glaubt, selbstverständlich war, daß es sich auch hier letzten Endes nicht um ein Zerstörungswerk, sondern um eine allerdings recht tiefgehende Umbildung handelte, und zwar um eine Verallgemeinerung. Denn wenn man das Wirkungsquantum als unendlich klein voraussetzt, so geht die Quantenphysik über in die klassische Physik. Aber auch für den allgemeinen Fall erwiesen sich die Grundquadern des Baus der klassischen Physik nicht nur als unerschütterlich, sondern sie gewannen durch die Einverleibung der neu hinzugekommenen Ideen sogar noch an Festigkeit und Ansehen. Es wird sich daher empfehlen, daß wir zunächst diese letzteren ins Auge fassen.

Da sind vor allem zu nennen die eigentlichen Bausteine des Werkes: die universellen Konstanten, wie die Gravitationskonstante, die Lichtgeschwindigkeit, die Masse und die Ladung der Elektronen und Protonen, wohl die greifbarsten Zeichen einer realen Welt, welche ihre Bedeutung unverändert in das neue Weltbild hinübernehmen; ferner die großen Prinzipien der Erhaltung der Energie und des Impulses, die, obwohl eine Zeitlang ernsten Anzweiflungen ausgesetzt, sich dennoch bisher in allen Einzelheiten siegreich behauptet haben, wobei wiederum, wie besonders hervorgehoben zu werden verdient, deutlich offenbar wurde, daß sie keineswegs, wie manche Axiomatiker glauben möchten, bloße Definitionen darstellen. Dann die Hauptsätze der Thermodynamik, insbesondere der zweite Hauptsatz, welcher durch die Einführung eines absoluten Wertes der Entropie sogar noch eine schärfere Fassung als in der klassischen Physik erfahren konnte. Endlich das Prinzip der Relativität, welches auch auf dem neuen Gelände der Quantenphysik sich als ein zuverlässiger und beredter Führer erwiesen hat.

Nun wird man zu der Frage versucht sein: Wenn alle diese Grundlagen der klassischen Physik unangetastet geblieben sind, was hat sich dann überhaupt in der neuen Physik geändert? Die Antwort hierauf können wir sehr einfach finden, wenn wir uns etwas näher ansehen, was das elementare Wirkungsquantum bedeutet. Es bedeutet die grundsätzliche Äquivalenz einer Energie und einer Schwingungszahl: $E = h\nu$. Diese Äquivalenz ist es, welcher die klassische Theorie vollkommen verständnislos gegenübersteht. Zunächst schon deshalb, weil eine Energie und eine Schwingungszahl verschiedene Dimensionen besitzen. Denn die Energie ist eine dynamische, die Schwingungszahl aber eine kinematische Größe. Jedoch dieser Umstand ist nicht ausschlaggebend; denn wenn durch das Quantenpostulat die Dynamik mit der Kinematik unmittelbar verknüpft erscheint, indem die Einheit der Energie und mit ihr die der Masse auf die der Länge und die der Zeit zurückgeführt ist, so bildet das an sich keinen Widerspruch, sondern eher eine Ergänzung und Bereicherung des Inhaltes der klassischen Theorie. Aber was direkt widerspruchsvoll und infolgedessen durchaus unverträglich ist mit der klassischen Theorie, das zeigt die folgende Überlegung. Die Schwingungszahl ist eine lokale Größe, sie besitzt einen bestimmten Sinn für einen einzelnen Ort, sei es, daß es sich um eine mechanische oder um eine elektrische oder eine magnetische Schwingung handelt; man braucht nur den Ort hinreichend lange Zeit hindurch zu beobachten. Die Energie aber ist eine additive Größe. Von der Energie an einem bestimmten Ort zu reden, hat nach der klassischen Theorie gar keinen Sinn; man muß vielmehr vorher das physikalische Gebilde angeben, dessen Energie man im Auge hat, ganz ebenso, wie wenn man, um von einer Geschwindigkeit in bestimmtem Sinne reden zu können, das Bezugssystem angeben muß. Und da das physikalische Gebilde von vornherein ganz beliebig wählbar ist, kleiner oder größer, so steckt in dem Werte der Energie stets eine gewisse Willkür. Diese bis zu einem gewissen Grade willkürliche Energie soll nun gleich sein einer lokalen Schwingungszahl! Man erkennt die Kluft, die sich zwischen diesen beiden Begriffen auftut. Und um die Kluft zu überbrücken, ist ein fundamentaler Schritt notwendig, ein Schritt, der tatsächlich einen Bruch bedeutet mit Anschauungen, welche die klassische Physik stets als selbstverständlich betrachtet und benützt hat.

Bisher gehörte es zu den Voraussetzungen jeden kausalen physikalischen Denkens, daß alle Vorgänge in der physikalischen Welt — worunter ich, wie immer, das physikalische Weltbild, nicht die reale Welt, verstehe — sich darstellen lassen als zusammengesetzt aus lokalen Vorgängen in verschiedenen einzelnen unendlich kleinen Raumelementen und daß jeder einzelne dieser Elementarvorgänge in seinem gesetzmäßigen Ablauf ohne Rücksicht auf alle übrigen eindeutig bestimmt ist durch die lokalen Vorgänge in der unmittelbaren räumlichen und zeitlichen Nachbarschaft. Exemplifizieren wir auf einen konkreten, hinreichend allgemeinen Fall. Das betrachtete physikalische Gebilde bestehe aus einem System von materiellen Punkten, die sich in einem konservativen Kraftfelde mit konstanter

Gesamtenergie bewegen. Dann befindet sich nach der klassischen Physik jeder einzelne Punkt zu jeder Zeit in einem bestimmten Zustand, das heißt, er besitzt eine bestimmte Lage und eine bestimmte Geschwindigkeit, und seine Bewegung ist vollkommen genau zu berechnen aus seinem Anfangszustand und den lokalen Eigenschaften des Kraftfeldes an den Stellen des Raumes, die er im Verlauf seiner Bewegung passiert. Sind diese bekannt, so braucht man von den sonstigen Eigenschaften des betrachteten Punktsystems gar nichts zu wissen.

In der neuen Mechanik ist das ganz anders. Nach ihr genügen rein lokale Beziehungen ebensowenig zu einer Formulierung der Bewegungsgesetze, wie etwa zum Verständnis der Bedeutung eines Gemäldes die mikroskopische Untersuchung aller seiner einzelnen Teile genügt. Vielmehr gelangt man nur dann zu einer brauchbaren Darstellung der Gesetzmäßigkeit, wenn man das physikalische Gebilde als G a n z e s betrachtet. Demgemäß befindet sich nach der neuen Mechanik jeder einzelne materielle Punkt des Systems zu jeder Zeit in gewissem Sinne an sämtlichen Stellen des ganzen dem System zur Verfügung stehenden Raumes zugleich, und nicht etwa nur mit dem Kraftfeld, das er um sich verbreitet, nein, mit seiner eigenen Masse und mit seiner eigenen Ladung.

Man sieht: es geht hierbei um nichts weniger als um den Begriff des materiellen Punktes, den elementarsten Begriff der klassischen Mechanik. Die bisherige zentrale Bedeutung dieses Begriffes muß grundsätzlich geopfert werden; nur in besonderen Grenzfällen kann sie bestehen bleiben. Was im allgemeinen Fall an die Stelle zu setzen ist, können wir aus der weiteren Verfolgung des oben bereits eingeschlagenen Gedankenganges ableiten.

Wenn das Quantenpostulat der Äquivalenz einer Energie und einer Schwingungszahl einen eindeutigen, das heißt vom Bezugssystem unabhängigen Sinn haben soll, so muß nach dem Relativitätsprinzip auch ein Impulsvektor äquivalent sein einem Wellenzahlvektor, das heißt, der absolute Betrag des Impulses muß äquivalent sein der reziproken Länge einer Welle, deren Normale mit der Impulsrichtung zusammenfällt. Dabei ist aber die Welle nicht im gewöhnlichen dreidimensionalen Raume zu denken, sondern im sogenannten Konfigurationsraum, dessen Dimension durch die Zahl der Freiheitsgrade des Systems gegeben ist und dessen Maßbestimmung durch die doppelte kinetische Energie oder, was auf dasselbe hinauskommt, durch das Quadrat des gesamten Impulses dargestellt wird. Somit erscheint die Wellenlänge zurückgeführt auf die kinetische Energie, das heißt auf die Differenz der konstanten Gesamtenergie und der potentiellen Energie, die als eine von vornherein gegebene Ortsfunktion zu betrachten ist.

Schwingungszahl und Wellenlänge ergeben miteinander multipliziert die Fortpflanzungsgeschwindigkeit oder Phasengeschwindigkeit einer gewissen Welle im Konfigurationsraum, der sogenannten Materiewelle, und die Substitution der betreffenden Werte in die aus der klassischen Mechanik bekannte Wellengleichung führt zu der von S c h r ö d i n g e r aufgestellten linearen homogenen partiellen Differentialgleichung, welche das anschauliche Fundament der heutigen Quantenmechanik geliefert hat und in derselben die nämliche Rolle zu spielen scheint wie in der klassischen Mechanik die N e w t o n schen oder L a g r a n g e schen oder H a m i l t o n schen Gleichungen. Was sie von diesen scharf unterscheidet, ist vor allem der Umstand, daß in ihnen die Koordinaten des Konfigurationspunktes nicht Funktionen der Zeit sind, sondern unabhängige Variable. Dementsprechend gibt es für ein bestimmtes System gegenüber der mehr oder weniger großen, den Freiheitsgraden des Systems entsprechenden Anzahl der klassischen Bewegungsgleichungen nur eine einzige Quantengleichung. Während der Konfigurationspunkt der klassischen Theorie im Laufe der Zeit eine ganz bestimmte Kurve beschreibt, erfüllt der Konfigurationspunkt der Materiewelle zu jeder Zeit den ganzen unendlichen Raum, sogar solche Stellen des Raumes, in denen die potentielle Energie größer ist als die Gesamtenergie, so daß nach der klassischen Theorie die kinetische Energie dortselbst negativ und der Impuls imaginär werden würde. Es ist ganz ähnlich wie im Falle der sogenannten totalen Reflexion des Lichtes, bei welcher nur nach der Strahlenoptik das Licht wirklich vollkommen reflektiert wird, weil der Brechungswinkel imaginär wird, während nach der Wellenoptik sehr wohl Licht auch in das zweite Medium eindringt, wenn auch nicht als ebene Welle.

Immerhin besitzt der Fall, daß es Stellen im Konfigurationsraum gibt, wo die potentielle Energie die Gesamtenergie übersteigt, auch für die Quantenmechanik eine einschneidende Bedeutung. Denn in jedem solchen Falle entspricht, wie die Rechnung zeigt, nicht jedem beliebig gegebenen Wert der Energiekonstanten eine endliche Welle, sondern nur gewissen ganz bestimmten Werten, den sogenannten Eigenwerten der Energie, die aus der Wellengleichung zu berechnen sind und je nach der Beschaffenheit der gegebenen potentiellen Energie verschieden ausfallen.

Aus den diskreten Eigenwerten der Energie ergeben sich nach dem Quantenpostulat bestimmte diskrete Eigenwerte der Schwingungsperiode, ebenso wie bei einer gespannten an den Enden festgeklemmten Saite, nur daß bei der letzteren die Quantisierung durch einen äußerlichen Umstand, nämlich durch die Länge der Saite, hier dagegen durch das in der Differentialgleichung selber enthaltene Wirkungsquantum bedingt wird.

Jeder Eigenschwingung entspricht eine besondere Wellenfunktion ψ als Lösung der Wellengleichung, und alle diese verschiedenen Eigenfunktionen bilden die Elemente zur Beschreibung irgendeines Bewegungsvorganges nach der Wellenmechanik.

Das Resultat ist dieses: Während die klassische Physik eine räumliche Zerlegung des betrachteten physikalischen Gebildes in seine kleinsten Teile vornimmt und dadurch die Bewegungen beliebiger materieller Körper auf die Bewegungen ihrer einzelnen als unveränderlich vorausgesetzten materiellen Punkte, das heißt auf Korpuskularmechanik zurückführt, zerlegt die Quantenphysik jeden Bewegungsvorgang in die einzelnen periodischen Materiewellen, die den Eigenschwingungen und Eigenfunktionen des betreffenden Gebildes entsprechen, und führt dadurch zur Wellenmechanik. Daher ist nach der klassischen Mechanik die einfachste Bewegung diejenige eines einzelnen materiellen Punktes, nach der Quantenmechanik diejenige einer einfachen periodischen Welle, und wie nach der ersteren die allgemeinste Bewegung eines Körpers als die Gesamtheit der Bewegungen seiner einzelnen Punkte aufgefaßt wird, so besteht dieselbe nach der letzteren in dem Zusammenwirken aller möglichen Arten von periodischen Materiewellen. Diese Verschiedenartigkeit der Betrachtungsweisen läßt sich beispielsweise veranschaulichen an den Schwingungen einer gespannten Saite. Einerseits kann man nämlich als Elemente des Vorgangs die Bewegungen der einzelnen Punkte der Saite betrachten. Jedes materielle Teilchen der Saite bewegt sich, unabhängig von allen übrigen, nach Maßgabe der auf dasselbe wirkenden, durch die lokale Krümmung der Saite bedingten Kraft. Man kann aber auch andererseits als Elemente des Bewegungsvorganges die Grundschwingung und die Oberschwingungen der Saite betrachten, deren jede sich auf die ganze Saite bezieht und deren Zusammenwirken ebenfalls die allgemeinste Art der Saitenbewegung darstellt.

Aus der Wellenmechanik ergibt sich auch unmittelbar das Verständnis für einen bis dahin rätselhaft erscheinenden Umstand. Nach der ungemein fruchtbaren Theorie von N i e l s B o h r bewegen sich die Elektronen eines Atoms um den Kern nach ganz ähnlichen Gesetzen wie die Planeten um die Sonne. Dabei tritt an die Stelle der Gravitationskraft die Anziehung der entgegengesetzten Ladungen des Kerns und der Elektronen. Ein sonderbarer Unterschied aber besteht darin, daß die Elektronen immer nur auf ganz bestimmten, diskret voneinander verschiedenen Bahnen kreisen können, während bei den Planeten keine einzelne Bahn von einer anderen von vornherein bevorzugt erscheint.

Dieser zunächst unbegreifliche Umstand findet nach der Wellentheorie der Elektronen eine sehr anschauliche Erklärung. Wenn nämlich eine Elektronenbahn in sich zurückläuft, so ist klar, daß sie immer gerade eine ganze Anzahl von Wellenlängen umfassen muß, ebenso wie die Länge einer zu einem vollständigen Ring geschlossenen Kette, die aus lauter gleich langen Gliedern besteht, immer nur einer ganzen Anzahl von Gliederlängen gleich sein kann. Danach gleicht der Kreislauf eines Elektrons um den Atomkern weniger der Bewegung eines Planeten um die Sonne, als vielmehr der Drehung eines allseitig symmetrischen Ringes in sich selbst, so daß der Ring als Ganzes stets die nämliche Lage im Raum einnimmt und es gar keinen physikalischen Sinn hat, von dem augenblicklichen Ort des Elektrons zu reden.

Wenn wir uns nun der Frage nach der wellenmechanischen Beschreibung der Bewegung eines einzelnen bestimmten materiellen

Punktes zuwenden, so zeigt sich sogleich, daß e i n e s o l c h e B e schreibung in exaktem Sinne überhaupt nicht möglich ist. Denn schon um die Lage des materiellen Punktes oder, allgemeiner gesprochen, um die Lage eines bestimmten Punktes im Konfigurationsraum zu definieren, gibt es in der Wellenmechanik nur das eine Mittel, eine Schar von Eigenwellen des Gebildes so zu superponieren, daß ihre Wellenfunktionen sich überall im Konfigurationsraum durch Interferenz gegenseitig auslöschen und nur in dem betreffenden Punkt verstärken. Dann wäre nämlich die Wahrscheinlichkeit aller übrigen Konfigurationspunkte gleich Null, und nur für den ausgezeichneten Punkt wäre sie gleich Eins. Um diesen einen Punkt ganz scharf herauszuheben, würden aber unendlich kleine Wellenlängen, also unendlich große Impulse notwendig sein. Man muß also, um wenigstens ein annähernd brauchbares Resultat erzielen zu können, statt eines scharfen Konfigurationspunktes ein endliches, wenn auch kleines Gebiet des Konfigurationsraumes, ein sogenanntes Wellenpaket, zugrunde legen, womit schon ausgedrückt ist, daß die Bestimmung der Lage eines Konfigurationspunktes nach der Wellentheorie immer mit einer gewissen Unsicherheit verbunden ist.

Wenn man aber nun weiter dem betrachteten materiellen Punktsystem außer einer bestimmten Konfiguration auch noch eine bestimmte Größe des Impulses zuschreiben will, so darf man nach dem Quantenpostulat strenggenommen nur eine einzige Welle von ganz bestimmter Wellenlänge zur Darstellung verwenden, und die Beschreibung ist wiederum unmöglich. Falls aber auch in der Größe des Impulses eine gewisse kleine Unbestimmtheit gelassen wird, so ist das gewünschte Ziel unter Umständen durch Benützung von Wellen innerhalb eines engen Frequenzbereichs wenigstens mit gewisser Annäherung zu erreichen.

Also sowohl die Lage als auch der Impuls eines materiellen Punktsystems läßt sich nach der Wellenmechanik stets nur mit einer gewissen Unsicherheit definieren, und zwar besteht zwischen diesen beiden Arten von Unsicherheit eine bestimmte Beziehung, die sich aus der einfachen Überlegung ergibt, daß die benützten Wellen, wenn sie sich außerhalb des kleinen Konfigurationsgebietes durch Interferenz gegenseitig auslöschen sollen, an den entgegengesetzten Rändern des Gebietes trotz ihrer kleinen Frequenzunterschiede doch schon merkliche Gangunterschiede aufweisen müssen. Ersetzt man den Gangunterschied nach dem Quantenpostulat durch den Impulsunterschied, so folgt der von H e i s e n b e r g formulierte Satz, daß das Produkt der Unsicherheit der Lage und der Unsicherheit des Impulses mindestens von der Größenordnung des Wirkungsquantums ist. Je schärfer die Lage des Konfigurationspunktes bestimmt ist, um so unschärfer ist der Betrag des Impulses, und umgekehrt. Die beiden Arten von Unsicherheit zeigen also in gewissem Sinne ein komplementäres Verhalten, dem aber dadurch eine Schranke gesetzt ist, daß ein Impuls sich nach der Wellenmechanik unter Umständen absolut scharf bestimmen läßt, während die Lage eines Konfigurationspunktes stets innerhalb eines endlichen Gebietes unsicher bleibt. Diese H e i s e n b e r g sche Unsicherheitsrelation ist nun etwas für die klassische Mechanik ganz Unerhörtes. Zwar daß einer jeden Messung eine Unsicherheit anhaftet, ist von jeher bekannt; aber man hatte stets angenommen, daß durch gehörige Verfeinerung der Messungsmethoden die Genauigkeit unbeschränkt erhöht werden kann. Nun soll der Messungsgenauigkeit eine prinzipielle Schranke gesetzt sein, und das Merkwürdigste daran ist, daß diese Schranke sich nicht auf die einzelnen Größen: Lage oder Geschwindigkeit, bezieht, sondern auf ihre Kombination. Jede Größe für sich kann, prinzipiell genommen, beliebig genau gemessen werden, aber stets nur auf Kosten der Genauigkeit der anderen.

So seltsam diese Behauptung klingt, so deutlich wird sie durch verschiedene Tatsachen bestätigt. Dafür nur ein Beispiel. Die direkteste und feinste Messung der Lage eines Massenpunktes geschieht auf optischem Wege, entweder durch direktes Anvisieren mit bloßem oder bewaffnetem Auge oder durch eine photographische Aufnahme. Dazu muß man den Punkt beleuchten. Dann wird die Abbildung um so schärfer, also die Messung um so genauer ausfallen, je kürzere Lichtwellen verwendet werden. Insofern kann man die Genauigkeit beliebig weit steigern. Aber sie hat ihre Kehrseite: die Geschwindigkeitsmessung. Bei größeren Massen darf man die Einwirkung des Lichtes auf das beleuchtete Objekt vernachlässigen. Anders ist es aber, wenn man als Objekt eine sehr kleine Masse, zum Beispiel ein einzelnes Elektron, wählt. Denn jeder Lichtstrahl, der das Elektron trifft und von demselben zurückgeworfen wird, erteilt ihm einen merklichen Stoß, und zwar um so kräftiger, je kürzer die Lichtwelle ist. Daher wächst mit der Kürze der Lichtwelle zwar die Schärfe der Ortsbestimmung, aber auch in entsprechendem Verhältnis die Unschärfe der Geschwindigkeitsbestimmung. Und ebenso ist es in ähnlichen Fällen.

Im Lichte dieser Anschauung bildet die klassische Mechanik, die von unveränderlichen, scharf meßbaren, mit bestimmter Geschwindigkeit bewegten Korpuskeln ausgeht, nur einen idealen Grenzfall. Derselbe ist verwirklicht, wenn das betrachtete Gebilde eine verhältnismäßig große Energie besitzt. Dann werden nämlich die diskreten Eigenwerte der Energie nahe beieinander liegen, ein verhältnismäßig schmales Energiebereich wird schon zahlreiche hohe Wellenfrequenzen bzw. kurze Wellenlängen enthalten, und durch deren Superposition wird sich im Konfigurationsraum ein kleines Wellenpaket mit einem bestimmten Impuls verhältnismäßig scharf abgrenzen lassen. Dann geht die Wellenmechanik über in die Korpuskularmechanik, die S c h r ö d i n g e r sche Differentialgleichung wird zur klassischen H a m i l t o n - J a c o b i schen Differentialgleichung, und das Wellenpaket pflanzt sich im Konfigurationsraum nach den nämlichen Gesetzen fort, welche die Bewegung eines Systems materieller Punkte nach der klassischen Mechanik regeln. Das dauert aber im allgemeinen nur eine gewisse Zeitlang. Denn da die einzelnen Materiewellen nicht immer in der nämlichen Weise interferieren, so wird das Wellenpaket mehr oder weniger schnell auseinanderfließen, die Lage des entsprechenden Konfigurationspunktes wird immer unschärfer, und schließlich bleibt als genau definierte Größe nur die Wellenfunktion ψ übrig.

Stimmen nun alle diese Folgerungen auch mit der Erfahrung überein? Eine Prüfung dieser Frage kann wegen der Kleinheit des Wirkungsquantums nur im Rahmen der Atomphysik vorgenommen werden und erfordert daher stets äußerst feine Hilfsmittel. Vorläufig läßt sich nur sagen, daß bis jetzt noch keine Tatsache bekanntgeworden ist, die zu einem grundsätzlichen Zweifel an der physikalischen Bedeutung aller dieser Folgerungen Anlaß geben würde.

So hat denn auch seit der Aufstellung der Wellengleichung eine geradezu stürmische Entwicklung und Weiterbildung der Theorie eingesetzt. Es ist unmöglich, im Rahmen dieses Vortrags aller Erweiterungen und Anwendungen zu gedenken, die sie in den letzten Jahren erfahren hat. Von den ersteren will ich hier nur nennen die Einführung des sogenannten Dralls der Protonen und der Elektronen, ferner die relativistische Formulierung der Quantenmechanik, von den letzteren die Anwendung auf die Molekülprobleme und die Behandlung des sogenannten Mehrkörperproblems, das heißt die Anwendung auf ein Gebilde mit mehreren oder vielen ganz gleichartigen Massenpunkten, wobei besonders Fragen statistischer Art auftreten, die sich auf die Zahl der in einem abgeschlossenen Gebilde von gegebener Energie möglichen verschiedenen Zustände beziehen und die auch für die Berechnung der Entropie des Gebildes von Bedeutung sind.

Endlich muß ich es mir auch versagen, hier speziell auf die Physik der Lichtquanten einzugehen, welche in gewissem Sinne die gerade entgegengesetzte Entwicklung erfahren hat wie die Physik der Massenpunkte. Denn auf diesem Gebiete herrschte ursprünglich, in der klassischen Physik, die Maxwellsche Theorie der elektromagnetischen Wellen, und erst später stellte sich heraus, daß die Annahme von diskreten Lichtpartikeln nicht zu entbehren ist, daß man also die elektromagnetischen Wellen, ebenso wie die Materiewellen, als Wahrscheinlichkeitswellen zu deuten hat.

Es gibt wohl keinen eindrucksvolleren Beweis für die Tatsache, daß eine reine Wellentheorie ebensowenig die Forderungen der neuen Physik zu befriedigen vermag wie eine reine Korpuskulartheorie. Beide Theorien stellen vielmehr extreme Grenzfälle dar. Während die in der klassischen Mechanik maßgebende Korpuskulartheorie zwar der Konfiguration des Gebildes gerecht wird, aber bei der Bestimmung der Eigenwerte seiner Energie und seines Impulses versagt, vermag umgekehrt die für die klassische Elektrodynamik charakteristische Wellentheorie zwar Energie und Impuls darzustellen, steht aber dem Begriff einer Lokalisation der Lichtpartikeln fremd gegenüber. Den allgemeinen Fall stellt das Zwischengebiet dar, in welchem beiden Theorien eine praktisch gleichwertige Rolle zukommt und dem man sich entweder von der einen oder von der anderen Seite her, vorläufig immer nur um ein kleines Stück, nähern kann. Hier harren noch manche dunkle Fragen der Aufklärung, und es bleibt abzuwarten, welche der verschiedenen zu ihrer Lösung eingeschlagenen Methoden: die ursprünglich von Heisenberg, Born und Jordan ersonnene Matrizenrechnung, oder die von de Broglie und Schrödinger aufgestellte Wellentheorie, oder die von Dirac eingeführte Mathematik der q-Zahlen, am besten zum Ziele führen wird.

V.

Wenn wir versuchen, aus den vorstehenden Schilderungen ein zusammenfassendes Resultat und damit einen Überblick über die charakteristischen Merkmale des neuen Weltbildes zu gewinnen, so wird unser erster Eindruck sicherlich noch ein recht unbefriedigender sein. Vor allem muß es befremden, daß man in der Wellenmechanik, welche sich doch in einen ausgesprochenen Gegensatz zur klassischen Mechanik stellt, von vornherein Begriffe benützt, die aus der klassischen Korpuskulartheorie ohne weiteres übernommen sind, so den Begriff der Koordinaten und der Impulse eines materiellen Punktes, sowie den der kinetischen und der potentiellen Energie eines Punktsystems, während es sich hinterher herausstellt, daß es gar nicht möglich ist, Lage und Impuls eines Punktes gleichzeitig genau zu bestimmen. Und doch sind diese Begriffe für die Wellenmechanik durchaus notwendig; denn ohne sie ließe sich der Konfigurationsraum und seine Maßbestimmung überhaupt nicht definieren.

Eine andere Schwierigkeit für das Verständnis der Wellentheorie scheint darin zu liegen, daß die Materiewellen sicherlich nicht dieselbe Art von Anschaulichkeit besitzen wie etwa die akustischen oder die elektromagnetischen Wellen, weil sie ja nicht im gewöhnlichen Raum, sondern im Konfigurationsraum verlaufen und weil ihre Schwingungsperiode abhängig ist von der Wahl des physikalischen Gebildes, zu dem sie gehören. Je ausgedehnter das Gebilde angenommen wird, um so größer wird seine Energie und mit ihr die Schwingungsfrequenz ausfallen.

Derartige Bedenken sind gewiß nicht leicht zu nehmen. Indessen sie werden sich doch beschwichtigen lassen, wenn nur der Inhalt der neuen Theorie erstens keine inneren Widersprüche aufweist und zweitens in seinen Anwendungen eindeutige und für Messungen bedeutungsvolle Resultate ergibt. Aber selbst darüber, ob und wieweit diese Forderung bei der Quantenmechanik erfüllt wird, gehen die Meinungen gegenwärtig noch einigermaßen auseinander. Daher sei es mir gestattet, auf diesen fundamentalen Punkt noch etwas näher einzugehen.

Es ist häufig mit besonderer Betonung darauf hingewiesen worden, daß die Quantenmechanik es nur mit prinzipiell beobachtbaren Größen und nur mit physikalisch sinnvollen Fragen zu tun hat. Das ist gewiß zutreffend, es darf aber nicht speziell der Quantentheorie von vornherein als ein besonderer Vorzug gegenüber anderen Theorien angerechnet werden. Denn die Entscheidung darüber, ob eine physikalische Größe prinzipiell beobachtbar ist oder ob eine gewisse Frage einen physikalischen Sinn hat, läßt sich niemals a priori, sondern immer erst vom Standpunkt einer bestimmten Theorie aus treffen. Der Unterschied der verschiedenen Theorien liegt eben darin, daß nach der einen Theorie eine gewisse Größe prinzipiell beobachtbar, eine gewisse Frage physikalisch sinnvoll ist, nach der andern nicht. So ist die absolute Geschwindigkeit der Erde nach der Fresnel-Lorentzschen Theorie des ruhenden Lichtäthers prinzipiell beobachtbar, nach der Relativitätstheorie nicht, oder die absolute Beschleunigung eines Körpers ist nach der Newtonschen Mechanik prinzipiell beobachtbar, nach der relativistischen Mechanik nicht. Ebenso war das Problem der Konstruktion eines Perpetuum mobile vor der Einführung des Prinzips der Erhaltung der Energie physikalisch sinnvoll, nachher aber nicht mehr. Die Entscheidung zwischen diesen Gegensätzen liegt nicht bei der Natur der Theorien an sich, sondern bei der Erfahrung. Daher genügt es zur Charakterisierung der Überlegenheit der Quantenmechanik gegenüber der klassischen Mechanik nicht, zu sagen, daß sie nur von prinzipiell beobachtbaren Größen handelt — das tut die klassische Mechanik in ihrem Sinne auch —, sondern man muß die speziellen Größen bezeichnen, die nach ihr prinzipiell beobachtbar bzw. nicht beobachtbar sind, und dann den Nachweis führen, daß die Erfahrung damit übereinstimmt.

Dieser Nachweis ist nun in der Tat, zum Beispiel bezüglich der oben besprochenen Heisenbergschen Unsicherheitsrelation, geführt worden, soweit das bis jetzt möglich scheint, und kann als Begründung für den Vorrang der Wellenmechanik angesehen werden.

Trotz dieser augenscheinlichen Erfolge hat die für die Quantenphysik charakteristische Unsicherheitsrelation dennoch in weiteren Kreisen Bedenken erregt, offenbar, weil durch sie die Definition von Größen, mit denen man fortwährend rechnet, in gewissem Sinne als prinzipiell ungenau hingestellt wird. Und das Unbehagen wird noch erheblich dadurch gesteigert, daß, wie wir oben sahen, in die Interpretation der quantenmechanischen Gleichungen der Wahrscheinlichkeitsbegriff eingeführt worden ist. Denn hiermit scheint die Forderung der strengen Kausalität aufgegeben zu werden zugunsten eines gewissen Indeterminismus. Es gibt in der Tat gegenwärtig hervorragende Physiker, welche geneigt sind, im Hinblick auf den Zwang der Verhältnisse das Prinzip der strengen Kausalität im physikalischen Weltbild zu opfern.

Wenn ein solcher Schritt sich wirklich als notwendig erweisen sollte, so wäre damit das Ziel der physikalischen Forschung um ein Erhebliches zurückgesteckt und damit ein Nachteil in Kauf genommen, dessen Bedeutung nicht schwer genug eingeschätzt werden kann. Denn der Determinismus ist, falls man überhaupt die Wahl hat, nach meiner Meinung unter allen Umständen dem Indeterminismus vorzuziehen, einfach aus dem Grunde, weil eine bestimmte Antwort auf eine Frage immer wertvoller ist als eine unbestimmte. Soweit ich sehe, liegt aber einstweilen gar keine Veranlassung vor, diesen Akt der Resignation zu vollziehen. Denn es bleibt stets die Möglichkeit offen, die Ursache für die Unmöglichkeit, eine bestimmte Antwort zu geben, nicht in der Beschaffenheit der Theorie, sondern in der Beschaffenheit der gestellten Frage zu sehen. Auf eine physikalisch unzureichend formulierte Frage kann auch die vollkommenste physikalische Theorie keine bestimmte Antwort erteilen. Das ist eine schon im Rahmen der klassischen Statistik allbekannte und vielfach erörterte Wahrheit. Wenn zum Beispiel bei zwei sich in einer Ebene stoßenden elastischen Kugeln sowohl die Geschwindigkeiten der Kugeln vor dem Stoß als auch die Gesetze des Stoßes bis in alle Einzelheiten bekannt sind, so vermag man dennoch nicht, die Geschwindigkeiten nach dem Stoß anzugeben. In der Tat stehen für die Berechnung der 4 unbekannten Geschwindigkeitskomponenten der beiden Kugeln nach dem Stoß nur die 3 Gleichungen der Erhaltung der Energie und der beiden Impulskomponenten zur Verfügung. Aber wir sagen nicht, daß bei dem Stoßvorgang keine Kausalität besteht, sondern wir sagen, daß zur vollständigen Determinierung noch wesentliche Daten fehlen.

Um nun diese Überlegung auch auf die vorliegenden Probleme der Quantenphysik anwenden zu können, müssen wir uns jetzt zum Schlusse wieder den in der Einleitung behandelten Gedankengängen zuwenden.

Wenn es wirklich wahr ist, daß die Struktur des physikalischen Weltbildes in ihren fortwährenden Wandlungen immer weiter von der Sinnenwelt abrückt und sich in entsprechendem Maße der realen prinzipiell unerkennbaren Welt immer mehr annähert, so ist selbstverständlich, daß das Weltbild in fortschreitendem Maße von allen anthropomorphen Elementen gesäubert werden muß. Es ist also gänzlich ausgeschlossen, in das physikalische Weltbild Begriffe aufzunehmen, die irgendwie mit der Kunst menschlicher Meßtechnik zusammenhängen. Das geschieht aber auch bei der Heisenbergschen Unsicherheitsrelation in keiner Weise. Denn diese entspringt ohne weiteres der Überlegung, daß die Elemente des neuen Weltbildes nicht die materiellen Korpuskeln, sondern die einfach periodischen, dem betrachteten physikalischen Gebilde entsprechenden Materiewellen sind, zufolge des mathematischen Satzes, daß es nicht möglich ist, durch Superposition einfach periodischer Wellen von endlicher Länge einen bestimmten Punkt mit einem bestimmten Impuls zu definieren. Mit Messungen hat dieser Satz gar nichts zu tun. Und die Materiewellen ihrerseits sind durch das dem behandelten Falle entsprechende mathematische Randwertproblem eindeutig bestimmt. Von Indeterminismus ist dabei keine Rede.

Eine andere Frage aber ist die nach den Beziehungen der Materiewellen zur Sinnenwelt, die uns ja erst die Bekanntschaft mit den physikalischen Vorgängen vermittelt. Denn von einem nach außen vollkommen abgeschlossenen Gebilde würden wir überhaupt nie etwas erfahren können.

Diese Frage scheint auf den ersten Blick gar nicht vollständig in das Gebiet der Physik zu gehören, da sie zum Teil in die Physiologie und sogar in die Psychologie hinübergreift. Indessen erwächst aus diesen Bedenken keine prinzipielle Schwierigkeit. Denn man kann die menschlichen Sinnesorgane stets ersetzt denken durch passend konstruierte physikalische Meßgeräte, selbstregistrierende Apparate, wie zum Beispiel eine lichtempfindliche Platte, welche die aus der Umgebung stammenden Eindrücke festhalten und dadurch Kunde von den Vorgängen in der Umgebung liefern. Wenn wir solche Meßgeräte mit in das zu betrachtende physikalische Gebilde einbeziehen unter Fernhaltung aller sonstigen Einflüsse, so haben wir ein nach außen abgeschlossenes physikalisches Gebilde, von dem wir durch Messungen etwas erfahren können, allerdings nur bei Mitberücksichtigung der Struktur der Meßgeräte und der Rückwirkungen, welche sie ihrerseits möglicherweise auf die zu messenden Vorgänge ausüben.

Wenn wir nun ein Meßgerät besäßen, das auf eine einfach periodische Materiewelle ebenso reagiert wie etwa ein akustischer Resonator auf eine Schallwelle, dann könnten wir die Materiewellen einzeln messen und dadurch den ganzen Wellenvorgang analysieren. Das ist nun freilich nicht der Fall, vielmehr gestatten die Angaben der Meßgeräte, zum Beispiel die Schwärzung einer photographischen Platte, keinen eindeutigen Schluß auf alle Einzelheiten des zu untersuchenden Vorganges. Aber deshalb dürfen wir doch nicht behaupten, daß die Gesetze der Materiewellen indeterminiert seien.

Eine direktere Begründung für die Annahme eines Indeterminismus könnte gesucht werden in dem Umstand, daß nach der Wellenmechanik die Vorgänge in einem nach außen abgeschlossenen System materieller Punkte keineswegs determiniert sind durch den Anfangszustand des Systems, das heißt durch die Anfangskonfiguration und den Anfangsimpuls, ja nicht einmal annähernd determiniert; denn das Wellenpaket, welches dem Anfangszustand entspricht, wird im allgemeinen mit der Zeit auseinanderfließen und sich in einzelne Wahrscheinlichkeitswellen auflösen.

Aber eine nähere Betrachtung lehrt, daß hier der Indeterminismus nur durch die Art der Fragestellung herbeigeführt wird. Diese ist der Korpuskularmechanik entnommen, in welcher tatsächlich der Anfangszustand den Vorgang für alle Zeiten eindeutig festlegt; sie paßt aber nicht in die Wellenmechanik, schon deshalb, weil ihr wegen der Unsicherheitsrelation eine prinzipielle Ungenauigkeit von endlichem Betrage anhaftet.

Dagegen ist auch in der klassischen Mechanik schon seit Leibniz eine andere Fragestellung bekannt, welche dort ebenfalls zu einer bestimmten Antwort führt. Ein Vorgang ist nämlich auch dann vollkommen determiniert, und zwar für alle Zeiten, wenn außer der Konfiguration in einem bestimmten Zeitpunkt nicht der Impuls, sondern die Konfiguration des nämlichen Systems in einem anderen

Zeitpunkt gegeben ist. Zur Berechnung des Vorganges dient dann ein Variationsprinzip, das Prinzip der kleinsten Wirkung So sind in dem früher angeführten Beispiel des ebenen elastischen Stoßes zweier Kugeln bei gegebener Anfangslage und Endlage der Kugeln und gegebener Zwischenzeit die 3 Unbekannten, nämlich die beiden Ortskoordinaten und der Zeitpunkt des Zusammenstoßes, durch die 3 Erhaltungsgleichungen vollkommen bestimmt.

Diese veränderte Formulierung des Problems ist, im Gegensatz zu der vorigen, unmittelbar auch auf die Wellenmechanik übertragbar. Freilich läßt sich, wie wir sahen, auch eine bestimmte Konfiguration durch die Wellentheorie niemals vollkommen genau definieren, aber man kann die Unsicherheit doch prinzipiell unter jede gewünschte Grenze herabdrücken und dadurch den Vorgang bis zu jedem beliebigen Genauigkeitsgrade determinieren. Und was das Auseinanderfließen der Wellenpakete betrifft, so ist dasselbe keineswegs ein Beweis für einen Indeterminismus. Denn ein Wellenpaket kann ebensogut auch zusammenfließen. Das Vorzeichen der Zeit spielt ja in der Wellentheorie ebensowenig eine Rolle wie in der Korpuskulartheorie. Jeder Bewegungsvorgang kann auch in genau umgekehrter Richtung verlaufen.

Natürlich existiert bei der angegebenen Formulierung des Problems ein bestimmtes Wellenpaket im allgemeinen nur in den beiden herausgegriffenen Zeitpunkten. In der Zwischenzeit, wie auch in früheren oder späteren Zeiten, werden die einzelnen Elementarwellen sich gesondert verhalten. Aber mag man sie nun als Materiewellen oder als Wahrscheinlichkeitswellen bezeichnen, sie werden in jedem Fall vollständig determiniert sein. Auf diese Weise erklärt sich auch die scheinbar paradoxe Behauptung, daß, wenn ein physikalisches Gebilde durch einen ganz bestimmten Vorgang aus einer bestimmten Konfiguration während einer bestimmten Zeit in eine bestimmte andere Konfiguration übergeht, die Frage nach der Konfiguration in der Zwischenzeit im allgemeinen gar keinen physikalischen Sinn hat; ebenso wie es nach dieser Auffassung auch keinen Sinn hat, nach der Bahn eines Lichtquants zu fragen, welches von einer punktförmigen Lichtquelle emittiert und an einer bestimmten Stelle eines Beobachtungsschirms absorbiert worden ist.

Allerdings muß hervorgehoben werden, daß bei dieser Art der Betrachtung der Sinn des Determinismus ein etwas anderer ist als der früher in der klassischen Physik übliche. Denn dort war die Konfiguration determiniert, hier in der Quantenphysik aber sind es die Materiewellen, welche determiniert sind. Der Unterschied ist deshalb von Bedeutung, weil die Konfiguration mit der Sinnenwelt viel unmittelbarer zusammenhängt als die Materiewellen. Insofern erscheinen in der neuen Physik die Beziehungen des physikalischen Weltbildes zur Sinnenwelt um ein erhebliches gelockert.

Das ist gewiß ein Nachteil; aber er wird in Kauf genommen werden müssen, um den Determinismus des Weltbildes zu wahren. Überdies scheint dieser Schritt ganz in der Richtung des schon wiederholt als charakteristisch hervorgehobenen Zuges in der tatsächlichen Entwicklung der Wissenschaft zu liegen, daß die Struktur des physikalischen Weltbildes sich bei seiner fortschreitenden Vervollkommnung in zunehmendem Maße von der Sinnenwelt entfernt und immer abstraktere Formen annimmt. Ja vom Standpunkt des Relativitätsprinzips scheint eine solche Auffassung sogar direkt geboten; denn da nach diesem Prinzip die Zeit keine Vorzugsstellung vor dem Raum besitzt, so folgt mit Notwendigkeit, daß, wenn zur kausalen Beschreibung eines physikalischen Vorganges die Betrachtung eines endlichen Raumgebiets erforderlich ist, ebensowohl auch ein endliches Zeitintervall dazu herangezogen werden muß.

Aber vielleicht ist auch die hier vorgeschlagene Fragestellung noch zu einseitig, zu anthropomorph gefärbt, um zu einem befriedigenden Aufbau des neuen physikalischen Weltbildes verwendet werden zu können, und man muß nach einer anderen suchen. In jedem Falle werden hier noch manche verwickelte Probleme zu lösen, manche dunkle Punkte aufzuklären sein. —

Angesichts dieser eigentümlich schwierigen Lage, in welche gegenwärtig die theoretisch-physikalische Forschung geraten ist, läßt sich gewiß ein Gefühl des Zweifels nicht ohne weiteres abweisen, ob die Theorie mit ihren radikalen eingeführten Neuerungen sich wirklich auf dem richtigen Wege befindet. Die Entscheidung dieser verhängnisvollen Frage hängt einzig und allein davon ab, ob bei der unablässig fortschreitenden Weiterarbeit am physikalischen Weltbild der notwendige Kontakt desselben mit der Sinnenwelt hinlänglich gewahrt bleibt. Ohne diesen Kontakt wäre auch das formvollendetste Weltbild nichts als eine Seifenblase, die beim ersten Windstoß zerplatzen kann.

Glücklicherweise können wir wenigstens heute in dieser Beziehung völlig beruhigt sein. Ja, wir dürfen ohne Übertreibung behaupten, daß in der Geschichte der Physik zu keiner Zeit die Theorie so eng mit der Erfahrung Hand in Hand ging wie in der Gegenwart. Die experimentellen Tatsachen sind es ja gerade, welche die klassische Theorie wankend gemacht und zu Falle gebracht haben. Jede neue Idee, jeder neue Schritt ist der vorwärts tastenden Forschung durch Messungsergebnisse nahegelegt oder sogar aufgezwungen worden. Wie an der Schwelle der Relativitätstheorie der optische Interferenzversuch von M i c h e l s o n, so standen an der Schwelle der Quantentheorie die Messungen von L u m m e r und P r i n g s h e i m, von R u b e n s und K u r l b a u m über die spektrale Energieverteilung, die von L e n a r d über die photoelektrische Wirkung, die von F r a n c k und H e r t z über den Elektronenstoß. Es würde zu weit führen, wenn ich hier aller der zahlreichen, teilweise völlig überraschenden Versuchsergebnisse gedenken würde, welche die Theorie immer weiter vom klassischen Standpunkt fortgedrängt und in ganz bestimmte Bahnen gewiesen haben.

Wir können nur wünschen und hoffen, daß in diesem einhelligen Zusammenarbeiten, an dem sich alle Länder der Erde in friedlichem

Wetteifer beteiligen, niemals ein Wandel eintritt. Denn in der steten Wechselwirkung zwischen experimenteller und theoretischer Forschung, die immer zugleich Antrieb und Kontrolle ist, wird auch in Zukunft die sicherste, die einzige Gewähr liegen für den gedeihlichen Fortschritt der physikalischen Wissenschaft.

Wohin wird er uns einmal führen? Ich habe schon in meinen einleitenden Worten Gelegenheit gehabt, zu betonen, daß das Doppelziel der Forschung: einerseits die vollkommene Beherrschung der Sinnenwelt, andererseits die vollständige Erkenntnis der realen Welt, in Wirklichkeit grundsätzlich unerreichbar bleiben wird. Aber nichts wäre verkehrter, als diesen Umstand zum Anlaß einer Entmutigung zu nehmen. Dafür besitzen wir schon gar zu viele greifbare Erfolge praktischer und theoretischer Art — Erfolge, die sich täglich mehren. Und vielleicht haben wir sogar allen Grund, die Endlosigkeit dieses stetigen Ringens um die aus unnahbarer Höhe winkende Palme als einen besonderen Segen für den forschenden Menschengeist zu betrachten. Denn sie sorgt unablässig dafür, daß ihm seine beiden edelsten Antriebe erhalten bleiben und immer wieder von neuem angefacht werden: die B e g e i s t e r u n g und die E h r f u r c h t.

Positivismus und reale Außenwelt.

(Vortrag, gehalten am 12. November 1930 im Harnack-Haus der Kaiser-Wilhelm-Gesellschaft zur Förderung der Wissenschaften.)

Meine sehr verehrten Damen und Herren! Es ist eine seltsame Welt, in der wir leben. Wohin wir blicken, auf allen Gebieten der geistigen und der materiellen Kultur, sind wir in eine Zeit schwerer Krisen hineingeraten, die unserm gesamten privaten und öffentlichen Leben mannigfache Zeichen der Unruhe und Unsicherheit aufprägt. Manche wollen darin den Beginn einer großartigen Aufwärtsentwicklung sehen, andere wieder deuten sie als die Vorboten des unabwendbaren Verfalls. Wie in der Religion und in der Kunst schon seit langem, so gibt es jetzt auch in der Wissenschaft kaum einen Grundsatz, der nicht vor irgend jemand angezweifelt wird, kaum einen Unsinn, der nicht von irgend jemand geglaubt wird, und es erhebt sich die Frage, ob denn überhaupt noch eine Wahrheit besteht, die als allgemein unanfechtbar gelten kann und die einen festen Halt zu bieten vermag gegen die alles umbrandenden Wogen der Skepsis. Die Logik allein, wie sie uns in der Mathematik in ihrer reinsten Form entgegentritt, vermag uns nicht zu helfen. Denn wenn sie selber auch gewiß als unangreifbar zu betrachten ist, so kann sie doch nicht mehr tun als nur aneinanderknüpfen; um inhaltlich bedeutungsvoll zu werden, bedarf sie eines festen Anhaltspunktes. Denn auch die solideste Kette gibt keinen zuverlässigen Halt, wenn sie nicht an einem sicheren Punkt befestigt ist.

Wo finden wir nun einen festen Grund, den wir zum Ausgangspunkt für unsere Natur- und Weltauffassung machen können? Bei dieser Frage fällt der Blick wohl auf die exakteste der Naturwissenschaften, die Physik. Auch diese ist freilich von der allgemeinen Krise nicht verschont geblieben. Auch auf ihrem Gebiet ist eine gewisse Unsicherheit entstanden, die Meinungen in erkenntnistheoretischen Fragen gehen zum Teil erheblich auseinander. Ihre bis dahin allgemein anerkannten Grundsätze, sogar die Kausalität selber, werden stellenweise über Bord geworfen. Ja, daß so etwas gerade in der Physik passieren kann, gilt manchem als ein Symptom für die Unzuverlässigkeit alles menschlichen Wissens. Da mag es mir als Physiker gestattet sein, von dem mir durch meine Wissenschaft gegebenen Standpunkt aus Ihnen einige Ausführungen zu machen über die Lage, in der sich die Physik den aufgeworfenen Fragen gegenüber befindet. Vielleicht ergeben sich daraus dann auch gewisse Anhaltspunkte, die zu Schlüssen auf anderen Gebieten der Betätigung menschlichen Geistes verwertbar sind.

I.

Die Quelle jeglichen Wissens und daher auch der Ursprung einer jeden Wissenschaft liegt in den persönlichen Erlebnissen. Diese sind das unmittelbar Gegebene, das Wirklichste, was man sich denken kann, und der erste Anhaltspunkt für die Anknüpfung der Gedankengänge, welche die Wissenschaft ausmachen. Denn das Material, mit dem in jeder Wissenschaft gearbeitet wird, empfangen wir entweder direkt durch unsere sinnlichen Wahrnehmungen oder direkt durch Berichte von anderer Seite, durch unsere Lehrer, durch Schriften, durch Bücher. Andere Quellen des Wissens gibt es nicht.

In der Physik haben wir es mit denjenigen Erlebnissen zu tun, die uns in der unbelebten Natur durch unsere Sinne vermittelt werden und die in mehr oder minder genauen Beobachtungen und Messungen ihren Ausdruck finden. Der Inhalt dessen, was wir sehen, hören, fühlen, ist das unmittelbar Gegebene, also unantastbare Wirklichkeit. Es erhebt sich nun die Frage: Kommt die Physik mit dieser Grundlage aus? Ist die Aufgabe der physikalischen Wissenschaft erschöpfend gekennzeichnet, wenn man sagt, daß sie darin besteht, in den Inhalt der verschiedenartigen vorliegenden Naturbeobachtungen einen möglichst genauen und einfachen gesetzlichen Zusammenhang zu bringen? Wir wollen diejenige Richtung der Erkenntnistheorie, welche diese Frage bejaht und welche gerade gegenwärtig mit Rücksicht auf die Unsicherheit der allgemeinen Zeitlage von einer Anzahl namhafter Physiker und Philosophen mit Entschiedenheit vertreten wird, im folgenden als „Positivismus" bezeichnen. Das Wort ist zwar seit Auguste Comte in mancherlei verschiedenartiger Bedeutung gebraucht worden. Indessen verlangt die Deutlichkeit der folgenden Aussprache, daß wir mit dem Wort einen ganz bestimmten Sinn verbinden, und der angegebene gehört jedenfalls zu den am meisten gebrauchten.

Um die Frage zu prüfen, ob die Basis, die der Positivismus bietet, breit genug ist, um das ganze Gebäude der Physik zu tragen, können wir wohl keine bessere Methode finden, als daß wir zusehen, wohin uns der Positivismus führt, wenn wir uns ihm einmal völlig anvertrauen und ihn als einzige Grundlage der Physik annehmen. Mit dieser Methode möchte ich Sie heute einladen, eine Probe zu machen. Wir wollen uns also zunächst einmal ganz auf den Standpunkt des Positivismus stellen. Dabei werden wir uns selbstverständlich bemühen müssen, streng folgerichtig zu verfahren, namentlich keinen nur gewohnheits- und gefühlsmäßigen Urteilen Raum zu geben. Wir werden allerdings auf manche eigentümliche Folgerungen stoßen; aber wir können versichert sein, daß logische Widersprüche uns nicht passieren können. Denn wir bleiben stets in der Sphäre des

Erlebten, und zwei Erlebnisse können sich niemals logisch widersprechen. Und andererseits wieder sind wir ebenso sicher, daß kein irgendwie geartetes Erlebnis von unserer Betrachtung ausgeschlossen wird, daß wir also ganz gewiß keine Quelle menschlicher Erkenntnis ignorieren. Darin liegt die Stärke des Positivismus. Er beschäftigt sich mit allen Fragen, die durch Beobachtungen ihre Beantwortung finden können, und umgekehrt: jede Frage, die er überhaupt als sinnvoll zuläßt, kann durch Beobachtungen beantwortet werden. Es gibt also für den Positivismus keine grundsätzlichen Rätsel, keine dunklen Fragen, alles liegt für ihn im hellen Tageslicht.

Es ist freilich nicht ganz einfach, diese Auffassung überall im einzelnen durchzuführen. Schon im täglichen Sprachgebrauch weichen wir fortwährend von ihr ab. Wenn wir von einem Gegenstand sprechen, zum Beispiel von einem Tisch, so meinen wir etwas, was verschieden ist von dem Inhalt der Beobachtungen, die wir an dem Tisch machen. Wir können den Tisch sehen, wir können ihn betasten, wir spüren seine Festigkeit, seine Härte, wir empfinden ein Schmerzgefühl, wenn wir uns an ihm stoßen usw. Aber von einem Ding, was außer oder hinter allen diesen Sinnesempfindungen ein selbständiges Dasein führt, wissen wir nichts. Daher ist im Lichte des Positivismus der Tisch nichts anderes als ein Komplex derjenigen Sinnesempfindungen, die wir mit dem Worte Tisch verbinden. Nehmen wir alle Sinnesempfindungen fort, so bleibt schlechterdings nichts übrig. Die Frage, was ein Tisch „in Wirklichkeit" ist, hat gar keinen Sinn. Und so geht es mit allen physikalischen Begriffen überhaupt. Die ganze uns umgebende Welt ist nichts anderes als der Inbegriff der Erlebnisse, die wir von ihr haben. Ohne dieselben hat die Umwelt keine Bedeutung. Wenn eine Frage, die sich auf die Umwelt bezieht, sich nicht in irgendeiner Weise auf ein Erlebnis, eine Beobachtung zurückführen läßt, so ist sie sinnlos und wird nicht zugelassen. Daher ist für irgendeine Art Metaphysik im Positivismus kein Platz.

Blicken wir auf den gestirnten Himmel. Derselbe gewährt uns das Bild einer Unzahl von Lichtpünktchen oder Lichtscheibchen, die sich in gewisser mehr oder minder genau meßbarer Weise am Himmel bewegen und deren Strahlung wir ebenfalls nach Intensität und Farbe messen können. Diese Messungen bilden, positivistisch betrachtet, nicht nur die Grundlage, sondern auch den eigentlichen und einzigen sachlichen Inhalt der Astronomie und der Astrophysik. Was wir zum Verständnis der Messungsergebnisse ersinnen, ist menschliche Zutat, freie Erfindung. Ob wir zum Beispiel mit Ptolemäus sagen: Die Erde ist der ruhende Mittelpunkt der Welt, und die Sonne mit allen Sternen bewegt sich um sie herum, oder ob wir mit Kopernikus sagen: Die Erde ist ein unbedeutendes winziges Stäubchen im All, das sich einmal im Tage um sich selber dreht und einmal im Jahr um die Sonne läuft, das ist für den Positivismus nur eine verschiedene Art der Formulierung der Beobachtungen. Diese bilden den einzigen Tatbestand, und der Vorzug der kopernikanischen Theorie besteht lediglich darin, daß ihre Art der Formulierung sich als die einfachere und allgemeiner brauchbare erwiesen hat, da in der Ptolemäischen Ausdrucksweise viel mehr Komplikationen in der Fassung der astronomischen Gesetze notwendig sein würden. Danach ist Kopernikus nicht als bahnbrechender Entdecker, sondern als genialer Erfinder zu bewerten. Von der großen Umwälzung der Geister, welche seine Lehre hervorrief, von den erbitterten Kämpfen, die um sie geführt wurden, nimmt der Positivismus ebensowenig Notiz wie von dem Gefühl der stillen Ehrfurcht, welches der Anblick des gestirnten Himmels in dem andächtigen Beschauer erweckt, wenn er sich vergegenwärtigt, daß jeder Stern in der Milchstraße eine Sonne von der Art der unsrigen ist und daß jeder Spiralnebel wieder eine Milchstraße darstellt, von der das Licht viele Millionen von Jahren gebraucht, um zu uns zu gelangen, während die Erde mit dem ganzen Menschengeschlecht darauf inmitten dieses Weltengebäudes zu einer schier unfaßbaren Bedeutungslosigkeit herabsinkt.

Doch das sind Gedanken, die auf ästhetisches und ethisches Gebiet hinübergreifen. Wir dürfen ihnen an dieser Stelle, wo es sich um erkenntnistheoretische Fragen handelt, keinen Spielraum gewähren. Fahren wir daher in unserm logischen Gedankengang fort.

Da nach der positivistischen Lehre die Sinnesempfindungen als das primär Gegebene die unmittelbare Wirklichkeit bedeuten, so ist es prinzipiell unrichtig, von Sinnestäuschungen zu sprechen. Was uns unter Umständen täuschen kann, sind nicht unsere Sinnesempfindungen selber, sondern die Schlußfolgerungen, die wir manchmal aus ihnen ziehen. Wenn wir einen geraden Stab schräg ins Wasser halten und ihn an der Eintauchstelle geknickt sehen, so wird die Knickung uns nicht durch die Lichtbrechung vorgetäuscht, sondern die Knickung ist tatsächlich als optische Wahrnehmung vorhanden, und es ist nur eine andere und für manche Anwendungen zweckmäßigere Ausdrucksweise, wenn wir dies so formulieren, daß die Sinnesempfindung sich ebenso verhält, als ob der Stab gerade wäre und als ob die Lichtstrahlen, die von seinem eingetauchten Teil in unser Auge gelangen, beim Durchgang durch die Wasseroberfläche eine Ablenkung erfahren.

Das Wesentliche an dieser und an allen ähnlichen Betrachtungen ist, daß vom Standpunkt des Positivismus gesehen die beiden Ausdrucksweisen grundsätzlich völlig gleichberechtigt sind und daß es gar keinen Sinn hat, zwischen ihnen nach einem andern Gesichtspunkt als nach dem der Zweckmäßigkeit, zum Beispiel der Anwendbarkeit auf das Tastgefühl, eine Entscheidung treffen zu wollen.

In der Praxis würde allerdings der Versuch einer ernstlichen Durchführung dieser „als ob"-Theorie zu recht seltsamen und unbequemen Konsequenzen führen. Aber es bleibt dabei, daß man ihr vom rein logischen Standpunkt her nichts anhaben kann. Gehen wir also weiter und sehen zu, wohin wir schließlich kommen.

Es kann keine Frage sein, daß für die Gegenstände der belebten Natur die nämlichen Überlegungen zutreffen. Ein Baum zum Beispiel ist im Lichte des Positivismus nichts anderes als ein Komplex von

Sinnesempfindungen: wir können ihn wachsen sehen, seine Blätter rauschen hören, den Duft seiner Blüten einatmen. Aber wenn wir von allen diesen Empfindungen absehen, bleibt schlechterdings nichts übrig, was wir als den „Baum an sich" bezeichnen können.

Und was von der Pflanzenwelt gilt, muß auch für die Tierwelt Bedeutung haben. Von einem selbständigen Dasein, von einem Eigenleben derselben zu reden, wird uns lediglich durch Gründe der Zweckmäßigkeit nahegelegt. Ein getretener Wurm krümmt sich, das kann man sehen. Aber es hat keinen Sinn, zu fragen, ob der Wurm dabei Schmerz empfindet. Denn nur der eigene Schmerz wird empfunden, der eines Tieres nur deshalb als vorhanden angenommen, weil diese Annahme eine zweckmäßige Zusammenfassung verschiedener charakteristischer Begleiterscheinungen, wie Zuckungen, Verzerrungen, ausgestoßener Laute darstellt, derselben Begleiterscheinungen, die bei uns selbst durch unsern eigenen Schmerz ausgelöst werden. Schließlich kommen wir von den Tieren zum Menschen. Auch hier verlangt der Positivismus eine reinliche Scheidung zwischen den eigenen Empfindungen und den Empfindungen anderer. Denn nur die eigenen Erlebnisse sind wirklich, diejenigen anderer Menschen werden nur indirekt erschlossen, sie sind etwas prinzipiell Verschiedenes und müssen konsequenterweise auch den zweckmäßigen Erfindungen zugerechnet werden.

So gewiß sich diese Auffassung vollständig durchführen läßt, ohne daß man jemals einen logischen Widerspruch zu befürchten hat, so führt sie doch für die physikalische Wissenschaft zu einem verhängnisvollen Resultat. Denn wenn diese nichts weiter zum Ziele hat als die möglichst einfache Beschreibung von sinnlichen Erlebnissen, so kann sie strenggenommen nur die eigenen Erlebnisse zum Gegenstand haben. Denn nur die eigenen Erlebnisse sind primär gegeben. Nun liegt es auf der Hand, daß man auf eigene sinnliche Erlebnisse, auch wenn man ein noch so vielseitiger Mensch ist, keine volle Wissenschaft aufbauen kann, und so steht man vor der Alternative, entweder auf eine umfassende Wissenschaft überhaupt zu verzichten, wozu sich auch der extremste Positivist wohl kaum verstehen würde, oder aber ein Kompromiß einzugehen und auch fremde Erlebnisse mit zur Begründung der Wissenschaft heranzuziehen, obgleich damit strenggenommen der ursprüngliche Standpunkt, nur primär Gegebenes zuzulassen, aufgegeben wird. Denn die fremden Erlebnisse sind nur sekundär, durch die Berichte über sie, gegeben. Hier schiebt sich also ein neuer Faktor: die Glaubwürdigkeit und Zuverlässigkeit der Berichte, der mündlichen und der schriftlichen, in die Definition der Wissenschaft ein, und damit ist die eigentliche Grundlage des Positivismus, die unmittelbare Gegebenheit des wissenschaftlichen Materials, bereits an einer Stelle logisch durchbrochen.

Aber setzen wir uns einmal über diese Schwierigkeit hinweg, machen wir also die Annahme, daß alle Berichte über physikalische Erlebnisse zuverlässig sind oder daß man wenigstens ein untrügliches Mittel besitzt, die unzuverlässigen auszuscheiden, so haben dann doch selbstverständlich sämtliche als ehrlich und zuverlässig anerkannten Physiker in Gegenwart und Vergangenheit darauf Anspruch, daß ihre Erlebnisse Berücksichtigung finden, und es besteht kein Grund dafür, daß man einige ausschließt. Insbesondere wäre es gänzlich ungerechtfertigt, einen Forscher dann weniger voll zu berücksichtigen, wenn es andern Forschern nicht beschieden war, ähnliche Erlebnisse wie er zu erzielen.

Unter diesem Gesichtspunkt ist es gar nicht zu verstehen und zu rechtfertigen, daß man zum Beispiel die von dem französischen Physiker Blondlot im Jahre 1903 aufgefundenen und damals vielfach studierten sogenannten N-Strahlen heute gänzlich ignoriert. René Blondlot, Professor an der Universität Nancy, war gewiß ein ausgezeichneter und zuverlässiger Experimentator, und seine Entdeckung war für ihn ein Erlebnis so gut wie das irgendeines andern Physikers. Wir dürfen nicht etwa sagen, daß er einer Sinnestäuschung zum Opfer gefallen ist; denn Sinnestäuschungen gibt es in der positivistischen Physik nicht, wie wir sahen. Die N-Strahlen sind vielmehr als primär gegebene Wirklichkeit zu behandeln. Und wenn es seit Blondlot und seiner Schule jahrelang niemandem mehr gelungen ist, sie zu reproduzieren, so kann man, positivistisch gesehen, nie wissen, ob sie sich eines Tages unter besonderen Umständen nicht doch wieder einmal bemerkbar machen.

Man muß hinzunehmen, daß die Zahl der Persönlichkeiten, deren Erlebnisse für die physikalische Wissenschaft von Wert sind, ohnehin schon nur eine sehr kleine sein kann. Selbstverständlich kommen nur solche Personen in Betracht, die sich speziell dieser Wissenschaft widmen, da die Erlebnisse der anderen auf diesem Gebiete doch mehr oder minder dürftig sind. Ferner scheiden von vornherein auch alle Theoretiker aus; denn deren Erlebnisse beschränken sich im wesentlichen auf den Verbrauch von Tinte, Papier und Gehirnsubstanz, enthalten aber kein neues Material für den Aufbau der Wissenschaft. So bleiben nur die Experimentalphysiker übrig, und zwar in erster Linie solche, die über besonders empfindliche Instrumente für Spezialuntersuchungen verfügen. Somit beschränken sich die für den Fortschritt der physikalischen Wissenschaft in Betracht kommenden Erlebnisse im Grunde auf die einiger weniger Personen.

Wie ist es nun aber zu verstehen, daß die Erlebnisse eines Oersted, der eine Beeinflussung seiner Kompaßnadel durch einen galvanischen Strom beobachtete, oder eines Faraday, dem zum erstenmal ein elektromagnetischer Induktionseffekt aufstieß, oder eines Hertz, der mit der Lupe nach winzigen elektrischen Fünkchen im Brennpunkt seines parabolischen Spiegels suchte, ein solches Aufsehen und eine solche Umwälzung in der internationalen Welt der Physiker hervorriefen? Der Positivismus kann auf diese Frage nur eine sehr gewundene und im hohen Grade unbefriedigende Antwort geben. Er muß sich auf die Glaubwürdigkeit der Theorie berufen, welche die Aussicht eröffnete, daß diese einzelnen an sich unbedeutenden Erlebnisse eine große Anzahl wichtiger und folgereicher Erlebnisse anderer Personen nach sich ziehen würden. Aber andrerseits ist doch die positivistische Theorie dadurch ausgezeichnet, und sie tut sich etwas darauf zugute, daß sie nichts anderes geben will als eine Beschreibung tatsächlich vorliegender Erlebnisse, und die Frage, wieso es denn kommt, daß ein gewisses Erlebnis eines einzelnen Physikers, selbst bei einer ganz primitiven Beschreibung, unmittelbar auch für alle anderen Physiker der ganzen Welt Bedeutung besitzt, bleibt von ihrem Standpunkt aus ununtersucht und muß als physikalisch sinnlos abgelehnt werden.

Der Grund für diese auffallende Erscheinung ist leicht einzusehen. Der Positivismus, konsequent durchgeführt, leugnet den Begriff und die Notwendigkeit einer objektiven, das heißt von der Individualität des Forschers unabhängigen Physik. Er ist gezwungen, das zu tun, weil er grundsätzlich keine andere Wirklichkeit anerkennt als die Erlebnisse der einzelnen Physiker. Ich brauche nicht zu sagen, daß mit dieser Feststellung die Frage, ob der Positivismus zum Aufbau der physikalischen Wissenschaft genügt, unzweideutig beantwortet ist; denn eine Wissenschaft, die sich selber das Prädikat der Objektivität prinzipiell aberkennt, spricht damit ihr eigenes Urteil. Die Grundlage, die der Positivismus der Physik gibt, ist zwar fest fundiert, aber sie ist zu schmal, sie muß durch einen Zusatz erweitert werden, dessen Bedeutung darin besteht, daß die Wissenschaft nach Möglichkeit befreit wird von den Zufälligkeiten, die durch die Bezugnahme auf einzelne menschliche Individuen in sie hineingebracht werden. Und das geschieht durch einen prinzipiellen, nicht durch die formale Logik, sondern durch die gesunde Vernunft gebotenen Schritt ins Metaphysische, nämlich durch die Hypothese, daß unsere Erlebnisse nicht selber die physikalische Welt ausmachen, daß sie vielmehr uns nur Kunde geben von einer anderen Welt, die hinter ihnen steht und die unabhängig von uns ist, mit anderen Worten, daß eine reale Außenwelt existiert.

Damit machen wir einen Strich durch das positivistische „als ob" und legen den sogenannten zweckmäßigen Erfindungen, von denen wir oben einige spezielle Beispiele besprochen haben, einen höheren Grad von Realität bei als den direkten Beschreibungen der unmittelbaren Sinneseindrücke. Dann verschiebt sich die Aufgabe der Physik: sie hat nicht Erlebnisse zu beschreiben, sondern sie hat die reale Außenwelt zu erkennen.

Allerdings tut sich jetzt eine neue erkenntnistheoretische Schwierigkeit auf. Denn darin wird der Positivismus immer recht behalten, daß es keine andere Erkenntnisquelle gibt als die Sinnesempfindungen. Die beiden Sätze: „Es gibt eine reale, von uns unabhängige Außenwelt", und: „Die reale Außenwelt ist nicht unmittelbar erkennbar", bilden zusammen den Angelpunkt der ganzen physikalischen Wissenschaft. Sie stehen aber in einem gewissen Gegensatz zueinander und legen damit zugleich das irrationale Element bloß, welches der Physik ebenso wie jeder andern Wissenschaft anhaftet und welches sich dahin auswirkt, daß eine Wissenschaft ihre Aufgabe niemals vollständig zu lösen imstande ist. Das müssen wir als eine Tatsache hinnehmen, an der nun einmal nicht zu rütteln ist und die man auch nicht, wie es der Positivismus will, dadurch aus der Welt schaffen kann, daß man die Aufgabe der Wissenschaft von vornherein entsprechend einschränkt. Die Arbeit der Wissenschaft stellt sich uns also dar als ein unablässiges Ringen nach einem Ziel, welches niemals erreicht werden wird und grundsätzlich niemals erreicht werden kann. Denn das Ziel ist metaphysischer Art, es liegt hinter jeglicher Erfahrung.

Aber heißt es nicht alle Wissenschaft für sinnlos erklären, wenn man behauptet, daß sie nur einem luftigen Phantom nachjagt? — Mitnichten. Denn gerade aus diesem fortwährenden Ringen erwachsen in unaufhörlich anschwellender Menge die wertvollen Früchte, welche uns den handgreiflichen, allerdings auch den einzigen Beweis dafür liefern, daß wir auf dem rechten Wege sind und daß wir dem in unerreichbarer Ferne winkenden Ziel doch andauernd etwas näher rücken. Nicht der Besitz der Wahrheit, sondern das erfolgreiche Suchen nach ihr befruchtet und beglückt den Forscher. Das ist eine Erkenntnis, die einsichtigen Denkern schon lange aufgegangen war, ehe ihr Lessing in seinem bekannten Spruch die klassische Prägung gegeben hat.

II.

Dem Physiker ist das ideale Ziel die Erkenntnis der realen Außenwelt; aber seine einzigen Forschungsmittel, seine Messungen, sagen ihm niemals etwas direkt über die reale Welt, sondern sind ihm immer nur eine gewisse mehr oder weniger unsichere Botschaft oder, wie es Helmholtz einmal ausgedrückt hat, ein Zeichen, das die reale Welt ihm übermittelt und aus dem er dann Schlüsse zu ziehen sucht, ähnlich einem Sprachforscher, welcher eine Urkunde zu enträtseln hat, die aus einer ihm gänzlich unbekannten Kultur stammt. Was er dabei von vornherein voraussetzt und voraussetzen muß, wenn seiner Arbeit überhaupt ein Erfolg möglich sein soll, ist, daß der Urkunde ein gewisser vernünftiger Sinn innewohnt. So muß auch der Physiker voraussetzen, daß die reale Welt gewissen uns unbegreiflichen Gesetzen gehorcht, wenn er auch keine Aussicht hat, diese Gesetze vollständig zu erfassen oder auch nur ihre Natur von vornherein mit voller Sicherheit festzustellen.

Im Vertrauen auf die Gesetzlichkeit der realen Welt formt er sich nun ein System von Begriffen und Sätzen, das sogenannte physikalische Weltbild, welches er nach bestem Wissen und Können so ausstattet, daß es, an die Stelle der realen Welt gesetzt, ihm möglichst die nämlichen Botschaften zusendet als diese. Insoweit ihm das gelingt, darf er, ohne eine sachliche Widerlegung befürchten zu müssen, die Behauptung aufstellen, daß er eine Seite der realen Welt wirklich erkannt hat, obwohl sich eine solche Behauptung natürlich niemals direkt beweisen läßt. Ohne überheblich zu erscheinen, darf man wohl seinem Erstaunen und seiner Bewunderung Ausdruck geben, bis zu welch hohem Grade von Vollendung der menschliche Forschergeist seit den Zeiten des Aristoteles das physikalische Weltbild auszugestalten verstanden hat. Vom Standpunkt des Positivismus betrachtet ist natürlich die Idee eines physikalischen Weltbildes und das stete Ringen nach Erkenntnis des Realen etwas Fremdes, Sinnloses. Denn wo kein Gegenstand vorhanden ist, da gibt es auch nichts, was abgebildet werden kann.

Die Aufgabe des physikalischen Weltbildes läßt sich also dahin charakterisieren, daß es einen möglichst engen Zusammenhang herstellen soll zwischen der realen Welt und der Welt der sinnlichen Erlebnisse. Die letztere ist es, welche zunächst das Material liefert, und die Bearbeitung des Materials läuft im wesentlichen darauf hinaus, daß aus dem Komplex der physikalischen Erlebnisse alles dasjenige nach Möglichkeit abgetrennt und ausgeschieden wird, was darin durch die Besonderheit des Einzelfalles, namentlich durch die Beschaffenheit der menschlichen Sinnesorgane bzw. der benützten Meßgeräte bedingt erscheint.

Im übrigen hat das physikalische Weltbild von vornherein nur die eine Bedingung zu erfüllen, daß es in allen seinen Teilen logisch widerspruchsfrei ist. Sonst ist dem Bildner vollständig freie Hand gelassen, er darf mit unbeschränkter Autonomie verfahren und braucht seiner Einbildungskraft keinerlei Zwang aufzuerlegen. Darin liegt freilich auch ein bedeutendes Maß von Willkür und Unsicherheit, und dementsprechend erweist sich die Natur der Aufgabe als viel schwieriger, als es einer naiven Betrachtung vielleicht zunächst erscheinen mag. Schon beim allerersten Schritt, der darin besteht, einzelne vorliegende Messungsergebnisse in ein einheitliches Gesetz zusammenzufassen, muß die freie Spekulation einsetzen, da der Forscher sofort genötigt ist, über das in der Erfahrung Gegebene irgendwie hinauszugreifen. Er steht vor derselben Aufgabe, wie wenn er eine Anzahl einzelner hingezeichneter Punkte durch eine Kurve verbinden soll Bekanntlich gibt es, wie dicht auch die Punkte nebeneinander liegen, stets unendlich viele derartige Kurven. Auch wenn man ein in dauernder Bewegung befindliches Registrierinstrument benützt, welches selbständig eine vollständige Kurve, zum Beispiel eine Temperaturkurve aufzeichnet, so ist diese Kurve doch niemals eine scharfe, sondern sie ist ein mehr oder weniger dicker Strich, in welchem unendlich viele scharfe Kurven Platz haben.

Um aus dieser Unsicherheit heraus zu einer bestimmten Entscheidung zu kommen, gibt es keine allgemein brauchbare Vorschrift. Hier kann immer nur ein besonderer Gedanke helfen, ein Gedanke, der darauf hinauskommt auf Grund einer gewissen speziellen Ideenverbindung eine Hypothese einzuführen, welche der gesuchten Kurve von vornherein bestimmte Eigenschaften vorschreibt und dadurch unter den unendlich vielen Kurven eine ganz bestimmte aussondert. Ein solch neuer Gedanke hat seinen Ursprung jenseits aller Logik; um ihn fassen zu können, muß der Physiker zwei Eigenschaften besitzen: Sachkenntnis und schöpferische Phantasie. Er muß nämlich erstens auch mit anderen Arten von Messungen vertraut sein, und er muß zweitens den Einfall haben, zwei verschiedenartige Messungserlebnisse unter einen gemeinsamen Gesichtspunkt zu bringen. Jede leistungsfähige Hypothese geht zurück auf die glückliche Kombination zweier verschiedenartiger Erlebnisvorstellungen. Das läßt sich in vielen Fällen auch historisch im einzelnen verfolgen, von Archimedes angefangen, der den Gewichtsverlust seines eigenen Körpers im Wasser kombinierte mit dem Gewichtsverlust der ins Wasser getauchten goldenen Krone des Tyrannen von Syrakus, über Newton, der den Fall eines Apfels vom Baum kombiniert haben soll mit der Bewegung des Mondes gegen die Erde, bis hin zu Einstein, der den Zustand eines gravitierenden Körpers in einem ruhenden Kasten kombinierte mit dem Zustand eines gravitationsfreien Körpers in einem nach oben hin beschleunigten Kasten, oder zu Bohr, der den Kreislauf eines Elektrons um den Atomkern kombinierte mit dem Umlauf eines Planeten um die Sonne. Es wäre gewiß ein reizvolles Unternehmen, für möglichst viele bedeutungsvolle Hypothesen der Physik den Ideenverbindungen im einzelnen nachzuspüren, denen sie ihren Ursprung verdanken, obwohl eine solche Aufgabe ihre großen Schwierigkeiten hat. Denn von jeher pflegten die schaffenden Meister aus gewissen persönlichen Gründen es nicht zu lieben, die feinsten Gedankenfäden, mit denen sie ihre Hypothesen spannen und die oft auch Unwesentliches mit enthalten, der Öffentlichkeit preiszugeben.

Was nun die Brauchbarkeit einer aufgestellten Hypothese betrifft, so kann dieselbe immer nur dadurch geprüft werden, daß man ihre Konsequenzen ableitet. Das geschieht durch rein logisches, der Hauptsache nach mathematisches Verfahren, welches die Hypothese als Ausgangspunkt benützt und daraus eine möglichst vollständige Theorie entwickelt. Die speziellen Aussagen der Theorie sind es dann, die mit Messungen in Zusammenhang gebracht werden können, und je nachdem der Zusammenhang befriedigend gefunden wird oder nicht, zieht man auf die Ausgangshypothese günstige oder ungünstige Schlüsse.

Bei diesem Sachverhalt offenbart sich vor allem die bemerkenswerte Tatsache, daß der Fortschritt der physikalischen Wissenschaft sich nicht etwa in stetig fortschreitender Entwicklung vollzieht, entsprechend einer allmählichen Vertiefung und Verfeinerung unserer Kenntnisse, sondern daß er ruckweise, explosionsartig vor sich geht. Jede neu auftauchende Hypothese stellt eine Art plötzlicher Eruption vor, einen Sprung ins Dunkle, logisch unerklärbar. Dann schlägt die Geburtsstunde einer neuen Theorie, welche sich, nachdem sie einmal das Licht der Welt erblickt hat, stetig und mehr oder minder zwangsläufig fortentwickelt und ihren Schicksalsspruch schließlich durch die Messungen erfährt. Solange derselbe günstig ausfällt, gewinnt die Hypothese mehr und mehr an Ansehen, und die Entwicklung der Theorie zieht immer weitere Kreise. Sobald aber einmal irgendwo eine Schwierigkeit bei der Deutung von Messungsergebnissen auftaucht, stellen sich Zweifel, Mißtrauen, kritische Wehen ein. Das sind Anzeichen für das Absterben der alten und das Heranreifen einer neuen Hypothese, deren Aufgabe es ist, die Krisis zu lösen und eine andere Theorie heraufzuführen, welche die Vorzüge der alten beibehält und ihre Mängel verbessert. So vollzieht sich in dauerndem Wechselspiel, bald im kleinen, bald im großen die Entwicklung der physikalischen Erkenntnis auf ihrem Wege zur Erforschung der realen Außenwelt. Das läßt sich überall in der Geschichte der Physik verfolgen. Nur wer die Schwierigkeiten und die Konflikte, in welche die schöne Lorentzsche Theorie der Elektrodynamik bewegter Körper mit den Messungen geraten war, im einzelnen mit verfolgt hat, wird das erlösende Gefühl der Erleichterung richtig bewerten, welches die Aufstellung der Relativitätshypothese mit sich gebracht hat. Und bei der Quantenhypothese kann man etwas ganz Ähnliches beobachten, nur daß wir hier gegenwärtig die Krisis noch nicht vollständig hinter uns haben.

Da in bezug auf die Fassung einer Hypothese dem Schöpfer derselben von vornherein völlig freie Hand gelassen ist, so kann er bei der Wahl der einzuführenden Begriffe und Sätze, sofern sie nur keinen logischen Widerspruch aufweisen, mit voller Souveränität schalten. Es ist nicht richtig, wie auch in Physikerkreisen manchmal behauptet wird, daß man bei der Aufstellung einer physikalischen Hypothese nur solche Begriffe benützen dürfe, deren Sinn durch Messungen von vornherein, das heißt, unabhängig von jeder Theorie, hinlänglich scharf festgelegt sei. Denn erstens ist jede Hypothese, als Bestandteil des physikalischen Weltbildes, ein Produkt des vollkommen frei spekulierenden Menschengeistes, und zweitens gibt es überhaupt keine physikalische Größe, die unmittelbar gemessen wird. Vielmehr empfängt eine Messung ihren physikalischen Sinn immer erst durch die Deutung, welche ihr eine Theorie verleiht. Ein jeder, der in einem Präzisionslaboratorium Bescheid weiß, kann bezeugen, daß auch die diskreteste und feinste Messung, wie die eines Gewichts oder einer Stromstärke, um physikalisch brauchbar zu werden, einer Anzahl Korrekturen bedarf, die nur aus einer Theorie, mithin aus einer Hypothese, abgeleitet werden können.

So verfügt der Schöpfer einer Hypothese über schier unbegrenzte Möglichkeiten und Hilfsmittel, er ist so wenig auf die physiologischen Leistungen seiner Sinnesorgane angewiesen wie auf die Benützung physikalischer Meßgeräte. Mit seinem geistigen Auge durchschaut und kontrolliert er die feinsten Vorgänge, die sich in einem physikalischen Gebilde abspielen, er verfolgt die Bewegungen eines jeden Elektrons, er kennt die Frequenz und die Phase einer jeden Welle, ja er schafft sich sogar nach freier Willkür seine Geometrie Und mit seinen geistigen Werkzeugen, seinen Instrumenten von idealer Genauigkeit greift er in alle physikalischen Geschehnisse nach Belieben ein, um die verwegensten Gedankenexperimente auszuführen und aus deren Ergebnis weittragende Schlüsse zu ziehen. Alle solche

Schlüsse haben freilich mit wirklichen Messungen zunächst gar nichts zu tun. Daher kann auch eine Hypothese an sich niemals durch Messungen direkt als richtig oder als falsch erwiesen werden, sie kann sich nur als mehr oder minder zweckmäßig herausstellen.

Und damit kommen wir zur Kehrseite der Sache. Die ideale Hellsichtigkeit des geistigen Auges hinsichtlich aller Vorgänge in der physikalischen Welt kommt ja nur dadurch zustande, daß diese Welt nur ein selbstgeschaffenes Bild der realen Welt ist, daß daher die vollkommene Kenntnis derselben und die unbeschränkte Herrschaft über sie im Grunde eine Selbstverständlichkeit darstellt. Eine Bedeutung für die Wirklichkeit und damit ihren eigentlichen Wert bekommt jede physikalische Hypothese erst dadurch, daß die aus ihr fließende Theorie mit Messungserlebnissen in Beziehung gebracht wird. Nun lehrt freilich eine Messung, wie wir sahen, unmittelbar ebensowenig etwas über das physikalische Weltbild wie über die reale Welt, vielmehr bedeutet eine jede Messung einen gewissen Vorgang in den Sinnesorganen des messenden Physikers bzw. in dem von ihm benützten Meßgerät, von dem nur das eine feststeht, daß er mit dem zu messenden realen Vorgang irgendwie zusammenhängt. Der physikalische Sinn einer Messung ist also nicht unmittelbar gegeben, sondern seine Feststellung ist ebensogut eine Aufgabe der Wissenschaft wie die Erforschung des gesetzlichen Ablaufs irgendeines anderen Vorganges. Und auch die Methode der Forschung ist die nämliche, das heißt, man muß alle Einzelheiten des Messungsvorganges mit in das physikalische Weltbild einreihen, man muß also auch die Sinnesorgane des messenden Physikers bzw. seine Meßgeräte und die sich darin abspielenden Vorgänge mit dem geistigen Auge des idealen Hellsehers zu durchschauen suchen. Auf diese Weise allein kann es gelingen, den gesetzlichen Zusammenhang des Messungserlebnisses mit dem Wesen des gemessenen Vorganges näher zu ergründen. Die erkenntnistheoretischen Schwierigkeiten, in welche die theoretische Physik neuerdings durch die Entwicklung der Quantenhypothese geraten ist, beruhen, wie es scheint, im Grunde darauf, daß man in naheliegender, aber nicht gerechtfertigter Weise das leibliche Auge des messenden Physikers identifiziert hat mit dem geistigen Auge des spekulierenden Physikers, während doch das erstere das Objekt des letzteren bildet. Da nämlich eine jede Messung mit einem gewissen mehr oder weniger merklichen kausalen Eingriff in den Verlauf des zu messenden Vorgangs verbunden ist, so ist es prinzipiell genommen gar nicht möglich, die Gesetze des Ablaufs physikalischer Vorgänge ganz zu trennen von den Methoden ihrer Messung. Zwar bei gröberen Vorgängen, wie solchen, die viele Atome umfassen, ist die Messungsmethode in weiterm Umfang unerheblich, und daher hat sich in der theoretischen Physik der früheren, jetzt sogenannten klassischen Epoche allmählich die Annahme eingebürgert, daß die Messungen einen unmittelbaren Einblick in die realen Vorgänge gewähren können. Aber in dieser Voraussetzung liegt, wie wir schon oben ausführlich erörterten, ein prinzipieller

Fehler, ein Fehler, der demjenigen gerade entgegengesetzt ist, den der Positivismus begeht, wenn er nur die Messungserlebnisse allein berücksichtigt und reale Vorgänge überhaupt ignoriert Sowenig das zulässig ist, ebensowenig ist es möglich, die Messungen ganz auszuschalten und zu den realen Vorgängen selber vorzudringen. Ja in der Existenz des unteilbaren Wirkungsquantums ist sogar eine ganz bestimmte zahlenmäßig angebbare Grenze festgelegt, über die hinaus auch die feinste physikalische Meßmethode keinen Aufschluß über alle Fragen nach den Einzelheiten realer Vorgänge zu liefern vermag. Daher bleibt nur die Folgerung übrig, daß solche Fragen gar keinen physikalischen Sinn haben. Hier ist der Punkt, wo die Ergebnisse der Messungen durch die freie Spekulation ergänzt werden müssen, um das physikalische Weltbild nach Möglichkeit abzurunden und damit einer Erkenntnis der realen Welt etwas näherzukommen. —

Zurückschauend können wir sagen, daß der inhaltliche Fortschritt der physikalischen Wissenschaft in erster Linie abhängt von der Ausbildung der Messungsmethoden. Insofern teilen wir ganz den Standpunkt des Positivismus. Aber der Unterschied ist der, daß nach der positivistischen Auffassung die Messungserlebnisse die primären unteilbaren Elemente bilden, auf denen sich die ganze Wissenschaft aufbaut, während im Gegensatz dazu in der wirklichen Physik die Messungen betrachtet werden als das mehr oder minder verwickelt zusammengesetzte Endergebnis von Wechselwirkungen zwischen Vorgängen in der Außenwelt mit Vorgängen in den Meßinstrumenten bzw. den Sinnesorganen, deren sachgemäße Entwirrung und Deutung eine Hauptaufgabe der wissenschaftlichen Forschung bildet. Daher müssen vor allem die Messungen zweckmäßig angeordnet werden; denn jede Versuchsanordnung stellt die spezielle Formulierung einer gewissen Frage an die Natur dar.

Aber zu einer vernünftigen Frage gelangt man nur mit Hilfe einer vernünftigen Theorie. Man darf nämlich nicht etwa glauben, daß man über den physikalischen Sinn einer Frage ein Urteil gewinnen kann, ohne überhaupt eine Theorie zu benützen. Vielmehr kommt es häufig genug vor, daß eine gewisse Frage nach der einen Theorie einen physikalischen Sinn hat, nach der andern Theorie nicht, und daß sie daher ihre Bedeutung zugleich mit der Theorie wechselt.

Nehmen wir zum Beispiel die Frage der Verwandlung eines unedlen Metalles, sagen wir Quecksilber, in Gold. Diese Frage hatte zur Zeit der Alchemisten einen tiefen Sinn, ihrer Enträtselung haben ungezählte Forscher ihr Vermögen und ihre Gesundheit geopfert. Nach der Einführung der Lehre von der Unveränderlichkeit der Atome verlor die Frage ihren Sinn, es galt allgemein als töricht, ihr nachzugehen. Heute, seit der Einführung des Bohrschen Atommodells, wonach das Goldatom sich vom Quecksilberatom nur durch das Fehlen eines einzigen Elektrons unterscheidet, ist die Frage wieder so akut geworden, daß ihre Bearbeitung mit den modernsten Forschungsmitteln von neuem aufgenommen wurde. Man sieht auch hier: in letzter Linie geht doch das Probieren über das Studieren. Ja, selbst das ergebnislose Probieren vermag, wenn es richtig gedeutet wird, die wichtigsten Erkenntnisse zu liefern. So legten die mehr oder weniger planlosen Versuche, Gold zu machen, den Grund zur wissenschaftlichen Chemie, so entsprang dem unlösbaren Problem des Perpetuum mobile das Prinzip der Erhaltung der Energie, so gaben die vergeblichen Versuche, die absolute Bewegung der Erde zu messen, den Anlaß zur Aufstellung der Relativitätstheorie. Experimentelle und theoretische Forschung sind stets aufeinander angewiesen. Keine der beiden kann ohne die andere vorwärtskommen.

Freilich ist es manchmal verlockend, hinterher, wenn einmal eine neue Erkenntnis sich durchgerungen hat, gewisse damit zusammenhängende Probleme nicht nur als sinnlos zu erklären, sondern auch die Sinnlosigkeit a priori beweisen zu wollen. Aber das ist eine Täuschung. An sich ist weder die absolute Bewegung der Erde, das heißt die Erdbewegung gegenüber dem Lichtäther, noch der absolute Newtonsche Raum physikalisch sinnlos, wie man das in manchen populären Darstellungen der Relativitätstheorie lesen kann. Die erstere wird es erst dann, wenn die spezielle Relativitätstheorie, der letztere, wenn die allgemeine Relativitätstheorie eingeführt wird.

So kann man überall verfolgen, wie gewisse an sich vollberechtigte, durch Jahrhunderte festgewurzelte und daher vielfach als selbstverständlich betrachtete wissenschaftliche Anschauungen durch neu auftauchende leistungsfähigere Theorien wankend gemacht und schließlich verdrängt werden.

III.

Selbst vor dem Fundament aller bisherigen naturwissenschaftlichen Forschung, dem Gesetz der Kausalität, hat der Kampf der Meinungen nicht haltgemacht. Gilt das Kausalgesetz, wie man bisher stets annahm, für jeden physikalischen Vorgang bis ins einzelne in aller Strenge oder besitzt es, auf die feinsten Vorgänge in den Atomen angewendet, nur eine summarische, statistische Bedeutung? Auch diese Frage läßt sich nicht von vornherein, weder auf rein erkenntnistheoretischem Wege noch durch Messungen, entscheiden. Es steht vielmehr von vornherein ganz in dem Belieben des spekulierenden und hypothesenbildenden Physikers, ob er es vorzieht, sein Weltbild mit der strengen dynamischen oder aber mit der statistischen Kausalität auszustatten. Entscheidend ist nur, wie weit er damit kommt. Und das kann nur in der Weise geprüft werden, daß man sich zunächst einmal versuchsweise für einen der beiden Standpunkte entscheidet und nun zusieht, zu welchen Folgen man von ihm aus gelangt, ganz ebenso, wie wir es zu Anfang unserer heutigen Betrachtung bei der Untersuchung der Leistungen des Positivismus gemacht haben. Welchen der beiden Standpunkte man zunächst wählen will, ist prinzipiell gleichgültig, praktisch wird man denjenigen vorziehen, der von vornherein mehr Befriedigung gewährt; und da möchte ich meinerseits entschieden glauben, daß die Annahme einer strengen Kausalität vorzuziehen ist, einfach deshalb, weil die dynamische Gesetzlichkeit viel weiter und tiefer greift als die statistische, welche von vornherein auf gewisse Erkenntniswerte Verzicht leistet. Denn in einer statistischen Physik gibt es nur solche Gesetze, die sich auf eine Vielheit von Ereignissen beziehen. Die einzelnen Ereignisse werden zwar ausdrücklich als solche eingeführt und anerkannt, aber die Frage nach ihrem gesetzlichen Verlauf wird von vornherein als sinnlos erklärt. Das scheint mir in hohem Grade unbefriedigend. Auch sehe ich bis jetzt nicht den mindesten Grund, der dazu drängen würde, die Annahme einer strengen Gesetzlichkeit aufzugeben, und zwar weder im physischen noch im geistigen Weltbild. Selbstverständlich ist die strenge kausale Gesetzlichkeit nicht unmittelbar auf die Aufeinanderfolge von Erlebnissen anwendbar. Zwischen Erlebnissen lassen sich immer nur statistische Zusammenhänge aufstellen. Auch die schärfste Messung enthält stets einen zufälligen, unkontrollierbaren Fehler. Aber ein Erlebnis ist, wie wir sahen, objektiv betrachtet, ein aus vielen verschiedenartigen Elementen resultierender Vorgang, und wenn auch jedes einzelne Element nach einem streng kausalen Gesetz mit einem andern einzelnen Element eines darauffolgenden Erlebnisses verbunden ist, so können doch aus einem ganz bestimmten, als Ursache betrachteten Erlebnis je nach der Art seiner elementaren Zusammensetzung ganz verschiedene Folgeerlebnisse hervorgehen.

Doch hier drängt sich eine Frage auf, welche der Voraussetzung einer strengen Kausalität, wenigstens auf geistigem Gebiet, eine prinzipiell unübersteigliche Schranke entgegenzustellen scheint und bei der ich wegen ihres höchsten menschlichen Interesses zum Schluß noch kurz verweilen zu dürfen bitte: die Frage der Willensfreiheit. Denn die Freiheit des Willens ist uns durch unser eigenes Bewußtsein, das doch die letzte und höchste Instanz unseres Erkenntnisvermögens darstellt, unmittelbar gewährleistet.

Ist nun der menschliche Wille wirklich frei oder ist er streng kausal determiniert? Diese beiden Alternativen scheinen sich völlig auszuschließen, und da die erstere offenbar bejaht werden muß, so scheint damit die Annahme einer strengen Kausalität wenigstens in einem Falle ad absurdum geführt zu sein.

Es sind ja schon viele Versuche gemacht worden, um dieses Dilemma zu lösen, häufig in der Weise, daß man sich bemühte, eine Grenze festzustellen, über welche die Gültigkeit des Kausalitätsgesetzes nicht hinausreicht. Neuerdings wird dabei auch die moderne Entwicklung der Physik herangezogen und die Willensfreiheit direkt als eine Stütze für die Annahme einer lediglich statistischen Kausalität verwertet. Ich vermag, wie ich schon bei anderen Anlässen zu betonen Gelegenheit hatte, einer solchen Auffassung nicht beizupflichten. Wäre sie zutreffend, so würde damit der menschliche Wille zu einem Organ des blinden Zufalls degradiert. Nach meiner Meinung hat die Frage nach der Willensfreiheit nichts zu tun mit dem Gegensatz zwischen kausaler und statistischer Physik, ihre Bedeutung geht viel tiefer, sie ist überhaupt unabhängig von irgendeiner physikalischen oder biologischen Hypothese.

Die Lösung des genannten Dilemmas liegt, wie ich in wesentlicher Übereinstimmung mit namhaften Philosophen glaube, auf einer ganz anderen Seite. Eine nähere Prüfung ergibt nämlich, daß die oben gestellte Alternative, ob der menschliche Wille frei oder ob er streng kausal determiniert ist, auf einer logisch unzulässigen Disjunktion beruht. Diese beiden einander gegenübergestellten Fälle schließen sich gar nicht aus. Was heißt denn: der menschliche Wille ist kausal determiniert? Das kann doch nur den Sinn haben, daß eine jede menschliche Willenshandlung mit allen ihren Motiven vorausgesehen und vorausgesagt werden kann, aber natürlich nur von jemandem, der den betreffenden Menschen in allen seinen physischen und geistigen Eigenschaften, seinem Bewußtsein und seinem Unterbewußtsein absolut genau durchschaut, der also ein absolut hellsehendes geistiges Auge, sagen wir ein göttliches Auge besitzt. Das können und müssen wir ohne Widerrede zugeben. Vor Gott sind alle Menschen, auch die vollkommensten und die genialsten, auch ein Goethe und ein Mozart, primitive Geschöpfe, deren geheimste Gedanken und feinste Gefühlsregungen unter seinem Auge sich wie die Perlen einer Kette in regelmäßiger Aufeinanderfolge aneinanderreihen. Das tut der Würde dieser großen Männer keinen Eintrag. Nur muß man immer berücksichtigen, daß es eine Vermessenheit und ein Unsinn wäre, wenn man auf Grund dieser Überlegungen den Versuch machen wollte, es dem göttlichen Auge gleichzutun und die Gedanken des göttlichen Geistes vollständig nachzudenken. Der gewöhnliche menschliche Intellekt würde gar nicht fähig sein, die tiefsten Gedanken auch nur zu verstehen, selbst wenn sie ihm mitgeteilt würden, und insofern entzieht sich der Satz von der Determiniertheit der geistigen Vorgänge in vielen Fällen einer jeden Prüfung, er ist metaphysischer Art, ebenso wie der Satz, daß es eine reale Außenwelt gibt. Aber er ist logisch unanfechtbar, und daß er eine hohe Bedeutung besitzt, beweist die einfache Tatsache, daß er jeder wissenschaftlichen Erforschung des Zusammenhangs seelischer Vorgänge tatsächlich zugrunde gelegt wird. Kein Biograph wird die Frage nach den Motiven einer auffallenden Handlung seines Helden dadurch als erledigt betrachten, daß er sie auf einen Zufall zurückführt, er wird vielmehr stets den Mangel einer befriedigenden Erklärung entweder mit der Lückenhaftigkeit des vorliegenden Quellenmaterials oder auch, wenn er einsichtig genug ist, mit den Grenzen seiner eigenen Fassungskraft in Verbindung bringen, und ebenso stellen wir im praktischen Leben unser Verhalten gegen die Mitmenschen stets auf die Voraussetzung ein, daß ihre Worte und Handlungen durch ganz bestimmte Ursachen, die entweder in ihnen selber oder in ihrer Umgebung liegen, determiniert werden, wenn dieselben uns auch oft nicht erkennbar sind.

Was heißt nun aber andrerseits: Der menschliche Wille ist frei? Doch nur, daß ein jeder, dem die Möglichkeit gegeben ist, zwei Handlungen zu begehen, die Kraft in sich fühlt, nach eigenem Ermessen sich für die eine oder die andere Handlung beliebig entscheiden zu können. Das steht durchaus nicht im Widerspruch mit unseren vorigen Feststellungen. Ein Widerspruch wäre nur dann vorhanden, wenn der Fall eintreten könnte, daß ein Mensch sich selber so vollkommen durchschaut, wie es ein göttliches Auge tut. Denn dann könnte er auf Grund des Kausalgesetzes seine eigenen Willenshandlungen voraussehen, und sein Wille wäre nicht mehr frei. Dieser Fall ist aber schon rein logisch ausgeschlossen. Denn auch das feinste Auge vermag sich ebensowenig selber zu durchschauen, als wie irgendein Werkzeug sich selber bearbeiten kann. Objekt und Subjekt der Erkenntnistätigkeit können niemals identisch sein, weil man von Erkenntnis nur dann reden kann, wenn das zu erkennende Objekt nicht beeinflußt wird durch die Vorgänge im erkennenden Subjekt. Daher ist schon die Frage nach der Gültigkeit des Kausalgesetzes bei der Anwendung auf eigene Willenshandlungen von vornherein sinnlos, ebenso wie es von vornherein sinnlos ist, zu fragen, ob jemand durch gehöriges Emporklimmen sich über sich selber erheben kann oder ob jemand im Wettlauf seinen eigenen Schatten überholen kann.

Prinzipiell genommen kann jedermann das Kausalgesetz auf alle Vorgänge in seiner Umwelt, der physischen wie der geistigen, nach Maßgabe seiner Intelligenz anwenden, aber nur falls sie durch diese Anwendung nicht beeinflußt werden, also nicht auf die eigenen gegenwärtigen und zukünftigen Gedanken und Willenshandlungen. Diese sind das einzige Objekt, welches sich für ihn begrifflicherweise prinzipiell dem Zwang des Kausalgesetzes entzieht, freilich gerade dasjenige Objekt, welches seinen kostbarsten und eigensten Besitz ausmacht und von dessen richtiger Verwaltung sein Friede und sein Glück abhängt. Das Kausalgesetz vermag ihm daher auch keine Richtschnur seines Handelns zu gewähren, es kann ihn nicht entbinden von der sittlichen Verantwortung, die ihm durch ein ganz anderes Gesetz auferlegt wird, welches mit dem Kausalgesetz nichts zu tun hat und welches ein jeder in seinem Gewissen mit sich trägt, deutlich genug erkennbar, wenn er es verstehen will.

Es ist eine gefährliche Selbsttäuschung, wenn man versucht, sich eines unbequemen sittlichen Gebotes dadurch zu entledigen, daß man sich auf ein unabwendbares Naturgesetz beruft. Ein Menschenkind, das seine eigene Zukunft als durch das Schicksal zwangsläufig vorherbestimmt ansieht, oder ein Volk, das den Prophezeiungen seines naturgesetzlich festgelegten Unterganges Glauben schenkt, bekundet damit in Wirklichkeit nur, daß es den rechten Willen zum Aufstieg nicht aufzubringen vermag.

Meine Damen und Herren! Wir sind hier bei einem Punkt angelangt, an welchem die Wissenschaft sich selber für unzuständig erklärt und über sich hinausweist in Regionen, die sich ihrer Betrachtung entziehen. Daß sie eine derartige Selbstbescheidung zu üben vermag, sollte uns, wie ich meine, um so mehr Vertrauen einflößen auf die Zuverlässigkeit derjenigen Resultate, die sie in ihrem eigenen Bereich gewonnen hat. Aber auf der anderen Seite sehen wir doch auch zugleich daß die verschiedenen Gebiete, in denen sich der menschliche Geist betätigt, sich nicht vollständig voneinander isolieren lassen, sondern vielmehr aufs innigste zusammenhängen. Wir waren ausgegangen von einer einzelnen Fachwissenschaft, und wir sind durch Fragen rein physikalischer Art hinausgeführt worden über die Sinneswelt in die reale metaphysische Welt, die uns wegen der Unmöglichkeit, sie direkt zu erkennen, als etwas Geheimnisvolles und unbegreiflich Erhabenes entgegentritt, während sie doch auch wieder bei unserem Versuche, sie abzubilden, eine tiefe innere Harmonie und Schönheit ahnen läßt. Und schließlich sind wir bei den höchsten Fragen angelangt, welche sich einem jeden aufdrängen müssen, der überhaupt einmal über den Sinn seines Lebens ernsthaft nachdenken will.

So werden auch diejenigen von Ihnen, welche der Physik ferner stehen, wie ich hoffe, den Eindruck gewonnen haben, daß auch eine spezielle Fachwissenschaft, wenn sie nur gründlich und gewissenhaft betrieben wird, wertvolle Schätze ästhetischer und ethischer Art zutage fördern kann, und weiter, daß gerade die großen Krisen in der geistigen Kultur, deren wir anfangs gedachten und an deren Betrachtung wir anknüpften, in letzter Linie doch nur dazu dienen, um den Zusammenschluß zu einer neuen, höheren Einheit vorzubereiten.

Wissenschaft und Glaube.
(Weihnachtsartikel vom Jahre 1930.)

Weihnachten ist das Fest der Kinderfreude und der werktätigen Nächstenliebe, aber zugleich auch ein Fest der ernsten Besinnlichkeit. Denn der herannahende Jahresschluß mahnt einen jeden, der nicht gänzlich gedankenlos in den Tag hineinlebt, zu einem rückschauenden Überblick über den Inhalt des verflossenen Jahres oder, wie dieses Mal, des vollendeten Jahrzehnts. Schier unendlich ist die Fülle der Erlebnisse, die wir im Laufe eines Jahres empfangen, tagtäglich stürmen ja, besonders nach den unerhörten Fortschritten der Verkehrs- und Verständigungsmittel, neue Eindrücke aus der Nähe und aus der Ferne auf uns ein. Freilich sind dieselben oft ebenso schnell wie sie kommen wieder vergessen, manchmal ist schon am nächsten Tage keine Spur mehr von ihnen übrig. Und das ist gut so. Denn sonst würde der Mensch von heute unter der Zahl und dem Gewicht der auf ihm lastenden verschiedenartigen Eindrücke einfach ersticken. Aber auf der anderen Seite tritt gegenüber diesem beständigen Wechsel der Erinnerungsbilder für jeden, der nicht als Eintagsfliege durch sein Dasein gehen will, um so stärker die Sehnsucht hervor nach etwas Bleibendem, nach einem dauernden geistigen Besitz, der einen festen Halt gewährt in dem bunten Wirrwarr der Anforderungen des täglichen Lebens. Sie äußert sich, besonders bei der heranreifenden Jugend, in einem förmlichen Hunger nach einer möglichst umfassenden Weltanschauung und entladet sich in tastenden Versuchen nach den verschiedensten Richtungen, um an irgendeiner Stelle für den dürstenden Geist Labung und Frieden zu finden.

Die Kirche, welche in erster Linie dazu berufen ist, solche Bedürfnisse zu stillen, vermag heute mit ihren Ansprüchen auf gläubige Hingabe zweifelnde Gemüter oft nicht mehr recht zu befriedigen. Daher greifen diese dann häufig zu mehr oder weniger bedenklichen Ersatzmitteln und werfen sich mit Eifer irgendeinem der zahlreichen, mit neuen sicheren Heilsbotschaften auftretenden Propheten in die Arme. Es ist erstaunlich, wie viele Leute gerade auch aus gebildeten Kreisen auf solche Weise in den Bann einer dieser neuen Religionen geraten, die in allen Schattierungen schillern, von der verworrensten Mystik bis hin zum krassesten Aberglauben.

Der naheliegende Gedanke, es einmal mit einer Weltanschauung auf wissenschaftlicher Grundlage zu versuchen, wird von solchen Leuten in der Regel mit der Begründung abgelehnt, daß die wissenschaftliche Weltanschauung bankerott gemacht habe. In dieser Behauptung steckt auch etwas Wahres; sie besteht sogar dann zu vollem Recht, wenn man das Wort Wissenschaft, wie es vielfach geschehen ist und zum Teil auch heute noch geschieht, in rein verstandesmäßigem Sinne auffaßt. Aber wer so verfährt, beweist damit nur, daß er der wahren Wissenschaft innerlich fern steht. Tatsächlich verhält es sich anders. Wer jemals an dem Aufbau irgendeiner Wissenschaft wirklich mitgearbeitet hat, der weiß aus eigener innerer Erfahrung, daß an der Eingangspforte der Wissenschaft ein äußerlich unscheinbarer, aber durchaus unentbehrlicher Wegweiser steht: der vorwärtsschauende Glaube. Es gibt kaum einen Satz, der durch seine Mißverständlichkeit größeres Unheil angerichtet hätte, als der von der Voraussetzungslosigkeit der Wissenschaft. So gewiß das feste Fundament einer jeden Wissenschaft durch das Material gebildet wird, das aus der Erfahrung stammt, ebenso sicher ist, daß nicht dies Material allein, auch nicht seine logische Verarbeitung, die eigentliche Wissenschaft ausmacht. Denn das Material ist stets lückenhaft, es besteht immer nur aus einzelnen, wenn auch manchmal sehr zahlreichen Teilstücken. Das gilt von den Messungstabellen der Naturwissenschaften ebenso wie von den Urkunden der Geisteswissenschaften. Daher muß es ergänzt und vervollständigt werden durch Ausfüllung der Lücken, und das geschieht stets nur durch Ideenverbindungen, die nicht aus der Verstandestätigkeit, sondern aus der Phantasie des Forschers entspringen, mag man sie nun als Glaube oder mit einem vorsichtigeren Ausdruck als Arbeitshypothese bezeichnen. Wesentlich ist, daß ihr Inhalt über das in der Erfahrung Gegebene irgendwie hinausgreift. Wie aus dem Chaos einzelner Massen ohne ordnende Kraft kein Kosmos entsteht, so kann auch aus dem Einzelmaterial der Erfahrung ohne zielbewußtes Eingreifen eines von einem befruchtenden Glauben erfüllten Geistes niemals eine wirkliche Wissenschaft erwachsen.

Vermag nun eine solcherweise vertiefte Auffassung der Wissenschaften eine für das Leben brauchbare Weltanschauung zu tragen? Die sicherste Antwort auf diese Frage liefert ein Hinblick auf Männer der Geschichte, welche sich eine solche Auffassung zu eigen machten und denen sie tatsächlich diesen Dienst geleistet hat. Unter den zahlreichen Forschern, denen ihre Wissenschaft ein armseliges Erdenleben ertragen und verklären half, gedenken wir in diesem Jahre in erster Linie des Mannes, dessen 300jähriger Gedenktag am 15. November in der ganzen Welt pietätvoll begangen worden ist: J o h a n n K e p l e r . Sein Leben verlief, äußerlich betrachtet, unter kümmerlichen Umständen, schweren Enttäuschungen, bitteren Nahrungssorgen, stetem wirtschaftlichem Druck. Noch in seinem letzten Lebensjahr sah er sich in die Notwendigkeit versetzt, gelegentlich des Reichstags in Regensburg, um Auszahlung der rückständigen kaiserlichen Pension zu bitten. Den tiefsten Seelenschmerz bereitete ihm vielleicht die Aufgabe, seine eigene Mutter gegen eine Anklage wegen Hexerei verteidigen zu müssen. Was ihn bei all dem aufrecht erhielt und arbeitsfähig machte, war seine Wissenschaft, aber nicht das Zahlenmaterial der astronomischen Beobachtungen an sich, sondern sein sich daran knüpfender Glaube an das Walten vernünftiger Gesetze im Weltall. Das sieht man besonders deutlich an einem Vergleich mit seinem Meister und Vorgesetzten T y c h o d e B r a h e. Dieser war im Besitz derselben wissenschaftlichen Kenntnisse, des nämlichen Beobachtungsmaterials, aber ihm fehlte der Glaube an die großen ewigen Gesetze. Deshalb blieb T y c h o d e B r a h e einer unter mehreren verdienten Forschern, K e p l e r aber wurde der Schöpfer der neueren Astronomie.

Und ein anderer Name taucht in diesem Zusammenhang auf: J u l i u s R o b e r t M a y e r, dessen Entdeckung des mechanischen Wärmeäquivalents sich in nicht ferner Zeit zum 100. Male jähren wird. Dieser Forscher litt zwar weniger an materiellen Sorgen, aber um so mehr an der Nichtbeachtung seiner Theorie von der Unzerstörbarkeit der Kraft seitens der fachwissenschaftlichen Welt, die damals, um die Mitte des vorigen Jahrhunderts, allem, was nach Naturphilosophie schmeckte, mit starkem Mißtrauen gegenüberstand. Aber er ließ sich durch das eisige Schweigen nicht beirren, auch er fand Trost und Befriedigung nicht so sehr durch das, was er wußte, sondern vielmehr durch das, was er glaubte, und er durfte es schließlich noch erleben, daß ihm nach schweren Jahren rastlosen Ringens die berufene Vertretung seiner Wissenschaft: die Gesellschaft deutscher Naturforscher und Ärzte, in ihrer Mitte H e r m a n n H e l m h o l t z, auf ihrer Jahresversammlung von 1869 in Innsbruck die langentbehrte Anerkennung zum öffentlichen Ausdruck brachte.

Wenn sich mithin in diesen und vielen ähnlichen Fällen der Glaube als diejenige Kraft erweist, die das gesammelte wissenschaftliche Einzelmaterial erst zur richtigen Wirksamkeit bringt, so darf man sogar noch einen Schritt weitergehen und behaupten, daß schon beim Sammeln des Materials der vorausschauende und vorfühlende Glaube an die tieferen Zusammenhänge gute Dienste leisten kann. Er zeigt den Weg und er schärft die Sinne. Einem Historiker, der im Archiv nach Aktenstücken forscht und die gefundenen studiert, oder einem Experimentator, der im Laboratorium seine Versuchsanordnung aufbaut und die gemachten Aufnahmen unter die Lupe nimmt, wird in vielen Fällen der Fortschritt der Arbeit, namentlich die Trennung des Wesentlichen vom Unwesentlichen, erleichtert durch eine gewisse, mehr oder weniger klar bewußte besondere Gedankeneinstellung, mit welcher er seine Untersuchungen einrichtet und die gewonnenen Ergebnisse betrachtet und deutet. Es geht ihm dann ähnlich wie einem Mathematiker, der einen neuen Satz findet und formuliert, ehe er noch imstande ist, ihn zu beweisen.

Aber hier lauert nun freilich eine schlimme Gefahr, wohl die verhängnisvollste, die einem Forscher überhaupt passieren kann, und die in diesem Zusammenhang nicht unerwähnt bleiben darf: die Gefahr, daß das Ausdeuten des vorliegenden Materials unter der Hand in ein Umdeuten oder vielleicht schließlich sogar in ein Ignorieren übergeht. Damit wird die Wissenschaft zu einer Pseudowissenschaft, zu einer leeren Konstruktion, die beim ersten kräftigen Anstoß in sich zusammenbricht. Vor dieser Gefahr, der schon ungezählte Fachgelehrte, junge und alte, in der Begeisterung für ihre wissenschaftliche Überzeugung zum Opfer gefallen sind und die auch in unseren Zeiten noch nichts von ihrer Bedeutung verloren hat, gibt es nur ein einziges wirksames Schutzmittel: die Achtung vor den Tatsachen. Je ideenreicher und phantasiebegabter ein Denker ist, um so eindringlicher muß er sich stets vor Augen halten, daß die einzelnen Tatsachen stets das Fundament bilden, ohne welches Wissenschaft überhaupt nicht bestehen kann, und um so gewissenhafter muß er sich prüfen, ob er ihnen die gebührende Würdigung entgegenbringt.

Erst wenn wir so den sicheren Boden, der allein aus der Erfahrung des wirklichen Lebens gewonnen werden kann, unter den Füßen fühlen, dürfen wir uns ohne Bedenken einer auf den Glauben an eine vernünftige Weltordnung begründeten Weltanschauung hingeben und auf sie gestützt mit Zuversicht über die Silvesterschwelle hinweg in das neue Jahrzehnt eintreten.

Die Kausalität in der Natur.

(Erweiterung der Guthrie-Lecture, vorgetragen am 17. Juni 1932 in der Physical Society of London.)

Die neuere Entwicklung der Physik hat gelehrt, daß die hohen Erwartungen, die man eine Zeitlang an die glänzenden Erfolge der physikalischen Forschung für die Vertiefung der Naturerkenntnis mit gewissem Recht geknüpft hatte, in wesentlichen Punkten eingeschränkt werden müssen und daß insbesondere das Kausalgesetz in seiner bisher üblichen klassischen Formulierung unmöglich allgemein durchgeführt werden kann; denn in seiner Anwendung auf die Welt der Atome hat es endgültig versagt. Daher findet sich ein jeder, der für den Sinn und die Bedeutung naturwissenschaftlicher Forschung Interesse besitzt, vor die dringende Aufgabe gestellt, das eigentliche Wesen der Naturgesetzlichkeit aufs neue der Prüfung zu unterziehen und vor allem dem Begriff der Kausalität noch tiefer als bisher auf den Grund zu kommen.

Es geht heute nicht mehr an, daß man, wie es K a n t getan hat, das Kausalgesetz als Ausdruck der Gültigkeit unverbrüchlicher Regeln für alles Geschehen einfach mit zu den Kategorien rechnet, als eine Form der Anschauung, ohne die wir überhaupt nicht imstande sind, Erfahrungen zu sammeln. Denn wenn auch der K a n t sche Satz, daß gewisse Kategorien allen unseren Erfahrungen von vornherein mit zugrunde liegen, wohl für alle Zeiten unantastbar bleiben wird, so ist damit noch nichts über den speziellen Sinn der einzelnen Kategorien ausgesagt, und die Tatsache, daß die Axiome der Euklidischen Geometrie, welche K a n t mit zu den Kategorien rechnete, neuerdings nicht nur als erweiterungsfähig, sondern sogar als erweiterungsbedürftig erkannt worden sind, hat die Physiker in dieser Hinsicht sehr vorsichtig gemacht. Wir wollen also, um nicht voreingenommen zu verfahren, uns an keine gefährlichen Voraussetzungen binden und müssen daher zunächst nach einem auf die Dauer zuverlässigen Ausgangspunkt für die Einführung des Begriffes der Kausalität suchen.

Wenn von einem Kausalzusammenhang zwischen zwei aufeinanderfolgenden Ereignissen die Rede ist, so meint man damit ohne Zweifel eine gewisse gesetzmäßige Verkettung der beiden Ereignisse, wobei das frühere Ereignis als Ursache, das spätere als Wirkung bezeichnet wird. Aber die Frage ist: Worin besteht diese besondere Art der Verkettung? Gibt es ein untrügliches Zeichen dafür, daß ein gewisses, in der Natur stattfindendes Ereignis kausal durch ein anderes bedingt ist?

Diese Frage ist so alt wie die Naturwissenschaft, ja wie die Wissenschaft überhaupt, und der Umstand, daß sie immer wieder aufgeworfen wird, beweist schon, daß sie auch bis heute noch nicht endgültig beantwortet worden ist. Das Unbefriedigende dieser Feststellung wird aber erheblich gemildert, wenn man bedenkt, daß es gar nicht anders sein kann. Denn die Erwartung, daß es je gelingen könnte, den Begriff der Kausalität von vornherein in aller Schärfe zu formulieren und sodann auf diese Definition eine Untersuchung der Gültigkeit des Kausalgesetzes in der Natur zu gründen, mußte in früherer Zeit als naiv, kann aber heute, angesichts der Entwicklung, welche die exakte Naturforschung genommen hat, nur als töricht bezeichnet werden. Es ist ja in der Naturwissenschaft, wie in jeder anderen Wissenschaft, nicht so, daß wir von festen Grundbegriffen ausgehen und nach deren Verwirklichung in der uns umgebenden Welt suchen, sondern es verhält sich gerade umgekehrt. Wir Menschen alle sind nun einmal durch unsere Geburt, ohne vorher darauf vorbereitet oder auch nur verständigt worden zu sein, mitten ins Leben hineingestellt, und um uns in diesem uns aufoktroyierten Leben zurechtfinden zu können, suchen wir unsere Erlebnisse zu ordnen, indem wir mit Hilfe der uns bei der Geburt mitgegebenen geistigen Fähigkeiten, so gut es eben geht, gewisse Begriffe bilden, die zur Anwendung auf die von uns erlebten oder zu erlebenden Ereignisse geeignet sind. Daß bei diesem Verfahren viel Willkür und Unbestimmtheit mit unterläuft, liegt auf der Hand und wird durch unzählige Tatsachen auf allen Gebieten der Wissenschaft immer wieder bestätigt. Ich weise hier nur auf den Umstand hin, daß sogar in der exaktesten aller Wissenschaften, der Mathematik, noch heutzutage heftiger als je über den Ursprung und die Bedeutung der Grundbegriffe gestritten wird. Wenn so etwas bei den mathematischen Begriffen passiert, wird niemand erwarten, daß es so leicht gelingen wird, den Begriff der Kausalität in der Natur in einer für alle Zeiten und Kulturen anerkannt gültigen Weise festzulegen.

Und doch läßt gerade das nie erlahmende und sogar gegenwärtig in starkem Ansteigen begriffene Interesse der denkenden Menschheit an der Frage nach dem Wesen und der Gültigkeit des Kausalgesetzes vermuten, daß es sich beim Kausalbegriff um etwas ganz Fundamentales handelt, um einen Begriff, der im Grunde unabhängig ist von menschlichen Sinnen und menschlicher Intelligenz und der mit seinen tiefsten Wurzeln in die reale, einer direkten wissenschaftlichen Prüfung unzugänglichen Welt hinreicht. Denn es wird wohl kaum jemand daran zweifeln, daß, wenn einmal unsere Erde mit allen ihren Bewohnern zugrunde ginge, die kosmischen Vorgänge ihren kausalen Gesetzen nach wie vor gehorchen würden, wenn auch kein Mensch in der Lage ist, den Sinn und die Berechtigung einer solchen Behauptung zu prüfen.

Wie dem nun aber auch sein mag: das einzige Mittel, das wir besitzen, um dem wahren Wesen der Kausalität auf die Spur zu kommen, besteht darin, daß wir von der uns nun einmal gegebenen Welt der Tatsachen, nämlich von unseren Erlebnissen, ausgehen und durch gehörige Bearbeitung und Verallgemeinerung derselben und möglichste Eliminierung aller beigemischten anthropomorphen Elemente uns allmählich an den objektiven Begriff der Kausalität herantasten. Aus den zahlreichen bisher über diese Frage angestellten Untersuchungen geht hervor, daß wir uns dem Kausalitätsbegriff am sichersten nähern, wenn wir ihn in Verbindung bringen mit unserer in täglicher Erfahrung erworbenen und erprobten Fähigkeit, zukünftige Ereignisse vorauszusagen. In der Tat gibt es für den Nachweis, daß irgend zwei Vorgänge kausal zusammenhängen, kein einwandfreieres Mittel, als zu zeigen, daß aus dem Eintreffen des einen Vorganges stets im voraus auch das Eintreffen des anderen Vorganges gefolgert werden kann. Das wußte schon jener Landwirt, der den Kausalzusammenhang zwischen Kunstdünger und Bodenfruchtbarkeit den ungläubigen Bauern schlagend ad oculos demonstrierte. Die Bauern wollten nämlich nicht glauben, daß der üppige Kleewuchs auf dem Acker des Landwirts durch den künstlichen Dünger verursacht werde, und suchten nach anderen Gründen dafür. Da ließ dieser auf seinem Acker gewisse schmale, zu Buchstaben geformte Streifen ziehen und düngte sie kräftig, während er den übrigen Boden ungedüngt ließ. Als nun im Frühjahr die Saat aufging, konnte jeder in deutlicher Kleeschrift den Satz lesen: „Dieser Streifen ist mit Gips gedüngt."

Ich will daher als Ausgangspunkt für alle weiteren Überlegungen den folgenden einfachen und allgemeinen Satz benutzen: **Ein Ereignis ist dann kausal bedingt, wenn es mit Sicherheit vorausgesagt werden kann.** Damit soll selbstverständlich nur gesagt sein, daß die Möglichkeit, eine zutreffende Voraussage für die Zukunft zu machen, ein untrügliches Kriterium für das Walten eines Kausalzusammenhanges bildet, nicht etwa, daß sie mit diesem gleichbedeutend sei. Denken wir nur an das bekannte Beispiel von Tag und Nacht. Man kann wohl bei Tage das Eintreffen der Nacht mit Sicherheit voraussagen und daraus den Schluß ziehen, daß die Nacht kausal bedingt ist. Aber man betrachtet deshalb doch nicht den Tag als die Ursache der Nacht. Auf der anderen Seite kommt es aber auch häufig vor, daß wir einen Kausalzusammenhang in Fällen als vorhanden annehmen, wo von der Möglichkeit einer zutreffenden Voraussage gar keine Rede ist. Denken wir nur an die Wetterprognose. Die Unzuverlässigkeit der Wetterpropheten ist sprichwörtlich geworden, und doch gibt es wohl keinen gebildeten Meteorologen, der nicht die Vorgänge in der Atmosphäre als kausal determiniert betrachtet. Wir sehen: Der gewählte Ausgangssatz besitzt nur einen provisorischen Charakter. Um dem Wesen des Kausalbegriffs auf die rechte Spur zu kommen, müssen wir noch wesentlich tiefer schürfen.

Im Falle der Wettervorhersage liegt der Gedanke nahe, daß ihre Unzuverlässigkeit nur durch die Größe und Kompliziertheit des vorliegenden Objekts, der Atmosphäre, bedingt ist. Greifen wir einen kleinen Teil derselben heraus, etwa ein Liter Luft, so sind wir schon weit eher imstande, zutreffende Voraussagen zu machen über ihr Verhalten gegenüber äußeren Einflüssen, wie Kompression, Erwärmung, Anfeuchtung usw. Wir kennen bestimmte physikalische Gesetze, welche uns in den Stand setzen, die Resultate der entsprechenden vorgenommenen Messungen, die Druckerhöhung, Temperatursteigerung, Kondensation usw., mehr oder weniger sicher im voraus anzugeben.

Sieht man aber nun etwas näher zu, so gelangt man bald zu einer sehr bemerkenswerten Feststellung. Selbst wenn wir die Verhältnisse noch so einfach wählen und wenn wir noch so feine Messungsinstrumente benutzen, so wird es doch niemals gelingen, das Messungsergebnis mit absoluter Genauigkeit, d. h. in allen Dezimalstellen übereinstimmend mit der gemessenen Zahl vorauszuberechnen. Es bleibt immer ein gewisser Rest von Unsicherheit zurück, im Gegensatz zu den Berechnungen rein mathematischer Art, wie der Quadratwurzel von 2, welche auf beliebig viele Dezimalstellen genau angegeben werden kann. Und was von den mechanischen und thermischen Vorgängen gilt, trifft auf allen Gebieten der Physik zu, auch für elektrische und optische Vorgänge.

Daher sind wir nach allen vorliegenden Erfahrungen gezwungen, den folgenden Satz als eine gegebene festliegende Tatsache anzuerkennen: In keinem einzigen Fall ist es möglich, ein physikalisches Ereignis genau vorauszusagen.

Halten wir diese Tatsache zusammen mit dem vorher als Ausgangspunkt aufgestellten Satz, daß ein Ereignis dann kausal bedingt ist, wenn es mit Sicherheit vorausgesagt werden kann, so finden wir uns vor ein unbequemes, aber unausweichliches Dilemma gestellt. Entweder wir halten an dem Wortlaut des Ausgangssatzes fest, dann gibt es in der Natur keinen einzigen Fall, in welchem ein Kausalzusammenhang behauptet werden kann, oder wir fordern von vornherein Platz für die Geltung einer strengen Kausalität, dann sind wir genötigt, den Ausgangssatz einer gewissen Modifikation zu unterwerfen.

Es gibt gegenwärtig eine Reihe von Physikern und Philosophen, welche sich für die erste Alternative entscheiden, ich will sie hier die Indeterministen nennen. Nach ihnen gibt es in der Natur überhaupt keine echte Kausalität, keine strenge Gesetzlichkeit. Dieselbe wird nur vorgetäuscht durch das Auftreten gewisser, allerdings oft mit sehr großer Annäherung, aber doch niemals genau gültiger Regeln. Grundsätzlich genommen sucht der Indeterminist bei jedem physikalischen Gesetz, auch bei der Gravitation, auch bei der elektrischen Anziehungskraft, nach einer Wurzel statistischer Art; sie sind ihm allesamt Wahrscheinlichkeitsgesetze, die sich nur auf Mittelwerte aus zahlreichen gleichartigen Beobachtungen beziehen, für einzelne Beobachtungen aber nur annähernde Gültigkeit besitzen und stets Ausnahmen zulassen.

Ein gutes Beispiel für ein derartiges statistisches Gesetz ist die Abhängigkeit des Druckes, welchen ein Gas auf die einschließende

Gefäßwand ausübt, von der Gasdichte und von der Temperatur. Der Druck eines Gases wird hervorgerufen durch das fortgesetzte Anprallen der ungeheuer zahlreichen, mit großer Geschwindigkeit unregelmäßig nach allen Richtungen durcheinanderfliegenden Gasmoleküle gegen die Gefäßwandung. Die summarische Berechnung der gesamten, durch den Anprall ausgeübten Kraftwirkung ergibt als Resultat, daß der Druck auf die Gefäßwand nahezu proportional ist der Dichte des Gases sowie dem mittleren Quadrat der Molekülgeschwindigkeit, in befriedigender Übereinstimmung mit den Messungen, sofern man die Temperatur als ein Maß der Molekülgeschwindigkeit ansieht.

Eine direkte Bestätigung dieser Theorie liefert die Untersuchung der zeitlichen Schwankungen des Druckes, die dann auftreten, wenn man den Druck auf einen sehr kleinen Teil der Gefäßwandung betrachtet. Wenn wir nämlich einen sehr kleinen Teil der Wandfläche ins Auge fassen, etwa den billionsten Teil eines Quadratmillimeters, so kann lange Zeit vergehen, bis einmal ein Molekül gerade auf dieses Flächenstück trifft. Vielleicht treffen aber auch einmal zwei oder sogar drei Moleküle bald hintereinander auf, wie es der Zufall fügt. Unter diesen Umständen ist natürlich von einem konstanten, gleichmäßigen Gasdruck keine Rede, sondern der Druck erleidet unregelmäßige Schwankungen. Das einfache Druckgesetz gilt nur für große Flächen der Wand, auf die sehr viele Moleküle stoßen, weil da die Unregelmäßigkeiten sich ausgleichen.

Solche durch unregelmäßige Molekülstöße bewirkte Schwankungserscheinungen werden überall beobachtet, wo schnell bewegte Moleküle mit leicht beweglichen Körpern in Berührung kommen, sie äußern sich auch in den zuerst von B r o w n beschriebenen und nach ihm benannten zitternden Bewegungen feiner, in einer Flüssigkeit suspendierter Pulverkörner, die von den Flüssigkeitsmolekülen hin und her gestoßen werden, sowie auch in der Tatsache, daß eine sehr empfindliche Waage niemals vollständig zur Ruhe kommt, sondern unaufhörlich kleine unregelmäßige Schwankungen um ihre Gleichgewichtslage ausführt.

Ein weiteres Beispiel für statistische Gesetzlichkeit liefern die Erscheinungen der Radioaktivität. Eine radioaktive Substanz emittiert infolge des spontanen Zerfalls ihrer Atome fortwährend eine Menge positiv oder negativ geladener Teilchen. Für größere Zeiträume kann man von einer gleichmäßigen Emission sprechen. Aber in kleineren Zeiträumen, d. h. in solchen, welche die mittlere Zwischenzeit zwischen zwei aufeinanderfolgenden Emissionen nicht erheblich übersteigen, besteht völlige Unregelmäßigkeit.

In gleicher Weise wie die Gasgesetze und die radioaktiven Gesetze führen die Indeterministen jede andere Art von physikalischer Gesetzlichkeit in letzter Linie auf den Zufall zurück. Für sie herrscht in der Natur ausschließlich die Statistik, und ihr Ziel ist, die Physik auf der Wahrscheinlichkeitsrechnung aufzubauen.

Tatsächlich hat sich die physikalische Wissenschaft bis jetzt auf der entgegengesetzten Grundlage entwickelt. Sie hat die z w e i t e der beiden genannten Alternativen gewählt, d. h. sie hat, um das Kausalgesetz in aller Strenge aufrechterhalten zu können, den Ausgangspunkt, daß ein Ereignis dann kausal bedingt ist, wenn es mit Sicherheit vorausgesagt werden kann, etwas modifiziert. Das geschieht in der Weise, daß das Wort „Ereignis" in einem etwas geänderten Sinne gebraucht wird. Als Ereignis betrachtet nämlich die theoretische Physik nicht einen einzelnen Messungsvorgang, der immer auch zufällige und unwesentliche Elemente enthält, sondern einen gewissen, nur gedachten Vorgang, indem sie an die Stelle der Sinnenwelt, wie sie uns durch unsere Sinnesorgane bzw. durch die wie verschärfte Sinnesorgane wirkenden Meßinstrumente unmittelbar gegeben wird, eine andere Welt setzt: das sogenannte „physikalische Weltbild", welches eine bis zu einem gewissen Grade willkürliche Gedankenkonstruktion darstellt, eine modellmäßige Idealisierung, geschaffen zu dem Zweck, um von der Unsicherheit, die an jeder einzelnen Messung haftet, loszukommen und scharfe Begriffsbestimmung zu ermöglichen.

Demzufolge besitzt in der Physik jede meßbare Größe, jede Länge, jedes Zeitintervall, jede Masse, jede Ladung eine zweifache Bedeutung, je nachdem man sie als durch irgendeine Messung unmittelbar gegeben betrachtet oder aber sie auf das Modell, welches wir das physikalische Weltbild nennen, übertragen denkt. In der ersten Bedeutung ist sie stets nur unscharf zu definieren und daher niemals durch eine ganz bestimmte Zahl darstellbar, im physikalischen Weltbild aber bedeutet sie ein bestimmtes mathematisches Symbol, mit dem nach genauen Vorschriften operiert werden kann. Wenn wir in der Physik von der Höhe eines Turmes reden und zu ihrer Berechnung eine trigonometrische Gleichung benutzen, so meinen wir etwas ganz Bestimmtes, eine wohldefinierte Größe. Die wirkliche Messung der Höhe gibt uns aber gar keine bestimmte Größe. Also ist die genau zu berechnende ideale Höhe immer etwas anderes als die gemessene Höhe. Genau dasselbe gilt für die Schwingungsdauer eines Pendels oder für die Helligkeit einer Glühlampe. Ebenso ist jede universelle Konstante, zum Beispiel die Lichtgeschwindigkeit im leeren Raum oder die Ladung eines Elektrons, im physikalischen Weltbilde etwas anderes als bei irgendeiner wirklichen Messung. In der ersten Bedeutung ist sie absolut scharf, in der zweiten aber ist sie nur unscharf definiert. Die deutliche und konsequente Unterscheidung zwischen den Größen der Sinnenwelt und den gleichbenannten Größen des Weltbildes ist für die Klärung der Begriffe durchaus unerläßlich. Ohne sie wird man bei der Diskussion über diese Fragen stets aneinander vorbeireden.

Es ist daher keineswegs so, wie man manchmal äußern hört, daß das physikalische Weltbild nur direkt beobachtbare Größen enthalte oder enthalten dürfe. Im Gegenteil: direkt beobachtbare Größen kommen im Weltbild überhaupt nicht vor, sondern nur Symbole. Ja, das Weltbild enthält sogar stets Bestandteile, die für die Sinnenwelt nur sehr indirekte oder auch gar keine Bedeutung haben, wie Ätherwellen, Partialschwingungen, Bezugssysteme usw. Solche Bestandteile wirken zunächst als Ballast, aber sie werden in Kauf genommen wegen des entscheidenden Vorteils, welchen die Einführung des Weltbildes bietet und welcher eben darin besteht, daß dasselbe die Durchführung eines strengen Determinismus ermöglicht.

Freilich bleibt das Weltbild immer nur ein Hilfsbegriff. In letzter Linie kommt es selbstverständlich auf die Ereignisse in der Sinnenwelt und auf deren möglichst angenäherte Vorausberechnung an. Diese vollzieht sich in der klassischen Theorie folgendermaßen: Zunächst wird das der Sinnenwelt entnommene Objekt, etwa ein System materieller Körper, in irgendeinem gemessenen Zustand symbolisiert, d. h. auf das Weltbild übertragen. So erhält man ein bestimmtes physikalisches Gebilde in einem bestimmten Anfangszustande. Ebenso werden die Einwirkungen, die das Objekt im Laufe der folgenden Zeit von außen her erfährt, durch entsprechende Symbole im Rahmen des Weltbildes ersetzt. Das liefert die auf das Gebilde wirkenden äußeren Kräfte bzw. die Randbedingungen. Durch diese Daten ist dann das Verhalten des Gebildes für alle Zeiten kausal bestimmt und kann aus den Differentialgleichungen der Theorie mit absoluter Genauigkeit berechnet werden. So ergeben sich die Koordinaten und die Geschwindigkeiten aller materiellen Punkte des Gebildes als ganz bestimmte Funktionen der Zeit. Wenn wir nun zu irgendeiner späteren Zeit die für das Weltbild benutzten Symbole wieder zurückübersetzen in die Sinnenwelt, so hat man als Resultat eine Verknüpfung eines späteren Ereignisses der Sinnenwelt mit einem früheren Ereignis der Sinnenwelt gewonnen und kann dasselbe zur annähernden Voraussage des späteren Ereignisses verwerten.

Zusammenfassend können wir sagen: Während in der Sinnenwelt die Voraussage eines Ereignisses immer mit einer gewissen Unsicherheit behaftet ist, verlaufen im physikalischen Weltbilde alle Ereignisse nach bestimmten angebbaren Gesetzen, sie sind kausal streng determiniert. Daher wird durch die Einführung des physikalischen Weltbildes — und darin liegt seine Bedeutung — die Unsicherheit in der Voraussage eines Ereignisses der Sinnenwelt reduziert auf die Unsicherheit der Übertragung des Ereignisses aus der Sinnenwelt auf das Weltbild sowie der Rückübersetzung aus dem Weltbilde in die Sinnenwelt.

Die klassische Theorie hat sich um diese Unsicherheit wenig gekümmert. Sie hat ihr Hauptaugenmerk auf die Durchführung der kausalen Betrachtungsweise der Vorgänge im Weltbilde gerichtet und hat dabei ihre großen Erfolge erzielt. Insbesondere ist es ihr auch gelungen, für die oben besprochenen unregelmäßigen Schwankungsvorgänge, welche dem Druck eines Gases oder der Brownschen Molekularbewegung entsprechen, eine befriedigende Deutung auf Grund der Annahme einer strengen Kausalität zu finden. Für die Indeterministen lag hier kein eigentliches Problem vor. Denn da diese hinter jeder Regel die Regellosigkeit suchen, so ist die statistische

Gesetzlichkeit für sie das unmittelbar Befriedigende. Daher begnügen sie sich auch mit der Annahme, daß der Zusammenstoß zweier einzelner Moleküle ebenso wie der Anprall eines Moleküls auf die Gefäßwand lediglich nach statistischen Gesetzen erfolgt. Indessen liegt für diese Annahme ebensowenig ein triftiger Grund vor, als man etwa aus der Tatsache, daß in einem Leiter die Elektronen sich an der Oberfläche sammeln, den Schluß ziehen darf, daß auch die Ladung eines einzelnen Elektrons an dessen Oberfläche sitzt. Dagegen wurden die Deterministen, welche umgekehrt hinter jeder Regellosigkeit die Regel suchen, auf die Aufgabe geführt, eine Theorie der Gasgesetze auf die Voraussetzung aufzubauen, daß der Zusammenstoß zweier einzelner Moleküle streng kausal bedingt ist. Die Lösung dieser Aufgabe bildet das Lebenswerk des großen Physikers L u d w i g B o l t z m a n n, sie stellt einen der schönsten Triumphe der theoretischen Forschung dar. Denn sie führt nicht nur zu dem durch die Messungen bestätigten Satz, daß die mittlere Energie der Schwankungen um die Gleichgewichtslage proportional ist der absoluten Temperatur, sondern sie gestattet auch, aus der Messung dieser Schwankungen, zum Beispiel bei einer hochempfindlichen Drehwaage, die absolute Zahl und Masse der stoßenden Moleküle mit bemerkenswerter Genauigkeit zu berechnen.

Nach solchen und anderen großen Erfolgen schien begründete Hoffnung vorhanden, daß das Weltbild der klassischen Physik seiner Aufgabe im wesentlichen gerecht werde, und daß die Unsicherheiten, die bei der Übersetzung in die Sinnenwelt und aus der Sinnenwelt übrigbleiben, bei fortschreitender Verfeinerung der Messungsmethoden immer mehr an Bedeutung verlieren würden. Diese Hoffnung ist durch das Auftreten des elementaren Wirkungsquantums mit einem Schlage, und zwar für immer, vernichtet worden.

Da die Quantentheorie ursprünglich von der Licht- und Wärmestrahlung ausgegangen ist, so sei hier zunächst an die Strahlungsvorgänge angeknüpft. Es ist durch zahlreiche Tatsachen als festgestellt zu betrachten, daß in einem Lichtstrahl von bestimmter Farbe die Energie sich nicht in einem gleichmäßigen kontinuierlichen Strom fortpflanzt, sondern in einzelnen Teilchen, den sogenannten Photonen, deren Größe nur von der Farbe des Lichts abhängt und die von der Strahlungsquelle nach allen Richtungen mit Lichtgeschwindigkeit auseinanderfliegen, ganz im Sinne der früheren N e w t o n schen Emanationstheorie des Lichts. Bei starker Lichtintensität folgen sich die Photonen so dicht hintereinander, daß sie praktisch wie ein kontinuierlicher gleichmäßiger Strom wirken; wenn aber, mit wachsender Entfernung von der Lichtquelle, die Strahlungsdichte schwächer und schwächer wird, so lösen sich die Photonen voneinander, ähnlich wie ein Wasserstrahl, der immer dünner wird, sich schließlich in einzelne Tropfen von bestimmter Größe auflöst. Das Charakteristische hierbei ist, daß bei dieser allmählichen Schwächung der Strahlenenergie die Photonen oder Energietropfen nicht etwa fortwährend kleiner werden, sondern daß sie bei gleichbleibender Größe immer seltener aufeinanderfolgen.

Es ist nun leicht zu sehen, daß die Anwendung der kausalen Betrachtungsweise auf solche Vorgänge zu einer ernsten Schwierigkeit führt. Nehmen wir zum Beispiel einen Lichtstrahl von bestimmter Farbe, der in einer bestimmten Richtung auf eine gut geschliffene ebene Glasplatte fällt. Ein Teil des Lichts wird reflektiert, ein anderer Teil, sagen wir dreimal soviel, wird durchgelassen. Dies Verhältnis gilt erfahrungsgemäß ganz unabhängig von der Intensität des Lichts, also von der Zahl der auftreffenden Photonen. Wenn nun sehr viele Photonen, etwa eine Million, auf die Platte treffen, ist es nicht schwer, die Zahl der reflektierten und die der durchgelassenen Photonen anzugeben: ¼ Million wird reflektiert, ¾ Million wird durchgelassen. Wenn aber, in einem sehr dünnen Lichtstrahl, ein einzelnes Photon die Platte trifft, so wird es durch die Frage, ob es sich reflektieren lassen oder ob es durchgehen soll, zum mindesten in eine arge Verlegenheit gebracht. Denn eine Vierteilung, an die es am liebsten denken möchte, ist ausgeschlossen.

Es kommt aber noch viel schlimmer. Wenn man sich im vorhergehenden Beispiel noch vielleicht mit der Annahme helfen könnte, daß bei der schwebenden Ungewißheit doch vielleicht ein uns allerdings bisher gänzlich unbekannter Umstand mitspielen könnte, welcher die Entscheidung des Photons in bestimmtem Sinne beeinflußt, so erscheint der folgende Fall gänzlich hoffnungslos. Es ist Tatsache, daß bestimmte Farben vorzugsweise reflektiert, andere Farben vorzugsweise durchgelassen werden. Denn wenn weißes Licht auffällt, so erscheint die Glasplatte sowohl im reflektierten als auch im durchgelassenen Licht farbig. Das wird in der klassischen Wellentheorie des Lichts vollständig befriedigend dadurch erklärt, daß das an der Vorderseite der Platte reflektierte Licht mit dem an der Rückseite der Platte reflektierten Licht interferiert, das heißt, daß diese beiden reflektierten Strahlen sich gegenseitig verstärken oder schwächen, je nachdem ein Wellenberg des einen Strahles mit einem Wellenberg oder mit einem Wellental des anderen Strahles zusammentrifft. Da nun die Wellenlänge für verschiedene Farben verschieden ist, so ergeben sich für verschiedene Farben Unterschiede, und die so berechneten Unterschiede stimmen genau mit den Messungen überein. Auch dieses Phänomen wird bei den schwächsten Lichtintensitäten beobachtet.

Was geschieht nun, wenn ein einzelnes Photon auf die Platte trifft? Das Photon muß mit sich selbst interferieren; denn sonst könnte seine Wellenlänge keinen Einfluß ausüben. Dazu müßte es sich teilen, was aber unmöglich ist. Man sieht das Unhaltbare der ganzen Betrachtungsweise.

Mit der Mechanik steht es in der Quantentheorie nicht anders als mit der Optik. Denn auch die kleinsten Massenpunkte, die Elektronen, verhalten sich wie die Photonen, sie interferieren mit sich selber. Ein Elektron mit bestimmter Geschwindigkeit entspricht nämlich in dieser Beziehung genau einem Photon von bestimmter Farbe, es wird von je einer Kristallplatte, auf die es in bestimmter Richtung auftrifft, je nach seiner Geschwindigkeit vorzugsweise reflektiert oder vorzugsweise durchgelassen, und die vollständige Erklärung hierfür in allen Einzelheiten ergibt sich aus der Berücksichtigung der seiner Energie entsprechenden Wellenlänge. Daher stellt die Frage, welche Bahn das Elektron beim Auftreffen auf die Platte in Wirklichkeit einschlägt, ebenso wie beim Photon, nicht nur ein ungelöstes, sondern ein unlösliches Problem vor.

Die grundsätzliche Schwierigkeit, den Ort eines mit bestimmter Geschwindigkeit sich bewegenden Elektrons zu bestimmen, findet ihren allgemeinen Ausdruck in der für die Quantenphysik charakteristischen, von W e r n e r H e i s e n b e r g formulierten sogenannten Unsicherheitsrelation, welche unter anderem besagt, daß, je genauer man die räumliche Lage eines Elektrons mißt, desto ungenauer die Messung der Geschwindigkeit ausfällt, und umgekehrt. Das kann man sich folgendermaßen klarmachen. Wir können die Lage eines fliegenden Elektrons nur messen, wenn wir das Elektron sehen, und damit wir es sehen, müssen wir es beleuchten, das heißt, wir müssen Licht darauf fallen lassen. Die auffallenden Lichtstrahlen erteilen aber dem Elektron einen Stoß und verändern dadurch seine Geschwindigkeit in unkontrollierbarer Weise. Je schärfer der Ort des Elektrons bestimmt werden soll, um so kürzere Lichtwellen müssen wir zur Beleuchtung benutzen, und um so stärker wird der Stoß und mit ihm die Unsicherheit der Geschwindigkeitsbestimmung.

Es versteht sich, daß es nach dieser Feststellung prinzipiell unmöglich ist, die gleichzeitigen Werte der Koordinaten und der Geschwindigkeiten materieller Punkte, wie sie im Mittelpunkt des Weltbildes der klassischen Physik stehen, mit beliebiger Genauigkeit in die Sinnenwelt zu übertragen, und damit erwächst der Durchführung einer strengen Kausalität eine Schwierigkeit, welche einige Indeterministen schon dazu geführt hat, das Kausalgesetz in der Physik als endgültig widerlegt zu bezeichnen. Indessen erweist sich bei näherer Betrachtung diese Schlußfolgerung, welche auf einer Verwechslung des Weltbildes mit der Sinnenwelt beruht, denn doch zum mindesten als voreilig Denn viel näher liegt ein anderer Ausweg aus der Schwierigkeit, ein Ausweg, der in ähnlichen Fällen schon oft vortreffliche Dienste geleistet hat und der in der Annahme besteht, daß die Frage nach den gleichzeitigen Werten der Koordinaten und der Geschwindigkeiten eines materiellen Punktes, ebenso wie die nach der Bahn eines Photons von bestimmter Farbe, gar keinen physikalischen Sinn hat. Die Unmöglichkeit, auf eine sinnlose Frage eine Antwort zu erteilen, darf aber natürlich nicht dem Kausalgesetz als solchem zur Last gelegt werden, sondern nur den Voraussetzungen, die zur Aufstellung dieser Frage geführt haben, also im vorliegenden Fall der vorausgesetzten Struktur des physikalischen Weltbildes. Und da das klassische Weltbild versagt hat, ist es durch ein anderes zu ersetzen.

Das ist nun in der Tat geschehen. Das neue Weltbild der Quantenphysik ist gerade dem Bedürfnis entsprungen, die Durchführung eines strengen Determinismus auch mit dem Wirkungsquantum zu ermöglichen. Zu diesem Zweck mußte der bisherige Urbestandteil des Weltbildes: der materielle Punkt, seines elementaren Charakters entkleidet werden, er ist aufgelöst worden in ein System von Materiewellen. Diese Materiewellen bilden die Elemente des neuen Weltbildes.

Das Weltbild der Quantenphysik steht zu dem der klassischen Physik ungefähr in demselben Verhältnis wie die Huygenssche Wellenoptik zur Newtonschen korpuskularen oder Strahlenoptik. Wie letztere für viele Fälle ausreicht, für andere aber versagt, so erscheint die klassische oder korpuskulare Mechanik nur mehr als ein Spezialfall der allgemeineren Wellenmechanik. An die Stelle des klassischen materiellen Punktes tritt ein unendlich schmales Wellenpaket, das heißt ein System von zahlreichen Wellen, die so miteinander interferieren, daß sie sich überall im Raum gegenseitig vernichten, mit alleiniger Ausnahme des Ortes, wo sich der materielle Punkt befindet.

Selbstverständlich sind die Gesetze der Wellenmechanik grundverschieden von denen der klassischen Mechanik materieller Punkte, wesentlich ist aber der Umstand, daß die für die Materiewellen charakteristische Größe, die Wellenfunktion, durch die Anfangsbedingungen und die Randbedingungen für alle Orte und Zeiten vollständig determiniert ist, nach ganz bestimmten Rechnungsregeln, sei es, daß man sich dabei der Schrödingerschen Operatoren oder der Heisenbergschen Matrizen oder der Diracschen q-Zahlen bedient.

So löst sich mit der Einführung der Wellenfunktion auch die oben berührte Schwierigkeit der Frage, wie sich ein einzelnes Elektron beim Auftreffen auf eine Kristallplatte verhält, ob es nämlich reflektiert wird oder ob es in die Platte eindringt. Das auftreffende Elektron vermag sich nicht zu teilen, wohl aber vermag sich jede der an seine Stelle gesetzten auffallenden Wellen zu teilen, und so ergibt sich die Möglichkeit einer Interferenz der an der Vorderseite und der an der Rückseite der Platte reflektierten Wellen, die früher ganz unverständlich war, jetzt aber nach ganz bestimmten genau angebbaren Gesetzen erfolgt.

Wir sehen: In dem Weltbilde der Quantenphysik herrscht der Determinismus ebenso streng wie in dem der klassischen Physik, nur sind die benutzten Symbole andere, und es wird mit anderen Rechnungsvorschriften operiert. Dementsprechend wird in der Quantenphysik, ebenso wie früher in der klassischen Physik, die Unsicherheit in der Voraussage von Ereignissen der Sinnenwelt reduziert auf die Unsicherheit des Zusammenhangs zwischen Weltbild und Sinnenwelt, das heißt auf die Unsicherheit der Übertragung der Symbole des Weltbildes auf die Sinnenwelt, und umgekehrt. Daß diese doppelte Unsicherheit mit in Kauf genommen wird, ist der eindrucksvollste Beweis für die Wichtigkeit der Aufgabe, den Determinismus zunächst einmal innerhalb des Weltbildes aufrechtzuerhalten.

Allerdings muß dem kritischen Beurteiler der so für die Rettung der strengen Kausalität bezahlte Preis doch recht bedenklich hoch erscheinen. Denn schon eine flüchtige Betrachtung zeigt, wie weit in der Quantenphysik das Weltbild sich von der Sinnenwelt entfernt hat und wieviel schwieriger es in der Quantenphysik ist, ein Ereignis aus dem Weltbild in die Sinnenwelt zu übersetzen oder umgekehrt, als es früher in der klassischen Physik der Fall war. Dort war die Bedeutung jedes Symbols ohne weiteres verständlich: Die Lage, die Geschwindigkeit, die Energie eines materiellen Punktes ließ sich mehr oder weniger direkt durch Messungen bestimmen, und es war kein Grund ersichtlich, weshalb man nicht annehmen sollte, daß die zurückbleibende Unsicherheit sich durch fortschreitende Verfeinerung der Messungsmethoden unter jede beliebige Grenze werde herabdrücken lassen. Im Gegensatz dazu bietet die Wellenfunktion der Quantenmechanik zunächst überhaupt keinen Anhalt für eine unmittelbare Deutung für die Sinnenwelt. Der Name „Welle", so anschaulich und passend er gewählt ist, darf uns nicht darüber hinwegtäuschen, daß die Bedeutung dieses Wortes in der Quantenphysik eine ganz andere ist als früher in der klassischen Physik. Dort bezeichnet eine Welle einen bestimmten physikalischen Vorgang, eine sinnlich wahrnehmbare Bewegung oder ein der direkten Messung zugängliches elektrisches Wechselfeld. Hier bezeichnet sie nur gewissermaßen die Wahrscheinlichkeit für das Bestehen eines gewissen Zustandes. Denn was sich beim Auftreffen eines Photons oder eines Elektrons auf eine Kristallplatte teilt, um die Interferenzerscheinungen hervorzubringen, ist ja nicht das Photon oder das Elektron selbst, sondern ist nur die Wahrscheinlichkeit für das Vorhandensein des unteilbaren Photons oder Elektrons. Nur wenn ungeheuer viele Photonen oder Eelektronen auftreffen, stellt diese Größe eine ganz bestimmte Anzahl Photonen oder Elektronen dar.

Solche Überlegungen haben die Indeterministen zu einem erneuten Angriff auf das Kausalgesetz veranlaßt. Und diesmal scheint der Angriff in der Tat einen positiven Erfolg zu versprechen; denn aus allen Messungen kann man für die Wellenfunktion immer nur eine statistische Bedeutung herleiten. Indessen auch diesmal wieder bietet sich für die Verfechter einer strengen Kausalität derselbe rettende Ausweg wie früher, nämlich die Annahme, daß die Frage nach der Bedeutung eines bestimmten Symbols des quantenphysikalischen Weltbildes zum Beispiel einer Materiewelle, gar keinen bestimmten Sinn hat, solange nicht zugleich auch angegeben wird, wie man diese Bedeutung feststellen will, in welchem Zustande sich also das spezielle Meßgerät befindet, das man verwendet, um das Symbol auf die Sinnenwelt zu übertragen. Man spricht daher auch von einer kausalen Wirkung des benutzten Meßgeräts und will damit zum Ausdruck bringen, daß die vorliegende Unbestimmtheit wenigstens zu einem Teil dadurch bedingt ist, daß der Betrag der zu messenden Größe in gewisser gesetzmäßiger Weise von der Art ihrer Messung abhängt.

In der Tat bringt ja jede Messung, nach welcher Methode sie auch erfolgen möge, stets eine kleinere oder größere Störung des zu messenden Vorgangs mit sich, wie wir das schon an dem früher beschriebenen Beispiel mit dem fliegenden Elektron gesehen haben, dessen Bahn durch die für die Messung unentbehrliche Beleuchtung um so empfindlicher gestört wird, je schärfer diese ist. Wenn also eine bestimmte Materiewelle das eine Mal diesem, das andere Mal jenem Vorgang der Sinnenwelt entspricht, so hängt das damit zusammen, daß die Frage nach der sinnlichen Bedeutung der Materiewelle nicht durch die Betrachtung der Materiewelle allein, sondern nur durch eine Betrachtung der Wechselwirkung zwischen Materiewelle und Meßgerät zu beantworten ist.

Mit dieser Hilfsmaßnahme ist nun allerdings die ganze Frage auf ein Gleis geschoben, dessen weiterer Verlauf zunächst im Dunkeln liegt. Denn jetzt können die Indeterministen mit Recht die Frage aufwerfen, ob denn die Vorstellung von einem kausalen Einfluß des Meßgeräts auf den zu messenden Vorgang überhaupt einen vernünftigen Sinn hat, da wir doch den Vorgang nur dadurch kennen, daß wir ihn messen, und da mit jeder neuen Messung ein neuer kausaler Eingriff, also eine neue Störung des Vorgangs, bewirkt wird. Es muß daher überhaupt unmöglich erscheinen, den „Vorgang an sich" prinzipiell zu trennen von dem Apparat, mit dem er gemessen wird.

Und doch ist mit diesem Einwand die Sache noch nicht abgetan. Denn es gibt, wie jeder Experimentalphysiker weiß, außer den direkten auch noch indirekte Prüfungsmethoden, und in vielen Fällen haben, wo die ersteren versagten, die letzteren gute Dienste geleistet. Vor allem aber muß ich mich gegen die gegenwärtig weit verbreitete, allerdings sehr plausibel klingende Meinung wenden, daß eine physikalische Frage erst dann geprüft zu werden verdient, wenn von vornherein feststeht, daß sie eine bestimmte Antwort zuläßt. Hätten die Physiker diese Vorschrift stets befolgt, so wäre das berühmte Experiment von M i c h e l s o n und M o r l e y zur Messung der sogenannten absoluten Geschwindigkeit der Erde niemals angestellt worden und wir wären vielleicht auch heute noch nicht im Besitz der Relativitätstheorie. Wenn nun schon die Beschäftigung mit einer jetzt ziemlich allgemein als sinnlos erkannten Frage, wie der nach der absoluten Erdgeschwindigkeit, sich überaus fruchtbar für die Wissenschaft gezeigt hat, um wieviel mehr muß es sich lohnen, dem Problem der Durchführung einer strengen Kausalität weiter nachzugehen, über dessen tiefere Bedeutung die Akten noch keineswegs abgeschlossen sind und das, wie kein anderes, die Forschung zu befruchten vermag.

Auf welchem Wege aber soll man eine Entscheidung gewinnen? Offenbar bleibt nichts anderes übrig, als daß man von den beiden einander gegenüberstehenden Standpunkten zunächst nach freier Wahl einen bestimmten sich zu eigen macht und nun untersucht, ob man, von ihm ausgehend, zu wertvollen oder zu unbrauchbaren Folgerungen gelangt. Insofern ist es nur zu begrüßen, daß die Physiker, welche diesem Gegenstand ein näheres Interesse zuwenden, sich in zwei Lager spalten, von denen das eine dem Determinismus, das andere dem Indeterminismus zuneigt. Soweit ich sehe, sind die letzteren gegenwärtig in der Mehrzahl; indessen ist das schwierig festzustellen und kann sich auch im Laufe der Zeit leicht ändern. Dazwischen ist wohl auch noch Raum für eine dritte Partei, welche in gewissem Sinne eine vermittelnde Stellung einnimmt, indem sie gewissen Begriffen, wie der elektrischen Anziehungskraft oder der Gravitation, eine unmittelbare Bedeutung und eine strenge Gesetzlichkeit, dagegen anderen Begriffen, wie der Lichtwelle oder der Materiewelle, nur eine statistische Bedeutung für die Sinnenwelt zuschreibt. Doch wird diese Auffassung wegen ihres Mangels an Einheitlichkeit von vornherein wohl wenig befriedigend erscheinen. Daher möchte ich jetzt von ihr absehen und nur die beiden völlig konsequenten Standpunkte noch ein wenig erläutern.

Der Indeterminist fühlt sich durch die Feststellung, daß die Wellenfunktion der Quantenphysik lediglich eine Wahrscheinlichkeitsgröße ist, in seinem Erkenntnisbetrieb befriedigt, er hat daran keine weitere Frage zu knüpfen. Auch bei den radioaktiven Vorgängen begnügt er sich mit der Feststellung, daß zum Beispiel von irgendeiner Radiumverbindung pro Sekunde durchschnittlich eine bestimmte Anzahl Atome zerfallen, er fragt aber nicht danach, warum ein Atom gerade jetzt zerfällt und ein unmittelbar benachbartes vielleicht tausend Jahre später. Dagegen erscheint ihm ein bestimmtes Naturgesetz, wie das Coulombsche Gesetz der elektrischen Anziehung, als ein ungelöstes Problem; denn er kann sich mit dem Coulombschen Ausdruck des Potentials nicht begnügen, sondern er muß nach Ausnahmen suchen und darf sich erst dann zufrieden geben, wenn es ihm gelungen ist, die Größe der Wahrscheinlichkeit festzustellen, die dafür besteht, daß die elektrische Kraft von dem Coulombschen Wert um einen beliebig vorgegebenen Betrag abweicht.

Der Determinist denkt in allen diesen Punkten gerade umgekehrt. Dem Coulombschen Gesetz der elektrischen Anziehung spricht er den befriedigenden Charakter vollkommener Endgültigkeit zu, dagegen erkennt er die Wellenfunktion nur so lange als Wahrscheinlichkeitsgröße an, als von dem speziellen Apparat abgesehen wird, durch welchen die Welle erzeugt bzw. analysiert wird, und er sucht nach strengen gesetzlichen Beziehungen zwischen den Eigenschaften der Wellenfunktion und den Vorgängen in den mit der Welle in Wechselwirkung stehenden Körpern. Zu diesem Zweck muß er selbstverständlich zunächst einmal alle diese Körper ebenso wie die Wellenfunktion zum Objekt der Forschung machen, er muß also nicht nur die gesamte Versuchsanordnung, welche zur Erzeugung der Materiewellen dient, etwa die Hochspannungsbatterie, den Glühdraht, das radioaktive Präparat, sondern auch das Meßgerät, etwa die photographische Platte, die Ionisierungskammer, den Spitzenzähler, samt den sich darin abspielenden Vorgängen mit in sein physikalisches

Weltbild übertragen und muß alle diese Objekte zusammen als ein einziges Gebiet, als eine abgeschlossene Ganzheit behandeln.

Nicht als ob damit nun das Problem erledigt wäre. Es ist im Gegenteil zunächst noch verwickelter geworden. Denn da das gesamte Gebilde weder zerschnitten noch auch äußeren Eingriffen ausgesetzt werden darf, wenn seine Eigenart nicht verlorengehen soll, so ist eine direkte Prüfung überhaupt nicht möglich. Wohl aber wird es jetzt möglich sein, gewisse neuartige Hypothesen in bezug auf die inneren Vorgänge aufzustellen und deren Folgerungen hinterher zu prüfen. Ob auf diesem Wege wirklich weiterzukommen ist, kann nur die Zukunft lehren; vorläufig ist noch nicht deutlich zu sehen, nach welcher Richtung ein Fortschritt sich vollziehen wird. So viel darf allerdings nach dem Gesagten als festgestellt gelten, daß durch das elementare Wirkungsquantum eine objektive Schranke gezogen ist, über welche die Leistungsfähigkeit der uns zur Verfügung stehenden physikalischen Meßgeräte nicht hinausreicht und welche uns für alle Zeiten hindern wird, die feinsten physikalischen Vorgänge „an sich", das heißt unabhängig von ihrem Ursprung und von ihren Auswirkungen, kausal vollständig zu verstehen.

Hiermit wären wir nun eigentlich am Ende unserer Überlegungen, die uns gezeigt haben, daß die Durchführung einer streng kausalen Betrachtungsweise — das Wort „kausal" immer in dem oben erläuterten modifizierten Sinne genommen — auch vom Standpunkt der modernen Physik aus keineswegs ausgeschlossen ist, wenn sich auch ihre Notwendigkeit weder von vornherein noch hinterher beweisen läßt. Indessen drängt sich hier auch für den überzeugten Deterministen, und gerade für diesen, ein Bedenken auf, das ihn hindert, die hier eingeführte Deutung der Kausalität als völlig befriedigend anzusehen. Denn selbst wenn es gelingen sollte, den Kausalbegriff auf dem beschriebenen Wege noch weiter zu entwickeln, so haftet ihm doch in seiner hier benutzten Fassung ein grundsätzlicher schwerwiegender Mangel an. Wir haben nämlich die Durchführung der deterministischen Betrachtungsweise nur dadurch erzwingen können, daß wir an die Stelle der unmittelbar gegebenen Sinnenwelt das physikalische Weltbild setzten, also eine Schöpfung menschlicher Einbildungskraft von provisorischem und wandelbarem Charakter. Das ist ein Notbehelf, welcher schlecht zu einem fundamentalen physikalischen Begriff paßt, und es erhebt sich die Frage, ob es nicht einen Weg gibt, dem Kausalbegriff dadurch eine direktere und tiefere Bedeutung zu verleihen, daß man ihn unabhängig macht von der Einführung eines menschlichen Kunstproduktes, und ihn nicht auf das physikalische Weltbild, sondern unmittelbar auf die Erlebnisse der Sinnenwelt bezieht. Freilich an unserem Ausgangssatz, daß ein Ereignis dann kausal bedingt ist, wenn es mit Sicherheit vorausgesagt werden kann, werden wir festhalten müssen, denn sonst würden wir unserem Grundsatz, von tatsächlichen Erlebnissen auszugehen, untreu werden. Aber auch den zweiten Satz, daß es in keinem

Die Kausalität in der Natur

einzigen Falle möglich ist, ein Ereignis genau vorauszusagen, müssen wir als gegebene Tatsache anerkennen. Daraus folgt dann, ebenso wie früher, daß wir, um überhaupt von Kausalität in der Natur reden zu können, an dem ersten Satz irgendeine Modifikation anbringen müssen. Insofern bleibt also alles wie bisher. Aber die Art der Modifikation, die wir oben vornahmen, kann durch eine gänzlich andere, in gewissem Sinne gerade entgegengesetzte, ersetzt werden.

Was wir dort modifizierten, war das Objekt der Voraussage: das Ereignis. Wir bezogen nämlich die Ereignisse nicht auf die unmittelbar gegebene Sinnenwelt, sondern auf das künstlich fingierte Weltbild, und gewannen dadurch die Möglichkeit, Ereignisse genau zu determinieren. Statt des Objekts können wir aber auch das Subjekt der Voraussage modifizieren: den voraussagenden Geist. Denn zu jeder Voraussage gehört jemand, der die Voraussage macht. Wir wollen also im folgenden unsere Aufmerksamkeit lediglich auf das voraussagende Subjekt richten, während wir als Objekt der Voraussage stets die unmittelbar gegebenen Ereignisse der Sinnenwelt betrachten, ohne die Einführung eines künstlichen Weltbildes vorzunehmen.

Zunächst ist leicht zu sehen, daß die Sicherheit der Voraussage in hohem Maße von der Individualität des Voraussagenden abhängig ist. Um wieder an die Wetterprognose anzuknüpfen, so macht es einen großen Unterschied, ob etwa das morgige Wetter prophezeit wird von einem Unkundigen, der nichts von dem heute herrschenden Luftdruck, der Windrichtung, der Lufttemperatur, der Luftfeuchtigkeit weiß, oder etwa von einem praktischen Landwirt, der alle diese Daten beachtet und außerdem über eine reiche Erfahrung verfügt, oder endlich von einem wissenschaftlich geschulten Meteorologen, dem außer den lokalen Daten zahlreiche Wetterkarten von nah und fern mit genauen Aufzeichnungen zu Gebote stehen. Mit jedem der in dieser Reihe aufeinanderfolgenden Propheten wird die Unsicherheit der Voraussage immer mehr verringert. Da ist es jedenfalls ein naheliegender Gedanke, anzunehmen, daß ein idealer Geist, der sämtliche physikalischen Vorgänge des heutigen Tages allerorten bis ins kleinste durchschaut, imstande sein könnte, das morgige Wetter in allen Einzelheiten mit voller Sicherheit vorauszusagen, und das Entsprechende gilt für jede andere Voraussage physikalischer Ereignisse.

Eine solche Annahme bedeutet eine Extrapolation, eine Verallgemeinerung, die durch logische Schlußfolgerungen nicht zu begründen, aber auch nicht von vornherein zu widerlegen ist, und die daher nicht nach ihrem Wahrheitsgehalt, sondern nur nach ihrem Wertgehalt beurteilt werden darf. Im Lichte dieser Auffassung erscheint die tatsächliche Unmöglichkeit, auch nur in einem einzigen Falle ein Ereignis genau vorauszusagen, sowohl vom Standpunkt der klassischen Physik als auch von dem der Quantenphysik aus als eine natürliche Folge des Umstandes, daß der Mensch mit seinen Sinnesorganen und seinen Meßgeräten selber ein Teil der Natur ist, deren Gesetzen er unterworfen ist und aus der er nun einmal nicht heraus kann, während eine derartige Bindung für den idealen Geist nicht besteht.

Der Einwand, daß dieser ideale Geist selber doch nur ein Produkt unserer Gedanken ist und daß unser denkendes Gehirn schließlich auch aus Atomen besteht, die physikalischen Gesetzen gehorchen, vermag einer näheren Prüfung nicht standzuhalten. Denn es kann kein Zweifel darüber bestehen, daß unsere Gedanken uns ohne weiteres über jedes uns bekannte Naturgesetz hinausführen können und daß wir Zusammenhänge auszumalen vermögen, die mit eigentlicher Physik überhaupt nichts mehr zu tun haben. Wer da behauptet, daß der ideale Geist nur im menschlichen Gedanken existieren könnte und mit dem Denkenden zugleich aus dem Leben verschwinden würde, der müßte konsequenterweise auch behaupten, daß die Sonne, wie überhaupt die ganze uns umgebende Außenwelt, nur in unseren Sinnen, als der einzigen Quelle unserer wissenschaftlichen Erkenntnis, existieren kann, während doch jeder vernünftige Mensch davon überzeugt ist, daß die Sonne selbst beim Aussterben des ganzen Menschengeschlechts nicht im mindesten dadurch an Leuchtkraft einbüßen würde. Wir glauben an die Existenz einer realen Außenwelt, obwohl sie sich einer jeden direkten Erforschung entzieht. Ganz ebenso hindert nichts, an die Existenz eines idealen Geistes zu glauben, obwohl er sich niemals zum Gegenstand einer wissenschaftlichen Untersuchung machen lassen wird.

Denn wir müssen uns wohl hüten, den idealen Geist gewissermaßen als unseresgleichen zu betrachten und an ihn etwa die Frage zu richten, wie er sich denn die Kenntnisse verschafft, die ihn befähigen, künftige Ereignisse genau vorauszusagen. Dann könnte es dem neugierigen Frager leicht passieren, daß ihm die Antwort entgegentönt: „Du gleichst dem Geist, den du begreifst, nicht mir." Und wenn der also Beschiedene gleichwohl hartnäckig bleibt und die Vorstellung von einem idealen Geist wennschon nicht für unlogisch, so doch für inhaltsleer und überflüssig erklärt, so ist ihm entgegenzuhalten, daß nicht alle Sätze, welche sich einer logischen Begründung entziehen, wissenschaftlich wertlos sind, und daß er mit seinem kurzsichtigen Formalismus gerade die Quelle verstopft, an welcher Männer wie G a l i l e i, K e p l e r, N e w t o n und viele andere große Physiker ihren wissenschaftlichen Forschungsdrang genährt haben. Für alle diese Männer war die Hingabe an die Wissenschaft, bewußt oder unbewußt, eine Sache des Glaubens, des unbeirrbaren Glaubens an eine vernünftige Weltordnung.

Freilich aufzwingen läßt sich dieser Glaube niemandem, ebensowenig wie man die Wahrheit befehlen oder den Irrtum verbieten kann Aber allein die einfache Tatsache, daß wir wenigstens bis zu einem gewissen Grade imstande sind, künftige Naturereignisse unseren Gedanken zu unterwerfen und nach unserem Willen zu lenken, müßte ein völlig unverständliches Rätsel bleiben, wenn sie nicht zum mindesten eine gewisse Harmonie ahnen ließe, die zwischen der Außenwelt und dem menschlichen Geist besteht. Und es ist logisch genommen nur eine Frage von sekundärer Bedeutung, bis zu welcher Tiefe man sich die Reichweite dieser Harmonie erstreckt denken will. Die vollendetste Harmonie und damit die strengste Kausalität gipfelt jedenfalls in der Annahme eines idealen Geistes, der sowohl das Walten der Naturkräfte als auch die Vorgänge im Geistesleben des Menschen bis ins Einzelste und Feinste in Gegenwart, Vergangenheit und Zukunft durchschaut.

Wie steht es dann aber mit der Freiheit des menschlichen Willens? Wird dieser nicht durch die geschilderte Anschauung aufgehoben und damit der Mensch zu einem blutlosen Automaten degradiert? Diese Frage ist zu naheliegend und zu wichtig, als daß ich, obwohl mir schon öfters Veranlassung gegeben war, zu ihr Stellung zu nehmen, hier darauf verzichten möchte, mit einigen Worten auf sie einzugehen. Nach meiner Meinung besteht nicht der geringste Widerspruch zwischen dem Walten einer strengen Kausalität in dem hier behandelten Sinne und der Freiheit des menschlichen Willens. Denn das Kausalgesetz einerseits und die Willensfreiheit andererseits beziehen sich auf ganz verschiedenartige Fragen. Während man, wie wir gesehen haben, zum Verständnis einer strengen Kausalität im Weltgeschehen der Annahme eines idealen, alles durchschauenden Geistes bedarf, ist die Frage, ob der Wille frei ist oder nicht, lediglich eine Angelegenheit des Selbstbewußtseins, sie kann also nur durch das eigene Ich entschieden werden. Der Begriff der menschlichen Willensfreiheit hat nur den Sinn, daß der Mensch sich selbst innerlich frei fühlt, und ob das der Fall ist, kann nur er selber wissen. Damit steht nicht in Widerspruch, daß seine Willensmotive von einem idealen Geiste vollständig durchschaut werden können. Wer sich durch eine solche Vorstellung in seiner sittlichen Würde geschmälert fühlt, der vergißt die himmelhohe Erhabenheit des idealen Geistes über seine eigene Intelligenz.

Der eindrucksvollste Beweis für die Unabhängigkeit des eigenen Willens vom Kausalgesetz ergibt sich wohl dann, wenn man einmal den Versuch macht, auf dem Wege gesteigerter Selbsterkenntnis nur mit Hilfe des Kausalgesetzes die eigenen Willensmotive und Handlungen vorauszubestimmen. Ein solcher Versuch ist von vornherein zum Scheitern verurteilt, weil jede Anwendung des Kausalgesetzes auf den eigenen Willen und jede daraus gewonnene Erkenntnis selber als Willensmotiv wirkt und dadurch das gesuchte Resultat immer wieder von neuem verändert. Es ist daher auch durchaus falsch, die Unmöglichkeit der rein kausalen Vorausbestimmungen eigener Handlungen einem Mangel an Einsicht zuzuschreiben, der vielleicht später einmal bei gehöriger Steigerung der Intelligenz behoben werden könnte. Das wäre ebenso, als wenn man in der Physik die Unmöglichkeit, die Lage und die Geschwindigkeit eines Elektrons gleichzeitig genau zu bestimmen, einer Unvollkommenheit der Messungsmethoden zuschreiben wollte. Nein, die Unmöglichkeit, eigene, zukünftige Handlungen rein kausal abzuleiten, beruht nicht auf einem Mangel an Einsicht, sondern auf dem einfachen Satz, daß zur Untersuchung eines Objekts keine Methode tauglich ist, durch deren Anwendung das Objekt wesentlich verändert wird. Daher kann sich der denkende Mensch endgültig die maßgebende Entscheidung für seine Willenshandlungen niemals aus dem Kausalgesetz holen, sondern immer nur aus einem ganz anderen Gesetz, dem Sittengesetz, welches auf einem besonderen Boden erwächst und welches mit wissenschaftlichen Methoden allein überhaupt nicht zu fassen ist.

Wissenschaftliches Denken erfordert immer einen weiten Abstand und eine scharfe Trennung des denkenden Subjekts von dem gedachten Objekt, und dieser Abstand wird am besten gewährleistet durch die Annahme eines idealen Geistes, der nur als Subjekt, niemals als Objekt in Betracht kommen kann.

Aber liegt in dem Verbot, den idealen Geist zum Objekt des Denkens zu machen, nicht immerhin ein unbefriedigender Verzicht? Und ist dadurch die Durchführung eines strengen Determinismus nicht doch zu teuer erkauft? Jedenfalls bei weitem nicht so teuer, als der Preis bedeutet, welchen die Indeterministen für die Durchführung ihrer Weltanschauung zahlen müssen. Denn diese sind ja genötigt, ihrem Erkenntnistrieb noch an einer viel früheren Stelle Halt zu gebieten, dadurch, daß sie von vornherein auf die Aufstellung bestimmter, für Einzelfälle gültiger Gesetze verzichten — ein Grad der Resignation, der so erstaunlich ist, daß man sich fragt, woher es denn kommt, daß der Indeterminismus gegenwärtig unter den Physikern so viele Anhänger in sein Lager gezogen hat. Wenn ich mich nicht irre, so liegt die Erklärung für diesen Umstand auf psychologischem Gebiet. Jedesmal wenn eine neue große Idee in der Wissenschaft auftaucht, wird sie nach allen Richtungen ausprobiert, und wenn sie sich als fruchtbar erweist, sucht man sie zur Grundlage eines möglichst umfassenden und in sich abgeschlossenen Gedankensystems zu machen. So ist es mit der Relativitätstheorie ergangen, und so geht es gegenwärtig mit der Quantentheorie. Da nun die Leistungen der Quantenphysik nach ihrem jetzigen Stande in der Aufstellung der Wellenfunktion gipfeln, so sucht man der Wellenfunktion eine endgültige Bedeutung zu geben, und weil die Wellenfunktion an sich nur die Bedeutung einer Wahrscheinlichkeitsgröße besitzt, so bemüht man sich, die Frage nach der Wahrscheinlichkeit als die letzte, höchste Aufgabe hinzustellen und macht damit den Wahrscheinlichkeitsbegriff zur endgültigen Grundlage der ganzen Physik.

Ich glaube nicht, daß man auch in alle Zukunft sich mit dieser Fragestellung zufrieden geben wird. Denn wenn schon auf geistigem Gebiet, dessen Gesetze doch noch in viel höherem Grade Wahrscheinlichkeitscharakter besitzen, kein Einzelergebnis als wissenschaftlich vollständig erforscht gilt, wenn nicht der kausale Ursprung geklärt ist, so wird es in der Naturwissenschaft noch viel weniger gelingen, die Frage nach der Kausalität auf die Dauer auszuschalten.

Allerdings läßt sich das Kausalgesetz ebensowenig beweisen wie logisch widerlegen, es ist also weder richtig noch falsch; aber es ist ein heuristisches Prinzip, ein Wegweiser, und zwar nach meiner Meinung der wertvollste Wegweiser, den wir besitzen, um uns in dem bunten Wirrwarr der Ereignisse zurechtzufinden und die Richtung anzuzeigen, in der die wissenschaftliche Forschung vorangehen muß, um zu fruchtbaren Ergebnissen zu gelangen. Wie das Kausalgesetz schon die erwachende Seele des Kindes sogleich in Beschlag nimmt und ihm die unermüdliche Frage „Warum?" in den Mund legt, so begleitet es den Forscher durch sein ganzes Leben und stellt ihm unaufhörlich neue Probleme. Denn die Wissenschaft bedeutet nicht beschauliches Ausruhen im Besitz gewonnener sicherer Erkenntnis, sondern sie bedeutet rastlose Arbeit und stets vorwärtsschreitende Entwicklung, nach einem Ziel, das wir wohl dichterisch zu ahnen, aber niemals verstandesmäßig voll zu erfassen vermögen.

Ursprung und Auswirkung wissenschaftlicher Ideen.
(Vortrag, gehalten am 17. Februar 1933 im Verein Deutscher Ingenieure, Berlin.)

Wenn ich, der freundlichen Einladung Ihres verehrlichen Vorstandes Folge leistend, den Versuch mache, Ihr Interesse auf kurze Zeit für einige Betrachtungen über den Ursprung und die Auswirkung wissenschaftlicher Ideen in Anspruch zu nehmen, so schulde ich Ihnen vor allem eine nähere Erläuterung bezüglich der Fassung des von mir gewählten Themas. Diese klingt wohl reichlich allgemein und etwas anspruchsvoll; namentlich hätte es vielleicht näher für mich gelegen, nur von naturwissenschaftlichen Ideen zu reden. Allein das würde den Gedanken, die ich vor Ihnen entwickeln möchte, doch von vornherein eine Einschränkung geben, die ich für unnötig und unnatürlich halte. Denn die Wissenschaft bildet nun einmal sachlich genommen eine innerlich geschlossene Einheit. Ihre Trennung nach verschiedenen Fächern ist ja nicht in der Natur der Sache begründet, sondern entspringt nur der Begrenztheit des menschlichen Fassungsvermögens, welche zwangsläufig zu einer Arbeitsteilung führt. In der Tat zieht sich ein kontinuierliches Band von der Physik und Chemie über die Biologie und Anthropologie bis zu den sozialen und Geisteswissenschaften, ein Band, das sich an keiner Stelle ohne Willkür durchschneiden läßt. Auch die Methoden, nach denen die Forschung auf den einzelnen Gebieten arbeitet, erweisen sich bei näherer Betrachtung als innerlich nahe verwandt, und nur wegen der Anpassung an den jeweils zu behandelnden Gegenstand wirken sie sich verschieden aus. Das ist gerade in der neueren Zeit immer deutlicher hervorgetreten und hat der gesamten Wissenschaft inneren und äußeren Vorteil gebracht. Darum glaube ich, die allgemeinen Betrachtungen von vornherein auf die gesamte Wissenschaft beziehen zu dürfen, was natürlich nicht ausschließt, daß ich beim Übergang zu speziellen Anwendungen die mir näherliegenden Gebiete bevorzuge.

Wenn wir zuerst fragen: **Wie kommt eine wissenschaftliche Idee zustande und was ist an ihr charakteristisch?** so kann nicht etwa davon die Rede sein, daß ich es unternehme, die feinen psychischen Vorgänge, die sich dabei in der Gedankenwelt des Forschers, zum großen Teil in seinem Unterbewußtsein, abspielen, im einzelnen zu analysieren. Das sind göttliche Geheimnisse, die sich gar nicht oder nur bis zu einem gewissen Grade lüften lassen und an deren Kern zu rühren ebenso töricht wie vermessen wäre. Es kann sich vielmehr nur darum handeln, daß wir zunächst einmal von dem ausgehen, was offensichtlich vorliegt, daß wir also die in einer Wissenschaft für ihre Entwicklung tatsächlich wirksam gewordenen Ideen einer Musterung unterwerfen, indem wir prüfen, in welcher Form sie zuerst aufgetreten sind und welchen Inhalt sie bei ihrer Entstehung besaßen. Bei einer derartigen Prüfung finden wir nun als erstes Ergebnis die folgende Regel: Eine jede wissenschaftliche Idee, die dem Gehirn emes Forschers entspringt, knüpft stets an ein konkretes Erlebnis an, an eine Entdeckung, eine Beobachtung, eine Feststellung irgendwelcher Art, ob es sich um eine physikalische oder astronomische Messung, eine chemische oder biologische Beobachtung, einen archivalischen Fund oder um ein ausgegrabenes Kulturdenkmal handelt, und der Inhalt der Idee besteht darin, daß sie dies Erlebnis in Zusammenhang und in Vergleich bringt mit gewissen bereits vorliegenden andersartigen tatsächlichen Erlebnissen, daß sie also eine Brücke schlägt von einem zum andern und dadurch die zunächst lose nebeneinanderstehenden Tatsachen durch eine feste Beziehung miteinander verbindet. Die Fruchtbarkeit der Idee und damit ihre Bedeutung für die Wissenschaft beruht dann auf der Verallgemeinerung des so hergestellten Zusammenhanges auf eine Reihe anderer verwandter Tatsachen. Denn Zusammenhang schafft Ordnung und damit Vereinfachung und Vervollkommnung des wissenschaftlichen Weltbildes. Vor allem aber führt die Aufgabe, die neue Idee vollständig durchzuführen, zu neuen Fragen und damit zu neuen Forschungen und Erfolgen. Das gilt für die Hypothesenbildung des Physikers nicht minder wie für die Interpretationskunst des Philologen.

Es liegt mir zunächst daran, den Sinn des Gesagten noch etwas weiter im einzelnen zu verfolgen, und dabei hoffe ich als Physiker, zumal in diesem Kreise, mich auf das mir näherliegende Gebiet beschränken zu dürfen. Erscheint dabei der Gesichtswinkel der Betrachtung einigermaßen eingeengt, so wird mir dadurch die Möglichkeit gegeben, die Beleuchtung um so schärfer zu gestalten.

Ein klassisches Beispiel für das Aufblitzen einer großen wissenschaftlichen Idee bildet die hübsche Erzählung von I s a a c N e w t o n , wie er, unter einem Apfelbaum sitzend, durch den Anblick eines zur Erde fallenden Apfels an die Bewegung des Mondes um die Erde erinnert wurde und dabei die Beschleunigung des Apfels mit der des Mondes in Zusammenhang brachte. Der Umstand, daß diese beiden Beschleunigungen sich verhalten wie das Quadrat des Radius der Mondbahn zu dem Quadrat des Erdradius, brachte ihn auf den Gedanken, daß die beiden Beschleunigungen eine gemeinsame Ursache haben, und lieferte ihm dadurch die Grundlage zu seiner Gravitationstheorie.

Ganz ähnlich wurde J a m e s C l e r k M a x w e l l bei der Vergleichung der elektromagnetisch gemessenen Stromstärke mit der elektrostatisch gemessenen Stromstärke durch die numerische Übereinstimmung des Verhältnisses dieser beiden Größen mit der Geschwindigkeit der Fortpflanzung des Lichts zu der Idee geführt, daß die elektromagnetischen Wellen von der nämlichen Art sind wie die Lichtweilen, und machte diese Übereinstimmung zum Ausgangspunkt seiner elektromagnetischen Lichttheorie.

So finden wir bei jeder in der Wissenschaft neu auftauchenden Idee als Charakteristikum eine gewisse originelle Kombination zweier verschiedener Tatsachenreihen. Das läßt sich überall im einzelnen verfolgen, wenn auch nach Inhalt und Formulierung gewisse Unterschiede auftreten. Dem entspricht dann auch eine mehr oder minder starke Verschiedenheit in der Auswirkung und in dem Schicksal der einzelnen wissenschaftlichen Ideen. Es gibt Ideen, welche nach längerer oder kürzerer Zeit derartig Gemeingut der Wissenschaft geworden sind, daß man sie schließlich zu den Selbstverständlichkeiten zählt und gar nicht mehr besonders hervorhebt. Dahin gehören auch die beiden von mir bereits erwähnten Ideen: die Newtonsche von der Gleichartigkeit der Mondbeschleunigung und der irdischen Schwerebeschleunigung und die Maxwellsche von der elektromagnetischen Natur des Lichts. Freilich hat die letztere Idee erheblich längere Zeit gebraucht, um sich durchzusetzen; namentlich in Deutschland wurde sie anfänglich wenig beachtet, weil hier die auf die Annahme einer unvermittelten Fernwirkung basierte Theorie von Wilhelm Weber im Vordergrund stand. Erst die genialen Versuche von Heinrich Hertz mit sehr schnellen elektrischen Schwingungen bahnten ihr den Weg zur verdienten Anerkennung.

Andere Ideen, die gegenwärtig zum dauernden Besitz der Wissenschaft gehören, sind die von der mechanischen Natur der Schallwellen oder die von der Identität der Licht- und Wärmestrahlen. Wenn man beim Unterricht in der Physik diese Ideen mit einem Worte abtut, so sollte man doch nicht vergessen, daß ihr Inhalt keineswegs immer als selbstverständlich galt, ja daß um die letztgenannte, um die Identität von Licht- und Wärmestrahlen jahrelang sogar scharfe Kämpfe geführt wurden. Als Kuriosum fällt dabei auf, daß gerade der Forscher, der durch seine Experimente am meisten zu ihrem Erfolge beigetragen hat, der italienische Physiker Macedonio Melloni, ursprünglich zu ihren Gegnern gehörte — ein lehrreiches Beispiel dafür, daß der wissenschaftliche Wert genauer Versuche unabhängig ist von ihrer theoretischen Deutung.

Im Gegensatz zu den bisher genannten Ideen, welche unmittelbar in vollendeter Form auftauchten und für immer unverändert in Geltung bleiben werden, weisen die meisten in die Wissenschaft eingetretenen Ideen eine wechselvolle Geschichte auf; sie nehmen oft erst allmählich eine bestimmte Form an, befruchten dann eine Zeitlang die Forschung und sterben dann schließlich wieder ab oder werden mehr oder weniger stark umgebildet. Dabei passiert es häufig, daß sie einer Umbildung zunächst einen gewissen Widerstand entgegensetzen, und zwar um so hartnäckiger, je mehr Erfolge sie vorher gezeigt hatten, wodurch unter Umständen der Fortschritt der Wissenschaft sogar merklich gehemmt werden kann. Auch hierfür finden wir in der Physik lehrreiche Beispiele, auf deren nähere Besprechung sich einzugehen lohnt.

Ich beginne mit der Idee von dem **Wesen der Wärme**.

Die erste Stufe in der Entwicklung der Wärmetheorie bildete die Kalorimetrie; sie ist gegründet auf die Annahme, daß die Wärme sich verhält wie ein feiner Stoff, der bei der Berührung zweier Körper von verschiedenen Temperaturen aus dem wärmeren in den kälteren Körper hinüberströmt, ohne dabei seine Quantität zu ändern. Diese Hypothese bewährt sich auch ganz gut, solange keine mechanischen Wirkungen ins Spiel kommen. Die Schwierigkeit, die sich bei der Erklärung der Erzeugung von Wärme durch Reibung oder durch Kompression ergab, suchte man zu überwinden durch die Annahme einer Veränderlichkeit der Wärmekapazität, indem man sich vorstellte, daß die Wärme aus einem komprimierten Körper gewissermaßen herausgepreßt wird, ebenso wie aus einem feuchten Schwamm, wenn er komprimiert wird, das Wasser abfließt, dessen Quantität sich ja auch dabei nicht ändert. Als dann die Frage nach den Gesetzen der Erzeugung mechanischer Arbeit aus Wärme durch die Erfindung der Wärmekraftmaschine immer brennender wurde, suchte S a d i C a r n o t das Analogon der Gewinnung von Arbeit aus Wärme ganz sinngemäß in der Gewinnung von Arbeit aus der Schwerkraft. Ebenso wie das Herabsinken eines Gewichtes aus größerer auf geringere Höhe, so kann auch der Übergang von Wärme aus höherer auf tiefere Temperatur zur Erzeugung von Arbeit benutzt werden, und wie die aus der Gravitation gewonnene Arbeit proportional ist der Größe des Gewichtes und der durchfallenen Höhendifferenz, so ist die aus Wärme erzeugte Arbeit proportional der übergegangenen Wärme und der Temperaturdifferenz.

Diese stoffliche Theorie der Wärme erlitt aber einen Stoß durch die erfahrungsmäßig festgestellte Tatsache, daß die Wärmekapazität eines Körpers weder durch Kompression noch durch Reibung wesentlich geändert wird, und sie wurde entscheidend widerlegt durch die Entdeckung des mechanischen Wärmeäquivalents, nach welchem bei der Reibung Wärme verlorengeht, bei der Kompression Wärme neu erzeugt wird. Damit waren die bisherigen Anschauungen vom Wesen der Wärme ad absurdum geführt, und der Aufbau der Wärmetheorie mußte von neuem in Angriff genommen werden. Dieser Aufgabe unterzog sich R u d o l f C l a u s i u s und löste sie in einer Reihe von klassischen Arbeiten durch die Aufstellung des zweiten Hauptsatzes der Thermodynamik, für welchen die Voraussetzung wesentlich ist, daß es irreversible Prozesse gibt, d. h. Vorgänge, die durch keinerlei Mittel rückgängig gemacht werden können. Zu ihnen gehört die Wärmeleitung, die Reibung, die Diffusion.

Indessen die C a r n o t sche Idee von der Gleichartigkeit des Wärmeübergangs von höherer zu tieferer Temperatur mit dem Herabsinken eines Gewichtes von höherem zu tieferem Niveau ließ sich nicht so schnell verdrängen. Es gab Physiker, welche die C l a u s i u s schen Gedankengänge unnötig kompliziert und noch dazu unklar fanden und welche es insbesondere ablehnten, durch die Einführung des Begriffs der Irreversibilität der Wärme eine Sonderstellung unter den verschiedenen Energiearten anzuweisen. Sie schufen als Gegenstück zur Clausiusschen Thermodynamik die sogenannte Energetik, deren erster Hauptsatz, ebenso wie der Clausiussche, das Prinzip der Erhaltung der Energie ausspricht, deren zweiter Hauptsatz aber, der die Richtung alles Geschehens anzeigen soll, den Wärmeübergang von höherer zu tieferer Temperatur in vollkommene Analogie stellte zu dem Herabsinken eines Gewichtes von größerer zu geringerer Höhe oder dem Übergang einer Elektrizitätsmenge von höherem zu tieferem Potential. Damit hing dann zusammen, daß die Annahme einer Irreversibilität für den Beweis des zweiten Hauptsatzes als unwesentlich erklärt wurde, ferner auch, daß die Existenz eines absoluten Nullpunktes der Temperatur bestritten wurde unter Berufung darauf, daß man, wie bei Höhenniveaus und Potentialniveaus, so auch bei der Temperatur nur Differenzen messen könne. Der grundlegende Unterschied, der darin besteht, daß ein gehobenes Pendel beim Herabfallen in die Gleichgewichtslage über dieselbe hinausschwingt, und daß ein zwischen zwei entgegengesetzt geladenen Leitern überspringender Funke Oszillationen ausführt, während dagegen beim Wärmeaustausch zweier Körper von einem Pendeln der Wärme zwischen den beiden Körpern keine Rede ist, wurde von den Energetikern als nebensächlich betrachtet und mit Stillschweigen übergangen.

Ich selber habe in den achtziger und neunziger Jahren des vorigen Jahrhunderts am eigenen Leibe erfahren, wie einem Forscher zumute ist, der sich im Besitz einer sachlich überlegenen Idee weiß und der die Wahrnehmung macht, daß alle seine vorgebrachten guten Gründe nicht verfangen, da seine eigene Stimme zu schwach ist, um sich in der wissenschaftlichen Welt das nötige Gehör zu verschaffen. Gegen die Autorität von Männern wie Wilhelm Ostwald, Georg Helm, Ernst Mach war eben damals nicht aufzukommen.

Der Umschwung wurde erst von einer ganz andern Seite herbeigeführt, von dem Eindringen der Atomistik. Die atomistische Idee ist uralt, aber eine brauchbare Formulierung fand sie erst in der kinetischen Gastheorie, welche um die Zeit der Entdeckung des mechanischen Wärmeäquivalents entstand, um zunächst, von den Energetikern scharf bekämpft, eine Zeitlang ein bescheidenes Dasein zu führen, schließlich aber gegen Ende des vorigen Jahrhunderts, dank der Fortschritte der experimentellen Forschung, sich sehr schnell durchzusetzen. Nach der atomistischen Idee gleicht der Wärmeübergang von einem wärmeren zu einem kälteren Körper nicht dem Herabsinken eines Gewichtes, sondern etwa einem Mischungsvorgang, der darin besteht, daß zwei verschiedene, in einem Gefäß befindliche Sorten Pulver, die anfangs übereinander geschichtet sind, beim fortgesetzten Schütteln des Gefäßes sich allmählich vermengen. Dann pendelt nicht etwa das Pulver zwischen dem Zustand der vollständigen Vermischung und dem der vollständigen Entmischung hin und her, sondern die Veränderung vollzieht sich ein einziges Mal in einer bestimmten Richtung, nämlich bis zur vollständigen Vermischung, und nimmt dann endgültig ein Ende, entsprechend der Irreversibilität des Prozesses. Im Lichte dieser Betrachtung erscheint der zweite Hauptsatz der Thermodynamik als ein statistischer, ein Wahrscheinlichkeitssatz, und wer von Ihnen im vorigen Monat den Vortrag meines Kollegen Max von Laue über thermodynamische Schwankungserscheinungen anhören konnte, der hat sicherlich einen starken Eindruck empfangen von dem Gewicht der Gründe, welche diese Auffassung bekräftigen und über alle Zweifel hinausheben.

Der hier geschilderte historische Entwicklungsgang kann zugleich als Beispiel dienen für eine allgemeine auf den ersten Blick wohl etwas seltsam erscheinende Tatsache. Eine neue große wissenschaftliche Idee pflegt sich nicht in der Weise durchzusetzen, daß ihre Gegner allmählich überzeugt und bekehrt werden — daß aus einem Saulus ein Paulus wird, ist eine große Seltenheit —, sondern vielmehr in der Weise, daß die Gegner allmählich aussterben und daß die heranwachsende Generation von vornherein mit der Idee vertraut gemacht wird. Auch hier heißt es wieder: Wer die Jugend hat, der hat die Zukunft. Deshalb gehört eine sachgemäße Ausgestaltung des Schulunterrichts mit zu den wichtigsten Bedingungen des wissenschaftlichen Fortschritts, und ich kann es mir nicht versagen, hier mit einem Worte auf diesen Punkt einzugehen.

Es kommt weniger darauf an, was in der Schule gelernt wird, als darauf, wie gelernt wird. Ein einziger mathematischer Satz, der von einem Schüler wirklich verstanden wird, besitzt für ihn mehr Wert, als zehn Formeln, die er auswendig gelernt hat und die er auch vorschriftsmäßig anzuwenden weiß, ohne aber ihren eigentlichen Sinn zu verstehen. Denn die Schule soll nicht fachmäßige Routine vermitteln, sondern folgerichtiges methodisches Denken. Man wende nicht ein, daß es in letzter Linie weniger auf das Wissen als auf das Können ankommt. Gewiß ist ein Wissen ohne Können wertlos, ebenso wie eine jede Theorie ihre Bedeutung in letzter Linie immer erst durch ihre besonderen Anwendungen empfängt. Aber eine Theorie kann doch niemals durch bloße Routine ersetzt werden, welche bei außergewöhnlichen Fällen hilflos versagt. Deshalb bleibt das erste Erfordernis für die Erzielung tüchtiger Leistungen eine gründliche elementare Vorbildung, wobei es weniger auf die Fülle des Stoffs als auf die Art der Behandlung ankommt. Wenn diese Vorbildung nicht schon auf der Schule erworben wird, läßt sie sich schwer nachholen; denn die Fachschulen und die Hochschulen haben später andere Aufgaben zu erfüllen. Im übrigen ist die letzte, höchste Aufgabe der Erziehung weder auf das Wissen noch auf das Können gerichtet, sondern auf das Handeln. Aber ebenso, wie dem Handeln das Können vorausgehen muß, so ist für das Können das Wissen und Verstehen unerläßliche Vorbedingung. In unserer heutigen schnellebigen Zeit, die allem Neuen, was nach außen hin unmittelbare sensationelle Wirkung ausübt, ganz besonderes Interesse entgegenbringt, findet sich auch bei der Erziehung zur Wissenschaft vielfach die Neigung, gewisse neue aufsehenerregende Resultate vorwegzunehmen, ehe sie wirklich ausgereift sind. Es macht eben in der Öffentlichkeit einen guten Eindruck, wenn schon im Lehrplan der Mittelschule auch moderne Probleme der wissenschaftlichen Forschung mit aufgeführt werden. Das ist aber in hohem Grade bedenklich. Denn da von einer gründlichen Behandlung derselben keine Rede sein kann, so wird dadurch bei den Schülern leicht eine gewisse Flüchtigkeit im Denken und ein hoher Wissensdünkel großgezogen. So zum Beispiel würde ich es für sehr bedenklich halten, die Relativitätstheorie oder die Quantentheorie schon in der Mittelschule zu behandeln. Hochbegabte Schüler bilden immer eine Ausnahme, aber für solche ist der Lehrplan nicht bestimmt. Und es müßte geradezu als Unfug bezeichnet werden, wenn etwa die Frage nach der Allgemeingültigkeit des Prinzips der Erhaltung der Energie, die bekanntlich gegenwärtig in der Kernphysik ernstlich zur Diskussion steht, als eine offene hingestellt würde vor Schülern, die noch nicht einmal den Inhalt des Prinzips, geschweige denn seine Tragweite richtig begriffen haben.

Was bei einem solchen „auf der Höhe der modernen Forschung stehenden" Unterricht herauskommen kann, sehen wir mit erschreckender Deutlichkeit an der Art, wie jetzt manchmal in der Öffentlichkeit von einem Zusammenbruch der exakten Wissenschaften gesprochen wird. Es ist ein charakteristisches Zeichen der gegenwärtig herrschenden Verwirrung, daß nicht wenige erfinderische Köpfe sich gegenwärtig wieder um Konstruktionen bemühen, welche auf die unbegrenzte Erschaffung von Energie oder auf die Unschädlichmachung der neuerdings in Mode gekommenen mysteriösen Erdstrahlen hinzielen, und es ist noch erstaunlicher, wie reichliche Geldspenden solchen Erfindern von gutgläubiger Seite her zufließen, während andrerseits wertvolle und aussichtsreiche wissenschaftliche Untersuchungen aus Mangel an Mitteln eingeschränkt oder abgebrochen werden müssen. Hier könnte nur eine gründliche Schulbildung, und zwar nicht nur bei den Erfindern, sondern auch bei den Geldgebern, wirksam Abhilfe schaffen.

Nach dieser Abschweifung ins Pädagogische lassen Sie mich zunächst noch in Kürze einer andern physikalischen Idee gedenken, deren wechselvolle Schicksale für unsere Betrachtungen vielleicht noch lehrreicher sind als die Wandlungen der Theorie der Wärme: ich meine die Idee vom W e s e n   d e s   L i c h t s

Die Erforschung der Natur des Lichtes nimmt ihren Anfang mit der Messung der Fortpflanzungsgeschwindigkeit des Lichtes. Die Idee, durch welche N e w t o n auf seine Emanationstheorie geführt wurde, setzt einen Lichtstrahl in Vergleich mit einem Wasserstrahl, und die Lichtgeschwindigkeit mit der Geschwindigkeit der geradlinig fliegenden Wasserteilchen. Aber diese Hypothese vermochte nicht Rechenschaft abzulegen von der Tatsache der Interferenz des Lichtes, d. h. von der Tatsache, daß zwei Lichtstrahlen, die an einem Ort zusammentreffen, dort unter Umständen Dunkelheit erzeugen können. Daher wurde die Emanationstheorie aufgegeben und abgelöst durch die Undulationstheorie von Huygens, welcher die Idee zugrunde liegt, daß die Lichtausbreitung einer Wasserwelle gleicht, die sich vom Ort ihrer Entstehung nach allen Richtungen konzentrisch ausbreitet mit einer Geschwindigkeit, die mit der Geschwindigkeit der Wasserteilchen natürlich gar nichts zu tun hat. Diese Theorie gab vorzüglich Rechenschaft von den Interferenzerscheinungen, da zwei zusammentreffende Wellen sich überall da gegenseitig vernichten können, wo ein Berg der einen Welle auf ein Tal der andern Welle trifft. Indessen auch die Herrschaft der Undulationstheorie dauerte nicht länger als ein Jahrhundert. Denn die Undulationstheorie versagt bei der Erklärung der Wirkungen eines Lichtstrahls von kurzer Wellenlänge auf große Entfernungen. Da nämlich die Lichtintensität mit wachsender Entfernung quadratisch abnimmt, so ist bei gleichmäßiger Ausbreitung des Lichts nach allen Richtungen nicht zu verstehen, daß der Strahl auch an sehr entfernten Orten eine Energiemenge erzeugen kann, die ganz unabhängig ist von seiner Intensität und die bei kurzen Wellen, wie bei Röntgenstrahlen oder Gammastrahlen, verhältnismäßig sehr große Beträge annimmt. Eine solche gewaltige Wirkung bei schwächster Intensität kann nur verstanden werden, wenn die Lichtenergie auf diskrete unveränderliche Teilchen oder Quanten konzentriert gedacht wird, und das bedeutet in gewissem Sinn eine Rückkehr zu der Newtonschen Hypothese der Lichtpartikel.

So ist gegenwärtig eine höchst unbefriedigende Lage geschaffen. Die beiden Lichthypothesen stehen sich gegenüber wie zwei ebenbürtige Kämpfer. Jeder von ihnen hat eine scharf geschliffene Waffe, aber auch jeder hat eine verwundbare Stelle. Was wird das Ende des Kampfes sein? Soviel läßt sich wohl heute mit Bestimmtheit sagen, daß keine der beiden Hypothesen ausschließlich triumphieren wird. Vielmehr kann die Entscheidung nur darin bestehen, daß von einem höheren Standpunkt aus sowohl die Berechtigung als auch die Einseitigkeit einer jeden Hypothese klar zu überschauen ist.

Ein solcher Standpunkt wird aber nur dadurch zu finden sein, daß wir der Quelle, welcher alle unsere Erfahrungen entspringen, näher nachgehen, daß wir also im vorliegenden Falle den Vorgängen bei der Messung optischer Erscheinungen unsere Aufmerksamkeit zuwenden, und dazu gehört, daß wir die Meßinstrumente mit in den Kreis der Untersuchungen einbeziehen. Das ist ein Schritt von prinzipiell enormer Tragweite, er kann als die Einführung des Begriffs der Ganzheit in die Physik bezeichnet werden. Danach gehört zum vollständigen Verständnis der Gesetze eines optischen Phänomens nicht allein die Betrachtung der physikalischen Vorgänge an den Orten der Entstehung und der Fortpflanzung des Lichtes, sondern auch die Untersuchung der Eigentümlichkeiten des Messungsvorganges. Die optischen Meßinstrumente sind nicht allein passive Empfänger, welche die auf sie treffenden Strahlen einfach registrieren, sondern sie sind bei dem Messungsvorgang aktiv mitbeteiligt, sie üben einen kausalen Einfluß aus auf sein Ergebnis. Erst mit ihm zusammen bildet das betrachtete physikalische System ein gesetzliches Ganzes.

Wie auf diesem Wege weiter vorwärtszukommen ist, bildet eine schwierige Zukunftsfrage. Um ihre Bedeutung zu prüfen, lassen Sie uns zunächst noch etwas weiter ausholen und über den speziellen Fall der Optik hinausgehend von einem allgemeineren Standpunkt aus an das Problem herantreten.

Sind wir überhaupt befähigt, mit einiger Sicherheit die zukünftigen Wandlungen irgendeiner wissenschaftlichen Idee vorauszusagen? Kann man, wenn auch nur mit einer gewissen Annäherung, von einer Gesetzlichkeit, von einer Zwangsläufigkeit in der Entwicklung wissenschaftlicher Ideen sprechen? Fast möchte man beim Rückblick auf den historischen Gang der Dinge etwas Derartiges vermuten, wenn wir bedenken, daß manche großen Ideen zunächst ein verborgenes Dasein geführt haben, unverstanden und höchstens vorausgeahnt von einzelnen zu früh auf die Welt gekommenen Forschern, dann aber, nachdem die Menschheit für sie gewissermaßen reif geworden war, wie mit einem Schlage gleichzeitig und unabhängig an verschiedenen Orten aufgetaucht und an die Öffentlichkeit getreten sind. So lassen sich die Spuren des Prinzips der Erhaltung der Energie Jahrhunderte weit zurückverfolgen; aber erst um die Mitte des vorigen Jahrhunderts empfing das Prinzip fast gleichzeitig durch vier bis sechs miteinander in keinerlei Verbindung stehende Forscher seine wissenschaftlich brauchbare Formulierung, und es wäre wohl nicht allzu kühn, zu behaupten, daß, wenn **Julius Robert Mayer, James Prescott Joule, Ludwig August Colding, Hermann von Helmholtz** damals nicht gelebt hätten, das Energieprinzip nur wenig später das Licht der Welt erblickt hätte. Ja, ich würde gern die Vermutung wagen, daß Ähnliches von der Entstehung der modernen Relativitätstheorie oder der Quantentheorie zu sagen wäre, wenn ich nicht den naheliegenden Einwurf der Wohlfeilheit derartiger Prophezeiungen ex eventu scheuen müßte. Das Zwangsläufige dieser Entwicklungen erblicke ich darin, daß durch die Ausbreitung der Experimentierkunst und durch die Verfeinerung der Messungsmethoden die theoretische Forschung gewissermaßen automatisch in eine bestimmte Richtung gedrängt worden ist.

Trotz alledem wäre nichts verkehrter als die Vorstellung, daß die Gesetze der Entstehung und der Auswirkung wissenschaftlicher Ideen sich jemals auf eine genaue, auch für die Zukunft gültige Formel bringen lassen würden. Denn in letzter Linie entspringt eine neue Idee doch der Phantasiewelt ihres Schöpfers, und insofern wird die Forschung, sogar in der exaktesten Wissenschaft, in der Mathematik, stets in irgendeinem Punkte an das irrationale Element gebunden bleiben, welches nun einmal in dem Begriff der geistigen Persönlichkeit enthalten ist.

Wenn wir uns erinnern, daß eine jede Idee an ein gewisses Erlebnis anknüpft, so ist es nur natürlich und begreiflich, daß gerade unsere Gegenwart, die an neuen und sich gegenseitig überstürzenden Ereignissen so reich ist, der Hervorbringung und Verkündigung neuer Ideen besonders günstige Bedingungen darbietet. Und wenn wir weiter bedenken, daß bei der Formulierung einer Idee stets zwei verschiedene Ereignisse aufeinander bezogen werden, so ergibt sich schon aus den formalen Regeln der Kombinationsrechnung, daß die Anzahl der überhaupt möglichen Ideen noch um eine volle Größenordnung mannigfaltiger ist als die Anzahl der zur Auswahl stehenden Ereignisse.

Zur Erklärung der gegenwärtig überreichen Produktion von wissenschaftlichen Ideen mag weiter auch der Umstand dienen, daß bei der weit verbreiteten Arbeitslosigkeit manche geistig interessierten Köpfe, die das Bedürfnis nach produktiver Tätigkeit empfinden, die Beschäftigung mit allgemein theoretischen und philosophischen Problemen als einen rettenden und wohlfeilen Ausweg aus der leeren Öde ihres täglichen Lebens willkommen heißen. Leider kommt dabei nur in den seltensten Fällen ein wertvolles Resultat zustande. Ich übertreibe nicht, wenn ich sage, daß kaum eine Woche vergeht, in der ich nicht eine oder mehrere kürzere oder längere Zuschriften von Personen aller Berufsstände, Lehrern, Beamten, Literaten, Juristen, Ärzten, Ingenieuren, Architekten mit dem Ersuchen um Stellungnahme empfange, deren gründliche Prüfung meine gesamte freie Arbeitszeit mehr als voll in Anspruch nehmen würde.

Man kann diese Zuschriften nach ihrem Inhalt in zwei Klassen teilen. Die eine Klasse umfaßt die ganz naiven Elaborate, deren Verfasser gar nicht bedenken, daß eine neue wissenschaftliche Idee, wenn sie brauchbar sein soll, an bestimmte Tatsachen anknüpfen muß, daß also zu ihrer Formulierung jedenfalls eine gewisse spezielle Sachkenntnis notwendig ist. Statt dessen meinen sie, durch einen gewissen genialen Seherblick die Wahrheit direkt erraten zu können, haben keine Ahnung von der Tatsache, daß allen großen Entdeckungen stets eine Periode harter Einzelarbeit vorausgegangen ist, und bilden sich ein, daß gerade ihnen zufällig durch eine glückliche Schicksalsfügung die ersehnte Frucht in den Schoß gefallen ist, wie weiland dem behaglich unter dem Apfelbaum sitzenden Newton die Idee seiner allgemeinen Gravitation. Das Schlimme dabei ist, daß solche Phantasten, die über allen Wassern schweben, aber nirgends in die Tiefe dringen, eben wegen ihrer mangelnden wissenschaftlichen Bildung fast niemals eines Besseren zu belehren sind. Man darf die von ihnen ausgehenden Gefahren nicht unterschätzen. Gerade weil in der heutigen Jugend das Interesse für allgemeine Fragen, für die Gewinnung einer befriedigenden Weltanschauung erfreulicherweise im Zunehmen begriffen ist, muß immer wieder darauf hingewiesen werden, daß eine Weltanschauung völlig in der Luft hängt und beim ersten Sturm rettungslos umgeblasen wird, wenn sie nicht auf den festen Boden der Wirklichkeit gegründet ist, und daß daher ein jeder, der sich eine wissenschaftliche Weltanschauung aufbauen will, zunächst einmal auf dem Gebiet der Tatsachen Bescheid wissen muß.

Freilich ist es heutzutage dem einzelnen Forscher nicht mehr möglich, unmittelbar alle Gebiete der Wissenschaften auch nur einigermaßen vollständig zu überschauen, und er ist in den meisten Fällen darauf angewiesen, aus zweiter Quelle zu schöpfen. Aber um so dringender muß man verlangen, daß er sich wenigstens auf irgendeinem Gebiete wirklich vollständig zu Hause fühlt und darin ein selbständiges Urteil besitzt. Daher habe ich auch als Mitglied der Philosophischen Fakultät von jeher die Forderung vertreten, daß jemand, der sich in der Philosophie den Doktorgrad erwerben will, mindestens in irgendeiner Fachwissenschaft spezielle Kenntnisse nachweist. Ob das Fach den Naturwissenschaften oder den Geisteswissenschaften angehört, ist dabei unwesentlich. Wesentlich ist nur, daß er durch eigenes Studium einen Begriff davon bekommen hat, wie man wissenschaftlich methodisch arbeitet.

Wenn bei der erwähnten Klasse von Zuschriften die Aufdeckung ihrer Wertlosigkeit in der Regel rasch gelingt, so verlangt die andere Klasse wesentlich mehr Beachtung, da es sich hier oft um durchaus ernst zu nehmende Autoren handelt, welche auf ihrem speziellen Gebiet Vorzügliches leisten. Je mehr sich infolge des heute notwendig gewordenen Wissenschaftsbetriebs das Arbeitsgebiet des einzelnen einengt, um so stärker macht sich bei einem tiefer veranlagten Forscher das Bedürfnis geltend, über die Grenzen seines Faches hinauszublicken und die Kenntnisse, die er sich dort erworben hat, für andere Wissensgebiete nutzbar zu machen. So verbindet er gern zwei einander fernliegende Gebiete durch eine ihm einleuchtend erscheinende Idee und benutzt diese dann als Brücke, um die Gesetzmäßigkeiten und Methoden, mit denen er auf seinem eigenen Gebiet genau vertraut ist, auf das andere Gebiet zu übertragen und zur Lösung der dort bestehenden Probleme zu verwerten. Namentlich bei Mathematikern, Physikern und Chemikern findet man häufig die Neigung, ihre exakten Methoden zur Klärung biologischer, psychologischer oder soziologischer Fragen heranzuziehen. Aber hier ist stets wohl zu bedenken, daß es für die Tragfähigkeit einer solchen neugeschaffenen Ideenbrücke nicht genügt, wenn ihr einer Pfeiler sicher fundiert ist. Auch ihr anderer Pfeiler muß auf festem Grunde ruhen, sonst kann sie ihren Zweck nicht erfüllen. Oder konkreter gesprochen: es genügt nicht, wenn ein ideenreicher Forscher auf seinem ursprünglichen Fachgebiet gründlich Bescheid weiß. Er muß, wenn seine weitausschauenden Gedanken fruchtbar sein sollen, auch mit den Tatsachen und den Problemen des andern Gebietes, auf das sich seine Arbeit bezieht, ebenfalls bis zu einem gewissen Grade vertraut sein. Diese Forderung muß deshalb besonders betont werden, weil nun einmal ein jeder Fachmann dazu neigt, die Bedeutung des eigenen Spezialgebietes um so höher zu bewerten, je länger er darin arbeitet und je mehr Schwierigkeiten ihm die Arbeit bereitet. Hat er dann glücklich die Lösung eines Problems gefunden, so geht er dann leicht dazu über, ihre Tragweite zu überschätzen und sie ohne weiteres auf Fälle anzuwenden, in denen die Verhältnisse vielleicht ganz anders liegen. Daß auch auf andern Wissenschaftsgebieten Forscher mit der nämlichen Sorgfalt und unter nicht geringeren Schwierigkeiten, wenn auch mit andern Methoden, arbeiten, sollte niemand vergessen, der das Bedürfnis fühlt, in der Wissenschaft einen höheren Standpunkt zu gewinnen, als ihm sein engeres Fach zu bieten vermag. Wie häufig diese Regel unbeachtet bleibt, ist aus der Geschichte einer jeden Wissenschaft zu ersehen. Doch werde ich, wenn ich wiederum einige Beispiele auswähle, wohlweislich bei der Physik bleiben, um nicht in denselben Fehler zu verfallen, den ich soeben gerügt habe.

Es gibt unter den allgemeinen Begriffen der Physik wohl keinen einzigen, der nicht schon mit mehr oder weniger Geschick auf andere Gebiete übertragen worden ist, mittels irgendeiner Ideenverbindung, die häufig nur durch äußere Umstände, sei es auch nur durch Zufälligkeiten der Terminologie, angeregt worden ist. So führt das Wort „Energie" leicht dazu, den entsprechenden physikalischen Begriff und mit ihm den physikalischen Satz der Erhaltung der Energie auch für die Psychologie in Anspruch zu nehmen, und es ist in diesem Zusammenhang sogar allen Ernstes versucht worden, den Ursprung und den Grad des menschlichen Glücks bestimmten mathematisch formulierten Gesetzen zu unterwerfen. Auf gleicher Stufe stehen die Bemühungen, das Prinzip der Relativität auch außerhalb der Physik, zum Beispiel in der Ästhetik oder gar in der Ethik, zu verwerten. Und doch gibt es nichts Irreführenderes als den gedankenlosen Satz: „Alles ist relativ." Schon innerhalb der Physik ist er unrichtig. Alle sogenannten universellen Konstanten, wie die Masse oder die Ladung eines Elektrons oder eines Protons oder das elementare Wirkungsquantum, sind absolute Größen; sie dienen als die festen unveränderlichen Bausteine für die Atomistik. Freilich ist es oft vorgekommen, daß eine früher als absolut betrachtete Größe sich später als relativ herausgestellt hat, aber das geschah immer nur in dem Sinne, daß sie auf eine andere, tieferliegende absolute Größe zurückgeführt wurde. Ohne die Voraussetzung absoluter Größen läßt sich überhaupt kein Begriff definieren, keine Theorie aufbauen.

Auch der zweite Hauptsatz der Thermodynamik, das Prinzip der Vermehrung der Entropie, hat mehrfach Deutungen außerhalb der Physik gefunden. So hat man den Satz, daß der Verlauf aller physikalischen Vorgänge einseitig gerichtet ist, für den Entwicklungsgedanken in der Biologie verwerten wollen. Das ist nun ein ganz besonders unglücklicher Versuch, wenigstens dann, wenn man mit dem Worte Entwicklung den Begriff des Fortschritts in aufsteigender Richtung, also der Vervollkommnung, Veredelung, verbindet. Denn das Entropieprinzip ist nach seinem Inhalt ein Wahrscheinlichkeitssatz, es besagt im Grunde nur, daß auf einen von vornherein unwahrscheinlichen Zustand im Mittel stets ein wahrscheinlicherer Zustand folgt. Will man dies Gesetz biologisch deuten, so liegt es jedenfalls näher, an eine Degeneration zu denken als an eine Veredelung. Denn das Ungeordnete, Gewöhnliche, Gemeine ist immer von vornherein wahrscheinlicher als das Geordnete, Vorzügliche, Hervorragende.

Zu den irreführenden Ideen, deren wir hier einige betrachtet haben, gesellt sich noch eine andere Klasse von Ideen, nämlich solche, welche genau genommen überhaupt keinen Sinn haben. Sie spielen auch in der Physik eine nicht geringe Rolle. So hat die Vergleichung der Bewegung eines Elektrons um den Atomkern mit der Bewegung eines Planeten um die Sonne zur Frage nach der Lage und nach der Geschwindigkeit eines Elektrons Anlaß gegeben, während die spätere Forschung gezeigt hat, daß diese Fragen gar nicht gleichzeitig beantwortet werden können. Auch an diesem Beispiel sehen wir wieder, wie bedenklich es ist, Begriffe und Sätze, die sich in einem Wissenschaftsgebiet bewährt haben, auf andere Gebiete zu übertragen und wie vorsichtig man daher in der Formulierung und Prüfung einer neuen Idee sein muß.

Aber die Sache hat auch ihre **prinzipielle Kehrseite**, und von dieser zu sprechen, wird es jetzt hohe Zeit. Würden wir eine neue wissenschaftliche Idee erst dann zulassen, wenn sie ihre Berechtigung schon endgültig erwiesen hat, ja würden wir auch nur verlangen, daß ihr von vornherein ein deutlich faßbarer Sinn innewohnt, so würden wir dem Fortschritt der Wissenschaft unter Umständen einen schweren Schaden zufügen. Denn wir dürfen nicht vergessen, daß oft gerade Ideen ohne deutlichen Sinn es waren, von denen die Wissenschaft die stärksten Antriebe zur Aufwärtsentwicklung empfangen hat. Aus der Idee des Lebenselixiers bzw. der Goldfabrikation, entstand die Wissenschaft der Chemie; aus der Idee des Perpetuum mobile erwuchs das Verständnis für den Begriff der Energie; aus der Idee der absoluten Geschwindigkeit der Erde stammt die Anregung zur Aufstellung der Relativitätstheorie; aus der Idee der Planetenbewegung der Elektronen entsprang die Atomphysik. Das sind Tatsachen, die sich nicht weginterpretieren lassen und die jedenfalls allerlei zu denken geben; sie zeigen deutlich, daß auch in der Wissenschaft der Satz gilt: Nur wer wagt, hat Aussicht zu gewinnen. Es ist eine allgemeine Wahrheit, daß man, um Erfolg zu haben, wohl daran tut, die Ziele etwas höher zu stecken, als sie schließlich erreichbar sind.

Im Lichte dieser Betrachtung erscheinen uns die wissenschaftlichen Ideen von einer ganz neuen Seite. Wir sehen, daß die Bedeutung einer wissenschaftlichen Idee häufig nicht sowohl in ihrem Wahrheitsgehalt, als vielmehr in ihrem Wertgehalt liegt. Das gilt zum Beispiel auch für die Idee von der Realität der Außenwelt oder für die Idee der Kausalität. Auch bei diesen beiden Ideen heißt es nicht: wahr oder falsch? sondern: wertvoll oder wertlos? Bedenken wir, daß der Wertbegriff gerade einer so objektiven Wissenschaft wie der Physik von vornherein gänzlich wesensfremd ist, so muß dieser Umstand besonders auffallend erscheinen, und es erhebt sich die Frage, wie es zu verstehen ist, daß die Bedeutung einer physikalischen Idee erst bei Berücksichtigung ihres Wertgehaltes voll erschöpft werden kann.

Hier bietet sich, wie ich meine, nur wieder der Weg, den wir schon oben in dem speziellen Fall des optischen Problems beschritten haben — und das gilt nicht nur für die Physik, sondern ebenso für jedes andere Wissenschaftsgebiet —, daß wir nämlich auf die Quelle zurückgehen, der alle Wissenschaft entspringt, indem wir bedenken, daß zu jeder Wissenschaft jemand gehört, der die Wissenschaft aufbaut und der sie andern mitteilt. Das bedeutet wieder die **Einführung des Begriffs der Ganzheit**.

Wie ein physikalischer Vorgang sich prinzipiell nicht trennen läßt von dem Meßinstrument oder dem Sinnesorgan, von dem er wahrgenommen wird, so läßt sich eine Wissenschaft prinzipiell nicht trennen von den Forschern, welche sie betreiben. Und ebenso wie der Physiker, welcher einen atomistischen Vorgang experimentell untersucht, dessen Ablauf mit seinem Instrumentarium um so stärker beeinflußt, je tiefer er in seine Einzelheiten eindringt, oder wie der Physiologe, welcher einen lebenden Organismus in seine feinsten Teile zerlegt, denselben schädigt oder gar abtötet, geradeso hemmt der Philosoph, der eine neue wissenschaftliche Idee nur daraufhin prüft, inwieweit sich ihr Sinn von vornherein handgreiflich aufzeigen läßt, den Trieb der Wissenschaft zur weiteren Entwicklung. Daher ist der Positivismus, welcher jede transzendentale Idee ablehnt, nicht weniger einseitig als die Metaphysik, welche jede Einzelerfahrung gering schätzt. Beide Betrachtungsweisen haben ihre Berechtigung und lassen sich konsequent durchführen. Aber in ihrer extremen Ausbildung wirken sie beide auf den Fortschritt der Wissenschaft dadurch lähmend ein, daß sie gewisse prinzipielle Fragen von vornherein verbieten, freilich aus entgegengesetzten Gründen: der Positivismus, weil die Fragen keinen Sinn haben, die Metaphysik, weil sie bereits beantwortet sind. Der Wettkampf der beiden Richtungen wird nie zugunsten der einen oder der andern Partei entschieden werden. In der Tat hat er im Lauf der Zeit beständig hin und her geschwankt. Vor hundert Jahren beanspruchte die Metaphysik die Alleinherrschaft, bis ein kläglicher Zusammenbruch erfolgte. Heute greift der Positivismus nach der Krone; sie wird ihm ebensowenig gereicht werden.

Niemand hat diesen steten Antagonismus tiefer empfunden als Goethe, der ihn durch sein ganzes Leben mit sich herumtrug und ihm in den verschiedensten Formen unübertrefflichen Ausdruck verlieh. Seine Überwindung suchte er durch den Emporstieg zum Begriff der Ganzheit, dessen Einführung beiden Auffassungen Rechnung zu tragen erlaubt. Freilich war auch Goethes umfassender Geist zeitbedingt. Da er von einer Trennung der Lichtstrahlen im Außenraum von der Lichtempfindung im Bewußtsein nichts wissen wollte, so vermochte er es nicht, den damaligen glänzenden Fortschritten der physikalischen Optik gerecht zu werden. Aber heute würde er doch die Einordnung der Ganzheitsidee in die Physik als eine prinzipielle Bestätigung seiner physikalischen Denkweise deuten können.

So zeigt uns die Wissenschaft, wie uns das schon oben gelegentlich entgegengetreten ist, im tiefsten Innern einen irrationalen Kern.

der sich durch keinen Scharfsinn auflösen oder, wie das jetzt wieder häufig versucht wird, durch keine passende Einschränkung der Aufgaben der Wissenschaft wegdefinieren läßt. Wem das verwunderlich oder unbefriedigend vorkommen sollte, der möge bedenken, daß es eigentlich gar nicht anders sein kann. Denn bei näherer Betrachtung ist unschwer einzusehen, daß eine jede Wissenschaft, ob Natur- oder Geisteswissenschaft, ihre Aufgabe genau genommen gar nicht am Anfang, sondern sozusagen in der Mitte angreift, und daß sie sich von da aus erst mehr oder weniger mühsam zum Anfang hintasten muß, ohne die Aussicht, ihn jemals vollständig zu erreichen. Die Wissenschaft findet ja die Begriffe, mit denen sie arbeitet, nicht fertig vor, sondern sie muß sie sich erst künstlich schaffen und kann sie nur allmählich vervollkommen. Sie schöpft aus dem Leben und sie wirkt wieder zurück auf das Leben. Und sie empfängt ihren Antrieb, ihren Zusammenhalt und ihr Gedeihen aus den Ideen, die in ihr herrschen. Die Ideen sind es, welche dem Forscher die Probleme stellen, welche ihn unablässig zur Arbeit treiben und welche ihm die Augen öffnen, um die gefundenen Resultate richtig zu deuten. Ohne Ideen wird die Forschung planlos, und die auf sie gewendete Energie verpufft ins Leere. Erst die Ideen machen den Experimentator zum Physiker, den Chronisten zum Historiker, den Handschriftenexperten zum Philologen. Dabei kommt es, wie wir gesehen haben, nicht immer allein auf die Frage an, ob eine Idee wahr oder falsch ist, ja ob sie überhaupt einen deutlich angebbaren Sinn besitzt, sondern vielmehr darauf, daß sie fruchtbare Arbeit erzeugt. Denn die Arbeit ist, wie auf allen Gebieten der Kulturentwicklung, so auch auf dem der Wissenschaft, das einzige untrügliche Kriterium für die Gesundheit und den Erfolg, sowohl im Leben des einzelnen als auch in dem der Gesamtheit. Solange unser deutsches Volk an der Arbeit ist, aber auch nur dann, brauchen wir trotz aller Nöte der Gegenwart an einer besseren Zukunft nicht zu zweifeln. Darum möchte ich unsere Betrachtungen über den Ursprung und die Auswirkung wissenschaftlicher Ideen ausklingen lassen in ein Wort, das den Segen der Arbeit an der Wissenschaft preist, ein Wort, das auch der Verein Deutscher Ingenieure in weiser Würdigung seiner prinzipiellen und praktischen Bedeutung als Wahlspruch auf seine Fahne geschrieben hat, das Wort: „Forschung tut not."

Die Physik im Kampf um die Weltanschauung.
(Vortrag, gehalten im Harnack-Haus, Berlin-Dahlem, am 6. März 1935.)

Meine hochverehrten Damen und Herren!

Was hat die Physik mit dem Kampf um die Weltanschauung zu tun? so wird wohl mancher von Ihnen zu fragen geneigt sein, wenn er sich den Sinn des Themas überlegt, zu dem ich Ihnen heute einen Beitrag liefern möchte. Die Physik beschäftigt sich doch lediglich mit Gegenständen und Vorgängen der unbelebten Natur, während man von einer Weltanschauung, wenn sie irgendwie befriedigend sein soll, verlangen muß, daß sie das gesamte körperliche und geistige Leben umspannt und gerade auch zu allen seelischen Fragen bis hin zu den höchsten Problemen der Ethik Stellung nimmt.

So einleuchtend dieser Einwand auf den ersten Blick scheinen mag, einer näheren Prüfung hält er nicht stand. Zunächst ist zu sagen, daß die unbelebte Natur doch auch mit zur Welt gehört, daß also eine Weltanschauung, die Anspruch auf umfassende Geltung erhebt, auch auf die Gesetze der unbelebten Natur Rücksicht nehmen muß, und daß sie auf die Dauer unhaltbar ist, wenn sie mit diesen in Widerspruch gerät. Ich brauche hier nicht hinzuweisen auf die Schar der religiösen Dogmen, denen die physikalische Wissenschaft den Todesstoß versetzt hat.

Aber mit solch negativer, zersetzender Wirkung erschöpft sich keineswegs der Einfluß der Physik auf die Weltanschauung. Im Gegenteil, viel stärker wirkt sie durch ihren Beitrag zum positiven Aufbau. Zunächst nach der formalen Seite. Es ist allgemein bekannt, daß die Methoden der physikalischen Wissenschaft sich wegen ihrer Exaktheit als ausnehmend fruchtbar erwiesen haben und daher auch für die Geisteswissenschaften in gewisser Weise vorbildlich geworden sind. Dann aber auch inhaltlich. Wie eine jegliche Wissenschaft ursprünglich vom Leben ausgeht, so läßt auch die Physik sich tatsächlich niemals vollständig trennen von den Forschern, die sie betreiben, und schließlich ist doch jeder Forscher zugleich auch eine Persönlichkeit, mit allen ihren intellektuellen und ethischen Eigenschaften. Daher wird die Weltanschauung des Forschers stets auf die Richtung seiner wissenschaftlichen Arbeit mitbestimmend einwirken, und es ist selbstverständlich, daß dann auch umgekehrt die Resultate seiner Forschung nicht ohne Einfluß auf seine Weltanschauung bleiben können. Dies für die Physik im einzelnen auszuführen, werde ich als die Hauptaufgabe meiner heutigen Ausführungen betrachten. Ich hoffe also, wenn auch nicht sofortige Zustimmung, so doch wenigstens keinen direkten Widerspruch von Ihnen zu erfahren, wenn ich behaupte, daß auch die Physik im Kampf um die Weltanschauung eine Waffe, und zwar eine sehr scharfe Waffe, zur Verfügung stellen kann.

Beginnen wir mit einer Überlegung allgemeinerer Art. Eine jede wissenschaftliche Betrachtungsweise hat zur Voraussetzung die Einführung einer gewissen O r d n u n g in die Fülle des zu behandelnden Stoffes. Denn nur durch eine ordnende und vergleichende Tätigkeit kann man die Übersicht über das vorliegende und sich unablässig häufende Material gewinnen, welche notwendig ist, um die auftretenden Probleme zu formulieren und weiter zu verfolgen. Ordnung aber bedingt Einteilung, und insofern steht am Anfang einer jeden Wissenschaft die Aufgabe, den ganzen vorliegenden Stoff nach einem gewissen Gesichtspunkt einzuteilen. Aber nach welchem Gesichtspunkt? Das ist nicht nur der erste, sondern, wie zahllose Erfahrungen gezeigt haben, sehr oft geradezu der entscheidende Schritt auf der Bahn, welche die Entwicklung der ganzen Wissenschaft einschlägt.

Hier ist nun von besonderer Wichtigkeit die Feststellung, daß es einen bestimmten, von vornherein zweifellos feststellbaren Gesichtspunkt, nach welchem eine endgültige, für alle Fälle passende Einteilung getroffen werden kann, in keinem Fall, in keiner einzigen Wissenschaft gibt, daß man also in dieser Beziehung niemals von einem zwangsläufigen, aus der Natur der Sache selbst entspringenden und von jeder willkürlichen Voraussetzung freien Aufbau einer Wissenschaft reden kann. Über diesen Umstand müssen wir uns vor allem klar sein. Er ist deshalb von grundsätzlicher Wichtigkeit, weil aus ihm deutlich hervorgeht, daß gleich am Anfang einer jeden wissenschaftlichen Erkenntnis eine Entscheidung über den Standpunkt der Betrachtung getroffen werden muß, zu deren Festsetzung sachliche Erwägungen nicht ausreichen, sondern Werturteile mit herangezogen werden müssen.

Nehmen wir ein einfaches Beispiel aus der reifsten und exaktesten aller Wissenschaften, der Mathematik. Sie behandelt das Reich der Zahlengrößen. Um eine Übersicht über alle Zahlen zu gewinnen, liegt es wohl am nächsten, sie nach ihrer Größe zu ordnen. Dann stehen sich zwei Zahlen um so näher, je weniger sie sich an Größe unterscheiden. Ich will nun zwei Zahlen nennen, welche an Größe einander fast ganz gleich sind. Die eine Zahl ist die Quadratwurzel aus 2, die andere Zahl ist der zwölfziffrige Dezimalbruch 1,41 421 356 237. Die erste Zahl ist nur um wenige Billionstel größer als die zweite. Daher können die beiden Zahlen bei allen numerischen Rechnungen in der Physik wie in der Astronomie als völlig identisch behandelt werden. Sobald man aber die Reihe der Zahlen nicht nach ihrer Größe, sondern nach ihrer Herkunft ordnet, klafft zwischen den beiden Zahlen ein himmelweiter Unterschied. Denn der Dezimalbruch ist eine rationale Zahl, er läßt sich ausdrücken durch das Verhältnis zweier ganzer

Zahlen, während die Quadratwurzel irrational ist und jene Eigenschaft nicht besitzt.

Stehen sich nun die beiden genannten Zahlen nahe oder stehen sie sich nicht nahe? Ein Streit über die so gestellte Frage hätte ungefähr ebensoviel Sinn wie der Streit zwischen zwei Personen, die einander gegenüberstehen, über die Frage, welche Seite die rechte und welche die linke ist.

Ich habe dieses einfache Beispiel deshalb angeführt, weil ich der Überzeugung bin, daß eine beträchtliche Anzahl wissenschaftlicher Kontroversen, und gerade solcher, die mit besonderer Lebhaftigkeit ausgefochten wurden, im Grunde darauf hinauslaufen, daß die beiden Gegner, oft ohne das deutlich auszusprechen. bei der Anordnung ihrer Gedankengänge von vornherein ein verschiedenes Einteilungsprinzip benützten, und daß jedweder Art von Einteilung stets eine gewisse Dosis Willkür und damit eine gewisse Einseitigkeit anhaftet.

Noch stärker als in der Mathematik wirkt sich die Bedeutung der Wahl des Ordnungsprinzips in jeder Naturwissenschaft aus. Man denke nur an die systematische Botanik. Schon im Interesse der unentbehrlichen Nomenklatur ist die Einteilung aller Pflanzen nach Arten, Gattungen, Familien usw. notwendig, und je nach der Wahl des Einteilungsprinzips ergaben sich verschiedene Systeme, die sich im Lauf der Entwicklung der botanischen Wissenschaft gelegentlich bitter befehdet haben, von denen aber keines als das allein berechtigte zu betrachten ist, da ein jedes an einer gewissen Einseitigkeit leidet. Denn auch das heute allgemein benutzte natürliche System der Pflanzen, obwohl den früheren künstlichen Systemen weit überlegen, ist nicht ein in allen Teilen eindeutig bestimmtes, endgültiges, sondern unterliegt bis zu einem gewissen Grade gewissen Schwankungen, die einer verschiedenartigen Einstellung der maßgebenden Forscher zu der Frage des zweckmäßigsten Einteilungsprinzips entsprechen.

Am auffälligsten und bedeutsamsten aber tritt einerseits die Notwendigkeit, andererseits die Willkür einer ordnenden Betrachtung bei den Geisteswissenschaften in Erscheinung, vor allem bei der Geschichte. Mag man die Geschichte nach Längsschnitten oder nach Querschnitten ordnen, mag man nach politischen, ethnographischen, linguistischen. sozialen, wirtschaftlichen Gesichtspunkten einteilen, stets ist man genötigt, Grenzlinien zu ziehen und Unterschiede einzuführen, die sich bei genauerer Betrachtung als fließend und als unzureichend erweisen, da es eben keinerlei Art von Einteilung gibt, bei der nicht Verwandtes getrennt, Zusammengehöriges auseinandergerissen wird. So trägt eine jegliche Wissenschaft schon in ihrem Aufbau einen willkürlichen und daher vergänglichen Zug an sich, und das wird sich niemals ändern, weil es in der Natur der Sache liegt.

Wenn wir uns nun speziell der Physik zuwenden, so steht auch hier am Anfang der wissenschaftlichen Forschung die Aufgabe, die zu untersuchenden Vorgänge in verschiedene Gruppen einzuordnen. Da nun der Ursprung aller physikalischen Erfahrungen in unsern Sinnesempfindungen liegt, so bot sich als erstes Einteilungsprinzip die Unterscheidung nach den einzelnen menschlichen Sinnesorganen dar, und die physikalische Wissenschaft wurde eingeteilt in Mechanik, Akustik, Optik, Wärme, die man als getrennte Gebiete behandelte. Aber im Lauf der Zeit zeigte es sich, daß zwischen einzelnen Teilen verschiedener Gebiete innige Zusammenhänge bestehen, und daß die Aufstellung genauer physikalischer Gesetze viel besser gelingt, wenn man von den Sinnesorganen zunächst absieht und die Aufmerksamkeit in erster Linie auf die Vorgänge außerhalb der Sinnesorgane richtet, wenn man z. B. die von einem tönenden Körper ausgehenden Schallwellen ganz unabhängig vom Ohr, die von einem glühenden Körper ausgehenden Lichtstrahlen unabhängig vom Auge behandelt. Das führt zu einer andersartigen Einteilung der Physik, bei welcher einzelne Gebiete eine Umgruppierung erfahren, indem die Sinnesorgane ganz in den Hintergrund treten. So wurden nun die Wärmestrahlen, wie sie etwa von einem geheizten Kachelofen ausgesendet werden, ganz aus der Wärmelehre herausgenommen und der Optik zugeteilt, um dort als völlig gleichartig mit den Lichtstrahlen behandelt zu werden. Gewiß liegt in einer solchen Umstellung, welche die Sinnesempfindung völlig ignoriert, etwas Einseitiges und Gewaltsames. Dem Sinnesmenschen Goethe wäre sie ein Greuel gewesen. Denn in seinem stets aufs Ganze gerichteten Blick hielt er fest an dem Primat der unmittelbaren Empfindung und konnte daher niemals einwilligen in eine Trennung des Sehorgans von der Lichtquelle.

> Wär' nicht das Auge sonnenhaft,
> Wie könnten wir das Licht erblicken?

Und doch hätte Goethe ein Jahrhundert später den milden Glanz einer Glühlampe an seinem Schreibtisch sich vermutlich doch wohl gern gefallen lassen, obwohl deren Herstellung gerade auf der Grundlage der von ihm so heiß bekämpften physikalischen Theorie gelungen war.

Daß eben dieser so erfolgreichen Theorie bei ihrer konsequenten Weiterbildung nach Verlauf weniger Jahrzehnte die entgegengesetzte Einseitigkeit zum Verhängnis werden würde, konnte freilich zu seinen Lebzeiten weder Goethe noch sein großer wissenschaftlicher Gegner Newton im voraus ahnen. Doch ich will nicht vorgreifen und kehre zurück zur Schilderung des weiteren Entwicklungsganges der physikalischen Wissenschaft.

Der Ausschaltung der spezifischen Sinnesempfindung aus den Grundbegriffen der Physik folgte naturgemäß die Verdrängung der Sinnesorgane durch geeignete Meßinstrumente. Das Auge wich der photographischen Platte, das Ohr der schwingenden Membran, die wärmeempfindliche Haut dem Thermometer. Die Einführung selbstregistrierender Apparate machte von subjektiven Fehlerquellen noch weitergehend unabhängig. Aber das wesentliche Merkmal der eingeschlagenen Entwicklung bestand nicht in der Benutzung neuer Meßgeräte, deren Empfindlichkeit und Genauigkeit immer mehr gesteigert wurde. Wesentlich war vielmehr die allgemein zur Grundlage der Theorie gemachte Voraussetzung, daß die Messung einen unmittelbaren Aufschluß über das Wesen eines physikalischen Vorganges gewährt, wozu notwendig auch gehört, daß die Vorgänge unabhängig verlaufen von den Instrumenten, mit denen sie gemessen werden. Dann ist bei jeder physikalischen Messung zu unterscheiden zwischen dem objektiven oder realen Vorgang, der sich völlig selbständig abspielt, und dem Messungsvorgang, der durch jenen Vorgang ausgelöst wird und von ihm Kunde gibt. Die physikalische Wissenschaft hat es mit den realen Vorgängen zu tun. Ihr Ziel ist die Aufdeckung der Gesetzmäßigkeiten, welchen diese Vorgänge gehorchen.

Das Berechtigte dieser Fragestellung hat sich in den unermeßlich reichen Früchten gezeigt, welche die klassische Physik auf den ihr durch diese Auffassung gewiesenen Wegen ernten konnte, und welche sich sowohl im praktischen Leben durch die Vermittlung der Technik als auch in benachbarten Wissenschaften nach allen Richtungen hin sichtbar ausgewirkt haben, so daß ich auf ihre Schilderung im einzelnen füglich verzichten kann.

Durch solche Erfolge ermutigt, schritt die Forschung in der einmal eingeschlagenen Richtung nach dem Grundsatz divide et impera konsequent weiter. Der Abspaltung der realen Vorgänge von den Meßinstrumenten folgte die Spaltung der Körper in die Moleküle, die Spaltung der Moleküle in die Atome, die Spaltung der Atome in die Kerne und Elektronen. Und parallel damit ging die Teilung von Raum und Zeit in unendlich kleine Intervalle. Überall suchte und fand man das Walten strenger Gesetzmäßigkeiten, die um so einfachere Formen annahmen, je weiter man in der Teilung vordrang, und nichts schien der Erwartung zu widersprechen, daß es einmal gelingen werde, die Gesetze des physikalischen Makrokosmos vollständig zurückzuführen auf die raumzeitlichen Differentialgleichungen, die für den Mikrokosmos gelten. Diese Differentialgleichungen lieferten dann für irgendeinen als Ausgangspunkt gewählten Zustand der Natur die eintretenden Zustandsänderungen und daraus durch Integration die Zustände für alle künftigen Zeiten, ein ebenso umfassendes wie durch seine Harmonie befriedigendes Bild des physikalischen Weltgeschehens.

Um so auffallender und peinlicher mußte es berühren, als es sich zu Beginn dieses Jahrhunderts bei der immer fortschreitenden Verfeinerung und Vervielfältigung der Messungsmethoden, zuerst auf dem Gebiet der Wärmestrahlung, dann bei der Lichtstrahlung und in der Elektronenmechanik herausstellte, daß der beschriebenen klassischen Theorie eine unüberschreitbare objektiv bestimmbare Schranke gesetzt ist. Ein Beispiel möge dies erläutern. Der Zustand eines sich bewegenden Elektrons, wie ihn die klassische Physik zur Berechnung seiner Bewegung als bekannt voraussetzen muß, umfaßt die Lage und die Geschwindigkeit des Elektrons. Nun hat sich gezeigt, daß jede Methode, die Lage eines Elektrons genau zu messen, die genaue Messung der Geschwindigkeit ausschließt, und zwar wächst die Ungenauigkeit der Geschwindigkeitsmessung gerade entsprechend der Genauigkeit der Lagenmessung, und umgekehrt, nach einem ganz bestimmten angebbaren durch die Größe des elementaren Wirkungsquantums bedingten Gesetz. Ist die Lage des Elektrons absolut genau bekannt, so ist seine Geschwindigkeit völlig unbestimmt, und umgekehrt.

Es versteht sich, daß bei dieser Sachlage die Differentialgleichungen der klassischen Physik ihre grundlegende Bedeutung verlieren, und daß die Aufgabe, die Gesetzmäßigkeit der realen physikalischen Vorgänge vollständig aufzudecken, einstweilen als unlösbar betrachtet werden muß. Selbstverständlich darf man daraus nun nicht sogleich den Schluß ziehen, daß eine Gesetzmäßigkeit überhaupt nicht existiert, sondern man wird den Mißerfolg auf eine mangelhafte Formulierung des Problems und eine dementsprechend verfehlte Fragestellung schieben. Worauf beruht aber der begangene Fehler? Und wie kann man ihn verbessern?

Zunächst ist zu betonen, daß man nicht von einem Zusammenbruch der theoretischen Physik sprechen darf in dem Sinn, daß nun alles Bisherige als unrichtig betrachtet und beiseite geworfen wird. Dafür ist die Fülle der von der klassischen Physik erzielten Erfolge viel zu erdrückend. Es handelt sich nicht um einen Neubau, sondern um einen Ausbau und eine Erweiterung der Theorie, und zwar speziell für die Mikrophysik, da auf dem Gebiet der Makrophysik, d. h. für größere Körper und größere Zeiträume, die klassische Theorie ihre Geltung immer behalten wird. Der Fehler ist also offenbar nicht in der Grundlage der Theorie zu suchen, sondern zunächst nur darin, daß unter den Voraussetzungen, die beim Aufbau der Theorie benutzt wurden, sich notwendigerweise eine befindet, die an dem Mißerfolg die Schuld trägt, und durch deren Beseitigung für den Erweiterungsbau Raum zu schaffen wäre.

Prüfen wir nun einmal den vorliegenden Sachverhalt. Der theoretischen Physik liegt zugrunde die Annahme der Existenz realer, von den Sinnesempfindungen unabhängiger Vorgänge. Diese Annahme muß unter allen Umständen aufrecht erhalten bleiben: auch die positivistisch eingestellten Physiker bedienen sich tatsächlich ihrer. Denn wenn sie auch an dem Primat der Sinnesempfindungen als der einzigen Grundlage der Physik festhalten, so sind sie doch, um einem unvernünftigen Solipsismus zu entgehen, zu der Annahme genötigt, daß es auch individuelle Sinnestäuschungen, Halluzinationen gibt, und können diese nur ausschließen durch die Forderung, daß physikalische Beobachtungen jederzeit reproduzierbar sind. Damit wird aber ausgesprochen, was durchaus nicht von vornherein selbstverständlich ist, daß die funktionellen Beziehungen zwischen den Sinnesempfindungen gewisse Bestandteile enthalten, die unabhängig sind von der Persönlichkeit des Beobachters, ebenso wie von der

Zeit und dem Ort der Beobachtung, und gerade diese Bestandteile sind das, was wir als das Reale an dem physikalischen Vorgang bezeichnen und was wir in seiner gesetzlichen Bedingtheit zu erfassen suchen.

Zu der Annahme der Existenz realer Vorgänge hat nun aber die klassische Physik, wie wir sahen, stets die weitere Annahme gefügt, daß das Verständnis für die Gesetzmäßigkeiten der realen Vorgänge sich vollständig gewinnen läßt auf dem Wege fortschreitender räumlicher und zeitlicher Teilung bis ins unendlich Kleine. Das ist eine Voraussetzung, die bei genauerer Betrachtung eine starke Einschränkung enthält. Sie führt z. B. zu dem Schluß, daß die Gesetze eines realen Vorganges sich vollständig verstehen lassen, wenn man ihn trennt von dem Vorgang, mittelst dessen er gemessen wird. Nun liegt es nahe, die folgende Überlegung anzustellen: der Messungsvorgang kann nur dann von dem realen Vorgang Kunde geben, wenn er mit ihm irgendwie kausal zusammenhängt, und wenn er mit ihm kausal zusammenhängt, wird er ihn im allgemeinen auch mehr oder weniger beeinflussen und ihn in gewisser Weise stören, wodurch das Messungsresultat verfälscht wird. Diese Störung und der durch sie bedingte Fehler wird um so bedeutender sein, je enger und feiner der Kausalnexus ist, der das reale Objekt mit dem Messungsinstrument verknüpft, die Störung wird sich herabmindern lassen, wenn man den Kausalnexus lockert, oder wie wir sagen können, wenn man die Kausaldistanz zwischen Objekt und Messungsinstrument vergrößert. Ganz vermeiden läßt sich die Störung nie; denn wenn man die Kausaldistanz unendlich groß nimmt, d. h. wenn man Objekt und Messungsinstrument vollständig voneinander trennt, so erfährt man überhaupt nichts von dem realen Vorgang.

Da nun gerade die Messungen an einzelnen Atomen und Elektronen äußerst feine und empfindliche Methoden, also eine enge kausale Distanz erfordern, so versteht man, daß die genaue Bestimmung der Lage eines Elektrons mit einem verhältnismäßig starken Eingriff in seinen Bewegungszustand verbunden ist, und ebenso umgekehrt, daß die genaue Messung der Geschwindigkeit eines Elektrons eine verhältnismäßig lange Zeit erfordert Im ersten Fall wird die Geschwindigkeit des Elektrons gestört, im zweiten Fall verwischt sich die Lage des Elektrons im Raume. Das gibt eine Kausalerklärung für die oben besprochene Ungenauigkeitsrelation.

So einleuchtend diese Überlegung erscheint, kann sie doch noch nicht den eigentlichen Kern unseres Problems treffen. Denn der Umstand, daß der Ablauf eines physikalischen Vorganges durch das Messungsinstrument gestört wird, ist auch in der klassischen Physik wohlbekannt, und es wäre von vornherein gar nicht einzusehen, warum es nicht bei fortschreitender Verfeinerung der Messungsmethoden einmal gelingen sollte, auch bei Elektronen den Betrag der Störung im voraus zu berechnen. Wir müssen also, um dem Versagen der klassischen Physik im Bereich des Mikrokosmos auf den Grund zu kommen, noch etwas tiefer schürfen.

Einen wichtigen Schritt vorwärts in dieser Frage brachte die Aufstellung der Quantenmechanik oder Wellenmechanik, aus deren Gleichungen sich nach genauen Vorschriften die beobachtbaren atomaren Vorgänge in voller Übereinstimmung mit der Erfahrung berechnen lassen. Allerdings liefert die Quantenmechanik nicht wie die klassische Mechanik die Lage eines einzelnen Elektrons zu einer bestimmten Zeit, sondern sie liefert nur die Wahrscheinlichkeit dafür, daß sich ein Elektron zu einer bestimmten Zeit in irgendeiner beliebig angenommenen Lage befindet, oder, wie man auch sagen kann, sie liefert für eine große Schar von Elektronen diejenige Anzahl derselben, welche zu einer bestimmten Zeit sich in irgendeiner Lage befinden.

Das ist ein Gesetz von lediglich statistischem Charakter. Seine ausgezeichnete Bestätigung durch alle vorliegenden Messungen auf der einen Seite und die Tatsache der Ungenauigkeitsrelation auf der andern Seite haben eine Reihe von Physikern veranlaßt, die statistische Gesetzmäßigkeit als die einzige und endgültige Grundlage für alle gesetzlichen Beziehungen, zunächst einmal auf dem Gebiete der Atomphysik anzusehen und die Frage nach der Kausalität der einzelnen Ereignisse für physikalisch sinnlos zu erklären.

Hier stoßen wir nun auf einen Punkt, dessen nähere Erörterung von besonderer Wichtigkeit ist, da sie tief in die grundsätzliche Frage nach der Aufgabe und nach den Leistungen der Physik hineinführt. Wenn man als Aufgabe der physikalischen Wissenschaft die Aufdeckung der gesetzmäßigen Beziehungen zwischen den realen Vorgängen in der Natur betrachtet, so gehört die Kausalität mit zum Wesen der Physik, und ihre grundsätzliche Ausschaltung muß zum mindesten als stark bedenklich empfunden werden.

Vor allem ist zu bemerken, daß die Gültigkeit statistischer Gesetzmäßigkeiten mit dem Walten einer strengen Kausalität sehr wohl verträglich ist. Schon die klassische Physik enthält zahlreiche Beispiele dafür. Wenn z. B. der Druck eines Gases auf die umschließende Gefäßwand durch den unregelmäßigen Anprall der zahlreichen nach allen Richtungen durcheinanderfliegenden Gasmoleküle seine Erklärung findet, so steht damit nicht in Widerspruch, daß der Stoß eines einzelnen Moleküls gegen die Wand oder gegen ein anderes Molekül nach einem ganz bestimmten Gesetz erfolgt und daher kausal vollkommen determiniert ist. Nun mag man einwenden, daß strenge Kausalität bei einem Vorgang erst dann als unwiderleglich bewiesen erachtet werden kann, wenn man in der Lage ist, den Verlauf des Vorganges genau vorauszusagen, daß aber niemand die Bewegung eines einzelnen stoßenden Moleküls zu kontrollieren vermag. Demgegenüber ist zu erwidern, daß ein wirkliches genaues Voraussagen eines Vorganges in der Natur überhaupt in keinem einzigen Falle möglich ist, und daß daher von einer unmittelbaren exakten experimentellen Prüfung der Gültigkeit des Kausalgesetzes niemals die Rede sein kann. Bei jeder noch so genauen Messung zeigen sich unvermeidliche Beobachtungsfehler. Deswegen wird aber doch sowohl das Messungsergebnis als auch jeder einzelne Beobachtungsfehler auf besondere kausale Bedingungen zurückgeführt. Wenn wir am Meeresufer dem Spiel der schäumenden Brandung zuschauen, so hindert uns nichts an der Überzeugung, daß jedes einzelne Wasserbläschen bei seiner Bewegung streng kausalen Gesetzen folgt, obwohl wir nicht daran denken können, sein Entstehen und Vergehen im einzelnen zu verfolgen, geschweige denn vorauszuberechnen.

Aber jetzt wird hier die Ungenauigkeitsrelation ins Feld geführt. Solange die klassische Physik in Geltung war, konnte man hoffen, daß die unvermeidlichen Beobachtungsfehler durch gehörige Steigerung der Meßgenauigkeit unter jede Grenze herabzumindern seien. Diese Hoffnung ist seit der Entdeckung des elementaren Wirkungsquantums zunichte geworden. Denn das Wirkungsquantum setzt eine bestimmte objektive Grenze für die erreichbare Genauigkeit fest, und innerhalb dieser Grenze gibt es keine Kausalität mehr, sondern nur noch Unsicherheit und Zufall.

Die Antwort auf diesen Einwand haben wir schon vorbereitet. Der Grund für die Ungenauigkeit der Messungen in der Atomphysik braucht nicht in einem Versagen der Kausalität zu liegen, sondern sie kann ebensowohl auf einem Fehler der Begriffsbildung und der daran anknüpfenden Fragestellung beruhen.

Gerade die Wechselwirkungen zwischen dem Messungsvorgang und dem realen Vorgang sind es ja, welche uns die Ungenauigkeitsbeziehung wenigstens bis zu einem gewissen Grade kausal verständlich machten. Danach können wir die Bewegung eines Elektrons ebensowenig im einzelnen verfolgen, wie wir etwa ein farbiges Bild sehen können, dessen Dimensionen noch kleiner sind als die Wellenlänge seiner Farbe.

Freilich: den Gedanken, daß es mit der Zeit doch einmal gelingen werde, die Unsicherheit physikalischer Messungen durch Verfeinerung der Messungsinstrumente in unbeschränktem Maß herabzumindern, müssen wir als sinnlos ablehnen. Aber gerade die Existenz einer derartigen objektiven Schranke, wie sie durch das elementare Wirkungsquantum dargestellt wird, muß als ein Zeichen für das Walten einer gewissen neuartigen Gesetzlichkeit bewertet werden, die doch ihrerseits sicherlich nicht auf Statistik zurückgeführt werden kann. Und ebenso wie das Wirkungsquantum stellt auch jede andere elementare Konstante, wie z. B. die Ladung oder die Masse eines Elektrons, eine absolut gegebene reale Größe vor, und es erscheint mir völlig abwegig, wenn man diesen universellen Konstanten, wie es die Verneiner jeglicher Kausalität eigentlich konsequenterweise tun müßten, eine gewisse prinzipielle Ungenauigkeit beilegen wollte.

Daß den Messungen in der Atomphysik eine prinzipielle Genauigkeitsgrenze gezogen ist, wird auch durch die Überlegung verständlich, daß die Messungsinstrumente ja selber aus Atomen bestehen und daß die Genauigkeit jedes Meßinstrumentes ihre Grenze findet in der Empfindlichkeit, mit der es anspricht. Mit einer Brückenwaage kann man nicht auf Milligramme genau messen.

Wenn man nun aber nur Brückenwaagen zur Verfügung hat und wenn jede Aussicht fehlt, sich feinere Waagen zu verschaffen? Ist es dann nicht ratsamer, auf den Versuch genauer Wägungen grundsätzlich zu verzichten und die Frage nach den einzelnen Milligrammen für sinnlos zu erklären, als einer Aufgabe nachzuspüren, die durch direkte Messungen gar nicht gelöst werden kann? Wer so spricht, der unterschätzt die Bedeutung der Theorie. Denn die Theorie führt uns in gewisser von vornherein gar nicht absehbarer Weise über die direkten Messungen hinaus, vermittelst der sogenannten Gedankenexperimente, die uns weitgehend unabhängig machen von den Mängeln der wirklichen Instrumente.

Nichts ist verkehrter als die Behauptung, ein Gedankenexperiment besitze nur insofern Bedeutung, als es jederzeit durch Messung verwirklicht werden kann. Wenn das richtig wäre, so würde es z. B. keinen exakten geometrischen Beweis geben. Denn jeder Strich, den man auf dem Papier ziehen kann, ist in Wirklichkeit keine Linie, sondern ein mehr oder weniger schmaler Streifen, und jeder gezeichnete Punkt ist in Wirklichkeit ein kleinerer oder größerer Fleck. Trotzdem zweifeln wir nicht an der strengen Beweiskraft geometrischer Konstruktionen.

Mit dem Gedankenexperiment erhebt sich der Geist des Forschers über die Welt der wirklichen Meßwerkzeuge hinaus, sie verhelfen ihm zur Bildung von Hypothesen und zur Formulierung von Fragen, deren Prüfung durch wirkliche Experimente ihm den Einblick in neue gesetzliche Zusammenhänge eröffnet, auch in solche Zusammenhänge, welche einer direkten Messung unzugänglich sind. Ein Gedankenexperiment ist an keine Genauigkeitsgrenze gebunden, denn Gedanken sind feiner als Atome und Elektronen, auch fällt dabei die Gefahr einer kausalen Beeinflussung des zu messenden Vorganges durch das Messungsinstrument fort. Die einzige Bedingung, von der die erfolgreiche Durchführung eines Gedankenexperimentes abhängt, ist die Voraussetzung der Gültigkeit widerspruchsfreier gesetzlicher Beziehungen zwischen den betrachteten Vorgängen. Denn was man als nicht vorhanden voraussetzt, darf man auch nicht zu finden hoffen.

Gewiß ist ein Gedankenexperiment eine Abstraktion. Aber diese Abstraktion ist dem Physiker, und zwar sowohl dem Experimentator wie dem Theoretiker, bei seiner Forschungsarbeit ebenso unentbehrlich wie diejenige, daß es eine reale Außenwelt gibt. Denn ebenso wie wir bei jedem Vorgang, den wir in der Natur beobachten, etwas voraussetzen müssen, was unabhängig von uns verläuft, müssen wir auf der andern Seite danach trachten, uns von den Mängeln unserer Sinne und unserer Messungsmethoden möglichst zu befreien, und von einer höheren Warte aus die Einzelheiten des Vorganges zu durchschauen. Diese beiden Abstraktionen sind gewissermaßen einander entgegengesetzt. Der realen Außenwelt als Objekt steht der sie betrachtende ideale Geist als Subjekt gegenüber. Beide lassen sich nicht logisch deduzieren, und es ist daher auch nicht möglich, diejenigen, die sie ablehnen, ad absurdum zu führen. Aber daß sie bei der Entwicklung der physikalischen Wissenschaft beide eine entscheidende Rolle spielen, ist nun einmal eine Tatsache, von der jedes Blatt der Geschichte Zeugnis ablegt. Gerade die großen Geister und Bahnbrecher der Physik, die Kepler, Newton, Leibniz, Faraday, wurden getrieben von ihrem Glauben einerseits an die Realität der Außenwelt, andererseits an das Walten einer höheren Vernunft in oder über ihr.

Man sollte nie vergessen, daß alle schöpferischen physikalischen Ideen ihren Ursprung an dieser zweifachen Quelle haben, zunächst allerdings meist in mehr oder weniger provisorischer, durch die Eigenart der Phantasie des einzelnen Forschers bedingter Gestaltung, dann mit der Zeit in mehr bestimmtere und selbständigere Formen gefaßt. Gewiß hat es in der Physik stets auch eine Anzahl von trügerischen Ideengängen gegeben, auf die vielfach unnütze Arbeit verwendet wurde. Aber auf der andern Seite hat sich doch auch manches Problem, das zunächst von scharfen Kritikern als sinnleer abgelehnt wurde, als höchst bedeutungsvoll erwiesen. Noch vor 50 Jahren galt bei allen positivistisch denkenden Physikern die Frage der Bestimmung des Gewichts eines einzelnen Atoms als physikalisch sinnlos, als ein Scheinproblem, weil es einer wissenschaftlichen Untersuchung unzugänglich sei. Heute läßt sich das Gewicht eines Atoms bis auf den zehntausendsten Teil seines Betrages angeben, obwohl unsere feinsten Waagen zur direkten Messung ebenso untauglich sind, wie eine Brückenwaage zur Messung von Milligrammen. Daher muß man sich wohl hüten, ein Problem, für dessen Bewältigung vorerst kein deutlicher Weg zu erblicken ist, von vornherein für ein Scheinproblem zu erklären. Es gibt eben nun einmal kein Kriterium, um a priori zu entscheiden, ob ein vorliegendes Problem physikalisch sinnvoll ist oder nicht. Das ist ein Punkt, der von den Positivisten vielfach übersehen wird. Die einzige Möglichkeit, um zu einer richtigen Bewertung des Problems zu gelangen, liegt in der Prüfung der Folgerungen, zu denen es führt. Daher werden wir auch angesichts der fundamentalen Bedeutung, welche die Voraussetzung einer streng waltenden Gesetzlichkeit für die physikalische Wissenschaft besitzt, die Frage nach ihrer Anwendbarkeit in der Atomphysik nicht vorschnell für sinnlos erklären dürfen, sondern wir werden zunächst einmal alles versuchen müssen, dem Problem der Gesetzlichkeit auf diesem Gebiet auf die Spur zu kommen.

Worin liegt denn nun aber die tiefere Ursache für das eigentümliche Versagen der klassischen Physik in der Frage der Kausalität, wenn dafür weder die Störung, die ein physikalischer Vorgang durch das zu seiner Messung benutzte Instrument erleidet, noch die mangelnde Genauigkeit der Meßwerkzeuge einen hinreichenden Grund abgeben kann? Offenbar bleibt nichts übrig als die allerdings sehr naheliegende radikale Annahme, daß die elementaren Begriffe der klassischen Physik in der Atomphysik nicht mehr ausreichen.

Die klassische Physik ist ja aufgebaut auf der Voraussetzung, daß die physikalische Gesetzmäßigkeit sich am vollständigsten offenbart im unendlich Kleinen. Denn nach ihr ist der Ablauf des physikalischen Geschehens an irgendeiner Stelle der Welt vollständig bestimmt durch den Zustand an der betreffenden Stelle und in ihrer unmittelbaren Nachbarschaft. Demgemäß besitzen alle physikalischen Zustandsgrößen: Lage, Geschwindigkeit, elektrische und magnetische Feldstärke usw. einen rein lokalen Charakter, und die zwischen ihnen geltenden Gesetze werden vollständig dargestellt durch raumzeitliche Differentialgleichungen zwischen diesen Größen. Damit kommt man aber offenbar in der Atomphysik nicht aus; also müssen die obigen Begriffe ergänzt bzw. verallgemeinert werden. Aber in welcher Richtung? Eine gewisse Andeutung scheint mir in der neuerdings immer deutlicher zutage tretenden Erkenntnis zu liegen, daß die raumzeitlichen Differentialgleichungen, auch die der Wellenmechanik, für sich allein noch nicht den vollen Inhalt der für die Vorgänge in einem physikalischen Gebilde gültigen Gesetzlichkeit erschöpfen, sondern daß dazu immer noch die Berücksichtigung auch der Randbedingungen für das betrachtete Gebilde gehört. Der Rand aber ist immer von endlicher Ausdehnung, sein unmittelbares Hereinspielen in den Kausalzusammenhang bedeutet also ein neuartiges, der klassischen Physik fremdes Element der kausalen Betrachtung.

Ob und wie weit man auf diesem Wege einmal weiterkommen wird, muß die zukünftige Forschung lehren. Wie dem immerhin sein mag, und welche Ergebnisse dereinst einmal ans Tageslicht kommen werden, eins läßt sich auf alle Fälle mit voller Sicherheit behaupten: von einer restlosen Erfassung der realen Welt wird ebensowenig jemals die Rede sein können wie von einer Erhebung der menschlichen Intelligenz bis in die Sphäre des idealen Geistes. Das sind und bleiben eben Abstraktionen, die begriffsmäßig außerhalb der Wirklichkeit liegen. Wohl aber hindert nichts an der Annahme, daß wir uns dem unerreichbaren Ziele fortdauernd und unbegrenzt annähern können, und dieser Aufgabe zu dienen, in der einmal als aussichtsreich erkannten Richtung dauernd vorwärts zu kommen, ist gerade der Sinn der unablässig tätigen, sich immer aufs neue korrigierenden und verfeinernden wissenschaftlichen Arbeit. Daß es sich dabei wirklich um ein Fortschreiten, nicht etwa nur um ein zielloses Hin- und Herpendeln handelt, wird dadurch bewiesen, daß wir von jeder neu gewonnenen Erkenntnisstufe aus alle vorherigen Stufen vollständig überschauen können, während der Blick auf die vor uns liegenden noch verhüllt ist, ähnlich wie ein zu neuen Höhen emporstrebender Bergwanderer die bereits erklommenen Gipfel von oben überschaut und den gewonnenen Überblick für den weiteren Aufstieg verwertet. Nicht in der Ruhe des Besitzes, sondern in der steten Vermehrung der Erkenntnis liegt die Befriedigung und das Glück des Forschers.

Meine Damen und Herren! Wir haben bisher nur von Physik gesprochen. Aber Sie werden sicherlich den Eindruck haben, daß das Gesagte allgemeinere Bedeutung beansprucht, weit über die Grenzen der physikalischen Wissenschaft hinaus. Denn die Wissenschaften, Natur- und Geisteswissenschaften, sind nun einmal an keiner einzigen Stelle scharf voneinander zu trennen. Sie bilden vielmehr ein einheitliches fest verflochtenes Gewebe. Ergreift man davon nur einen Zipfel, so setzt sich der Spannungszustand zwangsläufig nach allen Richtungen fort, und das Ganze gerät in Bewegung. So ist es auch mit der Frage der Kausalität. Es hätte gar keinen Sinn, innerhalb der Physik das Walten einer strengen, unverbrüchlichen Gesetzlichkeit anzunehmen, wenn das Nämliche nicht auch in der Biologie und Psychologie zutreffen würde. —

Wie steht es denn nun aber mit der Willensfreiheit, deren Primat uns doch durch unser Selbstbewußtsein, also durch die unmittelbarste Erkenntnisquelle, die es geben kann, mit aller Sicherheit verbürgt wird? Ist auch der menschliche Wille kausal gebunden oder ist er es nicht? Die so gestellte Frage ist, wie ich das schon wiederholt darzulegen versuchte, ein Musterbeispiel für eine Art von Problemen, die wir oben als Scheinprobleme bezeichnet haben, die nämlich genau genommen gar keinen bestimmten Sinn besitzen. Im vorliegenden Falle liegt die vermeintliche Schwierigkeit nur in einer unvollständigen Formulierung der Frage. Der wirkliche Sachverhalt läßt sich kurz folgendermaßen aussprechen. Vom Standpunkt eines idealen alles durchschauenden Geistes betrachtet ist der menschliche Wille, wie überhaupt alles körperliche und geistige Geschehen, kausal vollständig gebunden. Dagegen vom Standpunkt des eigenen Ich betrachtet ist der auf die Zukunft gerichtete eigene Wille nicht kausal gebunden, und zwar deshalb, weil das Erkennen des eigenen Willens selber den Willen immer wieder kausal beeinflußt, so daß hier von einer endgültigen Erkenntnis eines festen kausalen Zusammenhanges gar nicht die Rede sein kann. Man könnte dafür auch kurz sagen: objektiv, von außen, betrachtet ist der Wille kausal gebunden, subjektiv, von innen, betrachtet ist der Wille frei. Diese beiden Sätze widersprechen sich einander ebensowenig, wie die beiden einander entgegengesetzten Behauptungen über die rechte und linke Seite, von denen früher die Rede war. Wer dem nicht zustimmen will, der übersicht oder vergißt, daß das eigene Wollen dem eigenen Erkennen niemals restlos untertänig ist, sondern ihm gegenüber stets das letzte Wort behält.

Es bleibt also dabei, daß wir auf den Versuch, die Motive unserer eigenen Willenshandlungen lediglich auf Grund des Kausalgesetzes, also auf dem Wege rein wissenschaftlicher Erkenntnis, vorauszubestimmen, grundsätzlich Verzicht leisten müssen, und damit ist ausgesprochen, daß kein Verstand und keine Wissenschaft genügt, um eine Antwort zu geben auf die wichtigste aller Fragen, die uns im persönlichen Leben überall bedrängen, die Frage: wie soll ich handeln?

Also scheidet mithin die Wissenschaft da, wo ethische Probleme ins Spiel kommen, ganz aus der Betrachtung aus? Eine einfache Überlegung zeigt, daß dies mit nichten zutrifft. Wir haben ja gleich anfangs gesehen, daß schon beim ersten Aufbau einer jeden Wissenschaft, bei der Frage nach der zweckmäßigen Einteilung, zwischen Erkenntnisurteilen und Werturteilen sich ein unlöslicher wechselseitiger Zusammenhang offenbart, und daß eine Wissenschaft niemals vollständig zu trennen ist von der Persönlichkeit des Forschers, der sie betreibt. Und gerade die neuere Physik hat uns einen Fingerzeig gegeben, der noch deutlicher in dieselbe Richtung weist. Sie hat uns gelehrt, daß man dem Wesen eines Gebildes nicht auf die Spur kommt, wenn man es immer weiter in seine Bestandteile zerlegt und dann jeden Bestandteil einzeln studiert, da bei einem solchen Verfahren oft wesentliche Eigenschaften des Gebildes verlorengehen. Man muß vielmehr stets auch das Ganze betrachten und auf den Zusammenhang der einzelnen Teile achten.

Nicht anders verhält es sich mit dem Inhalt des geistigen Lebens. Wissenschaft, Religion, Kunst lassen sich niemals vollständig voneinander trennen. Stets ist das Ganze noch etwas anderes als die Summe der einzelnen Teile. Das Nämliche gilt schließlich auch bei der Anwendung auf die ganze Menschheit. Es wäre eine lächerliche Einfalt, wenn man versuchen wollte, durch das Studium auch noch so vieler einzelner Menschen einen Begriff zu bekommen von den Eigentümlichkeiten ihrer Gesamtheit. Denn jeder Einzelne gehört zunächst einer Gemeinschaft an, seiner Familie, seiner Sippe und seinem Volke, einer Gemeinschaft, der er sich ein- und unterordnen muß und von der er sich niemals ungestraft loslösen kann. Daher ist auch jede Wissenschaft, ebenso wie jede Kunst und jede Religion, auf nationalem Boden erwachsen. Daß man dies eine Zeitlang vergessen konnte, hat sich an unserm Volke bitter genug gerächt.

Nun, das ist ja alles wohlbekannt, können Sie sagen, aber um das einzusehen, bedarf es nicht erst des Umweges über die Physik. Nein, ganz gewiß nicht. An dieser Stelle handelt es sich mir auch nur darum, festzustellen, daß die physikalische Wissenschaft hier keine Sonderstellung einnimmt, sondern in ganz dasselbe Ergebnis und in die nämliche Anschauung einmündet, wie jede andere Wissenschaft, so verschieden auch die Ausgangspunkte sein mögen. Die eigentliche Stärke ihrer Position zeigt nun aber die Physik bei der weiteren Entwicklung unseres Gedankenganges. Denn bei ihr tritt am klarsten und unzweideutigsten die Tendenz auf, sich von ihrem spezielleren Ursprung aus nach allen Richtungen zu erweitern und auszudehnen, ähnlich wie ein in gesundem Wachstum begriffener Baum das Bestreben hat, mit seinem Wipfel sich immer weiter in die Luft zu erheben und seine Zweige nach allen Seiten auszustrecken, während doch seine Wurzeln fest im Grunde haften bleiben. Eine Wissenschaft, die nicht fähig oder willens ist, über das eigene Volk hinauszuwirken, verdient nicht ihren Namen In dieser Beziehung hat es nun die Physik entschieden leichter als andere Wissenschaften. Denn daß die Naturgesetze in allen Ländern der Erde die nämlichen sind, kann niemand bestreiten. Daher braucht die Physik nicht erst um ihre internationale Bedeutung zu kämpfen, wie z. B. die Geschichtswissenschaft, bei der man sogar in Zweifel gezogen hat, ob es überhaupt einen Sinn habe, von dem idealen Ziel einer objektiven Geschichtsschreibung zu sprechen. Und wie die Wissenschaft, so hebt sich auch die Ethik über das einzelne Volk hinaus. Wie wäre auch sonst ein gesitteter Verkehr zwischen Angehörigen verschiedener Völker möglich? Auch auf diesem Gebiete ist die Stellung der Physik stark und entschieden. Ihre wissenschaftliche Widerspruchslosigkeit enthält unmittelbar die ethische Forderung der Wahrhaftigkeit und der Ehrlichkeit, die gleichfalls für alle Kulturvölker und für alle Zeiten Geltung besitzt und daher den Rang der ersten und vornehmsten Tugend beanspruchen darf. Ich glaube nicht zuviel zu sagen, wenn ich behaupte, daß eine Sünde gegen dieses sittliche Gebot in keiner Wissenschaft schneller entlarvt wird als gerade in der Physik.

In erschreckendem Gegensatz dazu steht die gedankenlose und bequeme Nachsicht, mit welcher derartige Sünden in unserem täglichen Leben hingenommen werden. Ich meine hier nicht die sogenannten konventionellen Lügen. Die sind im Grunde harmlos und im täglichen Umgang bis zu einem gewissen Grade wohl nicht gut zu entbehren. Denn durch eine konventionelle Lüge wird niemand getäuscht, eben weil sie konventionell ist. Das Unsittliche fängt erst da an, wo die Absicht besteht, den Angeredeten zu hintergehen, ihm unrichtige Vorstellungen beizubringen. In diesem Punkt unnachsichtlich zu säubern und namentlich selber mit gutem Beispiel voranzugehen sind in erster Linie diejenigen berufen, die an verantwortlichen Stellen zu wirken haben.

Von der Wahrhaftigkeit unzertrennlich ist die Gerechtigkeit, die ja nichts weiter bedeutet, als die widerspruchsfreie praktische Durchführung der sittlichen Beurteilung von Gesinnungen und Handlungen. Wie die Naturgesetze ehern und folgerichtig wirken, im Großen nicht anders wie im Kleinen, so verlangt auch das Zusammenleben der Menschen gleiches Recht für alle, für Hoch und Niedrig, Vornehm und Gering. Wehe einem Gemeinwesen, wenn in ihm das Gefühl der Rechtssicherheit ins Wanken kommt, wenn bei Rechtsstreitigkeiten die Rücksicht auf Stellung und Herkunft eine Rolle spielt, wenn der Wehrlose sich nicht mehr von oben geschützt weiß vor dem Zugriff des mächtigeren Nachbars, wenn offenbare Rechtsbeugungen mit fadenscheinigen Nützlichkeitsgründen bemäntelt werden. Für die Rechtssicherheit besitzt gerade der einfache Mann ein feines Empfinden. Nichts hat den großen König Friedrich volkstümlicher gemacht als das Märchen mit dem Müller von Sanssouci. In solcher Gesinnung ist Preußen und Deutschland groß geworden. Möge sie unserm Volke niemals verlorengehen! Ein jeder, der sein Vaterland liebt, hat die heilige Pflicht, an ihrer Erhaltung und Vertiefung mitzuarbeiten.

Freilich: über eines müssen wir uns von vornherein klar sein. Die erstrebte Wirkung, ein endgültig befriedigender Zustand, wird und kann niemals voll erreicht werden. Denn auch die beste und reifste ethische Weltanschauung führt uns nicht bis hin zum Ziel idealer Vollendung, sie kann uns immer nur die Richtung zeigen, in welcher das Ziel zu suchen ist. Wer das nicht beachtet, gerät leicht in die Gefahr, entweder der Mutlosigkeit zu verfallen oder aber an dem Wert der Ethik überhaupt zu zweifeln und dadurch, gerade wenn er ganz ehrlich gegen sich sein will, sogar zu Angriffen gegen sie getrieben zu werden. Die Philosophien der Ethik geben manche Beispiele dafür. Es ist eben in der Ethik genau wie in der Wissenschaft. Das Wesentliche ist nicht der stabile Besitz, sondern das Wesentliche ist der unaufhörliche, auf das ideale Ziel hin gerichtete Kampf, die tägliche und stündliche Erneuerung des Lebens, verbunden mit dem immer wieder von vorn beginnenden Ringen nach Verbesserung und Vervollkommnung.

Ist aber nicht, so müssen wir uns doch schließlich fragen, ein solch fortwährendes, im Grunde aussichtsloses Sichabmühen im höchsten Grade unbefriedigend? Hat denn eine Weltanschauung überhaupt noch einen Wert, wenn sie denen, die sich ihr hingeben, nicht irgendwo im Leben wenigstens einen einzigen festen Punkt aufzeigt, der in den steten Nöten und in der Unrast ihres Daseins einen unmittelbaren und bleibenden Halt gewährt?

Wir wollen uns glücklich preisen, daß diese Frage sehr wohl eine bejahende Antwort zuläßt. In der Tat: es gibt einen festen Punkt, einen sicheren Besitz, den in jedem Augenblick ein jeder, auch der geringste, sein eigen nennen kann, einen unverlierbaren Schatz, der dem denkenden und fühlenden Menschenkind sein höchstes Glück, den inneren Frieden gewährleistet und dem daher Ewigkeitswert innewohnt. Das ist — eine reine Gesinnung und ein guter Wille. Diese beiden geben den festen Ankergrund in den Stürmen des Lebens, sie sind die erste Voraussetzung für wahrhaft befriedigendes Handeln und zugleich das wirksamste Schutzmittel gegen die Qualen nagender Reue. Wie sie am Anfang einer jeden echt wissenschaftlichen Betätigung stehen, so bilden sie den untrüglichen Maßstab für den sittlichen Wert eines jeden einzelnen Menschen.

> Wer immer strebend sich bemüht,
> **Den können wir erlösen.**

Vom Wesen der Willensfreiheit.

(Vortrag, gehalten in der Ortsgruppe Leipzig der Deutschen Philosophischen Gesellschaft am 27. November 1936.)

Meine sehr verehrten Damen und Herren!

Nicht ohne ernste Bedenken habe ich es unternommen, der freundlichen und ehrenvollen Einladung Ihres Herrn Vorsitzenden Folge zu leisten und hier in der Ortsgruppe der Deutschen Philosophischen Gesellschaft über ein Thema zu sprechen, das ich im Laufe dieses Jahres schon zu verschiedenen Malen zu behandeln Gelegenheit hatte. Denn da sich seither an dem Stand des Problems der Willensfreiheit selbstverständlich nichts geändert hat, so werde ich nicht in der Lage sein, etwas sachlich Neues über dieses Thema vorzubringen. Und doch ist in gewisser Hinsicht inzwischen allerlei Neues hinzugekommen, das sind die verschiedentlichen kritischen Äußerungen teils zustimmender, teils aber auch ablehnender Art, die ich bezüglich des Inhalts und der Tragweite der von mir entwickelten Gedankengänge empfangen habe. Diese Äußerungen sind für mich selbstverständlich von großem Interesse und haben mir die Anregung zu einigen weiteren Überlegungen gegeben. Da kann ich eine Gelegenheit wie die heutige nur dankbar begrüßen, die mir die Möglichkeit gibt, diese Überlegungen vor einem größeren Kreise zu entwickeln, natürlich nicht, weil ich damit rechne, meine Herren Kritiker eines Besseren zu belehren, sondern weil ich hoffe, damit zur weiteren Klärung und genaueren Abgrenzung der einander entgegenstehenden Meinungen einiges beitragen zu können. Freilich muß ich ausdrücklich um Ihre Nachsicht bitten, wenn ich schon früher Gesagtes mit den nämlichen Worten wiederhole. Das liegt nun einmal in der Natur der Sache. Denn es handelt sich hier schließlich immer wieder um die nämliche Frage, die sich wohl jedem nachdenklich veranlagten Menschen gelegentlich aufdrängt, — die Frage, wie das in uns lebende Bewußtsein der Willensfreiheit, welches aufs engste gepaart ist mit dem Gefühl der Verantwortlichkeit für unser Tun und Lassen, in Einklang gebracht werden kann mit unserer Überzeugung von der kausalen Notwendigkeit alles Geschehens, die uns doch jeder Verantwortung zu entheben scheint.

Wie schwierig es ist, eine befriedigende Antwort auf diese Frage zu gewinnen, beweist der Umstand, daß einige namhafte Physiker gegenwärtig der Meinung sind, man müsse, um die Willensfreiheit zu retten, das Kausalgesetz zum Opfer bringen, und daher kein Bedenken tragen, die bekannte Unsicherheitsrelation der Quantenmechanik, als eine Durchbrechung des Kausalgesetzes, zur Erklärung der Willensfreiheit heranzuziehen. Wie sich allerdings die Annahme eines blinden Zufalls mit dem Gefühl der sittlichen Verantwortung zusammenreimen soll, lassen sie dahingestellt.

Demgegenüber habe ich schon vor mehreren Jahren zu zeigen versucht, wie man vom naturwissenschaftlichen Standpunkt aus, ohne die Voraussetzung einer universellen strengen Kausalität preiszugeben, sehr wohl zu einem Verständnis für die Tatsache der Willensfreiheit und des sittlichen Verantwortungsgefühls gelangen kann.

Dies des näheren auszuführen, soll der vornehmste Zweck meiner heutigen Darlegungen sein.

I.

Um für unsere Gedankengänge einen festen Ausgangspunkt zu gewinnen, beginnen wir mit einer wissenschaftlichen Betrachtung.

Wenn es die Aufgabe der Wissenschaft ist, bei allem Geschehen in der Natur oder im menschlichen Leben nach gesetzlichen Zusammenhängen zu suchen, so ist, wie wohl jeder zugeben muß, eine unerläßliche Voraussetzung dabei, daß ein solcher gesetzlicher Zusammenhang wirklich besteht und daß er sich in deutliche Worte fassen läßt. In diesem Sinn sprechen wir auch von der Gültigkeit eines allgemeinen Kausalgesetzes und von der Determinierung sämtlicher Vorgänge in der natürlichen und in der geistigen Welt durch dieses Gesetz.

Was heißt nun aber: ein Vorgang, ein Ereignis, eine Handlung erfolgt mit gesetzlicher Notwendigkeit, ist kausal determiniert? und wie stellt man die gesetzliche Notwendigkeit eines Vorganges fest? Ich wüßte nicht, wie man für die Notwendigkeit eines Vorganges einen deutlicheren und überzeugenderen Nachweis erbringen kann als dadurch, daß die Möglichkeit besteht, das Eintreten des betreffenden Vorganges vorauszusehen. Die Frage nach dem Wesen und nach dem Ursprung der Kausalität kann dabei ganz offenbleiben. Es genügt uns hier allein die Feststellung, daß ein Vorgang, welcher mit Sicherheit vorausgesehen werden kann, irgendwie kausal determiniert ist, und umgekehrt, daß, wenn man von kausaler Gebundenheit eines Vorganges redet, dies immer zugleich auch in sich schließt, daß das Eintreten des Vorganges vorausgesehen werden kann, natürlich nicht von jedermann, wohl aber von einem Beobachter, der die nötigen Kenntnisse aller einzelnen Umstände besitzt, die zu Beginn des Vorganges vorliegen, und der außerdem mit einem hinreichend scharfen Verstande ausgerüstet ist. Selbstverständlich darf dieser Beobachter nicht irgendwie aktiv in den Verlauf des Vorganges eingreifen, sondern er muß seine Voraussage machen können allein auf Grund der ihm bekannten Tatsachen und Bedingungen, welche den Vorgang auslösen.

Auf die heikle Frage, ob es einen so scharfsinnigen und sich vollkommen passiv verhaltenden Beobachter in Wirklichkeit stets geben kann, und wenn ja, wie er sich in jedem Fall die erforderlichen Kenntnisse verschafft, will ich hier nicht eingehen. Sie würde in eine besondere Untersuchung des Sinnes und der Gültigkeit des Kausalgesetzes hineinführen, die für die Behandlung des heutigen Themas nicht wesentlich ist. Für unseren gegenwärtigen Zweck genügt es vollkommen, festzustellen, daß die gedankliche Einführung eines Beobachters von der geschilderten Beschaffenheit weder auf einen logischen noch auf einen empirischen Widerspruch führt.

II.

Indem wir nun, entsprechend dem Gesagten, das Bestehen eines festen kausalen Zusammenhanges bei allen Vorgängen in der Natur und in der Geisteswelt zur Voraussetzung unserer Betrachtung machen, wollen wir uns im folgenden speziell auf menschliche Willenshandlungen beziehen. Denn es versteht sich, daß von einer universalen Kausalität nicht die Rede sein könnte, wenn sie an irgendeiner Stelle durchbrochen würde, wenn also nicht auch die Vorgänge im bewußten und unterbewußten Seelenleben, die Gefühle, Empfindungen, Gedanken, und schließlich auch der Wille dem Kausalgesetz in dem vorhin festgelegten Sinne unterworfen wären. Wir nehmen also an, daß auch der menschliche Wille kausal determiniert ist, d. h. daß in jedem Falle, wo jemand in die Lage kommt, entweder spontan oder auch nach längerer Überlegung einen bestimmten Willen zu äußern oder eine bestimmte Entscheidung zu treffen, ein hinreichend scharfsinniger, aber sich vollkommen passiv verhaltender Beobachter imstande ist, das Verhalten des Betreffenden vorauszusehen. Wir können uns das so vorstellen, daß vor dem Auge des erkennenden Beobachters der Wille des Beobachteten zustande kommt durch das Zusammenwirken einer Anzahl von Motiven oder Trieben, die in ihm, sei es bewußt oder unbewußt, mit verschiedener Stärke nach verschiedenen Richtungen sich geltend machen, und die sich zu einem bestimmten Ergebnis zusammensetzen, ähnlich wie in der Physik verschiedene Kräfte sich zu einer bestimmten resultierenden Kraft vereinigen. Freilich ist das wechselseitige Spiel der sich nach allen Richtungen durchkreuzenden Willensmotive unvergleichlich viel feiner und verwickelter als das von Naturkräften, und es ist ungeheuer viel verlangt von der Intelligenz des Beobachters, wenn er imstande sein soll, alle einzelnen Motive nach ihrer kausalen Bedingtheit zu erkennen und in ihrer Bedeutung richtig zu würdigen. Ja, wir müssen zugeben, daß sich unter den tatsächlich lebenden Menschen sicherlich kein solch feiner Beobachter finden lassen wird. Aber wir haben ja schon ausdrücklich festgestellt, daß wir an diese Schwierigkeit hier nicht rühren wollen, da es vollkommen genügt, uns daran zu halten, daß von logischer Seite die Voraussetzung eines mit beliebig hohem Scharfsinn begabten Beobachters keinerlei Bedenken unterliegen kann.

In der Tat bildet, wie wohl zu beachten ist, diese Voraussetzung die Grundlage und den Ausgangspunkt einer jeden wissenschaftlichen

Untersuchung, sowohl in der Geschichtswissenschaft als auch in der Psychologie; denn ebenso wie der Historiker jedes geschichtliche Ereignis, jede Willenshandlung einer historischen Persönlichkeit als gesetzlich bedingt durch deren Eigenart und durch vorliegende Umstände zu deuten sucht und die zurückbleibenden Lücken niemals einem Durchbrechen der Kausalität, d. h. dem Zufall, sondern stets einer mangelnden Einsicht in die tatsächlichen Verhältnisse zuschreibt, so stellt sich auch der Psychologe bei allen seinen Versuchen und Beobachtungen nach Möglichkeit auf den Standpunkt des alles durchschauenden Beobachters, der aber absolut passiv bleiben muß. Denn jede, auch eine unbeabsichtigte Einflußnahme auf die Gedankenrichtung des Beobachteten würde den zu erforschenden Kausalzusammenhang stören und die aus den Beobachtungen gezogenen Schlüsse fälschen. Ja, allein schon der Umstand, daß die Versuchsperson davon Kenntnis hat, daß sie beobachtet wird, kann bekanntlich zu einer verhängnisvollen Fehlerquelle werden.

Aber nicht allein in der Wissenschaft, auch im praktischen Leben machen wir fortwährend von der Voraussetzung der Gültigkeit eines streng kausalen Determinismus Gebrauch. Denn im Verkehr mit unseren Mitmenschen richten wir unsere Handlungen immer danach ein, daß eine bestimmte Äußerung unsererseits eine bestimmte Wirkung auf ihre Willensrichtung ausüben soll. Je besser wir einen Menschen kennen, um so sicherer ist unser Urteil über sein Verhalten, und wenn er sich anders benimmt als wir erwarten, so schieben wir das nicht auf eine Lücke im Kausalzusammenhang, sondern auf die Wirkung besonderer uns vorher nicht bekannter oder nicht genügend beachteter Umstände. Auch solche Äußerungen, die wir als Willkür oder Laune bezeichnen, führen wir nicht auf einen Zufall, sondern immer auf eine bestimmte eigentümliche Veranlagung der betreffenden Persönlichkeit zurück. In keinem Falle kommen wir vorwärts ohne die Annahme einer durchgehenden Kausalität.

III.

Bei unseren weiteren Überlegungen wird es für die Deutlichkeit von Vorteil sein, wenn wir ein spezielles Beispiel zur Betrachtung heranziehen. Denken wir uns also etwa, ein unschuldig Verfolgter sei von einem ihm nahestehenden mutigen Freunde heimlich an einen verborgenen Platz gebracht worden, wo er sich einstweilen sicher fühlen kann, und dieser Freund werde von den Verfolgern aufgesucht und nach dem Aufenthaltsort seines Schützlings befragt. Wie wird er sich verhalten? Wenn er eine ethisch hochstehende Persönlichkeit ist, wird seine Wahrheitsliebe mit seiner Freundestreue in Konflikt geraten. Da die Erteilung einer sachgemäßen Antwort auf die gestellte Frage den Freund sicherlich ins Verderben bringen würde, so könnte er, um bei der Wahrheit zu bleiben, vielleicht auf den Gedanken kommen, eine Antwort zu verweigern und im übrigen alles zu versuchen, um die Unschuld des Verfolgten ans

Licht zu bringen. Aber der Erfolg wäre dann vielleicht nur der, daß man dann Zwangsmaßnahmen gegen ihn selber anwenden würde, um ihn zu einer Aussage zu bewegen. Viel einfacher und für die Rettung seines Schützlings aussichtsvoller wäre es, wenn er durch eine Lüge die Verfolger irreführte und statt des richtigen Verstecks eine weit davon entfernte Örtlichkeit nennen würde. Dann wäre wenigstens zunächst einmal Zeit gewonnen. Auch andere Verhaltungsmöglichkeiten bieten sich ihm dar. Er könnte z. B. antworten, daß er den Aufenthaltsort nicht kenne, oder er könnte die Antwort hinauszögern, oder er könnte auch überhaupt nicht antworten und sich taub stellen. Für jede dieser Verhaltungsmaßregeln ließe sich einiges anführen, aber jede hat auch ihre Nachteile. So treffen und kreuzen sich in den Gedanken des Befragten eine große Anzahl von Überlegungen, deren jede einen Beitrag zu den für seinen Entschluß maßgebenden Motiven liefert und die er gegeneinander abwägen wird. Aber nicht diese Überlegungen allein sind es, welche schließlich die Willensentscheidung herbeiführen. Hinzu kommt noch ein zahlreiches Heer von Motiven und Trieben, die dem Überlegenden nur dunkel oder überhaupt nicht bewußt werden. Das sind gewisse, seinem Charakter oder seinem Temperament entspringende, durch die Aufregung vielleicht noch gesteigerte Gemütsstimmungen, Impulse oder auch Hemmungen, über die er sich keine klare Rechenschaft ablegt, die aber doch in dem Kampf der Motive von sehr bedeutendem Einfluß sein können.

Wie zahlreich und verwickelt dieses Spiel der Kräfte sein mag, vor dem Auge des von uns vorausgesetzten alles dieses durchschauenden Beobachters kommt durch das Zusammenwirken sämtlicher Motive — ich benütze hier, wie auch im folgenden, das Wort „Motiv" der Bequemlichkeit halber in einem allgemeineren Sinn als üblich — ein ganz bestimmtes von ihm vorauszusehendes Ergebnis zustande, und die Willensentscheidung des Beobachteten wird sich genau nach diesem Ergebnis richten. Das ist die Forderung des allgemeinen Gesetzes der Kausalität. —

Wie aber nun, wenn der Beobachter dem in seinen Überlegungen Begriffenen, unmittelbar bevor dieser zu seinem Ergebnis gelangt, das Zustandekommen desselben in allen Einzelheiten mitteilt? Wird dieser auch dann seine Entscheidung stets im Sinn der empfangenen Aufklärung treffen? Das darf man gewiß nicht behaupten. Denn mit einer solchen Mitteilung tritt der Beobachter aus seiner Passivität heraus, er greift in den kausalen Verlauf des beobachteten Vorganges ein, und in der Tat wird dadurch der Beobachtete vor eine neue Situation gestellt. Vor allem erfährt er etwas Neues über die Motive, die ihn bei seinen Überlegungen geleitet haben, er wird z. B. darüber aufgeklärt, ob bei der Entscheidung, die er getroffen haben würde, wenn er die Mitteilung nicht empfangen hätte, bewußte oder unterbewußte Motive in Wirklichkeit die Hauptrolle gespielt haben, und auf Grund dieser neu gewonnenen Erkenntnis wird er seine frühere Entscheidung überprüfen und eventuell abändern können, wobei dann wieder ganz ähnliche Überlegungen wie früher einsetzen werden, nur daß jetzt teilweise andere, aus der neu gewonnenen Erkenntnis geborene Motive auftreten. Und es kann keinem Zweifel unterliegen, daß der Beobachter auch dieses Mal den kausalen Zusammenhang durchschauen wird, daß er also auf Grund seiner genauen Kenntnis der Persönlichkeit des Beobachteten und der Begleitumstände genau voraussehen kann, wie dieser auf die ihm gemachte Mitteilung reagieren wird. Aber er wird nur dann sicher in der vorausgesehenen Weise reagieren, wenn er nicht abermals vorher eine Mitteilung darüber vom Beobachter empfängt. Sonst tritt wiederum eine neue Situation für ihn ein, und es ist leicht zu sehen, daß dies Spiel ohne Ende weitergeht. Niemals wird man mit Sicherheit behaupten dürfen, daß die Willensentscheidung des Beobachteten von einer neuen, ihm unmittelbar vorher zugegangenen Aufklärung unbeeinflußt bleiben wird, und stets wird sein Verhalten von dem Beobachter vorauszusehen sein. Denn einerseits ist der Beobachtete, wenn er auch von dem Beobachter restlos durchschaut wird, diesem doch nie und nimmer Gehorsam schuldig, es liegt ganz in seinem Ermessen, ob er seine Willensrichtung gemäß der ihm gemachten Mitteilung einstellt oder nicht, und auf der anderen Seite erkennt der Beobachter in jedem Falle das Verhalten des Beobachteten in seiner kausalen Bedingtheit und vermag vorauszusehen, ob dieser, vielleicht aus Laune, vielleicht aus einem gewissen Widerspruchsgeist heraus, sich in Gegensatz zu der ihm gemachten Mitteilung stellen wird oder nicht. Wesentlich dabei ist der Umstand, daß der Beobachtete durch jede neue Aufklärung vor eine neue Tatsache gestellt wird, die ihn zu einer Revision der bisher angestellten Überlegungen veranlaßt, wobei dann immer wieder neue Willensmotive auftreten können. Das führt uns weiter zu dem Schluß, daß es niemandem, auch durch noch so viele Aufklärungen, möglich ist, so klug zu werden, daß er nichts Neues mehr erfahren kann — eine Folgerung, gegen die wohl gerade die tiefsten Denker am wenigsten einzuwenden haben werden.

IV.

Um unserem Hauptproblem näherzukommen, wollen wir jetzt den tatsächlichen Verhältnissen besser Rechnung tragen und den bisher angenommenen idealisierten, absolut hellsichtigen Beobachter ersetzen durch einen im wirklichen Leben stehenden Menschen, indem wir uns die Frage stellen, inwieweit ein solcher Mensch imstande ist, menschliche Willenshandlungen in ihrer kausalen Bedingtheit zu verstehen. Gegenüber den bisher von uns benutzten Voraussetzungen sind dann zwei wesentliche Unterschiede zu berücksichtigen. Erstlich ist zu beachten, daß, auch bei einem Beobachter von hervorragendem Verstande, von einem restlosen Durchschauen aller Willensmotive des Beobachteten und also auch von einer genauen Voraussage seiner Willensentscheidungen nicht mehr die Rede sein kann, sondern nur noch von einer mehr oder minder begründeten Erwartung. Je überlegener in geistiger Hinsicht sich der Beobachter dem Beobachteten gegenüber fühlen darf, um so sicherer wird er seine Voraussage gestalten können, und offensichtlich gibt es hier keine bestimmt angebbare Grenze. Prinzipiell genommen steht nichts im Wege, die Intelligenz des Beobachters im Vergleich zu der des Beobachteten so hoch anzunehmen, daß seine Voraussage einen beliebigen Grad von Genauigkeit erreicht.

Hierzu tritt aber noch ein zweiter Unterschied. Es ist für einen Beobachter im wirklichen Leben häufig gar nicht möglich, die Rolle der Passivität, deren Innehaltung, wie wir sahen, für die Erkenntnis des Kausalzusammenhanges der beobachteten Vorgänge eine absolut nötige Vorbedingung ist, völlig zu wahren. Denn in vielen Fällen bedarf es, um sich zunächst einmal die nötige Einsicht in die vorliegenden Verhältnisse zu verschaffen, gewisser Sondierungen oder Stichproben, welche häufig eine Störung der zu untersuchenden Verhältnisse zur Folge haben. Hier ist also von vornherein die größte Vorsicht geboten, und wir werden sehen, daß wir hier gerade in dem wichtigsten Falle nicht nur auf eine tatsächliche, sondern auf eine prinzipielle Grenze stoßen.

Dieser wichtigste Fall, zu dem wir jetzt übergehen wollen, ist die Beobachtung der eigenen Willenshandlungen. Inwieweit sind wir imstande, eine eigene Willenshandlung in ihrer kausalen Bedingtheit zu begreifen? Offenbar gibt es dafür keine andere Möglichkeit, als daß wir unser Ich in zwei Teile zu spalten suchen: das erkennende Ich und das wollende Ich, und dem ersten die Rolle des Beobachters, dem zweiten die des Beobachteten zuweisen. Dann ergibt sich auf den ersten Blick ein wesentlicher Unterschied, je nachdem die betreffende Willenshandlung der Vergangenheit oder der Zukunft angehört. Im ersten Fall, wenn die Handlung bereits vollzogen ist, trifft die Bedingung der Passivität des Beobachters ohne weiteres zu. Denn da in diesem Falle das wollende Ich der Zeit nach vorausgeht und das erkennende Ich erst hinterdrein kommt, ist ein kausaler Eingriff des Beobachters in den Ablauf des zu untersuchenden Vorganges ausgeschlossen. In der Tat liegen unsere früheren Willenshandlungen, wie alle vergangenen Ereignisse, fertig und abgeschlossen vor unserem inneren Auge, wir können sie als ein unveränderliches Objekt betrachten und es ist nur eine Frage der größeren oder geringeren Ausbildung unserer Kenntnisse und unseres Urteilsvermögens, inwieweit und auf welchem Wege wir hinterher zu einem Verständnis ihres kausalen Zusammenhangs, also ihrer Entstehung aus Willensmotiven, bewußten wie auch unterbewußten, vordringen können. Wenn auch zwischen unserem wirklichen Erkenntnisvermögen und dem des früher vorausgesetzten idealisierten Beobachters noch ein himmelweiter Unterschied besteht, so ist er doch nur praktischer und nicht prinzipieller Natur. Insofern darf man sagen, daß die vollständige Erkenntnis des kausalen Ablaufs eigener vergangener Willenshandlungen einschließlich ihrer dunkelsten Motive wenigstens grundsätzlich durchaus im Bereich der Möglichkeit gelegen ist.

Ganz anders wird nun aber die Sache, wenn unsere Willenshandlung in der Zukunft liegt; denn dann ist es mit der Passivität des Beobachters vorbei. Vielmehr verschmelzen dann Beobachter und Beobachteter, das erkennende Ich und das wollende Ich, miteinander in unserem Selbstbewußtsein, und es kann keine Rede davon sein, daß der Beobachter sich jeder kausalen Einwirkung auf den Beobachteten enthält. Es ist eine gefährliche Selbsttäuschung, zu meinen, daß es möglich sei, seinen eigenen zukünftigen Willenshandlungen gegenüber die Rolle des unbeteiligten, gewissermaßen von hoher Warte herabschauenden Beobachters zu spielen und sich auf sogenanntes reines Schauen zu beschränken. Gewiß können wir über die Ursachen unserer eigenen früheren oder späteren Handlungen rein verstandesmäßig nachdenken, und insofern ist eine fiktive Spaltung des eigenen Ich in einen erkennenden und einen wollenden und handelnden Teil bis zu einem gewissen Grade durchführbar. Aber in dem Augenblick, wo wir bewußt eine Entscheidung treffen, sind die beiden Ich miteinander verschmolzen; daher ist gerade für diesen Augenblick ihre auch nur gedankliche Trennung eine logische Unmöglichkeit, eine contradictio in adjecto. Was daraus für unser Problem folgt, zeigt sich am deutlichsten, wenn wir in Gedanken eine Selbstbeobachtung vornehmen, indem wir, ausgehend von der Voraussetzung der strengen Gültigkeit des Kausalgesetzes, durch schrittweises Vordringen das Zustandekommen einer zukünftigen Willenshandlung zu ergründen suchen.

Die Frage ist: Können wir, wenigstens grundsätzlich, unsere eigenen gegenwärtigen Willensmotive so genau und vollständig durchschauen, daß wir imstande sind, die aus ihrer Wechselwirkung notwendig entspringenden Willensentscheidungen mit Sicherheit vorauszusehen? Versetzen wir uns also einmal in die Lage des in unserem früheren Beispiel betrachteten Mannes, der sich überlegt, wie er sich einer ihm vorgelegten peinlichen Frage gegenüber verhalten soll. Wir werden, wie er, alle verschiedenen sich darbietenden Möglichkeiten ins Auge fassen, sie einzeln in bezug auf ihre Vorteile und Nachteile prüfen und daraus die entsprechenden Willensmotive nach Richtung und Stärke abzuleiten suchen. Bei diesem Verfahren üben wir die Tätigkeit eines Beobachters, welcher von außen die sich im Geiste des Überlegenden abspielenden Vorgänge durchschaut und das Entstehen der einzelnen einander bekämpfenden Willensmotive kontrolliert. Aber dieser Beobachter verhält sich nun durchaus nicht passiv. Vielmehr teilt er das Ergebnis jedes einzelnen Befundes sofort dem Beobachteten mit, und es entsteht dadurch ein Zustand von ähnlicher Art wie der früher in dem entsprechenden Fall geschilderte. Jede neu gewonnene Erkenntnis löst, wie wir das ausführlich gesehen haben, ein neues Willensmotiv aus, und die Erkenntnis dieses Motivs schafft abermals eine neue Situation, in endloser Folge, und da der Beobachtete, das wollende Ich, dem Beobachter, dem erkennenden Ich, keinen Gehorsam schuldig ist, so wird man niemals mit Sicherheit behaupten können, daß die schließliche Willensentscheidung im Sinne der zuletzt gewonnenen Erkenntnis ausfallen wird, vielmehr werden stets auch unterbewußte Willensmotive dabei mitwirken. Die Selbsterkenntnis hat hier eine prinzipielle Grenze. Während also ein kausales Verständnis für die eigene Vergangenheit, wie wir sahen, wenigstens grundsätzlich wohl möglich ist, bleibt eine vollkommene Einsicht in die eigenen gegenwärtigen Willensmotive und mit ihr ein kausales Verständnis für die eigene Zukunft für immer unerreichbar.

Daher befinden sich alle diejenigen, welche in einer solchen Einsicht das Wesen der Willensfreiheit erblicken, nach meiner Meinung in einem grundsätzlichen Irrtum. Ja, selbst wenn man die Gewinnung dieser Einsicht als ein zwar praktisch unerreichbar fernes, aber doch prinzipiell zu erstrebendes Ziel auffassen wollte, würde man damit dem Wesen der Willensfreiheit doch nicht näherkommen. Denn die Willensfreiheit ist nicht unnahbar fern, sie ist in jedem von uns unmittelbar gegenwärtig und verbürgt durch das mit ihr aufs engste verknüpfte Bewußtsein der sittlichen Verantwortung, das uns bei allem unseren Tun und Lassen täglich und stündlich bedrängt. Und sie steht mit der Einsicht in unsere Willensmotive, wie mir scheinen will, gerade in umgekehrtem Verhältnis. Denn je genauere Einsicht wir in die kausale Bedingtheit unserer Willensmotive gewinnen, desto mehr schwindet das Gefühl der Verantwortung für die Folgen einer zu treffenden Willensentscheidung. Eine vollkommene Einsicht in die eigenen Willensmotive würde daher nach meiner Meinung die Freiheit des Willens geradezu aufheben. Wer alle seine Willensmotive nach Stärke und Richtung wirklich vollständig kennte, wäre der Mühe jeder weiteren Überlegung enthoben und würde die schließliche Entscheidung als notwendig empfinden. Aber so weit wird und kann es ja niemals kommen. Denn mag der sinnende Mensch die Motive einer von ihm vorzunehmenden Handlung noch so genau und vollständig gegeneinander abwägen, im entscheidenden Augenblick hindert ihn nichts, die Kette seiner Schlußfolgerungen doch noch zu durchbrechen und plötzlich gerade das Gegenteil von dem zu tun, was er vorher nach langen Überlegungen als richtig befunden hatte. Wer von uns hat das nicht schon an sich selbst erfahren? Dieses Bewußtseinserlebnis wirft alle gegenteiligen Theorien über den Haufen.

So beruht also die Willensfreiheit im Grunde auf einer Unvollkommenheit unseres Erkenntnisvermögens? Nichts wäre verkehrter als eine derartige Ausdrucksweise. Denn es wird doch gewiß niemand die begriffliche Unmöglichkeit, die Vorgänge im eigenen Unterbewußtsein endgültig zu durchschauen, einem Mangel des Erkenntnisvermögens zuschreiben wollen, ebensowenig wie man den Umstand, daß ein Schnelläufer trotz aller Steigerung seines Tempos sich niemals selber überholen kann, auf eine Unvollkommenheit seiner Leistung zurückführen wird.

Nein, die Freiheit des Willens beruht ebensowenig auf einer Unvollkommenheit des Erkenntnisvermögens, wie auf einer vollkommenen Einsicht in die eigenen Willensmotive. Sie beruht auch nicht, wie jetzt vielfach behauptet wird, auf einer Lücke im Kausalzusammenhang, sondern sie beruht auf dem Umstand, daß der Wille eines Menschen seinem Verstande vorgeht, oder, wie man auch sagen kann, daß sein Charakter mehr wiegt als sein Intellekt. Der Wille läßt sich vom Verstand wohl beeinflussen, aber niemals vollständig beherrschen. Wie tief auch die verstandesmäßige Einsicht in das Dunkel der eigenen Willensmotive eindringen mag, bei der Endentscheidung ist der Wille souverän und gibt den Ausschlag unabhängig vom Verstand. Für die tiefe Wahrheit dieses Satzes wüßte ich keine treffendere Illustration als jenen Ausspruch, mit dem einmal eine Dame, allerdings schon vor Jahren, eine ihr zuteil gewordene gründliche wissenschaftliche Aufklärung quittierte: „Ja, das habe ich jetzt alles sehr gut verstanden. Aber glauben tue ich's doch nicht."

Bei alledem bleibt doch unser Wille ebenso wie unser Charakter streng kausal bedingt. Wir müssen nur, damit das Kausalgesetz einen Sinn hat, die Möglichkeit eines Beobachters voraussetzen, der unseren gesamten körperlichen und seelischen Zustand, den bewußten und den unterbewußten, restlos zu durchschauen vermag. Wer aber so kurzsichtig oder so überheblich ist, daß er einen solchen Beobachter für undenkbar erklärt, der beweist damit nur, daß es ihm entweder an der Einbildungskraft oder an der Ehrfurcht mangelt, welche nun einmal für die Eignung zu einer ersprießlichen Beschäftigung mit den tiefsten Fragen der Erkenntnis und der Ethik unerläßliche Voraussetzung ist.

V.

Nach dem Ergebnis unserer Untersuchung ist der Gegensatz zwischen strenger Kausalität und Willensfreiheit nur ein scheinbarer, die Schwierigkeit liegt lediglich in der sinngemäßen Formulierung des Problems. Denn die Antwort auf die Frage, ob der Wille kausal gebunden ist oder nicht, lautet verschieden, je nach dem Standort, der für die Betrachtung gewählt wird. Von außen, objektiv betrachtet, ist der Wille kausal gebunden; von innen, subjektiv betrachtet, ist der Wille frei. Oder anders gefaßt: Fremder Wille ist kausal gebunden, jede Willenshandlung eines andern Menschen läßt sich, wenigstens grundsätzlich, bei hinreichend genauer Kenntnis der Vorbedingungen, als notwendige Folge aus dem Kausalgesetz verstehen und in allen Einzelheiten vorausbestimmen. Inwieweit das praktisch geschehen kann, ist lediglich eine Frage der Intelligenz des Beobachters. Der eigene Wille dagegen ist nur für vergangene Handlungen kausal verständlich, für zukünftige Handlungen ist er frei, eine eigene zukünftige Willenshandlung läßt sich unmöglich, auch bei noch so hoch ausgebildeter Intelligenz, rein verstandesmäßig aus dem gegenwärtigen Zustand und den Einflüssen der Umwelt ableiten.

Gegen diese Formulierung ist ein Einwand naheliegend, den ich hier einer genaueren Betrachtung unterziehen möchte. Man hat etwa folgendes geltend gemacht: Nachdem zu Anfang unserer Betrachtungen das Kausalgesetz als Voraussetzung jeder wissenschaftlichen

Untersuchung eingeführt und für alle Willenshandlungen als streng gültig befunden worden sei, werde nachträglich doch wieder der Indeterminismus durch eine Hintertür hereingelassen und ihm ein gewisser Platz eingeräumt. Darin liege ein Widerspruch oder zum mindesten eine Unklarheit. Denn entweder sei der Wille determiniert oder er sei nicht determiniert, ein Drittes gäbe es nicht

Um diesen Einwand, der nur auf einer unzulässigen Vermengung verschiedener Betrachtungsweisen beruht, zu entkräften, möchte ich zunächst an einen einfachen Fall aus der Physik anknüpfen Es ist bekannt, daß eine jede quantitative Aussage über ein raumzeitliches Geschehnis nur dann einen bestimmten Sinn hat, wenn das Bezugssystem angegeben ist, für das sie gelten soll. Je nach der Wahl des Bezugssystems, die von vornherein ganz beliebig erfolgen kann, lautet die Aussage verschieden. Nimmt man z. B. ein mit unserer Erde fest verbundenes Bezugssystem, so muß man sagen, daß die Sonne sich am Himmel bewegt; verlegt man dagegen das Bezugssystem auf einen Fixstern, so befindet sich die Sonne in Ruhe. In dem Gegensatz dieser beiden Formulierungen liegt weder ein Widerspruch noch eine Unklarheit, es handelt sich nur um zwei verschiedene Betrachtungsweisen. Nach der physikalischen Relativitätstheorie, die gegenwärtig wohl zum gesicherten Besitzstand der Wissenschaft gerechnet werden kann, sind die beiden Bezugssysteme und die ihnen entsprechenden Betrachtungsweisen gleich korrekt und gleich berechtigt, es ist grundsätzlich unmöglich, ohne Anwendung von Willkür durch irgendwelche Messungen oder Rechnungen zwischen ihnen eine Entscheidung zu treffen.

Wenn wir nun zu unserem Thema zurückkehren, so finden wir auch hier zwei verschiedene Betrachtungsweisen, die von vornherein gleichberechtigt nebeneinanderstehen, und zwischen denen wir uns nach freier Wahl entscheiden müssen, ehe wir eine bestimmte Aussage über die Willensfreiheit machen können. Die objektive Betrachtungsweise, wie sie die Wissenschaft anwenden muß, entspricht dem Standpunkt des absolut passiv bleibenden Beobachters. Für ihn herrscht das Kausalgesetz in voller Allgemeinheit, der menschliche Wille ist, wie jegliches Geschehen, streng determiniert. Das gilt bis hinauf zu den feinsten Vorgängen in der Welt des Geistes. Allerdings bedarf es für das kausale Verständnis genialer schöpferischer Leistungen einer Intelligenz von unbegreiflich hoher, von göttlicher Art, aber in der Annahme einer solchen sehe ich keine grundsätzliche Schwierigkeit. Vor Gott verhalten sich auch unsere größten Geistesheroen wie primitive Wesen. Das nimmt diesen einzigarten Persönlichkeiten nichts von dem Schimmer des Geheimnisses, das sie für uns umgibt, und nichts von der erhabenen Höhe, in die wir zu ihnen hinaufblicken.

Aber der objektiv-wissenschaftliche Standpunkt, der Standpunkt der höchsten Intelligenz, ist nicht der einzig berechtigte oder gar der selbstverständliche Er ist nicht einmal der ursprüngliche; denn er muß erst mehr oder weniger mühsam erarbeitet werden. Ganz ebenso berechtigt und sogar unmittelbar gegeben ist der subjektiv-persönliche Standpunkt, der allerdings für jeden von uns ein verschiedener ist und daher für wissenschaftliche Betrachtungen nicht ausreicht. Von ihm, d. h. von uns selbst aus gesehen, ist, wie wir ausdrücklich festgestellt haben, der eigene Wille undeterminierbar, also frei. Dieser Satz steht mit der objektiven Determiniertheit des Willens ebensowenig in Widerspruch, wie die oben besprochene subjektive Bewegung der Sonne mit ihrer objektiven Ruhe. Bei der Selbstbeobachtung handelt es sich ja nicht darum, daß wir frei s i n d , sondern darum, daß wir uns frei f ü h l e n. Mag man diese Art von Freiheit immerhin als eine Illusion bezeichnen. Dann ist aber überhaupt jedes Gefühl eine Illusion. Denn auch die Gefühle lassen sich niemals objektiv-wissenschaftlich erfassen, sie können nur persönlich erlebt werden, und wenn sie erlebt werden, sind sie einfach unmittelbar gegeben und tun ihre Wirkung, einerlei wie von andern über sie geurteilt wird. —

Nach allem diesem erscheint der Streit um die Willensfreiheit im Grunde als ein Streit um die Betrachtungsweise. Ein eigentliches Problem, das einer bestimmten endgültig abschließenden Lösung fähig wäre, liegt nach meiner Meinung gar nicht vor, und daran wird sich auch wohl nichts ändern, so lange es wollende und denkende Menschen auf Erden gibt.

VI.

Unsere Überlegungen haben uns zu der Feststellung geführt, daß die kausale Betrachtung gerade an demjenigen Punkt versagt, der uns für unsere Lebensführung der allerwichtigste ist. Keine Wissenschaft, keine Selbsterkenntnis vermag uns restlos darüber aufzuklären, wie wir selber in einer bestimmten Lebenslage handeln werden. Hierzu bedürfen wir eines anderen Führers, eines Führers, der nicht nur auf unseren Verstand, sondern auch direkt auf unseren Willen wirkt, indem er uns in gegebenen Fällen bestimmte Richtlinien für unser Verhalten aufweist. Daher tritt hier zu der Wissenschaft als notwendige Ergänzung der von ihr gelassenen Lücke die Ethik. Sie fügt zu dem kausalen „Muß" das sittliche „Soll", sie setzt neben die reine Erkenntnis das Werturteil, welches der kausalen wissenschaftlichen Betrachtung an sich fremd ist.

Den Inhalt der Ethik befriedigend zu fassen ist wohl das wichtigste und schwierigste Problem, das dem menschlichen Geist gestellt ist. Seit Anbeginn der menschlichen Kultur haben die tiefsten Denker daran gearbeitet. Ich darf mir nicht anmaßen, einen weiteren Beitrag dazu liefern zu wollen, ich bin kein Ethiker und fühle mich auch nicht berufen, einer zu werden. Doch liegt mir daran, in diesem Zusammenhang noch einige Ausführungen zu machen über das, was sich vom wissenschaftlichen Standpunkt aus über die Bedeutung und den Inhalt der Ethik sagen läßt. Denn wenn die Ethik auch nicht in der Wissenschaft wurzelt, so läßt sie sich doch auch nicht vollständig von ihr loslösen und darf sich auf keinen Fall mit ihr in Widerspruch setzen. So gibt es vieles, was die Ethik mit der Wissenschaft gemeinsam hat, und auch wieder vieles, was sie voneinander trennt.

Während es nur eine einzige, allen Kulturvölkern gemeinsame Wissenschaft gibt, woran auch die Tatsache nichts ändert, daß eine jede Wissenschaft auf nationalem Boden erwächst, sind im Laufe der Jahrhunderte und Jahrtausende zahlreiche verschiedene Systeme der Ethik aufgestellt worden, die oft miteinander in scharfem Wettbewerb getreten sind. Ja, selbst innerhalb eines nach Ort und Zeit genau abgegrenzten Kulturkreises kämpfen verschiedene ethische Theorien miteinander. Ich brauche nur an den Gegensatz zwischen bürgerlicher und politischer Moral zu erinnern. Es ist eben viel leichter, zwischen „wahr" und „falsch" zu unterscheiden, als zwischen „wertvoll" und „wertlos".

Welches ist denn nun aber das entscheidende Kennzeichen für den Wert einer Ethik? — Auf diese Frage kann es nach meiner Meinung nur eine einzige Antwort geben. Diejenige Ethik ist die wertvollste, welche sich im praktischen Leben auf die Dauer am besten bewährt; ebenso wie in der Wissenschaft immer diejenige Theorie den Vorzug verdient, welche der Erfahrung am besten angepaßt ist. Von dieser Wahrheit durchdrungen haben die großen Ethiker aller Zeiten es als ihre wichtigste Aufgabe empfunden, ihrer Lehre zur praktischen Betätigung in der Welt zu verhelfen, wobei sie vor allem selber mit dem eigenen Beispiel vorangingen, und gerade die Allergrößten unter ihnen, von Sokrates bis hinauf zu Jesus, haben nicht gezaudert, diesem höchsten Ziel ihr eigenes Leben zum Opfer zu bringen. Ja, man darf sagen, daß dieses aufrechte Eintreten für ihre Lehre ein wesentliches Merkmal ihrer Größe ausmacht.

Blicken wir auf die Gegenwart, so gewahren wir ein anderes Bild. Wie klein und armselig wirken gegenüber jenen großen Persönlichkeiten manche der modernen Ethiker, welche mit allen Künsten ihrer Logik und Dialektik stolze Gebäude errichten und sie gegen jeden Angriff scharfsinnig zu verteidigen wissen, die aber, wie es scheint, gar nicht daran denken, ihre ethischen Forderungen auf ihre eigene Person anzuwenden, ja sogar die Aufforderung, solches zu tun, als eine ungehörige Zumutung mit überheblicher Geste ablehnen. Diese klugen Gelehrten scheinen nicht zu ahnen, daß sie mit einer solchen Stellungnahme sich gerade den einzigen Weg verbauen, der ihnen die Möglichkeit bieten könnte, ihrer Ethik allgemeinere Anerkennung zu verschaffen. Was würde man von einem Physiker oder Chemiker sagen, der eine großangelegte, mathematisch tadellose Theorie ausarbeitet und nach allen Richtungen ausfeilt, der aber jeden Versuch, sie auf die Vorgänge in der Natur anzuwenden, als unberechtigt und überflüssig zurückweist? Man würde ein solches Elaborat gar nicht ernst nehmen und darüber zur Tagesordnung hinweggehen. Aber in der Ethik scheint man gegenwärtig keine so hohen Ansprüche zu stellen. Wenigstens trifft man hier auf Autoren von bedeutendem Ruf, denen es nicht einfällt, die Folgerungen aus ihrer Lehre, die doch allgemeine Gültigkeit in Anspruch nimmt, für ihre eigenen Handlungen zu ziehen.

Das gilt ganz besonders für diejenigen Ethiker, welche den Wert des Lebens verneinen. Gewiß kann man angesichts des vielen Leides und der vielen Ungerechtigkeiten, welche das Leben bringt, ernstlich die Frage aufwerfen, ob nicht die Summe des Üblen und Traurigen in der Welt die des Guten und Erfreulichen überwiegt. Und es muß gerade als eine der schwierigsten Aufgaben der Ethik erscheinen, inmitten der beklagenswerten Zerrissenheit der Verhältnisse in unserer gegenwärtigen Kulturwelt, der unerquicklichen haßerfüllten Kämpfe der Interessen und Meinungen, der vielfach trostlosen Zustände, die wir ringsum antreffen, durch ihre Richtlinien denjenigen festen Halt zu schaffen, der uns in unserer Lebensführung die dauernde Übereinstimmung mit dem eigenen Ich, dem inneren Frieden, gewährleistet. Diese Schwierigkeit wird auf die einfachste Weise als solche aus der Welt geschafft, wenn man den Wert des Lebens verneint und damit den Kampf um seine Erhaltung und Bereicherung für sinnlos erklärt. Dann darf man aber nicht vergessen, daß es, um eine auf diese Voraussetzung gegründete Ethik zu rechtfertigen, kein anderes Mittel gibt als den Nachweis, daß sich aus ihr eine brauchbare Richtschnur für das Verhalten im wirklichen Leben herleiten läßt. Das haben wohl auch die alten indischen Weisen empfunden, als sie, von der Wertlosigkeit aller irdischen Güter durchdrungen, durch strenge Zurückgezogenheit von der Außenwelt und durch tiefste Selbstversenkung sich von den Bedürfnissen ihres Lebens nach Möglichkeit unabhängig zu machen bemüht waren.

In groteskem Gegensatz dazu findet man in der neueren Zeit gerade unter denjenigen Ethikern, welche die Lebensverneinung zum Programm ihrer Weltanschauung machen, ganz besonders aktive und gewiegte Lebenskünstler. Die naheliegende Frage, von welchen ethischen Gesichtspunkten sich diese vielseitigen Leute bei ihren Handlungen denn eigentlich in Wirklichkeit leiten lassen, bleibt unerörtert. Wie erklärt sich dieser auffallende Widerspruch? Sollten diese Forscher im Grunde ihre eigene Lehre gar nicht ernst nehmen und sie nur als ein geistvolles, interessant anmutendes Gedankenspiel bewerten? Das wäre ungefähr der schlimmste Vorwurf, den man einem Philosophen machen kann. — Ich glaube, daß man eine näherliegende Erklärung finden kann, die wenigstens die Ehrlichkeit der Betroffenen unangetastet läßt. Sie besteht darin, daß bei ihnen die aus ihrer Ethik der Lebensverneinung stammenden Willensmotive kompensiert und überwunden werden durch kräftigere entgegengesetzt gerichtete Motive, die dem im Unterbewußtsein schlummernden natürlichen Triebe zur Selbsterhaltung und Selbstbehauptung entspringen — ein weiterer Beleg für die allgemeine Wahrheit, daß der aus dunkler Tiefe aufsteigende Wille des Menschen stärker ist als sein bewußt abwägender Verstand. Dieser Satz bildet ja, wie wir sahen, die Grundlage für die Freiheit des eigenen Willens. Nicht die auf verstandesmäßige Überlegungen sich stützende wissenschaftliche

Erkenntnis, sondern der auf ethische Ziele hin gerichtete freie Wille ist es, der unseren Handlungen im Leben tatsächlich die Richtung weist.

So trägt ein jeder sein Schicksal frei in seiner Hand. Wir können unmöglich die gesetzliche Abwickelung unserer eigenen Lebenskämpfe als aufmerksame aber neutrale Zuschauer betrachten, sondern wir stehen selber als aktive Mitstreiter im Kampf und sind daher stets gezwungen, nach freiem Ermessen Partei zu nehmen. Kein Fatalismus kann uns unserer Verantwortung dabei entheben.

Wenn wir als Fatalisten die Hände in den Schoß legen wollten und abwarten, was passiert, in der Meinung, daß es sich nicht verlohne, über unsere zukünftigen Handlungen nachzudenken, da diese doch durch das Kausalgesetz genau vorherbestimmt seien, so würden wir uns einer verhängnisvollen Selbsttäuschung hingeben. Denn tatsächlich würden wir mit diesem Entschluß eine freie Willensentscheidung treffen. Gegen solche moralische Verirrungen bildet den natürlichsten und zugleich stärksten Schutz die Stimme des eigenen Gewissens. Aber auch derjenige, welchem eine einseitige Naturanlage oder eine allzu liebevolle Beschäftigung mit unreifen sozialen Theorien die Unbefangenheit getrübt und die natürlichen Hemmungen beseitigt hat, sollte sich wenigstens verstandesmäßig klarmachen, daß das Kausalgesetz, welches, wie wir gesehen haben, in der Anwendung auf unseren eigenen gegenwärtigen Seelenzustand ohne jeden Sinn ist, unmöglich herangezogen werden kann, um uns von der vollen sittlichen Verantwortung für Handlungen, die wir zu begehen im Begriff sind, zu entlasten. Auf der anderen Seite verleiht uns der Umstand, daß wir eigene zukünftige Handlungen niemals rein kausal begreifen können, das wohlbegründete Recht, unserer Phantasie freien Spielraum zu gewähren, und hält selbst dem kühnsten Optimismus für die Zukunft das Tor offen.

Erst wenn eine Handlung vollzogen ist und somit der Vergangenheit angehört, sind wir zu dem Versuch berechtigt, sie von rein kausalen Gesichtspunkten aus zu verstehen. Die Einsicht, daß wir auch in unserem sittlichen Handeln bestimmten, uns selber freilich im Augenblick unmöglich erkennbaren Kausalgesetzen unterworfen sind, ist nicht nur für die wissenschaftliche Erkenntnis von Bedeutung, sondern kann uns auch im praktischen Leben wertvolle Dienste leisten, wenn wir uns bemühen, Handlungen, die wir begangen haben, hinterher, so gut es eben geht, vom kausalen Gesichtspunkt aus zu begreifen, besonders in solchen Fällen, wo uns die Handlung nachträglich leid tut, wegen übler Folgen, die sie unerwarteter- und unbeabsichtigterweise nach sich gezogen hat. Wir können dann häufig aus der Erkenntnis des kausalen Zusammenhangs die Einsicht schöpfen, die uns nötig ist, um in später vielleicht einmal eintretenden ähnlich gearteten Fällen die gemachten Fehler zu vermeiden und keine neuen zu begehen.

Freilich wird durch nachträgliches Analysieren der Ursachen fehlerhafter Handlungen weder der entstandene Schaden ersetzt noch die

Unzufriedenheit behoben, ja es ist in gewisser Hinsicht sogar gefährlich, sich allzulange und allzutief zu versenken in Betrachtungen von bedauerlichen Ereignissen, die nun einmal geschehen und nicht mehr zu ändern sind. Aber andererseits kann es uns doch häufig eine merkliche Erleichterung gewähren und zu einer Milderung des Verdrusses beitragen, wenn wir uns nachträglich klarmachen können, daß unter den damaligen Umständen, bei unserer damaligen Gemütsverfassung und den vorliegenden äußeren Einflüssen für uns gar keine anderen Motive entscheidend sein konnten als gerade diejenigen, die unsere Handlung herbeigeführt haben. Wird dadurch auch an den tatsächlich eingetretenen bedauerlichen Folgen nichts geändert, so stehen wir doch dem Ablauf der Dinge ruhiger gegenüber und ersparen uns namentlich das Bittere und unaufhörlich Nagende der Selbstvorwürfe, mit welchen sich manche Menschen in solchen Fällen ihr ganzes Leben hindurch quälen.

Es kommt aber hier noch ein Weiteres hinzu. Wenn wir beim Zurückblicken auf ein von uns als unliebsam empfundenes Ereignis uns ehrlich bemühen, über alle Folgen desselben im einzelnen ins klare zu kommen, so können wir wohl einmal zu der Entdeckung geführt werden, daß ein Ereignis, das wir früher als ein Unglück beklagten, durch seine Folgen in Wirklichkeit zu unserem Vorteil ausgeschlagen ist, etwa dadurch, daß es nur ein für einen höheren Gewinn gebrachtes Opfer darstellt, oder daß wir dadurch vor einem noch größeren Unglück bewahrt geblieben sind; dann wird vielleicht unser Bedauern in Befriedigung und Freude über das Ereignis verkehrt werden. In dieser Hinsicht hat der volkstümliche Spruch: „Wer weiß, wozu es gut ist", seine tiefe Bedeutung. Und wir können niemals wissen, ob nicht solche erfreuliche Folgen vielleicht erst zukünftig noch uns offenbar werden. Ja, grundsätzlich steht gar nichts im Wege, anzunehmen, daß sie über kurz oder lang in jedem Fall eintreten, wenn wir auch nicht hellsichtig genug sind, um jedesmal Kenntnis von ihnen zu erhalten. Wem es gelingt, sich bis zu dieser Lebensanschauung zu erheben, die durch keine Wissenschaft und keine Logik zu widerlegen ist, und die uns, wie wir sahen, nur durch den Willen, nicht durch den Verstand vermittelt werden kann, der darf sich wahrhaft glücklich preisen. Denn wie er stets empfänglich bleibt für alles Gute und Schöne, was ihm jeder Tag und jede Stunde bringen kann, so bleibt er zugleich von vornherein gefeit gegen die inneren und äußeren Gefahren, welche das seelische Gleichgewicht unablässig bedrohen.

Wir haben, meine Damen und Herren, das Verhältnis der Willensfreiheit zum Kausalgesetz bisher nur mit Bezug auf den einzelnen Menschen betrachtet, und das war notwendig. Denn die Willensfreiheit, ebenso wie das Verantwortungsbewußtsein, hat in letzter Linie nur für die Einzelpersönlichkeit Bedeutung. Aber es unterliegt keinem Zweifel, daß es außer dem Einzelwillen auch einen Gemeinschaftswillen, einen Volkswillen gibt, der noch etwas anderes darstellt als die einfache Summe der einzelnen Willen, und es kann ebenso nicht zweifelhaft sein, daß für diese Art von Willen, der sich auf viel weitere Raum- und Zeitverhältnisse hin geltend macht, ganz ähnliche Gesetzmäßigkeiten aufzustellen sind. So lassen Sie mich zum Schluß nur noch in einem kurzen Satz zusammenfassen, was wir in dieser Hinsicht auf Grund unserer früheren Überlegungen ohne weiteres aussprechen können. Die Geschichte eines Volkes ist dem eigenen Volke nur für die Vergangenheit kausal verständlich, seine Zukunft läßt sich nie und nimmer auf rein wissenschaftlichem Wege ergründen. Daher ist jeder Versuch, die Frage, ob Untergang oder Aufstieg allein durch historische Forschung zu lösen, von vornherein verfehlt, wie jetzt erfreulicherweise immer mehr anerkannt wird. Aber das können wir mit Sicherheit sagen: **Demjenigen Geschlecht und demjenigen Volk wird die Zukunft gehören, welches den Willen dazu aufbringt und betätigt.**

Religion und Naturwissenschaft.

(Vortrag, gehalten im Baltikum im Mai 1937.)

Meine hochverehrten Damen und Herren!

Wenn in früheren Zeiten ein Naturforscher die Aufgabe hatte, vor einem weiteren, nicht gerade aus Fachleuten bestehenden Kreise über ein Thema seines Arbeitsgebietes zu sprechen, so stand er, um bei den Zuhörern einiges Interesse zu erwecken, vor der Notwendigkeit, mit seinen Ausführungen zunächst möglichst an spezielle handgreifliche, dem täglichen Leben entnommene Erfahrungen und Anschauungen anzuknüpfen, wie sie etwa aus der Technik oder der Meteorologie oder auch der Biologie gewonnen werden, und von da ausgehend die Methoden verständlich zu machen, mittels deren die Wissenschaft von konkreten Einzelfragen zur Erkenntnis allgemeiner Gesetze vorzudringen sucht. Das ist jetzt anders geworden. Die exakte Methodik, deren sich die Naturwissenschaft bedient, hat sich in jahrhundertlanger Arbeit so ausnehmend fruchtbar erwiesen, daß die naturwissenschaftliche Forschung heute sich auch an weniger anschauliche Probleme wie die obengenannten heranwagt, daß sie auch solche der Psychologie, der Erkenntnislehre, ja sogar der allgemeinen Weltanschauung mit Erfolg in Angriff nimmt und von ihrem Standpunkt aus einer eindringenden Behandlung unterwirft. Man darf wohl sagen, daß es gegenwärtig keine noch so abstrakte Frage der menschlichen Kultur gibt, die nicht in irgendeiner Beziehung stände zu einem naturwissenschaftlich faßbaren Problem.

So mag das Wagnis nicht allzu kühn erscheinen, zu dem mich Ihre ehrenvolle Einladung ermutigt, hier im Baltikum mit seinem zähen Kulturwillen als Naturforscher über einen Gegenstand zu sprechen, dessen Bedeutung für unsere gesamte Kultur mit dem Fortschreiten ihrer Entwicklung sich in stetig steigendem Maße auswirkt und ohne Zweifel entscheidend werden wird für die Frage nach dem Schicksal, das ihr dereinst bevorsteht.

I.

„Nun sag, wie hast du's mit der Religion?" — Wenn je ein schlicht gesprochenes Wort in Goethes Faust auch den verwöhnten Hörer persönlich erfaßt und in seinem eigenen Innern eine heimliche Spannung erregt, so ist es diese bange Gewissensfrage des um ihr junges Glück besorgten unschuldigen Mädchens an den ihr als höhere Autorität geltenden Geliebten. Denn es ist dieselbe Frage, die seit jeher ungezählte nach Seelenfrieden und zugleich nach Erkenntnis dürstende Menschenkinder innerlich bewegt und bedrängt.

Faust aber, durch die naive Frage etwas in Verlegenheit gebracht, weiß zunächst nur leise abwehrend zu erwidern: „Will niemand sein Gefühl und seine Kirche rauben."

Keinen besseren Spruch könnte ich dem vorausschicken, was ich Ihnen, meine hochverehrten Damen und Herren, heute sagen möchte. Es liegt mir auch der leiseste Versuch fern, denjenigen unter Ihnen, die mit ihrem Gewissen im reinen sind und die bereits den festen Halt besitzen, der uns für unsere Lebensführung vor allem nötig ist, den Boden unter den Füßen zu lockern. Das wäre ein unverantwortliches Beginnen, sowohl denen gegenüber, die sich in ihrem religiösen Glauben so sicher fühlen, daß sie der naturwissenschaftlichen Erkenntnis keinerlei Einfluß darauf gestatten, als auch gegenüber denen, die auf besondere religiöse Betätigung verzichten und sich an einer gefühlsmäßigen Ethik genügen lassen. Das dürfte aber wohl nur die Minderzahl sein. Denn allzu eindrucksvoll lehrt uns die Geschichte aller Zeiten und Völker, daß gerade aus dem naiven, durch nichts beirrbaren Glauben, wie ihn die Religion ihren im tätigen Leben stehenden Bekennern eingibt, die stärksten Antriebe zu den bedeutenden schöpferischen Leistungen, auf dem Gebiet der Politik nicht minder als auf dem der Kunst und der Wissenschaft, hervorgegangen sind.

Dieser naive Glaube — darüber dürfen wir uns nicht täuschen — besteht heute nicht mehr, auch nicht in den breiten Schichten des Volkes, und er läßt sich auch nicht mehr durch rückwärts gerichtete Betrachtungen und Maßregeln wieder lebendig machen. Denn glauben heißt fürwahrhalten, und die unablässig auf unanfechtbar sicheren Pfaden fortschreitende Naturerkenntnis hat dahin geführt, daß es für einen naturwissenschaftlich einigermaßen Gebildeten schlechterdings unmöglich ist, die vielen Berichte von außerordentlichen, den Naturgesetzen widersprechenden Begebenheiten, von Naturwundern, die gemeinhin als wesentliche Stützen und Bekräftigungen religiöser Lehren gelten, und die man früher ohne kritische Bedenken einfach als Tatsachen hinnahm, heute noch als auf Wirklichkeit beruhend anzuerkennen.

Wer es also mit seinem Glauben wirklich ernst nimmt und es nicht ertragen kann, wenn dieser mit seinem Wissen in Widerspruch gerät, der steht vor der Gewissensfrage, ob er sich überhaupt noch ehrlich zu einer Religionsgemeinschaft zählen darf, welche in ihrem Bekenntnis den Glauben an Naturwunder einschließt.

Eine Zeitlang konnte mancher noch eine gewisse Beruhigung darin finden, daß er einen Mittelweg einzuschlagen versuchte und sich auf die Anerkennung einiger weniger als besonders wichtig geltender Wunder beschränkte. Aber auf die Dauer ist eine solche Stellung doch nicht zu halten. Schritt für Schritt muß der Glaube an Naturwunder vor der stetig und sicher voranschreitenden Wissenschaft zurückweichen, und wir dürfen nicht daran zweifeln, daß es mit ihm über kurz oder lang zu Ende gehen muß. Schon unsere heute heranwachsende Jugend, die ohnehin bekanntlich den aus der Vergangenheit überlieferten Anschauungen vielfach ausgesprochen kritisch gegenübersteht, läßt sich durch Lehren, die ihr naturwidrig erscheinen, nicht mehr innerlich binden. Und gerade die geistig hervorragend Begabten unter der Jugend, die für spätere Zeiten zu Führerstellungen berufen sind, und bei denen nicht selten eine tief brennende Sehnsucht nach religiöser Befriedigung anzutreffen ist, werden durch solche Unstimmigkeiten am empfindlichsten betroffen und haben, sofern sie aufrichtig nach einem Ausgleich ihrer religiösen und ihrer naturwissenschaftlichen Anschauungen suchen, darunter am schwersten zu leiden.

Unter diesen Umständen ist es nicht zu verwundern, wenn die Gottlosenbewegung, welche die Religion als ein willkürliches, von machtlüsternen Priestern ersonnenes Trugbild erklärt und für den frommen Glauben an eine höhere Macht über uns nur Worte des Hohnes übrig hat, sich mit Eifer die fortschreitende naturwissenschaftliche Erkenntnis zunutze macht und im angeblichen Bunde mit ihr in immer schnellerem Tempo ihre zersetzende Wirkung über die Völker der Erde in allen ihren Schichten vorantreibt. Daß mit ihrem Siege nicht nur die wertvollsten Schätze unserer Kultur, sondern, was schlimmer ist, auch die Aussichten auf eine bessere Zukunft der Vernichtung anheimfallen würden, brauche ich hier nicht näher zu erörtern.

So gewinnt Gretchens Frage an den Auserwählten ihrer Liebe und ihres Vertrauens auch für jeden, dem daran liegt zu wissen, ob der Fortschritt der Naturwissenschaften wirklich den Niedergang echter Religion zur Folge hat, eine tiefernste Bedeutung.

Wenn wir uns nun Fausts ausführliche, mit aller Vorsicht und allem Zartgefühl vorgetragene Antwort vor Augen halten, so dürfen wir sie uns hier aus einem doppelten Grunde nicht unmittelbar zu eigen machen: einmal ist zu bedenken, daß diese Antwort nach Form und Inhalt auf die Fassungskraft des ungelehrten Mädchens zugeschnitten ist und daß sie demgemäß nicht sowohl auf den Verstand als auf das Gemüt und die Einbildungskraft wirken soll; dann aber, was entscheidender ins Gewicht fällt, muß beachtet werden, daß hier der von Sinnenlust getriebene und mit Mephistopheles im Bunde stehende Faust das Wort hat. Ich bin sicher, daß der erlöste Faust, wie wir ihn vom Ende des zweiten Teiles her kennen, auf Gretchens Frage eine etwas andere Antwort erteilen würde. Aber ich will mich nicht vermessen, mit besonderen Mutmaßungen in Geheimnisse einzudringen, die sich der Dichter für immer vorbehalten hat. Ich möchte vielmehr versuchen, vom Standpunkt eines im Geiste der exakten Naturforschung aufgewachsenen Gelehrten die Frage zu beleuchten, ob und inwiefern eine wahrhaft religiöse Gesinnung mit den uns von der Naturwissenschaft übermittelten Erkenntnissen verträglich ist, oder kürzer gesagt: ob ein naturwissenschaftlich Gebildeter zugleich auch echt religiös sein kann.

Zu diesem Zwecke wollen wir zunächst zwei spezielle Fragen ganz getrennt behandeln. Die erste Frage lautet: Welche Forderungen stellt die Religion an den Glauben ihrer Bekenner und welches sind die Merkmale echter Religiosität? Die zweite Frage ist: Welcher Art sind die Gesetze, die uns die Naturwissenschaft lehrt, und welche Wahrheiten gelten ihr als unantastbar?

Durch die Beantwortung dieser beiden Fragen wird uns die Möglichkeit gegeben werden, zu entscheiden, ob und inwieweit die Forderungen der Religion mit den Forderungen der Naturwissenschaft vereinbar sind, und ob daher Religion und Naturwissenschaft nebeneinander bestehen können, ohne sich zu widerstreiten.

II.

Religion ist die Bindung des Menschen an Gott. Sie beruht auf der ehrfurchtsvollen Scheu vor einer überirdischen Macht, der das Menschenleben unterworfen ist und die unser Wohl und Wehe in ihrer Gewalt hat. Mit dieser Macht sich in Übereinstimmung zu setzen und sie sich wohlgesinnt zu erhalten ist das beständige Streben und das höchste Ziel des religiösen Menschen. Denn nur so kann er sich vor den ihm im Leben bedrohenden Gefahren, den vorhergesehenen und den unvorhergesehenen, geborgen fühlen, und wird des reinsten Glückes teilhaftig, des inneren Seelenfriedens, der nur verbürgt werden kann durch das feste Bündnis mit Gott und durch das unbedingte gläubige Vertrauen auf seine Allmacht und seine Hilfsbereitschaft. Insofern wurzelt die Religion im Bewußtsein des einzelnen Menschen.

Aber ihre Bedeutung geht über den Einzelnen hinaus. Nicht etwa hat jeder Mensch seine eigene Religion, vielmehr beansprucht die Religion Gültigkeit und Bedeutung für eine größere Gemeinschaft, für ein Volk, für eine Rasse, ja in letzter Linie für die gesamte Menschheit. Denn Gott regiert gleicherweise in allen Ländern der Erde, ihm ist die ganze Welt mit ihren Schätzen wie auch mit ihren Schrecknissen untertan, und es gibt im Reich der Natur wie im Reich des Geistes kein Gebiet, das er nicht allgegenwärtig durchdringt.

Daher führt die Pflege der Religion ihre Bekenner zu einem umfassenden Bunde zusammen und stellt sie vor die Aufgabe, sich über ihren Glauben gegenseitig zu verständigen und ihm einen gemeinsamen Ausdruck zu geben. Das kann aber nur dadurch geschehen, daß der Inhalt der Religion in eine bestimmte äußere Form gefaßt wird, die sich durch ihre Anschaulichkeit für die gegenseitige Verständigung eignet. Bei der großen Verschiedenheit der Völker und ihrer Lebensbedingungen ist es nur natürlich, daß diese anschauliche Form in den einzelnen Erdteilen stark variiert und daß daher im Verlauf der Zeiten sehr viele Arten von Religionen entstanden sind. Allen Arten gemeinsam ist wohl die nächstliegende Annahme, sich Gott als Persönlichkeit oder wenigstens als menschenähnlich vorzustellen. Darüber hinaus ist für die verschiedensten Auffassungen der Eigenschaften Gottes Platz. Eine jede Religion hat ihre bestimmte Mythologie und ihren bestimmten Ritus, der bei den höher ausgebildeten Religionen in die feinsten Einzelheiten hinein entwickelt ist. Daraus ergeben sich für die Ausgestaltung des religiösen Kultus bestimmte anschauliche Symbole, die geeignet sind, unmittelbar auf die Einbildungskraft weiter Kreise im Volke zu wirken, ihnen dadurch das Interesse für religiöse Fragen zu wecken und ein gewisses Verständnis für das Wesen Gottes nahezubringen.

So tritt die Gottesverehrung durch die systematische Zusammenfassung der mythologischen Überlieferungen und durch die Innehaltung feierlicher ritueller Gebräuche symbolisch in die äußere Erscheinung, und im Verlauf der Jahrhunderte steigert sich die Bedeutung solcher religiösen Symbole immer weiter durch unablässige Übung und durch regelmäßige Erziehung von Geschlecht zu Geschlecht. Die Heiligkeit der unfaßbaren Gottheit überträgt sich auf die Heiligkeit der faßbaren Symbole. Daraus erwachsen auch für die Kunst starke Antriebe, und in der Tat hat die Kunst dadurch, daß sie sich in den Dienst der Religion stellte, die kräftigste Förderung erfahren.

Doch ist hier zwischen Kunst und Religion wohl zu unterscheiden. Das Kunstwerk hat seine Bedeutung wesentlich in sich selbst. Wenn es auch seine Entstehung in der Regel äußeren Umständen verdankt und dementsprechend häufig zu abseits führenden Ideenverbindungen Anlaß gibt, so findet es doch im Grunde in sich allein Genüge und bedarf zur rechten Würdigung keiner besonderen Interpretation. Am deutlichsten erkennt man das an der abstraktesten aller Künste der Musik.

Das religiöse Symbol dagegen weist stets über sich hinaus, sein Wert erschöpft sich niemals in sich selbst, mag es auch durch das Ansehen, das ihm Alter und eine fromme Tradition verleihen kann, eine noch so ehrwürdige Stellung einnehmen. Dies zu betonen ist deshalb so wichtig, weil die Wertschätzung, deren sich gewisse religiöse Symbole erfreuen, im Lauf der Jahrhunderte gewissen unvermeidlichen, durch die Entwicklung der Kultur bedingten Schwankungen unterliegt, und weil es im Interesse der Pflege echter Religiosität liegt, festzustellen, daß das, was hinter und über den Symbolen steht, von solchen Schwankungen nicht betroffen wird.

Um unter vielen speziellen Beispielen hier nur ein einziges anzuführen: ein geflügelter Engel galt von jeher als das schönste Sinnbild eines Dieners und Boten Gottes. Neuerdings findet man unter den anatomisch Gebildeten einige, deren wissenschaftlich geschulte Einbildungskraft ihnen beim besten Willen nicht gestattet, eine solche physiologische Unmöglichkeit schön zu finden. Dieser Umstand braucht aber ihrer religiösen Gesinnung nicht im mindesten Eintrag zu tun. Sie sollen sich nur sorgfältig hüten, den anderen, denen der Anblick geflügelter Engel Trost und Erbauung gewährt, die heilige Stimmung zu schmälern oder zu verderben.

Aber noch eine andere weit ernstere Gefahr droht einer Überschätzung der Bedeutung religiöser Symbole von seiten der Gottlosenbewegung. Es ist eines der beliebtesten Mittel dieser auf die Untergrabung jeder echten Religiosität abzielenden Bewegung, ihre Angriffe gegen alteingebürgerte religiöse Sitten und Gebräuche zu richten und sie als veraltete Einrichtungen lächerlich oder verächtlich zu machen. Mit solchen Angriffen gegen Symbole glauben sie die Religion selber zu treffen, und sie haben um so leichteres Spiel, je eigentümlicher und auffallender sich derartige Anschauungen und Sitten ausnehmen. Schon manche religiöse Seele ist dieser Taktik zum Opfer gefallen.

Solcher Gefahr gegenüber gibt es keine bessere Schutzwehr als sich klarzumachen, daß ein religiöses Symbol, mag es noch so ehrwürdig sein, niemals einen absoluten Wert darstellt, sondern immer nur einen mehr oder weniger unvollkommenen Hinweis auf ein Höheres, das den Sinnen nicht direkt zugänglich ist.

Unter diesen Umständen ist es wohl verständlich, daß im Lauf der Religionsgeschichte immer wieder der Gedanke auftaucht, den Gebrauch von religiösen Symbolen von vornherein einzuschränken oder sogar ganz aufzuheben und die Religion mehr als eine Angelegenheit der abstrakten Vernunft zu behandeln. Doch zeigt schon eine kurze Überlegung, daß ein solcher Gedanke ganz abwegig ist. Ohne Symbol wäre keine Verständigung, überhaupt keine Mitteilung zwischen den Menschen möglich. Das gilt nicht allein für den religiösen, sondern auch für jeglichen menschlichen Verkehr, auch im profanen täglichen Leben. Schon die Sprache ist ja nichts anderes als ein Symbol für etwas Höheres, für den Gedanken. Gewiß beansprucht ein einzelnes Wort an sich auch ein charakteristisches Interesse, aber genauer gesehen ist ein Wort doch nur eine Buchstabenfolge, seine Bedeutung liegt wesentlich in dem Begriff, den es ausdrückt. Und für diesen Begriff ist es im Grunde nebensächlich, ob er durch dieses oder durch jenes Wort, in dieser oder jener Mundart dargestellt wird. Wenn das Wort in eine andere Sprache übersetzt wird, bleibt der Begriff bestehen.

Oder ein anderes Beispiel. Das Symbol für das Ansehen und die Ehre eines ruhmreichen Regiments ist seine Fahne. Je älter sie ist, desto höher gilt ihr Wert. Und ihr Träger rechnet es sich in der Schlacht zur höchsten Pflicht, sie um keinen Preis im Stich zu lassen, sie im Notfall mit seinem Leibe zu decken, ja, wenn es gilt, für sie sein Leben hinzugeben. Und doch ist eine Fahne nur ein Symbol, ein Stück buntes Tuch Der Feind kann es rauben, kann es besudeln oder zerreißen Aber damit hat er das Höhere, was durch die Fahne symbolisiert wird, keineswegs vernichtet. Das Regiment wahrt seine Ehre. es schafft sich eine neue Fahne und wird vielleicht für die angetane Schmach gebührende Vergeltung üben.

Ebenso nun wie in einem Heere oder überhaupt in jeder vor große Aufgaben gestellten Gemeinschaft sind auch in der Religion Symbole und ein den Symbolen angepaßter kirchlicher Ritus völlig unentbehrlich, sie bedeuten das Höchste und Verehrungswürdigste, was himmelwärts gerichtete Einbildungskraft geschaffen hat, nur darf niemals vergessen werden, daß auch das heiligste Symbol menschlichen Ursprungs ist.

Hätte man diese Wahrheit zu allen Zeiten beherzigt, so wäre der Menschheit unendlich viel Jammer und Herzeleid erspart geblieben. Denn die furchtbaren Religionskriege, die grausamen Ketzerverfolgungen mit allen ihren traurigen Begleiterscheinungen sind doch in letztem Grunde nur darauf zurückzuführen, daß gewisse Gegensätze aufeinanderprallten, denen beiden eine gewisse Berechtigung innewohnt, und die lediglich dadurch entstanden sind, daß eine gemeinsame unsichtbare Idee, wie der Glaube an einen allmächtigen Gott, verwechselt wurde mit ihren nicht übereinstimmenden sichtbaren Ausdrucksmitteln, wie das kirchliche Bekenntnis. Es gibt wohl nichts Betrüblicheres als wenn man sieht, wie von zwei sich bitter befehdenden Gegnern ein jeder in voller Überzeugung und in ehrlicher Begeisterung von der Gerechtigkeit seiner Sache seine besten Kräfte bis zur Selbstaufopferung dem Kampf zu widmen sich verpflichtet fühlt. Was hätte alles geschaffen werden können, wenn auf dem Gebiet religiöser Betätigung solche wertvollen Kräfte sich vereinigt hätten, anstatt sich gegenseitig nach Möglichkeit aufzureiben

Der tiefreligiöse Mensch, der seinen Glauben an Gott durch die Verehrung der ihm vertrauten heiligen Symbole betätigt, klebt gleichwohl nicht an den Symbolen fest, sondern hat Verständnis dafür, daß es auch andere ebenso religiöse Menschen geben kann, denen andere Symbole vertraut und heilig sind, ebenso wie irgendein bestimmter Begriff der nämliche bleibt, ob er durch dieses oder jenes Wort, in dieser oder jener Sprache ausgedrückt wird

Aber mit der Anerkennung dieses Tatbestandes sind die Merkmale echt religiöser Gesinnung noch keineswegs erschöpfend klargestellt. Denn nun erhebt sich noch eine weitere, die eigentlich grundsätzliche Frage. Hat die höhere Macht, die hinter den religiösen Symbolen steht, und die ihnen ihre wesentliche Bedeutung verleiht. ihren Sitz lediglich im Geiste des Menschen und kommt mit ihm zugleich zum Erlöschen oder stellt sie noch etwas mehr vor? Mit anderen Worten: Lebt Gott nur in der Seele der Gläubigen oder regiert er die Welt unabhängig davon, ob man an ihn glaubt oder nicht glaubt? Dies ist der Punkt, an welchem sich die Geister grundsätzlich und endgültig scheiden. Er läßt sich nie und nimmer auf wissenschaftlichem Wege, das heißt durch logische, auf Tatsachen begründete Schlußfolgerungen aufklären. Vielmehr ist die Beantwortung dieser Frage einzig und allein die Sache des Glaubens, des religiösen Glaubens.

Der religiöse Mensch beantwortet die Frage dahin, daß Gott existiert, ehe es überhaupt Menschen auf der Erde gab, daß er von Ewigkeit her die ganze Welt, Gläubige und Ungläubige, in seiner allmächtigen Hand hält und daß er auf seiner aller menschlichen Fassungskraft unzugänglichen Höhe unveränderlich thronen bleibt.

auch wenn die Erde mit allem, was auf ihr ist, längst in Trümmer gegangen sein wird. Alle diejenigen, die sich zu diesem Glauben bekennen und sich, von ihm durchdrungen, in Ehrfurcht und hingebendem Vertrauen unter dem Schutz des Allmächtigen vor allen Gefahren des Lebens gesichert fühlen, aber auch nur diese, dürfen sich zu den wahrhaft religiös Gesinnten rechnen.

Das ist der wesentliche Inhalt der Sätze, deren Anerkennung die Religion von ihren Anhängern fordert. Sehen wir nun zu, ob und wie sich diese Forderungen mit denen der Wissenschaft, speziell der Naturwissenschaft, vertragen.

III.

Indem wir darangehen zu prüfen, welche Gesetze uns die Wissenschaft lehrt, und welche Wahrheiten ihr als unantastbar gelten, wird es unsere Aufgabe vereinfachen und für unseren Zweck vollauf genügen, wenn wir uns an die exakteste aller Naturwissenschaften halten, die Physik. Denn von ihr wäre jedenfalls am ehesten ein Widerspruch gegen die Forderungen der Religion zu erwarten. Wir haben also zu fragen, welcher Art die Erkenntnisse der physikalischen Wissenschaft bis in die neueste Zeit hinein sind und welche Grenzen eventuell dem religiösen Glauben durch sie vorgeschrieben werden.

Ich brauche kaum vorauszuschicken, daß, historisch im großen und ganzen gesehen, die Ergebnisse der physikalischen Forschung und die sich daraus ergebenden Anschauungen nicht etwa einem ziellosen Wechsel unterworfen sind, sondern sich in stetigem bald langsameren, bald schnellerem Tempo bis zum heutigen Tage immer mehr vervollkommnet und verfeinert haben, so daß wir die bisher von ihr gewonnenen Erkenntnisse mit großer Sicherheit als bleibend annehmen können.

Welches ist nun der wesentliche Inhalt dieser Erkenntnisse? Zunächst ist zu sagen, daß alle physikalischen Erkenntnisse auf Messungen beruhen, und daß alle Messungen sich in Raum und Zeit abspielen, wobei die Größenordnungen in unvorstellbar weitem Maße variieren. Von den Entfernungen der kosmischen Regionen, aus denen noch eine Kunde zu uns dringt, bekommt man einen angenäherten Begriff, wenn man bedenkt, daß das Licht, welches die Strecke vom Monde bis zur Erde in etwa einer Sekunde zurücklegt, viele Millionen von Jahren braucht, um von ihnen zu uns hin zu gelangen. Auf der anderen Seite ist die Physik genötigt, mit Raum- und Zeitgrößen zu rechnen, deren winzige Kleinheit etwa durch das Verhältnis der Größe eines Stecknadelkopfes zu der der ganzen Erdkugel veranschaulicht werden kann.

Die allerverschiedenartigsten Messungen haben nun übereinstimmend zu dem Schluß geführt, daß sämtliche physikalische Geschehnisse ohne Ausnahme zurückgeführt werden können auf mechanische oder elektrische Vorgänge, hervorgerufen durch die Bewegungen gewisser Elementarteilchen, wie Elektronen, Positronen, Protonen, Neutronen, wobei sowohl die Masse als auch die Ladung eines jeden dieser Elementarteilchen durch eine ganz bestimmte winzig kleine Zahl ausgedrückt wird, die sich um so genauer angeben läßt, je mehr die Messungsmethoden verfeinert werden. Diese kleinen Zahlen, die sogenannten universellen Konstanten, sind gewissermaßen die unveränderlich gegebenen Bausteine, aus denen sich das Lehrgebäude der theoretischen Physik zusammensetzt.

Welches ist denn nun, so müssen wir weiter fragen, die eigentliche Bedeutung dieser Konstanten? Sind sie in letzter Linie Erfindungen des menschlichen Forschergeistes oder besitzen sie einen realen, von der menschlichen Intelligenz unabhängigen Sinn?

Das erste behaupten die Anhänger des Positivismus, wenigstens in seiner extremen Färbung. Nach ihnen hat die Physik keine andere Grundlage als die Messungen, auf denen sie sich ja aufbaut, und ein physikalischer Satz hat nur insofern Sinn, als er durch Messungen belegt werden kann. Da nun eine jede Messung einen Beobachter voraussetzt, so ist, positivistisch betrachtet, der eigentliche Inhalt eines physikalischen Satzes von dem Beobachter gar nicht zu trennen und verliert seinen Sinn, sobald man versucht, den Beobachter ganz wegzudenken und hinter ihm und seiner Messung noch etwas anderes, Reales, davon Unabhängiges zu sehen.

Gegen diese Auffassung läßt sich vom rein logischen Standpunkt aus nichts einwenden. Und doch muß man sie in dieser Form bei näherer Prüfung als unzureichend und unfruchtbar bezeichnen. Denn sie läßt einen Umstand außer acht, der für die Vertiefung und den Fortschritt der wissenschaftlichen Erkenntnis von entscheidender Bedeutung ist. So voraussetzungsfrei sich nämlich auch sonst der Positivismus ausnimmt, an eine grundsätzliche Voraussetzung ist er gebunden, wenn er nicht in einen unvernünftigen Solipsismus ausarten soll: an die Voraussetzung, daß eine jede physikalische Messung reproduzierbar ist, d. h. daß ihr Ergebnis nicht abhängt von der Individualität des Messenden, auch nicht vom Ort und von der Zeit der Messung sowie von sonstigen Begleitumständen. Dies besagt aber, daß das für das Messungsergebnis Entscheidende außerhalb des Beobachters liegt und führt daher zwangsläufig zu Fragen nach einer hinter dem Beobachter vorhandenen realen Ursächlichkeit.

Gewiß ist zuzugeben, daß die positivistische Betrachtungsweise ihren eigentümlichen Wert besitzt; denn sie hilft dazu, die Bedeutung physikalischer Sätze begrifflich zu klären, das empirisch Bewiesene vom empirisch Unbewiesenen zu trennen, gefühlsmäßige, lediglich von lang gewohnter Anschauung genährte Vorurteile zu entfernen und dadurch der vorwärts drängenden Forschung den Weg zu ebnen. Aber um auf dem Wege führend zu wirken, dazu fehlt dem Positivismus die treibende Kraft. Er kann wohl Hemmungen beseitigen, aber er kann nicht fruchtbar gestalten. Denn seine Tätigkeit ist wesentlich kritisch, sein Blick rückwärts gerichtet. Zum Vorwärtskommen gehören aber neue, schöpferische, aus Messungsresultaten allein nicht abzuleitende, sondern über sie hinausgehende Ideenverbindungen und Fragestellungen, und solchen steht der Positivismus grundsätzlich ablehnend gegenüber. Daher haben auch die Positivisten aller Schattierungen der Einführung atomistischer Hypothesen und damit auch der Anerkennung der obengenannten universellen Konstanten bis zuletzt den schärfsten Widerstand entgegengesetzt. Das ist wohl verständlich; denn die Existenz dieser Konstanten ist ein greifbarer Beweis für das Vorhandensein einer Realität in der Natur, die unabhängig ist von jeder menschlichen Messung.

Freilich könnte ein konsequenter Positivist auch heute noch die universellen Konstanten als eine Erfindung bezeichnen, die sich deshalb als ungemein nützlich erwiesen hat, weil sie eine genaue und vollständige Beschreibung der verschiedenartigsten Messungsergebnisse ermöglicht. Aber es wird kaum einen richtigen Physiker geben, der eine solche Behauptung ernst nehmen würde. Die universellen Konstanten sind nicht aus Zweckmäßigkeitsgründen erfunden worden, sondern sie haben sich mit unwiderstehlichem Zwang aufgedrängt durch die übereinstimmenden Resultate sämtlicher einschlägiger Messungen, und, was das Wesentliche ist, wir wissen im voraus genau, daß alle künftigen Messungen auf die nämlichen Konstanten führen werden.

Zusammenfassend können wir sagen, daß die physikalische Wissenschaft die Annahme einer realen, von uns unabhängigen Welt fordert, die wir allerdings niemals direkt erkennen, sondern immer nur durch die Brille unserer Sinnesempfindungen und der durch sie vermittelten Messungen wahrnehmen können.

Wenn wir diesen Satz weiter verfolgen, so nimmt unsere Betrachtungsweise der Welt eine veränderte Form an. Das Subjekt der Betrachtung, das beobachtende Ich, rückt aus dem Mittelpunkt des Denkens heraus und wird auf einen ganz bescheidenen Platz verwiesen. In der Tat: wie erbärmlich klein, wie ohnmächtig müssen wir Menschen uns vorkommen, wenn wir bedenken, daß die Erde, auf der wir leben, in dem schier unermeßlichen Weltall nur ein minimales Stäubchen, geradezu ein Nichts bedeutet, und wie seltsam muß es uns andererseits erscheinen, daß wir, winzige Geschöpfe auf einem beliebigen winzigen Planeten, imstande sind, mit unseren Gedanken zwar nicht das Wesen, aber doch das Vorhandensein und die Größe der elementaren Bausteine der ganzen großen Welt genau zu erkennen.

Aber das Wunderbare geht noch weiter. Es ist ein unbezweifelbares Ergebnis der physikalischen Forschung, daß diese elementaren Bausteine des Weltgebäudes nicht in einzelnen Gruppen ohne Zusammenhang nebeneinander liegen, sondern daß sie sämtlich nach einem einzigen Plan aneinandergefügt sind, oder mit anderen Worten, daß in allen Vorgängen der Natur eine universale, uns bis zu einem gewissen Grad erkennbare Gesetzlichkeit herrscht.

Ich will hier zunächst nur ein einziges Beispiel erwähnen: das

Prinzip der Erhaltung der Energie. Es gibt in der Natur verschiedene Arten von Energien: die Energie der Bewegung, der Gravitation, der Wärme, der Elektrizität, des Magnetismus. Alle Energien zusammengenommen bilden den Energievorrat der Welt. Dieser Energievorrat nun besitzt eine unveränderliche Größe, er kann durch keinen Vorgang in der Natur vermehrt oder verringert werden, alle in Wirklichkeit eintretenden Veränderungen bestehen nur in wechselseitigen Umwandlungen von Energie. Wenn z. B. Energie der Bewegung durch Reibung verlorengeht, so entsteht dafür der äquivalente Betrag von Wärmeenergie.

Das Energieprinzip erstreckt seine Herrschaft über sämtliche Gebiete der Physik, und zwar nach der klassischen Theorie ebenso wie nach der Quantentheorie. Man hat zwar öfters versucht, seine genaue Gültigkeit für die in einem einzelnen Atom stattfindenden Vorgänge anzuzweifeln und ihm für solche Vorgänge nur einen statistischen Charakter zuzugestehen. Aber eine genaue Kontrolle hat in jedem bisher daraufhin geprüften Falle gezeigt, daß ein solcher Versuch erfolglos ist und daß keine Veranlassung besteht, dem Prinzip den Rang eines vollkommen exakten Naturgesetzes abzusprechen.

Nun hören wir häufig von positivistisch eingestellter Seite wieder die kritische Entgegnung: die genaue Gültigkeit eines solchen Satzes sei durchaus nicht verwunderlich. Das Rätsel erkläre sich vielmehr ganz einfach durch den Umstand, daß es schließlich der Mensch selber ist, welcher der Natur ihre Gesetze vorschreibe. Und bei dieser Behauptung beruft man sich sogar auf die Autorität von Immanuel Kant.

Nun, daß die Naturgesetze nicht von den Menschen erfunden worden sind, sondern daß ihre Anerkennung ihnen von außen aufgezwungen wird, haben wir wohl schon ausführlich genug besprochen. Von vornherein könnten wir uns die Naturgesetze, ebenso wie die Werte der universellen Konstanten auch ganz anders denken, als sie in Wirklichkeit sind. Was aber die Berufung auf Kant betrifft, so liegt hier ein grobes Mißverständnis vor. Denn Kant hat nicht gelehrt, daß der Mensch der Natur ihre Gesetze schlechthin vorschreibt, sondern er hat gelehrt, daß der Mensch bei der Formulierung der Naturgesetze auch etwas aus Eigenem hinzufügt. Wie wäre es sonst auch denkbar, daß Kant nach seinem eigenen Ausspruch durch keinen äußeren Eindruck sich zu tieferer Ehrfurcht gestimmt fühlte als durch den Anblick des gestirnten Himmels? Man pflegt doch einer Vorschrift, die man selber verfaßt hat, nicht gerade die allertiefste Ehrfurcht entgegenzubringen. Dem Positivisten freilich ist eine solche Ehrfurcht fremd. Für ihn sind die Sterne nichts weiter als optische Empfindungskomplexe, alles andere ist nach seiner Meinung nützliche, aber im Grunde willkürliche und entbehrliche Zutat.

Doch wir wollen jetzt den Positivismus beiseite lassen und unseren Gedankengang weiter verfolgen. Das Energieprinzip ist ja nicht das einzige Naturgesetz, sondern nur eines unter mehreren. Es gilt zwar in jedem einzelnen Fall, aber es genügt noch lange nicht, um den

Ablauf eines Naturvorganges in allen Einzelheiten vorauszuberechnen, da es noch unendlich viele Möglichkeiten offenläßt.

Es gibt indessen ein anderes, viel umfassenderes Gesetz, welches die Eigentümlichkeit hat, daß es auf jedwede den Verlauf eines Naturvorganges betreffende sinnvolle Frage eine eindeutige Antwort gibt, und dies Gesetz besitzt, soweit wir sehen können, ebenso wie das Energieprinzip genaue Gültigkeit, auch in der allerneuesten Physik. Was wir aber nun als das allergrößte Wunder ansehen müssen, ist die Tatsache, daß die sachgemäßeste Formulierung dieses Gesetzes bei jedem Unbefangenen den Eindruck erweckt, als ob die Natur von einem vernünftigen, zweckbewußten Willen regiert würde.

Ein spezielles Beispiel möge das erläutern. Bekanntlich wird ein Lichtstrahl, der in schräger Richtung auf die Oberfläche eines durchsichtigen Körpers, etwa auf eine Wasserfläche, trifft, beim Eintritt in den Körper von seiner Richtung abgelenkt. Die Ursache für diese Ablenkung ist der Umstand, daß das Licht sich im Wasser langsamer fortpflanzt als in der Luft. Eine solche Ablenkung oder Brechung findet also auch in der atmosphärischen Luft statt, weil in den tieferen, dichteren Luftschichten das Licht sich langsamer fortpflanzt als in den höheren. Wenn nun ein Lichtstrahl von einem leuchtenden Stern in das Auge eines Beobachters gelangt, so wird seine Bahn, wenn der Stern nicht gerade senkrecht im Zenith steht, infolge der verschiedenen Brechungen in den verschiedenen Luftschichten eine mehr oder weniger komplizierte Krümmung aufweisen. Diese Krümmung wird nun durch das folgende einfache Gesetz vollkommen bestimmt: unter sämtlichen Bahnen, die vom Stern in das Auge des Beobachters führen, benutzt das Licht immer gerade diejenige, zu deren Zurücklegung es, bei Berücksichtigung der verschiedenen Fortpflanzungsgeschwindigkeiten in den verschiedenen Luftschichten, die kürzeste Zeit braucht. Die Photonen, welche den Lichtstrahl bilden, verhalten sich also wie vernünftige Wesen. Sie wählen sich unter allen möglichen Kurven, die sich ihnen darbieten, stets diejenige aus, die sie am schnellsten zum Ziele führt.

Dieser Satz ist einer großartigen Verallgemeinerung fähig. Nach allem, was wir über die Gesetze der Vorgänge in irgendeinem physikalischen Gebilde wissen, können wir den Ablauf eines Vorganges in allen Einzelheiten durch den Satz charakterisieren, daß unter allen denkbaren Vorgängen, welche das Gebilde in einer bestimmten Zeit aus einem bestimmten Zustand in einen andern bestimmten Zustand überführen, der wirkliche Vorgang derjenige ist, für welchen das über diese Zeit erstreckte Integral einer gewissen Größe, der sogenannten Lagrangeschen Funktion, den kleinsten Wert besitzt. Kennt man also den Ausdruck der Lagrangeschen Funktion, so läßt sich der Verlauf des wirklichen Vorganges vollständig angeben.

Es ist gewiß nicht verwunderlich, daß die Entdeckung dieses Gesetzes, des sogenannten Prinzips der kleinsten Wirkung, nach welchem später auch das elementare Wirkungsquantum seinen Namen bekommen hat, seinen Urheber Leibniz, ebenso wie bald darauf dessen Nachfolger Maupertuis, in helle Begeisterung versetzt hat, da diese Forscher darin das greifbare Zeichen für das Walten einer höheren, die Natur allmächtig beherrschenden Vernunft gefunden zu haben glaubten.

In der Tat, durch das Wirkungsprinzip wird in den Begriff der Ursächlichkeit ein ganz neuer Gedanke eingeführt: zu der Causa efficiens, der Ursache, welche aus der Gegenwart in die Zukunft wirkt und die späteren Zustände als bedingt durch die früheren erscheinen läßt, gesellt sich die Causa finalis, welche umgekehrt die Zukunft, nämlich ein bestimmt angestrebtes Ziel, zur Voraussetzung macht und daraus den Verlauf der Vorgänge ableitet, welche zu diesem Ziele hinführen.

Solange man sich auf das Gebiet der Physik beschränkt, sind diese beiden Arten der Betrachtungsweise nur verschiedene mathematische Formen für ein und denselben Sachverhalt, und es wäre müßig zu fragen, welche von beiden der Wahrheit näherkommt. Ob man die eine oder die andere benutzen will, hängt allein von praktischen Erwägungen ab. Ein Hauptvorzug des Prinzips der kleinsten Wirkung ist, daß es zu seiner Formulierung keines bestimmten Bezugssystems bedarf. Daher eignet sich das Prinzip auch vorzüglich für die Ausführung von Koordinatentransformationen.

Doch für uns handelt es sich jetzt um allgemeinere Fragen. Wir wollen hier nur feststellen, daß die theoretisch-physikalische Forschung in ihrer historischen Entwicklung auffallenderweise zu einer Formulierung der physikalischen Ursächlichkeit geführt hat, welche einen ausgesprochen teleologischen Charakter besitzt, daß aber dadurch nicht etwa etwas inhaltlich Neues oder gar Gegensätzliches in die Art der Naturgesetzlichkeit hineingetragen wird. Es handelt sich vielmehr lediglich um eine der Form nach verschiedene, sachlich jedoch vollkommen gleichberechtigte Betrachtungsweise. Entsprechendes wie in der Physik dürfte auch in der Biologie zutreffen, wo der Unterschied der beiden Betrachtungsweisen allerdings wesentlich schärfere Formen angenommen hat.

In jedem Falle dürfen wir zusammenfassend sagen, daß nach allem, was die exakte Naturwissenschaft lehrt, im gesamten Bereich der Natur, in der wir Menschen auf unserem winzigen Planeten nur eine verschwindend kleine Rolle spielen, eine bestimmte Gesetzlichkeit herrscht, welche unabhängig ist von der Existenz einer denkenden Menschheit, welche aber doch, soweit sie überhaupt von unseren Sinnen erfaßt werden kann, eine Formulierung zuläßt, die einem zweckmäßigen Handeln entspricht. Sie stellt also eine vernünftige Weltordnung dar, der Natur und Menschheit unterworfen sind, deren eigentliches Wesen aber für uns unerkennbar ist und bleibt, da wir nur durch unsere spezifischen Sinnesempfindungen, die wir niemals vollkommen ausschalten können, von ihr Kunde erhalten. Doch berechtigen uns die tatsächlich reichen Erfolge der naturwissenschaftlichen Forschung zu dem Schlusse, daß wir uns durch unablässige Fortsetzung der Arbeit dem unerreichbaren Ziele doch wenigstens fortwährend annähern, und stärken uns in der Hoffnung auf eine stetig fortschreitende Vertiefung unserer Einblicke in das Walten der über die Natur regierenden allmächtigen Vernunft.

IV.

Nachdem wir nun die Forderungen kennengelernt haben, welche einerseits die Religion, andererseits die Naturwissenschaft an unsere Einstellung zu den höchsten Fragen weltanschaulicher Betrachtung knüpft, wollen wir jetzt prüfen, ob und wieweit diese beiden Arten von Forderungen miteinander in Einklang zu bringen sind. Zunächst ist selbstverständlich, daß diese Prüfung sich nur auf solche Gebiete beziehen kann, in denen Religion und Naturwissenschaft zusammenstoßen. Denn es gibt weite Bereiche, in denen sie gar nichts miteinander zu tun haben. So sind alle Fragen der Ethik der Naturwissenschaft fremd, ebenso wie andererseits die Größe der universellen Naturkonstanten für die Religion ohne jede Bedeutung ist.

Dagegen begegnen sich Religion und Naturwissenschaft in der Frage nach der Existenz und nach dem Wesen einer höchsten über die Welt regierenden Macht, und hier werden die Antworten, die sie beide darauf geben, wenigstens bis zu einem gewissen Grade miteinander vergleichbar. Sie sind, wie wir gesehen haben, keineswegs im Widerspruch miteinander, sondern sie lauten übereinstimmend dahin, daß erstens eine von den Menschen unabhängige vernünftige Weltordnung existiert, und daß zweitens das Wesen dieser Weltordnung niemals direkt erkennbar ist, sondern nur indirekt erfaßt, beziehungsweise geahnt werden kann. Die Religion benutzt hierfür ihre eigentümlichen Symbole, die exakte Naturwissenschaft ihre auf Sinnesempfindungen begründeten Messungen. Nichts hindert uns also, und unser nach einer einheitlichen Weltanschauung verlangender Erkenntnistrieb fordert es, die beiden überall wirksamen und doch geheimnisvollen Mächte, die Weltordnung der Naturwissenschaft und den Gott der Religion, miteinander zu identifizieren. Danach ist die Gottheit, die der religiöse Mensch mit seinen anschaulichen Symbolen sich nahezubringen sucht, wesensgleich mit der naturgesetzlichen Macht, von der dem forschenden Menschen die Sinnesempfindungen bis zu einem gewissen Grade Kunde geben.

Bei dieser Übereinstimmung ist aber doch auch ein grundsätzlicher Unterschied zu beachten. Für den religiösen Menschen ist Gott unmittelbar und primär gegeben. Aus ihm, aus seinem allmächtigen Willen, quillt alles Leben und alles Geschehen in der körperlichen wie in der geistigen Welt. Wenn er auch nicht mit dem Verstand erkennbar ist, so wird er doch durch die religiösen Symbole in der Anschauung unmittelbar erfaßt und legt seine heilige Botschaft in die Seelen derer, die sich ihm gläubig anvertrauen. Im Gegensatz dazu ist für den Naturforscher das einzig primär Gegebene der Inhalt seiner Sinneswahrnehmungen und der daraus abgeleiteten Messungen. Von da aus sucht er sich auf dem Wege der induktiven Forschung Gott und seiner Weltordnung als dem hochsten, ewig unerreichbaren Ziele nach Möglichkeit anzunähern. Wenn also beide, Religion und Naturwissenschaft, zu ihrer Betätigung des Glaubens an Gott bedürfen, so steht Gott für die eine am Anfang, für die andere am Ende alles Denkens. Der einen bedeutet er das Fundament, der andern die Krone des Aufbaues jeglicher weltanschaulicher Betrachtung.

Diese Verschiedenheit entspricht der verschiedenen Rolle, welche Religion und Naturwissenschaft im menschlichen Leben spielen. Die Naturwissenschaft braucht der Mensch zum Erkennen, die Religion aber braucht er zum Handeln. Für das Erkennen bilden den einzigen festen Ausgangspunkt die Wahrnehmungen unserer Sinne; die Voraussetzung einer gesetzlichen Weltordnung dient hier nur als die Vorbedingung zur Formulierung fruchtbarer Fragestellungen. Für das Handeln ist aber dieser Weg nicht gangbar, weil wir mit unsern Willensentscheidungen nicht warten können, bis die Erkenntnis vollständig oder bis wir allwissend geworden sind. Denn wir stehen mitten im Leben und müssen in dessen mannigfachen Anforderungen und Nöten oft sofortige Entschlüsse fassen oder Gesinnungen betätigen, zu deren richtiger Ausgestaltung uns keine langwierige Überlegung verhilft, sondern nur die bestimmte und klare Weisung, die wir aus der unmittelbaren Verbindung mit Gott gewinnen. Sie allein vermag uns die innere Festigkeit und den dauernden Seelenfrieden zu gewährleisten, den wir als das höchste Lebensgut einschätzen müssen; und wenn wir Gott außer seiner Allmacht und Allwissenheit auch noch die Attribute der Güte und der Liebe zuschreiben, so gewährt die Zuflucht zu ihm dem trostsuchenden Menschen ein erhöhtes Maß sicheren Glücksgefühls. Gegen diese Vorstellung läßt sich vom Standpunkt der Naturwissenschaft nicht das Mindeste einwenden, weil ja die Fragen der Ethik, wie wir schon betont haben, gar nicht in ihren Zuständigkeitsbereich gehören.

Wohin und wie weit wir also blicken mögen, zwischen Religion und Naturwissenschaft finden wir nirgends einen Widerspruch, wohl aber gerade in den entscheidenden Punkten volle Übereinstimmung. Religion und Naturwissenschaft — sie schließen sich nicht aus, wie manche heutzutage glauben oder fürchten, sondern sie ergänzen und bedingen einander. Wohl den unmittelbarsten Beweis für die Verträglichkeit von Religion und Naturwissenschaft auch bei gründlichkritischer Betrachtung bildet die historische Tatsache, daß gerade die größten Naturforscher aller Zeiten, Männer wie Kepler, Newton, Leibniz von tiefer Religiosität durchdrungen waren. Zu Anfang unserer Kulturepoche waren die Pfleger der Naturwissenschaft und die Hüter der Religion sogar durch Personalunion verbunden. Die älteste angewandte Naturwissenschaft, die Medizin, lag in den Händen der Priester, und die wissenschaftliche Forschungsarbeit wurde noch im Mittelalter hauptsächlich in den Mönchszellen betrieben. Später, bei der fortschreitenden Verfeinerung und Verästelung der Kultur, schieden sich die Wege allmählich immer schärfer voneinander, entsprechend der Verschiedenheit der Aufgaben, denen Religion und Naturwissenschaft dienen.

Denn so wenig sich Wissen und Können durch weltanschauliche Gesinnung ersetzen lassen, ebensowenig kann die rechte Einstellung zu den sittlichen Fragen aus rein verstandesmäßiger Erkenntnis gewonnen werden. Aber die beiden Wege divergieren nicht, sondern sie gehen einander parallel, und sie treffen sich in der fernen Unendlichkeit an dem nämlichen Ziel.

Um dies recht einzusehen, gibt es kein besseres Mittel, als das fortgesetzte Bemühen, das Wesen und die Aufgaben einerseits der naturwissenschaftlichen Erkenntnis, andererseits des religiösen Glaubens immer tiefer zu erfassen. Dann wird sich in immer wachsender Klarheit herausstellen, daß, wenn auch die Methoden verschieden sind — denn die Wissenschaft arbeitet vorwiegend mit dem Verstand, die Religion vorwiegend mit der Gesinnung —, der Sinn der Arbeit und die Richtung des Fortschrittes doch vollkommen miteinander übereinstimmen.

Es ist der stetig fortgesetzte, nie erlahmende Kampf gegen Skeptizismus und gegen Dogmatismus, gegen Unglaube und gegen Aberglaube, den Religion und Naturwissenschaft gemeinsam führen, und das richtungweisende Losungswort in diesem Kampf lautet von jeher und in alle Zukunft: **Hin zu Gott!**

Determinismus oder Indeterminismus.
(Vortrag, gehalten in der Techn. Hochschule München am 4. Dezember 1937.)

Meine hochverehrten Damen und Herren!
Es mag einigermaßen bedenklich erscheinen, wenn ich es unternehme, heute vor Ihnen über ein allgemeines Thema meines Arbeitsgebietes zu sprechen. Denn abgesehen von den Schwierigkeiten, die an sich schon mit der Aufgabe verbunden sind, vor einem Zuhörerkreis, der sich zumeist aus Angehörigen praktischer Berufe zusammensetzt, Gedankengänge von rein wissenschaftlichem Charakter zu entwickeln, muß ich doch vor allem damit rechnen, daß Ihre Interessen gerade in der gegenwärtigen Zeit von ganz anderen Dingen in Anspruch genommen sind, hinter denen alle Angelegenheiten von mehr theoretischer Art zurücktreten müssen. Was mir demgegenüber eine gewisse Ermutigung gibt, ist nicht nur das Gefühl der Verpflichtung, einer schon vor längerer Zeit an mich ergangenen freundlichen und ehrenvollen Einladung Folge leisten zu sollen, sondern hauptsächlich auch die Überlegung, daß das Thema, welches ich zu behandeln gedenke, eine unvergängliche Bedeutung besitzt, und daß sein Inhalt recht verschiedenartige und auch sehr praktische Seiten aufweist. Es bezieht sich auf Lebenserfahrungen, die uns so geläufig sind, daß ihre besondere Betonung fast überflüssig erscheint, es regt aber auch wieder zu Fragen an, die der wissenschaftlichen Forschung bis heute noch unüberwindliche Schwierigkeiten bereiten. So möchte ich mich der Hoffnung hingeben, daß es mir gelingen könnte, wenigstens in dem einen oder in dem anderen Punkt Ihre Teilnahme anzuregen und ihre Aufmerksamkeit auf eine Frage zu lenken, deren Bedeutung sich von den Äußerlichkeiten des alltäglichen Lebens ab bis in die Tiefen der Weltanschauung hinein auswirkt.

I.

Ist alles, was in der Welt geschieht, im voraus bis auf jede Einzelheit festgelegt, determiniert, oder ist es nicht determiniert? Anders gesprochen: bestehen für den Ablauf der Ereignisse in der Natur und im Geistesleben ganz bestimmte Gesetze, oder herrscht bei ihnen, wenigstens bis zu einem gewissen Grade, Zufall, Willkür, Freiheit oder wie man das nennen will? Wenn jemand eines Tages vom Blitz getroffen wird, oder wenn jemand das große Los gewinnt, ist das schicksalhafte Vorherbestimmung und daher eherne Notwendigkeit oder ist es blinder Zufall? Oder wenn jemand sich von einem hohen Turm herabstürzt, wird er da von einem inneren Zwang getrieben oder handelt er aus selbständigem freien Entschluß?

Das sind Fragenkomplexe, welche von jeher die Philosophen aller Zeiten und Völker beschäftigt haben und die heute gerade für die exakte Naturwissenschaft wieder erneutes Interesse in Anspruch nehmen. Es scheint gegenwärtig so, als ob die Geister je nach der Antwort, die sie auf diese Fragen geben, sich in zwei entgegengesetzte Lager spalten, deren Losungsworte sich diametral entgegenstehen: hie Determinismus, hie Indeterminismus! und da es nun einmal bequem und üblich ist, die Menschen, über deren geistige Einstellung man sich ein Urteil bilden möchte, in bestimmte Kategorien einzuordnen, so wird ein jeder, der sich zu dieser Frage äußert, entweder als Determinist oder als Indeterminist abgestempelt. Da ist es nun interessant und ergötzlich, zu sehen, wie der Kampf der Meinungen hin- und hergeht, und wie mit allen Künsten der Beweisführung die feinsten und die gröbsten Argumente gegeneinander geschleudert werden. Weniger ergötzlich ist es, wenn man bei näherem Zusehen bemerkt, daß die meisten Geschosse, so hüben wie drüben, an ihrem Ziele vorbeigehen, und daß daher der ganze Kampf ohne nennenswertes Ergebnis bleibt.

Die Ursache dieser unerfreulichen Erscheinung ist nicht schwer zu erkennen. Sie liegt in dem Umstand, daß die Voraussetzungen, von denen die streitenden Parteien bei ihren Schlußfolgerungen ausgehen und die sie von vornherein als selbstverständlich gegeben betrachten, auf beiden Seiten verschiedene sind, und daß es meistens unterlassen wird, den Inhalt dieser Voraussetzungen entsprechend seiner Bedeutung ausdrücklich an die Spitze der Beweisführung zu stellen. Da ist es nicht zu verwundern, wenn die verschiedenen Voraussetzungen zu verschiedenen Resultaten führen, und wenn jede der beiden Parteien an ihrem Resultat hartnäckig festhält.

So kann es kommen, daß ein gewisses Geschehnis, sei es in der Natur oder in der Geisteswelt, als determiniert oder als nicht determiniert erscheint, je nach den Voraussetzungen, unter denen man an seine Betrachtung herantritt. Diesen eigentümlichen Sachverhalt möchte ich zunächst durch Besprechung einiger speziell ausgewählter Beispiele etwas näher beleuchten.

II.

Knüpfen wir zunächst einmal an einen ganz trivialen, dem täglichen Leben entnommenen Fall an. Denken wir an das morgige Wetter. Ist das morgige Wetter determiniert oder ist es nicht determiniert? Wenn man bedenkt, daß es unter allen Arten von Prophezeiungen natürlicher Ereignisse kaum eine gibt, die trügerischer ist als die Wetterprognose, so wird man ohne weiteres das morgige Wetter als indeterminiert bezeichnen.

Anders wird die Sache, wenn in Betracht gezogen wird, daß die

Faktoren, die das Wetter bedingen: Temperatur, Luftdruck, Windrichtung und Windstärke, Feuchtigkeit, wohlbekannten physikalischen Gesetzen unterworfen sind, nach denen sie sich in ganz bestimmter Weise ändern. Im Hinblick auf diese Gesetze wird man dann schließen, daß die Unsicherheit des morgigen Wetters nur auf unserer Unkenntnis der tatsächlichen Verhältnisse beruht und daß in Wirklichkeit das morgige Wetter vollkommen determiniert ist.

Aber mit dem Wort „wirklich" soll man vorsichtig umgehen. Seine Bedeutung kann manchmal recht zweifelhaft sein, und sein Gebrauch am ungeeigneten Ort hat schon oft zu Mißverständnissen Anlaß gegeben. Was ist denn z. B. das Wirkliche an einem Stern, den wir am Nachthimmel leuchten sehen? Ist es die glühende Materie, aus der der Stern besteht, oder ist es die Lichtempfindung, die wir von ihm in unserem Auge haben? Der Realist behauptet das erstere, der Positivist das letztere. Eine jede der beiden Behauptungen hat etwas für sich und läßt sich mit einleuchtenden Gründen vertreten. Und doch darf keine von ihnen den Anspruch erheben, allein berechtigt zu sein. Wenn man aber beide Behauptungen als zulässig betrachtet, so hat das Wort „wirklich" gar keinen bestimmten Sinn mehr. Solange dieser Punkt nicht ausdrücklich klargestellt ist, verbleibt hier eine stete Quelle von Undeutlichkeit und von Mißverständnissen.

Um nun auf unsern Satz zurückzukommen, daß das morgige Wetter „in Wirklichkeit" determiniert ist, so hängt bei seiner Beurteilung offenbar alles davon ab, was man als Wirklichkeit ansehen will. Und da kann man sehr wohl eine Auffassung geltend machen, welche unweigerlich zu dem Schluß führt, daß der Inhalt des Satzes unrichtig ist und daß er durch sein Gegenteil ersetzt werden muß. Denn man kann sagen: „wirklich" sind nicht die physikalischen Gesetze und deren Anwendung zur exakten Berechnung aller Einzelheiten des Wetters, sondern „wirklich" sind die Meteorologen, die den Wetterdienst verrichten und die auf Grund des ihnen vorliegenden Materials ihre Prognose ausarbeiten. Alles andere ist Theorie, ist Verallgemeinerung, Idealisierung, aber nicht Wirklichkeit. Von diesem Standpunkt aus gesehen ist also das morgige Wetter „in Wirklichkeit" indeterminiert, für jetzt und wohl auch für alle absehbaren Zeiten.

Um derartige Zweideutigkeiten zu vermeiden, wird es sich in diesem wie in anderen Fällen empfehlen, Worte wie „wirklich" oder „scheinbar" oder „als ob", falls ihr Sinn nicht ohne weiteres deutlich ist, ganz zu vermeiden und an ihrer Stelle diejenigen Voraussetzungen ausdrücklich zu bezeichnen, die man jeweils mit ihnen verbindet. Erst dann erhält die betreffende Aussage eine unmißverständliche Bedeutung. Auf unseren Fall angewendet werden wir dann das Folgende als eindeutiges und einwandfreies Ergebnis dieser Betrachtung aussprechen dürfen: je nachdem man für die Bestimmung des Wetters die genaue Anwendung der physikalischen Gesetze oder aber die tatsächlich zur Verfügung stehenden Hilfsmittel der Meteorologie als Voraussetzung zugrunde legt, ist das morgige Wetter als determiniert oder als nicht determiniert zu bezeichnen. Solange aber eine ausdrückliche Angabe über jene Voraussetzung fehlt, darf man die Frage, ob determiniert oder nicht, weder mit Ja noch mit Nein beantworten. Sie hat dann überhaupt keinen Sinn, und der Streit darüber kann endlos dauern.

Ganz dasselbe gilt für die Determiniertheit anderer Ereignisse. Auch bei dem früher von mir erwähnten Lotteriespiel hat die Frage, ob die Nummer des gezogenen Loses in Wirklichkeit gesetzlich determiniert ist oder ob sie dem Zufall entspringt, eine verschiedene Bedeutung, je nach den Voraussetzungen, die man mit dem Worte „Wirklichkeit" verbindet. Wenn man die genaue Berücksichtigung sowohl der Lagerung aller einzelnen Losnummern in der Urne als auch der Bewegungen der das Los herausgreifenden Hand zur Voraussetzung macht, so ist die gezogene Nummer vollständig determiniert; im anderen Falle ist sie indeterminiert und dem Zufall überlassen. Von jeder der beiden einander entgegenstehenden Voraussetzungen könnte man mit gewissem Rechte behaupten, daß sie der Wirklichkeit entspricht, und man sieht auch hier wieder, daß es sich zur Vermeidung von Mißverständnissen stets empfiehlt, sich nicht einfach auf die „Wirklichkeit" zu berufen.

Dieser Sachverhalt liegt so offen und klar, daß seine Darlegung ganz gewiß ohne Nachteil auch wesentlich kürzer von mir hätte gefaßt werden können. Ich bin nur deshalb ausführlicher darauf eingegangen, weil die besprochenen Beispiele eine zweckmäßige Vorbereitung bilden dürften für die Behandlung von Fällen, bei denen die Verhältnisse verwickelter liegen und nicht so leicht auf den ersten Blick zu überschauen sind.

III.

Wie steht es denn nun mit dem anderen Fall, daß jemand sich von einem Turm herabstürzt? Hier treffen wir offenbar auf das uralte Problem der Willensfreiheit. Ist der menschliche Wille determiniert oder ist er nicht determiniert? Auch hier kommt alles auf die Voraussetzungen an, mit denen man an die Beantwortung der Frage herangeht.

Wenn man sich auf den Standpunkt objektiv wissenschaftlicher Betrachtung stellt, so muß der menschliche Wille als vollkommen determiniert angesehen werden. Denn die Wissenschaft kann mit einem freien Willen nichts anfangen. Der Historiker, der Biograph, der Psychologe, der Psychiater geht stets von der Voraussetzung aus, daß die Willensentscheidungen der von ihm behandelten Persönlichkeiten zurückzuführen sind auf bestimmte Ursachen, Motive, bewußter oder unbewußter Art, die in der geistigen Verfassung der betreffenden Personen ihren Ursprung haben und durch äußere Umstände ausgelöst werden. Eine Berufung auf die Willensfreiheit seines Helden bzw. seiner Versuchsperson oder seines Patienten wäre für ihn gleichbedeutend mit dem Verzicht auf wissenschaftliches Verständnis

Daher hört man von exakt wissenschaftlich eingestellter Seite her häufig die Behauptung, die Willensfreiheit sei nur eine scheinbare, in Wirklichkeit sei der Wille stets streng determiniert. Hier haben wir wieder die ominösen Worte „scheinbar" und „wirklich". Man kann auch hier wieder gerade umgekehrt die Behauptung aufstellen: das Wirklichste, was es auf der Welt gibt, ist unser Selbstbewußtsein, als der Ursprung jeglichen Denkens. Was ist wirklicher als das sichere Gefühl, daß, wenn wir, vor eine wichtige Entscheidung gestellt, alle Gründe, welche für und welche gegen einen bestimmten Entschluß sprechen, auf das Sorgfältigste überlegt und gegeneinander abgewogen haben, im letzten Augenblick immer noch die Möglichkeit besitzen, wenn vielleicht auch nur aus Laune, gerade das Entgegengesetzte zu tun von dem, was wir uns vorher überlegt hatten? Was ist wirklicher als die mit dem Verantwortungsbewußtsein verbundene Qual der Unschlüssigkeit, die eine solche Entscheidung manchmal mit sich bringt? Wenn wir von dieser Auffassung der Wirklichkeit ausgehen, dann ist die Willensfreiheit gewiß nicht scheinbar, sondern sie ist mit allen ihren Merkmalen wirklich und wahrhaftig vorhanden.

Wir erkennen hier also wieder ganz den nämlichen Sachverhalt wie in unseren früheren Beispielen und können auch hier feststellen, daß der Streit darüber, ob der menschliche Wille determiniert oder nicht determiniert ist, in Wahrheit ein Streit um die Betrachtungsweise ist, nämlich um die Voraussetzungen, mit denen man an die Beurteilung einer Willenshandlung herangeht. Diese Voraussetzungen sind, wie ich bei früheren Gelegenheiten wiederholt und ausführlich darzulegen suchte, wesentlich andere für einen fremden Beobachter wie für das eigene Ich. Der fremde Beobachter vermag, wenigstens grundsätzlich, die Motive meiner eigenen Willenshandlungen, auch der mir selber unbewußten, vollständig zu durchschauen. Wieweit er das tatsächlich fertigbringt, ist lediglich eine Frage seiner geistigen Überlegenheit. Dagegen ist es grundsätzlich keinem Menschen, mag er geistig noch so hoch stehen, möglich, die Motive einer von ihm selber zu treffenden Willensentscheidung vorher vollständig zu erkennen, und zwar deshalb, weil die eigenen Willensmotive durch das Nachdenken über sie beeinflußt und verändert werden. Daher bleiben die bei der Willensentscheidung endgültig ausschlaggebenden Motive stets unterhalb der Schwelle des eigenen Bewußtseins und entziehen sich dem abwägenden Verstand.

Lassen wir, um das Ergebnis unserer Betrachtung auch hier unzweideutig zu formulieren, das Wort „wirklich" wieder aus dem Spiel, so können wir sagen: vom objektiv wissenschaftlichen Standpunkt aus betrachtet ist der menschliche Wille determiniert, dagegen vom subjektiven Standpunkt des Selbstbewußtseins aus betrachtet ist der menschliche Wille frei. In diesen beiden Sätzen steckt weder eine Unklarheit noch ein begrifflicher Widerspruch. Sie stehen sich vollkommen koordiniert gegenüber, man darf keinen von ihnen geringer bewerten als den anderen.

IV.

Wenn in so grundverschieden gearteten Fällen, wie in den bisher besprochenen Beispielen, die nämlichen eigentümlichen Tatbestände zum Vorschein kommen, so werden wir berechtigt sein, diesen Tatbeständen eine allgemeinere Bedeutung beizulegen und sie auch für andere Fälle als zutreffend anzunehmen. Danach ist ein Geschehnis, sei es in der materiellen oder in der geistigen Welt, niemals schlechthin determiniert oder indeterminiert. Vielmehr gilt das eine oder das andere je nach den Voraussetzungen, von denen man bei der Prüfung der Frage ausgeht. Diese Voraussetzungen müssen vorher genau angegeben werden, sonst hat die Frage nach dem Determinismus oder Indeterminismus gar keinen Sinn. Im übrigen können von vornherein ganz verschiedenartige Voraussetzungen möglich sein. Daher ist es niemals ausgeschlossen, daß durch eine passende Änderung in der Wahl der Voraussetzungen ein indeterminiertes Geschehen zu einem determinierten wird, oder umgekehrt.

Aber noch eine zweite allgemeine Folgerung von nicht minderer Wichtigkeit läßt sich aus den übereinstimmenden Ergebnissen unserer bisherigen Betrachtungen entnehmen. Sobald es sich um die wissenschaftliche Betrachtungsweise handelt, werden die Voraussetzungen, die der Erforschung eines Geschehnisses zugrunde gelegt werden, stets so gewählt, daß das Geschehnis determiniert ist. Das sahen wir sowohl bei der Frage nach dem morgigen Wetter, welches durch die Gesetze der Physik vollständig bestimmt wird, als auch bei der Frage nach dem menschlichen Willen, der durch historische oder psychologische Forschung auf seinen Ursprung zurückgeführt wird. In der Tat ist es ja gerade die Aufgabe der wissenschaftlichen Forschung, die Zusammenhänge im Ablauf eines Geschehnisses möglichst vollständig zu erkennen, und das kann auf keine bessere Weise erreicht werden als durch Einführung von Voraussetzungen, die das Geschehnis als ein determiniertes erscheinen lassen. Der hierdurch erlangte Vorteil der Betrachtungsweise ist so groß, daß die Wissenschaft sich ihm zuliebe stellenweise vom praktischen Leben mehr oder weniger weit entfernt. Sie wendet sich ab von der tatsächlichen Arbeit der Meteorologen mit ihren beschränkten Hilfsmitteln und sucht sie zu idealisieren, indem sie den Forschern unbeschränkte Kenntnisse und Fähigkeiten in der Anwendung und Durchrechnung der physikalischen Gesetze zuschreibt. Und um den menschlichen Willen als vollkommen determiniert erkennen zu können, muß der wissenschaftliche Forscher darauf verzichten, seinen eigenen Willen zu betrachten, von dem er doch im Leben am unmittelbarsten Bescheid weiß, und muß sich damit begnügen, nach Analogie seines eigenen Willensbewußtseins die Willensäußerungen anderer Persönlichkeiten, sei es als Historiker oder als Psychologe zu studieren. Denn nur so kann er den Abstand vom Objekt seiner Untersuchung gewinnen, welcher die notwendige Voraussetzung dafür bildet, daß die Willenshandlungen als determiniert betrachtet werden können.

Dieser Verzicht auf Lebensnähe und Anschaulichkeit bedeutet ein schweres Opfer, aber das Opfer muß gebracht werden und wird gebracht mit Rücksicht auf den ungleich höheren Gewinn, welcher der wissenschaftlichen Forschung aus der Einführung des Determinismus erwächst.

Und wie in den besprochenen Beispielen, so wird es auch in allen anderen Fällen sein. Wir können es geradezu als die erste Aufgabe der wissenschaftlichen Betrachtung eines Geschehnisses bezeichnen, daß sie diejenigen Voraussetzungen aufsucht und einführt, welche das Geschehnis vollständig determinieren.

V.

Unsere bisherigen Überlegungen und ihre Ergebnisse können uns als passende Vorbereitung dienen zur Behandlung einer weiteren Frage, die durch die Entwicklung der Quantenmechanik entstanden ist und die gegenwärtig wegen ihrer prinzipiellen Bedeutung das Interesse der Physiker und anderer Kreise weit über die Physik hinaus in hohem Maße in Anspruch nimmt. Es ist die Frage, ob die feinsten physikalischen Geschehnisse, die atomaren Vorgänge, determiniert oder indeterminiert sind.

Lassen Sie mich auch hier wieder an einen konkreten Fall anknüpfen. Ein Strahl von Elektronen, die sich alle mit der nämlichen Geschwindigkeit in der nämlichen Richtung, im übrigen aber ungeordnet und unabhängig voneinander bewegen, falle schräg auf ein sehr dünnes Kristallblättchen. Dann wird ein gewisser genau anzugebender Prozentsatz dieser Elektronenschar vom Kristall reflektiert, der Rest fliegt durch den Kristall hindurch. Der Fall, daß einmal ein Elektron im Kristall steckenbleibt, kann ganz außer Betracht gelassen werden, wenn wir das Blättchen hinreichend dünn annehmen. Falls aber nur ein einziges Elektron mit der betreffenden Geschwindigkeit in der betreffenden Richtung auf den Kristall trifft, so kann es nur entweder reflektiert oder durchgelassen werden. Denn das Elektron bleibt stets ein Ganzes, eine Spaltung in zwei Teile ist unmöglich. Das Gesetz der Reflexion der Elektronen an dem Kristall ist also ein statistisches. Es bestimmt nur das Verhalten einer großen Anzahl von Elektronen, es versagt aber bei der Frage nach dem Verhalten eines einzelnen Elektrons. Man kann dies auch so ausdrücken, daß man sagt: Was sich beim Auftreffen eines einzelnen Elektrons auf den Kristall in bestimmter Weise spaltet, ist nicht das Elektron selber, sondern ist die Wahrscheinlichkeit dafür, daß das ganze Elektron den einen oder den anderen Weg nimmt.

Diese einfache anschauliche Vorstellung und die ihr entsprechende in sich vollkommen geschlossene Theorie hat sich in diesem wie in vielen andersartigen Fällen ausgezeichnet bewährt und ist insofern durchaus befriedigend. Daher sind gegenwärtig zahlreiche Physiker geneigt, sie als die endgültige Lösung des Problems zu betrachten, und bezeichnen demgemäß die Reflexion eines einzelnen Elektrons

Determinismus oder Indeterminismus 341

beim Auftreffen auf den Kristall als einen im absoluten Sinne indeterminierten Vorgang.

Das ist nun eine Verallgemeinerung von so weittragender Bedeutung, daß sie, ehe man sich ihr anschließt, einer eingehenden Prüfung unterzogen werden muß. Vor allem ist zu fragen, wie sich diese Behauptung zu dem Ergebnis unserer vorigen Betrachtungen verhält, wonach ein Vorgang niemals bedingungslos als determiniert oder indeterminiert bezeichnet werden kann, sondern nur mit Rücksicht auf die Voraussetzungen, die man seiner Betrachtung zugrunde legt. Sollte das auch für die Elektronenreflexion zutreffen? Und, wenn das der Fall ist, sollten die Voraussetzungen, deren Benutzung notwendig zur Annahme des Indeterminismus führt, nicht durch andere Voraussetzungen ersetzt bzw. ergänzt werden können, welche den Vorgang als determiniert erscheinen lassen, ebenso wie wir das in den früher behandelten Fällen feststellen konnten?

Das sind Fragen, die es sich gewiß lohnt, etwas näher zu beleuchten. Denn darüber kann nach dem früher Gesagten kein Zweifel bestehen, daß, falls eine positive Beantwortung auch nur in Aussicht stände, die wissenschaftliche Forschung sich ihrer bemächtigen und sie bis in ihre letzten Konsequenzen verfolgen würde.

VI.

Beginnen wir mit einer Untersuchung der Begründung und der Durchführbarkeit eines prinzipiellen Indeterminismus in der Atomphysik, zunächst wieder im Hinblick auf das Beispiel der Elektronenreflexion an einem Kristallblättchen. Aus der Tatsache, daß ein Elektron, welches mit bestimmter Geschwindigkeit in bestimmter Richtung auf den Kristall trifft, nur mit einer bestimmten Wahrscheinlichkeit Reflexion erfährt, wird gefolgert, daß der Vorgang der Elektronenreflexion prinzipiell indeterminiert sei, und diese Folgerung wird damit begründet, daß die Frage, unter welcher Bedingung ein einzelnes Elektron reflektiert wird, physikalisch keinen Sinn habe. Denn physikalisch sinnvoll seien nur solche Fragen, welche sich durch Messungen prüfen lassen.

Das klingt sehr einleuchtend, führt aber doch zu keiner Entscheidung. Denn genau genommen gibt es überhaupt keine einzige physikalische Frage, welche direkt, ohne Zuhilfenahme einer Theorie, durch Messungen geprüft und eindeutig beantwortet werden kann. Jedes Messungsergebnis ist ja zusammengesetzter Art, bei jeder Messung wirken stets mehrere verschiedene physikalische Vorgänge zusammen, deren Zahl und Mannigfaltigkeit mit der Feinheit der Messung sich ins Unabsehbare steigert, so daß stets eine Theorie herangezogen werden muß, um das Knäuel zu entwirren und zu deuten. Man denke nur an die zahlreichen Korrekturen, die mit der Ausführung einer einzigen feinen Wägung verbunden sind.

In Würdigung dieses Umstandes wird daher die Definition einer physikalisch sinnvollen Frage häufig dahin präzisiert, daß eine Prüfung der Frage durch Messungen wenigstens „prinzipiell" möglich sein soll. Ja, aber welches Prinzip ist dabei zu benützen? Die Prinzipien sind doch nicht von vornherein gegeben. Es kommt also doch jedesmal darauf hinaus, daß man, ehe eine Frage als physikalisch sinnvoll oder sinnlos erklärt werden kann, sich auf den Standpunkt einer bestimmten Theorie stellen muß.

Sollte dieser Satz noch irgendeinem Zweifel unterliegen, so genügt ein Hinweis auf die historische Tatsache, daß es eine ganze Anzahl von Fragen gibt, die je nach dem Wechsel der Theorien als sinnlos oder als sinnvoll bezeichnet worden sind. Ich nenne hier nur die Frage nach der gegenseitigen Umwandlung der chemischen Elemente oder die Frage nach der Entstehung von Materie aus Licht, die früher durch Jahrhunderte hindurch ohne weiteres als sinnlos betrachtet wurden und die gegenwärtig als Gegenstand scharfsinniger Untersuchungen im Mittelpunkt des physikalischen Interesses stehen. Andererseits wird die Frage nach der Konstruktion eines Perpetuum mobile auch heute noch als sinnlos bezeichnet, aber nur deshalb, weil und solange das Prinzip der Erhaltung der Energie als gültig anerkannt wird.

Ebenso verhält es sich nun auch mit der Frage nach den Bedingungen, die dafür entscheidend sind, mögen sie nun experimentell realisierbar sein oder nicht, ob ein auf den Kristall treffendes Elektron von dem Kristall reflektiert oder ob es durchgelassen wird. Das ist eine Frage, an der die wissenschaftliche Forschung nun einmal nicht vorbeigehen kann und die man niemals ohne Berufung auf eine Theorie als sinnlos wird ablehnen dürfen.

Wenn es sich somit als aussichtslos erweist, den prinzipiellen Indeterminismus durch ein allgemeines Kriterium zu begründen, so muß man mit seiner Einführung um so vorsichtiger sein. Denn es ist zu bedenken, daß der prinzipielle Indeterminismus durch seinen grundsätzlichen Verzicht auf die Beantwortung einer bestimmt gestellten physikalischen Frage das Ziel der wissenschaftlichen Forschung, das doch auf die Aufdeckung der gesetzlichen Zusammenhänge zwischen den beobachtbaren Naturerscheinungen gerichtet ist, wesentlich tiefer steckt. Er verschließt ohne zwingende Not von vornherein eine Pforte, die möglicherweise in ein Gebiet ganz neuartiger Erkenntnisse führen könnte.

Auf der anderen Seite muß aber doch auch wieder in Betracht gezogen werden, daß der prinzipielle Indeterminismus keineswegs logisch undenkbar ist. Wenn auch kein direkter Beweis seiner Unentbehrlichkeit erbracht werden kann, so läßt er sich doch auch nicht von vornherein als unannehmbar bezeichnen. Wir wollen daher einstweilen die geschilderten Bedenken zurückstellen und noch etwas näher prüfen, in welcher Weise das Prinzip des Indeterminismus durchzuführen wäre.

Die bisherige Physik kannte im Prinzip nur determinierte Vorgänge. Wenn nun für die atomaren Vorgänge der prinzipielle Indeterminismus eingeführt werden soll, so fragt es sich vor allem, ob und inwieweit man ihm auch für molare, gröbere Vorgänge Bedeutung und Gültigkeit zuschreiben soll. Gewöhnlich wird diese Frage in der Weise beantwortet, daß man die atomaren Vorgänge als indeterminiert, die molaren als determiniert bezeichnet und dementsprechend zwischen Mikrophysik und Makrophysik unterscheidet. Aber mit dieser Festsetzung wird man auf die Dauer nicht durchkommen. Denn sie bedingt die Existenz einer scharfen Grenze zwischen Mikrophysik und Makrophysik, und die gibt es sicherlich nicht, weil Größenordnungsgebiete niemals durch scharfe Grenzlinien getrennt sind, sondern stets allmählich ineinander übergehen. Wir wissen aus der Kolloidchemie und aus der Biochemie, daß es unmöglich ist, molare und molekulare Vorgänge prinzipiell voneinander zu unterscheiden. Würde man nun aber versuchen, dementsprechend einen stetigen Übergang vom Determinismus in der Molarwelt zum Indeterminismus in der Atomwelt anzunehmen, so würde man erst recht in Schwierigkeiten geraten. Denn ein Vorgang, in welchem auch nur eine Spur von Indeterminismus hineinspielt, ist als Ganzes indeterminiert. Daran kann nicht der geringste Zweifel bestehen.

Es bleibt also konsequenterweise nichts übrig, als den Indeterminismus entweder gänzlich auszuschalten oder grundsätzlich allenthalben einzuführen, ein Drittes ist nicht möglich. Damit wachsen aber die Schwierigkeiten einer Durchführung des Indeterminismus ins Ungemessene. Nicht allein, daß Gesetze wie das Prinzip der Erhaltung der Energie, welche bisher auch für atomare Vorgänge immer als streng gültig vorausgesetzt worden sind, ihren Charakter verlieren und nur mehr eine statistische Bedeutung beanspruchen dürfen. Selbst die universellen Konstanten, wie die Elektronenladungen oder das Wirkungsquantum, werden dann nicht mehr durch bestimmte Zahlenwerte ausgedrückt, sondern müssen als Mittelwerte aus einer großen Anzahl von mehr oder weniger divergierenden Einzelwerten betrachtet werden. Denn ein prinzipiell genauer Wert ließe sich nur aus einer prinzipiell genauen Gleichung gewinnen, und solche kann es ja dann nicht mehr geben. Wohin eine solche Umstellung der theoretischen Physik führen würde, läßt sich gar nicht absehen. Jedenfalls erscheint sie nicht gerade verheißungsvoll.

Zu diesen praktischen Schwierigkeiten kommt nun aber noch eine grundsätzliche. Es wird manchmal versucht, den prinzipiellen Indeterminismus es als besonderen Vorzug anzurechnen, daß er es fertigbringe, die erfahrungsgemäße Gesetzlichkeit in der Physik ohne alle besondere Voraussetzungen abzuleiten aus der Ungesetzlichkeit, die Ordnung aus der Unordnung, den Kosmos aus dem Chaos. Aber ich glaube nicht, daß eine solche Leistung überhaupt möglich ist. Denn auch die statistische Gesetzlichkeit bedarf zu ihrer Begründung ganz bestimmter Voraussetzungen. Es ist bekannt, daß die Sätze der Wahrscheinlichkeitsrechnung stets auf bestimmten Festsetzungen über gleichwahrscheinliche Fälle fußen. An diesem Umstand wird auch dann nichts geändert, wenn man diese Festsetzungen in die Definitionen hineinsteckt, wie das z. B. geschieht, wenn man die

Wahrscheinlichkeitsrechnung von dem Begriff des Kollektivs her entwickelt. Aus nichts kann nichts werden, und die etwaige Hoffnung, daß der prinzipielle Indeterminismus vielleicht einmal als einzige und endgültige Grundlage für den Aufbau der theoretischen Physik ausreichen könnte, wird sich aller Voraussicht nach als trügerisch erweisen.

VII.

Nachdem es sich also gezeigt hat, daß sowohl der Begründung als auch der Durchführung des prinzipiellen Indeterminismus unabsehbare Schwierigkeiten entgegenstehen, gewinnt die Aufgabe, den umgekehrten Weg zu versuchen, eine noch erhöhtere Bedeutung. Wir wollen daher jetzt auf die schon oben aufgeworfene Frage zurückkommen, ob nicht der Indeterminismus der atomaren Vorgänge, wie z. B. der von uns betrachteten Elektronenreflexion, kein prinzipieller ist, sondern nur bedingt durch die Art der Voraussetzungen, die wir der Betrachtung zugrunde gelegt haben, und ob nicht diese Voraussetzungen in der Weise geändert beziehungsweise ergänzt werden können, daß der betreffende Vorgang als determiniert erscheint, ebenso wie wir das bei den früher behandelten Beispielen gesehen haben.

Der erste Teil dieser Frage kann ohne weiteres bejaht werden. Daß der Vorgang der Elektronenreflexion indeterminiert erscheint, hat in der Tat darin seinen Grund, daß wir bei dem Versuch, die Gesetzlichkeit im Vorgang der Elektronenreflexion aufzuspüren, ein Elektron im Sinne der klassischen Physik als eine Art Korpuskel behandelt haben. Wir haben uns nämlich vorgestellt, daß das Elektron wie ein materieller Punkt mit einer bestimmten Geschwindigkeit in einer bestimmten Stelle auf den Kristall auftrifft. Aus diesen Angaben allein kann aber die Frage nach dem weiteren Verlauf der Bahn des Elektrons unmöglich beantwortet werden, und daher ist dieser Vorgang indeterminiert.

Wenn also der Indeterminismus ausgemerzt werden soll, so muß vor allem jene der klassischen Physik entnommene Voraussetzung fallen. Ein Elektron darf nicht mehr als Korpuskel betrachtet werden. Und gerade dies ist es nun, was die Wellenmechanik, die an Stelle der klassischen Mechanik getreten ist, ihrerseits zur Voraussetzung macht. Nach dem Heisenbergschen Gesetz der Unschärfe, welches eine der Grundlagen der Wellenmechanik bildet, ist der Ort eines Elektrons, welches eine bestimmte Geschwindigkeit besitzt, völlig unbestimmt, nicht allein in dem Sinne, daß es unmöglich ist, den Ort eines solchen Elektrons anzugeben, sondern in dem Sinne, daß das Elektron überhaupt keinen bestimmten Ort einnimmt. Denn einem Elektron von bestimmter Geschwindigkeit entspricht eine einfach periodische Materiewelle, und eine solche Welle ist weder räumlich noch zeitlich begrenzt, sonst wäre sie nicht einfach periodisch. Das Elektron befindet sich also an gar keinem Ort, oder, wenn man will, es befindet sich an allen Orten zugleich. Dadurch wird die Frage nach der Bahn des Elektrons von vornherein illusorisch und es wäre sinnlos, eine bestimmte Antwort darauf zu verlangen. Indem also das Gesetz der Unschärfe die Voraussetzung der klassischen Mechanik, die zur Annahme des Indeterminismus gezwungen hat, aufgibt, schafft es tatsächlich die Vorbedingung für die Möglichkeit einer deterministischen Theorie und öffnet damit die von dem prinzipiellen Indeterminismus verschlossene Eingangspforte zu neuartigen Gebieten der Erkenntnis.

Aber das Unschärfegesetz allein genügt noch nicht zum Aufbau einer vollständigen Theorie des Determinismus. Da es durch eine Ungleichung ausgedrückt wird, so bildet es gewissermaßen nur den Rahmen zur Aufnahme eines weiteren Prinzips mit bestimmterem Inhalt. Wie wird dies Prinzip lauten? Das vermag heute niemand zu sagen. Möglicherweise wird es zu seiner Formulierung der Einführung neuartiger Begriffe abstrakter Natur bedürfen, die der klassischen Theorie gänzlich fremd sind. Aber soll man deshalb unterlassen, nach einem solchen Prinzip zu suchen? Das würde doch wieder eine Rückkehr zum prinzipiellen Indeterminismus bedeuten, dessen Schwierigkeiten wir zur Genüge kennengelernt haben. Diesem verhängnisvollen Dilemma zu entrinnen darf nach meiner Meinung kein Preis zu hoch erscheinen. Wer nicht sucht, der wird nicht finden. Übrigens lassen sich noch andere Gründe dafür anführen, daß in der Wellenmechanik heute das letzte Wort noch nicht gesprochen ist und daß ihre endgültige Fassung noch aussteht. Vor allem harrt noch der Lösung das große und vordringliche Problem, die Wellenmechanik in Einklang zu bringen mit der Relativitätstheorie, welche ihrerseits streng deterministisch aufgebaut ist.

In jedem Falle sollten wir, wie ich meine, an der Grundvoraussetzung jeglicher wissenschaftlicher Forschung festhalten, daß alles Weltgeschehen unabhängig verläuft von den Menschen und ihren Meßwerkzeugen. Wenn wir nun auch, um von den Geschehnissen Kunde zu erhalten, in erster und in letzter Linie auf Messungen angewiesen sind, und wenn durch Messungen stets mehr oder minder große Störungen in den Ablauf der gemessenen Vorgänge hineingebracht werden, so ist damit keineswegs von vornherein ausgeschlossen, daß diese Störungen erkannt und berücksichtigt werden können.

Freilich, die Hoffnung, durch Messungen einen einigermaßen direkten Einblick in die Art der Gesetzlichkeit atomarer Vorgänge gewinnen zu können, rückt immer weiter in die Ferne. Das rührt einfach daher, daß die zu entscheidenden Fragen immer feiner werden und daß unsere Meßinstrumente, die doch alle aus einer ungeheuren Anzahl von Atomen bestehen, dieser Feinheit nicht mehr zu folgen vermögen. Es ist unmöglich, das Innere eines Körpers zu sondieren, wenn die Sonde größer ist als der ganze Körper.

Aber zum Glück besitzen wir ein Messungsinstrument, das an keinerlei Grenzen der Feinheit gebunden ist, das ist der Flug unserer

Gedanken. Gedanken sind feiner als Atome und Elektronen, in Gedanken vermögen wir ebenso leicht einen Atomkern zu spalten wie eine kosmische Distanz von Millionen Lichtjahren zu überspringen. Man hört manchmal die Ansicht aussprechen, daß die Natur viel weitere Gebiete umspanne als die menschliche Einbildungskraft zu fassen vermöge. Gerade das Gegenteil ist richtig. In dem unermeßlichen Reich der Gedankenwelt nimmt die Natur nur einen ganz schmalen Bezirk ein. Zwar bedarf das Spiel der Gedanken zu seiner Anregung stets eines Anstoßes von außen, durch irgendein Naturerlebnis. Aber wenn die Anregung einmal erfolgt ist, vermag die Einbildungskraft den begonnenen Faden selbsttätig fortzuspinnen bis in Gebiete, die weit jenseits alles Naturgeschehens liegen. Von dieser Fähigkeit, in Gedanken über die Natur hinauszugehen, macht die physikalische Forschung von jeher erfolgreich Gebrauch. Schon in der klassischen Mechanik hat sich gezeigt, daß die Grundgesetze der Bewegungen materieller Systeme auf die allgemeinste und einfachste Form gebracht werden können, wenn man auch sogenannte virtuelle Veränderungen zur Betrachtung heranzieht, das heißt, solche Veränderungen, die nicht in der Natur, sondern nur in Gedanken vorkommen. Wir dürfen nicht daran zweifeln, daß auch bei der gegenwärtig brennend gewordenen Aufgabe, die Begriffsbildungen der klassischen Physik zu erweitern, die mit der Gedankenwelt arbeitende Forschungsmethode ihre Leistungsfähigkeit erweisen wird.

Freilich wird sie sich dabei zusehends immer weiter von dem entfernen, was man gemeinhin Anschaulichkeit zu nennen pflegt. Man macht gegenwärtig der theoretischen Physik häufig den Vorwurf, daß sie durch ihre Wendung zum Abstrakt-Mathematisch-Formalen den Boden der Wirklichkeit unter den Füßen verliere. Diese Kritik ist ebenso unfruchtbar wie unberechtigt. Denn der Wert eines Gedankens hängt nicht davon ab, ob er anschaulich ist, sondern davon, was er leistet.

Nachdem es sich einmal herausgestellt hat, daß wir, um die Messungsergebnisse verstehen zu können, die anschaulichen Voraussetzungen der klassischen Physik aufgeben müssen, bleibt für die theoretische Forschung gar kein anderer Weg übrig als zu neuartigen abstrakten Begriffsbildungen zu schreiten. Dieser Zug zur Entwicklung ist zwangsläufig, an ihm wird keine Macht der Welt etwas ändern.

Im übrigen ist zu beachten, daß die Forderung der Anschaulichkeit gar keinen bestimmten Inhalt hat. Denn was anschaulich ist oder nicht, läßt sich nicht von vornherein und für immer entscheiden. Ein jedweder Begriff, mag er noch so kompliziert und abstrakt sein, kann uns dadurch anschaulich werden, daß wir uns an ihn gewöhnen und mit der Zeit lernen, bequem und sicher mit ihm umzugehen. Das wird häufig dadurch erleichtert, daß wir uns für den Begriff ein passendes anschauliches Symbol schaffen und dieses Symbol immer wieder nach allen Richtungen durchdenken. So kann es kommen, daß ein neuentdeckter physikalischer Vorgang, der uns zuerst sehr un-

anschaulich vorkommt, im Laufe der Zeit durch nähere Bekanntschaft und vielfache Gewöhnung den anschaulichsten Charakter annehmen kann.
Noch vor hundert Jahren war ein elektrischer Strom etwas Seltsames und sehr Unanschauliches. Heute operiert jeder Techniker, ja auch mancher talentvolle Schüler, mit den Begriffen Elektrischer Strom, Gleichstrom, Wechselstrom, Drehstrom wie mit etwas Alltäglichem und bequemer noch als mit dem Begriff eines Flüssigkeitsstromes. Und so lernt auch der Theoretiker die von ihm durch notgedrungene und mühsame Abstraktion geschaffenen Begriffe mit der Zeit immer näher kennen und mit ihnen nach Gutdünken hantieren. Mit welchem Erfolge, zeigen die zahlreichen Entdeckungen, welche gottbegnadeten Forschern durch die Anstellung von Gedankenexperimenten gelungen sind, die dem Ungeübten äußerst unanschaulich vorkommen müssen. Denken wir an Wilhelm Wien, welcher das nach ihm benannte berühmte Verschiebungsgesetz der Wärmestrahlung entdeckte durch die rein theoretische Berechnung der Farbenänderung, die ein Lichtstrahl bei der Reflexion an einem bewegten Spiegel erleidet. Denken wir an Jacob Heinrich van't Hoff, welcher die für die physikalische Chemie fundamentalen Gesetze des osmotischen Druckes ableitete aus der Betrachtung der Kompression einer wässerigen Salzlösung mittels eines Kolbens, der für das Salz undurchdringlich ist, aber das Wasser ungehindert hindurchtreten läßt. Denken wir an Emil Fischer, dem seine phantasiereichen, der Kunstschlosserei entlehnten Gedankenbilder von speziellen Atomverkettungen zur Aufspaltung wie auch zur Synthese hochkomplizierter Moleküle verhalfen.

Ein Gedankenexperiment, das durch seine Originalität auch in weiteren Kreisen Aufmerksamkeit erregte, war es, welches James Clerk Maxwell den statistischen Charakter des zweiten Hauptsatzes der Wärmetheorie erkennen ließ. Nach diesem Satz ist es unmöglich, in einem Körper von gleichmäßiger Temperatur ohne Aufwand von Arbeit Temperaturdifferenzen oder Dichtigkeitsdifferenzen zu erzeugen. Maxwell denkt sich nun ein mit Gas in thermischem Gleichgewicht gefülltes Gefäß in zwei Kammern geteilt durch eine Scheidewand, in welcher sich ein kleines Loch befindet. In jeder der beiden Kammern fliegen die Gasmoleküle mit großen Geschwindigkeiten zwischen den Wänden hin und her. Wenn einmal ein Molekül zufällig auf das Loch trifft, fliegt es durch das Loch hindurch in die andere Kammer. Nun möge ein scharfsinniges Wesen, welches die einzelnen Gasmoleküle sehen kann, das Loch abwechselnd öffnen oder verschließen, und zwar in der Weise, daß nur den schneller fliegenden Molekülen gestattet ist, aus der ersten Kammer in die zweite überzugehen, und nur den langsameren umgekehrt aus der zweiten Kammer in die erste überzugehen. Dies Wesen wird daher ohne Aufwand von Arbeit die Gastemperatur in der zweiten Kammer steigern und in der ersten Kammer erniedrigen, im Widerspruch mit dem zweiten Hauptsatz der Wärmetheorie. Denn das Öffnen und Schließen des Loches erfordert keine mechanische Arbeitsleistung, sondern nur Intelligenzbetätigung.

Man könnte die Paradoxie noch weiter auf die Spitze treiben durch die Annahme, daß es dem vernünftigen Wesen einfiele, das Loch allen Molekülen offenzuhalten, die von der Seite der ersten Kammer kommen, dagegen alle Moleküle, die aus der zweiten Kammer kommen, an dem verschlossenen Loch abprallen zu lassen. Dann würde nach einiger Zeit die erste Kammer vollkommen evakuiert sein und das ganze Gas sich in der zweiten Kammer befinden, ohne daß die geringste Arbeit aufgewendet worden wäre.

Aus diesem Gedankenexperiment geht hervor, daß der Inhalt des zweiten Hauptsatzes statistischer Art ist. Denn er bezieht sich nur auf Vorgänge, an denen eine große Anzahl von Molekülen beteiligt sind, läßt aber die Bewegungen einzelner Moleküle indeterminiert — ein weiteres eindrucksvolles Beispiel für unseren Satz, daß die Frage nach der Art der Gesetzlichkeit eines Vorganges verschieden zu beantworten ist je nach den Voraussetzungen, die man seiner Betrachtung zugrunde legt. Wenn man nur die Hauptsätze der Wärmetheorie benützt, sind die Bewegungen der einzelnen Moleküle indeterminiert, wenn man aber die Wechselwirkungen der Moleküle mit zur Betrachtung heranzieht, hindert nichts, solche Annahmen zu machen, daß der ganze Vorgang vollkommen determiniert ist.

Es ist bekannt, welch weittragende Folgerungen diese von Maxwell eingeschlagenen Gedankengänge für die fernere Entwicklung der Wärmetheorie nach sich gezogen haben, Folgerungen, die schließlich gipfelten in der großen Entdeckung Ludwig Boltzmanns, der Erkenntnis des Zusammenhangs zwischen Entropie und Wahrscheinlichkeit. Auch zu dieser Erkenntnis diente als Brücke ein freies Gedankenspiel, nämlich die Abzählung aller Kombinationen, welche bei der Gruppierung gewisser passend ersonnener symbolischer Elemente möglich sind.

Bei solchen augenscheinlichen Erfolgen der mit dem Rüstzeug der Einbildungskraft arbeitenden Forschungsmethode ist es nicht zu verwundern, daß auch auf anderen Gebieten der Physik die Gedankenexperimente üppig ins Kraut schossen und daß von berufener wie auch von unberufener Seite her Spekulationen einsetzten, die mit unerhörter Kühnheit die verschiedenartigsten Probleme in Angriff nahmen, angefangen von dem Rätsel der im feinsten Mikrokosmos sich abspielenden Vorgänge, den Wechselwirkungen zwischen Materie und Strahlung, bis hin zu den letzten Fragen nach den Abmessungen des ungeheuren raumzeitlichen Universums. Schon wird sogar die Größe und das Alter des ganzen Weltalls in einen exakten numerischen Zusammenhang gebracht mit der Anzahl und den Eigenschaften seiner kleinsten elementaren Bausteine, der Elektronen, Positronen, Neutronen und Protonen.

Aber je kühner und enthusiastischer sich diese himmelstürmenden Phantasien betätigen, um so nüchterner soll man des Satzes eingedenk sein, daß manchmal dicht neben der höchsten Vernunft der größte Unsinn lauert. Und es darf niemals vergessen werden, daß alle Gedankenexperimente ohne Ausnahme nur heuristischen Wert beanspruchen dürfen, daß ihre Bedeutung letzten Endes lediglich darin besteht, sinngemäße Fragen an die Natur zu formulieren, und daß sie ihre endgültige Rechtfertigung immer nur erhalten können durch eine Prüfung ihrer Resultate an der Hand von Messungen. Daher bedarf die vorwärts drängende Einbildungskraft des Theoretikers, wenn seine Gedankenflüge nicht dem Schicksal des Ikarus verfallen sollen, der strengsten Schulung und der allseitigen Orientierung sowohl nach der Seite des mathematisch Zulässigen wie nach der des experimentell Erfaßbaren.

Gegenwärtig erlebt die Physik eine der größten Epochen ihrer Entwicklung. Unausgesetzt verfeinern sich die Messungsmethoden, und unausgesetzt erweitern sich die Mittel der mathematischen Analyse. Wir dürfen nicht daran zweifeln, daß es ihrer vereinten Anwendung gelingen wird, noch manchen weiteren bedeutsamen Weg zu finden zur stetig fortgesetzten Entschleierung der zur Zeit noch in tiefes Dunkel gehüllten Geheimnisse der Natur.

Meine hochverehrten Damen und Herren! Am Schluß dieser Betrachtungen ist es mir Bedürfnis, Ihnen meinen aufrichtigen Dank dafür auszusprechen, daß Sie meinen Ausführungen bis zum Schluß Ihre Aufmerksamkeit geschenkt haben. Bin ich mir doch klar bewußt, daß unser aller Hauptgedanken gerade in der gegenwärtig so bewegten Zeit andere Wege gehen, daß sie häufig voll in Anspruch genommen werden von den großen Ereignissen, die sich rings um uns in der Welt abspielen.

Aber mögen die Wogen der Erregung noch so hoch emporschlagen, es bleibt doch immer bei der alten Wahrheit, daß dem Gemeinwohl am besten gedient wird, wenn ein jeder an dem Platze, an den ihn das Schicksal gestellt hat, unbeirrt durch äußere Störungen nach bestem Wissen und Können, wenn auch nur in der Stille, den ihm obliegenden Pflichten nachgeht. Das lassen Sie uns auch jetzt beherzigen, und lassen Sie uns auch in diesem Zusammenhange nicht auf den Zufall bauen, sondern lassen Sie uns vertrauen auf die folgerichtige, nach innerem Gesetz heranreifende Auswirkung einer jeden treuen und gewissenhaften Arbeit, zum Segen unseres teuren **deutschen Vaterlandes!**

Scheinprobleme der Wissenschaft

(Vortrag, gehalten zuerst am 17. Juli 1946 im Physikalischen Institut
der Universität Göttingen)

Meine sehr geehrten Damen und Herren!

Die Welt steckt voller Probleme. Wo wir auch hinsehen, überall tut sich irgendein Problem auf, im häuslichen Leben wie im Beruf, in der Wirtschaft wie in der Technik, in der Kunst wie in der Wissenschaft. Und manche Probleme haben etwas Hartnäckiges an sich: sie lassen uns nicht los, und die quälenden Gedanken an sie können sich unter Umständen in einem solchen Grade steigern, daß sie uns den ganzen Tag verfolgen und sogar nachts den Schlaf rauben. Wenn uns dann zufällig einmal die Lösung eines Problems gelingt, so empfinden wir das als eine Art Befreiung und freuen uns über die Bereicherung unseres Wissens. Ganz anders ist es aber, und in hohem Maße ärgerlich, wenn wir nach langem Abmühen die Entdeckung machen, daß das Problem gar keiner Lösung fähig ist, weil es entweder keine einwandfreie Methode zu seiner Bearbeitung gibt, oder weil es bei Lichte besehen überhaupt keinen Sinn hat, daß es sich also um ein Scheinproblem handelt, und daß wir alle darauf verwendete Denkarbeit für ein Nichts geopfert haben. Derartige Scheinprobleme gibt es mancherlei, und nach meiner Meinung weit mehr als man gemeiniglich annimmt, auch in der Wissenschaft. Solchen unliebsamen Erfahrungen zu entgehen, gibt es kein besseres Mittel, als sich in jedem Falle von vornherein klarzumachen, ob ein Problem wirklich echt, d. h. sinnvoll ist, und ob demnach eine Lösung tatsächlich erwartet werden darf. Im Hinblick auf diesen Sachverhalt liegt mir heute daran, Ihnen, meine Damen und Herren, eine Reihe von Problemen vorzuführen und sie mit Ihnen daraufhin zu prüfen, ob es vielleicht nur Scheinprobleme sind. Vielleicht, daß ich damit einem oder dem anderen von Ihnen einen Dienst erweisen kann. Die Auswahl der Probleme erfolgt nicht nach einem systematischen Gesichtspunkt, noch weniger beansprucht sie nach irgendeiner Richtung Vollständigkeit. Meist sind die Probleme dem Gebiet der Wissenschaft entnommen, weil hier die Verhältnisse sich am deutlichsten übersehen lassen. Das wird mich aber nicht hindern, in Fällen, wo ich bei Ihnen Interesse voraussetzen zu dürfen glaube, auch auf andere Gebiete überzugreifen.

I

Um die Frage, ob ein bestimmtes ins Auge gefaßtes Problem wirklich sinnvoll ist, zur Entscheidung zu bringen, müssen wir vor allem die Voraussetzungen genau prüfen, die in der Formulierung des Problems enthalten sind. Aus ihnen ergibt sich in manchen Fällen ohne weiteres, daß es sich nur um ein Scheinproblem handelt. Am einfachsten liegt die Sache, wenn in den Voraussetzungen ein Fehler steckt, wobei es natürlich keinen Unterschied macht, ob die fehlerhafte Voraussetzung ausdrücklich eingeführt oder ob sie nur stillschweigend benutzt wird. Ein einfaches Beispiel ist das berühmte Problem des Perpetuum mobile, d. h. die Aufgabe, eine periodisch wirkende Vorrichtung zu konstruieren, die beständig Arbeit liefert ohne jegliche anderweitige Veränderung in der Natur. Da die Existenz einer solchen Vorrichtung dem Prinzip der Erhaltung der Energie widersprechen würde, so ist sie in der Natur unmöglich und das genannte Problem daher ein Scheinproblem. Freilich wird man sagen dürfen: Das Energieprinzip ist doch schließlich ein Erfahrungssatz. Sollte also eines Tages die Anerkennung seiner Allgemeingültigkeit eine Einschränkung erleiden, was in der Atomphysik sogar tatsächlich manchmal vermutet worden ist, so würde das Problem des Perpetuum mobile plötzlich echt werden. Insofern ist seine Sinnlosigkeit keine absolute.

Daß der gemachte Vorbehalt auch von praktischer Bedeutung werden kann, zeigt besonders deutlich das Beispiel eines anderen ebenso bekannten Problems aus der Chemie: das uralte Problem, ein unedles Metall, sagen wir Quecksilber, in Gold zu verwandeln. Ursprünglich, ehe es eine wissenschaftliche Chemie gab, hatte dieses Problem einen bedeutenden Sinn, und viele gelehrte und ungelehrte Köpfe haben sich eingehend mit ihm beschäftigt. Als dann aber die Lehre von den chemischen Elementen ausgebildet und allgemein anerkannt wurde, sank es zu einem Scheinproblem herab. Neuerdings, seit der Entdeckung der künstlichen Radioaktivität, hat sich die Sachlage wiederum nach der anderen Seite verschoben. In der Tat erscheint es heute nicht mehr grundsätzlich unmöglich, ein Verfahren zu erfinden, durch welches aus dem Kern des Quecksilberatoms ein Proton und aus seiner Hülle ein Elektron entfernt wird. Dadurch würde dann das Quecksilberatom in ein Goldatom umgewandelt. Bei dem gegenwärtigen Stand der Wissenschaft gehört daher das Problem der Alchimisten nicht mehr zu den Scheinproblemen.

Aus diesen Beispielen darf man nun aber nicht etwa den Schluß ziehen, daß die Sinnlosigkeit eines Scheinproblems niemals absolut, sondern immer an die jeweilige Geltung einer Theorie gebunden ist. Es gibt auch viele Scheinprobleme, die es sicherlich für alle Zeiten bleiben werden. Dahin gehört z. B. das Problem, das viele bedeutende

Physiker jahrelang beschäftigt hat, die mechanischen Eigenschaften des Licht-Äthers zu ergründen. Das Sinnlose dieses Problems folgt aus der ihm zugrunde liegenden Voraussetzung, daß die Lichtschwingungen mechanischer Natur sind; denn diese Voraussetzung ist irrtümlich und wird es immer bleiben.

Oder ein anderes Beispiel, das der Physiologie entnommen ist. Bekanntlich entwirft die konvexe Augenlinse von einem hinlänglich beleuchteten Gegenstand auf der Netzhaut ein umgekehrtes Bild. Wenn man also einen Turm erblickt, so ist auf dem Netzhautbild die Spitze des Turmes nach unten gerichtet. Nun hat sich seinerzeit, als diese Feststellung gemacht wurde, eine Anzahl Forscher um das Problem bemüht, diejenige Einrichtung im Sehorgan herauszufinden, durch welche das Netzhautbild wieder aufrecht gemacht wird. Dieses Problem ist ein Scheinproblem, jetzt und immer, da es auf der irrigen, durch nichts zu begründenden Voraussetzung beruht, daß das Bild des Gegenstandes im Sehorgan ein aufrechtes sein müsse.

Weit schwieriger als beim Vorhandensein unrichtiger Voraussetzungen, wie in den bisher betrachteten Beispielen, liegt die Sache, wenn in den Voraussetzungen zwar kein Fehler, aber eine Unklarheit steckt, so daß das Problem deshalb ein Scheinproblem bleibt, weil es ungenügend formuliert ist. Das sind nun aber gerade die Fälle, mit denen wir uns vorwiegend zu beschäftigen haben werden.

Ich beginne mit dem Beispiel eines Scheinproblems, wegen dessen Trivialität ich Sie, meine geehrten Damen und Herren, schon vorher um Entschuldigung bitten muß. Der Saal, in dem wir uns befinden, hat zwei Seitenwände, eine rechte und eine linke. Für Sie ist d i e s die rechte Seite, für mich, der ich Ihnen gegenübersitze, ist d a s die rechte Seite. Das Problem lautet: Welche Seite ist denn nun in Wirklichkeit die rechte? Die Frage klingt allerdings lächerlich, aber ich wage zu behaupten, daß sie typisch ist für die Natur einer ganzen Reihe von Problemen, um die in vollem Ernst und mit vielem Scharfsinn gestritten wurde und zum Teil noch gestritten wird, nur daß die Verhältnisse nicht immer so offenkundig liegen. Zunächst ersieht man, mit welcher Vorsicht das Wort „wirklich" zu gebrauchen ist. Es hat in vielen Fällen nur dann einen Sinn, wenn man vorher den Standpunkt deutlich gemacht hat, welcher der Betrachtung zugrunde gelegt wird. Sonst ist das Wort häufig nichtssagend und irreführend.

Ein anderes Beispiel: Wir sehen einen Stern am Himmel glänzen. Was ist das Wirkliche an ihm? Ist es die glühende Materie, aus der er besteht, oder ist es die Lichtempfindung, die wir von ihm im Auge haben? Die Frage ist sinnlos, solange wir nicht angeben, ob wir uns dabei auf den realistischen oder auf den positivistischen Standpunkt stellen. Oder ein Beispiel aus der modernen Physik. Wenn wir das Verhalten eines fliegenden Elektrons in einem Elektronenmikroskop verfolgen, so erscheint das Elektron als ein auf einer bestimmten Bahn bewegtes Korpuskel. Wenn wir aber das Elektron durch einen Kristall gehen lassen, so zeigt es in dem auf einem Auffangschirm sichtbar gemachten Bild alle Eigenschaften einer gebeugten Lichtwelle. Die Frage, ob nun in Wirklichkeit das Elektron ein Korpuskel ist, das zu einer bestimmten Zeit einen bestimmten Ort im Raum einnimmt, oder ob es in Wirklichkeit eine Welle ist, welche den ganzen unendlichen Raum ausfüllt, bleibt daher so lange ein Scheinproblem, als nicht angegeben wird, mit welcher der beiden Untersuchungsmethoden man das Verhalten des Elektrons prüft. Auch die berühmte Streitfrage zwischen der Newtonschen Emanationstheorie und der Huygenschen Wellentheorie des Lichts gehört zu den Scheinproblemen der Wissenschaft. Denn die Entscheidung zwischen den beiden einander entgegengesetzten Theorien ist ganz willkürlich. Sie lautet verschieden, je nachdem man sich auf den Standpunkt der Quantentheorie oder auf den der klassischen Theorie stellt.

II

In allen bisher angeführten Fällen liegen die Verhältnisse ziemlich einfach und sind leicht übersehbar. Jetzt wollen wir zur Behandlung eines Problems übergehen, das wegen seiner Bedeutung für das menschliche Leben stets eine hervorragende Rolle gespielt hat. Es ist das berühmte sogenannte Leib-Seele-Problem. Hier müssen wir vor allem zuerst nach dem Sinn des Problems fragen. Denn es gibt Philosophen, welche behaupten, daß die seelischen Vorgänge gar nicht von körperlichen Vorgängen begleitet zu werden brauchen, sondern ganz unabhängig von solchen verlaufen können. Sofern diese Behauptung zutrifft, gelten für die seelischen Vorgänge ganz andere Gesetze als für die körperlichen. Dann zerfällt das Leib-Seele-Problem in zwei getrennte Probleme: Das Leib-Problem und das Seele-Problem, verliert also seinen Sinn und artet in ein Scheinproblem aus. Damit können wir diesen Fall als erledigt betrachten und brauchen uns nur mit den Wechselwirkungen zwischen seelischen und körperlichen Vorgängen zu beschäftigen. Diese sind erfahrungsgemäß sehr enge. Wenn jemand, mit dem wir uns gerade unterhalten, eine Frage an uns richtet, so wird sie eingeleitet durch einen körperlichen Vorgang, nämlich durch die Schallwellen der gesprochenen Worte, die, von dem Fragenden ausgehend, unser Ohr treffen und sich auf den Bahnen der sensiblen Nerven in unser Gehirn fortpflanzen. Dort spielen sich dann seelische Vorgänge ab, nämlich das Nachdenken über den Sinn der Worte, dann der Entschluß über den Inhalt der zu erteilenden Antwort. Diese wird dann wieder durch einen körperlichen Vorgang auf dem Wege über die motorischen Nerven vom Kehlkopf aus durch die Luft dem Fragenden übermittelt.

Welches ist nun die Art des Zusammenhanges zwischen den körperlichen und den seelischen Vorgängen? Werden die seelischen Vorgänge durch die körperlichen Vorgänge verursacht? Und wenn ja, nach welchen Gesetzen? Wie kann denn etwas Materielles auf etwas Immaterielles wirken, und umgekehrt? Das sind lauter schwer zu beantwortende Fragen. Wenn man eine kausale Wechselwirkung zwischen körperlichen und seelischen Vorgängen als vorhanden annimmt, so erscheint als unerläßliche Bedingung die Forderung der Gültigkeit des Prinzips der Erhaltung der Energie. Denn dieses Universalfundament der exakten Wissenschaft wird man wohl nicht gern opfern wollen. Dann müßte es aber ein numerisch bestimmtes, mechanisches Seelenäquivalent geben, ebenso wie es ein bestimmtes mechanisches Wärmeäquivalent gibt, und für dessen Messung würde jegliche Methode fehlen. Deshalb hat man es mit der Annahme versucht, daß die seelischen Kräfte keine merkliche Energie zu den körperlichen Vorgängen beisteuern, sondern nur auslösend auf sie einwirken, ebenso wie ja ein leiser Windhauch eine mächtige Lawine erzeugt, oder wie ein winziger Funke ein riesiges Pulverfaß in die Luft sprengt. Durch diese Annahme wird aber die Schwierigkeit nicht ganz beseitigt. Denn in allen uns bekannten Fällen ist die zur Auflösung aufgewendete Energie zwar sehr klein gegen die ausgelöste Energie, aber sie ist doch vorhanden, wenn auch vielleicht in atomarer Größenordnung. Auch der leiseste Windhauch und der winzigste Funke besitzt eine von Null verschiedene Energie, und darauf kommt es hier an.

Nun gibt es freilich auch Kräfte, die ohne jeglichen Energieaufwand eine merkliche Wirkung ausüben. Das sind die sogenannten steuernden oder lenkenden Kräfte, wie z. B. der von der Festigkeit der Eisenbahnschienen herrührende Widerstand, der die Räder eines auf ihnen rollenden Zuges ohne irgendeinen Energieverbrauch zwingt, eine bestimmte vorgeschriebene Kurve einzuhalten, und man könnte versuchen, den seelischen Kräften eine ähnliche Rolle der Steuerung der körperlichen Vorgänge im Gehirn zuzuschreiben. Allein auch hier erheben sich ernste und unüberwindliche Schwierigkeiten. Denn die moderne Gehirnphysiologie beruht gerade auf der Voraussetzung, daß man auch ohne die Annahme des Eingreifens einer besonderen Seelenkraft zu einem befriedigenden Verständnis des gesetzlichen Ablaufs der biologischen Vorgänge gelangen kann. Eine solche Annahme vermeidet auch die Lehre vom Parallelismus, welche im Gegensatz zur Wechselwirkungslehre annimmt, daß die seelischen und die körperlichen Vorgänge zwangsläufig nebeneinander herlaufen, jede nach ihren eigenen Gesetzen, ohne sich gegenseitig zu stören. Wie freilich diese gegenseitige Bindung zweier so grundverschiedener Geschehnisse zu denken ist, ob sie vielleicht auf eine Art prästabilierter

Harmonie hinausläuft, das bleibt unverständlich. Insofern ist auch die Parallelismuslehre wenig befriedigend.

Um nun der Sache auf den Grund zu gehen, wollen wir uns die prinzipielle Frage vorlegen: Was wissen wir denn überhaupt von seelischen Kräften? Wo und in welchem Sinne können wir von seelischen Vorgängen sprechen? Sehen wir also einmal zu, wo in der Welt wir seelische Vorgänge antreffen. Daß die Geschöpfe der höheren Tierwelt, ebenso wie die Menschen, Gefühle und Empfindungen haben, müssen wir ohne weiteres annehmen. Aber wenn wir nun zu den niederen Tieren hinabsteigen, wo ist die Grenze, bei der die Empfindung aufhört? Hat ein Wurm, der sich unter unserem Fußtritt krümmt, eine Schmerzempfindung? Und darf man den Pflanzen eine Art Empfindung zuschreiben? Es gibt Botaniker, welche geneigt sind, diese Frage zu bejahen. Aber prüfen oder gar beweisen läßt sich eine solche Ansicht niemals, und man wird am besten tun, wenn man in dieser Beziehung keine Behauptung wagt. Auf der ganzen Stufenleiter von den niederen Lebewesen bis hinauf zum Menschen gibt es keine Stelle, wo man in der Beschaffenheit der seelischen Vorgänge einen Sprung feststellen kann.

Und dennoch läßt sich eine ganz bestimmte Grenze angeben, die für alles Folgende von ausschlaggebender Bedeutung ist. Das ist die Grenze beim Übergang von den seelischen Vorgängen in anderen Menschen zu den seelischen Vorgängen im eigenen Ich. Denn die eigenen Gefühle und Empfindungen erleben wir unmittelbar. Sie sind uns schlechthin gegeben. Die Empfindungen eines jeden Anderen aber, so sicherlich sie vorhanden sind, erleben wir nicht unmittelbar, sondern wir schließen nur auf sie gemäß unseren eigenen Empfindungen. Es gibt zwar Ärzte, die versichern, daß sie imstande sind, die Gefühle und Stimmungen ihrer Patienten ganz ebenso zu empfinden wie diese selber. Aber eine solche Behauptung läßt sich niemals einwandfrei beweisen. Ihre Zweifelhaftigkeit wird am deutlichsten offenbar, wenn man an spezielle Fälle denkt. Die bohrenden Schmerzen, die ein Patient bei einer zahnärztlichen Behandlung manchmal auszuhalten hat, vermag auch der feinfühligste Arzt nicht unmittelbar zu verspüren. Er kann sie nur mittelbar aus den Wehlauten oder Zuckungen des Patienten entnehmen. Oder wenn jemand bei einer erfreulicheren Gelegenheit, etwa bei einem Gastmahl, das Behagen seines Tischnachbarn beim Genuß eines beliebten edlen Weines auch noch so deutlich nachempfinden kann, so ist es doch etwas anderes, wenn er in die Lage kommt, die kostbare Blume mit eigener Zunge zu würdigen. Was jemand fühlt, was er denkt, was er will, weiß unmittelbar nur er selber. Andere Menschen können das nur mittelbar aus seinen Äußerungen, Gebärden, Reden, Handlungen schließen. Wenn solche Äußerungen völlig fehlen, mangelt ihnen jeder Anhaltspunkt zur Feststellung seines augenblicklichen Seelenzustandes.

Der hier geschilderte Gegensatz zwischen unmittelbarer und mittelbarer Erkenntnis ist ein fundamentaler. Da es uns in erster Linie auf den Gewinn unmittelbarer Erkenntnis ankommt, beschäftigen wir uns im folgenden mit der Untersuchung des Zusammenhangs unserer eigenen seelischen Zustände mit den körperlichen Zuständen.

Zunächst stellen wir fest, daß es sich nur um bewußte Zustände handeln kann. Zwar spielen sich sicherlich viele Vorgänge, vielleicht sogar die ausschlaggebenden, in unserem Unterbewußtsein ab. Aber diese sind einer wissenschaftlichen Behandlung nicht fähig. Denn eine Wissenschaft des Unbewußten oder des Unterbewußten gibt es nicht. Sie wäre eine contradictio in adjecto, ein Widerspruch in sich. Was unterbewußt ist, weiß man nicht. Daher sind alle Probleme, die sich auf das Unterbewußtsein beziehen, Scheinprobleme.

Nehmen wir also einen einfachen bewußten Vorgang, der sich zwischen Leib und Seele abspielt. Wir stechen uns mit einer Nadel in die Hand und empfinden dabei einen Schmerz. Die Stichwunde ist der körperliche Teil, der Schmerz ist der seelische Teil des Vorganges. Die Wunde sehen wir, den Schmerz fühlen wir. Gibt es nun eine einwandfreie Methode, um den Zusammenhang zwischen den beiden Teilen des Vorganges aufzuklären? Es ist leicht einzusehen, daß davon nicht die Rede sein kann. Denn hier gibt es gar nichts aufzuklären. Die Wahrnehmung der Wunde und die Empfindung des Schmerzes sind elementare Erlebnisse, die in ursächlichem Zusammenhang stehen, die aber ebenso verschiedenen Charakter tragen wie das Erkennen und das Fühlen. Daher stellt die Frage nach ihrem Wesenszusammenhang kein sinnvolles Problem vor, sondern nur ein Scheinproblem.

Es versteht sich, daß die beiden Vorgänge: der Nadelstich und die Schmerzempfindung, sich in allen ihren Einzelheiten auf das genaueste prüfen lassen. Aber dazu bedarf es zweier verschiedener Methoden, die sich gegenseitig ausschließen. Ihnen entsprechen zwei verschiedene Standpunkte der Betrachtung. Ich will sie im folgenden den psychologischen und den physiologischen Standpunkt nennen. Die Betrachtung vom psychologischen Standpunkt aus wurzelt im Selbstbewußtsein, sie ist daher unmittelbar nur auf die Untersuchung der eigenen seelischen Vorgänge anwendbar. Die Betrachtung vom physiologischen Standpunkt dagegen ist auf die Vorgänge in der Umwelt gerichtet, sie erfaßt daher unmittelbar nur die körperlichen Vorgänge. Die beiden Standpunkte sind unvereinbar, eine Verwechselung führt stets zu Unklarheiten. Ebensowenig wie wir einen körperlichen Vorgang vom psychologischen Standpunkt aus prüfen können, ist es möglich, unsere seelischen Vorgänge unmittelbar vom physiologischen Standpunkt aus zu beurteilen. Wenn wir diesen Sachverhalt berücksichtigen, dann erscheint das Leib-Seele-Problem in einem anderen Licht Denn bei der Untersuchung der Leib-Seele-Vorgänge gelangen wir zu ganz verschiedenen Resultaten, je nachdem wir die Vorgänge vom psychologischen oder vom physiologischen Standpunkt aus betrachten. Tun wir das erstere, so erfahren wir unmittelbar nur etwas über unsere seelischen Vorgänge, tun wir das letztere, so erfahren wir unmittelbar nur etwas über die körperlichen Vorgänge. Es ist daher nicht möglich, von einem einheitlichen Standpunkt aus sowohl die körperlichen als auch die seelischen Vorgänge unmittelbar zu überschauen, und da man, um zu einem klaren Resultat zu gelangen, den einmal eingenommenen Standpunkt, der den anderen ausschließt, festhalten muß, so verliert die Frage nach dem Zusammenhang der körperlichen und der seelischen Vorgänge ihren Sinn. Dann gibt es nur entweder körperliche oder seelische Vorgänge, aber niemals beide zugleich.

Darum hindert nichts zu sagen: Körperliche und seelische Vorgänge sind gar nicht verschieden von einander. Es sind die nämlichen Vorgänge, nur von zwei entgegengesetzten Seiten betrachtet. Mit diesem Satz löst sich das Rätsel, das der Lehre vom Parallelismus anhaftet: wie man ein Verständnis dafür finden kann, daß zwei so verschiedene Arten von Vorgängen, wie die körperlichen und die seelischen, so eng miteinander verkoppelt sind. Die Verkoppelung ist hiernach selbstverständlich. Damit erweist sich auch das Leib-Seele-Problem als ein Scheinproblem.

III

In den bisher besprochenen Fällen hatten wir es nur mit dem Erkennen und mit dem Fühlen zu tun. Körperliche Zustände und Vorgänge werden erkannt, seelische Zustände und Vorgänge werden gefühlt. Ganz anders und viel verwickelter wird die Sachlage, wenn zu dem Erkennen und Fühlen das Wollen hinzukommt. Denn hier erhebt sich das uralte Problem des Gegensatzes zwischen der Freiheit des Willens und der Gebundenheit durch das Gesetz der Kausalität, das auch für die Ethik eine gewisse Bedeutung besitzt und zu dessen Behandlung wir jetzt übergehen. Ist der Wille frei oder ist er kausal determiniert? Um diese Frage beantworten zu können, müssen wir zuerst die Methoden prüfen, die zur Untersuchung der Gesetzlichkeit der Willensvorgänge dienen können.

Da ist vor allem ein wichtiger Punkt zu beachten. Um in den gesetzlichen Ablauf eines Vorganges einen zutreffenden Einblick zu gewinnen, muß man vor allem dafür sorgen, daß durch die Anwendung der Untersuchungsmethode der Ablauf des Vorganges nicht beeinflußt wird. So darf man z. B. bei der Messung der Temperatur eines Körpers kein Thermometer benutzen, dessen Einführung eine

Temperaturänderung des Körpers bewirkt, und bei der mikroskopischen Beobachtung von Vorgängen in einer lebenden Zelle darf man keine Beleuchtung verwenden, durch welche der normale Ablauf dieser Vorgänge gestört wird. Was für physikalische und biologische Vorgänge gilt, bleibt selbstverständlich auch für seelische Zustände und Vorgänge zutreffend. Es ist einer der elementarsten Grundsätze der experimentellen Psychologie, daß eine Beobachtung zu einem völlig falschen Ergebnis führen kann, wenn die Versuchsperson weiß, oder wenn sie auch nur vermutet, daß sie beobachtet wird. Deshalb wirkt unter Umständen die Beobachtung selber als eine gefährliche Fehlerquelle.

Wenden wir das Gesagte auf das vorliegende Problem an, so ist von einer wissenschaftlich einwandfreien Betrachtung des gesetzlichen Ablaufs einer Willensregung in erster Linie zu fordern, daß durch diese Betrachtung die Willensregung nicht beeinflußt wird. Daraus folgt ohne weiteres die Notwendigkeit einer wesentlichen Beschränkung in der Wahl eines zulässigen Standpunktes für die Betrachtung. Da nämlich die Betrachtung selber ebenso wie die zu betrachtende Willensregung ein seelischer Vorgang ist, so kann die Betrachtung unter Umständen den Ablauf der Willensregung beeinflussen und so das erzielte Ergebnis fälschen. Das ist nur dann nicht zu befürchten, wenn wir den Willen eines anderen Menschen ohne dessen Wissen betrachten, oder wenn ein Anderer unseren Willen ohne unser Wissen betrachtet. Dagegen wird die Fehlerquelle stets dann in Wirksamkeit treten, wenn wir versuchen, unseren eigenen Willen zu betrachten. Denn dann trifft der seelische Vorgang der Betrachtung mit dem seelischen Vorgang der Willensregung in unserm einheitlichen Selbstbewußtsein zusammen. Daher ist es unzulässig, vom Standpunkt des eigenen Ich aus den eigenen Willen zu betrachten, und zwar sowohl den gegenwärtigen als auch den zukünftigen Willen, denn dieser wird durch den gegenwärtigen Willen mitbedingt. Dagegen steht nichts im Wege, eine Willensregung des vergangenen Ich wissenschaftlich zu betrachten. Denn vergangene seelische Vorgänge werden durch nachträgliche Betrachtungen nicht beeinflußt. Zum Ausdruck dieses Sachverhalts will ich im folgenden zwischen dem äußeren und dem inneren Standpunkt der Betrachtung des Willens unterscheiden. Der äußere Standpunkt ist derjenige, von dem aus der Willensvorgang betrachtet werden kann, ohne dadurch eine Störung zu erleiden. Er wird eingenommen bei der Betrachtung der Willensvorgänge anderer Menschen, sowie auch bei der Betrachtung der vergangenen Willensvorgänge des eigenen Ich. Der innere Standpunkt ist derjenige, von dem aus der Willensvorgang nicht betrachtet werden kann, ohne daß dadurch der Vorgang gestört wird. Er wird eingenommen bei der Betrachtung der gegenwärtigen und der zukünftigen Willensvorgänge im eigenen Ich. Der äußere Standpunkt ist für die wissenschaftliche Untersuchung der Gesetzlichkeit von Willensvorgängen geeignet, der innere Standpunkt ist es nicht. Es versteht sich von selbst, daß diese beiden Standpunkte sich gegenseitig ausschließen und daß es sinnlos ist, beide gleichzeitig zu benutzen.

Wenn wir nun von dem hierfür allein zulässigen äußeren Standpunkt aus an die wissenschaftliche Betrachtung der Willensvorgänge herangehen, so lehrt uns die alltägliche Erfahrung, daß wir im Umgang mit anderen Menschen bei allen ihren Reden und Handlungen stets bestimmte Motive, also kausale Determiniertheit voraussetzen, denn sonst wäre ihr Verhalten unberechenbar und jeder geordnete Verkehr mit ihnen unmöglich. Auch die wissenschaftliche Forschung verfährt nicht anders. Wenn ein Historiker den Entschluß J u l i u s C ä s a r s, den Rubicon zu überschreiten, nicht auf seine politischen Überlegungen und sein angeborenes Temperament, sondern auf seine Willensfreiheit zurückführen wollte, so würde das einfach den Verzicht auf ein wissenschaftliches Verständnis bedeuten. Darum werden wir schließen müssen, daß der Wille vom äußeren Standpunkt der Betrachtung aus als kausal determiniert anzunehmen ist.

Ganz anders steht es mit dem inneren Standpunkt. Hier versagt, wie wir sahen, die wissenschaftliche Betrachtungsweise. Dafür tut sich aber hier eine andere Erkenntnisquelle auf, nämlich das Selbstbewußtsein. Dieses sagt uns unmittelbar, daß wir in jedem Augenblick, wie unseren Gedanken, so auch unserem Willen jeden beliebigen Inhalt geben können, sei es nach reiflicher Überlegung, sei es nach Gutdünken, oder auch aus reiner Laune. Dabei ist wohl zu beachten, daß es sich hier nicht etwa um eine Willensbetätigung handelt, die ja oft durch äußere Umstände gehemmt wird, sondern allein um die gesinnungsmäßige Willensrichtung. In dieser verfügen wir vollkommen frei. Man denke nur an den stillschweigenden Vorbehalt, den wir bei jedem von uns gesprochenen Wort machen können, die sogenannte reservatio mentalis. Das ist eine wirkliche, unmittelbar zu erlebende, keine nur scheinbare Freiheit, wie manche behaupten, weil sie die beiden entgegengesetzten Standpunkte nicht auseinanderhalten können. Wer freilich nach der „wirklichen" Willensfreiheit fragt, ohne auf den eingenommenen Standpunkt Rücksicht zu nehmen, der verfährt nicht anders wie jemand, der ohne nähere Erläuterung die Frage aufwirft, welche Seite dieses Saales „wirklich" die rechte ist. Die Willensfreiheit beruht nach dieser Darstellung auch nicht etwa, wie ebenfalls behauptet worden ist, auf einem gewissen Mangel an Intelligenz. Der Grad der Intelligenz spielt hier überhaupt keine Rolle. Auch das intelligenteste Wesen vermag sich nicht von außen zu betrachten, ebensowenig wie auch der behendeste Schnelläufer sich selber überholen kann.

Zusammenfassend können wir also sagen: Von außen betrachtet ist der Wille kausal determiniert, von innen betrachtet ist der Wille frei. Mit der Feststellung dieses Sachverhaltes erledigt sich das Problem der Willensfreiheit. Es ist nur dadurch entstanden, daß man nicht darauf geachtet hat, den Standpunkt der Betrachtung ausdrücklich festzulegen und einzuhalten. Wir haben hier ein Musterbeispiel für ein Scheinproblem. Wenn diese Wahrheit gegenwärtig auch noch mehrfach bestritten wird, so besteht doch für mich kein Zweifel darüber, daß es nur eine Frage der Zeit ist, wann sie sich zur allgemeinen Anerkennung durchringen wird.

IV

Zu welchen bedenklichen Folgen die unzulässigen Verwechslungen zweier einander entgegengesetzter Standpunkte unter Umständen führen können, läßt sich noch an manchen anderen Beispielen erkennen. Wir wollen uns hier noch mit einem besonders häufigen Fall etwas beschäftigen: Das ist die Verwechslung der wissenschaftlichen mit der religiösen Betrachtungsweise. Wenn auch Wissenschaft und Religion in ihren letzten Auswirkungen in dem nämlichen Endziel ausmünden, nämlich in der Anerkennung einer die Welt beherrschenden allmächtigen Vernunft, so sind doch sowohl ihre Ausgangspunkte als auch ihre Methoden grundverschieden. Und man muß, um zu brauchbaren Resultaten zu gelangen, sorgfältig darauf achten, daß bei der Prüfung eines Problems der hierfür geeignete Standpunkt gewählt und auch folgerichtig eingehalten wird. Diese Forderung findet sich leider bis auf den heutigen Tag vielfach keineswegs erfüllt, vielmehr wird oft kurzerhand von der einen zur anderen Betrachtungsweise übergesprungen, und zwar geschieht das von beiden Seiten her, d. h. man trifft ebensowohl auf eine unzulässige Behandlung ethisch-religiöser Fragen von wissenschaftlichem Standpunkt aus, wie umgekehrt eine Einmischung in rein wissenschaftliche Probleme durch Betrachtungen religiöser Art. Ein Beispiel für die erstgenannten Fälle bildet schon das soeben besprochene Bewußtsein der Willensfreiheit, das man neuerdings auf das Versagen des Kausalgesetzes in der modernen Physik zurückzuführen versucht, obwohl es mit dem Kausalgesetz nicht das mindeste zu tun hat. Auf der gleichen Linie stehen die vielfachen Bemühungen, für das Dasein und die Persönlichkeit Gottes wissenschaftliche Gründe zu erbringen. Auf der anderen Seite finden wir als Beispiel den zeitweise heftigen Kampf der Kirche gegen das Kopernikanische Weltsystem, oder neuerdings den Sturmlauf gegen die physikalische Relativitätstheorie auf Grund von gefühlsmäßigen Betrachtungen und politischen Ausführungen, die mit Wissenschaft nicht das geringste zu tun haben.

Bei dieser Sachlage drängt sich aber eine grundsätzliche und folgenschwere Frage auf. Wenn wir in so zahlreichen Fällen die Wahrnehmung machen, daß große und wichtige Probleme bei der Nachprüfung sich als Scheinprobleme entpuppen, ja, daß das Wort „Wirklichkeit" manchmal einen ganz verschiedenen Sinn hat, je nachdem der Standpunkt der Betrachtung gewählt wird, kommt dann nicht unsere wissenschaftliche Erkenntnis auf einen flachen Relativismus hinaus? Gibt es denn überhaupt kein absolut gültiges Urteil, keine absolute Wirklichkeit, unabhängig von irgendeinem besonderen Standpunkt?

Es wäre schlimm, wenn dem so wäre. Nein, wohl gibt es in der Wissenschaft auch absolut richtige und endgültige Sätze, ebenso wie es in der Ethik absolute Werte gibt, und, was die Hauptsache ist, gerade diese Sätze und diese Werte sind die wichtigsten und erstrebenswertesten von allen. In der exakten Wissenschaft sind hier zu nennen die Größen der sogenannten absoluten Konstanten, wie das Elementarquantum der Elektrizität, oder das elementare Wirkungsquantum, und manche andere. Diese Konstanten ergeben sich immer als die nämlichen, nach welcher Methode man sie auch messen mag. Sie aufzufinden und alle physikalischen und chemischen Vorgänge auf sie zurückzuführen, kann man geradezu als das Endziel der wissenschaftlichen Forschung bezeichnen.

Und in der religiös-sittlichen Welt ist es nicht anders. Wohl spielt auch dort der Standpunkt der Betrachtung, wie er durch die jeweils vorliegenden besonderen Umstände bedingt wird, oft eine erhebliche Rolle. So erscheint die sittliche Forderung der Wahrhaftigkeit gar nicht selten in bedenklicher Weise verschoben und abgeschwächt. Ich will hier ganz absehen von den konventionellen Lügen, die im Interesse der Höflichkeit erfolgen; denn durch sie wird niemand getäuscht. Aber für die Wahrhaftigkeit, diese vornehmste aller Tugenden, läßt sich auch hier ein wohldefiniertes Gebiet aufzeigen, in dem ihrer sittlichen Forderung eine absolute, von jedem besonderen Standpunkt der Betrachtung unabhängige Bedeutung zukommt. Das ist die Wahrhaftigkeit gegen sich selbst, gegenüber dem eigenen Gewissen. Hier gibt es unter allen Umständen nicht das leiseste Kompromiß, nicht die kleinste Abweichung, die sittlich zu rechtfertigen wäre. Wer gegen diese Forderung verstößt, vielleicht um irgendeinen augenblicklichen äußeren Vorteil zu gewinnen, indem er bewußt die Augen verschließt gegen die richtige Einschätzung der wirklichen Lage, der gleicht einem Verschwender, der sein Besitztum gedankenlos verschleudert, und der unweigerlich eines Tages für seinen Leichtsinn entsprechend schwer büßen muß.

Diese absoluten Werte in Wissenschaft und Ethik sind es, denen zuzustreben die eigentliche Aufgabe eines jeden geistig regsamen Menschen ausmacht, eine Aufgabe, die immer wieder in der einen oder anderen Form, entsprechend der jeweiligen Forderung des Tages, an ihn herantritt. Daß sie niemals ein Ende findet, dafür sorgt das von manchen Scheinproblemen durchsetzte, aber auch stets echte Probleme in unaufhörlichem Wechsel schaffende, uns alle beständig zu neuer Arbeit rufende werktätige Leben. Denn die Arbeit ist das, was unserem Lebensschiff erst den richtigen Tiefgang gibt, und für die Einschätzung des Wertes dieser Arbeit gibt es ein untrügliches Merkmal altehrwürdigen Ursprungs, ein Wort, das für alle Zeiten das letzte maßgebende Urteil ausspricht: An ihren Früchten sollt Ihr sie erkennen!

Sinn und Grenzen der exakten Wissenschaft

(Vortrag, gehalten zuerst im November 1941 im Goethe-Saal des Harnack-Hauses der Kaiser-Wilhelm-Gesellschaft zur Förderung der Wissenschaften zu Berlin.)

Exakte Wissenschaft — was liegt alles in diesen beiden Worten! Sie erwecken die Vorstellung eines stolzen, aus fest gefügten Quadern errichteten Gebäudes, welches die Schätze aller Weisheit in sich birgt und damit der nach Erkenntnis dürstenden Menschheit das Ziel ihrer Sehnsucht, die endgültige Entschleierung der Wahrheit, zu verwirklichen verheißt. Und da Wissen immer auch Macht bedeutet, so ist mit der Erkenntnis der in der Natur wirksamen Kräfte stets auch die Aussicht eröffnet, zur Herrschaft über sie zu gelangen und sie sich nach jeder gewünschten Richtung dienstbar zu machen.

Aber das ist noch nicht alles und nicht einmal das Wichtigste. Der Mensch will nicht nur Erkenntnis und Macht, er will auch eine Richtschnur für sein Handeln, einen Maßstab für das Wertvolle und Wertlose, er will eine Weltanschauung, die ihm das höchste Gut auf Erden, den inneren Seelenfrieden, verbürgt. Und wenn ihn die Religion nicht befriedigt, so sucht er einen Ersatz für sie bei der exakten Wissenschaft. Ich erinnere hier nur an die Bestrebungen des noch vor einem Menschenalter in hohem Ansehen stehenden, von hervorragenden Gelehrten, Philosophen und Naturforschern gegründeten Monistenbundes.

Heute spricht man freilich kaum mehr von jenem gewiß groß angelegten und mit hohen Verheißungen ins Leben getretenen Unternehmen. Es muß also doch wohl etwas in der Rechnung nicht stimmen. Und in der Tat: wenn wir etwas näher zusehen und den Aufbau der exakten Wissenschaft einer genaueren Prüfung unterziehen, dann werden wir sehr bald gewahr, daß das Gebäude eine gefährlich schwache Stelle besitzt, und diese Stelle ist das Fundament. Dem Bau fehlt eine von vornherein nach allen Richtungen hin gesicherte, von äußeren Stürmen nicht zu erschütternde Grundlage, oder mit anderen Worten: es gibt für die exakte Wissenschaft kein Prinzip von so allgemeiner Gültigkeit und zugleich von so bedeutsamem Inhalt, daß es ihr als ausreichende Unterlage dienen kann. Wohl rechnet sie allenthalben mit Maß und Zahl und trägt daher mit vollem Recht ihren solzen Namen; denn die Gesetze der Logik und der Mathematik müssen wir ohne Zweifel als zuverlässig betrachten. Aber auch die schärfste Logik und die genaueste mathematische Rechnung können kein einziges fruchtbares Ergebnis zeitigen, wenn es an einer sicher zutreffenden Voraussetzung fehlt. Aus nichts läßt sich nichts folgern.

Kein Wort hat in der gebildeten Welt mehr Mißverständnis und Verwirrung hervorgerufen als das von der voraussetzungslosen Wissenschaft. Es war seinerzeit von Theodor Mommsen geprägt worden, um hervorzuheben, daß die wissenschaftliche Forschung sich freihalten müsse von vorgefaßten Meinungen; aber es konnte und sollte nicht bedeuten, daß die wissenschaftliche Forschung überhaupt keiner Voraussetzung bedürfe. An irgendeiner Stelle muß sie anknüpfen, und die große Frage, welches diese Stelle ist, hat von jeher die tiefsten Denker aller Zeiten und Völker beschäftigt, von Thales bis Hegel, sie hat alle Kräfte menschlicher Phantasie und Logik in Bewegung gesetzt, aber es hat sich immer wieder gezeigt, daß eine Anwort in endgültig abschließendem Sinn nicht zu finden ist. Wohl den eindruckvollsten Beweis für dieses negative Resultat bildet die Tatsache, daß es bis heute nicht gelungen ist, eine Weltanschauung ausfindig zu machen, deren Inhalt, wenigstens in großen Zügen, von allen urteilsfähigen Geistern gleichmäßig anerkannt wird. Daraus können wir vernünftigerweise nur den einen Schluß ziehen, daß es überhaupt unmöglich ist, die exakte Wissenschaft von vornherein auf eine allgemeine Grundlage endgültig abschließenden Inhalts zu stellen.

So stoßen wir gleich am Anfang unserer Frage nach dem Sinn der exakten Wissenschaft auf ein Hindernis, welches von jedem, der sich ernstlich um die Gewinnung von Erkenntnis bemüht, als eine Enttäuschung empfunden werden muß, und das in der Tat schon viele kritisch veranlagte Denker in das Lager der Skeptiker getrieben hat. Und was nicht weniger zu bedauern ist: es gibt vielleicht ebenso viele oder sogar noch mehr entgegengesetzt veranlagte Menschenkinder, die aus Besorgnis, der von ihnen als unerträglich empfundenen Skepsis zu verfallen, ihre Zuflucht nehmen zu einem jener Propheten, wie z. B. der Antroposophen, die zu allen Zeiten, die heutige nicht ausgenommen, mit einer allerneuesten Heilsbotschaft auftreten und die oft mit erstaunlicher Schnelligkeit eine Anzahl begeisterter Jünger um sich scharen, bis sie, wenn ihre Zeit abgelaufen ist, wieder von der Bildfläche verschwinden und in das allgemeine Meer der Vergessenheit zurücksinken.

Gibt es einen Ausweg aus diesem verhängnisvollen Dilemma? Und wo ist er zu finden? Dies is die erste Frage, mit der wir uns wohl beschäftigen müssen. Ich werde versuchen, zu zeigen, daß sie sehr wohl eine positive Beantwortung zuläßt und daß wir dadurch zu einem Einblick in den Sinn, aber auch in die Grenzen der exakten Wissenschaft gelangen werden, dessen Bedeutung zu würdigen ich dann dem Urteil des Einzelnen anheimstellen muß.

I

Wenn wir für den Aufbau der exakten Wissenschaft nach einem Ausgangspunkt suchen, der jeder Kritik gegenüber standhält, so müssen wir vor allem unsere Ansprüche erheblich herabstimmen. Wir dürfen nicht erwarten, daß es uns gelingen wird, mit einem Schlage, durch einen glücklichen Gedanken, auf ein allgemeingültiges Prinzip zu stoßen, aus dem wir mit exakten Methoden ein vollkommenes System der Wissenschaft entwickeln können, sondern wir müssen uns erst einmal damit begnügen, wenn wir nur überhaupt irgendwo eine Wahrheit ausfindig machen, an die sich keinerlei Skepsis heranwagen kann. Mit anderen Worten: wir müssen unser Augenmerk richten nicht auf das, was wir gerne wissen möchten, sondern zunächst einmal auf das, was wir sicherlich wissen.

Was ist nun unter allem, was wir wissen und was wir uns gegenseitig mitteilen können, das allersicherste, das, was nicht dem geringsten Zweifel unterliegt? Darauf gibt es nur eine einzige Anwort: es ist das, was wir selber an unserem eigenen Leibe erfahren. Und da die erakte Wissenschaft es mit der Erforschung der Außenwelt zu tun hat, so dürfen wir gleich weiter sagen: es sind die Eindrücke, die wir im Leben unmittelbar durch unsere Sinnesorgane: Auge, Ohr usw. von der Außenwelt empfangen. Wenn wir etwas sehen, hören, fühlen, so ist das einfach eine gegebene Tatsache, an der kein Skeptiker rütteln kann.

Man spricht zwar auch von Sinnestäuschungen, aber niemals in der Bedeutung, als ob die betreffenden Sinnesempfindungen unrichtig oder auch nur zweifelhaft wären. Wenn wir z. B. einmal durch eine trügerische Luftspiegelung irregeführt werden, so liegt die Schuld daran nicht bei unserem Gesichtseindruck, der ja tatsächlich vorhanden ist, sondern bei unserer Denktätigkeit, die aus der vorliegenden Empfindung einen falschen Schluß ableitet. Der Sinneseindruck ist immer schlechthin gegeben und daher unanfechtbar. Welche Folgerungen wir daran knüpfen, ist eine weitere Frage, die uns zunächst noch nicht zu beschäftigen braucht. Daher ist der Inhalt der Sinnescindrücke die geeignete und die einzige unangreifbare Grundlage für den Aufbau der exakten Wissenschaft.

Wenn wir die Gesamtheit der Sinneseindrücke als die Welt der Sinne bezeichnen, so können wir kurz sagen, daß die exakte Wissenschaft ihren Ursprung nimmt von der erlebten Sinnenwelt. Die Sinnenwelt ist es, welche der Wissenschaft sozusagen das Rohmaterial für ihre Arbeit zur Verfügung stellt.

Das scheint nun allerdings ein recht mageres Ergebnis zu sein. Denn der Inhalt der Sinnenwelt ist doch jedenfalls nur ein subjektiver, jeder Mensch hat seine eigenen Sinne, und die Sinne der einzelnen Menschen sind im allgemeinen sehr verschieden voneinander, während es sich bei der exakten Wissenschaft doch um die Gewinnung objektiver allgemeingültiger Erkenntnisse handelt. Es sieht daher fast so aus, als ob der gefundene Ausweg sich doch nur als ein Irrweg herausstellen könnte. Aber wir dürfen nicht vorzeitig urteilen. Denn es wird sich zeigen, daß wir in der jetzt sich öffnenden Richtung ganz erheblich vorwärtskommen werden. Im ganzen gesehen, kommt diese Sachlage darauf hinaus, daß wir Menschen die Erkenntnisse, die uns durch die exakte Wissenschaft vermittelt werden, nicht auf direktem Wege in ihrem vollen Umfang uns zu eigen machen können, sondern daß wir sie einzeln, Schritt für Schritt, in mühevoller Arbeit von Jahren und Jahrhunderten allmählich uns erwerben müssen.

Wenn wir nun den Inhalt unserer Sinnenwelt überblicken, so zerfällt er offensichtlich in so viele getrennte Gebiete, als wir verschiedene Sinnesorgane besitzen, je eines für das Sehen, Hören, Tasten, Riechen oder Schmecken und für die Wärme. Diese Gebiete sind an sich völlig verschieden und haben zunächst nichts miteinander zu tun. Es gibt von vornherein keine Brücke zwischen dem Empfinden für Farben und dem Empfinden für Töne. Eine Verwandtschaft, wie sie von manchen Kunstliebhabern etwa zwischen einer bestimmten Farbe und einer bestimmten Tonart angenommen wird, ist nicht unmittelbar gegeben, sondern ist eine durch persönliche Erlebnisse angeregte Schöpfung der reflektierenden Einbildungskraft.

Da die exakte Wissenschaft es mit meßbaren Größen zu tun hat, so kommen für sie in erster Linie diejenigen Sinneseindrücke in Betracht, welche quantitative Angaben gestatten, also die Gesichtswelt, die Gehörswelt und die Tastwelt. Diesen Gebieten entnimmt die Wissenschaft das Material für ihre Forschung und bearbeitet es mit den Werkzeugen des logischen, mathematisch und philosophisch geschulten Denkens.

II

Welches ist nun der Sinn dieser wissenschaftlichen Arbeit? Er liegt kurz gesagt in der Aufgabe, in die bunte Fülle der uns durch die verschiedenen Gebiete der Sinnenwelt übermittelten Erlebnisse Ordnung und Gesetzlichkeit hineinzubringen — eine Aufgabe, die sich bei näherer Betrachtung als völlig übereinstimmend erweist mit derjenigen Aufgabe, die wir in unserem Leben von frühester Jugend auf gewohnheitsmäßig tagtäglich üben, um uns in unserer Umgebung zurechtzufinden, und an der die Menschen von jeher gearbeitet haben, seitdem sie überhaupt zu denken anfingen, schon um sich im Kampf ums Dasein zu behaupten. Nicht nach der Qualität, sondern nur nach dem Grade der Feinheit und Vollständigkeit unterscheidet sich das wissenschaftliche von dem gewohnheitsmäßigen Denken, etwa ebenso,

Sinn und Grenzen der exakten Wissenschaft

wie sich die Leistungen eines Mikroskops von den Leistungen des bloßen Auges unterscheiden. Daß das gar nicht anders sein kann, erhellt schon einfach daraus, daß es nur eine einzige Art von Logik gibt, daß also aus gegebenen Voraussetzungen die wissenschaftliche Logik nichts anderes ableiten kann als die des ungeschulten praktischen Verstandes.

Wir werden daher auch für die Resultate, welche die Wissenschaft bei dieser ihrer Arbeit erzielt hat, ein anschauliches Verständnis dadurch gewinnen, daß wir an die Erfahrungen anknüpfen, welche uns aus dem Verlauf des täglichen Lebens bekannt und vertraut sind. Wenn wir an unsere eigene persönliche Entwicklung zurückdenken, und wenn wir überlegen, wohin wir allmählich im Laufe der Jahre in unserer Weltauffassung gelangt sind, so können wir sagen, daß wir auf Grund der gesammelten Erfahrungen uns von der umgebenden Welt eine einheitliche Vorstellung, ein zusammenfassendes, praktisch brauchbares Bild zu machen suchen, daß wir uns die Umwelt denken als erfüllt von Gegenständen, die auf unsere verschiedenen Sinnesorgane einwirken und dadurch die verschiedenartigen Sinneseindrücke erzeugen.

Dieses praktische Weltbild, das jeder von uns in sich trägt, besitzt aber, da es nicht unmittelbar gegeben, sondern auf Grund unserer Erlebnisse erst allmählich erarbeitet ist, keinen endgültigen Charakter, sondern es wandelt und korrigiert sich mit jeder neuen Erfahrung, die wir machen, von der Kindheit bis zum Erwachsenenalter, in anfangs schnellerem, später langsameren Tempo. Ganz das nämliche läßt sich behaupten von dem wissenschaftlichen Weltbild. Auch das wissenschaftliche Weltbild oder die sogenannte phänomenologische Welt ist nichts Endgültiges, sondern ist in steter Wandlung und Verbesserung begriffen, es unterscheidet sich von dem praktischen Weltbild des täglichen Lebens nicht der Qualität nach, sondern nur durch eine feinere Struktur, es verhällt sich zu diesem etwa wie das Weltbild des erwachsenen Menschen zum Weltbild des kindlichen Menschen. Wir werden daher, um zu einem richtigen Verständnis des wissenschaftlichen Weltbildes zu gelangen, am besten verfahren, wenn wir uns zuerst mit dem primitivsten, dem kindlich naiven Weltbild beschäftigen.

Versetzen wir uns also einmal, so gut es geht, in die Seele und in die Gedankenwelt eines Kindes. Sobald das Kind zu denken anfängt, geht es an die Formung seines Weltbildes. Zu diesem Zweck richtet es seine Aufmerksamkeit auf die Eindrücke, die es durch seine Sinnesorgane empfängt, es sucht sie zu ordnen und macht dabei allerlei Entdeckungen, so z. B. die, daß die an sich so verschiedenartigen Eindrücke des Sehens, Tastens, Hörens doch in gewisser regelmäßiger Weise zusammenhängen. Gibt man dem Kind ein Spielzeug, etwa eine Klapperbüchse, in die Hand, so ist mit der Tastempfindung immer auch eine entsprechende Gesichtsempfindung verbunden, und bewegt es die Büchse hin und her, so entsteht regelmäßig eine bestimmte Gehörsempfindung.

Wenn in diesem Falle die verschiedenen, voneinander unabhängigen Sinneswelten gewissermaßen ineinandergreifen, so entdeckt das Kind in anderen Fällen, was ihm nicht minder merkwürdig vorkommt, daß gewisse Eindrücke, die aus der nämlichen Sinneswelt kommen und die vollständig miteinander übereinstimmen, dennoch total verschiedenen Charakter haben können. So kann es z. B. geschehen, daß im Sehbereich des Kindes sich eine runde Lampenglocke befindet, deren Schein ganz dem des Vollmondes gleicht. Die Lichtempfindung kann genau die nämliche sein. Aber das Kind findet doch einen großen Unterschied, denn die Lampenglocke kann es betasten, den Mond aber nicht, um die Lampenglocke kann es herumgehen, um den Mond kann es aber nicht herumgehen.

Was denkt nun das Kind bei diesen Entdeckungen? Zunächst wundert es sich. Dieses Gefühl des Sich-Wunderns ist der Ursprung und die nie versiegende Quelle seines Erkenntnistriebes. Es drängt das Kind unwiderstehlich dazu, das Geheimnis zu lüften, und wenn es dabei auf irgendeinen ursächlichen Zusammenhang stößt, so wird es nicht müde, das nämliche Experiment zehnmal, hundertmal zu wiederholen, um immer wieder von neuem den Reiz der Entdeckung auszukosten. Auf diese Weise gelangt das Kind in unablässiger täglicher Arbeit allmählich zur Ausgestaltung seines Weltbildes bis zu dem Grade, wie es dessen für das praktische Leben bedarf.

Je reifer das Kind wird, je vollkommener sein Weltbild wird, um so weniger häufig hat es Anlaß sich zu wundern, und wenn das Kind erwachsen ist und sein Weltbild eine feste Form angenommen hat, findet es diese Form selbstverständlich und hört auf, sich zu wundern. Hat das darin seinen Grund, daß der Erwachsene den Zusammenhang und die Notwendigkeit der Struktur seines Weltbildes vollständig erkannt hat? Nichts wäre unrichtiger als eine derartige Annahme. Nein, nicht deshalb hat der Erwachsene verlernt, sich zu wundern, weil er das Wunderrätsel gelöst hat, sondern deshalb, weil er sich an die Gesetze seines Weltbildes gewöhnt hat. Warum aber gerade diese und keine anderen Gesetze bestehen, bleibt für ihn ebenso wunderbar und unerklärlich wie für das Kind. Wer diesen Sachverhalt nicht einsieht, der verkennt seine tiefe Bedeutung, und wer es so weit gebracht hat, daß er sich über nichts mehr wundert, der zeigt damit nur, daß er es verlernt hat, gründlich nachzudenken.

Bei Lichte betrachtet müssen wir mit Fug und Recht als erstes Wunder die Tatsache verzeichnen, daß wir überhaupt in der Natur Gesetzmäßigkeiten vorfinden, die für die Menschen aller Länder,

Völker und Rassen genau die gleichen sind. Das ist eine Tatsache, die durchaus nicht selbstverständlich ist. Und die folgenden einzelnen Wunder sind, daß diese Gesetze zum großen Teil einen Inhalt haben, wie wir ihn uns vorher niemals hätten träumen lassen können.

So steigert sich mit der Entdeckung jedes neuen Gesetzes das Wunderbare im Aufbau des Weltbildes. Das gilt bis auf die wissenschaftliche Forschung des heutigen Tages, die unausgesetzt Neues bringt. Man denke nur an die Geheimnisse der kosmischen Ultrastrahlung, oder an die rätselhaften Wirkstoffe, oder auch an die merkwürdigen Enthüllungen des Elektronen-Mikroskops. Für den wissenschaftlichen Forscher ist es immer ein beglückendes Ereignis und ein frischer Antrieb zur Arbeit, wenn er auf ein neues Wunder stößt, ganz nach der Art des Kindes, und er bemüht sich um dessen Aufklärung durch vielfache Wiederholung der nämlichen Experimente mittels seiner feinen Messungsinstrumente nicht anders als das Kind mit seiner primitiven Klapperbüchse.

Doch wir wollen nicht vorgreifen, sondern wollen zunächst einmal zusehen, wie sich das so erarbeitete kindliche Weltbild von der ursprünglich gegebenen Sinnenwelt unterscheidet. Da müssen wir vor allem feststellen, daß die anfänglich allein vorhandenen Sinnesempfindungen merklich in den Hintergrund getreten sind. Die primäre Rolle im Weltbild spielen nicht die Sinnesempfindungen, sondern die Gegenstände, welche ihrerseits erst die Empfindungen hervorrufen. Das Spielzeug ist das Primäre, die Tast-, Seh-, Gehörsempfindungen sind sekundäre Folgeerscheinungen. Man würde aber der Sachlage nicht vollständig gerecht werden, wenn man einfach sagen wollte, daß das Weltbild nichts anderes vorstelle als die Zusammenfassung verschiedenartiger Sinneseindrücke unter den einheitlichen Begriff des Gegenstandes. Denn es kann auch umgekehrt vorkommen, daß eine einzelne einheitliche Sinnesempfindung mehreren verschiedenen Gegenständen entspricht. Ein Beispiel dafür ist das oben angeführte der leuchtenden Scheibe, deren sinnlicher Eindruck ein vollkommen bestimmter ist und welcher dennoch manchmal der Lampenglocke, manchmal dem Monde entstammt. Hier haben wir also eine einzige Sinnesempfindung, aber zwei verschiedene ihr entsprechende Gegenstände. Der Gegensatz liegt also tiefer, er läßt sich nur dadurch erschöpfend charakterisieren, daß man den Begriff der objektiv gültigen Gesetzlichkeit einführt. Die Sinnesempfindungen, welche von den Gegenständen verursacht werden, gehören dem einzelnen an und wechseln von einem zum anderen. Aber das Weltbild, die Welt der Gegenstände, ist für alle Menschen das nämliche, und man kann sagen, daß der Übergang von der Sinnenwelt zum Weltbild darauf hinauskommt, an die Stelle einer bunten subjektiven Mannigfaltigkeit eine feste objektive Ordnung, an die Stelle des Zufalls das Gesetz, an die Stelle des wechselnden Scheins das bleibende Sein zu setzen.

Man bezeichnet daher die Welt der Gegenstände im Gegensatz zur Sinnenwelt auch als die reale Welt. Doch muß man mit dem Wort „real" vorsichtig sein. Man darf es hier nur in einem vorläufigen Sinn verstehen. Denn mit diesem Wort verbindet sich die Vorstellung von etwas absolut Beständigem, Unveränderlichem, Konstantem, und es wäre zuviel behauptet, wenn man die Gegenstände des kindlichen Weltbildes als unveränderlich hinstellen würde. Das Spielzeug ist nicht unveränderlich, es kann zerbrechen oder auch verbrennen, die Lampenglocke kann in Scherben gehen, und dann ist es mit ihrer Realität in dem genannten Sinne vorbei.

Das klingt selbstverständlich und trivial. Aber es ist wohl zu beachten, daß beim wissenschaftlichen Weltbild, wo die Verhältnisse, wie wir sahen, ganz ähnlich liegen, dieser Tatbestand keineswegs als selbstverständlich empfunden wurde. Wie nämlich für das Kind in seinen ersten Lebensjahren das Spielzeug, so waren für die Wissenschaft durch Jahrzehnte und Jahrhunderte hindurch die Atome das eigentlich Reale in den Vorgängen der Natur. Sie waren es, die beim Zerbrechen oder Verbrennen eines Gegenstandes unverändert die nämlichen blieben und daher das Bleibende in allem Wechsel der Erscheinungen darstellten. Bis sich zur allgemeinen Überraschung eines Tages herausstellte, daß auch die Atome sich verändern können. Wir wollen daher, wenn wir im folgenden von der realen Welt reden, dieses Wort zunächst immer in einem bedingten, naiven Sinn verstehen, welcher der Eigenart des jeweiligen Weltbildes angepaßt ist, und wir wollen uns dabei stets gegenwärtig halten, daß mit einer Veränderung des Weltbildes zugleich auch eine Veränderung dessen, was man das Reale nennt, verbunden sein kann.

Jedes Weltbild ist charakterisiert durch die realen Elemente, aus denen es sich zusammensetzt. Aus der realen Welt des praktischen Lebens hat sich die reale Welt der exakten Wissenschaft, das wissenschaftliche Weltbild entwickelt. Aber auch dieses ist nicht endgültig, sondern es verändert sich immerwährend durch fortgesetzte Forschungsarbeit, von Stufe zu Stufe.

Eine solche Stufe bildet dasjenige wissenschaftliche Weltbild, welches wir heute das klassische zu nennen pflegen. Seine realen Elemente und daher charakteristischen Merkmale waren die chemischen Atome. Gegenwärtig ist die wissenschaftliche Forschung, befruchtet durch die Relativitätstheorie und die Quantentheorie, im Begriff, eine höhere Stufe der Entwicklung zu erklimmen und sich ein neues Weltbild zu schaffen. Die realen Elemente dieses Weltbildes sind nicht mehr die chemischen Atome, sondern es sind die Wellen der Elektronen und Protonen, deren gegenseitige Wirkungen durch die Lichtgeschwindigkeit und durch das elementare Wirkungsquantum bedingt werden. Vom heutigen Standpunkt aus müssen wir also den Realismus des klassischen Weltbildes als einen naiven bezeichnen. Aber niemand kann wissen, ob man nicht einmal in Zukunft von unserem gegenwärtigen modernen Weltbild das nämliche sagen wird.

III

Was bedeutet nun aber dieser ständige Wechsel in dem, was wir als real bezeichnen? Ist er nicht für jeden, der nach endgültiger wissenschaftlicher Erkenntnis sucht, im höchsten Grade unbefriedigend? — Darauf ist vor allem zu erwidern, daß es zunächst nicht darauf ankommt, ob der Tatbestand befriedigt, sondern darauf, was an ihm das eigentlich Wesentliche ist. Wenn wir aber dieser Frage nachgehen, dann machen wir eine Entdeckung, die wir unter allen Wundern, von denen wir vorhin gesprochen haben, als das größte und höchste betrachten müssen. Vorerst ist festzustellen, daß die beständig fortgesetzte Ablösung eines Weltbildes durch das andere nicht etwa einem Ausfluß menschlicher Laune oder Mode entspringt, sondern daß sie einem unausweichlichen Zwang folgt. Sie wird jedesmal dann zur bitteren Notwendigkeit, wenn die Forschung auf eine neue Tatsache in der Natur stößt, welcher das jeweilige Weltbild nicht gerecht zu werden vermag. — Eine solche Tatsache ist, um ein bestimmtes Beispiel anzuführen, die Konstanz der Lichtgeschwindigkeit im leeren Raum. Eine andere Tatsache ist das Eingreifen des elementaren Wirkungsquantums in den gesetzlichen Ablauf aller atomaren Vorgänge. Diesen beiden Tatsachen und noch vielen anderen konnte das klassische Weltbild nicht gerecht werden. Infolgedessen wurde sein Rahmen gesprengt, und es trat ein neues Weltbild an dessen Stelle.

Das ist an sich schon recht verwunderlich. Aber was in noch höherem Grade zur Verwunderung herausfordert, weil es sich durchaus nicht von selbst versteht, das ist der Umstand, daß das neue Weltbild das alte nicht etwa aufhebt, sondern daß es vielmehr dieses in seiner ganzen Vollständigkeit bestehen läßt, mit dem einzigen Unterschied, daß es ihm noch eine besondere Bedingung hinzufügt — eine Bedingung, die einerseits auf eine gewisse Einschränkung hinausläuft, andererseits aber eben dadurch zu einer erheblichen Vereinfachung des Weltbildes führt. In der Tat bleibt die klassische Mechanik vollkommen zutreffend für alle Vorgänge, bei denen die Lichtgeschwindigkeit als unendlich groß und das Wirkungsquantum als unendlich klein betrachtet werden darf. Eben dadurch wird es möglich, die Mechanik ganz allgemein der Elektrodynamik anzugliedern, ferner alle Masse durch Energie zu ersetzen und außerdem die 92 verschiedenen Atomarten des klassischen Weltbildes auf 2 Arten, nämlich Elektronen und Protonen, zurückzuführen. Die Vereinigung eines Elektrons mit einem Proton bildet ein Neutron. Jeder materielle Körper besteht danach aus Elektronen und Protonen. Die Verbindung des Protons mit einem Elektron ist ein Neutron oder ein Wasserstoffatom, je nachdem das Elektron an dem Proton festsitzt oder sich darum herum bewegt. Alle physikalischen und chemischen Eigenschaften eines Körpers lassen sich aus der Art seiner Zusammensetzung ableiten.

Das frühere Weltbild bleibt also erhalten, nur erscheint es jetzt als ein spezieller Ausschnitt aus einem noch größeren, noch umfassenderen und zugleich noch einheitlicheren Bilde. Ähnlich ist es in allen Fällen, soweit unsere Erfahrungen reichen. Während auf der einen Seite die Fülle der beobachteten Naturerscheinungen auf allen Gebieten sich immer reicher und bunter entfaltet, nimmt andererseits das aus ihnen abgeleitete wissenschaftliche Weltbild eine immer deutlichere und festere Form an. Der ständige Wechsel des Weltbildes bedeutet daher nicht ein regelloses Hin- und Herschwanken im Zickzack, sondern er bedeutet ein Fortschreiten, ein Verbessern, ein Vervollkommnen. Mit der Feststellung dieser Tatsache ist, wie ich meine, die grundsätzlich wichtigste Errungenschaft bezeichnet, welche die naturwissenschaftliche Forschung überhaupt aufzuweisen hat.

Welches ist nun die Richtung dieses Fortschrittes und welchem Ziel strebt er zu? Die Richtung ist offenbar eine beständige Verfeinerung des Weltbildes durch Zurückführung der in ihm enthaltenen realen Elemente auf ein höheres Reales von weniger naiver Beschaffenheit. Das Ziel aber ist die Schaffung eines Weltbildes, dessen Realitäten keinerlei Verbesserung mehr bedürftig sind und die daher das endgültig Reale darstellen. Eine nachweisliche Erreichung dieses Zieles wird und kann niemals gelingen. Um aber zunächst einen Namen dafür zu haben, bezeichnen wir das endgültig Reale als die reale Welt im absoluten, metaphysischen Sinn. Damit soll ausgedrückt sein, daß diese Welt, also die objektive Natur, hinter allem Erforschlichen steht. Ihr gegenüber bleibt das aus der Erfahrung gewonnene wissenschaftliche Weltbild, die phänomenologische Welt, immer nur eine Annäherung, ein mehr oder weniger gut geratenes Modell. Wie hinter jedem Sinneseindruck ein Gegenstand, so steht hinter jedem erfahrungsmäßig Realen ein metaphysisch Reales. Manche Philosophen stoßen sich an dem Wörtchen „hinter". Sie sagen: „Da in der exakten Wissenschaft alle Begriffe und alle Messungen auf Sinneseindrücke zurückgehen, so bezieht sich auch der Inhalt aller wissenschaftlichen Ergebnisse in letzter Linie nur auf die Sinnenwelt, und es ist unzulässig, zum mindesten aber überflüssig, hinter dieser Welt noch eine metaphysische Welt anzunehmen, die sich jeder direkten wissenschaftlichen Prüfung entzieht." Darauf ist zu erwidern, daß in den obigen Sätzen das Vorwort „hinter" nicht in äußerlichem, räumlichem Sinn verstanden werden darf. Man könnte statt „hinter" ebensogut sagen „in". Das metaphysisch Reale steht nicht räumlich hinter dem erfahrungsmäßig Gegebenen, sondern es steckt ebensogut auch in ihm mitten drin. „Natur ist weder Kern noch Schale, alles ist sie mit einem Male." Das Wesentliche ist, daß die Welt der Sinnesempfindungen nicht die einzige Welt ist, die begrifflich existiert, sondern daß es noch eine andere Welt gibt, die uns allerdings nicht unmittelbar zugänglich ist, auf die wir aber nicht nur durch das praktische Leben, sondern auch durch die Arbeit der Wissenschaft immer wieder mit zwingender Deutlichkeit hingewiesen werden. Denn das große Wunder der unablässig fortschreitenden Vervollkommnung des wissenschaftlichen Weltbildes treibt den Forscher notgedrungen dazu, nach dessen endgültiger Gestaltung zu suchen. Und da man das, was man sucht, auch als vorhanden annehmen muß, so befestigt sich bei ihm die Überzeugung von der tatsächlichen Existenz einer realen Welt im absoluten Sinn. Dieser feste, durch keine Hemmnisse zu erschütternde Glaube an das absolut Reale in der Natur ist es, der für ihn die gegebene und selbstverständliche Voraussetzung seiner Arbeit bildet und der ihn immer wieder in der Hoffnung bestärkt, daß es ihm gelingen möge, sich an das Wesen der objektiven Natur noch etwas näher heranzutasten und dadurch ihren Geheimnissen immer mehr auf die Spur zu kommen.

Da die reale Welt im absoluten Sinn unabhängig ist von der einzelnen Persönlichkeit, ja unabhängig von aller menschlichen Intelligenz, so kommt jeder Entdeckung, die ein einzelner macht, eine ganz allgemeine Bedeutung zu. Das gibt dem Forscher, der in stiller Abgeschiedenheit mit seinem Problem ringt, die Gewißheit, daß jedes Resultat, das er dabei findet, unmittelbar auch bei allen Sachverständigen der ganzen Welt Anerkennung erzwingt, und dieses Gefühl der Bedeutung seiner Arbeit bildet sein Glück, es gibt ihm vollwertigen Ersatz für mancherlei in seinem Alltagsleben gebrachte Opfer.

Der Höhe solchen Zieles gegenüber müssen alle Bedenken wegen der Schwierigkeiten, die sich bei der Ausarbeitung des wissenschaftlichen Weltbildes einstellen, grundsätzlich in den Hintergrund treten. Das zu betonen ist heutzutage besonders wichtig, weil gegenwärtig derartige Schwierigkeiten manchmal als ernste Hindernisse eines gedeihlichen Fortschrittes der wissenschaftlichen Arbeit betrachtet werden, und zwar sonderbarerweise weniger die experimentellen als die theoretischen Schwierigkeiten. Daß mit den steigenden Ansprüchen an die Genauigkeit der Messungen auch die Kompliziertheit der Instrumente immer größer wird, findet ohne weiteres Verständnis und Billigung. Aber daß bei der fortgesetzten Verfeinerung der gesetzlichen Zusammenhänge zu ihrer Formulierung Definitionen und Begriffe benutzt werden, die sich immer weiter von altgewohnten Formen und anschaulichen Vorstellungen entfernen, macht man stellenweise der theoretischen Forschung zum Vorwurf, ja man will darin Anzeichen dafür erblicken, daß sie sich auf einem Irrweg befindet.

Nichts kann kurzsichtiger sein als eine derartige Vermutung. Denn wenn wir bedenken, daß mit der Verbesserung des Weltbildes zugleich auch eine Annäherung an die metaphysisch reale Welt verbunden ist, so käme die Erwartung, daß die Definitionen und die Begriffe des objektiv realen Weltbildes nicht merklich weit aus dem durch das klassische Weltbild geschaffenen Rahmen herauszutreten brauchen, im Grunde darauf hinaus, zu verlangen, daß die metaphysisch reale Welt mit den Anschauungen, die dem bisherigen naiven Weltbild entnommen sind, vollkommen faßbar und verständlich sei. Das ist eine unerfüllbare Forderung. Man kann unmöglich die feinere Struktur eines Gegenstandes erkennen, wenn man es grundsätzlich ablehnt, ihn anders als mit bloßem Auge zu betrachten. Doch in dieser Hinsicht besteht kein Anlaß zu Besorgnissen. Die Entwicklung des wissenschaftlichen Weltbildes erfolgt ja zwangsläufig. Die mit den verfeinerten Meßinstrumenten gemachten Erfahrungen verlangen es unerbittlich, daß alteingewurzelte anschauliche Vorstellungen aufgegeben und durch neuartige, mehr abstrakte Begriffsbildungen ersetzt werden, für welche die entsprechenden Anschauungen erst noch gesucht und ausgebildet werden müssen. Damit zeigen sie der theoretischen Forschung ihren Weg in der Richtung vom Naiven zum metaphysisch Realen.

Aber so bedeutend auch die erzielten Erfolge sein mögen und so nahe vielleicht das erstrebte Ziel winkt, es bleibt stets eine vom Standpunkt der exakten Wissenschaft aus unüberbrückbare Kluft zwischen der phänomenologischen und der metaphysisch realen Welt bestehen, und diese Kluft erzeugt eine beständig wirksame, niemals auszugleichende Spannung, welche in dem echten Forscher als unversiegbare Quelle seines Wissensdranges sich auswirkt. Zugleich aber gewahren wir hier die Grenze, welche die exakte Wissenschaft nicht zu überschreiten vermag. Mögen ihre Erfolge noch so weit- und tiefgehend sein, es wird ihr niemals gelingen, den letzten Schritt ins Metaphysische zu tun. In diesem Zwiespalt, der sich dahin äußert, daß wir uns unweigerlich zur Veraussetzung einer realen Welt in absolutem Sinn genötigt sehen, daß wir aber doch andererseits niemals imstande sind, ihr Wesen vollständig zu begreifen, liegt das irrationale Element, das der exakten Wissenschaft notgedrungen anhaftet, und über dessen Bedeutung man sich durch ihren stolzen Namen nicht täuschen lassen darf. Doch muß der Umstand, daß die Wissenschaft sich ihre Grenzen aus eigener Erkenntnis setzt, wohl geeignet erscheinen, das Vertrauen in die Zuverlässigkeit derjenigen Ergebnisse zu stärken, zu denen sie auf Grund ihrer unbestreitbaren Voraussetzungen mit ihren strengen experimentellen und theoretischen Methoden gelangt. —

Wenn wir jetzt von dem gewonnenen Standpunkt aus den Blick zurücklenken an den Anfang unserer Betrachtungen und auf den ganzen eingeschlagenen Gedankengang, so werden uns die erzielten Ergebnisse in noch deutlicherem Lichte erscheinen. Wir begannen unsere Überlegungen mit einer merklichen Enttäuschung. Wir suchten für den Aufbau der exakten Wissenschaft nach einer allgemeinen Grundlage, deren Sicherheit keinerlei Zweifeln unterliegt, und hatten damit keinen Erfolg. Jetzt, auf Grund der gewonnenen Einsichten, erkennen wir, daß das gar nicht anders sein kann. Denn jener Versuch lief im Grunde darauf hinaus, zum Ausgangspunkt der wissenschaftlichen Forschung etwas endgültig Reales zu nehmen, während wir jetzt gesehen haben, daß das endgültig Reale metaphysischen Charakter trägt und sich daher einer vollständigen Erkenntnis durchaus entzieht. Das ist der innere Grund, weshalb alle bisherigen Versuche scheitern mußten, die exakte Wissenschaft auf ein von vornherein gesichertes allgemeines Fundament aufzubauen. Statt dessen mußten wir uns mit einem Ausgangspunkt begnügen, der zwar unantastbare Festigkeit, dafür aber nur äußerst beschränkte Bedeutung besitzt, da er sich nur auf Einzelerlebnisse bezieht. An diesem bescheidenen Punkt setzt die wissenschaftliche Forschung mit ihren exakten Methoden ein und arbeitet sich stufenweise vom Speziellen zu immer Allgemeinerem empor. Sie bedarf dazu des steten Hinblicks auf das objektiv Reale, nach dem sie sucht, und insofern kann die exakte Wissenschaft das Reale im metaphysischen Sinn niemals entbehren. Aber die metaphysisch reale Welt ist nicht der Ausgangspunkt, sondern sie ist das in unerreichbarer Ferne winkende und richtungweisende Ziel aller wissenschaftlichen Arbeit.

Die Gewißheit, daß wir mit jeder neuen Entdeckung, mit jeder daraus abgeleiteten neuen Erkenntnis dem Ziele näherkommen, muß als Ersatz gelten für die zahlreichen und gewiß nicht leicht zu nehmenden Nachteile, die mit der fortwährenden Verminderung der Anschaulichkeit und Bequemlichkeit in der Benutzung des Weltbildes verbunden sind. In der Tat gewährt das jetzige wissenschaftliche Weltbild, verglichen mit dem ursprünglichen naiven Weltbild, einen seltsamen, geradezu fremdartig anmutenden Anblick. Die unmittelbar erlebten Sinneseindrücke, von denen doch die wissenschaftliche Arbeit ihren Anfang nahm, sind vollständig aus dem Weltbild verschwunden, vom Sehen, Hören, Tasten ist darin nicht die Rede. Statt dessen gewahren wir, wenn wir einen Blick in die Arbeitsstätten der Forschung werfen, eine Anhäufung von äußerst komplizierten und unübersichtlichen, schwer zu handhabenden Meßgeräten, erdacht und konstruiert zur Bearbeitung von Problemen, die nur mit Hilfe von abstrakten Begriffen, von mathematischen und geometrischen Symbolen, formuliert werden können, und die dem Laien oft überhaupt nicht verständlich sind. Man könnte an dem Sinn der exakten Wissenschaft irre werden, und es ist sogar in diesem Zusammenhang gegen sie der Vorwurf erhoben worden, daß sie mit ihrer ursprünglichen Anschaulichkeit auch ihren festen Halt verloren habe. Wer trotz aller angeführten Gründe bei dieser Meinung verharrt, dem ist nicht zu helfen, es wird ihm aber niemals gelingen, ebensowenig wie einem Experimentator, der grundsätzlich nur mit primitiven Apparaten arbeiten will, die exakte Wissenschaft wesentlich zu fördern. Denn um dies fertigzubringen, dazu genügt nicht eine geniale Intuition und ein frisches Zupacken, sondern dazu gehört auch sehr verwickelte, mühselige und entsagungsvolle Kleinarbeit, in der oft zahlreiche Forscher zusammenwirken müssen, um für ihre Wissenschaft den Aufstieg auf die nächst höhere Entwicklungsstufe schrittweise vorzubereiten. Wohl bedarf der Pionier der Wissenschaft, wenn seine Gedanken ihre tastenden Fühler ausstrecken, einer lebendigen Anschauung; denn neue Ideen entspringen nicht dem rechnenden Verstand, sondern der künstlerisch schaffenden Phantasie, aber für den Wert einer neuen Idee maßgebend ist allemal nicht der Grad der Anschaulichkeit, die überdies zu ihrem wesentlichen Teil Sache der Übung und der Gewohnheit ist, sondern der Umfang und die Genauigkeit der einzelnen gesetzlichen Zusammenhänge, zu deren Entdeckung sie führt.

Freilich wird mit jedem Fortschritt auch die Schwierigkeit der Aufgabe immer größer, die Anforderung an die Leistungen des Forschers immer stärker, und es stellt sich immer dringender die Notwendigkeit einer zweckmäßigen Arbeitsteilung ein. Vor allem hat sich seit etwa einem Jahrhundert die Teilung in Experiment und Theorie vollzogen. Der Experimentator steht in vorderster Linie. Er ist es, der die entscheidenden Versuche und Messungen ausführt. Ein Versuch bedeutet die Stellung einer an die Natur gerichteten Frage, und eine Messung bedeutet die Entgegennahme der von der Natur darauf erteilten Antwort. Aber ehe man einen Versuch ausführt, muß man ihn ersinnen, d. h. man muß die Frage an die Natur formulieren, und ehe man eine Messung verwertet, muß man sie deuten, d. h. man muß die von der Natur erteilte Antwort verstehen. Mit diesen beiden Aufgaben beschäftigt sich der Theoretiker und ist dabei in immer steigendem Maße genötigt, sich abstrakter mathematischer Hilfsmittel zu bedienen. Damit ist natürlich nicht gesagt, daß nicht auch der Experimentator theoretische Überlegungen anstellt. Das erste klassische Beispiel für eine Großtat, die solcher Arbeitsteilung entsprungen ist, bildet die Schöpfung der Spektralanalyse durch R o b e r t B u n s e n, den Experimentator, und G u s t a v K i r c h h o f f, den Theoretiker. Sie hat sich seitdem stetig weiterentwickelt und mit der Zeit immer reichere Früchte getragen. Jedesmal, wenn durch einen experimentellen Befund ein Widerspruch mit der bestehenden Theorie festgestellt ist, kündigt sich ein neuer Fortschritt an; denn dann wird eine Veränderung und Verbesserung der Theorie notwendig. Die Frage aber, an welchem Punkte und in welcher Weise diese Veränderung vorzunehmen ist, bietet oft große Schwierigkeiten. Denn je bewährter eine bestehende Theorie ist, um so empfindlicher und widersetzlicher zeigt sie sich gegenüber allen Abänderungsversuchen. Sie gleicht darin einem kunstvollen weitverzweigten Organismus, dessen einzelne Glieder sich gegenseitig bedingen und derartig eng zusammenhängen, daß ein Eingriff, den man an einer Stelle vollzieht, sich zugleich auch an ganz anderen, scheinbar weit entfernten Stellen geltend macht. Das gibt dann Anlaß zu neuen Fragen, die experimentell geprüft werden können, und führt dadurch manchmal zu Konsequenzen, an deren Tragweite anfangs niemand gedacht hatte. So ist die Relativitätstheorie entstanden, so die Quantentheorie, und so gewährt auch gegenwärtig der Aufbau des neuesten Zweiges der Physik, die Erforschung des Atomkernes, durch die gegenseitige Ergänzung von Experiment und Theorie ein Musterbeispiel für solch fruchtbares Zusammenwirken.

IV

Weshalb aber nun diese ganze gewaltige Arbeit, welche die besten Kräfte ungezählter Forscher ihr ganzes Leben hindurch in Anspruch nimmt? Ist das erzielte Resultat, das doch, wie wir gesehen haben, in seinen einzelnen Feinheiten immer weiter von den Gegebenheiten des Lebens fortführt, wirklich dieses kostbaren Einsatzes wert? Die Frage wäre in der Tat berechtigt, wenn der Sinn der exakten Wissenschaft sich auf die Aufgabe beschränkte, dem Erkenntnistrieb der forschenden Menschheit eine gewisse Befriedigung zu gewähren. Aber ihre Bedeutung geht erheblich weiter. Die exakte Wissenschaft wurzelt im menschlichen Leben. Aber sie ist mit dem Leben in doppelter Weise verbunden. Denn sie schöpft nicht allein aus dem Leben, sondern sie wirkt auch zurück auf das Leben, auf das materielle wie auf das geistige Leben, und zwar um so kräftiger und fruchtbarer, je ungehinderter sie sich entfalten kann. Das äußert sich in einer sehr eigentümlichen Weise. Zuerst entfernt sich, wie wir sahen, die Wissenschaft bei der Arbeit an dem von ihr geschaffenen Weltbild auf der Suche nach dem metaphysisch Realen in fortschreitendem Maße von den Gegebenheiten und Interessen des Lebens, insofern sie immer unanschaulichere, immer einsamere Wege einschlägt. Aber gerade auf diesen Wegen, und nur durch sie, werden neue, sonst auf keine Weise vorauszusehende allgemeine gesetzliche Zusammenhänge sichtbar, die nun wieder in das Leben zurückübersetzt und dadurch für menschliche Bedürfnisse nutzbar gemacht werden können.

Das ist in unzähligen Einzelfällen zu beobachten. Auch hier hat sich eine weitgehende Arbeitsteilung aufs beste bewährt. Der erste Schritt, die aus dem Leben herausführende Ausgestaltung des Weltbildes, ist Sache der reinen Wissenschaft, der zweite Schritt, die Verwertung des wissenschaftlichen Weltbildes für die Praxis, ist Aufgabe der Technik. Die eine Arbeit ist genau so wichtig wie die andere, und da jede von ihnen den ganzen Menschen in Anspruch nimmt, so ist der einzelne Forscher, wenn er sein Werk wirklich fördern will, genötigt, alle seine Kräfte auf einen einzigen Punkt zu konzentrieren und die Gedanken an andere Zusammenhänge und Interessen einstweilen beiseite zu lassen. Darum schelte man nicht allzusehr die Weltfremdheit des Gelehrten und seine Zurückhaltung gegenüber wichtigen Fragen des öffentlichen Lebens. Ohne solche einseitige Einstellung hätte weder Heinrich Hertz die drahtlosen Wellen, noch Robert Koch den Tuberkelbazillus entdeckt. Diese Leistungen der rein wissenschaftlichen Forschung für das praktische Leben haben ihr Gegenstück in der von der Seite der Technik her der Wissenschaft zufließenden mannigfachen Anregung und verständnisvollen Förderung, die sich gerade gegenwärtig in stetig steigendem Maße geltend macht und deren Bedeutung nicht leicht hoch genug einzuschätzen ist.

Ich kann es mir nicht versagen, hier beispielsweise auf einen erst in neuerer Zeit aufgetauchten eindrucksvollen Beleg für die manchmal ganz unvermutet engen Beziehungen zwischen Wissenschaft und Technik noch etwas näher einzugehen. Die eigentümlichen Atomumwandlungen haben jahrelang nur die Forscher der reinen Wissenschaft beschäftigt. Wohl war die Größe der dabei in Erscheinung tretenden Energien auffallend, aber da die Atome so winzig klein sind, dachte man nicht ernstlich daran, daß sie einmal auch für die Praxis eine Bedeutung gewinnen könnten. Heute hat diese Frage durch neue auf dem Gebiet der künstlichen Radioaktivität gemachten Befunde eine überraschende Wendung genommen. Durch die Untersuchungen von Otto Hahn und seinen Mitarbeitern ist festgestellt worden, daß ein Uranatom, welches von einem Neutron beschossen wird, sich in mehrere Stücke spaltet. Dabei werden zwei bis drei Neutronen frei, von denen ein jedes für sich allein weiterfliegt und nun seinerseits wieder ein anderes Uranatom treffen und aufspalten kann. Auf diese Weise multiplizieren sich die Wirkungen, und es kann geschehen, daß durch das fortgesetzt gesteigerte Aufprallen der Neutronen auf Uranatome die Anzahl der freiwerdenden Neutronen und dementsprechend der Betrag der durch sie entwickelten Energie in kurzer Zeit lawinenartig anschwillt, nach dem Muster der berüchtigten Ketten- oder Schneeballbriefe, bei der Unzahl der vorhandenen Atome bis zu ganz enormen, kaum vorstellbaren Ausmaßen. Unerläßliche Bedingung für das Zustandekommen dieses Effektes ist natürlich, daß die frei fliegenden

Neutronen nicht schon vor ihrem Aufprallen auf Urankerne irgendwo von anderen Atomen abgefangen werden und dort steckenbleiben oder ins Freie austreten.

Eine spezielle Berechnung hat ergeben, daß auf diese Weise in einem Kubikmeter Uranoxydpulver innerhalb einer Zeit von weniger als einhundertstel Sekunde ein Energiebetrag entwickelt wird, der ausreicht, um ein Gewicht von einer Milliarde Tonnen 27 km hochzuheben. Das ist ein Betrag, der die Leistungen aller großen Kraftwerke der ganzen Welt auf viele Jahre hinaus ersetzen kann.

Bis vor kurzem mochte eine technische Ausnutzung der in den Atomkernen schlummernden Energie utopisch erscheinen. Seit etwa 1942 jedoch hat die großartige Zusammenarbeit englisch-amerikanischer Wissenschaftler mit der amerikanischen, durch enorme Staatsmittel unterstützten Industrie sie verwirklicht. Zur Zeit brennen jenseits des Atlantischen Ozeans schon mehrere „Uran-Meiler", und die Wärme, welche einer davon fortlaufend erzeugt, genügt, den Victoria-Strom im Staate Washington, der größer ist als der Rhein bei Köln, um 1° Celsius zu erwärmen. Noch bleiben, soweit die Berichte reichen, diese Energiemengen ungenutzt; man hat Mühe, sie auf unschädliche Art loszuwerden. Aber dieselben Meiler liefern auch die Grundstoffe für die Atombomben, in denen sich große Mengen von Atomkernenergie in einem kleinen Bruchteil einer Sekunde entladen und zu Explosionen führen, welche alle chemischen Sprengstoffexplosionen in ihrer Fürchterlichkeit weit hinter sich lassen. Die Gefahr der Selbstausrottung, welche der gesamten Menschheit droht, falls ein zukünftiger Krieg zur Anwendung solcher Bomben in größerer Zahl führen sollte, kann man nicht ernst genug nehmen; keine Phantasie vermag sich die Folgen auszumalen. Eine überaus eindringliche Friedensmahnung liegt in den 80 000 Toten von Hiroshima, den 40 000 Toten von Nagasaki für alle Völker, vornehmlich für ihre verantwortlichen Staatsmänner.

Angesichts solcher Tatsachen wird vielleicht mancher von denen, die sich das Wundern mit der Zeit gänzlich abgewöhnt haben, Veranlassung nehmen, es von neuem zu lernen. Und in der Tat: der unermeßlich reichen, stets sich erneuernden Natur gegenüber wird der Mensch, so weit er auch in der wissenschaftlichen Erkenntnis fortgeschritten sein mag, immer das sich wundernde Kind bleiben und muß sich stets auf neue Überraschungen gefaßt machen.

So sehen wir uns durch das ganze Leben hindurch einer höheren Macht unterworfen, deren Wesen wir vom Standpunkt der exakten Wissenschaft aus niemals werden ergründen können, die sich aber auch von niemandem, der einigermaßen nachdenkt, ignorieren läßt. Hier gibt es für einen besinnlichen Menschen, der nicht nur wissenschaftliche, sondern auch metaphysische Interessen besitzt, nur zwei Arten der Einstellung, zwischen denen er wählen kann: entweder

Angst und feindseliger Widerstand, oder Ehrfurcht und vertrauensvolle Hingabe. Wenn wir unseren Blick auf die Summe des unsäglichen Leides und der beständigen Zerstörung von Gut und Blut werfen, von denen die Menschen seit unvordenklichen Zeiten stets heimgesucht werden, so könnten wir versucht sein, den Philosophen des Pessimismus beizupflichten, welche den Wert des Lebens verneinen und die Meinung verfechten, daß von einem dauernden Fortschritt, von einer Höherentwicklung der Menschheit nicht die Rede sein kann, daß im Gegenteil eine jede Kultur, wenn sie einmal einen gewissen Höhepunkt erreicht hat, ihren Stachel gegen sich selber kehrt und sich ohne Sinn und Ziel wieder vernichtet.

Läßt sich eine solche weitgehende Behauptung durch Berufung auf die exakte Wissenschaft rechtfertigen? Diese Frage muß schon deshalb verneint werden, weil die Wissenschaft für ihre Beantwortung nicht zuständig ist. Vom wissenschaflichen Standpunkt aus könnte man ebensogut und vielleicht sogar mit noch mehr Recht die entgegengesetzte Behauptung vertreten. Man müßte nur den Standpunkt der Betrachtung etwas erweitern und nicht mit Jahrhunderten, sondern mit vielen Jahrtausenden rechnen. Oder will jemand im Ernst bestreiten, daß der Homo sapiens während der letzten hunderttausend Jahre einen Fortschritt, eine Vervollkommnung erfahren hat? Warum sollte diese Höherentwicklung nicht noch weitergehen, wenn nicht in gerader Richtung, so doch in Wellenlinien?

Freilich: dem einzelnen ist mit solchen Überlegungen auf weite Sicht nicht gedient, sie können ihm keine Hilfe in der Not, keine Heilung seiner Schmerzen bringen. Diesem bleibt nichts übrig als ein tapferes Ausharren im Lebenskampf und eine stille Ergebung in den Willen der höheren Macht, die über ihm waltet. Denn ein rechtlicher Anspruch auf Glück, Erfolg und Wohlergehen im Leben ist niemandem von uns in die Wiege gelegt worden. Darum müssen wir eine jede freundliche Fügung des Schicksals, eine jede froh verlebte Stunde als ein unverdientes, ja als ein verpflichtendes Geschenk entgegennehmen. Das einzige, was wir mit Sicherheit als unser Eigentum beanspruchen dürfen, das höchste Gut, was uns keine Macht der Welt rauben kann, und was uns wie kein anderes auf die Dauer zu beglücken vermag, das ist eine reine Gesinnung, die ihren Ausdruck findet in gewissenhafter Pflichterfüllung. Und wem es vergönnt ist, an dem Aufbau der exakten Wissenschaft mitzuarbeiten, der wird mit unserem großen deutschen Dichter sein Genügen und sein innerliches Glück finden in dem Bewußtsein, das Erforschliche erforscht zu haben und das Unerforschliche ruhig zu verehren.